水利水电工程施工技术全书

第二卷　土石方工程

第五册

碾压式土石坝施工技术

梁向峰　何小雄　等　编著

·北京·

内 容 提 要

本书是《水利水电工程施工技术全书》第二卷《土石方工程》中的第五分册。本书系统阐述了碾压式土石坝施工的技术和方法。主要内容包括：概述、施工规划、施工导流与度汛、坝基开挖与处理、坝料开采与加工、堆石料填筑、土质防渗体施工、水工沥青混凝土防渗体施工、土工膜防渗体施工、土石坝安全监测仪器的埋设安装与施工期监测等。

本书可作为水利水电工程施工领域的工程技术人员、工程管理人员和高级技术工人的工具书，也可供从事水利水电工程科研、设计、建设及运行管理和相关企事业单位的工程技术人员、工程管理人员使用，并可作为大专院校水利水电工程及机电专业师生的教学参考书。

图书在版编目（CIP）数据

碾压式土石坝施工技术 / 梁向峰等编著. -- 北京 : 中国水利水电出版社, 2018.6
（水利水电工程施工技术全书. 第二卷, 土石方工程; 第五册）
ISBN 978-7-5170-6652-1

Ⅰ. ①碾… Ⅱ. ①梁… Ⅲ. ①水利水电工程－碾压土坝－土石坝－工程施工 Ⅳ. ①TV512

中国版本图书馆CIP数据核字(2018)第170293号

书　　名	水利水电工程施工技术全书 **第二卷　土石方工程** **第五册　碾压式土石坝施工技术** NIANYASHI TUSHIBA SHIGONG JISHU
作　　者	梁向峰　何小雄　等　编著
出版发行	中国水利水电出版社 （北京市海淀区玉渊潭南路1号D座　100038） 网址：www.waterpub.com.cn E-mail：sales@waterpub.com.cn 电话：(010) 68367658（营销中心）
经　　售	北京科水图书销售中心（零售） 电话：(010) 88383994、63202643、68545874 全国各地新华书店和相关出版物销售网点
排　　版	中国水利水电出版社微机排版中心
印　　刷	北京瑞斯通印务发展有限公司
规　　格	184mm×260mm　16开本　24.75印张　586千字
版　　次	2018年6月第1版　2018年6月第1次印刷
印　　数	0001—3000册
定　　价	**110.00**元

《水利水电工程施工技术全书》
编审委员会

《水利水电工程施工技术全书》各卷主（组）编单位和主编（审）人员

卷序	卷名	组编单位	主编单位	主编人	主审人
第一卷	地基与基础工程	中国电力建设集团（股份）有限公司	中国电力建设集团（股份）有限公司 中国水电基础局有限公司 葛洲坝基础公司	宗敦峰 肖恩尚 焦家训	谭靖夷 夏可风
第二卷	土石方工程	中国人民武装警察部队水电指挥部	中国人民武装警察部队水电指挥部 中国水利水电第十四工程局有限公司 中国水利水电第五工程局有限公司	梅锦煜 和孙文 吴高见	马洪琪 梅锦煜
第三卷	混凝土工程	中国电力建设集团（股份）有限公司	中国水利水电第四工程局有限公司 中国葛洲坝集团有限公司 中国水利水电第八工程局有限公司	席　浩 戴志清 涂怀健	张超然 周厚贵
第四卷	金属结构制作与机电安装工程	中国能源建设集团（股份）有限公司	中国葛洲坝集团有限公司 中国电力建设集团（股份）有限公司 中国葛洲坝建设有限公司	江小兵 付元初 张　晔	付元初
第五卷	施工导（截）流与度汛工程	中国能源建设集团（股份）有限公司	中国能源建设集团(股份)有限公司 中国葛洲坝集团有限公司 中国水利水电第八工程局有限公司	周厚贵 郭光文 涂怀健	郑守仁

《水利水电工程施工技术全书》
第二卷《土石方工程》编委会

《水利水电工程施工技术全书》
第二卷《土石方工程》
第五册《碾压式土石坝施工技术》
编写人员名单

主　　编： 梁向峰　何小雄

编写人员： 王星照　李宜田　齐宏文　李正乾　苗树英
乔　勇　党晓青　梁艳萍　李勇伟　续继峰
刘国庆　李宏伟　水中央　孙剑锋　李　鹏
汤轩林　党建立　秦边疆

序　一

水利水电工程建设在我国作为一项基础建设事业，已经走过了近百年的历程，这是一条不平凡而又伟大的创业之路。

新中国成立66年来，党和国家领导一直高度重视水利水电工程建设，水电在我国已经成为了一种不可替代的清洁能源。我国已经成为世界上水电装机容量第一位的大国，水利水电工程建设不论是规模还是技术水平，都处于国防领先或先进水平，这是几代水利水电工程建设者长期艰苦奋斗所创造出来的。

改革开放以来，特别是进入21世纪以后，我国的水利水电工程建设又进入了一个前所未有的高速发展时期。到2014年，我国水电总装机容量突破3亿kW，占全国电力装机容量的23%。发电量也历史性地突破31万亿kW·h。水电作为我国当前重要的可再生能源，为我国能源电力结构调整、温室气体减排和气候环境改善做出了重大贡献。

我国水利水电工程建设在新技术、新工艺、新材料、新设备等方面都取得了突破性的进展，无论是技术、工艺，还是在材料、设备等方面，都取得了令人瞩目的成就，它不仅推动了技术创新市场的活跃和发展，也推动了水利水电工程建设的前进步伐。

为了对当今水利水电工程施工技术进展进行科学的总结，及时形成我国水利水电工程施工技术的自主知识产权和满足水利水电建设事业的工作需要，全国水利水电施工技术信息网组织编撰了《水利水电工程施工技术全书》。该全书编撰历时5年，在编撰过程中组织了一大批长期工作在工程建设一线的中青年技术负责人和技术骨干执笔，并得到了有关领导、知名专家的悉心指导和审定，遵循“简明、实用、求新”的编撰原则，立足于满足广大水利水电工程技术人员的实际工作需要，并注重参考和指导价值。该全书内容涵盖了水利水电工程建设地基与基础工程、土石方工程、混凝土工程、金属结构制作与机电安装工程、施工导（截）流与度汛工程等内容的目标任务、原理方法及工程实例，既有理论阐述，又有实例介绍，重点突出，图文并茂，针对性及可操作性强，对今后的水利水电工程建设施工具有重要指导作用。

《水利水电工程施工技术全书》是对水利水电施工技术实践的总结和理论提炼，是一套具有权威性、实用性的大型工具书，为水利水电工程施工"四新"技术成果的推广、应用、继承、创新提供了一个有效载体。为大力推动水利水电技术进步和创新，推进中国水利水电事业又好又快地发展，具有十分重要的现实意义和深远的科技意义。

水利水电工程是人类文明进步的共同成果，是现代社会发展对保障水资源供给和可再生能源供应的基本需求，水利水电工程施工技术在近代水利水电工程建设中起到了重要的推动作用。人类应对全球气候变化的共识之一是低碳减排，尽可能多地利用绿色能源就成为重要选择，太阳能、风能及水能等成为首选，其中水能蕴藏丰富、可再生性、技术成熟、调度灵活等特点成为最优的绿色能源。随着水利水电工程建设与管理技术的不断发展，水利水电工程，特别是一些高坝大库能有效利用自然条件、降低开发运行成本、提高水库综合效能，高坝大库的（高度、库容）记录不断被刷新。特别是随着三峡、拉西瓦、小湾、溪洛渡、锦屏、向家坝等一批大型、特大型水利水电工程相继建成并投入运行，标志着我国水利水电工程技术已跨入世界领先行列。

近年来，我国水利水电工程施工企业积极实施走出去战略，海外市场开拓业绩突出。目前，我国水利水电工程施工企业在亚洲、非洲、南美洲多个国家承建了上百个水利水电工程项目，如尼罗河上的苏丹麦洛维水电站、号称"东南亚三峡工程"的马来西亚巴贡水电站、巨型碾压混凝土坝泰国科隆泰丹水利工程、位居非洲第一水利枢纽工程的埃塞俄比亚泰克泽水电站等，"中国水电"的品牌价值已被全球业内所认可。

《水利水电工程施工技术全书》对我国水利水电施工技术进行了全面阐述。特别是在众多国内外大型水利水电工程成功建设后，我国水利水电工程施工人员创造出一大批新技术、新工法、新经验，对这些内容及时总结并公开出版，与全体水利水电工作者分享，这不仅能促进我国水利水电行业的快速发展，提高水利水电工程施工质量，保障施工安全，规范水利水电施工行业发展，而且有助于我国水利水电行业走进更多国际市场，展示我国水利水电行业的国际形象和实力，提高我国水利水电行业在国际上的影响力。

该全书的出版不仅能提高水利水电工程施工的技术水平，而且有助于提高我国水利水电行业在国内、国际上的影响力，我在此向广大水利水电工程建设者、工程技术人员、勘测设计人员和在校的水利水电专业师生推荐此书。

孙洪水

2015 年 4 月 8 日

序　二

《水利水电工程施工技术全书》作为我国水利水电工程技术综合性大型工具书之一，与广大读者见面了！

这是一套非常好的工具书，它也是在《水利水电工程施工手册》基础上的传承、修订和创新。集中介绍了进入21世纪以来我国在水利水电施工领域从施工地基与基础工程、土石方工程、混凝土工程、金属结构制作与机电安装工程、施工导（截）流与度汛工程等方面采用的各类创新技术，如信息化技术的运用：在施工过程模拟仿真技术、混凝土温控防裂技术与工艺智能化等关键技术，应用了数字信息技术、施工仿真技术和云计算技术，实现工程施工全过程实时监控，使现代信息技术与传统筑坝施工技术相结合，提高了混凝土施工质量，简化了施工工艺，降低了施工成本，达到了混凝土坝快速施工的目的；再如碾压混凝土技术在国内大规模运用：节省了水泥，降低了能耗，简化了施工工艺，降低了工程造价和成本；还有，在科研、勘察设计和施工一体化方面，数字化设计研究面向设计施工一体化的三维施工总布置、水工结构、钢筋配置、金属结构设计技术，推广复杂结构三维技施设计技术和前期项目三维枢纽设计技术，形成建筑工程信息模型的协同设计能力，推进建筑工程三维数字化设计移交标准工程化应用，也有了长足的进步。因此，在当前形势下，编撰出一部新的水利水电施工技术大型工具书非常必要和及时。

随着水利水电工程施工技术的不断推进，必然会给水利水电施工带来新的发展机遇。同时，也会出现更多值得研究的新课题，相信这些都将对水利水电工程建设事业起到积极的促进作用。该全书是当今反映水利水电工程施工技术最全、最新的系列图书，体现了当前水利水电最先进的施工技术，其中多项工程实例都是曾经创造了水利水电工程的世界纪录。该全书总结的施工技术具有先进性、前瞻性，可读性强。该全书的编者们都是参加过我国大型水利水电工程的建设者，有着非常丰富的各专业施工经验。他们以高度的社会责任感和使命感、饱满的工作热情和扎实的工作作风，大力发展和创新水电科学技术，为推进我国水利水电事业又好又快地发展，做出了新的贡献！

近年来，我国水利水电工程建设快速发展，各类施工技术日臻成熟，相继建成了三峡、龙滩、水布垭等具有代表性的水电工程，又有拉西瓦、小湾、溪洛渡、锦屏、糯扎渡、向家坝等一批大型、特大型水电工程，在施工过程中总结和积累了大量新的施工技术，尤其是混凝土温控防裂的施工方法在三峡水利枢纽工程的成功应用，高寒地区高拱坝冬季施工综合技术在拉西瓦等多座水电站工程中的应用……，其中的多项施工技术获得过国家发明专利，达到了国际领先水平，为今后水利水电工程施工提供了参考与借鉴。

目前，我国水利水电工程施工技术已经走在了世界的前列，该全书的出版，是对我国水利水电工程建设领域的一大贡献，为后续在水利水电开发，例如金沙江上游、长江上游、通天河、黄河上游的水电开发、南水北调西线工程等建设提供借鉴。该全书可作为工具书，为广大工程建设者们提供一个完整的水利水电工程施工理论体系及工程实例，对今后水利水电工程建设具有指导、传承和促进发展的显著作用。

《水利水电工程施工技术全书》的编撰、出版是一项浩繁辛苦的工作，也是一项具有创造性的劳动过程，凝聚了几百位编、审人员近5年的辛勤劳动，克服各种困难。值此该全书出版之际，谨向所有为该全书的编撰给予关心、支持以及为此付出了辛勤劳动的领导、专家和同志们表示衷心的感谢！

马洪琪

2015年4月18日

前　言

由全国水利水电施工技术信息网组织编定的《水利水电工程施工技术全书》第二卷《土石方工程》共分为十册，《碾压式土石坝施工技术》为第五册，由中国水利水电第十五工程局有限公司组织编写。

土石坝是一种最古老的坝型，在中国有着悠久的建造历史。但引入振动碾采用碾压方法的筑坝技术则起步于20世纪70年代。半个世纪以来，随着土力学理论和试验技术的发展，加之施工机械化水平的不断提高，我国碾压式土石坝施工技术得到了迅猛的发展，修建了大量的碾压式土石坝，积累了丰富的建设经验和科技创新成果，形成了混凝土面板堆石坝、土质心墙堆石坝、沥青混凝土防渗体堆石坝3种主流坝型。近年来，复合土工膜防渗体堆石坝也有所发展。

碾压式土石坝所需土石料可就地取材，也可以充分利用各种开挖料。与混凝土坝相比，土石坝所需钢材、水泥、木材比较少，可以减轻对外交通运输的工作量，对地基的要求相对较宽，是一种经济、安全、环保和工期短、适应性好、施工方便的坝型。进入21世纪，通过大量的工程实践，我国碾压式土石坝施工技术在国家“十五”“十一五”科技攻关已取得重要成果的基础上，又有了进一步的发展。大量高坝、超高坝修建在西南、西北等自然条件十分复杂的地区，300m级超高砾质土心墙坝关键技术、300m级超高混凝土面板堆石坝关键技术研究取得了许多创新成果，数字大坝技术也已经被广泛的推广应用。各种类型的堆石坝在数量、坝高、工程规模、技术难度方面目前均居世界前列。一大批筹建、在建的水利水电工程，碾压式土石坝的坝高已经达到300m量级，需要以理论与实践相结合，经验判断与科学试验和分析计算相结合的途径面对技术的挑战，解决面临的新的技术难题。在此基础上，努力建设更多、更好的高碾压式土石坝。

本书主要根据我国碾压式土石坝施工实践经验，总结介绍碾压式土石坝施工技术和近年来所取得的创新成果。这些成果是广大水利水电工程技术人员、施工人员和科研人员的实践经验与科研攻关的智慧结晶。本书力图反映当前我国碾压式土石坝施工方面的技术、新材料、新设备和新工艺，以促进碾压式土石坝技术的发展。

本书共分10章，第1章由苗树英、续继峰编写；第2章由李正乾、刘国庆编写，第3章由李勇伟、齐宏文编写，第4章由李宜田、秦边疆编写，第5章由梁艳萍、汤轩林编写，第6章由李宜田、李宏伟编写，第7章由王星照、齐宏文编写，第8章由党晓青、孙剑锋编写，第9章由乔勇、李鹏编写，第10章由王星照、党建立编写。齐宏文负责全书的统稿。

本书的编写得到了马洪琪院士的指导，宗敦峰、梅锦煜、党立本、水中央、苗树英、孙剑锋等专家对本书的编写提出了许多宝贵的意见，并对本书进行了审查。在此，对各位专家的辛勤工作和支持帮助表示衷心的感谢。在本书编写过程中参考了大量的研究报告、工程报告及技术总结、论文和综述文献等，书中有关引用资料除附于书末之外，未能逐一列举，特向各单位和相关人员表示衷心的感谢并请给予谅解。

由于编者水平有限，书中错误和不妥之处，敬请读者批评指正。

作者

2017年7月1日

目　录

1 概　述

1.1　碾压式土石坝的分类和特点

1.1.1　土石坝的分类

土石坝亦称填筑坝或当地材料坝，按施工方法一般分为碾压式土石坝、抛填式堆石坝、定向爆破堆石坝和水力冲填坝（水坠坝）等。碾压土石坝按防渗体型式一般又可分为均质土坝、分区土坝、土质心墙及斜墙堆石坝、沥青混凝土心墙及面板堆石坝、钢筋混凝土面板及心墙堆石坝以及其他防渗体（如复合土工材料）土石坝。土质防渗体包括砾质土（碎石土）防渗体在内，而堆石体广义上也应包含粗粒径的砂卵（漂）砾石料。土质防渗体堆石坝、混凝土面板堆石坝是当今土石坝的主导坝型，沥青混凝土防渗体堆石坝在中低土石坝中亦占有相当地位。

1.1.2　碾压式土石坝的施工特点

（1）可就地取材，适应范围广。筑坝所需土石可就地取材，还可以充分利用各种开挖料。与混凝土坝相比，土石坝所需钢材、水泥、木材比较少，可以减轻对外交通运输的工作量；对地基的要求相对较宽，是一种经济、安全、环保和工期短、适应性好、施工方便的坝型。由于岩土力学和试验技术的进步，施工技术水平的提高和大型、专用施工设备的不断出现，筑坝材料的品种和范围还在逐步扩大，适应地质条件的范围越来越广。

（2）建设规模大，施工强度高。土石坝工程建设规模一般很大，施工强度高，当今的机械化施工水平已经可以在合理工期内完成大量土石方开挖和填筑。机械设备的配备、运输线路的规划建设以及科学高效的施工组织成为施工的关键因素。

（3）影响因素多，前期准备工作十分重要。大坝施工的制约因素很多。料场前期工作、运输线路修建、相关建筑物施工、地基处理、水流控制等环节存在不确定因素，这些环节出现的问题都会对大坝施工造成直接影响。在建设的前期阶段，有关工作深度一般不易达到预期目标。为了施工能顺利开展，料场勘查、地质勘探、道路修筑、建筑物弃渣堆放、坝料掺配工艺及有关项目的安排等工作应尽量细致，并提早进行。施工方进场后的首要工作，应按照系统要求，对处于关键路线上的料场复查（含弃渣料场）、施工试验（室内外）、相关设施配置等工作尽快实施。通过一系列前期工作，及时完善原有设计和施工方案。

（4）隐蔽工程多，应重视施工过程控制。土石坝工程中绝大多数项目属于隐蔽工程，尤其是地基与基础工程有相当部分是在不能直视的条件下施工。工程完成以后难以进行直观的质量检查，其质量缺陷在运行使用过程中方能表现出来；一旦发现质量缺陷，返工修补十分困难。因此，土石坝工程施工中，不但要重视施工过程的质量检查，而且也要重视施工过程中对施工工艺和施工参数的控制。

（5）施工与自然条件关系密切，实施动态施工管理。土石坝施工与自然条件和相关枢纽建筑物关系极为密切。由于水文、地质、气象因素的不确定性和筑坝材料的千差万别，土石坝的导流标准、拦洪度汛方式以及有效工作时间要进行充分细致地综合研究，施工组织设计应周密详尽，并注意施工设备的选型与配置。施工过程中，可根据条件变化，及时调整进度计划，适时优化施工参数和施工方案，实施动态施工管理。

（6）实践经验十分重要。我国地域辽阔，气候条件、地质构造、风土人情差别很大。由于自然环境的不同，每座土石坝都有其特殊性，加之土石坝是一门实践性很强的工程门类，因此要重视积累施工经验和借鉴他人经验，注意发挥有经验的技术人员、管理人员的作用，以提高施工质量。

（7）原型观测具有特殊地位。由于设计参数和计算方法的局限性以及施工过程的复杂多变，施工和运行过程中的原型观测对于检验设计合理性和监测施工质量及运行安全，提高筑坝施工技术和改进设计方法，具有特别重要的意义。

1.1.3 当前碾压式土石坝的建设特点

（1）砾质土防渗体堆石坝比重提升。砾质土防渗体堆石坝筑坝技术在近十余年间发展很快，建坝数量与日俱增，在超高坝中已占有相当大的比重，我国已建和在建的最高坝均为砾质土防渗体堆石坝。

（2）混凝土面板堆石坝快速发展。我国混凝土面板堆石坝在 20 世纪 80 年代中期起步，其建设水平在 20 世纪 90 年代、21 世纪初期得到大幅度提高。据统计，30 多年来，我国已建和在建的混凝土面板堆石坝已超过 300 座，高坝数量已居世界各国混凝土面板坝首位，世界已建成最高混凝土面板坝位于我国，还有数座超高混凝土面板坝正在进行前期准备工作。

（3）沥青混凝土防渗体土石坝施工技术进一步提升，数座 100m 级高坝已经建成。

（4）土工合成材料广泛应用。复合土工膜防渗体较多地应用在中低土石坝中，尤其是在一些大型平原堤坝和抽水蓄能库坝上得到成功应用；我国建设者近期已成功地在老挝设计建造了 80 余米高的复合土工膜防渗体堆石坝。

（5）机械化水平全面提高，作业环境明显改善。前些年需要大量人工作业的施工环节，目前都基本上实现了机械化作业。由于施工工艺的改变，劳动力的作业环境大为改善。由于人工费用的不断提高和安全作业的需要，一些土石坝建设项目在提高机械化作业水平和施工管理水平中积累了新的经验，这也为进一步提高土石坝工程的竞争力奠定了基础。

（6）信息化、自动化技术应用步伐加快。信息化、自动化技术已逐步应用于土石坝建设的各个方面。在施工组织设计、施工规划、施工作业、施工管理、施工质量检测、安全监测等环节中，信息化、自动化技术的应用日臻广泛。数字大坝技术在建设管理中已发挥明显作用，以糯扎渡、长河坝、两河口为代表的多个工程项目都在建设中受益。

（7）大江大河上土石坝建设的比例增大。30 年来，尤其是近十余年来，在高山峡谷区、洪水大的河流上修建土石坝已经较为经济和便于施工。在大江大河上修建的土石坝数量越来越多。

（8）高土石坝在各类坝型中所占比重逐步上升。土石坝尤其是高土石坝在各类坝型中所占比重逐步上升，在200m、300m级超高坝中，我国目前已处于领先地位。土石坝坝型在我国坝高前100位各类坝型中占有一半的比重。

砾质土心墙堆石坝、混凝土面板堆石坝在我国西部地区的优势更为明显，可以预计在未来的几十年里，这些坝型将表现出更大的发展优势。

（9）强调对环境的保护。土石坝工程施工规模大、土石方作业类型多、施工涉及范围广、建设周期较长、施工过程和周围环境联系密切。近期的土石坝工程施工，不断加强保护环境的服务理念，都十分注意采取综合措施，以保证在施工弃渣堆放、生产生活废水处理、爆破振动控制、开挖边坡稳定、施工场地复耕等方面满足环境保护的需要。

1.2 碾压式土石坝的发展历程

土石坝是一种最古老的坝型，在我国有着悠久的建造历史，但用近现代施工方法技术筑坝则基本起步于20世纪50年代。60多年来，我国修建了数以万计的土坝、土石坝（见表1-1）。这一时期，我国土石坝施工技术的发展，主要以振动碾压坝料技术的应用、岩土力学理论和试验技术的发展、施工机械化水平的不断提高和筑坝高度的提升为重要标志，大致可以分为以下几个阶段。

1.2.1 近代施工技术初期建设阶段（1950—1970）

从20世纪50年代治理淮河工程开始，在七八年时间里，先后修建了一大批土坝，坝高一般都在50m以下，坝型绝大多数为均质土坝或土质心墙砂砾坝，地基处理主要采用黏土截水槽或上游铺盖方案，施工时仅仅使用了一些数量很少的小机车、手推车、卷扬机、拖拉机、简易索道等施工机械，主要采用的是人海战术施工方法，坝料压实大多采用原始夯具和碾具；基本上依靠人力配合少量轻型机械施工。受施工机械的限制，这一时期堆石坝的施工技术没有得到应有的发展。狮子滩坝是抛填式堆石的一个实例。1958年，各地建坝数量直线上升，坝型以均质土坝、土质心墙或斜墙砂砾石坝为主，施工方法除碾压式以外，也发展了一些需用机械设备较少的、适宜于群众筑坝的水力冲填、水中填土、定向爆破等筑坝技术，成功地修建了一批中小型土石坝。1958年，青岛试用成功了柱列式混凝土防渗墙技术；1959年，北京试用成功了槽段式混凝土防渗墙技术，二者对于土石坝深厚砂砾层地基防渗处理是一大突破。这一段时间有代表性的碾压土石坝是松涛均质土坝（坝高80.1m，1970年建成）、岳城均质土坝（坝高53m，1964年建成）、毛家村心墙砂砾坝（坝高82.5m，1971年建成）、密云白河斜墙砂砾坝（坝高66m，1961年建成）、碧口心墙土石坝（坝高101.8m，1976年建成）等。定向爆破堆石坝的代表有南水北调工程、石砭峪工程、已衣工程等。这一段时间也有抛填堆石坝建成。70年代初期，沥青混凝土心墙坝、面板坝的建设在我国开始起步。由于施工技术的原因，心墙防渗体多为浇筑式沥青混凝土，也有几座沥青混凝土面板坝在这一时期建设。

表 1-1　　我国坝高前 30 位土石坝统计表

序号	坝名	地点	主坝坝型	坝高/m	建成年份
1	双江口	四川	砾石土心墙堆石坝	314.0	在建
2	两河口	四川	砾石土心墙堆石坝	295.0	在建
3	糯扎渡	云南	砾石土心墙堆石坝	261.5	2013
4	长河坝	四川	砾石土心墙堆石坝	240.0	2017
5	水布垭	湖北	混凝土面板堆石坝	233.0	2008
6	猴子岩	四川	混凝土面板堆石坝	223.5	2017
7	江坪河	湖北	混凝土面板堆石坝	221.0	在建
8	玛尔挡	青海	混凝土面板堆石坝	211.0	在建
9	三板溪	贵州	混凝土面板堆石坝	186.0	2006
10	瀑布沟	四川	砾石土心墙堆石坝	186.0	2009
11	洪家渡	贵州	混凝土面板堆石坝	179.5	2005
12	天生桥一级	广西、贵州	混凝土面板堆石坝	178.0	1999
13	卡基娃	四川	混凝土面板堆石坝	171.0	2015
14	阿尔塔什	新疆	混凝土面板堆石坝	164.8	在建
15	平寨	贵州	混凝土面板堆石坝	162.7	2016
16	滩坑	浙江	混凝土面板堆石坝	162.0	2009
17	溧阳上库	江苏	混凝土面板堆石坝	161.5	2010
18	龙背湾	湖北	混凝土面板堆石坝	158.3	2015
19	小浪底	河南	土斜心墙堆石坝	160.0	1999
20	吉林台	新疆	混凝土面板堆石坝	157.0	2005
21	紫坪铺	四川	混凝土面板堆石坝	156.0	2006
22	梨园	云南	混凝土面板堆石坝	155.0	2013
23	巴山	重庆	混凝土面板堆石坝	155.0	2009
24	马鹿塘	云南	混凝土面板堆石坝	154.0	2010
25	董箐	贵州	混凝土面板堆石坝	150.0	2010
26	毛尔盖	四川	砾石土心墙堆石坝	147.0	2011
27	吉勒布拉克	新疆	混凝土面板堆石坝	146.0	2013
28	龙首二级	甘肃	混凝土面板堆石坝	146.5	2005
29	德泽	云南	混凝土面板堆石坝	142.0	2102
30	乌鲁瓦提	新疆	混凝土面板堆石坝	133.0	2002

1976 年竣工的碧口心墙土石坝，坝高 101m，坝顶长 297m，坝体填筑量 397 万 m^3。坝址区为高山峡谷，坝料主要为土料、砂砾石料和部分堆石。坝料基本采用汽车运输。工程后期，引进并研制了 13.5t 牵引式振动平碾，碾压坝壳砂砾料和堆石。这在当时是一项开创性工作。

这一时期，我国台湾地区修建了石门土心墙堆石坝（坝高 133m，1964 年竣工）和曾文土心墙堆石坝（坝高133m，1973年竣工），我国香港地区修建了高岛沥青混凝土心墙堆石坝（东坝高107m，1979年竣工）。

1.2.2 过渡时期发展阶段（1970—1990）

大型高效配套的施工机械和施工技术的进步，岩土力学和试验技术的提高，使土石坝得到较快发展，无论是坝高和填筑体积都明显提高。高山峡谷区、洪水大的河流上修建的土石坝也可以成为较经济和便于施工的坝型。20世纪70年代中期，我国在学习国外先进经验的基础上，重视了大型施工机械的引进、开发以及科学研究工作。随着综合国力的增强，重型土石方机械及其配套设备武装了众多施工企业，土石坝发展的新时期随之开始。

这一阶段，土石坝施工技术的发展以重型土石方机械及振动碾等大型施工设备的成功实践为主要标志，土质心墙堆石坝和混凝土面板堆石坝成为现代高土石坝的两种主导坝型。用振动碾薄层碾压可以得到密实而变形较少的堆石体，解决了传统的混凝土面板堆石坝因抛填堆石的大量变形而导致的面板断裂、接缝张开和大量渗漏的问题，从而使这种坝型重新兴起。同时，振动压实可使爆破开采的堆石料全部上坝，也使大粒径的砂砾（卵）石填筑大坝成为可能，对软岩料也可用提高压实密度的方法弥补岩块强度的不足。振动凸块碾、平板振动器等压实工具也逐步得到应用，适用防渗料的范围不断拓宽。振动碾的使用提高了土石坝的安全性、经济性和适用性。坝料无轨运输的优越性和高效率使机车运输坝料的有轨运输方式逐渐消失。这种进步在1976年竣工的碧口土石坝上初现端倪。20世纪70年代、80年代之交建设的石头河土石坝，标志着我国土石坝施工技术进入了一个新阶段。20世纪80年代中后期，鲁布革心墙坝在土石坝施工技术的发展中起着承前启后的作用。20世纪最后几年建设的小浪底斜心墙堆石坝、黑河金盆心墙砂砾坝，极大地丰富了土石坝施工的实践经验，全面地提高了我国的土石坝施工技术水平。小浪底斜心墙堆石坝是20世纪我国土石坝施工水平的代表，也并被评为堆石坝工程的国际里程碑。

碾压式混凝土面板堆石坝是20世纪60年代末国际上重新崛起的坝型。进入20世纪80年代中期，我国开始用现代技术修建混凝土面板堆石坝，第一个开工的为西北口面板坝，第一个完建的是关门山面板坝。这标志着我国的混凝土面板堆石坝从50m级关门山坝、100m级西北口坝起步，已经进入到了一个新的历史发展时期。20世纪90年代开始，该坝型更是得到迅速的发展。据统计，自1985年开始至1998年完建的混凝土面板坝为39座，至2000年建成高度超过100m的坝有9座，最高达178m。混凝土面板堆石坝已成为高、中土石坝的主导坝型之一。这一时段混凝土面板坝的典型代表有西北口、天生桥一级、乌鲁瓦提、珊溪等工程。

我国从20世纪70年代开始，将沥青混凝土防渗体用于土石坝工程，与国外相比，起步较晚。由于沥青混凝土的优良特性，在土石坝工程中的应用得到了较快发展。在初期发展的一二十年里，大多数工程采用的都是浇筑式沥青混凝土防渗体技术，也有一些中小型工程采用了碾压式沥青混凝土面板防渗体，但施工机具较为简单，施工规模也比较小，与现代沥青混凝土施工应用技术有一定距离。进入20世纪90年代，随着天荒坪沥青面板坝、洞塘沥青心墙坝、坎儿其沥青心墙坝等工程全面采用碾压式沥青混凝土施工技术，标志着我国开始进入世界沥青混凝土施工技术应用的先进行列。

我国以土工膜作为坝体的防渗体开始于20世纪80年代，20世纪90年代开始用于

50m 级高的坝体中，也修建了一些坝高不高但规模很大的平原蓄水坝工程，这些都为土工膜防渗体土石坝的发展和推广起了积极的作用。

1.2.3　高土石坝建设阶段（2001 年至今）

进入 21 世纪以来，我国的土石坝建设成就举世瞩目。一批高土石坝、超高土石坝的动工修建和相继建成，标志着我国的土石坝施工技术已经进入世界先进水平的行列。这十余年间，建成高于 100m 的土石坝超过 30 座（累计逾 50 座），其中高于 150m 的土石坝为 10 座，计入此前竣工和当今在建的 150m 以上的高土石坝共 27 座，土石坝所占份额已超过其他坝型，在我国最高的大坝中，土石坝已占据了领先地位。高土石坝施工所使用的运输车吨位和挖掘机、装载机斗容随填筑规模的增大而增大，碾压设备大都采用了较大激振力的重型振动碾，30t 以上的超重型自行式振动碾已投入施工，冲击式压实设备开始试验性应用。施工设备的配套选用更加理性、规范，基于 GPS、GIS 的数字大坝技术也在土石坝施工领域应用、推广。坝料使用规划、坝体填筑分区趋于科学合理，坝料加工技术水平明显提高，对砾质土性认识更深入。测试手段和观测设备的埋设技术同步发展，施工阶段观测数据的采集取得一定成果。混凝土面板堆石坝上游填筑固坡技术不断改进，陆续出现了几种不同的固坡形式。坝体护坡施工技术也有所提高，面板混凝土防裂研究不断深入并取得良好效果。施工面板前对坝体的沉降把握趋于理性，土石坝施工期的水流控制技术、深覆盖层地基处理水平都达到了一个新的高度。

我国振动碾压设备的研制生产水平在前一阶段实践经验的基础上有了大幅度的提高。2000 年以后，20～26t 自行式振动平（凸块）碾陆续投入市场，其性能指标和国产化程度大幅提高。2010 年前后，我国企业还陆续推出了 32t 级和 36t 级的液压自行式振动碾。这些产品都为各级各类土石坝施工提供了可供自由选择压实设备的空间。

这一阶段，我国还在高原寒冷地区、地震多发地区建设了一批高土石坝工程，这些都为土石坝的全面发展积累了经验。

由于沥青混凝土具有防渗性能好、适应变形能力强、工程量较少等特点，加上实践的经验积累，近十多年来，以沥青混凝土作为防渗体的堆石坝在我国也得到长足的发展，在以现代技术建成的天荒坪沥青混凝土面板堆石坝（坝高 72m）的基础上，三峡茅坪溪沥青混凝土心墙堆石坝（坝高 104m）和南桠河冶勒沥青混凝土心墙堆石坝（坝高 125.5m）、呼图壁石门沥青混凝土心墙堆石坝（坝高 106m）、阿拉沟沥青混凝土心墙砂砾坝（坝高 105.26m）陆续建成。这都说明，沥青混凝土防渗体土石坝施工技术又迈上一个新台阶，一种振捣式沥青混凝土防渗心墙施工方法也开始应用。沥青混凝土防渗体土石坝已经成为有竞争力的一种坝型。

近年，我国建设者开始设计并建造属于高坝级别的土工膜防渗体土石坝工程，这将有助于该坝型施工技术水平的提高。

我国的土石坝施工管理水平在努力实践和积极探索中不断取得进步。以糯扎渡砾石土心墙堆石坝、瀑布沟砾石土心墙堆石坝、水布垭混凝土面板堆石坝、紫坪铺混凝土面板堆石坝、猴子岩混凝土面板堆石坝、冶勒沥青混凝土心墙堆石坝、石门沥青混凝土防渗体土石坝等工程为代表，体现了这一新时期的施工水平。正在建设中的长河坝砾石土心墙堆石坝（高 240m）、两河口砾石土心墙堆石坝（高 295m）等工程，正在围绕高土石坝施工关键技术进行研究和实践，并在信息化技术的应用、施工机械配套优化、智能化施工机械、土石坝快速施工等方面的研究实践中取得新成果。

1.3 碾压式土石坝施工的技术进步

(1) 因地制宜制定河道水流控制方案。21 世纪以来修建的高坝，相当重视坝体施工中对河道水流的控制，各个项目都能根据环境和自身条件采取适宜的水流控制度汛方式，以期取得最优的技术经济效果。

(2) 深覆盖层处理技术不断步上新台阶。用混凝土防渗墙、帷幕灌浆等手段进行一般深度覆盖层的防渗处理，我国已有多年的经验积累。20 世纪 90 年代以后，高坝深覆盖层处理技术水平快速提高（包括灌浆自动记录仪和灌浆强度值法、稳定浆液法控制技术的应用）；另外还有新型防渗墙用混凝土配比研制及优质泥浆的采用；冲击反循环钻机的研制；防渗墙快速施工工艺研究及液压双轮铣的引进消化的研制等。防渗墙的施工机械已由单一的钢绳冲击钻机发展为冲击反循环钻机、抓斗、液压铣槽机等，创造了钻-抓、铣-抓、铣-抓-钻等新的施工方法，在我国西部不断创造着防渗墙深度的新纪录和上墙下幕方式截断深厚覆盖层的新成果。我国的土石坝防渗墙施工技术已达到世界领先水平。

(3) 对土石坝施工分期分区的认识有所提高。施工实践表明，坝体分期填筑其高差不宜过大，过大的高差不利于坝体的协调变形。根据《混凝土面板堆石坝施工规范》（DL/T 5128—2009）的要求，坝体堆石区纵、横向分期填筑高差不宜大于 40m。公伯峡面板堆石坝等工程采取多种措施，实现了坝体全断面均衡上升的平起施工，水布垭面板坝分区最大高差为 32m，洪家渡坝最大高差小于 40m；三板溪面板堆石坝经反复论证后，采用分区填筑高差最大为 45m。水布垭坝采用先行填筑下游区的施工安排（又称“反抬法”），这对提高坝体的抗变形能力也有利。总之，填筑施工应尽量平起连续，宜从上游往下游依次填筑，可以后高前低。

有数座高于 150m 的高坝，在综合协调度汛、关键工期节点等因素前提下，采取相应措施，将坝体分期填筑高差尽量控制在较小幅度（30m 左右）。分区填筑高差不能减小时，可增设层次，其增设平台的宽度不小于 30m。面板分期施工时，先期施工的面板顶部填筑应有一定超高，这可减少后期坝体沉降对面板的不利影响。这一超高许多工程都控制在 10m 以上。

(4) 成功开发应用土石方调配动态平衡系统。经过优化的土石方调配方案不仅有利于降低施工成本、加快施工进度，同时通过提高直接上坝率、减少弃料和料场开挖量等途径，有利于保护生态环境。在以往的土石方调配实践中，多是凭借管理者经验进行规划和管理，存在一些考虑不周而影响工程进度和成本的现象，难以达到优化调配的效果；目前这一定性模型已经提出，并得到初步应用。

(5) 连续均衡地进行坝体填筑施工。如何有效地控制坝体沉降是面板堆石坝施工的一个难点，尤其是如何防范坝体不均匀沉降对混凝土面板、坝体内部应力分布和止水系统的不利影响更是难点中的难点。因此，尽可能实现均衡连续上升则是施工管理工作的重点。21 世纪以来，修建的高面板坝均对此给予了足够的重视，并取得了良好的效果。狭窄河谷、不对称河谷的土石坝填筑都给予均衡施工以足够的重视。

(6) 优选重型碾压设备，坝体压实质量逐步提高。当前土石坝施工中，重视优选重型振动碾压设备，其工作质量都不小于 10t，自身质量为 18～26t 的牵引式振动碾和总质量为 26t 的自行式振动碾得到较多应用。近年来修建的 100～200m 级高面板坝，由于采用了大吨位且激振力较高的振动碾以及相关配套措施，压实孔隙率已普遍优于 20 世纪末期发布的面板坝设计规范中建议的填筑标准。其中，200m 级几座高坝堆石体的压实孔隙率都控制在 20%以内，在天生桥坝（高 178m）的基础上降低了 2%。也有高面板坝对 3C 区次堆石料应用重型振动碾和冲击碾组合压实，以达到和 3B 区同量级的密实度（孔隙率、压缩模量），力求改善坝体变形性能。

洪家渡工程经现场碾压试验和慎重论证，将冲击碾压技术首先应用于下游堆石。鉴于压实效果明显，在坝体主堆石区局部区域也采用了冲击碾压工艺。实践表明，冲击碾压具有铺填厚度大、工作效率高等优点，土石坝填筑施工中针对部分坝料和特定区域有一定的应用价值，其应用前景还有待实践的进一步检验。

32t 及以上级的超重自行式振动碾在超高土石坝和个别特殊坝料的压实施工中也得到使用，应用前景被看好。

(7) 砾质土料施工技术进入新阶段。超高心墙堆石坝对防渗土料的性能要求很高，不仅要求有较好的防渗性能和抗渗稳定性，还要有比一般高坝要求更高的力学性能。近 20 年来，对碎石土风化料、宽级配砾质土作为防渗土料的应用，研究实践了不同的开采、加工、碾压施工方法，拓宽了防渗土料的范围，开始了超高坝心墙料施工技术的新阶段。

(8) 坝体堆石填筑质量控制采用新的技术手段。附加质量法（也称"激振波测量法"）检测堆石体密度是一种快速、无损检测新方法，能适用于不同粒径组成的堆石体。该方法在小浪底土斜墙堆石坝、洪家渡面板堆石坝、水布垭面板堆石坝、糯扎渡心墙堆石坝等工程中运用的结果表明，测试精度能够满足堆石体密度检测工作需要，并能做到单元工程的全过程控制。

基于 GPS、GIS 的实时过程监控系统，对碾压机械行走轨迹、行进速度以及激振力指标进行监控，实现坝体填筑碾压适时、连续和自动控制，良好的可视化界面，在减少现场施工和监理人员工作量、提高施工效率的同时，有效地保障了坝体填筑质量。水布垭面板坝、糯扎渡心墙坝、瀑布沟心墙坝、黔中面板坝、毛尔盖心墙坝等工程都采用这一监控系统进行质量管理。

全质量检测法（也称"压实变形检测法"）在洪家渡、泰安等工程中用于填筑质量检测，效果不错。这是一种在坝料碾压后，按方格网测量节点部位的压实沉降量（取平均值），与事先试验率定数据对比，以检测碾压质量的方法。

公伯峡等面板堆石坝用 K30（K50）小型载荷板法辅助检测坝体填筑质量，其测试数据可以和变形模量相关联，对掌握施工期坝体变形有一定效果。

落球检测技术是一项新的现场测试技术，和 K30（K50）法原理有相似之处，它效率高，适应面广，不仅可以直接测试岩土体的变形特性，还可以测试其强度指标。通过标定，还可以测试坝料（特别是粗粒土）的干密度等指标。这在土石坝填筑的质量控制中有一定的应用前景。

(9) 质地不均匀的土料和砾质土的压实度监测普遍采用三点击实法。高土质心墙堆石坝采用砾质土作为心墙料已是发展趋势，而砾质土的压实质量已成为施工控制的重点。近年来，数个项目对压实效果的检测实践了几种控制方法，普遍认可用三点击实法检测粒径小于 20mm 细料的压实度作为控制标准，全料的压实度作为复核标准。实践证明，用细料的压实度来控制填筑砾质土体的压实质量是合适的。

砾质土料压实度监测目前有 3 种办法可供选择：即全料控制法、细料控制法、质量补偿法等；质量补偿法又可分为全料质量补偿法和细料质量补偿法。

(10) 在总结经验教训的基础上，在建设的各个阶段都十分重视料场的勘察和相关试验工作。

(11) 坝料填筑碾压试验、坝料掺合试验工作水平在工程实践中不断提高。瀑布沟、毛尔盖、糯扎渡、两河口、双江口等砾质土心墙坝在掺合试验、碾压试验中已经积累了丰富的经验，有的工程还做了平铺立采和拌和机掺配砾质土料的试验。当前业界已对各阶段相关试验的要求达成共识。

填筑土料调整含水量的工作，在地质勘探设计、施工及有关方面共同努力下，基本上明确了建设各阶段应该进行的工作深度，并总结出在不同土料缺水程度不一的情况下，应进行的配水试验和施工配水程序。高含水土料降低含水量工艺也有了大量的施工实践，并积累了一定的经验。

坝体堆石料填筑适量加水碾压，在激振力作用下，可提高压实密度，减少坝体运行期沉降量。加水量可通过碾压试验分析确定。对于软化系数大的新鲜坚硬岩石，加水效果确实不明显时，也可不加水。这是土石坝建设的一个新经验。

(12) 爆破开采坝料和爆破开挖岩基技术取得长足进展。当前，设计方一般都能按规范要求在招标设计之前进行料场的勘察试验工作，并进行相应阶段坝料开采和碾压试验，提供推荐的爆破方式、参数以及碾压施工参数。

现阶段，堆石坝料爆破开采一般采用梯段爆破和洞室爆破两种形式，前一种方式使用较多。梯段爆破方式以深孔毫秒微差挤压爆破为主，包括排间和孔间两个方向。为了取得适当的级配和经济效果并控制超径石的产生，还对不同条件下梯段高度、超钻量和堵塞结构进行了有益的探索。

坝工界已开始进行电子数码雷管的堆石开采试验，以进一步降低爆破振动强度，减少对周边环境的影响，并改善物料级配。

在开挖岩石坝基界面、料场边界处，普遍采用了减震效果好、外观形象佳的预裂爆破和光面爆破技术，聚能爆破工艺的采用进一步提高了预裂和光面爆破技术的效果。

许多施工企业经过丰富的实践和专业培训，已经成立了有资质、有水平的爆破专业队伍，这是爆破技术得以提高和发展的有力保证。

先进钻孔设备、装药设备的出现，炸药品质的提高和相关先进爆破器材的应用，促进了坝工爆破作业的不断进步。

(13) 混凝土面板堆石坝垫层料上游面固坡技术创新多、推广快。我国在面板堆石坝建设初期的一二十年里，垫层料上游坡面的固坡施工基本上采用的是削坡法，即垫层料向上游超宽铺填、碾压，超宽部分用人工或反铲削坡，坡面采用斜坡振动碾或液压平板振动器压实，垫层坡面压实合格后，用水泥砂浆或乳化沥青等实施固坡，然后浇筑混凝土面板。鉴于削坡法施工比较繁琐，加之雨季施工时，坡面会被流水冲蚀等原因，垫层料固坡一直在寻求更为经济、安全的施工方法。经过论证，公伯峡工程在借鉴巴西筑坝经验的基础上，于2002年用研制的挤压边墙机实现了混凝土边墙固坡方法的施工。挤压式边墙施工法以其能够保证垫层料的压实质量和提高上游坡面的防护能力，以及施工简便等特点，很快得到了广泛认可，并迅速得到推广。双沟混凝土面板堆石坝采用的翻模固坡技术，察汗乌苏面板坝使用的移动边墙固坡技术，都取得了不错的效果。

(14) 面板施工时坝体预沉降期的选择更加理性。《混凝土面板堆石坝施工规范》(DL/T 5128—2009) 提出：坝体预沉降期宜为3～6个月，面板分期施工时，其上部填筑应有一定超高，这是对面板坝施工经验教训的总结。

目前，对于预沉降期的控制还有几种不同的辅助控制手段：①按面板顶部处坝体沉降速率3～5mm/月控制；②在对应坝体主沉降压缩变形完成以后（由沉降过程线可知），安排面板混凝土施工。坝基混凝土防渗墙与趾板间的连接板混凝土浇筑，安排在施工期基本完成变形后进行。坝顶防浪墙的施工时段一般也在面板施工完成后延缓一段时间安排。

(15) 新的技术措施为混凝土施工和混凝土质量控制提供有力支持。对于面板混凝土的温度裂缝和干缩裂缝的控制，许多工程都在优化采用高效减水剂、引气剂、减缩剂、增密剂等外加剂，还掺加聚丙烯类纤维或钢纤维、添加粉煤灰、硅粉等改性措施以改善混凝土的性能。混凝土配合比的设计水平不断提高，混凝土养护措施不断改进和创新，使混凝土面板裂缝趋于减少，尤其是在高寒干旱地区效果更为明显。

水泥基渗透结晶型防渗材料的使用，对于减少及弥合混凝土裂缝、提高混凝土后期强度有积极作用，这一新材料在心墙坝混凝土底板、面板堆石坝混凝土面板的补强、防裂和防渗控制中都有使用，而且也形成了具有各自特点的施工工艺。

混凝土拌和站在坝顶附近或坝面布置也成为提高混凝土质量、减少裂缝发生的一个手段。由于混凝土运输距离缩短，运输过程可以简化，混凝土在浇筑仓面具备同样工作性能前提下，水泥用量和水灰比能够减少。

在严寒地区，有的工程在面板水位变动区用真空作业法施工混凝土，由于水灰比明显减少，抗冻性能、耐久性能得以提高。

(16) 混凝土面板坝重视实施有效的反渗排水。我国面板坝施工中曾出现过多次因下游水位高于上游水位而导致的反向渗水破坏垫层、固坡层甚至混凝土面板的事故；也有因反渗排水管冻结及附加防渗体施工不当而造成的反渗破坏，反渗问题的预防和处理引起了各方面的普遍重视。经过多年来的不断实践和经验总结，解决这一问题的方法已经成熟，有关要求也已纳入相关规范中。

(17) 坝坡防护形式和施工方法有了进步，许多工程十分注意和努力实现护坡与坝面填筑作业的平起施工，并尽可能使用施工机械高效、安全地实施作业。

(18) 普遍重视料区、坝区及上坝道路的规划、施工以及运行维护，道路标准明显提升。带式输送机运输坝料方式初显生机。

(19) 土石坝的安全检测工作在20世纪70年代、特别是进入20世纪80年代以后得到了较大的发展，自动化检测仪器和检测管理在20世纪90年代得到了逐步推广应用。从小浪底土石坝开始，跷碛、瀑布沟、毛尔盖、糯扎渡等高土石坝均采用了比较先进的安全观测系统。现在，各个工程都十分重视观测仪器的埋设工作，并注意协调填筑施工与埋设工作的矛盾，以确保仪器的安装埋设质量；同时，对施工期的观测也予以关注，以期使用观测资料指导施工和辅助控制填筑施工质量。

（20）沥青混凝土防渗体试验技术和施工工艺基本成熟，施工配合比优化水平不断提高，我国研制生产的一系列有中国特色的施工设备在建设中发挥了积极作用。

近20年来，经过数个大、中型工程的建设实践，在有关单位通力合作攻关下，沥青混凝土材料优化控制技术、沥青混凝土施工工艺技术和沥青混凝土施工机械设备配套等方面，取得重大进展，解决了沥青混凝土机械化施工、沥青混凝土面板低温抗裂、沥青混凝土面板斜坡稳定性以及沥青混凝土的环境影响等问题。随着技术进步和一批大、中型工程的建设，沥青混凝土防渗体施工技术及其工程质量将会进一步提高，沥青混凝土防渗体土石坝的数量会不断增加，筑坝高度也会不断提升。

（21）土石坝的除险加固和加高培厚工程相关施工技术有所创新，在大量实践的基础上，积累了一套行之有效的施工经验。

（22）高原高寒干旱条件下堆石坝快速施工技术取得突破。我国西部、北部多座沥青混凝土堆石坝和高混凝土面板堆石坝、土心墙堆石坝的建成和开工建设，为高原高寒区土石坝的快速施工积累了经验。在一定的负温条件下，就水泥混凝土施工、沥青混凝土浇筑和各种坝料填筑等施工工艺进行了大量的试验研究和实践，取得了丰硕成果。施工过程中，还就环境对施工人员的负面影响和设备效率的不利影响进行了研究分析，对如何减少恶劣条件下施工人员数量和均衡安排施工人员进行了一些尝试，积累了丰富的高原高寒区土石坝施工经验。

1.4 土石坝建设的发展方向

我国用现代技术修筑土石坝已经历了半个多世纪，如今已步入土心墙堆石坝、混凝土面板堆石坝、沥青混凝土防渗体堆石坝等多种坝型并进的高坝、超高坝时代。目前，两河口、江坪河、大石峡等高坝、超高坝正在紧张施工，双江口等高坝亦开始建设，还有数座200m、300m级高坝正在进行建设前期的准备工作。随着“一带一路”倡议的大力实施，更多的海外高坝将由我国水电队伍实施建设。我们所要面临的工程，还有许多已有经验不能覆盖的难题，需要采用理论与实践相结合、经验判断与试验相结合的技术途径，创新地应用各种技术手段和管理方法，以应对未来工程的挑战。

（1）土石坝建设过程的信息化管理应是21世纪发展的重要方向，要加快推进实施步伐。基于相关基本理论和科技手段建立支持模型，并形成相应的计算机软件或施工信息平台，以实现施工全程的信息化管理。包括BIM技术；大坝工程的动态仿真施工组织设计；建立数字化大坝仿真模型；坝料填筑质量监控与评价系统以及质量检测数据录入系统；施工全过程动态模拟以及施工作业面可视化系统等。

（2）依托在建工程，发挥各方力量，围绕土石坝施工难点和发展需要，有计划地、动态地、针对性地研究相关施工关键技术，就总体规划、坝体填筑、混凝土结构施工、特殊地基处理、坝体变形控制、施工质量检测与控制、安全监测、环境保护、新设备与新工艺等课题进行研究和创新。研究、应用、推广、完善有机结合，同时进行，不断提高关键技术的应用水平，以适应新一轮高坝和超高坝以及复杂地形、地质条件下的工程建设。

2 施 工 规 划

2.1 编制内容及步骤

2.1.1 编制依据

施工规划是施工组织实施过程的重要组成部分。

施工规划编制依据始终围绕项目实施过程中各节点目标，以工期日历形式为基准。对土石坝工程而言，施工规划过程中各节点目标工期有截流、坝体分年度度汛、下闸蓄水、投产发电等。围绕各节点目标，根据项目实施最终目的，如防洪、供水、发电或其他效益，编制合理的施工规划。

施工规划工作，贯穿项目实施的全过程。从项目最早开始，到项目最终结束，实施过程中在不停地进行调整，以适应变化的外部因素，从而实现项目最终目标。另外，施工规划工作，对项目合理选择设计方案、提高施工技术、强化概预算管理、推动项目建设等有着重要意义，对项目投资、建设周期、施工组织、质量安全、环境保护等方面将产生直接影响，为项目实施过程起指导作用。

施工规划编制依据为：①施工合同文件，如合同协议书、商务文件（专用条款、通用条款）、技术文件、图纸、已标价工程量清单等；②设计文件，如设计专题报告、图纸、技术要求及技术交底；③执行标准与规程、规范，如：《防洪标准》（GB 50201）、《爆破安全规程》（GB 6722）、《水利水电工程施工组织设计规范》（DL/T 5397）、《水工建筑物地下工程开挖施工技术规范》（DL/T 5099）、《碾压式土石坝施工规范》（DL/T 5129）、《水工混凝土施工规范》（DL/T 5144）、《水工混凝土试验规程》（DL/T 5150）、《水利水电建设工程验收规程》（SL 223）。

2.1.2 编制内容

土石坝工程施工规划编制，因坝体结构型式的不同，编制内容总体上包含以下内容。

2.1.2.1 工程条件资料收集与分析

工程条件资料包括工程概况、水文气象、地形地质、建筑材料、工程环境、合同内容、节点工期、主要工程量等。

工程条件资料收集完成后进行与施工条件分析，通过分析与比较，为选择最优施工技术方案提供必要条件。

2.1.2.2 设计施工导流方式比较

导流方式对土石坝工程施工尤为重要，其在坝体度汛、分期分序填筑等方面将直接关系到坝体施工组织与管理。通过与设计阶段导流方式的比较，可为坝体各分部分项施工提供更充分的根据。

2.1.2.3 确定坝体分期分序填筑进度计划

坝体填筑是施工规划的核心内容，根据设计文件中有关节点控制性工期，确定坝体填筑施工进度计划。一般根据设计节点控制性工期，按照坝体导流度汛标准要求，并结合现场平面布置、各分部分项工程施工方法、土石方开挖与填筑工程量的平衡计算、施工机械设备配置及其他相关建筑物（泄洪、引水、发电厂、升压变电站等）施工情况等，将坝体按高程、填筑强度不同分作若干期、序，从而确定整体工程施工进度计划。

2.1.2.4 施工方案比选

根据坝体填筑分期分序进度计划，对相关项目进行方案比选，从而确定最优施工规划。施工方案比选主要从以下做起：①各分部分项工程施工程序对施工进度计划的保证性；②各分部分项工程施工工艺难易程度和强度大小的均衡合理性；③相关筑坝材料的开采、加工和运输条件的可行性；④大坝填筑区和料场开采加工区的施工布置的合理性；⑤施工资源配置（劳动力、机械设备、材料）的可靠性；⑥施工过程中各环节的安全因素；⑦施工临建设施工程规模；⑧新技术、新材料、新设备和新工艺对坝体填筑在质量、安全、进度、经济方面的影响；⑨业主、监理、设计对施工方案的意见与建议。

因坝体施工是关键，其对各建筑物在施工进度计划或局部施工方面存在修改与完善。因此，通过施工方案的比选，并结合其他各建筑物施工情况，在业主、监理工程师、设计师同意的情况下，对施工方案进行反复论证，并经监理工程师协调后，确定最终施工技术方案。

经施工方案比选后，再结合工程地质、水文气象、建筑材料、对外交通及外围资源供给等客观因素，以施工方案比选内容逐条进行二次或多次“否定之否定”，才能提炼出最优的施工技术方案。

确定施工技术方案，主要内容包括以下几点。

（1）落实切实可行的各分部分项工程施工程序，保证各工序具有可操作性，从而将施工进度计划落到实处。

（2）对施工导截流做专门设计，将戗堤合龙、围堰堰基防渗处理作为重点进行实际场地下预演，从而充实完善拟定的施工方法与措施。

（3）根据坝体填筑分高程、分物料不同，制定料场分区、分层开采规划和物料加工工艺，确定物料上坝运输道路，使物料“挖得出、堆得下、运得走”有序流动，从而做到物料各尽其用。

（4）对机械设备按开挖、运输、碾压功能不同，以填筑强度反推确定开挖、运输强度，并根据物料平衡计算成果，进行机械设备的组合，从而确定最优的机械设备配置。

（5）对施工辅助设施，如供风、供水、供电根据用途、安放部位、线路长短、容量大小不同进行专业设计；对加工附属设施，如砂石骨料加工及堆放场、混凝土拌和站、工地修配厂、车辆停放厂、钢木加工厂、预制厂、油料库、材料库、火工库等根据主体项目相关工程量的大小进行布置；对后勤设施，如办公住房、职工文体娱乐设施、工地试验室等所需临时房屋建筑人员多少进行布置。以上设施，均根据施工已有场区进行合理规划与布置，也可根据业主要求，做到永久与临时设施相结合，以节约资源、不浪费和环保为目的，使以上临时设施更好地为坝体施工服务。

(6) 根据附属工程不同，确定临时建筑工程完成所需时间，并详细计算临建工程量，确定临时工程用地计划，并以此为据，确定施工准备期和主体工程施工进度计划。

(7) 汇总主要建筑材料、油料、火工材料和劳动力需要量，列出各月、季、年用量计划，确保后勤物资供应顺畅，完成技术供应计划等。

2.1.2.5 完成施工规划报告编制工作

根据已确定的施工技术方案，按施工规划编制流程（见图 2-1），组织相关人员将已完成相关内容进行修改、完善后，打印成稿，送项目业主、监理单位备案。至此，土石坝工程施工规划编写完成。

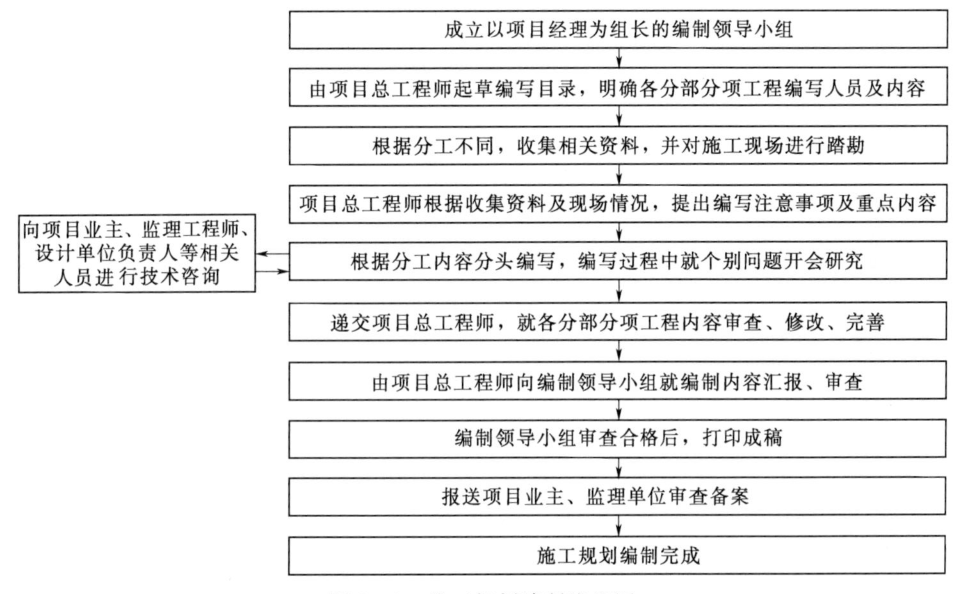

图 2-1 施工规划编制流程图

2.1.3 编制步骤

根据编制内容，绘制施工规划编制步骤图（见图 2-2）。

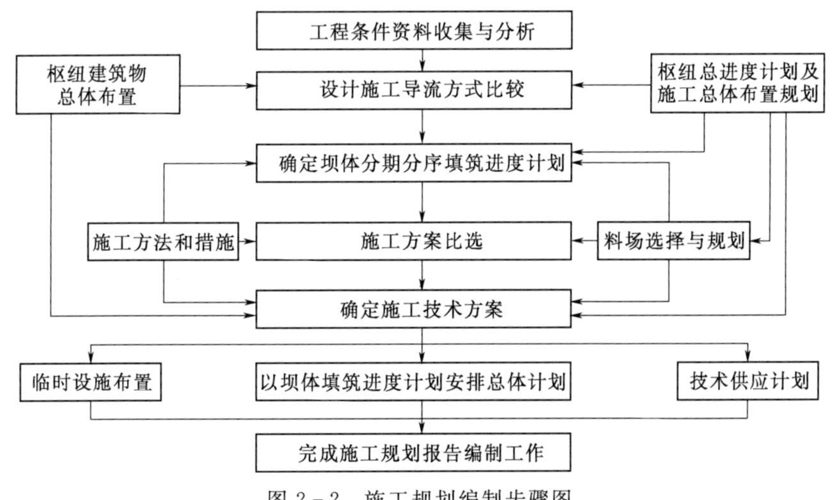

图 2-2 施工规划编制步骤图

2.2 施工布置

2.2.1 布置原则、内容及规划

2.2.1.1 布置原则

（1）在充分利用业主指定区域的情况下，按照业主对项目管理的要求，宜将永久与临时建筑相结合，以租赁与自建的方式就地就近，并以方便管理为前提，进行坝区平面布置。

（2）坝区平面布置要充分考虑枢纽设计施工总体布置和总进度计划要求，考虑与相关工程项目协调配合，尽可能避免各单项工程及各分部分项工程各工序间的相互干扰。

（3）注意节约用地，少占耕地，充分利用弃渣场地，布置相关辅助设施。

（4）运输道路的布置应满足运输量和运输强度的要求，并结合施工分期综合考虑，以充分发挥运输效率；同时使料场、坝面、运输干线、仓库、堆料场、油料供应点等连接合理。

（5）应遵守国家有关安全、环保法律法规，对生产、生活设施的布置应以安全为第一宗旨。同时，生活设施尽量远离噪声、振动、飞尘、交通量大的场所，减少因施工对原有地面景观的破坏，为美化施工环境创造条件。

2.2.1.2 布置内容

（1）筑坝材料的运输道路。

（2）坝区内供应、加工物料的有关设施。

（3）筑坝材料的堆存、转运、弃料堆放场地。

（4）施工供风、供水、供电、通信及防洪、排水等设施。

（5）各种生产、生活设施及占用场地，如机械设备停放修理厂、钢木加工厂、混凝土预制构件厂、综合材料仓库、油料库、火工材料库、后勤营地及办公住房、工地试验室、质量检测站、调度室、砂石骨料筛分加工系统、混凝土拌和系统（含水泥库）等。

（6）坝区其他设施，如安全防火、排污、排洪等设施。

2.2.1.3 布置规划

对土石坝工程而言，上坝道路布置是关键。所以，坝区平面布置总是以围绕运输道路布置而展开。

（1）上坝线路及其他临时设施规划布置。运输道路布置首先应充分利用坝区地形地貌特征，结合枢纽建筑物特性，导流、坝基处理，施工分期（序）、坝体填筑施工方法、强度和其他主要运输道路，详细研究上坝线路规划布置，并拟定几种上坝运输道路布置的方案；针对几种主要方案，从施工进度、经济效果、技术条件等方面进行综合比较，选择出合理的上坝线路，然后在上坝线路的基础上，安排布置其他临时设施。

根据工程规模和施工需要绘制的坝区平面布置图，其比例尺一般为1/1000～1/2000，亦可按需要适当放大或缩小。

坝区施工平面布置图应反映出坝体施工的全过程，一般绘制一张典型（高峰施工期或

完建）的布置图即可。施工期间变化较大时，应按坝体填筑分期（序）分别绘制不同高程施工平面图，并将编制的临时设施技术指标表、坝体填筑特性表附于图上。

对于大型土石坝工程，还应绘制一幅包括料场、坝区及有关工程项目在内的综合布置图，其比例尺一般为1/2000～1/5000；而与坝体施工关系不甚密切的设施，如生活区、辅助企业区等可不必绘出。图中宜附列各料场、运输道路的技术指标。

（2）编写坝区平面布置说明书。坝区平面布置说明书内容主要有：坝区范围、基本资料、布置原则和布置方案选择、规划布置成果等，同时附上临时用地计划一览表。

2.2.2 道路布置

2.2.2.1 坝区运输道路布置的原则

（1）坝区运输道路应有利于充分发挥施工辅助企业设施的生产能力，满足施工进度和强度要求的交通量，管理运行方便，规模适当，经济合理。

（2）坝区运输道路布置应进行多个方案的比较，主要比较布置的难易程度和技术指标（转弯半径、纵坡、路面宽度、视距等）。

（3）运输道路宜自成体系，临时交通应与永久交通相结合，尽量利用永久交通。

（4）连接坝体上、下游交通的主要干线，应布置在坝体轮廓线以外。干线与不同高程的上坝道路相连接，应避免穿越坝肩岸坡，从而干扰坝体填筑。

（5）路基、路面及相关建筑物（桥梁、隧道、涵洞）除应根据道路等级确定外，尚应满足施工主导车型及运输强度要求。运输道路应经常维护和保养，及时清除路面散落的石块等杂物，并经常洒水，以减少运输车辆的磨损。实践证明，用于高质量标准道路设施建设的投资，足以用降低汽车维修费用及提高生产率加以补偿。路基坚实，路面平整，靠山坡一侧设置纵向排水沟，顺畅排除雨水和泥水，以避免雨天运输车辆将路面泥水带入坝面，污染坝料。

（6）场内交通应和枢纽工程总体规划相适应并分阶段形成，每个施工阶段应有相应的运输道路，使其与坝面填筑及物料开采状况相适应，尽可能做到“高料高运，低料低运”，且在时间及空间上注意做好前后衔接，尽量避免后阶段拆除。

（7）对干线道路，尽量避免穿越生活区。

（8）道路沿线应有较好的照明设施，路面照明容量不少于3～5kW/km，确保夜间行车安全。

（9）参照国内外工程经验，场内交通需进行运输网络化优化设计。

（10）场内运输道路依据《水电水利工程场内施工道路技术规范》（DL/T 5243）编制。

2.2.2.2 汽车运输道路布置

（1）布置形式。汽车运输道路布置形式见表2-1。

（2）上坝道路布置方式。汽车上坝道路的布置，应根据坝址两岸地形、地质条件、枢纽布置、坝高、上坝强度、自卸汽车车型和吨级等因素综合考虑。一般多根据地形条件采取两岸不同高程的布置方式，以减少路基土石方量和坝面施工干扰，其布置方式见表2-2。

表 2-1 汽车运输道路布置形式表

线路形式	特　　点
环形线路（单行道）	轻重车分道环形行驶，行车安全，运输效率高，还能适用于狭长填筑面施工，应优先考虑采用
往复线路（双行道）	轻重车在同一线路行驶，路面较宽；错车频繁，转弯处不安全；进出坝面料场穿插干扰大；车辆常常偏一侧重行，对行车不利；适用于峡谷地区运输量不大的工程
混合线路	环形与往复线路混合布置，比较灵活；干线用双行道，料区和坝区用单行道较多

表 2-2 汽车上坝道路的布置方式表

布置方式		适　用　条　件
岸坡式	一岸布置	坝区河谷狭窄，一岸平缓，一岸陡峻或地质条件较差，不易修建道路； 上坝强度较低，布置线路较少； 坝高一般小于 60m，坝长一般不超过 500m； 道路“级差②”一般为 10～20m
	两岸布置	施工强度较高，填筑面较长，两岸地形地质有条件布置多级上坝道路； 道路的“级差②”一般为 20～30m； 两岸道路一般不在同高程布置，以便道路交替使用
坝坡式①		两岸较陡，地质条件较差； 坝高一般大于 60m； 布置岸坡道路与其他建筑物施工有干扰； 河谷有一定宽度（大于 200m）； 回头曲线尽可能布置在坝体以外，在地形允许时，道路尽可能向岸坡延伸，以减少坝坡道路长度
混合式		两岸地形、地质条件允许布置少数岸坡道路； 上坝强度大，适用于布置为环形道路； 坝体较高

① 可结合斜马道和永久性坝坡布置道路；
② 道路的“级差”是指上坝道路到达坝头的高程差。

（3）坝内分期道路。坝体填筑过程中，运输道路在坝内不断移动升高，应按进度安排中划分的施工分期进行布置。

堆石体内道路，根据坝体分期填筑的需要，除防渗体、反滤过渡层及相邻的部分堆石体要求平起填筑外，不限制堆石体内设置临时道路，其布置为“之”字形，道路随着坝体升高而逐步延伸，连接不同高程的两级上坝道路。为了减少上坝道路的长度，临时路的纵坡一般较陡，为 10%左右，局部可达 12%～15%。

（4）穿越防渗体道路。许多土石坝工程因坝壳料料场位置的原因，造成其物料在运输上坝过程中，均存在各类机械设备需穿越防渗体，致使防渗体土料被多次碾压造成剪切破坏的问题。为确保各类机械设备穿越防渗体土料，对穿越防渗体进行道路布置，其形式见表 2-3，不同施工方法道路布置见图 2-3～图 2-5。

黑河坝坝壳料全部为砂砾石，其料源全部取自下游河床，采用 45t 自卸汽车运输，自卸汽车经坝下游坡面的永久上坝“之”字形道路运输上坝。对坝体上游区坝壳料运输，自卸汽车必须穿越防渗体心墙。心墙坝面采用分两区平起填筑，在分段处铺设厚 0.8m 的砂

表 2-3　　穿越防渗体的道路布置形式

形式	适用条件及优缺点
台阶式	每填筑 5～15m 高度变换一次道路，分期导流、分期坝段同时填筑时多用。这种布置方式道路变更次数较少，可以铺设路面，运输条件较好，但防渗体不能平起填筑，台阶之间留有横向通缝，接缝处理工作量大
左右交替式	坝面最大纵坡要小于 10%。此法利于坝面施工排水，一般无横向接缝问题；碾压机械在纵向斜坡上作业需要较大的牵引力，坝轴线过长时，过坝道路可同时设置两条以上线路
平起式	将道路布置在施工流水区段的分界区，每填筑一层反滤料（2～3 层土料）后变更一次道路位置。此法坝面可以平起填筑，有利于机械化流水作业施工；道路变更频繁，不能设置路面，有时易出现过压现象，施工道路处填筑层数较多，对大面积施工稍有干扰

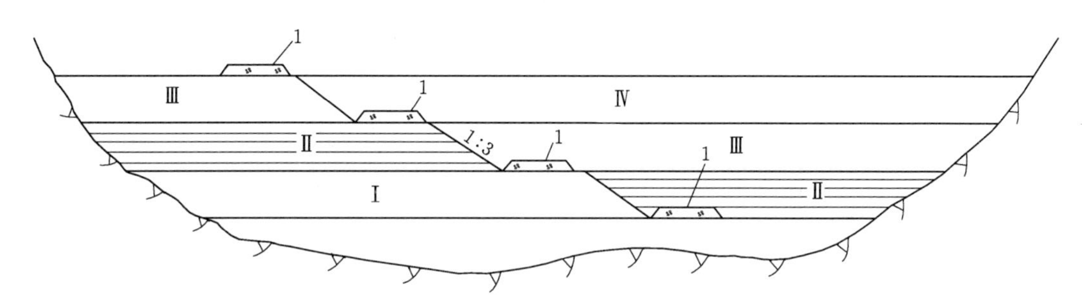

图 2-3　台阶法道路布置示意图

Ⅰ～Ⅳ—填筑层顺序；1—道路

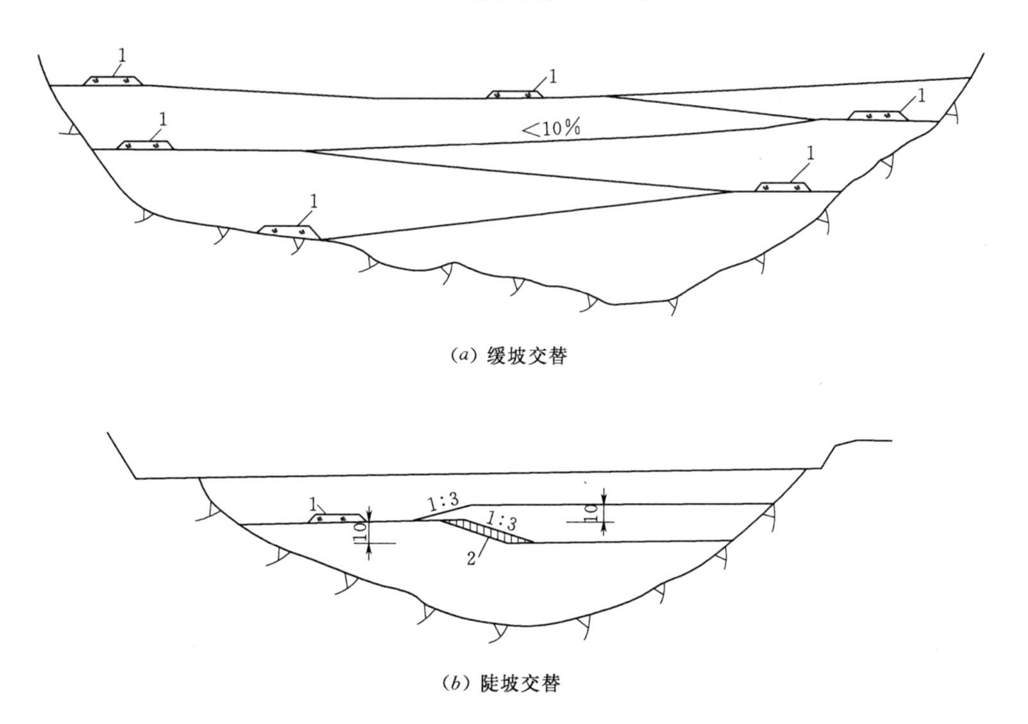

(*a*) 缓坡交替

(*b*) 陡坡交替

图 2-4　左右交替法道路布置示意图（单位：m）

1—道路；2—挖除部分（厚 1m）

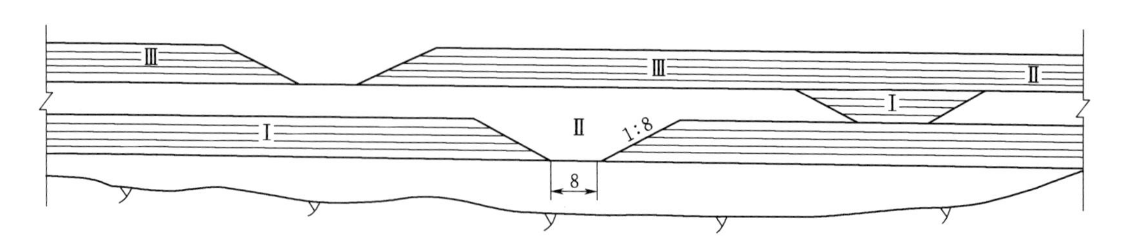

图 2-5　防渗体平起施工横穿道路布置示意图（单位：m）
Ⅰ～Ⅲ—填筑层顺序

卵石料，形成宽 12m 的过心墙道路，两区高差 5～10m。心墙填筑前全部挖除临时道路，并将路基填土层处理合格后，方可继续心墙防渗体施工。

瀑布沟坝为解决施工车辆穿越心墙区的问题，在心墙区采用砾石土料分层填筑出一条高 1.0～1.5m，宽约 4.0m 的临时道路，道路两侧坡比 1∶3，上面再铺设厚 24mm 的锰钢板，待砾石土大面积填筑至路面同高程时，便更换临时道路的位置。新通道与原通道错开布置，并且对原通道超压土体进行挖除处理。挖除时控制通道左右侧坡度不陡于 1∶3，处理的宽度范围一般在 8m 左右，最后进行新土的分层碾压回填，其要求与正常填筑一致。

观音洞坝为解决施工车辆穿越沥青心墙区的问题，自制加工横穿心墙的整体式钢栈桥，其桥台为枕木，桥面为 I_{20} 工字钢和钢板（厚 5mm），长 6.0m，宽 3.0m，重约 5.0t。

（5）坝区道路技术指标。参照《水电水利工程场内施工道路技术规范》(DL/T 5243—2010）附录 A 要求执行。

（6）坝内临时道路路面结构。路面结构视筑坝材料和通行车辆的情况而定，一般需在原有填筑面上另行铺料整平。临时道路路面结构见图 2-6，坝内临时道路路面结构实际资料见表 2-4。

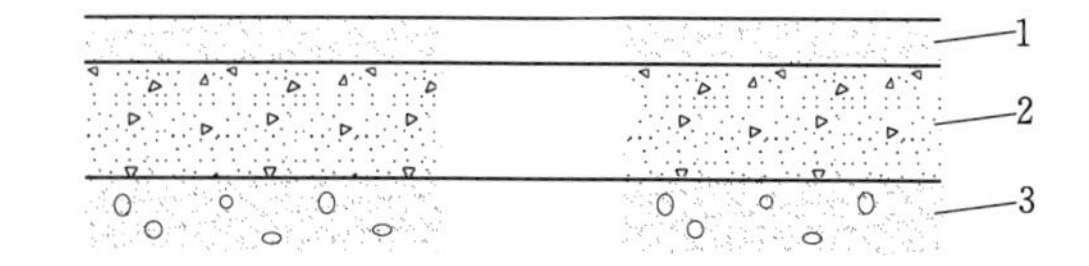

(*a*) 堆石体移动路面

(*b*) 土料防渗体移动路面

图 2-6　临时道路路面结构示意图（横剖面）
1—面层；2—整平层；3—堆石体；4—垫层；5—防渗体

表 2-4　　坝内临时道路路面结构实际资料表

工程名称	汽车载重量/t	路　面　结　构	说　　明
瀑布沟	32	穿越心墙道路采用砾石土料分层填筑出一条高 1.0～1.5m，宽约 4.0m 的临时道路，上面再铺设厚 24mm 的锰钢板	堆石料、过渡料
	20		反滤料、心墙料
毛尔盖	20	穿越心墙道路主要采用在碾压成型的心墙料上铺一层土工布，然后在土工布上铺筑约厚 80cm 的过渡料	心墙料、坝壳料
黑河	45	厚 15～20cm 砂卵石（粒径小于 100mm）整平层，厚 5cm 粗砂面层	堆石体上的临时道路
	20	厚 30cm 石渣或砂卵石垫层，无面层	心墙上的临时道路

2.2.2.3 带式输送机运输线路布置

带式输送机运输上坝料在国内外工程中的应用屡见不鲜，因带式输送机爬坡能力大，运行噪声小，架设简易，能耗低，比自卸汽车可降低运输费用的1/3～1/2，运输能力也较高。带式输送机合理运距小于10km，与自卸汽车配合，做长距离运输，在坝前经转料装置由汽车转运上坝。

(1) 布置方式。带式输送机的上坝线路依据地形、坝长、施工现场具体条件和运输强度以及施工分期（序）等因素进行布置，其布置方式见表2-5。

表2-5　　上坝带式输送机布置方式表

布置方式	岸坡式	坝坡式
布置要点	1. 顺岸坡布置到坝头附近； 2. 可由坝体上、下游的一岸或两岸进入坝头； 3. 进入坝面的高度一般至少应高出填筑面6～7m，最大可达40～50m	1. 一般顺坡进入坝面； 2. 当坝坡较陡、垂直坝轴线布置困难时，视带式输送机爬坡能力可用栈桥、与坝轴线斜交或“之”字等形式进行布置
适用条件	1. 料场位置较高，岸坡较为平缓，便于开挖带式输送机平台； 2. 对于陡峻岸坡可用岸坡支架（栈桥）或修建隧洞布置带式输送机	1. 岸坡较陡，由低处向高处运料； 2. 可适用于左右摇摆法、前进后退法卸料； 3. 可适用于坝坡上有较固定的戗台、拦洪坝面顶部等能较长时间布置带式输送机的情况；全断面补齐上升阶段，开始时可充分利用拦洪坝面布置带式输送机，利用其居高临下之势，大量卸料
优缺点	1. 布置、施工、安装均比较简单； 2. 干线带式输送机多可一次布置妥当	1. 上述适用条件3可充分发挥带式输送机运输效率，缩短转移时间，尤其适用于狭窄坝面施工； 2. 和坝坡施工有干扰

(2) 最大允许纵坡。最大纵坡的选取应考虑停机的方便和运输物料的下滑特性，最大倾斜角应比物料与皮带间的摩擦角小于10°左右，上坡时应着重考虑满载启动的可能性。带式输送机最大纵坡（上坡）一般可按表2-6选用，其最大纵坡选用实例见表2-7。

(3) 带式输送机穿越防渗体。带式输送机穿越防渗体要尽量减少对防渗体施工的影响，一般方法如下。

1) 尽可能将带式输送机安排在已经处理过的坝肩处穿越，坝肩坡陡时，可搭设栈桥通过。

表2-6　　带式输送机最大纵坡（上坡）参考表

物料类型		最大纵坡/%	倾斜角/(°)
湿黏土（含水量15%～25%）		32.5	18
砂料	干	26.8	15
	湿	36.4	20
砾石		36.4	20
碎石		38.4	20

注　物料下坡运输时，其倾斜角应比表中数值减小3°～5°，此时带式输送机速度不应超过1.0～1.5m/s。

表 2-7 带式输送机最大纵坡选用实例表

工程名称	输送物料	最大纵坡/%	胶带速度/(m/s)	备　注
石头河	重粉质壤土、粉质黏土	+26(14.6°)、-33(18.3°)	1.6	坝头坡式输送机曾用到 -66.7%（33.7°），实践总结得出，坡度陡于±25%（14°）
瀑布沟	砾石土	-11.62(6.6°)	4.0	长距离、高带速、大落差下行胶带机

注 “+”表示上坡，“-”表示下坡。

2）按土料流水作业段集中 2～3 条带式输送机于一处通过防渗体，随防渗体的上升逐次倒移。此法可以进行土石平起填筑，保证施工进度，缺点是造成防渗体横向接缝，全坝面不能平起。

3）用左右交替法进行布置（见图 2-4）。

（4）布置实例。

1）石头河坝，心墙土料用带式输送机运至坝头，通过带式卸料机转入汽车散料。带式输送机线路采用跨沟架设索桥，遇陡崖开凿隧洞的办法缩短长度，减少干扰，其高差主要用溜槽和下坡带式输送机削除（见图 2-7）。

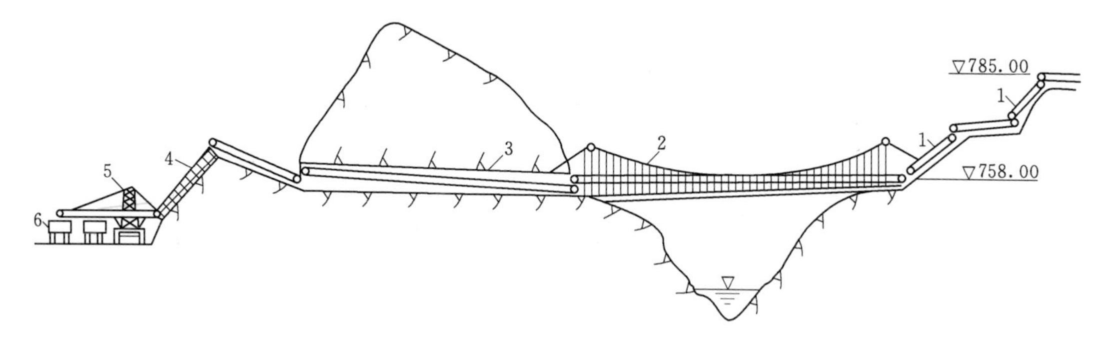

图 2-7 石头河坝某料场带式输送机线路布置示意图
1—溜槽；2—索桥（双线带式输送机通过）；3—隧洞；4—坝肩溜槽（后期为下坡带式输送机）；5—带式装卸机；6—散土汽车

2）瀑布沟坝，心墙料场为黑马土料场，由于其距大坝公路里程 17～20km，采用自卸汽车运输成本较高。因此，在料场与大坝之间开挖了一条皮带机洞，洞长 4.0km。安装一条长 3995m 的胶带运输机，带宽 1.0m，带速 4.0m/s，运输强度 1000t/h，下行坡度为 11.62%，运输落差 457m，装机功率 $P=2\times560$kW，具有变频控制软启动、软停车、液压自动张紧、电阻单元消耗制动等特点。该胶带机由沈阳矿山机械有限公司负责承建，其成功地投产使用，填补了国内长距离、高落差、大运量、大负功率、可靠制动胶带机的空白。

为与长距离的胶带机相衔接，皮带机洞进口至土料筛分系统之间采用 3 条皮带将筛分后的砾石土料传送给长距离胶带机，出口又布置了 3 条短皮带传送给中转料场堆料机，再由堆料机传送至中转料场。在中转料场采用自卸汽车运至大坝填筑区进行填筑。

瀑布沟坝胶带式输送机于 2007 年 4 月 1 日开始运行，成功为瀑布沟大坝输送砾石土心墙料约82.0万m^3，可对受施工区域地形限制、施工交通布置较困难的大型工程项目起到借鉴作用。

2.2.3 砂石加工系统布置

土石坝中，除各建筑物混凝土骨料需要由砂石加工系统生产外，坝体填筑中的垫层料、反滤料也需由砂石加工系统生产而得。一般将砂石骨料按垫层料、反滤料各自级配要求通过掺配而得；也有少数工程直接由机械破碎生产而得。

垫层料、反滤料一般由天然砂砾石料经筛分或致密坚硬石料轧制，或天然砂砾石料与轧制石料掺合而得，其物料物理指标及级配应满足技术标准要求。

2.2.3.1 垫层料生产

垫层料生产方法主要有以下4种。

(1) 层铺立掺。层铺立掺就是将由砂石料加工系统生产而得的骨料，按照垫层料级配要求，分粗粒料（$d \geqslant 5$mm）与细粒料（$d < 5$mm）进行掺配得到垫层料。现在，许多工程掺配所用的细粒料采用符合设计要求的天然砂、当地风化砂或石屑等。

垫层料掺配前应分别取有代表性的粗、细粒料试验样品测定其振实密度。根据密度和理论掺配重量比例，计算出粗、细料的掺配体积比，从而得出粗、细料的掺配厚度，并通过试验进行验证。

掺配是将粗、细粒料按确定的比例逐层交替铺料。掺合铺料施工，先拟定粗粒料层厚，再计算相应细粒料层厚，其计算方法见式（2-1）和式（2-2）。

$$h_1 = h_2 \rho_1 / n\rho_2 \tag{2-1}$$

$$n = (B-C)/(C-A) \tag{2-2}$$

式中　h_1、h_2——细粒料层，粗粒料层厚度，cm；

ρ_1、ρ_2——细粒料层，粗粒料层的自然（未压实）密度，g/cm³；

n——粗粒料与细粒料的重量比，由式（2-2）计算后，需经试验，并复核调整；

A、B——粗粒料、细粒料中粒径小于5mm的细粒的含量占总量的百分数；

C——垫层料中粒径小于5mm的细粒的含量占总重的百分数。

铺料时，第一层先铺粗粒料，后退法卸料；第二层铺细粒料，进占法卸料。铺料结束后，立面开采，反复翻到至均匀状态（见图2-8）。

(2) 筛分掺配。筛分掺配是将料场开采出来的石料进行机械破碎与筛分，然后通过机械拌和或按比例向传输带上下料掺配，从而得到级配良好的垫层料。采用筛分掺配法，其优点在于机械化程度高、生产强度大，其垫层料的生产工艺流程见图2-9。

这种工艺流程可以与混凝土人工骨料生产系统相结合，用一套人工砂石加工系统分别生产混凝土骨料和垫层料。

(3) 直接机械破碎生产。直接机械破碎生产是在垫层料的生产过程中，调整粗碎机和细碎机的开度，调整各破碎机的进料量和筛网孔径，经过多次试验，使生产的各种粒径含量符合设计要求，将各种粒径的料送到皮带机上，经传输自由跌落到成品料场。其优点是机械化程度高，生产量大，质量易于控制。

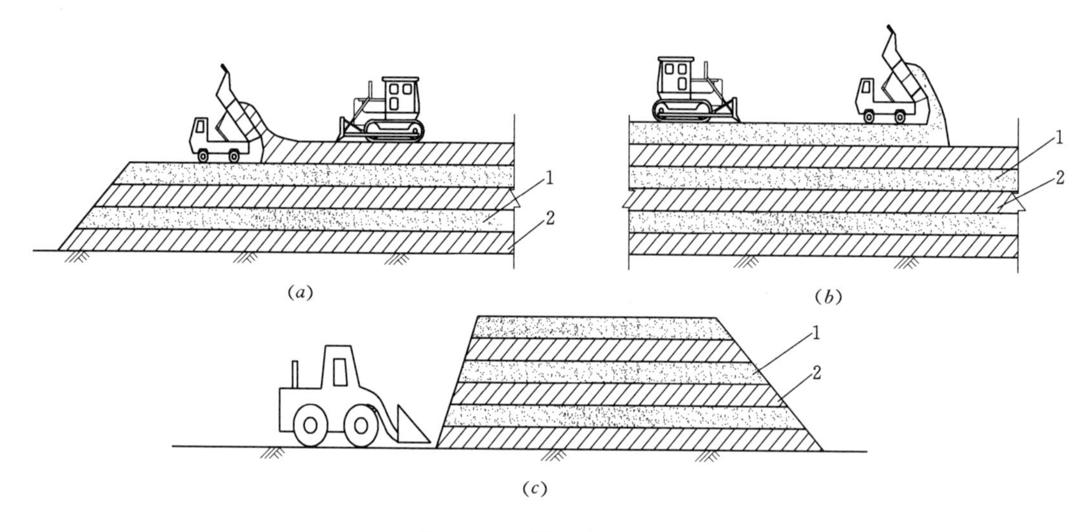

图 2-8　层铺立掺示意图

1—细粒料；2—粗粒料

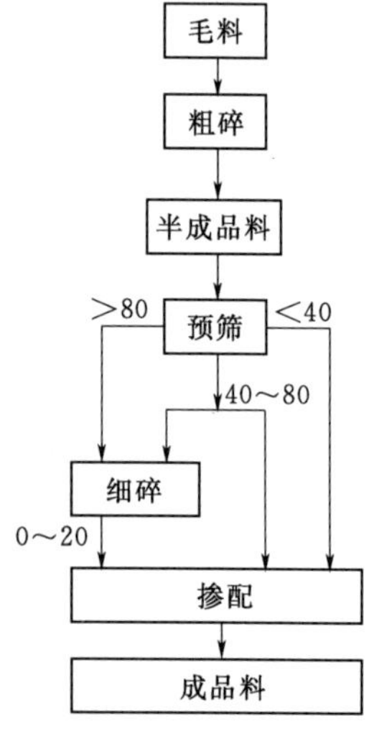

图 2-9　筛分掺配垫层料的生产工艺流程示意图（单位：mm）

（4）利用天然砂砾石料。利用当地天然砂砾石料作垫层料，应对天然砂砾石料进行级配及物理力学性能试验论证后才能投入使用。

2.2.3.2　反滤料生产

反滤料生产方法有以下 4 种。

（1）将料场开采出来的石料进行机械破碎，筛分制备人工砂石料。反滤料与垫层料轧制采用同一制备系统，反滤料轧制时，分选出较大粒径的物料，并对破碎机排料口进行调节，使其粒径符合反滤料的级配要求。然后通过机械拌和或按比例向传输带上下料掺配，从而得到级配良好的反滤料。

（2）采用混凝土骨料，层铺立掺制备反滤料（一级、二级反滤）。

（3）隧洞等地下建筑物开挖的石渣中筛去超径颗粒，也可从采石场爆破石料中筛选碎石和细粒料获得。

（4）若天然砂砾石料满足级配要求，可直接利用；若不满足设计要求，可在天然砂砾石料进行筛选，以对其进行级配调整，调整过程中注意天然砂砾石料含泥量问题。

2.2.4　混凝土生产系统布置

土石坝中，除各建筑物混凝土浇筑外，坝体内混凝土浇筑主要部位为盖板混凝土（含齿墙）、护坡混凝土、坝顶防浪墙及附属部位混凝土等。因这些部位混凝土一般工程量较小，浇筑强度较低，混凝土生产系统的布置随枢纽工程统一考虑，有时也可根据具体情况分散布置。

混凝土生产系统布置方式多利用集中拌和楼，若坝体与拌和楼较远，也可因地制宜在坝体附近单独布置搅拌站，以满足较低浇筑强度混凝土需要。

混凝土浇筑强度计算见式（2-3）。

$$P=KQ_{max}/nm \tag{2-3}$$

式中 P——浇筑强度，m^3/h；

Q_{max}——施工总进度确定的混凝土浇筑高峰月强度，m^3/月；

n——高峰月期间每日工作小时数，可取20h；

m——高峰月内每月工作天数，可取25d；

K——浇筑强度的日不均匀系数，即高峰月内实际最高小时强度与按全月总工作小时的平均强度之比，可取1.3～1.5。

混凝土可采用拌和楼或搅拌站拌制，因心墙基础盖板混凝土（含齿墙）每一浇筑单元工程量较小、分布面广、浇筑强度低，结合大坝填筑高程，可采用分散、灵活的拌和系统和运输设备。

2.2.5 供风、供水、供电及照明布置

2.2.5.1 坝区供风

供风系统是土石坝工程施工附属企业的重要组成部分，施工供风主要为满足风动钻孔设备用风，其次为各分部分项工程零星工作面用风。

施工供风强度计算，应根据各分部分项工程施工强度，如岩石开挖、钻孔灌浆等，从而确定用风设备及强度，根据用风设备及强度最终确定供风设备及数量。施工供风形式，一般有集中式、分散式或两者相结合的形式。随着钻孔工程机械及供风设备的发展，现工程施工供风多为分散与相对集中相结合的形式供风，其特点是因输风管路较短，风量与风压损失较少，从而确保供风设备效率。

施工供风强度确定，应根据各用风单位使用风动机械的台数及单台的耗风量，各单项工程的供风同机率，供风站到各用风地点的距离等因素综合考虑。施工供风强度计算见式（2-4）。

$$Q=CK\sum q \tag{2-4}$$

式中 Q——供风站供风强度，m^3/min；

C——供风网络中的风量损失系数，根据不同的供风管长度、直径、供风时的气温等而定，一般取值为1.3～1.5；

K——用风单位可能发生的同机率（见表2-8）；

$\sum q$——用风单位需风量总和，即$\sum q=q_1+q_2+q_3+\cdots+q_n$，$m^3/min$。

表2-8 风动工具同机率系数表

风动设备数量	1	2～3	4～6	7～10	11～20	20以上
同机率（K）	1	0.9	0.8	0.7	0.6	0.5

供风管道送风量与管长及管径间的匹配关系见表2-9。

2.2.5.2 坝区供水

（1）用水量计算。坝区用水量包括施工机械设备、坝面、道路除尘、生活及消防等用水。确定用水量，首先根据工程进度确定用水项目及相应时段，然后推算各阶段用水量。坝区的总用水量一般多在30～50L/s之间。坝料填筑加水量实际资料见表2-10。砂砾料

表 2-9　　供风管道送风量与管长及管径间的匹配关系表

管径/mm		供网管长/m					
		25	50	100	300	500	2000
供风量/(m^3/min)	1	20	25	25	33	37	49
	3	33	37	40	49	54	70
	6	40	43	49	64	70	94
	9	43	45	58	76	82	113
	15	52	64	70	88	94	131
	50	82	94	106	131	143	192
	200	137	162	180	228	253	330

表 2-10　　坝料填筑加水量实际资料表

坝名	坝料类别	耗水定额/(t/m^3)	填筑层厚/m	备　注
黑河	砂卵石	—	1.2	
糯扎渡	爆破块石	0.27	0.8	左、右坝肩设集中加水设施，由移动加水车加水
毛尔盖	爆破块石	0.045	1.0	

的加水量一般宜为填筑方量的20%～40%，碾压堆石的加水量依岩性、细粒含量而异，一般为填筑方量的30%～50%。

其中，坝面用水量计算见式（2-5）。

$$q_m=\sum\frac{Vq}{3.6T}(1+e)K \tag{2-5}$$

式中　q_m——坝面最大用水量，L/s；

V——某种坝料日填筑强度，m^3；

T——对应坝料的日碾压工作时间，h；

q——对应坝料的用水定额，t/m^3；

e——零星用水及水管沿途损失，约占平均用水量的5%～20%；

K——用水不均匀系数。

式中的K、e值，由于土石坝施工用水变化较小，一般可同时考虑，计算时$(1+e)K$可取1.4。

（2）供水系统布置要求。施工用水水源地一般都是在原河道取水，且水质应符合使用要求，否则应进行处理。通常由工地供水系统统筹考虑。

坝区施工多采用集中供水系统。供水系统由供水站（包括取水、净水、抽水设施）、储水构筑物（水塔及高位水池）、输水管和配水管组成。

坝区用水管路应设专管，应避免与生活用水管道合并使用。

坝区施工储水池多设置在高于坝顶20～40m的两岸山顶、山坡上，并尽量避免施工干扰和搬迁。

坝区配水管网布置一般可分环形、枝状和混合式几种形式，常采用枝状布置。在保证供水需要和减少施工干扰的前提下，水管总长度和工程量应最小；同时还应考虑施工各阶段水管的移设，各施工阶段施工条件变化显著时应分期进行布置。

(3) 坝料加水设施布置实例。坝料加水，一般均采用坝内、坝外或两种方式相结合的形式进行坝料加水。其中，坝内加水多采用移动式加水设施（洒水车、水罐车）进行坝料加水，其优点在于加水比较均匀，加水量容量控制，且具有“随用随到”的特点；缺点在于加水成本高，因所需水均需从高位水池引水。

坝外加水多采用集中加水设施，即在坝料运输主干线一侧距坝体50～100m处设集中加水站，采用“淋浴”的形式给运输中的坝料加水。坝外加水优点在于加水成本低（水源一般为原河道），缺点在于因坝料处于运输过程加水，难免所加水随着汽车运输外流，会造成加水量的损耗，且对运输道路路面造成破坏，同时会引起坝面物料间相互污染。坝外加水设施见图2-10。

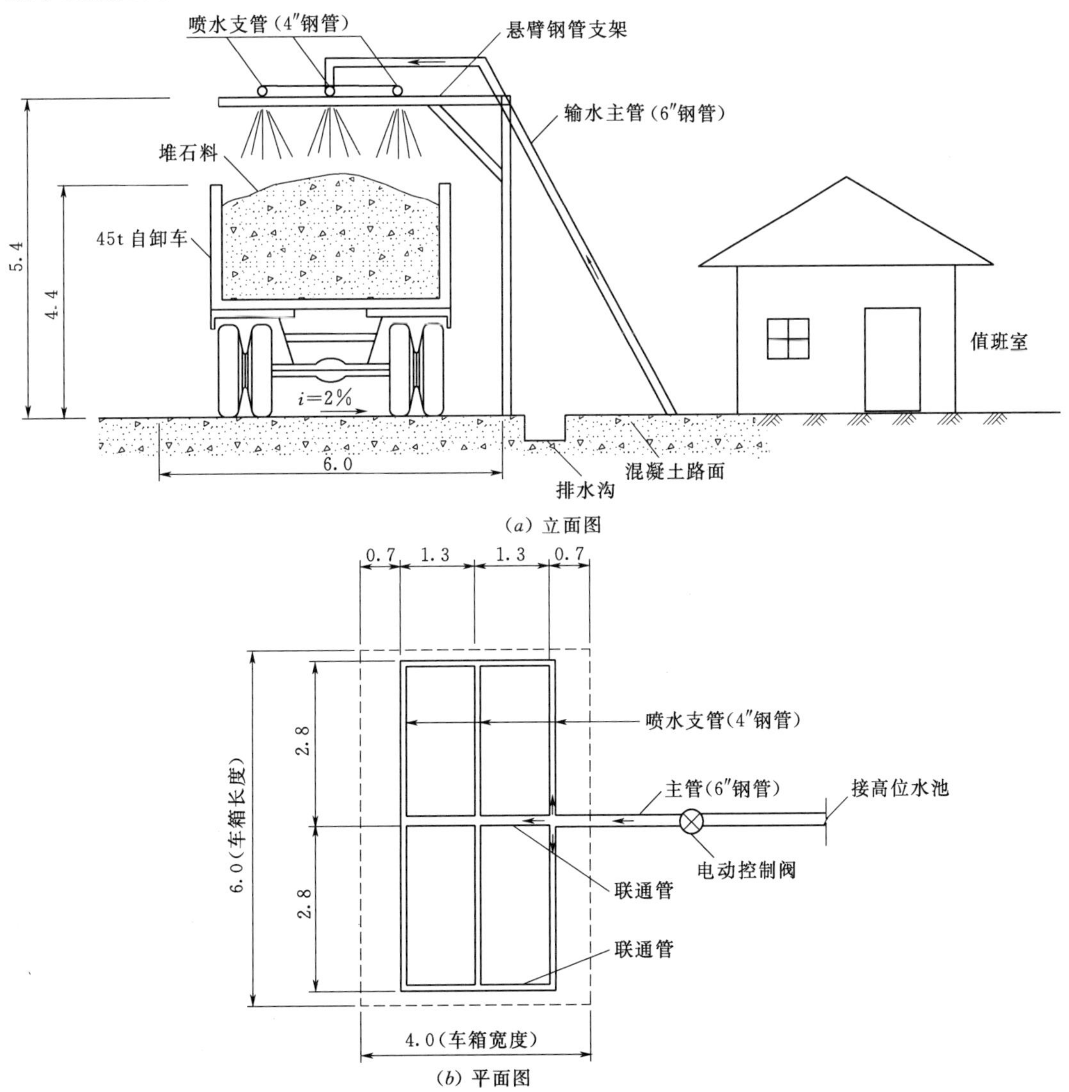

图2-10　坝外加水设施示意图（单位：m）

2.2.5.3 坝区供电

坝区供电应根据各用电设备所用时段，分析汇总出用电过程逐年逐月负荷情况，绘制用电负荷曲线，并根据负荷曲线起伏情况调整施工总体安排，以做到均衡生产的目的。

对坝区供电，首先应选用地方电网，或枢纽工程所用电源，其次考虑自备电源，以保证坝区供电质量。

坝区供电，一般应自建变电站，以变电站为供电中心，尽量减少线路架设长度，以提高供电质量。电压为 380/220V 的变电站，其供电半径以 380～500m 为宜，并用式（2-6）计算供电总功率。

$$P=a\left(\frac{K_c\sum P_1}{\cos\phi}+K_c\sum P_2+K_c\sum P_3\right) \tag{2-6}$$

式中 P——供电区域所需的总功率；

a——考虑供电网路中的功率损失系数，取 1.1；

$\cos\phi$——功率因素，对于临时供电可取平均值为 0.75；

P_1——动力用电设备的铭牌功率，kW；

P_2——室内照明用电，kW；

P_3——室外照明用电，kW；

K_c——同时用电系数，见表 2-11。

表 2-11　同时用电系数（K_c）表

用　电　对　象	同时用电系数
电动机或电焊机：在 10 个以下	0.75
电动机或电焊机：在 10～30 个之间，不超过 30 个	0.70
电动机或电焊机：在 30 个以上	0.60
室内照明	0.80
室外照明	1.00

2.2.5.4 坝区照明

坝区施工面积很大，而且作业现场时有变化，所以通常采用全面照明和局部照明相结合的方式。在坝区采用亮度一般的全面照明，特殊作业面采用比较明亮的局部照明，如基础处理、沥青混凝土铺设、混凝土浇筑、砌石施工作业区等。施工场区内部要避免明显的亮暗差别，运输道路应设置良好的照明设施，避免夜间开灯行驶。

照明灯具一般可选用水银灯、氙（气）灯、镝灯、碘钨灯、白炽灯、LED 灯等，其中白炽灯的寿命一般是水银灯的 1/6，维修费用也高。

坝区照明标准参考表 2-12，其布置实例见表 2-13。

表 2-12　坝区照明标准参考资料表

序号	地点位置	照度 /lx	单位面积照明功率 /(W/m^2)	说　明
1	坝面填筑区	15～20	0.8～1.2	最暗处照明不能低于 7lx；土料填筑区和截流龙口应提高照明标准

续表

序号	地点位置	照度/lx	单位面积照明功率/(W/m^2)	说　明
2	装载作业	15～20	0.8～1.2	
3	石料场	10～15	人工作业 0.8	
4	土料场	5～15	人工作业 0.5，机械作业 0.8	
5	弃料场	5～15	0.5～1.0	
6	坝区运输道路	7～10	5000W/km	可不开灯行驶，道路交叉处适当提高标准
7	其他运输道路	3～7	2000W/km	
8	一般交通路	0.3～1.5		
9	砖石砌体人工作业		1.2	

注　1. 本表指白炽灯光源。
2. 混凝土及沥青混凝土防渗体施工，全面照明可参考坝面填筑区，局部照明最低需在 100lx。
3. 小型机械施工工地，标准可适当降低。
4. 多雾地区照明标准要适当提高。

表 2-13　　坝区照明布置实例表

坝名	照明布置方式及数量	说　明
黑河	在施工高峰期，分别在左、右坝间各布置两组镝灯，其中每组由 4 盏组成，每盏灯功率为 4000W	在坝体施工后期，分别在左、右坝肩各布置一组
糯扎渡	由深圳海洋王照明科技股份有限公司生产的照明灯具，其型号为 NTC9220，功率为 2000W；坝面在施工高峰共布置 13 只	左右坝肩依分期要求分不同高程布置，坝面每隔 300m 移动布置

2.3　施工进度计划

2.3.1　施工程序

土石坝工程施工程序确定应遵循下列原则：①施工程序的安排要与导流规划相适应，应满足大坝安全度汛、下游供水和水库初期蓄水要求；②满足坝体变形控制的要求；③满足坝料季节性施工的要求；④坝体施工分期符合坝体结构、稳定和施工工艺的要求；⑤坝体填筑强度应满足均衡生产；⑥满足坝基处理的要求。

土石坝工程施工程序根据不同的设计导流方式而有所不同，其具体安排见表 2-14。

施工应根据坝址地形地质条件、河道水文特性、大坝结构特点、各节点控制工期要求，按照设计导流方式，从而确定施工程序。

土石坝因防渗体施工的原因，多采用河床一次断流、隧洞导流的方式，如黑河坝、恰甫其海坝、糯扎渡坝、瀑布沟坝等。对河床宽阔的坝体，可采用分期围堰导流方式，如玉滩坝、海勃湾坝等。

2.3.2　施工阶段划分

土石坝工程施工阶段划分与进度计划安排以施工合同中有关节点控制性工期为依据。在编制的具体过程中，除充分考虑河床导截流和年度施工度汛等客观因素外，还需始终

表 2-14 土石坝工程施工程序具体安排表

导流方式	施工程序	备注
河床一次断流，隧洞导流	1. 建成导流隧洞后进行河床截流； 2. 上、下游围堰一次拦断河床； 3. 坝基开挖与处理； 4. 坝体全断面平起或采用临时度汛断面（亦称小断面）施工； 5. 坝体达到拦洪高程（施工阶段长时，拦洪标准逐年提高）； 6. 枯水期导流洞封堵，坝体持续上升至完建	1. 现阶段最常用的导流方式； 2. 围堰挡水有两种情况： （1）低围堰在枯水期挡水，坝体汛期拦洪； （2）围堰全年挡水、拦洪（含围堰与坝体结合方式）
分期围堰导流	1. 先在河床一侧修建第一期围堰，形成一期基坑； 2. 一期坝基开挖处理，填筑一期坝体，形成二期导流条件； 3. 二期河床截流，导流泄水建筑物过水，修筑二期围堰以形成二期基坑； 4. 进行二期坝基开挖处理，修筑二期坝体； 5. 大坝全断面或临时度汛断面（亦称小断面）达到拦洪高程； 6. 导流泄水建筑物封堵，坝体继续施工至完建	一期基坑位置的选择考虑下列因素：先围施工场地应开阔、交通便利、易于早进点的河床一侧；纵向围堰轴线与河道主流方向大致平行；先围台地和浅水河床（非主流）一侧；坝体各期工程量和施工强度注意均衡协调

以坝体填筑各节点工期为准，进行施工阶段划分与进度计划安排。

根据各时段任务不同，大体可分为三个施工阶段，即初期导流阶段、施工期临时度汛阶段及施工运用阶段。土石坝施工阶段划分及任务见表 2-15。

表 2-15 土石坝施工阶段划分及任务表

导流方式		初期导流阶段		施工期临时度汛阶段	施工运用阶段②
		截流前期	截流拦洪期		
河床一次断流，隧洞导流	时段	开工至截流	截流至坝体第一次拦洪①	截流拦洪期末至临时导流泄水建筑物封堵	临时导流泄水建筑物封堵至大坝完建
河床一次断流，隧洞导流	任务	两岸削坡及处理；台地区域部分填筑；截流	围堰修筑，河床部分清基、开挖、坝基处理；坝体填筑，在汛前达到拦洪高程	坝体逐年汛前达到施工设计安排的填筑高程，完成相应的加高、培厚与防护等工程	封堵后，汛前坝体达设计度汛高程；继续完成坝体填筑及上、下护坡
分期围堰导流	时段	开工至二期坝体截流	截流至坝体第一次拦洪	同一次断流方式	同一次断流方式
分期围堰导流	任务	两岸削坡；一期围护坝段清基、开挖、处理、坝体填筑；二期坝段截流	围堰修筑，二期围护部分清基、开挖、处理；坝体填筑，汛前达到拦洪高程	同一次断流方式	同一次断流方式
特点		主要是填筑围堰与堰基处理，部分坝基清理、开挖和处理，必要的坝体填筑	是土石坝施工的关键期，施工强度大，必要时采用度汛（拦洪）临时断面	施工场地逐渐变小，施工强度逐渐降低	施工场地变小，施工强度降低；主要为护坡、坝顶附属工程施工

① 含堰坝结合及围堰拦洪方式。
② 大型工程中，也可以增加一个分期的安排，即大坝填筑到坝顶至全部完建的工程收尾期。

2.3.3 施工期度汛

2.3.3.1 施工期度汛方式

施工导流与拦洪度汛贯穿大坝施工的全过程，施工期拦洪度汛方式随导流方式、洪水流量大小、坝基处理的难易程度、坝体分期填筑强度及施工能力的大小而不同。施工期拦洪度汛方式及适用条件见表 2-16。

表 2-16　施工期拦洪度汛方式及适用条件表

方式	适　用　条　件
坝体全断面拦洪	截流后，在一个枯水期内坝体可以达到拦洪高程
度汛临时断面拦洪	截流后，在一个枯水期内坝体全断面不可能达到拦洪高程时，可采用临时断面拦洪
临时断面拦洪与临时泄水建筑物泄洪相结合	采用临时断面仍不能达到拦洪高程时，可降低溢洪道底高程，或设置临时泄洪道，以降低拦洪高程
围堰拦洪	地基处理复杂，而河道洪水流量较小，围堰工程量不太大，坝体或临时断面不可能在一个枯水期内达到拦洪高程

土石坝一般不允许坝面漫顶过水度汛方案。国外土石坝施工中有采用加设混凝土盖板或钢筋网保护坝面泄流度汛的实例，国内心墙坝工程有做过坝面过水度汛准备的实例，但未经预期洪水的考验，只有毛家村心墙坝（坝高 80.5m）因工期滞后，于洪水来临前在坝上设缺口与隧洞组合泄流，安全度过了一个汛期。以堆石为主体的坝体，经论证比较，在采用可靠过水防护措施的情况下，施工期坝面可允许过水。土石围堰过水的工程也有几例，如天生桥一级、思林、柘溪等工程。

2.3.3.2 施工期度汛标准

（1）坝体施工期临时度汛阶段洪水标准见表 2-17。这一阶段又称坝体主要施工阶段。该表内容仅分为三档，随着工程建设规模的加大，仍使用此表不大方便。选用各年度度汛标准时，应根据工程的具体情况，主要考虑拦洪库容的大小，综合分析确定。需要注意的是，随着坝体逐年升高，度汛标准逐年应有所提高，一般应比前一年标准提高一个档次。

表 2-17　坝体施工期临时度汛阶段洪水标准表

拦洪库容/亿 m^3	≥1.0	1.0～0.1	<0.1
洪水重现期/a	>100	100～50	50～20

（2）导流泄水建筑物封堵后，坝体度汛洪水标准应分析坝体施工和运行要求后按表 2-18规定执行。汛前坝体上升高度应当满足拦洪要求，帷幕灌浆高程应能满足相应蓄水要求。

表 2-18　施工运用阶段坝体度汛洪水标准表

坝的级别	Ⅰ	Ⅱ	Ⅲ
设计洪水重现期/a	500～200	200～100	100～50
校核洪水重现期/a	1000～500	500～200	200～100

（3）施工期坝体安全超高和坝的级别有关。采用临时断面时，超高值应适当加大。对于用堆石体临时断面度汛的坝体，应综合考虑临时断面高度、坝型、坝的级别及坝的拦洪库容。坝的拦洪库容选用较大的超高值，一般多在1.5～2.0m之间，也有采用3m超高值的实例。在施工运用阶段，拦洪高程应按设计标准和校核标准分别计算，其中校核标准中的拦洪高程不再另计安全加高。

（4）国内2000年后相关典型土石坝导流度汛标准实例见表2-19。不同时段所运用的导流泄水建筑物有所不同。

2.3.3.3 坝体度汛临时断面设计

对许多中、高土石坝在截流后第一个汛前，因防渗体土料填筑无法达到坝体全断面填筑所要求的拦洪高程，现设计上均采用将上游围堰堰体（堆石料）作为坝体的一部分，即在汛前按坝体临时断面填筑至度汛高程，此时，应对其断面进行施工设计。

（1）临时断面设计原则。

1）临时断面应满足稳定、渗流、变形及规定的超高等方面的基本要求，并力求分区少、变坡少、用料种类少；相邻台阶的高差一般以40m为宜。高差过大时，可以通过增设平台协调坝体沉降，平台要有相当的宽度。

2）度汛临时断面顶部必须有足够的宽度（不宜小于12m），以便在洪水超过设计标准时，有抢修子堰（堤）的余地。数项工程的实践表明，临时断面的合适顶宽为25～30m。有时断面顶宽是根据施工均衡的要求而拟定的，即可假定几个顶宽，分别计算出不同顶宽的截流拦洪期与坝体主要施工阶段、施工运用阶段的施工强度，选出满足填筑强度均衡性的顶宽。

3）斜墙、窄心墙不应划分临时断面。

4）临时断面位于坝体断面的上游部分时，上游坡应与坝的永久边坡一致；下游坡应不陡于设计下游坝坡。其他情况下，临时断面上、下游边坡可采用同一边坡比，但不应陡于坝下游坡。临时断面边坡抗滑稳定安全系数不低于表2-20所列数值。

5）临时断面以外的剩余部分应有一定宽度，以利于补填施工。

6）下游坝体部位，为满足临时断面浸润线的安全要求，在坝基清理完毕后，应全面填筑数米高后再收坡，必要时应结合反滤排水体统一安排。

7）上游块石护坡和垫层应按设计要求填筑到拦洪高程，如不能达到要求，则应采取临时防护措施。

（2）度汛临时断面位置选择。

1）心墙坝临时断面选在坝体上游部位，此时需在上游坡面增加临时防渗措施。施工初期，由于心墙部位的岸坡和坝基的开挖、处理工期或气象因素等对心墙填筑的影响，心墙上升速度可能受到限制，此时可采用这一度汛临时断面形式，如糯扎渡坝、瀑布沟坝、黑河坝等。这种形式，一般到了施工的中、后期，又可以过渡到心墙部位临时断面的度汛型式。

2）心墙坝临时断面选在坝体中部。初期施工不如临时断面位于上游部位的有利，且接缝工作量一般较大，但有利于中、后期度汛和施工安排。石头河坝采用此形式。设计这种形式的临时断面，要注意上游补填部分的最低高程应满足汛期一般水情条件下（如 $P=$

表 2-19　国内 2000 年后相关典型土石坝导流度汛标准实例表（以坝高为序）

坝名	坝的级别	坝型	坝高/m	坝体积/万 m^3	导流方式/条	上游围堰		导流工程级别	度汛标准/(重现期)				截流—拦洪—竣工的时间/(年．月)	临时断面形式
						类别	高度/m		初期导流	截流后第一汛期	截流后第二汛期	截流后第三汛期		
糯扎渡	1	砾质土(掺砾)心墙	261.5	3300	5 条隧洞	土石	74	Ⅳ	11 中旬，10 年一遇	全年,50	全年,50	全年,200	2007.11—2008.5—2014.6	上游坝体
瀑布沟	1	砾石土(筛分)心墙	186.0	2300	2 条隧洞	土石	47.5	Ⅳ	11 中旬，10 年一遇	全年,30	全年,30	全年,200	2005.11—2006.5—2010.4	上游坝体
小浪底	1	斜心墙	154.0	4900	分期+隧洞	土石	57	Ⅲ	20 年一遇	100	300	1000	1997.10—1998.6—2001.7	上游及中部坝体
毛尔盖	1	砾石土心墙	147.0	1200	隧洞	堆石	42	Ⅳ	11 上旬，10 年一遇	全年,20	全年,20	全年,100	2008.11—2009.4—2011.5	上游坝体
黑河	1	黏土心墙	130	820	隧洞	堆石	54.5	Ⅳ	11 月至次年 3 月 10 年一遇	20	100	200	1998.11—1999.6—2001.12	上游坝体
冶勒	1	沥青混凝土心墙	125.5	611	隧洞	土斜墙堆石	29	Ⅳ	5 年一遇	20(围堰)	50	100	2002.11—2003.4—2005.12	—
恰甫其海	1	黏土心墙	108.0	316	隧洞	浇筑式沥青心墙	51.3	Ⅳ	10 上旬，10 年一遇	20	100	500	2002.10—2003.4—2005.8	上游坝体

注　1. 小浪底坝右岸施工一期纵向围堰度汛标准为 20 年一遇洪水；二期度汛围堰按Ⅲ级、枯水围堰按Ⅳ级设计；大坝由于采取加速施工的措施，第二汛期的度汛标准提高到 500 年一遇。
2. 黑河坝截流后第一汛期为高围堰拦洪，第二汛期临时断面拦洪，度汛后导流洞封堵，第三汛期亦为临时断面拦洪，泄洪洞具备过水条件。

表 2-20　　临时断面边坡抗滑稳定最小安全系数表

坝的级别	1	2	3	4、5
安全系数	1.20	1.15	1.10	1.05

5%～10%）能继续施工的要求。对于宽心墙坝，必要时亦可将部分心墙划为临时断面，先行填筑。

3）对均质坝和斜墙坝，度汛临时断面应选在坝体上游部位，以斜墙为度汛临时断面的防渗体，同时应将上游的临时保护体也填筑到拦洪高程。小浪底斜心墙坝，由于填筑能力强，临时断面与全断面工程量差距不大，上游坡面无需防渗处理。

2.3.4　施工强度

施工强度分析是编制施工进度计划的依据。施工中，在研究坝体拦洪方案的基础上，以坝体填筑强度为依据，从而确定坝料开挖、运输等强度，进一步确定资源配置（主要机械设备及劳动力），以保证大坝按期完工。

2.3.4.1　填筑强度拟定原则

（1）以设计施工各节点工期为依据，满足总工期及各高峰期的工程形象，且各分部分项工程强度较为均衡（注意利用临时断面调节填筑强度）。

（2）月高峰填筑量与坝体总量比例协调，一般可取 1∶20～1∶40。国内在建及完建工程月高峰填筑量与坝体总量比例分别为：鲁布革坝 1∶18，小浪底坝 1∶35，黑河坝 1∶15，瀑布沟坝 1∶14，糯扎渡坝为 1∶38，毛尔盖坝 1∶11，对分期导流和一次导流的工程在选取此比值时，应注意其差异。

（3）月不均衡系数宜在 1.5～2.5 之间选用，日不均衡系数宜控制在 2.0 左右。月不均衡系数如小浪底坝为 1.31，黑河坝为 2.33，瀑布沟坝为 2.47，糯扎渡坝为 1.55，毛尔盖坝为 1.71；日不均衡系数如黑河坝为 1.69（心墙料 1.35，坝壳料 2.15），糯扎渡坝为 1.5（心墙料 1.55，坝壳料 1.88），毛尔盖坝为 2.72（心墙料 2.18，坝壳料 3.04）。

（4）填筑强度与开采、运输强度相协调，其中坝料运输道路的标准和填筑强度的关系尤为重要。

（5）土石坝上升速度主要受塑性心墙（斜墙）上升速度的控制，上升速度和土料性能、有效工作日、工作面条件、运输与碾压设备性能以及施工工艺有关，一般是通过分析并结合经验确定，必要时可进行现场试验。我国近 20 年以来的实践表明，心墙填筑速度一般为 0.2～0.5m/d，3～7m/月，最高时可达 10m/月以上，如黑河坝（黏土心墙）达到 14m/月，糯扎渡（砾石土心墙）达到 12.18m/月（曾达到 2 层/d），毛尔盖坝（砾石土心墙）达到 16m/月（曾达到 2 层/d）。

（6）填筑强度要经过数次综合分析并反复验证后才能确定。要进行开挖、运输强度的复核，还要根据工程总工期、坝的施工分期、施工场地布置、上坝道路、挖填平衡和技术供应等方面的统筹协调。

2.3.4.2　施工天数的确定

施工天数是确定施工强度、编制施工进度计划的基本资料之一。水文、气象因素的影响程度随坝料性质而异。目前安排施工进度一般多以月为时间单位，因而施工天数应分不

同坝料按月分析确定。

（1）拟定坝体土、石料填筑停工天数标准。

1）因雨停工天数按表 2-21 的建议并结合实际情况确定。

表 2-21　　　　建议的坝体土料填筑因雨停工标准表

日降雨量/mm	<1	1～5	5～10	10～20	20～30	>30	备注
Ⅰ	照常施工	雨日停工	雨日停工，雨后停工半天	雨日停工，雨后停工 1d	雨日停工，雨后停工 2d	雨日停工，雨后停工 3d	连日降雨时，雨后停工日数按最后一日降雨量确定
Ⅱ	照常施工	雨日停工半天	雨日停工 1d	雨日停工，雨后停工半天	雨日停工，雨后停工 1d	雨日停工，雨后停工 2d	
Ⅲ	照常施工	雨日停工半天	雨日停工 1d		雨日停工，雨后停工 1d		

注　Ⅰ、Ⅱ、Ⅲ表示施工条件，其中：Ⅰ为气温低、日照短、蒸发量小的地区或季节，土料含黏粒量小，不采取防雨措施的情况；Ⅱ为气温高、日照长、蒸发量大的地区或季节，土料含黏粒量大，降雨前采用碾压封闭表层的情况；Ⅲ条件同Ⅱ，但采取有效防雨措施，如用防雨布覆盖坝面，雨后铲除不合格土料的情况。总之降雨的影响从土料性质综合当时气温等气象条件综合考虑。

对于坝壳料，雨后停工是考虑到运输车辆对砂石路面的损坏，行车安全以及填筑面的污染；一般情况下，日降雨量大于 20mm 应停止施工。坝料粒径偏细时，可适当调整停工时间，对混凝土路面，停工时间可另行考虑。

2）其他原因停工标准见表 2-22，并结合实际情况确定。

表 2-22　　　　其他原因停工标准表

项目名称		停　工　标　准
负气温	土料填筑	无防冻措施，日平均气温低于－1℃，当日停工；当日最低气温在－10℃以下，或在 0℃以下且风速大于 10m/s，当日停工，应根据防冻措施效能确定
	坝壳料填筑	用加水法施工，同土料施工标准；不加水施工，如压实结冰后，坝料的干密度不能满足设计要求时，停止填筑
高气温		按《中华人民共和国劳动合同法》执行；气温超过 40℃，且持续时间超过 4h，停工 1 班（8h）
雾天、大风（6 级以上）		根据当地资料确定停工天数
汛期		当采用河漫滩料场，汛期内料场可能被水淹时，应根据洪水情况进行分析计算，确定停工参数
节假日		按国家法定节假日规定执行
停电		用电设备由系统供电时，按供电系统定期检修停电确定停工天数
进度计划停工		按计划安排而定，如工序衔接的计划停工

（2）确定坝体土、石料填筑施工天数。坝料填筑施工天数可根据各月的日历天数扣除停工天数统计计算，并参考已建工程拟定的施工天数（见表 2-23）综合分析确定。

（3）土料翻晒施工天数的确定，当土料含水量超过最优含水量较多时，常采取翻晒措施降低含水量。确定翻晒作业的停工标准要考虑降雨、蒸发、日照、风速、气温等因素，一般通过施工试验结合施工实践经验确定。其中蒸发量是应当考虑的主要因素，一般在日

表 2-23　　部分土石坝年施工天数统计表　　单位：d

坝名（所在地）	月份												小计
	1	2	3	4	5	6	7	8	9	10	11	12	
石头河（陕西眉县）	17/20	12/19	23/30	17/25	17/26	15/23	15/25	16/26	10/19	16/25	22/28	24/25	202/291
毛家村（云南会泽）	16/29.5	18/27	23/29	25/26	19/24.5	0/22.5	0/25	0/22	0/18	16/24	23/25.5	27/29.5	167/302.5
升钟（四川南部）	25/30	25/24	25/30	24/29	21/28	22/24	19/25	21/22	15/23	23/26	25/29	25/31	270/321
鲁布革（云南罗平）	25/27	24/25	26/27	16/22	0/14	0/14	0/11	0/15	0/15	0/19	17/19	29/29	137/237
松涛（海南儋县）	28.5/26	22.5/22	26.5/27	21.5/25	17.5/23	14.5/23	18.5/25	15.5/22	5/20	17/23	20/25	26/27	233/288
黑河（陕西周至）	17/20	12/12	23/28	17/26	17/26	15/27	15/22	16/24	10/18	16/21	22/27	24/22	202/275

注　分子为心墙料，分母为坝壳料。

蒸发量小于 4mm 时，应停止作业。

2.3.4.3　坝体工程量累积曲线（$H-S$、$H-V$ 曲线）

坝体填筑随着高程（H）的上升，相对应坝面面积（S）及填筑工程量（V）是个累积变化的过程。该过程可通过曲线（$H-S$、$H-V$ 曲线）绘制反映，此曲线是进度计划安排中重要的基础资料之一。施工中，一般应按坝体分期、不同坝料及不同填筑部位进行计算绘制。如上、下游砂砾料或堆石料，上、下游反滤过渡料，心墙土料等均应分别计算。计算采用的高程间距一般不大于 5m，关键节点控制性高程（如拦洪高程、临时度汛断面高程等）应单独注明，以便施工管理需要。如坝体反滤过渡料，现国内许多工程均由混凝土砂石骨料厂加工生产，而混凝土砂石骨料厂一般为独立标段或其他标段；应业主要求，大坝标段所需过渡反滤料必须向砂石骨料生产标段提供逐月需要量，以便于砂石骨料厂生产安排；通过坝体工程量累积曲线，求出某一时段坝体反滤过渡料所需工程量，以方便工程施工管理。

（1）坝体高程（H）与相应坝面面积（S）关系曲线。

1）坝面面积计算，坝体在某一高程的坝面面积等于在坝的横断面图上量出的各种坝料宽度分别乘以在纵断面上量出的平均长度（考虑两岸坝基削坡之后），并用坝面总面积进行校核。

2）曲线绘制，以坝体高程为纵坐标，各种坝料（不同部位）的面积为横坐标绘制曲线（见图 2-11）。

（2）坝体高程（H）与填筑工程量（V）关系曲线。

1）工程量计算，坝体在某一高程的工程量是从坝底累计到了该高程的工程量，并应将沉陷因素估计在内。计算按不同坝料，不同部位分别列表进行。

2）曲线绘制，以坝体高程为纵坐标，以不同坝料（不同部位）的累计工程量为横坐标绘制曲线（见图 2-11）。

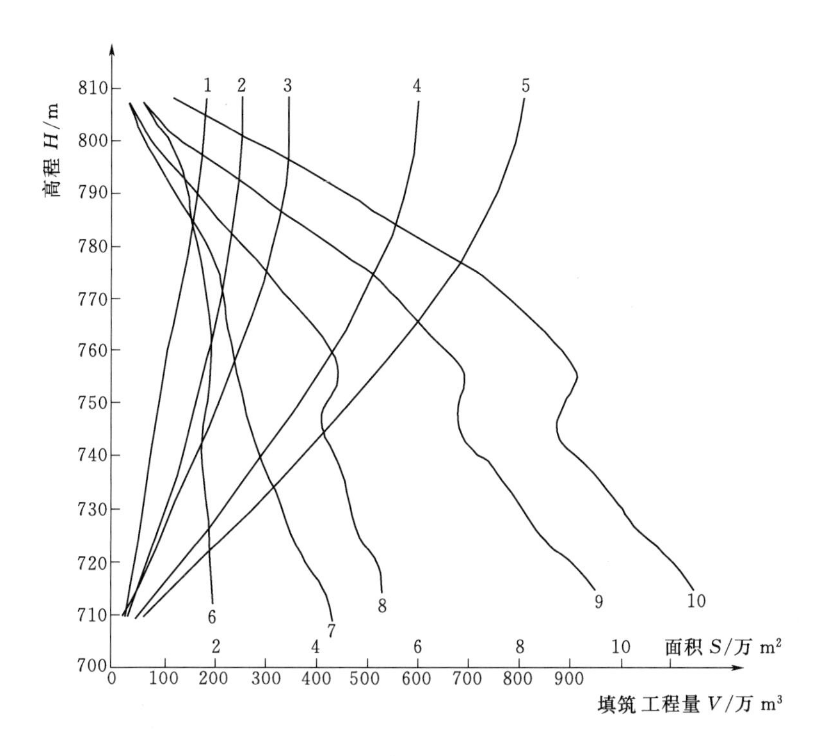

图 2-11　石头河坝坝体高程 H 与坝面面积 S 和填筑工程量 V 关系曲线

1～5—顺次为心墙、下游坝壳、上游坝壳、坝壳、总体的 $H-V$ 关系曲线；

6～10—顺次为心墙、下游坝壳、上游坝壳、坝壳、总体的 $H-S$ 关系曲线

2.3.4.4　施工强度计算（填筑强度 Q_T、运输强度 Q_Y、开采强度 Q_W）

根据坝体填筑施工时段的划分，可分别计算出各时段施工强度。

(1) 填筑强度，其计算方法见式（2-7）。

$$Q_T=\frac{V}{T}K_aK_1K \tag{2-7}$$

式中　Q_T——填筑强度（压实方），m^3/d；

V——时段划分内应完成的坝体填筑方量，m^3；

T——时段划分内的有效施工天数，d；

K_a——坝体沉陷系数，由表 2-24 求得；

K_1——坝面填料损耗系数，由表 2-24 求得；

K——施工不均衡系数，可取 1.1～1.3。

(2) 运输强度，其计算方法见式（2-8）。

$$Q_Y=Q_T\frac{\gamma_d}{\gamma_0}K_2 \tag{2-8}$$

式中　Q_Y——运输强度（自然方），m^3/d；

γ_d——坝料设计干密度，kg/m^3；

γ_0——坝料自然干密度，kg/m^3；

K_2——运输损耗系数，由表 2-24 求得。

（3）开采强度，其计算方法见式（2-9）。

$$Q_W = Q_T \frac{\gamma_d}{\gamma_0} K_2 K_3 \tag{2-9}$$

式中　Q_W——坝料开采强度（自然方），m^3/d；

K_3——坝料的开采损耗系数，由表2-24求得。

表2-24　筑坝材料施工损耗率表　%

坝料名称	备料（K_3）	运输（K_2）	K_1		K_a	合计
			雨后清理	削坡	沉陷	
心墙土料	10.0	4	3.0	6.7	1.6	25.3
均质坝土料	10.0	4	3.0	0.93	1.0	18.93
砂砾料	3.0	2.5		1.4	1.0	7.9

注　1. 损耗系数=100/(100-损耗率)。

2. 水工设计有时已将沉陷量计入总填筑量。

根据国内各工程实际资料，得出有关的施工损耗率（见表2-25），可供参考。

表2-25　国内工程筑坝材料施工损耗率表　%

坝料名称	开采	汽车运输	带式输送机运输	坝面清理	削坡	沉陷
防渗体土料	1.5～3.5	0.5～1.0	3.0～5.0	3.0～6.0	1.0～2.0	3.0～5.0
均质坝土料	1.0～3.0	0.5～1.0	2.0～4.0	3.0～5.0	1.0～2.0	3.0～5.0
砂砾料、石渣	3.0～5.0	0.2～0.5	1.0～2.0	0～0.5	0.5～1.0	0.5～1.0
堆石料	3.0～5.0	0.2～0.5		0	0	0.5～1.0

注　1. 削坡损耗包括坝体分期施工时的接缝削坡量。

2. 坝面清理包括雨后及不合格部分的返工清理等。

3. 反滤料（砂、砂砾料等）堆存中转一次损耗率为3%～6%，砂料一般取大值；防渗体土料堆存中转一次损耗率为10%。

4. 带式输送机运输包括向汽车转装、由汽车在坝面散料等工序，线路较长、溜槽衔接转运次数多时，损耗率取大值。

5. 堆石、石渣的开采工序未包括爆破作业的损耗。

（4）施工强度在工程实施过程中是动态变化的，应分别按填筑、运输、开挖的强度进行核算与综合分析，在初选可能达到的施工强度时，可参考实际的指标选用。国内部分土石坝工程施工强度指标见表2-26。

表2-26　国内部分土石坝工程施工强度指标表

坝名	坝高/m	坝长/m	年最高强度/万m^3	月强度/万m^3		日强度/万m^3		防渗体升高速度/m			日平均填筑层数
				最高	平均	最高	平均	月最大	日最大	日平均	
石头河	114.0	590	215.6	26.60	12.37	1.72	0.47	9.3	0.6	0.2	1～3
黑河	130.0	445.0	277.5	65.0	23.13	2.76	0.93	10.0	0.63	0.26	1～3
瀑布沟	186.0	540.5		165.74	67.0	10.4					
糯扎渡	261.5	630.06	1100.0	124.0	80.0	4.8	3.2	12.18	0.47	0.405	1～2
毛尔盖	147.0	527.3	801.0	112.4	65.7	4.05	1.49	16.0	0.90	0.35	1～2

注　1. 糯扎渡资料至2011年9月25日。

2. 毛尔盖资料至2011年11月15日。

1）可能的填筑强度。

A. 按照上升层数计算，见式（2－10）。

$$Q_T = Snh\frac{\gamma_0}{\gamma_d}K_e \tag{2-10}$$

式中 Q_T——可能的填筑强度（压实方），m^3/d；

S——平均坝面面积，m^2，由坝体高程与面积关系（$H-S$）曲线查得；

n——日平均填筑层数，可参考表2－26分析选用；

h——每层铺松土厚度，m；

γ_0——坝料自然干密度，kg/m^3；

γ_d——坝料设计干密度，kg/m^3；

K_e——土的可松性系数，为松方与自然方密度之比，其值小于1（见表2－27）。

表2－27　土壤的密度和可松性系数表

土壤的种类与状态		松方密度/(kg/m^3)	自然方密度/(kg/m^3)	松胀百分数P_s/%	可松性系数K_e
黏土	干	1246	1572	26	0.79
	湿	1602	2121	32	0.76
砾质土	干	1424	1661	17	0.85
	湿	1542	1838	17	0.85
壤土	干	1317	1796	29	0.78
	潮湿	1436	1840	28	0.78
	湿	1636	2020	23	0.81
砾石	干	1660	1870	13	0.88
	湿	1840	2150	17	0.85
砂	干	1540	1740	12	0.89
	湿	1840	2080	13	0.88
砂砾石	干	1720	1928	12	0.89
	湿	2020	2224	10	0.91
爆破良好的块石		1590	2370	49	0.67
页岩及软岩		1330	1780	35	0.75

注　土壤密度随粒径、含水量和压实度等因素而有差异。对特定的土壤，其密度应经实测确定。

B. 根据坝面作业机械设备的能力计算。以碾压工序为例，可能的填筑强度计算见式（2－11）。

$$Q_T = N_n P_n m \tag{2-11}$$

式中 N_n——碾压机械根据施工场面选择的最多台数，其数量和碾压方法、碾具形式、尺寸有关；

m——每日工作班数，台班/d；

P_n——碾压机械的生产率（压实方），m^3/台班，按式（2－12）求得，亦可查用有关概预算定额。

$$P_n=\frac{8\times1000Bhv}{n}K_t \tag{2-12}$$

式中 B——有效压实宽度，m，等于碾压宽减去搭接宽度（见表2-28）；

h——压实的土层厚度，m；

v——压实机械设备的速度，km/h，可参照相应机械设备铭牌速度，由于履带打滑，实际速度可取为某一档数乘0.8；

n——压实遍数；

K_t——时间利用系数，根据现场作业条件确定，条件良好时，取0.6～0.8；场地面积小，工作困难时，取0.4～0.6。

表2-28　碾压机械的有效压实宽度 *B* 取值表

碾压机类型	有效压实宽度 B/m	碾压机类型	有效压实宽度 B/m
凸块碾	凸块碾宽0.2	大型振动碾	振动碾宽0.2
轮胎碾	轮胎外侧距离0.3	小型振动碾	振动碾宽0.1

2）可能的运输强度。

A. 根据运输道路的运输能力计算，见式（2-13）。

$$Q_Y=\sum N_1 q\frac{Tv}{L} \tag{2-13}$$

式中 Q_Y——可能的运输强度（自然方），m^3/d；

N_1——同类运输道路的条数；

q——每辆（列）运输机械有效装载方量（自然方），m^3/台；

T——昼夜工作时间，min；

v——运输机械平均行驶速度，m/min；

L——运输机械行驶间距，m，其与行车速度对照见表2-29。

表2-29　车间距离与行车速度对照表

行车速度		车间距离/m
km/h	m/s	
20	5.6	>20
30	8.3	25～40
45	12.5	40～50

B. 根据运输机械能力计算，见式（2-14）。

$$Q_Y=\sum N_\gamma P_\gamma m \tag{2-14}$$

式中 N_γ——同类运输机械的台数；

P_γ——运输机械的生产率（自然方），m^3/台班。

3）可能的开挖强度，见式（2-15）。

$$Q_W=\sum N_W P_W m \tag{2-15}$$

式中 Q_W——可能的开挖强度（自然方），m^3/d；

N_W——同类挖掘机台数，根据施工场面可能布置的最多台数；

P_W——挖掘机的生产率（自然方），m^3/台班。

（5）施工强度的分析确定。首先，应进行填筑强度的复核，这是确定其他各项施工强度的依据。在填筑强度可以满足施工进度要求的情况下，再进行运输、开挖强度的复核。当填筑强度不能满足时，一定要采取一些施工措施，如优化坝体填筑断面，可考虑冬雨季施工增加施工天数；其次，减少高峰期工程量，以调整需要的施工强度。

开挖、运输环节一般是可以满足强度的需要。但是必须分析在这种情况下，料场、运输道路所需要的附属工程量，需要增加的投资、工期等，以及分析开采、运输规划上的经济合理性；如果投资增加很多，其工期又影响到主体工程的施工，则应适当调整坝体填筑强度。施工强度通常需要经过多次反复综合分析研究后才能确定。

2.3.5 施工进度

施工进度计划安排是在设计导流方式的基础上，考虑安全度汛要求，按照设计坝体填筑各节点控制性工期对各项工程进度的影响做出的安排。施工着重在研究坝体拦洪方案的基础，确定各期上坝强度，确定资源配置（主要机械设备），从而保证大坝按期达到设计拦洪高程和按时完工。

施工进度计划编制，在控制时段的施工强度拟定以后，确定施工方案，选择施工机械设备，确定技术供应计划和临建设施的规模等，进而编制施工进度计划和施工组织措施。

2.3.5.1 施工进度计划编制原则

（1）坝体各项工程的施工必须遵循施工总进度计划的安排，确保工程如期完成。特别是与截流、拦洪有关的工程项目的进度，要进行深入研究落实，以保证工程施工安全。

（2）施工分期和进度应与导流度汛和下闸蓄水相适应，明确各期施工项目、工程量和应达到的工程形象，并注意各项目工期的衔接。在确定施工程序、分期时，要进行施工强度论证，并尽可能保持常年均衡施工，坝体填筑开始后应很快进入施工高潮。

（3）关键线路上的施工项目（开工、截流、度汛、封堵、蓄水及发电等日期）应明确、突出。

（4）各阶段的施工部位、施工方法、施工强度应与施工场地布置同时考虑。

（5）填筑计划应与枢纽其他建筑物开挖结合考虑，尽可能使开挖料直接上坝填筑，以保证挖填平衡。

（6）合理安排施工准备和前期工程进度计划，保证各施工程序和工序之间顺利衔接，尽可能使填筑施工连续进行。

（7）由于施工条件的多变性和施工洪水的不确定性，在进度安排上应当留有余地，要有应变措施。

（8）防浪墙施工时，坝体要具有必要的预沉期，预沉陷按不大于1%考虑。

（9）工程竣工后不留尾工。

2.3.5.2 施工进度计划编制方法

施工进度计划编制方法有图表法（横道图）和网络图法，现在各类工程管理性软件通过计算机对施工进度计划起到了随时调整的管理促进作用。

目前，各大工程使用较普遍的项目管理软件为P3（Primavera Project Planner），是用于项目进度计划、动态控制、资源管理和成本控制的项目管理软件。另外，Project项目管理软件也因其功能强大在具体工程中运用较多，梦龙网络计划软件是专门用于项目进度计划编制的专用软件，在实际工作中也应用较多。

以上项目管理软件的应用，均给工程进度计划编制带来了事半功倍的作用。

（1）图表法（横道图）。目前是编制进度计划通常采用的方法。在图表法中加入工序逻辑关系、标明关键路线即可成为图表网络图。图表法编制方法与步骤如下。

1）列出工程项目。根据设计图纸，将土石坝中的各分部分项工程，按施工程序列入进度表。

2）计算工程量。根据设计图纸，按照施工阶段及施工分期，计算并绘制坝高与工程量关系曲线（$H-V$ 曲线）。

3）草拟各分部分项工程横道进度线。首先绘制施工进度计划表，表中注明各阶段的施工分期，分期内各分部分项工程数量、年度及各月份初拟的工程进度横道线。绘制进度横道线时，应注意施工分期阶段划分，结合导流、拦洪度汛要求，安排有关主要项目的施工进度。截流、拦洪度汛、封堵、竣工等日期是进度计划中的控制点，然后再按施工顺序安排其他工程项目的施工进度，并据此分析、论证各项施工强度，调整进度线的长度。

为便于施工管理，在横道进度线上面注明本施工期间完成工程数量，下面注明施工平均强度和日作业平均人数。

4）进度平衡调整。根据草拟的工程横道进度线，在进度计划表下方绘制主要项目（如开挖、填筑、混凝土）施工强度及所有各分部分项的劳动力数量叠加累计（逐月）柱状图，进行各主要项目施工强度及劳动力数量分析。一般根据柱状图，可发现主要项目施工强度不均衡、劳动力数量凹凸起伏大等问题，这些均造成施工资源配置的不合理现象，需对各分部分项工程进度计划进行平衡调整。进度平衡调整的方法，主要是缩短或延长某些可以变动的工程项目工期。

进度平衡调整，由于很多环节涉及整个枢纽的施工部署，故大坝进度平衡、调整工作应结合施工总进度编制综合进行。

（2）网络图法。根据 P3 软件功能，在图表法进行工期计划安排时，必须对项目中各分部分项工程进行工序逻辑关系编辑，从而确定项目关键线路。网络图是根据图表法横道图自动派生而成，通过网络图，也可发现施工进度计划安排中的不合理现象，其均需通过多次调整，从而形成项目最优施工进度计划安排。

2.4 施工资源配置

施工资源配置，主要是施工机械设备配置分析。

2.4.1 施工机械设备配置的原则

施工机械设备以立足在自有设备的基础上进行配置，一般应以坝面作业为主体，其配置原则如下。

（1）所选机械的技术性应能适合工作的性质、施工对象的土质、施工场地大小和物料运距远近等施工条件，充分发挥机械效率，保证施工质量；所选配套机械的综合生产能力，应满足施工强度的要求。

（2）所选机械应技术先进、生产效率高、操作灵活、机动性高、安全可靠、结构简单、易于检修和改装、防护设备齐全、废气噪声得到控制、环保性能好。

（3）注意经济效果，所选机械的购置和运转费用少，劳动量和能源消耗低，并通过技术经济比较，优选出单位土石方成本最低的机械化施工方案。

（4）应优先选用适用性比较广泛的通用机械设备，尽可能利用社会资源，以减小项目管理运行成本。对专用特种机械设备，应优先选用同一型号、同一厂家生产的机械设备，以便于维修与保养。

（5）应注意各工序所用机械的配套成龙，按照工序划分，一般要使后续机械的生产能力略大于先头机械的生产能力，如运输机械略大于挖掘机械的生产能力，平整碾压机械略大于运输机械的生产能力，充分发挥主要机械和运行管理费用较高的机械的生产能力。

2.4.2 相关机械设备的经济运距

（1）履带式推土机的最佳推运距离为 50m 以内，轮胎式推土机的最佳推运距离为 50～100m。

（2）轮胎式装载机用来挖掘和短距离运输时，其经济运距不超过 100～150m，履带式装载机不超过 100m。

（3）拖式铲运机的经济运距一般为 200～400m，自行式铲运机的经济运距与道路坡度大小、机械规格性能有关，一般为 200～1000m；链板式铲运机在运距短时，比其他形式的铲运机经济；当运距达 1000m，道路总阻力（滚动阻力与坡度阻力之和）未超过车重的10%时，双发动机的自行式铲运机较为经济。

（4）自卸汽车在运距方面的适应性较大，100～5000m 均可使用。当道路总阻力未超过车重的 10%，运距在 1000m 以上时，使用自卸汽车比上述双发动机的铲运机经济；运距超过 2000m，道路比较平坦时，采用拖式底卸车较为经济。如果道路的总阻力超过车重的 6%时，又不如使用自卸汽车经济。

（5）对运输量很大而物料装卸较为固定，运距超过 5km 时，可采用带式输送机或有轨运输。

2.4.3 主要机械设备性能指标

根据土石坝工程所选用主要机械设备，按照施工工序划分，以挖、装、运、平、碾为次序分别对各类机械设备性能指标进行分析。

2.4.3.1 凿岩机

土石坝工程中的堆石坝料，大多均通过凿岩机械造孔爆破而得。作为凿岩机械，根据其工作机构动力不同，主要分液压式，风动式，电动式和内燃式等 4 种。

凿岩机生产率计算见式（2-16）。

$$P=\mathrm{T}VK_{t}K_{s} \tag{2-16}$$

式中 P——凿岩机生产率，m/台班；

T——台班工作时间，按 480min 计；

V——钻速，m/min；

K_{t}——工作时间利用系数，一般取值为 0.4～0.7；

K_{s}——凿岩机同时利用系数，取 0.7～1.0（1～10 台），台数多取小值，反之取大值，单台时取 1.0。

目前，国内各水利水电工程所选用的凿岩设备，其主要技术参数见表 2-30。

表 2-30　凿岩设备主要技术参数表

项目名称＼型号		LM-500C	HCR12	ROCD7	CM351（高压风）	QZJ-100B	YT-28
整机自重/t		10.5	11.6	17.153	4.73	0.55	0.026
钻孔直径/mm		64～102	75～125	64～115	64～165	90～130	34～42
最大钻孔深度/m		21	—	29	80	60	5
行驶速度/(km/h)		3.3	3.1	3.6	3.2	—	—
爬坡能力/(°)		30	30	32	25	—	—
工作风压/MPa		—	—	—	1.05～2.46	0.5～1.2	0.63
耗风量/(m^3/min)		—	—	—	17～21	12	4.0
换杆系统	型式	—	—	—	—	—	—
	存放钻杆数量	5 根	5 根	8 根	—	—	—
	钻杆长度/mm	3660	3660	4000	—	—	
一次推进长度/mm		4200	—	—	3660	1000	—
机载空压机	压力/MPa	0.88	1.05	—	—	—	—
	额定输出量/(m^3/min)	6.9	6.8	—	—	—	—
液压凿岩机	型号	YH-80	HD612	COP1838ME/HE	—	—	—
	冲击功率/kW	42	17	20	46	—	—
	冲击频率/Hz	43.3	—	—	—	—	—
外形尺寸 ($L\times B\times H$)/ (mm×mm×mm)		9000×2565×2680(履液)	9000×2400×2830(履液)	10710×2370×3100(履液)	2780×2210×1470(履潜)	支架式潜孔钻	气腿式手风钻

2.4.3.2　推土机

土石坝工程施工中所选用的推土机一般均为大、中型设备，其中，功率在 100～300kW 为中型设备，大于 300kW 为大型设备。

用直铲进行作业时，其生产率计算见式（2-17）。

$$P=q\frac{8\times60}{T}k_1k_2 \tag{2-17}$$

式中　P——推土机生产率，松方，m^3/台班；

T——推运一次所需循环时间，min；

k_1——地面坡度影响系数，见表 2-31；

k_2——推土机时间利用系数，见表 2-32；

q——推运一次的方量，系指推土板前堆集的松土体积，$q=0.5BH^2\tan\varphi k_3$，m^3；

B——推土板（俗称“刀片”）宽度，m；

H——推土板高度，m；

φ——推土板前所堆集土壤的自然倾角，(°)；

k_3——推土板充盈系数，见表 2-33。

表 2-31　　地面坡度影响系数 k_1 取值表

地面坡度	下坡度/%					上坡度/%		
	5	10	15	20	30	10	20	30
k_1	1.07	1.14	1.18	1.22	1.26	0.86	0.66	0.41

表 2-32　　推土机时间利用系数 k_2 取值表

工作条件	机械类型	每小时实际作业时间/min	k_2	工作条件	机械类型	每小时实际作业时间/min	k_2
白班	履带式推土机	50	0.83	夜班	履带式推土机	45	0.75
	轮胎式推土机	45	0.75		轮胎式推土机	40	0.67

表 2-33　　推土板充盈系数 k_3 取值表

土壤的性质	k_3
易堆的土，包括很松的土、砂堆等	1.0～0.9
一般的土，包括松软的土，不易满堆的土、含有砾石的土	0.9～0.7
较难堆的土，包括干硬黏土、含有砾石的砂、自然地面	0.7～0.6
难堆的土，包括爆破的块石	0.6～0.4

目前，国内各水利水电工程所选用的推土机种类多样，其主要技术参数见表 2-34。

表 2-34　　推土机（履带式）主要技术参数表

项目名称 \ 型号		D375A-3	D355A-3	TY320B		PD220YE
整机重量/t		64.076	53.2	37.2		26.3
推土容量/m³		20.9	11.4	9.4		5.0
推土板	宽度/mm	5140	4315	4130		3725
	高度/mm	2195	1875	1560		1315
	最大提升高度/mm	1700	1545	1560		1210
	切土深度/mm	715	700	560		540
最大牵引力/kN		1100	900	650		450
爬坡能力/(°)		30	30	30		30
接地比压/MPa		0.14	0.13	0.11		0.08
行驶速度	前进/(km/h)	3.8～11.8	3.3～12.7	3.6～11.5		3.6～11.2
	后退/(km/h)	5.1～15.8	3.2～12.6	4.4～13.5		4.3～13.2
发动机	型号	SA6D170	SA6D155	NT855-C360		NT855-C280
	功率/kW	391(525HP)	306(410HP)	235(320HP)		162(220HP)
松土器	齿数/个	1	3	单齿	三齿	—
	松土深度/mm	1435	1400	1250	842	—
	最大提升高度/mm	—	—	955	883	—
外形尺寸($L\times B\times H$)/(mm×mm×mm)		10200×5140×4335	7375×4315×4125	6880×4130×3725		7700×3725×3575

注　HP 为马力，1 马力≈0.735kW。

2.4.3.3 挖掘机

挖掘机分正铲挖掘机及反铲挖掘机，其中正铲挖掘机可直接挖掘Ⅰ～Ⅳ类土和松散的岩石、砾石；反铲挖掘机一般较正铲挖掘机小，可挖掘Ⅰ、Ⅱ类土，最大挖掘深度可达8～10m。

挖掘机的选型的一般依据如下。

（1）根据工程量的大小不同，当工程量不大时，可选用机动性好的轮胎式挖掘机；当工程量很大时，应选用大型专用挖掘机。

（2）根据物料位置不同，当土石方在停机面以上时，可选用正铲挖掘机；否则，可选用反铲挖掘机。

（3）根据物料性质不同，当挖掘水下或潮湿泥土时，可采用拉铲或抓斗挖掘机。

（4）与运输机械相匹配，为充分发挥机械设备的效率，挖掘机的斗容应与运输设备的斗容、吨位相匹配，通常情况下以3～5斗装满运输设备为宜。

（5）挖掘机的斗容与工作面高度的关系。一般情况下，1.0m^3挖掘机挖Ⅰ、Ⅱ类土时，其工作面高度不应小于2.0m；挖Ⅲ类土时，工作面高度不应小于2.5m；挖Ⅳ类土时不应小于3.5m。

（6）挖掘机生产率计算见式（2-18）。

$$P=\frac{TVK_{ch}K_t}{K_k t} \tag{2-18}$$

式中 P——生产率，m^3/台班（自然方）；

T——台班工作时间，按480min计；

V——斗容，m^3；

K_{ch}——铲斗充满系数，壤土取1.0，黏土取0.8，爆破石渣取0.6；

K_t——时间利用系数，一般取0.45～0.75；

K_k——物料松散系数，Ⅰ～Ⅳ类土取1.10～1.30，爆破石渣取1.43；

t——每次作业循环时间，min，取0.33～0.56，易挖时取小值，反之取大值。

目前，国内各水利水电工程所选用的挖掘机种类多样，其主要技术参数见表2-35。

2.4.3.4 装载机

在土石方工程施工中，装载机大多与推土机配合使用，考虑工效的原因，现工程施工中基本上以挖掘机直接开挖装运为主，装载机在装料过程中起辅助作用。但装载机在具体应用过程中具有机动灵活的特点，且具有铲、推、装、运、起重和牵引等多项综合功能，故在具体工程中仍得到广泛应用。

对土石坝工程而言，使用装载机除具备以上优点外，在坝面施工中，装载机在有配重的情况下，还可以替代气胎碾对振动碾无法碾压的部位进行碾压施工，如心墙料与岸坡接触混凝土盖板区、心墙料与各建筑物接触区等。另外，装载机在坝面近距离运输方面优点明显，如对反滤料和心墙料的补填整平、检试验料样及设备运输等方面，具有事半功倍的作用。

装载机生产率计算，同上述挖掘机，对铲斗充满系数K_{ch}，当装载干砂土时，取1.2，其他同挖掘机。

目前，国内各水利水电工程所选用的装载机种类多样，其主要技术参数见表2-36。

表 2-35　　　　液压挖掘机（履带式）主要技术参数表

项目名称＼型号		正铲挖掘机			反铲挖掘机		
		PC1000	CE1000-6	EX750	R964B	PC400	R370LC-7
自重/t		98	102.0	73.2	64.0	41.4	36.5
标准铲斗容量/m³		5.5/6.1/7.1	6.0	3.8	—	1.8	1.62
铲斗容量范围/m³		—	—	3.3～4.3	3.4～5.8	—	1.2～2.3
接地比压/MPa		0.131	—	—	0.12	0.08	0.07
最大挖掘力/kN		585	485	472	255	229	254
最大挖掘高度/m		12.17	12.36	12.01	9.5	10.92	10.43
最大挖掘深度/m		3.91	3.1	3.14	3.2	7.76	7.5
最大挖掘半径/m		10.95	10.43	12.34	8.8	11.81	11.25
最大卸料高度/m		8.78	9.6	8.13	7.25	7.57	7.29
爬坡能力/%		70.0	—	70.0	—	—	—
柴油发动机	型号	SA6D170	N14C	NTA855-C450	D9406TI-E	S6D125E	LTA10-C
	功率/kW	405	324	309	270	228	195
外形尺寸（$L\times B\times H$）/(mm×mm×mm)		10715×4610×5770	14629×4880×5142	66000×4310×3700	12650×3820×4440	11835×3430×3635	11120×3340×3440

表 2-36　　　　装载机（轮胎式）主要技术参数表

项目名称＼型号		KLD115ZⅣ	KLD85Z	WA380-3	ZL50C	ZL50D	ZL50G
自重/t		42.75	17.75	16.5	16.3	15.8	18.0
铲斗容量/m³		6.0	3.1	3.0	3.0	3.0	3.0
铲斗宽度/mm		3770	2950	2915	2900	2956	—
最大牵引力/kN		—	153	150	145	160	150
爬坡能力/(°)		30	25	25	25	—	28
最大卸载高度/mm		3250	2875	2900	2950	2970	3090
最小转弯半径/mm		8280	6200	6370	6650	6450	6400
最大行驶速度/(km/h)		29.8	34.0	34.0	36.0	37.0	37.0
发动机	型号	KT19-C450	PD6T04	SD114	D6114	—	WD615.67G3-31A
	功率/kW	305	156	146	160	158	162
外形尺寸（$L\times B\times H$）/(mm×mm×mm)		11220×3770×4100	7160×2950×3400	7965×2915×3380	7400×2990×3250	7939×2750×3410	8110×3000×3485

2.4.3.5 铲运机

在土石坝工程施工中，铲运机作为挖、装、运自成一体设备应用较普遍。按照土质分类不同，对Ⅰ类、Ⅱ类土质，各型式铲运机均能使用；对Ⅲ类土质，应选择功率较大的液压式铲运机；对Ⅳ类土质，应预先进行翻松后再利用铲运机施工。

铲运机斗容越大，施工速度越快，对工程量较大的土方，应选用大型铲运机施工。铲运机在运距小于70m时，一般应为不经济；运距在300m以内时，可采用$4m^3$以下的拖式铲运机施工；运距在800m以内时，可采用$6\sim9m^3$以下的拖式铲运机施工；运距大于800m时，可采用自行式铲运机施工。

铲运机生产率计算，同上述挖掘机，对铲斗充满系数K_{ch}，一般取0.5～0.9；有推土机助推时，取0.8～1.2；对物料松散系数K_k，取1.10～1.25。

目前，国内各水利水电工程所选用的铲运机种类多样，其主要技术参数见表2-37。

表2-37　　铲运机主要技术参数表

项目名称＼型号	615C	CTY10	CTY3.5JN	CTY-JZ3
自重/t	23.004	11.2	2.78	2.4
铲装容量/m^3	12.23	10.0	3.5	2.5
最大铲土深度/mm	414	300	110	150
铲土宽度/mm	2896	2680	1970	1900
爬坡能力	16deg	30°	30°	—
最大行驶速度/(km/h)	43.2	—	—	—
最小转弯半径/mm	9630	—	3600	—
动力功率/kW	197.5(卡特3306)	162	58.8	≥55.1
外形尺寸($L\times B\times H$)/(mm×mm×mm)	11610×3045×3589	10000×3125×3120	5848×2518×2411	—

2.4.3.6 自卸汽车

在土石坝工程施工中，坝料运输一般为自卸汽车，其具有以下优点：①机动灵活，调运方便，施工保证率高；②爬坡能力强，一般坡度可达10%～15%；③转弯半径小，最小可达15～20m；④可与装载设备密切配合，一般自卸汽车车厢容积为装载设备斗容的3～5倍。

自卸汽车生产率计算，见式（2-19）。

$$P=\frac{TVK_{ch}K_sK_t}{K_kt} \qquad (2-19)$$

式中　P——生产率，m^3/台班（自然方）；

T——台班工作时间，按480min计；

V——车厢容积，m^3；

K_{ch}——汽车装满系数；

K_s——运输损耗系数，取0.95；

K_t——时间利用系数，日工作台班制为一班时取0.85，二班取0.8，三班取0.75；

K_k——物料松散系数，Ⅰ～Ⅳ类土取1.10～1.30，爆破石渣取1.43；

t——每次作业循环时间，min，$t=t_1+t_2+t_3+t_4$。

每次作业循环时间包括装车时间（t_1），载重运输与空车返回行驶时间（t_2），卸车时间与倒车转向时间（t_3），装车时调车时间（t_4，此不含等候装车耽误时间）等。

装车时间（t_1）、载重运输与空车返回行驶时间（t_2）确定与装载机械的能力和自卸汽车速度有关，运输车辆卸车时间与倒车转向（即调头）时间（t_3）、装车时调车（即定位）时间（t_4）分别见表2-38和表2-39。

表2-38　运输车辆卸车时间与倒车转向（即调头）时间（t_3）统计表

作业条件	后卸车/min	底卸车/min	侧卸车/min
顺利	1.0	0.4	0.7
一般	1.3	0.7	1.0
不顺利	1.5～2.0	1.0～1.5	1.5～2.0

表2-39　运输车辆装车时调车（即定位）时间（t_4）统计表

作业条件	后卸车/min	底卸车/min	侧卸车/min
顺利	0.15	0.15	0.15
一般	0.30	0.50	0.50
不顺利	0.80	1.00	1.00

目前，国内各水利水电工程所选用的自卸汽车种类多样，其主要技术参数见表2-40。

表2-40　自卸汽车主要技术参数表

项目名称 \ 型号		TEREX3307A	TEREX3305F	BJZ3420	BJZ3364	1494.280	2629AK	CQ3260-02
自重/t		33.71	23.15	18.3	16.08	12.16	11.0	12.0
额定载重量/t		45.0	32.0	25.0	20.0	19.84	15.0	14.0
容积(平装/堆装)/m³		20.3/26.0	15.2/19.4	12.0/16.2	10.7/13.9	11.0/13.0	10.0/12.0	10.0/12.0
最高车速/(km/h)		60.0	55.5	51.0	50.0	73.0	79.0	87.0
最大爬坡度/%		24.4	—	30.0	29.1	44.5	51	34
最小转弯半径/mm		8750	7825	9000	9000	8300	9100	9000
发动机	型号	KTA-19C	NTA855C	C612ZLQ02	NT855-C250	WD615.67	BF8L413F	WD615.61
	功率/kW	392	269	220	186	206	213	191
外形尺寸 ($L\times B\times H$)/ (mm×mm×mm)		8740×4065×4345	8220×3460×3865	7115×3250×3365	7365×2909×3110	7432×2498×3020	7690×2500×3065	7667×2495×2963

2.4.3.7　振动碾

振动碾是土石坝施工过程中最重要的设备之一，随着国内外工程机械设备的发展，现大吨位、大功率、高振幅的振动碾压机具在国内工程中使用比较普遍，自行式振动碾已部分替代拖式振动碾，其均为加快土石坝施工进度起到了决定性作用。

振动碾生产率计算见式（2－20）。

$$P=\frac{8000Bhv}{n}K_t \tag{2-20}$$

式中　P——生产率，m^3/台班（压实方）；

B——有效压实宽度，m，等于碾宽减去搭接宽度 0.1～0.2m；

h——压实土层厚度，m；

v——压实机械作业速度，km/h；

n——压实遍数；

K_t——时间利用系数。

目前，国内各水利水电工程所选用的振动碾种类多样，其主要技术参数见表 2－41。

表 2－41　　自行式振动碾主要技术参数表

项目名称 \ 型号		YZ32D	YZ26E	YZK20C	YZ25	YZ20F	SD－175D
整机自重/t		32	25.4	19.5	25.0	20.0	18.097
钢轮	宽度/mm	2180	2170	2170	2150	2150	—
	直径/mm	17800	1700	1800	1600	1600	—
最小转弯半径/mm		7000	6000	6000	6350	6400	7675
行走速度/(km/h)		0～6/0～8	0～5/0～10	0～6.5/0～12.5	0～4.1/0～10.8	0～5/0～10	0～6.6/0～13.2
最大爬坡能力/%		40	40～45	42～48	40～45	40～45	46
振动频率/Hz		28/(33)	27/31	29/35	27.5/31	28/35	21.7/30.4
振动幅度/mm		1.8/(1.1)	2.05/1.03	1.66/0.88	2.1/1.1	2.0/0.8	1.86/0.93
激振力(高/低)/kN		590/(450)	416/275	395/280	450/300	420/263	360/180
发动机	型号	F2CE9687A	BF6M1013	BF6M1013	BF6L913C	6BTA5.9－200	6CT8.3
	功率/kW	220	161	133	141	141	153
外形尺寸 (L×B×H)/ (mm×mm×mm)		6540×2430×3087(平)	6460×2550×3240(平)	6080×2370×3300(凸)	6250×2400×32700(平)	6250×2400×3220(平)	6325×2490×3100(平)

糯扎渡坝砾石土心墙（土料重量/砾石料重量＝65/35，D_{max}≤150mm）采用 20t 自行式凸块振动碾碾压，铺料厚 27cm，碾压遍数 8 遍；反滤料采用 22t 自行式平面振动碾碾压，铺料厚 54cm，碾压遍数 8 遍；细堆石料及堆石料采用 22t 自行式平面振动碾碾压，铺料厚度 80cm，碾压遍数 8 遍。

瀑布沟坝砾石土心墙（小于 5mm 的颗粒含量不小于 45%，D_{max}≤80mm）采用 25t 自行式凸块振动碾碾压，铺料厚 45cm，碾压遍数 8 遍；高塑性黏土采用 18t 自行式凸块振动碾碾压，铺料厚 30cm，碾压遍数 8 遍；反滤料采用 25t 自行式平面振动碾碾压，铺料厚 30cm，碾压遍数 8 遍；过渡料采用 25t 自行式平面振动碾碾压，铺料厚 60cm，碾压遍数 8 遍；堆石料采用 25t 自行式平面振动碾碾压，铺料厚 100cm，碾压遍数 8 遍。

黑河坝黏土心墙采用 18t 自行式凸块振动碾碾压，铺料厚 22～25cm，碾压遍数 8 遍；

反滤料采用18t自行式平面振动碾碾压，铺料厚50cm，碾压遍数8遍；坝壳砂砾料采用18t自行式平面振动碾碾压，铺料厚80cm，碾压遍数8遍。

2.5 施工组织

2.5.1 料源平衡

2.5.1.1 原则

在土石坝填筑中，应尽可能利用本工程各建筑物所开挖土石方料，以减少专用料场开挖。但在实际施工中，因坝体各分区物料在质量、数量、部位及填筑强度方面与各建筑物所开挖土石方物料不匹配，必须在专用料场开挖相应坝料，以达到坝体填筑各物料平衡。

料源平衡，应正确处理开挖、利用、暂时堆存、转运、废料处理之间的关系。按照节约资源、保护环境的要求，选择堆料、弃料场地，合理调配，尽可能使物料二次利用，做到经济合理，物尽其用的目的。

2.5.1.2 内容与步骤

料源平衡，以坝体各分区物料为依据，对各物料的质量、数量进行汇总，考虑压实方、自然方折算系数后，对照各建筑物开挖料，按以下步骤进行平衡计算：①确定各种开挖料的利用途径及数量；②专用料场与利用开挖土石方的比较；③开挖料和利用料在时间、空间上的配合；④为提高利用料数量和保证利用料的质量，对开挖及填筑方案进行比较与优化；⑤对堆、弃料场选择和运输线路配置、调配方案比较。

2.5.1.3 平衡计算

平衡计算主要是对利用料的堆、弃料场选择及运输方案比较。

(1) 调配数量计算。

1) 利用料数量计算，见式(2-21)。

$$V_{利}=\frac{V\alpha}{K} \tag{2-21}$$

式中 $V_{利}$——开挖土石方用于工程材料的自然方数量，m^3；

V——用开挖料填筑的坝上方或一般填方的数量，或用开挖料加工的骨料成品方数量，一般由有关专业设计提供，m^3；

α——开挖、运输、堆存等损耗系数，按式(2-7)～式(2-9)选用；

K——自然方与坝上方、一般填方或骨料成品方的换算系数，坝上方参照表2-42选用，一般填方参照表2-43选用，表2-43中K_1为最初可松性系数，K_2为最后可松性系数。骨料成品方换算系数根据实验资料或与有关专业协商确定。

表2-42 土石方虚实方换算系数表

分项名称	自然方	松方	实方	码方	分项名称	自然方	松方	实方	码方
土方	1	1.33	0.85	—	混合料	1	1.19	0.88	—
石方	1	1.53	1.31	—					
砂方	1	1.07	0.94	—	块石	1	1.75	1.43	1.67

表 2-43　　土壤的可松性系数表

土　质　类　别	K_1	K_2
砂土、亚砂土	1.08～1.17	1.01～1.03
种植土、淤泥、淤泥质黏土	1.20～1.30	1.03～1.04
亚黏土、潮湿黄土、砂土混碎（卵）石、亚砂土混碎（卵）石、素质土	1.14～1.28	1.02～1.05
老黏土、重质黏土、砾石土、干黄土、黄泥混碎（卵）石、压实素质土	1.24～1.30	1.04～1.07
重黏土、黏土混碎（卵）石、卵石土、密实黄土、砂岩	1.26～1.32	1.06～1.09
软泥岩	1.33～1.37	1.11～1.15
软质岩石、次硬质岩石（用爆破方法开挖）	1.30～1.45	1.10～1.20
硬质岩石	1.45～1.50	1.20～1.30

2）堆存数量计算。根据施工进度计划，某时段的使用数量小于可利用的数量时，应考虑临时堆存。堆存数量计算见式（2-22）。

$$V_{堆}=(V_{利}-V_{用})K_1 \tag{2-22}$$

式中　$V_{堆}$——临时堆存数量，m^3；

$V_{利}$——利用数量（自然方），m^3；

$V_{用}$——使用的数量（自然方），m^3；

K_1——自然方换算成松方的松散系数，可参照表 2-43 选用。

3）弃料数量计算见式（2-23）。

$$V_{弃}=(V_{挖}-V_{利})K \tag{2-23}$$

式中　$V_{弃}$——开挖弃料堆弃数量，m^3；

$V_{挖}$——开挖料数量（自然方），m^3；

$V_{利}$——利用料数量（自然方），m^3；

K——松方系数，可参照表 2-43 选用，当弃料由上至下一次堆弃取用 K_1，当由下至上分层堆弃时，采用 K_2；粗略计算时，也可采用表 2-42 的松方系数。

（2）堆、弃料场选择。

1）料场选择原则。

A. 选择山沟、山坡、荒地及河滩等，作为堆、弃料场。

B. 选定堆、弃料场，应距开挖地点或使用地点最近，或开挖、堆存、使用地点总距离较近。

C. 选定堆、弃料场，应有布置较好的交通线路和挖、装、运条件，不影响施工场地。

D. 坝下游滩地弃料场，不应束窄河床或抬高下游水位，其他弃料场不拆除村庄，不大量砍伐林木。坝上游弃料场不应距各建筑物太近，尤其不应距过水建筑物太近，以免造成淤积、堵塞和磨蚀建筑物过水表面。

E. 堆、弃料场总面积，应略大于堆、弃料的总方量。

2）料场容积计算。料场容积主要由场地面积、堆置高度等因素确定，一般用断面法近似估算或水平剖面法估算。

3）料场选用。

A. 优先选用运距近，堆置装运条件较好的堆、弃料场。当运输线路从低处进入场地时，宜采用分层堆置，逐层升高；当运输线路从高处进入场地时，宜直接倾卸逐渐堆进堆置。

B. 山沟、山坡弃料场应考虑堆料稳定，排水畅通。必要时在堆弃前应做好排水构筑物、围护构筑物等。岩堆安息角参考值见表2-44。

表2-44　岩堆安息角参考值表

岩石类别	岩堆安息角		
	最大值	最小值	平均值
砂质片岩（角砾、碎石）、砂黏土	42°	25°	35°
砂岩（角砾、碎石、块石）	40°	26°	32°
片岩（角砾、碎石）与砂黏土	43°	36°	38°
片岩	43°	29°	38°
石灰岩（碎石）与砂黏土	45°	27°	34°
花岗岩			37°
石灰质砂岩			34.5°
致密石灰岩			32°～36.5°
片麻岩			34°
云母片岩			30°

C. 适于耕作土壤应单独弃置，其他弃料应堆置整齐，顶部平整。

D. 开挖强度高且具备抢工性质的工程，应使用（或预留）条件优越的堆、弃料场。

E. 注意堆料场底部整平和清理，以提高利用料的回采量。

（3）利用料、弃料调配方案。

1）调配方案。利用料、弃料调配方案可分别参照表2-45、表2-46的形式编制。

表2-45　利用料调配方案表

开挖地点	使用地点	总利用方量/万 m^3	直接运至使用地点			经堆存后运往使用地点				总运输工作量/(t·km)	堆存、挖、装、运方法，运输线路说明
			方量/万 m^3	运距/km	运输工作量/(t·km)	方量/万 m^3	堆存地点	运距/km	运输工作量/(t·km)		

表2-46　弃料调配方案表

开挖地点	弃料方量/万 m^3	弃料场名称	弃料场容积/万 m^3	运距/km	运输工作量/(t·km)	弃置方式，运输线路说明

2）调配方案比较。调配方案着重比较使用条件、运输线路布置、施工干扰以及运输工作量等方面内容，选择综合最佳方案。

2.5.2 坝体分期分序填筑计划

为了编制坝体填筑控制性施工进度计划，需对各时段做出施工分期（序）安排。

施工分期以设计控制性节点工期（截流、度汛、蓄水、发电）为依据，将坝体填筑按高程和作用不同划分成若干期，每一期可按坝体填筑部位不同（如河床以上、以下区）、填筑坝料不同（如堆石料、心墙料、护坡料）、高程不同对坝体填筑进一步细分，即分序，明确各期、序相应的具体目标，经过平衡调整，制定出控制性进度计划。

这项工作一般在坝体纵断面或横断面图上结合施工期安排表进行。施工分期一般以汛期开始时间为界进行划分，有的工程还按汛前期（春汛期）、大汛期、汛后期、枯水期等细化施工分期。工程施工程序安排、施工阶段与施工分期的划分应与河道水流控制规划相协调，满足坝体安全度汛的要求，力求均衡施工。

现以黄河小浪底水利枢纽大坝工程（见表2－47）、黑河金盆水利枢纽大坝工程为例加以说明（见表2－48和图2－12）。

表2－47　　黄河小浪底水利枢纽大坝工程施工分期表

施工分期	初期导流阶段		施工期临时度汛阶段		施工运用阶段
	截流前期①	截流拦洪期②			
	Ⅰ期	Ⅱ期	Ⅲ期	Ⅳ期	Ⅴ期
时段	1994.6—1997.10	1997.11—1998.7	1998.7—1999.6	1999.7—2000.6	2000.7—2001.5
主要目标	修筑纵向围堰围护右岸，坝基开挖及防渗处理，坝体填筑到高程261.00m（坝顶高程281.00m）；左岸坡开挖处理，实施截流	修筑围堰，主河床清基、完成防渗墙及灌浆帷幕，围堰及坝体填筑，拦挡100年一遇的洪水	心墙区岸坡混凝土面处理，左岸山脊区开挖，地基帷幕灌浆，主坝填筑到拦挡设计300年一遇洪水高程（部分小断面）	主坝持续快速填筑，达到拦挡1000年一遇洪水高程	完成剩余填筑量，施工坝顶结构物及坝顶公路，完成坝坡永久公路、马道、交通步梯及表面观测设置等

① 该阶段还分为施工准备期和右岸施工期。

② 又称河床抢工期。

2.5.3 施工方案

通过对坝体填筑各施工阶段划分与施工分期（序），施工期度汛及施工强度分析与计算，在这些基础资料分析完成后，即确定施工方案。

施工方案的确定，旨在进一步论证施工进度计划的可行性和合理性，其主要包括坝体施工分期、施工机械设备配置、料场开采规划、运输路线布置以及坝面作业各工序安排等。

2.5.3.1 确定施工方案的依据

（1）施工总进度计划及节点控制性工期。

（2）施工导流方案及拦洪、度汛要求。

表 2-48　　　　　　　　黑河金盆水利枢纽工程大坝施工分期（序）表

分项名称		施工分期（序）			分期（序）坝面高程/m	工程量/万 m^3	月平均强度/(万 m^3/月)	坝体升高[②]/m	分期(序)原因	主要项目
		分期	分序	时段安排/(年.月.日)						
导流阶段	截流前期	Ⅰ		1996.1.1—1998.10.29	—	—	—	—	—	进场、临建设施修建，导流洞修建，坝肩开挖处理，河床段坝基帷幕灌浆，料场复查、准备，1998 年 10 月实施截流
	截流拦洪期	Ⅱ	Ⅱ1	1998.10.30—1998.12.31	502.0	18.42	9.21	—	上游低水围堰，拦挡 10 年一遇洪水标准	修筑上下游围堰，坝基清理、心墙基础开挖及浇筑混凝土盖板，帷幕灌浆补强处理[①]。填筑坝体上游临时断面(高水围堰)；1999 年 6 月达到高程 527.00m，拦挡 20 年一遇洪水
			Ⅱ2	1999.1.1—1999.6.30	527.0	95.13	15.86	—	上游高水围堰，拦挡 20 年一遇洪水标准	
施工期临时度汛阶段		Ⅲ	Ⅲ1	1999.7.1—1999.12.31	492.0	122.16	20.36	22	原河床高程以下坝体填筑	自下而上浇筑两岸心墙混凝土盖板及帷幕灌浆，心墙及上下游坝壳填筑，2000 年 6 月上游临时断面达到高程 543.00m，拦挡 50 年一遇洪水
			Ⅲ2	2000.1.1—2000.6.30	522.0	141.48	23.58	30	坝体度汛，达到 50 年一遇洪水标准	
施工运用阶段		Ⅳ	Ⅳ1	2000.7.1—2000.12.31	538.0	169.26	28.21	16	下闸蓄水，达到 100 年一遇洪水标准	2000 年 11 月封堵导流洞，全断面填筑坝体，2001 年 6 月达到高程 581.00m，拦挡 200 年一遇洪水，2001 年 12 月坝体提早填筑结束，达到坝顶高程 600.00m
			Ⅳ2	2001.1.1—2001.6.30	575.0	147.01	24.50	37	坝体度汛，达到 200 年一遇洪水标准	
			Ⅳ3	2001.7.1—2001.12.31	600.0	126.54	21.09	25	坝体封顶，达到 500 年一遇洪水标准	

① 该工程经过论证并报批，采用了截流前先对坝基进行帷幕灌浆，截流后实施坝基开挖、混凝土盖板浇筑，进行固结灌浆和盖板以下 15m 帷幕复灌处理的施工方案。

② 坝体升高仅以心墙料填筑为准。

(3) 坝区及料场地形、地质、水文气象及场内外交通等施工条件。

(4) 施工总布置图。

(5) 分部分项工程量、施工强度、工作面大小、质量要求等。

(6) 已有的和可能提供的施工机械设备，其工况、所在地、台班产量定额、已使用台

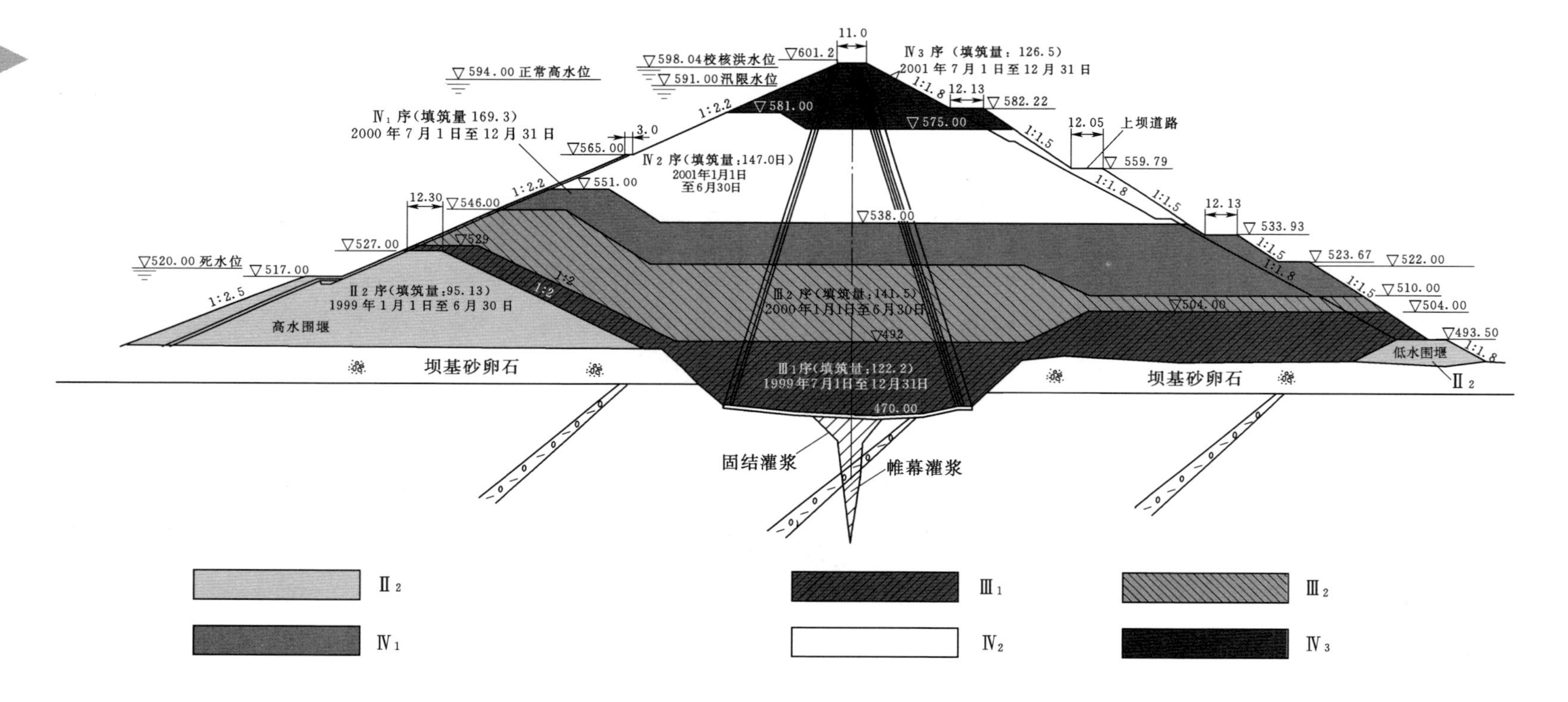

图 2-12　西安市黑河金盆水利枢纽工程大坝施工分期（序）示意图（单位：m，填筑量：万 m^3）

说明：黑河大坝坝体施工总体分四期进行，即：

Ⅰ期：自 1996 年 1 月 1 日至 1998 年 10 月 29 日，主要进行临建设施、导流洞开挖与混凝土衬砌、左、右岸坝肩开挖与河床段坝基帷幕灌浆等施工。

Ⅱ期：自 1998 年 10 月 30 日至 1999 年 6 月 30 日，填筑上游坝体（即临时度汛断面—高水围堰）至高程 527.00m，坝体临时断面拦挡洪水标准为 5%。本期坝体填筑分两序施工，即 $Ⅱ_1$ 主要是上游低水围堰填筑；$Ⅱ_2$ 序主要是下游低水围堰及坝体临时度汛断面填筑。

Ⅲ期：自 1999 年 7 月 1 日至 2000 年 6 月 30 日，坝体填筑（含黏土心墙）至高程 546.00m，坝体拦挡洪水标准为 2%。本期坝体填筑分两序施工，即 $Ⅲ_1$ 序心墙填筑至高程 492.0m；$Ⅲ_2$ 序心墙填筑至高程 522.00m。

Ⅳ期：自 2000 年 7 月 1 日至 2001 年 12 月 31 日，坝体填筑（含黏土心墙）完成。本期坝体填筑分三序施工，即 $Ⅳ_1$ 序坝体填筑至高程 543.00m，满足 2000 年 11 月导流洞封堵大坝蓄水条件；$Ⅳ_2$ 序坝体填筑至高程 581.00m，满足 2001 年度汛要求，拦挡洪水标准为 0.5%；$Ⅳ_3$ 序坝体填筑封顶。

班数等。

2.5.3.2 确定施工方案步骤

（1）确定坝体施工分期（序）方案，提出坝体施工分期（序）的各种可能方案，并比选确定出最优方案。

（2）确定机械设备配置与机具组合（见表 2-49）。

表 2-49　　土石坝施工机械设备与机具组合表

<table>
<tr><th rowspan="2">料场挖装</th><th rowspan="2">料物运输</th><th colspan="4">坝面填筑</th><th rowspan="2">适用料物</th></tr>
<tr><th>卸</th><th>散</th><th>平</th><th>碾</th></tr>
<tr><td>挖掘机
或装载机</td><td colspan="3">自卸汽车</td><td rowspan="7">推土机（心墙料、过渡反滤料可用平地机）</td><td rowspan="7">土料适用：凸块碾、轮胎碾、凸块振动碾、夯板、蛙式打机；
砂、砂砾料适用：振动平碾、轮胎碾、夯板；
堆石料适用：振动平碾</td><td>土、砂、砂砾料、堆石</td></tr>
<tr><td>挖掘机</td><td>带式输送机</td><td>转料斗
或带式卸料机</td><td>自卸汽车</td><td>土、砂</td></tr>
<tr><td>挖掘机
（或配合料斗）</td><td colspan="3">自卸汽车</td><td>土、砂</td></tr>
<tr><td rowspan="2">铲运机、推土机+料斗或带式装载机</td><td colspan="3">自卸汽车</td><td>土、砂</td></tr>
<tr><td>带式输送机</td><td>双悬臂卸料
带式输送机</td><td>推土机</td><td>土、砂</td></tr>
<tr><td>采砂船</td><td>窄轨矿车
+漏斗
+带式输送机</td><td>摇臂带式
输送机</td><td>推土机</td><td>水下砂砾石</td></tr>
<tr><td>采砂船+料斗</td><td colspan="3">自卸汽车</td><td>水下砂砾石</td></tr>
</table>

注　表中未列辅助设备。

（3）计算所需机械设备数量，按照各分期（序）的施工强度，计算出各分期所需的机械设备数量。

2.5.3.3 施工方案比选

对所拟定的各种施工方案，应做到技术上可行，安全上可靠，经济上合理。

（1）技术、安全比较，主要从以下几点做起：①施工工期短，确保度汛安全；②技术可行，保证工程质量和施工安全；③施工强度及劳动力均衡；④机械容量和生产能力与工程量和施工强度相匹配；⑤施工干扰小，机械设备交叉作业少；⑥施工辅助设施及其工程量小。

（2）经济比较，应从施工分期投资经济及单位土石方耗费小考虑。

1）施工分期投资经济，可采用现值法、投资累积曲线法或概算指标法进行比较。

A. 现值法，是将每一分期方案的各年投资均折现值进行比较，以现值最小的方案为最优。

B. 投资累积曲线法，是绘制各方案的逐年投资累积曲线（时间为横坐标），投资累积曲线的斜率前期小，后期大者为最优。

C. 概算指标法，即将不同施工方案的各施工过程用概算指标进行单价分析，求出各方案的概算值进行比较。

以上各方案必须在同等条件下进行比较，各方案的辅助作业费用、准备与结束工作费用应计入，而各方案相同的部分可不计入，且只用不同部分的概算值进行比较。

2）单位土石方耗费小，可采用土石方的单位成本、劳动量消耗率及能量消费率计算比较。

A. 土石方的单位成本计算见式（2-24）。

$$C_e=\left(\frac{\sum C_{台班}+\sum S'}{P}+\frac{\sum C'}{V}\right)(1+\beta) \tag{2-24}$$

式中 C_e——坝体土石方单位成本，元/m^3；

$\sum C_{台班}$——全套机械台班生产费的总和，元/台班；

$\sum S'$——未计入台班生产费的而参加工作班的辅助劳动力（料场道路整修、运输、道路维护、坝面洒水、结合面处理和指挥等）的工资，元/台班；

β——施工管理费率，按有关规定取值；

$\sum C'$——准备与结束工作（如修整道路、机械的安装拆除等）费用，元；

V——完成的坝体土石方量，m^3；

P——全套机械的综合生产率，m^3/台班。

B. 土石方的劳动量消耗率计算见式（2-25）。

$$m_e=\frac{\sum m_m+\sum m_p}{P}+\frac{\sum m_n}{V} \tag{2-25}$$

式中 m_e——坝体土石方劳动量消耗率，工日/m^3；

$\sum m_m$——全套机械一个工作班所用劳动量（司机）的总和，工日；

$\sum m_p$——一个工作班中辅助工作的劳动量总和，工日；

$\sum m_n$——准备与结束工作所用的劳动量，工日。

C. 土石方的能量消费率计算见式（2-26）。

$$E_e=\frac{\sum E}{P} \tag{2-26}$$

式中 E_e——坝体土石方的能量消费率，kW·h/m^3；

$\sum E$——全套机械在一个工作班内消耗的能量，kW·h；当使用不同能源时，可分别计算；

P——全套机械的综合生产率，m^3/台班。

2.6 施工安全与环境保护

2.6.1 安全管理体系

2.6.1.1 建立安全管理体系的目标

（1）减少风险和降低损失。建立安全管理体系能实现预防和控制工伤事故、职业病及其他损失的目标，使风险降至最低程度。

（2）获得较好的经济效益。建立安全管理体系可以减少事故发生频率及损失程度，还可以通过改善劳动者的作业条件，提高劳动者身心健康，保证生产正常进行并提高劳动效率，获得较好的经济效益。

（3）实现以人为本的安全管理。人是最重要的生产要素，有了人就有了一切。人力资源的质量是提高生产率水平和促进经济增长的重要因素，而人力资源的质量是与工作环境的安全卫生状况密不可分的。安全管理体系的建立，将是保护和发展生产力的有效方法。

（4）提高企业的整体素质，提升企业的形象。企业按体系要求运行并通过认证，说明企业整体素质是高的，企业的形象也因此得到提升。而项目职业安全卫生则是反映企业品牌和形象的重要指标。

（5）促进项目管理现代化。安全管理体系是项目管理体系的重要组成部分，也是项目管理的基础。随着全球经济一体化的到来，对现代化管理提出了更高的要求，必须建立系统、开放、高效的管理体系，以促进项目管理水平的提高。

（6）增强经济发展能力。加大对安全生产的投入，有利于扩大社会内部需求，增加社会需求总量；同时，做好安全生产工作可以减少社会总损失，而保护劳动者的安全与健康也是经济可持续发展的长远之计。

2.6.1.2　建立安全管理体系的原则

（1）贯彻“安全第一，预防为主，综合治理”的方针。“安全第一，预防为主”两者是相辅相成、互相促进的。“预防为主”是实现“安全第一”的基础。要做到安全第一，首先要搞好预防措施，预防工作做好了，就可以保证安全生产，实现安全第一。“综合治理”是实现“安全第一”的前提，要通过全员、全方位、全过程的安全管理，实现安全第一的最终目的。

（2）安全管理体系应适用于工程项目全过程的安全管理和控制。

（3）《中华人民共和国建筑法》《职业健康安全管理体系 要求》（GB/T 28001—2011/OHSAS 18001：2007）、第167号国际劳工公约《施工安全与卫生公约》及国家有关安全生产的法律、法规和规程是建立安全管理体系的依据。

（4）体系规定的要求，是建立安全管理体系必须包含的基本要求和内容。

（5）建筑业施工企业应加强对工程项目的安全管理，指导和帮助项目经理部建立、实施并保持安全管理体系。

2.6.1.3　建立安全生产四个责任体系

各单位要重点推进以“一把手”为主要责任人的安全生产行政管理体系、以主管生产的领导为主要责任人的安全生产实施体系、以主管安全领导（安全总监）为主要责任人的安全生产监督管理体系、以总工程师为主要责任人的安全技术支撑体系的“四个责任体系”建设，实现安全生产工作分工和岗位职责更加明确、合理，配合更加规范有序，责任更加清晰。尤其是以总工程师为主要责任人的安全技术支撑体系的建设，做到重大危险因素项目均有专项的安全技术措施，安全技术措施的针对性和适用性要不断大幅度地提高，现场安全技术管理对安全的保障作用进一步加强。

2.6.2　施工安全管理

2.6.2.1　施工安全管理的重点

工程项目施工安全管理的重点是保护项目实施过程中人的安全与健康，保证项目的顺利进行，以使项目工期、质量和费用等目标的实现得到充分的保证。

（1）控制人的不安全行为。人既是管理的对象，又是管理的动力，人的行为是安全控制的关键。人与人是存在差异的，即使是同一个人，由于地点不同、时间不同、条件不同，其劳动状态、注意力、控制力、情绪、效率均会产生变化，这就决定了要管理好人是很难的。在工程项目施工中，要管好人，就是要避免人的不安全行为。人的不安全行为是人的生理和心理特点的反映，主要表现在身体缺陷、错误行为和违纪违章3方面。

在施工中的安全控制，一定要抓住人的不安全行为这一关键因素；而在制定纠正和预防措施时，又必须针对人的生理和心理特点对不安全的影响因素。要提高项目全体员工的自我保护能力，并能结合自身的生理和心理特点来预防不安全行为的发生，增强安全意识，这是搞好安全管理的重要环节。

(2) 控制物的不安全状态。人的生理和心理状态能适应物质、环境条件，而物质、环境条件又能满足劳动者生理和心理需要时，则不会产生不安全行为。反之，就可能导致伤害事故的发生。

物的不安全状态主要表现为以下3点。

1) 设备、装置的缺陷，是指机械设备和装置的技术性能降低，刚度不够，结构不良，磨损、老化、失灵、腐蚀、物理和化学性能达不到规定等。

2) 作业场所的缺陷，是指施工现场狭窄，组织不当，道路不畅，机械拥挤等。

3) 物质、环境的危险源。如：化学方面的氧化、自燃、易燃、腐蚀等；机械方面的振动、冲击、倾覆、抛飞、断裂等；电气方面的漏电、短路、超负荷、过热、绝缘不良等；环境方面的辐射线、红外线、强光、雷电、风暴、浓雾、地震、噪声、粉尘等。

综上所述，物质和环境均具有危险源，也是产生安全事故的主要因素。因此，在施工安全控制中，应根据工程项目施工的具体情况，采取有效的措施减少或断绝危险源。

在分析物质、环境因素对安全的影响时，也不能忽视劳动者本身生理和心理的特点，一个生理和心理素质好的作业者，在作业时会顾及多方面情况，做出正确的判断和应对，这样，就不会发生安全事故。实践证明，采光照明、色彩标志、环境温度和现场环境对施工安全的影响是不可低估的。

在施工项目安全控制中，必须将人的不安全行为和物的不安全状态与人的生理和心理特点结合起来综合考虑，编制安全技术措施，才能确保安全目标的实现。

2.6.2.2 安全计划

安全计划就是针对施工项目的特点进行安全策划，规划安全作业目标，确定安全技术措施，最终形成的文件。

安全计划应在项目开始前制定，在项目实施过程中不断加以调整和完善。安全计划是进行安全控制和管理的指南，是考核安全控制和管理工作的依据。

安全计划应针对项目特点、项目实施方案及程序，依据安全法规和标准等加以编制，主要内容包括以下几点。

(1) 项目概况。包括项目的基本情况，可能存在的主要不安全因素等。

(2) 安全控制和管理目标。应明确安全控制和管理的总目标和子目标，目标要具体、可度量。

(3) 安全控制和管理程序。主要应明确安全控制和管理的工作过程和安全事故处理过程。

（4）安全组织机构。包括安全组织机构形式和安全组织机构的组成、责任分配、职责、权限等。

（5）规章制度。包括安全管理制度、操作规程、岗位责任等规章制度的建立，应遵循的法律法规和标准。

（6）资源配置。针对项目特点，提出安全管理和控制所必需的材料设施等资源要求和具体的配置方案。

（7）安全措施。针对不安全因素确定相应措施。

（8）检查评价。明确检查评价方案和评价标准。

（9）奖惩制度。明确奖惩标准和方法。

2.6.2.3 施工安全管理责任制

建立和健全以安全生产责任制为核心的各项安全管理制度，是保障施工项目安全生产的重要组织手段。安全生产是关系到全员、全过程、全方位的一件大事，因此，必须制定安全生产责任制。

安全生产责任制是根据“管安全必须管生产”“安全生产，人人有责”和“一岗双责”的原则，明确规定各级领导、职能部门和各类人员在生产活动中应负的安全责任。

（1）项目经理安全职责。认真贯彻安全生产方针、政策、法规和各项规章制度及操作规程，制定和执行安全生产管理办法，严格执行安全考核指标和安全生产奖励办法，严格执行安全技术措施审批和施工安全技术措施交底制度；定期组织安全生产检查和分析，针对可能产生的安全隐患制定相应的预防措施；组织制定并实施安全生产教育和培训计划；保证安全生产所需费用的足额支出；应急预案的处置与管理；当施工过程中发生安全事故时，项目经理必须按安全事故处理的有关规定和程序及时上报和处置，并制定防止同类事故再次发生的措施。

（2）安全员安全职责。落实安全设施的设置；对施工全过程的安全进行监督，纠正违章作业，配合有关部门排除安全隐患，组织安全教育和全员安全活动，监督劳保用品质量和正确使用。

（3）作业队长安全职责。向作业人员进行安全技术措施交底，组织实施安全技术措施；对施工现场安全防护装置和设施进行验收；对作业人员进行安全操作规程培训，提高作业人员的安全意识，避免产生安全隐患；当发生重大或恶性工伤事故时，应保护现场，立即上报并参与事故调查处理。

（4）班组长安全职责。安排施工生产任务时，向本工种作业人员进行安全措施交底；严格执行本工种安全技术操作规程，拒绝违章指挥；作业前应对本次作业所使用的机具、设备、防护用具及作业环境进行安全检查，消除安全隐患，检查安全标牌是否按规定设置，标识方法和内容是否正确完整；组织班组开展安全活动，召开上岗前安全生产会；每周应进行安全讲评。

（5）操作工人安全职责。认真学习并严格执行安全技术操作规程，不违规作业；自觉遵守安全生产规章制度，执行安全技术交底和有关安全生产规定；服从安全监督人员的指导，积极参加安全活动；爱护安全设施；正确使用防护用具；对不安全作业提出意见，拒绝违章指挥。

（6）承包人对分包人的安全生产责任。审查分包人的安全施工资格和安全生产保证体系，不应将工程分包给不具备安全生产条件的分包人；在分包合同中应明确分包人安全生产责任和义务；对分包人提出安全要求，并认真监督、检查；对违反安全规定冒险蛮干的分包人，应令其停工整改；承包人应统计分包人的伤亡事故，按规定上报，并按分包合同约定协助处理分包人的伤亡事故。

（7）分包人安全生产责任。分包人对本施工现场的安全工作负责，认真履行分包合同规定的安全生产责任；遵守承包人的有关安全生产制度，服从承包人的安全生产管理，及时向承包人报告伤亡事故并参与调查，处理善后事宜。

2.6.2.4　施工安全措施

（1）一般工程安全技术措施。

1）根据基坑、基槽、地下室等开挖深度、土质类别，选择开挖方法，确定边坡的坡度或采取何种护坡支撑和护地桩。

2）脚手架、吊篮等选用及设计搭设方案和安全防护措施。

3）高处作业的上下安全通道。

4）安全网的架设要求、范围、架设层次、段落。

5）对施工电梯、井架等垂直运输设备的搭设要求，稳定性、安装位置等的要求。

6）施工洞口的防护方法和主体交叉施工作业采取的隔离措施。

7）场内运输道路及人行通道的布置。

8）编制临时用电的施工组织设计和绘制临时用电图纸。在建工程的外侧边缘与外电架空线路的间距达到最小安全距离采取的防护措施。

9）防火、防毒、防爆、防雷、防冻等安全措施。

10）在建工程与周围人行通道及民房的防护隔离设置。

（2）特殊工程施工安全技术措施。对于结构复杂，危险性大的特殊工程，应编制单项的安全技术措施。如爆破、大型吊装、沉箱、沉井、烟囱、水塔、特殊架设作业、高层脚手架、井架和拆除工程必须编制单项安全技术措施。

（3）季节性施工安全措施。季节性施工安全措施就是考虑不同季节的气候，对施工生产带来的不安全因素，可能造成的各种突发性事故，从防护上、技术上、管理上采取的措施。季节性施工安全的主要内容是：①夏季主要做好防暑降温工作；②雨季主要做好防触电、防雷、防塌方、防台风和防洪工作；③冬季主要做好防火、防风、防冻、防滑、防煤气中毒、防亚硝酸钠中毒等工作。

（4）施工安全技术措施交底的基本要求。

1）工程项目应坚持逐级安全技术交底制度。

2）安全技术交底应具体、明确、针对性强。

3）工程开工前，应将工程概况、施工方法、安全技术措施等情况逐级详细交底。

4）两个以上施工队或工种配合施工时，应按工程进度定期或不定期向有关单位和班组进行交叉作业的安全书面交底。

5）工长安排班组长工作前，必须进行书面的安全技术交底，班组长应每天对工人进行施工要求、作业环境等书面安全交底。

6）各级书面安全技术交底应有交底时间、内容及交底人和接受交底人的签字，并保存交底记录。

7）应针对工程项目施工作业的特点和危险点。

8）针对危险点的具体防范措施和应注意的安全事项。

9）一旦发生事故应及时采取避难和急救措施。

10）有关的安全操作规程和标准。

11）出现下列情况时，项目经理、项目总工程师或安全员应及时对班组进行安全技术交底：①因故改变操作规程；②实施重大和季节性安全技术措施；③推广使用新技术、新工艺、新材料、新设备；④发生因工伤亡事故、机械损坏事故及重大未遂事故；⑤出现其他不安全因素、安全生产环境发生较大变化。

2.6.2.5 施工安全技术措施的管理

（1）安全技术措施管理的重要性。安全生产技术措施是指为了防止安全事故、职业危害、环境污染，针对生活工作环境、施工过程中已知的或潜在的危险因素采取的方法。施工安全技术措施是在施工项目生产活动中，根据工程特点、规模、结构复杂程度、工期、施工现场环境、劳动组织、施工方法、施工机械设备以及各项安全防护措施等，针对施工中存在的不安全因素进行预测和分析，找出危险点，为消除和控制危险隐患，从技术和管理上采取措施加以防范，消除不安全因素，防止事故发生，确保项目安全施工。安全技术措施最根本的目的，就是实现生产施工过程中的本质安全。采取有效的安全技术措施，可以减少或杜绝事故的发生。

（2）目前安全技术措施管理存在的不足。

1）没有技术措施（方案），施工无依据，现场根据经验施工。

2）有技术措施（方案），但没有严格的计算（校核），参考（照搬）类似或相似项目的图纸。

3）有技术措施（方案），没有全过程的施工方法，程序设计不全。比如承重排架安全技术措施中没有排架搭设或排架拆除措施要求。

4）安全技术措施交底不到位，没有层层交底到实际施工（操作）的工人（农民工）。

5）有安全技术措施，也有安全技术交底，但现场施工不按要求做，存在两张皮现象，使安全技术措施没有真正落到实处。

（3）安全技术措施的管理目标。

1）要有安全技术措施管理办法，并明确相关领导及部门的安全技术措施管理责任，项目部的安全管理处罚办法中必须要有安全技术措施管理中违法违规的处罚细则。

2）要严格执行“安全技术措施的编制”要求，切实做好资料收集、计算、校核、审批、交底等每一步工作。

3）要完善“必须编制专项安全技术措施的项目”的程序设计，保证施工项目工序齐全，不缺工序。比如大型设备的检修、拆除等要在大型设备安全技术措施中做详细要求。

4）强化各级技术负责人技术决策和指挥权，严格按照安全技术措施要求实施。生产或施工现场条件发生变化需要修改安全技术措施时，必须由安全技术措施编制部门修改后实施，其他人员无权修改。

（4）安全技术措施管理要求。

1）加强安全技术措施编制能力及实际操作人员的培训。要制定安全技术措施编制人员的培训计划，组织各级编制人员进行专门培训，提高安全技术措施编制人员的编制水平。

项目部要有针对性的培训实际施工（操作）人员的技能，让实际施工（操作）人员在具体实施安全技术措施时知道该怎么正确操作。

2）强化过程监督检查。按照《安全技术措施管理制度》要求，必须编制专项安全技术措施的项目，开工前必须检查安全技术措施的计算、校核、审批、交底、工序齐全等内容，不满足相关要求决不施工。

项目部要加强安全技术措施过程监控，及时纠正实施过程中的违法违章行为，对不按安全技术措施要求强行施工的行为坚决叫停。

在安全检查时，必须检查安全技术措施的编制、交底、实施情况是否按《安全技术措施管理制度》要求认真执行。

3）细化考核。在年度安全考核中要加大对安全技术措施的考核权重，并将“资料收集、计算、校核、审批、交底、工序齐全、现场实施、监督检查、记录”等细化到考核表中。

4）严格责任追究。要加强安全技术措施管理工作，认真履行安全技术措施管理相关职责；项目部要强化总工程师的安全技术管理责任、分管生产经理的安全生产实施责任、安全总监的监督管理责任，杜绝因安全技术措施管理不到位发生安全事故。对因安全技术措施管理不到位发生的安全事故，对相关责任人严格责任追究。

2.6.2.6 安全检查

（1）安全检查的含义。安全检查就是告之人们如何去识别危险和防止事故的发生。

（2）安全检查的目标。

1）预防伤亡事故，把伤亡事故频率和经济损失降到低于社会容许的范围，以及国际同行业先进水平。

2）不断改善生产条件和作业环境，达到最佳安全状态。通过安全检查对施工中存在的不安全因素进行预测、预报和预防。

（3）安全检查的方式。

1）企业或项目定期组织的安全检查。

2）各级管理人员的日常巡回检查、专业安全检查。

3）季节性和节假日安全检查。

4）班组自我检查、交接检查。

（4）安全检查的内容。安全检查主要是查思想、查制度、查机械设备、查安全设施、查安全生产投入、查应急响应能力、查安全教育培训、查操作行为、查劳保用品使用、查伤亡事故处理。

2.6.2.7 施工安全应急救援措施

（1）参建单位应制定《应急救援预案》，并进行演练和评审，确保应急救援预案的适宜性、有效性和充分性。

（2）事故或紧急情况发生后，发现人应立即报告应急响应领导小组。

（3）应急响应领导小组接到报告后，及时组织急救抢险人员到事故现场，按照事先制定的应急救援预案和程序进行抢救。

（4）如果抢救人员不能控制事故时，应立即向地方协作单位求救，确保事故得到有效的控制。

2.6.2.8 伤亡事故

（1）事故种类：①物体打击，指落物、滚石、锤击、碎裂崩块、碰伤等伤害，也包括因爆炸而引起的物体打击；②车辆伤害，包括挤、压、撞、倾覆等；③机械伤害，包括绞、碾、碰、割、戳等；④起重伤害，指起重设备或操作过程中所引起的伤害；⑤触电，包括雷击伤害；⑥淹溺；⑦灼烫；⑧火灾；⑨高处坠落，包括从架子、屋顶上坠落以及从平地坠入地坑等；⑩坍塌，包括建筑物、堆置物、土石方倒塌等；⑪冒顶片帮；⑫透水；⑬放炮；⑭火药爆炸，指生产、运输、储藏过程中发生的爆炸；⑮瓦斯爆炸，包括煤粉尘爆炸；⑯锅炉爆炸；⑰容器爆炸；⑱其他爆炸，包括化学爆炸，炉膛、钢水包爆炸等；⑲中毒和窒息，指煤气、油气、沥青、化学、一氧化碳中毒等；⑳其他伤害，如扭伤、跌伤、野兽咬伤等。

（2）事故等级。

1）特别重大事故，是指造成30人以上死亡，或者100人以上重伤（包括急性工业中毒，下同），或者1亿元以上直接经济损失的事故；

2）重大事故，是指造成10人以上30人以下死亡，或者50人以上100人以下重伤，或者5000万元以上1亿元以下直接经济损失的事故；

3）较大事故，是指造成3人以上10人以下死亡，或者10人以上50人以下重伤，或者1000万元以上5000万元以下直接经济损失的事故；

4）一般事故，是指造成3人以下死亡，或者10人以下重伤，或者1000万元以下直接经济损失的事故。

（3）事故处理程序：①迅速抢救伤员并保护好现场；②组织调查组；③现场勘查；④分析事故原因；⑤制定预防措施；⑥写出调查报告；⑦事故的审理和结案；⑧员工伤亡事故登记记录。

2.6.3 劳动保护

2.6.3.1 劳动保护的要求

（1）要更加细心地去制定更加完善的安全操作规程，强化安全教育，花大力气敦促、检查安全生产各个环节的落实。

（2）必须给所有的参建人员特别是一线的工作人员，按时、按定额、足量地发放必需的劳动保护用品，同时应结合工程的特点，在施工现场预备一些常用的、工程中可能常发生的小事故处理药品等。在有条件的工地，可以建立小型医务室，处理现场可能发生的各种工伤。

2.6.3.2 劳动保护用品发放

对于一线施工的作业人员，必须按有关规定定期发给施工操作人员必需的劳保用品和津贴，保护他们身心健康。

对操作人员应提供保护手和暴露的皮肤的防护油膏，皮肤受沾污后应用肥皂和温水彻底洗净，特别是在去盥洗室和饮食前一定要清洗。

（1）有毒有害工种操作人员必须身穿具有劳动保护功能的工作服，戴紧贴腕部的耐热手套、带披肩的防护帽和眼罩，穿着耐高温、不透水、不会冒火花的长筒靴。对有毒有害气味有过敏反应的人员，应退出该工种施工岗位。

（2）矿料加工粉尘较多，操作工人需戴目镜和口罩。

（3）施工现场尤其是易燃易爆品仓库和储罐，应有完备的消防措施。

（4）使用核子密度仪进行现场无损检测，要严格按操作规程执行，避免发生烫伤，避免辐射对人体造成伤害。

（5）施工现场应备有柴油、纱头、肥皂（或洗衣粉）、毛巾和洗手用具，以便操作人员清洗。

（6）施工现场应设有急救站，配备防灼伤、防暑药品，以供急用。

（7）在沥青混合料拌和系统与沥青混凝土摊铺现场设急救站，配备防灼伤和防暑药品，以供急用。

2.6.4 环境保护

工程项目环境管理的目的是保护生态环境，使社会的经济发展与人类的生存环境相协调。控制作业现场的各种粉尘、废水、废气、固体废弃物以及噪声、振动对环境的污染和危害，还应考虑能源节约和避免资源的浪费。

2.6.4.1 环境保护规划

环境保护规划是工程施工总体规划的一个组成部分，是为了保护施工区的环境，减缓因工程施工活动所引起的环境问题。目的是紧密结合工程施工实际，对主要环境影响施工区各项环境保护对策和防治措施提出具体规划，达到工程施工和环境保护的协调发展的目的，以维护和改善施工区环境质量，减缓工程施工对环境的不利影响，保障施工人员身体健康，为施工区环境保护及管理提供科学依据。

2.6.4.2 环境保护遵循的原则

施工区环境保护除依据国家有关环境保护法规和标准外，还应遵循以下原则。

（1）坚持“三同时”原则。即环境保护设施与建设项目同时设计、同时施工、同时投入运行，环境保护工作必须贯穿施工全过程。

（2）可操作性的原则。规划应紧密结合施工布置和施工进度实际，环境保护措施应保证技术上可行、经济上合理、操作上方便，使规划既能保护环境，又有利于工程建设。

（3）突出重点的原则。由于施工环境影响众多，规划应抓住主要环境问题，突出重点。

2.6.4.3 环境保护的要求

（1）要搞好施工区环境卫生工作，建设符合标准的生活垃圾处理设施；保护饮用水源，加强供水设施的净化、消毒管理，确保生活供水水质符合国家卫生标准。

（2）加强食品卫生、公共场所卫生的监督管理和从业人员的健康体检，以及对施工人员的劳动保护。

（3）积极开展灭鼠、蚊、蝇和卫生防疫工作，切实做好对传染病的预防和监督管理。

（4）应有效地防治工程施工活动引起的环境污染和生态破坏，保障施工人员的身心健康，加快工程建设以及促进工程建设与环境保护的协调发展。

（5）对于水利枢纽工程坝址的施工区，它的环境影响主要是因工程施工活动而产生的，其影响的大部分是可以恢复的和暂时性的。一般经采取必要措施，工程施工结束后，施工区可以建设成为环境清洁和优美的区域。

（6）工程施工区主要环境影响按重要性从大到小依次为景观生态与水土流失、人群健康与公共卫生、噪声污染、空气污染、水质污染等5个方面，因工程建设所处地区环境特点和要求的不同，其排序可能稍有变化。

2.6.4.4 自然环境管理

由于工程项目自身的特点及项目所处地域的不同，有着不同的自然环境，这对工程质量均会产生影响，因此，要了解项目所在地的自然环境特点。

（1）气候环境。项目管理者应了解项目所在地的气候变化，如气温、风力、风速、降雨量、降雪量等，可以通过对历史气象资料分析，预测施工过程中可能遇到的气候条件，并提出应对措施。

（2）地质水文环境。不同的地质水文环境可以采用不同的施工方案和工艺，项目管理者应认真研究地质水文资料，如地下水位、水量、地质、地形条件、地震、洪水情况等，如果不认真对待地质水文环境，不仅可能影响工程质量、进度，增加成本，还可能导致安全事故。

（3）资源条件。项目管理者应了解所需资源的种类、数量、质量及其来源和供应可能性、供应方式和供应条件、外部协作条件等情况。

（4）需要保护的环境条件。如果工程项目处于需要保护的风景区、文物保护区，项目管理者应熟悉这方面的文件，了解文物古迹分布范围，在项目实施过程中注意保护文物。

2.6.4.5 生态环境保护

（1）施工人员进驻初期，针对当地植被、动物、鸟类、鱼类物种特点，进行动植物保护教育。

（2）施工期间，施工单位加强对施工人员的管理，严禁到非施工区活动。

（3）建立施工环境管理制度，禁止施工人员非法猎捕受保护鸟类和鱼类。

（4）教育施工人员，禁止捕食蛙类、蛇类、鸟类、兽类，以减轻施工对陆生动物的影响，宣传介绍施工地区的受保护动植物。

（5）施工中发现区域内的国家级保护植物，如四合木、霸王等，要采取避让措施，对于单株保护植物，可进行单株围护，避免造成破坏。

2.6.4.6 现场环境管理

（1）环境保护的意义。

1）保护和改善环境是保证人们身体健康的需要。搞好施工现场环境卫生，改善作业环境，就能保证员工身体健康，从而积极地投入施工生产。

2）保护和改善施工现场环境是消除外部干扰，保证施工顺利进行的需要。如果采取措施得当，就能防止污染环境，减少扰民，实际上也就消除了外部干扰，减少了冲突，也就有利于施工生产的顺利进行。

3）保护和改善施工环境是现代化大生产的客观要求。现代化施工广泛应用新设备、新技术、新工艺，对环境质量的要求很高，如果粉尘、振动超标就可能损坏设备，影响设备功能的发挥。可以说，现代化大生产对环境质量有很严格的要求。

4）环境保护是国家法律法规和政府的要求，是企业的行为准则。每一个在施工现场从事施工和管理工作的人员，均应有法制观念，执法、守法、护法。在工程项目施工中应贯彻执行的法律法规有：《中华人民共和国建筑法》《中华人民共和国合同法》《中华人民共和国劳动法》等，以及城市建设有关法规、工程施工质量管理法规、施工安全及施工现场管理法规等。

（2）环境保护措施。

1）实行环保目标责任制。把环保指标以责任书的形式层层分解到有关部门和人员，列入岗位责任制，形成环境保护自我监控体系。项目经理是环境保护工作的第一责任人，是环境保护自我监控体系的领导者和责任者。

2）加强检查和监控工作。通过对环境状况的不断检查，才能充分掌握环境对项目的影响程度，才能采取有效的措施，使环境处于受控状态。在工程项目进行过程中，要加强对施工现场粉尘、噪声、废气的监测和监控工作，并及时采取措施加以消除。

3）综合治理。项目组织一方面要采取措施对污染进行有效控制，另一方面还应与组织外部的有关部门、人员保持联系加强沟通，共同做好对项目环境保护的综合治理工作。

4）严格执行国家法律法规。国家、地区、行业、企业颁布的有关环境保护的法律法规，是项目组织进行项目管理的重要依据，必须严格执行。

5）采取有效的技术措施。采取有效的技术措施，可以使项目的环境保护工作落到实处。工程项目环境保护的技术措施一般包括以下几个方面。

A. 防止大气污染。

a. 施工现场的垃圾渣土要及时清理出现场，严禁凌空随意抛撒垃圾。

b. 施工现场临时道路采用焦渣、级配砂石、粉煤灰级配砂石、沥青混凝土或水泥混凝土等，尽可能利用永久性道路。要有专人定期洒水清扫，防止扬尘。

c. 袋装水泥、白灰、粉煤灰等细粒粉状材料，应在库内存放；在室外露天临时存放时，必须下垫上盖，防止扬尘；散装细粒粉状材料应存放在固定容器内，无固定容器时，应设封闭式专库存放。

d. 车辆出入现场要有可靠措施，防止携带泥沙。

e. 禁止在施工现场焚烧油毡、橡胶、塑料、皮革、树叶和各种包装材料。

f. 工地应采用消烟除尘型茶炉、锅炉。

g. 现场设置搅拌站时，应将搅拌站封闭严密，尽量不使粉尘外泄。

B. 防止水源污染。

a. 禁止将有毒有害废弃物作土方回填。

b. 现场的废水、污水须经沉淀池沉淀后再排入城市污水管道或河流。

c. 现场存放油料，必须对库房地面进行防渗处理，防止油料跑、冒、滴、漏，污染水体。

d. 现场100人以上的临时食堂，污水排放时可设简易隔油池。

e. 现场临时厕所，化粪池应采取防渗漏、防蝇、灭蛆措施。

f. 化学药品、外加剂等要妥善保管，库内存放。

C. 防止噪声污染。

a. 严格控制人为噪声，不得高声喊叫、无故甩打模板。

b. 在人口稠密区进行强噪声作业时，应严格控制作业时间。

c. 从声源上降低噪声，如选用低噪声设备、工艺，在声源处安装消声器等。

d. 在传播途径上控制噪声，如采取吸声、隔声、隔振和阻尼处理方法。

2.6.4.7 水土保持

(1) 对合同规定的施工活动界限以外的土地，不经监理工程师批准不使用；不让燃料、油料、化学药品以及超过允许剂量的有害物质和污水、污物、弃渣等污染土地、河道。

(2) 采取切实有效的保护措施，防止在利用或占用的土地上发生水土流失和开挖边坡失稳现象。

(3) 加强对施工活动中的噪声、粉尘、废气、废水和废油的治理。

(4) 合理规划料场、弃渣场，开挖渣料按指定位置进行堆放，不随意堆放。弃渣结束后，表面覆土并按有关规定进行植树造林。

(5) 保证施工现场和生活区用水的质量，防止污染，保持生活区、办公区的环境卫生的清洁，及时清理垃圾，并将其运往指定地点进行处理。设置足够的临时卫生设施，定期进行清扫处理。

(6) 主体工程完工后，彻底清理场地，及时拆除施工和生活临时设施，并恢复原状或进行绿化处理。

2.6.4.8 环境清理

(1) 按国家有关环境保护条例、法规和规章制度来控制工程施工造成的影响。

(2) 对施工排放污水及时导流，利用排水沟引导至基坑积水井，经沉淀后，排出基坑。

(3) 施工过程中避免夜间进行强噪声等作业，尽量选用低噪声的施工设备，以改善工作环境。制定出详细的噪声控制实施细则，并认真贯彻执行。

(4) 工程开始实施时，对施工区域内的表层腐殖土按要求进行剥离、清理，不污染环境，不影响施工质量。

(5) 工程实施阶段，要严格执行制定的各项环境保护及水土保持措施，严格遵守招标文件提出的对环境保护及水土保持的要求，加强对员工环境保护及水土保持的教育，提高员工的环境保护及水土保持意识，落实责任，加强环境保护及水土保持监督检查力度，发现问题，及时整改，履行承诺，实现制定的环保目标。

(6) 工程完工时，按照业主和监理工程师的要求及时清理施工现场，拆除无需保留的临时建筑设施，移出所有的机械设备和多余材料，将垃圾、废物运至指定场地进行处理，完成环境恢复工作。

2.6.4.9 环境保护工程的验收

(1) 环境保护工程的验收依据中华人民共和国国家环境保护标准《建设项目竣工环境

保护验收技术规范 水利水电》（HJ 464—2009）进行。

（2）工程设计及环境影响评价文件中提出的造成环境影响的主要工程内容。

（3）重要生态保护区和环境敏感目标。

（4）环境保护设计文件、环境影响评价文件及环境影响评价审批文件中提出的环境保护措施落实情况及其效果等。主要有：调水工程和水电站下游减水、脱水段生态影响及下泄生态流量的保障措施；水温分层型水库的下泄低温水的减缓措施；大、中型水库的初期蓄水对下游影响的减缓措施；节水灌溉和灌区建设工程节水措施；河道整治工程淤泥的处置措施等。

（5）配套环境保护设施的运行情况及治理效果。

（6）实际突出或严重的环境影响，工程施工和运行以来发生的环境风险事故以及应急措施，公众强烈反应的环境问题。

（7）工程环境保护投资落实情况。

2.6.4.10 重大环境污染事故应急预案

（1）应急准备。

1）项目部成立应急准备和响应领导小组。出现紧急情况时，应急准备与响应领导小组负责处理。同时上报上一级主管领导及主管部门，发生重大环境污染事故时，上级主管领导和职能部门要亲临现场指挥。

2）项目经理主管应急准备和响应领导小组工作，担任小组组长，负责处理事件或紧急情况发生时的指挥和组织。

3）项目部工程技术部、安全文明办、综合办公室等部门负责人是本工程项目部应急准备和响应领导小组成员，负责具体事务的处理。

4）项目部根据国家、当地政府、行业、企业内部管理规定，分析识别本项目部潜在重大环境污染事故、事件或紧急情况和可能涉及的范围、破坏伤害和风险程度等情况，制定本工程项目相应的“应急计划”。

5）项目部制定的“应急计划”内容包括：①识别潜在的环境污染事件和紧急情况；②确定应急期间的组织机构及相应资质；③有关人员在应急期间所采取的措施的详细资料，包括处于应急场所的外部人员所采取的措施；④应急期间起特定作用的人员的职责、权限和义务；⑤疏散程序；⑥危险原材料的识别和放置及所要求的应急措施；⑦与外部应急服务机构的连接；⑧与立法部门的沟通；⑨与邻居和公众的沟通；⑩至关重要的记录和设备保护；⑪应急期间必要的信息的适用性；⑫应急期间必要的设备、设施及其配置要求。

6）项目部为实现应急计划要建立相关的配套程序。如何制定应视具体的应急情况和行动而定。

7）项目部的“应急计划”应以表格的格式形成。

8）“应急计划”必须由项目经理审批，分别上报公司相关部门审定备案后由项目经理发布实施。

9）“应急计划”在必要时上报业主、监理工程师，以取得其支持和协助。

10）项目部的“应急计划”发放后由编制部门对员工和相关人员进行应急授课培训，

以有效地了解并掌握有关急救方法。

11）在适宜时，由项目经理组织实施应急准备和响应的演练。结束后填写《应急准备与响应活动表》。

（2）应急响应。

1）重大环境污染事故发生后，发现人立即报告应急响应领导小组。

2）应急响应领导小组接到报告后，及时组织急救抢险人员到事故现场，按照事先制定的相应的应急计划和程序进行抢救。

3）如果抢救人员不能控制事故时，立即向地方协作单位求救，确保事故得到有效的控制。

2.6.5 文明施工

文明施工是指在施工现场管理中，应按现代化施工的客观要求，使施工现场保持良好的施工环境和施工秩序。它是施工现场管理的一项重要的基础工作。

2.6.5.1 一般规定

（1）有整套的施工组织设计或施工方案。

（2）有健全的施工指挥系统和岗位责任制，工序衔接交叉合理，交接责任明确。

（3）有严格的成品保护措施和制度，大小临时设施和各种材料、构件、半成品按平面布置堆放整齐。

（4）施工场地平整，道路畅通，排水设施得当，水电线路整齐，机具设备状况良好，使用合理，施工作业符合消防和安全要求。

（5）实现文明施工，不仅要抓好现场的场容管理工作，而且要做好现场材料、机械、安全、技术、保卫、消防和生活卫生等方面的工作。

2.6.5.2 现场场容管理

（1）工地主要入口要设置简朴规整的大门，门边设立明显的标牌，标明工程名称、施工单位和工程负责人等内容。

（2）建立文明施工责任制，划分区域，明确管理负责人，实行挂牌作业，做到现场清洁整齐。

（3）施工现场场地平整，道路畅通，有排水措施。

（4）现场施工临时水、电有专人管，不得有长流水、长明灯。

（5）施工现场的临时设施，包括生产、生活、办法用房、仓库、料场、临时上下水管道以及照明、动力线路要严格按照施工组织设计确定的施工平面图布置、搭设或埋设整齐。

（6）施工现场清洁整齐，做到活完料清，工完场地清。

（7）砂浆、混凝土在搅拌、运输、使用过程中，做到不洒、不漏、不剩。砂浆、混凝土应有盛放容器或垫板。

（8）要有严格的成品保护措施，严禁损坏、污染成品，堵塞管道。

（9）建筑物内清除的垃圾渣土，要通过临时搭设的竖井或利用电梯等设施稳妥下卸，严禁从门窗口向外抛掷。

（10）施工现场不准乱堆垃圾及余物。应在适当地点设置临时堆放点，并定期外运。

清运垃圾及流体物，要有遮盖防漏措施。

（11）根据工程性质和所在地区的不同，采取必要的围护和遮挡措施，保持外观整洁。

（12）针对施工现场情况设置宣传标语和黑板报，并适时更换内容，切实起到表扬先进、促进落后的作用。

（13）施工现场严禁居住家属，严禁居民、家属、儿童在施工现场穿行、玩耍。

2.6.5.3 管理制度建立

（1）文明施工管理制度。文明施工管理制度是创建安全文明工地的具体措施。文明工地管理制度要依据住房和城乡建设部《建筑施工安全检查标准》（JGJ 59—2011）的要求，按照施工组织设计方案制定详细的创建保证措施，内容包括以下几点。

1）创建安全文明工地指导思想和目的要明确。工程开工前要确定创建文明施工目标，按照要求认真组织编写施工组织设计，列出文明施工创建工作重点、标准、要求及创建措施，对施工组织设计要精心组织。

2）组织落实。创建文明工地要有一套强有力的领导班子，有组织、有计划地从基础开始做起。

3）搞好全体人员的思想发动。创建文明工地是全体施工人员的事，因此要齐心协力，把每一项工作落到实处。

4）对照标准进行认真整改，并准备接受主管部门的检查。

（2）门卫制度及交接班记录。门卫制度是指对施工现场大门值班警卫人员的职责及对进出大门人员的管理制度。其内容包括：①警卫人员责任和任务；②发生问题的处理；③检查来往人员的证件。

（3）宿舍管理制度。宿舍是员工休息的地方，要有一套管理制度。该制度主要是搞好宿舍的生活卫生、秩序及设施使用的管理，特别是搞好用电管理及火源管理。主要包括下列内容：①宿舍管理责任制；②设施管理；③用电管理；④卫生管理；⑤生活秩序管理；⑥火炉管理及防煤气中毒措施。

（4）消防制度。消防制度是工地安全文明管理的一个重要组成部分，主要内容有：①建立消防组织分工明确，责任到人（建立义务消防队）；②确定防火重点部位；③按计划配备消防器材；④消防器材管理制度，使用规定及保养措施；⑤消防检查制度；⑥建立奖罚制度。

（5）动火审批制度。施工现场的动火作业必须执行审批制度。

2.6.6 职业健康安全管理体系与环境管理体系

2.6.6.1 职业健康安全管理体系

《职业健康安全管理体系 要求》（GB/T 28001—2011）是一种科学的管理方法，可以帮助组织实现和系统地控制自己设定的职业健康安全绩效，并通过职业健康安全管理体系所提供的运行机制，使其持续改进。

职业健康安全管理体系标准要求建立职业健康安全管理体系，包括体系的策划、目标的设定和体系文件的编写、机构的设置、资源的配置等。

建立职业健康安全管理体系，并不是对组织原有安全管理制度、手段、组织机构的全面否定，而是按规范的各项要求，将原有安全管理制度、手段、组织机构等予以规范化、系统化，使组织的职业健康安全管理体系更加完善和有效，更加充分和适宜。

职业健康安全管理体系的核心是职业健康安全方针。建立职业健康安全管理体系的目的是为了便于管理职业健康安全风险。

职业健康安全管理方案是其管理体系成功实施的关键要素，是组织实现职业健康安全方针的重要环节。职业健康安全管理方案的内容包括：总计划和目标；各级管理部门的职责和指标；满足危险源辨识、风险评价和风险控制及法律、法规要求的实施方案；可操作的详细行动计划、时间表及方法；员工对施工现场职业健康安全的协商、评审和改进的信息；新的或不同的技术方案评审；持续改进；实现安全目标所需资源提供情况。

建立职业健康安全管理体系应遵循 5 个基本步骤：第一，管理体系的策划和准备；第二，管理体系文件的编制；第三，管理体系试运行；第四，内部审核；第五，管理评审。

2.6.6.2 环境管理体系

随着经济的高速增长，环境问题已迫切地摆在我们面前，它严重威胁人类社会的健康生存和可持续发展，并日益受到全社会的普遍关注。国际竞争的需要，国家政策的要求，社会公众的期望，使各种类型的组织都越来越重视自己的环境表现和环境形象，并希望以上系统化的方法能规范其环境管理活动，满足法律的要求和自身的环境方针，求得生存和发展。

20 世纪 90 年代初，一些国家在质量管理标准化成功经验的启发下，率先开展了环境管理标准化活动。ISO 14000 环境管理系列标准就是在这一形势下应运而生的。我国在 1996 年年初成立了国家环境保护局环境管理体系审核中心，正式开始推行 ISO 14000 的试点工作。1997 年 5 月，经国务院办公厅批准，成立了中国环境管理体系认证指导委员会下设的中国环境管理体系认证机构认可委员会和中国认证人员国家注册委员会环境管理专业委员会。

目前，很多组织已经推行了环境评审或审核，以评定自身的环境表现。但仅靠这种评审或审核本身，可能还不足以为一个组织提供保证，使之确信自己的环境表现不仅现在满足，并将持续满足法律和方针要求。要使评审或审核行之有效，必须在一个结构化的管理体系内予以实施，并将其纳入全部管理活动的整体。

ISO 14000 直接的效益是节能降耗、降低成本。要求对生产全过程进行有效控制，从最初的设计到最终的产品及服务都考虑减少污染物的产生、排放和对环境的影响，能源、资源和原材料的节约，废物的回收利用等环境因素并通过对重要的环境因素进行控制，可以有效地利用废旧物资，减少各项环境费用，从而明显地降低成本。

ISO 14000 环境管理体系是建立在计划、实施、检查、评审的过程模式基础上的。在体系中，ISO 14001 是说明体系的规范及使用指南的文件，其文件结构分为 4 章，即范围、规范性引用文件、术语和定义以及环境管理体系要求。

ISO 14000 与 ISO 9000 遵循共同的管理体系原则，因此组织可选用已建立的质量管理体系，作为环境管理体系的基础。两个体系有本质上的不同，ISO 9000 强调的是对需方的质量要求的持续满足的承诺，而 ISO 14000 强调的是多方面的相关方与可能引起环境问题的组织之间的关系。

2.6.6.3　职业健康安全管理体系的基本内容和模式

（1）职业健康安全管理体系的基本内容。职业健康安全管理体系的基本内容由 5 个一级要素和 17 个二级要素构成（见表 2-50）。

表 2-50　　职业健康安全管理体系基本要素表

	一级要素	二级要素
要素名称	职业健康安全方针（4.2）	职业健康安全方针（4.2）
	策划（4.3）	危险源辨识、风险评价和控制措施的确定（4.3.1）； 法律法规和其他要求（4.3.2）； 目标和方案（4.3.3）
	实施和运行（4.4）	资源、作用、职责、责任和权限（4.4.1）； 能力、培训和意识（4.4.2）； 沟通、参与和协商（4.4.3）； 文件（4.4.4）； 文件控制（4.4.5）； 运行控制（4.4.6）； 应急准备和响应（4.4.7）
	检查（4.5）	绩效测量和监视（4.5.1）； 合规性评价（4.5.2）； 事件调查、不符合、纠正措施和预防措施（4.5.3）； 记录控制（4.5.4）； 内部审核（4.5.5）
	管理评审（4.6）	管理评审（4.6）

17 个要素间相互联系、相互作用，共同构成职业健康安全管理体系。可将 17 个要素分为两类，一类是体现主体框架和基本功能的核心要素，另一类是支持体系主体框架和保证实现基本功能的辅助性要素。

核心要素包括以下 10 个要素：①职业健康安全方针；②对危险源的辨识；③法律法规和其他要求；④目标；⑤结构和职责；⑥合规性评价；⑦运行控制；⑧绩效测量和监视；⑨内部审核；⑩管理评审。

辅助要素包括以下 7 个要素：①能力、培训和意识；②协商和沟通；③文件；④文件控制；⑤应急准备和响应；⑥事件调查、不符合、纠正措施和预防措施；⑦记录控制。

（2）职业健康安全管理体系的模式。职业健康安全管理体系具体的运行模式，即通过“策划—实施—检查—改进（PDCA）”的 4 个环节构成一个动态循环并螺旋上升的系统化管理模式（见图 2-13）。

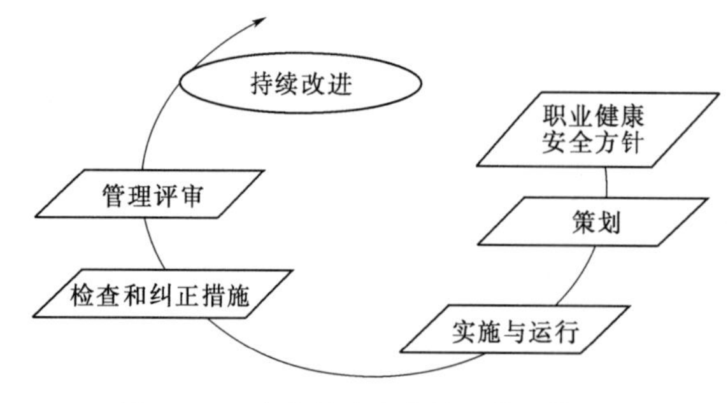

图 2-13　职业健康安全管理体系模式图

2.6.6.4　环境管理体系的基本内容和模式

（1）环境管理体系的基本内容。环境管理体系的基本内容由 5 个一级要素和 17 个二级要素构成（见表 2-51）。

表 2-51　　环境管理体系基本要素表

	一级要素	二级要素
要素名称	环境方针（4.2）	环境方针（4.2）
	策划（4.3）	环境因素（4.3.1）； 法律法规和其他要求（4.3.2）； 目标、指标和方案（4.3.3）
	实施与运行（4.4）	资源、作用、职责和权限（4.4.1）； 能力、培训和意识（4.4.2）； 信息交流（4.4.3）； 文件（4.4.4）； 文件控制（4.4.5）； 运行控制（4.4.6）； 应急准备和响应（4.4.7）
	检查（4.5）	监测和测量（4.5.1）； 合规性评价（4.5.2）； 不符合、纠正措施和预防措施（4.5.3）； 记录控制（4.5.4）； 内部审核（4.5.5）
	管理评审（4.6）	管理评审（4.6）

（2）环境管理体系的模式。环境管理体系的模式是一套系统化的方法，指导其组织在合理有效地推行其环境管理工作。该模式建立在一个由“策划、实施、检查、评审和改进”诸环节构成的动态循环过程的基础上。

2.6.6.5　建立职业健康安全与环境管理体系的步骤

（1）领导决策。职业健康安全与环境管理体系的建立是由最高管理者决策和推动的，由此可得到各方面的支持和获得建立体系所需要的资源。

（2）成立工作组。由最高管理者或者授权管理者代表成立工作小组，负责建立职业健康安全与环境管理体系。组长最好由管理者代表担任。

（3）人员培训。人员培训的目的是使组织内的有关人员了解建立职业健康安全与环境管理体系的重要性，了解标准的主要思想和内容。

（4）初始状态评审。初始状态评审是对组织过去和现在的职业健康安全与环境的信息进行收集、调查分析，识别危险源和环境因素，对风险和重要环境因素进行评价。评审结果作为确定职业健康安全与环境方针、制定管理方案、编制体系文件和建立体系的基础。

（5）制定方针、目标、指标和管理方案。方针是组织总的指导方向和行动准则，是体系建立的前提。目标和指标是方针的具体化，也是评价的依据。为实现目标和指标，还需要制定行动方案，即管理方案。

（6）管理体系策划与设计。完成上述各项工作后，可对组织机构和各种运行程序进行策划和设计。

（7）体系文件编写。体系文件包括管理手册、程序文件、作业文件等 3 个层次。

（8）文件的审批和发布。文件编写完成后进行审查，经审查、修改、汇总后进行审批，然后正式发布。

3 施工导流与度汛

3.1 导流

施工导流与度汛贯穿碾压式土石坝施工全过程，应进行系统分析、全面规划、统筹安排，妥善处理施工与洪水的关系。碾压式土石坝应根据坝址地形地质条件、河道水文特性、大坝结构特点、施工程序和进度要求选择导流方式。确定采用何种导流方式，即是采用一次断流还是分期导流，全年导流还是枯水期导流。

施工导流与度汛包括导流（导流标准、导流方式、导流挡水建筑物）、截流（截流设计、截流施工）、施工度汛、导流洞下闸与封堵等。

3.1.1 导流标准

3.1.1.1 导流建筑物级别

（1）导流工程属临时性建筑物。导流建筑物是指枢纽工程施工期所使用的临时性挡水和泄水建筑物。根据其保护对象、失事后果、使用年限和工程规模划分为3～5级，其级别划分见表3-1。当导流建筑物失事时，将给下游城镇、工矿区或其他国民经济部门造成严重灾害或严重影响工程施工时，视其重要性或影响程度，可提高1级或2级。

（2）当导流建筑物根据表3-1指标分属不同级别时，应以其中最高级别为准。但当它被列为3级导流建筑物时，至少应有两项指标符合要求。

（3）规模巨大且在国民经济中占有特殊地位的水利水电工程，其导流建筑物的级别和设计洪水标准，应充分论证后报主管部门批准。

（4）应根据不同的导流分期按表3-1划分导流建筑物级别。同一导流分期中的各导流建筑物的级别，应根据其不同作用划分；各导流建筑物的洪水标准应相同，以主要挡水建筑物的洪水标准为主。

（5）利用围堰挡水发电时，围堰级别可提高1级，但应经过技术经济论证。

（6）当导流建筑物与永久建筑物结合时，结合部分结构设计应采用永久建筑物级别标准，但导流设计级别与洪水标准仍按表3-1及表3-2的规定执行。但成为永久建筑物部分的结构设计应采用永久建筑物级别标准。

（7）当4级、5级导流建筑物地基地质条件复杂、或工程具有特殊要求采用新型结构的导流建筑物时，其结构设计级别可以提高1级，但设计洪水标准不提高。

（8）确定导流建筑物级别的因素复杂，当按表3-1和上述各条规定确定的级别不合理时，可根据工程具体条件和施工导流阶段的不同要求，经过充分论证，予以提高或降低。

表 3-1　　导流建筑物级别划分表

级别	保护对象	失 事 后 果	使用年限/a	导流建筑物规模	
				围堰高度/m	库容/亿 m^3
3	有特殊要求的Ⅰ级永久建筑物	淹没重要城镇、工矿企业、交通干线或推迟工程总工期及第 1 台（批）机组发电，造成重大灾害和经济损失	＞3	＞50	＞1.0
4	Ⅰ级、Ⅱ级永久建筑物	淹没一般城镇、工矿企业或影响工程总工期及第 1 台（批）机组发电，造成较大经济损失	1.5～3	15～50	0.1～1.0
5	Ⅲ级、Ⅳ级永久建筑物	淹没基坑，但对总工期及第 1 台（批）机组发电影响不大，经济损失较小	＜1.5	＜15	＜0.1

注　1. 导流建筑物包括挡水建筑物和泄水建筑物，两者级别相同。
2. 表列四项指标均按导流分期划分，保护对象一栏中所列永久性水工建筑物级别系按《水利水电工程等级划分及洪水标准》（SL 252—2000）划分。
3. 有、无特殊要求的永久建筑物均系针对施工期而言，有特殊要求的Ⅰ级永久建筑物系指施工期不允许过水的土坝及其他有特殊要求的永久建筑物。
4. 使用年限系指导流建筑物每一导流分期的工作年限，两个或两个以上导流分期共用的导流建筑物，如分期导流一期、二期共用的纵向围堰，其使用年限不能叠加计算。
5. 导流建筑物规模一栏中，围堰高度指挡水围堰最大高度，库容指堰前设计水位所拦蓄的水量，两者应同时满足。

导流设计洪水标准的合理选择，对工程施工的顺利进行及经济效益具有重大影响。导流标准的选择方法，除按频率法外，也可采用典型年法。当水文实测系列较长时，可用实测系列的最大值或系列中某一典型值。在实际应用中，往往两者结合考虑。当按规定选用某一频率标准时，常需对照实测资料，分析其安全性；采用典型年设计时，也需对照相应的频率标准，以估计其机遇性。

3.1.1.2　土石坝导流建筑物洪水标准

土石坝导流建筑物的设计洪水标准应根据建筑物的类型和级别在表 3-2 规定的幅度内选择。对导流建筑物级别为 3 级且失事后果严重的工程，应提出发生超标准洪水时的预案。

表 3-2　　土石坝导流建筑物洪水标准划分表

导流建筑物级别	3	4	5
洪水重现期/a	20～50	0～20	5～10

（1）导流建筑物洪水标准在下述情况下可用表 3-2 中的上限值。

1）河流水文实测资料系列较短（小于 20 年）或工程处于暴雨的中心区。

2）采用新型围堰结构型式。

3）处于关键施工阶段，失事后可能导致严重后果。

4）工程规模、投资和技术难度用上限值与用下限值相差不大。

（2）当枢纽所在河段上游建有水库时，导流建筑物采用的洪水标准及截流设计流量可考虑上游梯级水库的调蓄及调度的影响，并应通过技术经济比选确定。工程截流期间还可通过上游水库调度降低出库流量。

（3）围堰修筑期各月的填筑最低高程应以安全拦挡下月可能发生的最大设计流量为准。计算各月最大设计流量的重现期标准可用围堰正常运用时的标准，经过论证也可适当降低。

(4) 过水围堰的挡水标准宜结合水文特点、施工工期、挡水时段，经技术经济比较后在重现期3～20年范围内选定。当水文系列不小于30年时，也可根据实测流量资料分析选用。

(5) 过水围堰级别按表3-1确定，表中的各项指标以过水围堰挡水期情况作为衡量依据。

(6) 围堰过水时的设计洪水标准宜根据过水围堰级别和表3-2确定。当水文系列不小于30年时，也可按实测典型年资料分析选用，并应通过水力学计算或水工模型试验，找出围堰过水时最不利流量作为设计依据。

3.1.1.3 截流设计标准

(1) 截流时段应根据河流水文特征、气候条件、围堰施工以及通航等因素综合分析选定。宜安排在汛后枯水时段，严寒地区尽量避开河道流冰及封冻期。

(2) 截流标准可采用截流时段重现期5～10年的月或旬平均流量，也可结合河流水文特性及截流施工特点用其他方法分析确定。

3.1.1.4 土石坝坝体施工期临时度汛洪水标准

当坝体填筑高程超过围堰堰顶高程时，坝体临时度汛洪水标准应根据坝型及坝前拦洪库容按表3-3规定执行。

表3-3 土石坝坝体施工期临时度汛洪水标准表

拦洪库容/亿 m^3	≥1.0	1.0～0.1	<0.1
洪水重现期/a	≥100	100～50	50～20

3.1.1.5 土石坝施工导流特点

土石坝工程一般采用土石围堰。对土石坝工程而言，因防渗体施工的原因，一般均采用河床一次断流、隧洞导流的方式，如黑河、糯扎渡等水电站大坝。若河床宽阔，也可采用分期围堰导流方式，如小浪底、玉滩、海勃湾等水电站大坝。

土石坝工程中，由于一般不允许过水，而工程又往往较难在一个枯水期将坝体填筑至度汛安全高度要求，因此，对于土石坝工程，在相同级别条件下，宜选用规范规定的上限值。由于高、中土石坝工程的围堰一般都需要挡水数年，有条件的工程采取堰坝结合，将围堰设计成只挡枯水期洪水，然后先填筑坝体上游部分的临时小断面，兼做拦洪围堰，既减少了施工导流工程的临时工程量，又为主体工程的施工赢得了时间，更节约了工程造价。

3.1.1.6 施工导流阶段划分及标准选用

施工导流按施工过程中导流和挡水情况的不同，一般划分为几个阶段。对于中、高水头的工程，可以划分为3个阶段：围堰挡水阶段（前期），即自截流后至坝体具备挡水条件以前的时期；坝体挡水阶段（中期），即自坝体具备挡水条件后至导流泄水建筑物封堵以前的时期；蓄水完建阶段（后期），即自导流泄水建筑物封堵后至永久建筑物投入运行的时期。对于低水头工程，一般只具有其中的一个或两个阶段。

土石坝施工导流根据时段任务不同，大体可分为3个阶段，即初期导流阶段、后期导流阶段及初期运行导流阶段。土石坝施工导流阶段划分及任务见表3-4。初期导流为围堰挡水，后期导流为大坝挡水，划分为大坝拦洪度汛阶段和初期运行阶段，其导流标准分别设计拟定。

表 3-4　　土石坝施工导流阶段划分及任务表

导流方式		初期导流阶段		后期导流阶段	初期运行导流阶段[②]
		截流前期	截流拦洪期		
河床一次断流，隧洞导流	时段	开工至截流	截流至坝体第一次拦洪[①]	截流拦洪期末至临时导流泄水建筑物封堵	临时导流泄水建筑物封堵至大坝完建
	任务	两岸削坡及处理；台地区域部分填筑；截流	围堰修筑，河床部分清基、开挖、坝基处理；坝体填筑，在汛前达到拦洪高程	坝体逐年汛前达到施工设计安排的填筑高程，完成相应的加高、培厚与防护等工程	封堵后，汛前坝体达设计度汛高程；继续完成坝体填筑及上、下护坡
分期围堰导流	时段	开工至二期坝体截流	截流至坝体第一次拦洪	同一次断流方式	同一次断流方式
	任务	两岸削坡；一期围护坝段清基、开挖、处理、坝体填筑；二期坝段截流	围堰修筑，二期围护部分清基、开挖、处理；坝体填筑，汛前达到拦洪高程	同一次断流方式	同一次断流方式
特点		主要是填筑围堰与堰基处理，部分坝基清理、开挖和处理，必要的坝体填筑	是土石坝施工的关键期，施工强度大，必要时采用度汛（拦洪）临时断面	施工场地逐渐变小，施工强度逐渐降低	施工场地变小，施工强度降低；主要为护坡、坝顶附属工程施工

① 含堰坝结合及围堰拦洪方式。

② 大型工程中，也可以增加一个分期的安排，即大坝填筑到坝顶至全部完建的工程收尾期。

（1）初期导流大多选用重现期 10～20 年的洪水标准，对高土石坝的导流施工设计在执行导流标准时，在相同级别条件下，宜选用规定的上限值。

高土石坝用历年主汛最大洪水流量系列计算频率。低土石坝围堰一般只挡一个枯水期，然后用坝体挡水度汛，其洪水频率计算用枯水时段洪水系列。

导流时段划分按汛期和非汛期划分，导流流量按汛期导流时段和非汛期导流时段分别拟定。其中非汛期围堰挡水时段，按枯水期选定的洪水频率的洪水流量设计，汛期由度汛围堰按全年洪水标准相应流量设计。

（2）后期导流，高土石坝常用的施工期临时度汛措施采用坝体临时断面挡水。土石坝坝体施工期临时度汛洪水标准见表 3-3。靠坝体挡水度汛洪水标准除视坝体填筑高度和坝前拦洪库容而定外，还应考虑施工期长短、导流泄洪条件以及河流水文特性等因素的影响。另外，随着坝体的填筑升高，水库蓄水位的逐年升高，库容逐年增大，则应按规定采用不同的度汛洪水设计标准，以便组织施工，满足各个洪水时期对土石坝填筑高度的要求。

（3）土石坝初期运行阶段的导流标准，属后期施工导流设计标准，也是坝体后期的度汛标准。此时段的度汛标准应根据大坝级别按表 3-5 执行。根据已建成的一些大型土石坝的拦洪标准及其有关资料来看，已建成的土石坝，大部分按重现期 100 年洪水设计，并以重现期 200～500 年洪水校核。也有的高土石坝，大坝拦洪标准达重现期 1000 年，如小浪底水利枢纽、糯扎渡水电站工程等。

表 3-5　　导流泄水建筑物封堵后土石坝坝体度汛洪水标准表

大坝级别	Ⅰ	Ⅱ	Ⅲ
设计洪水重现期/a	200～500	100～200	50～100
校核洪水重现期/a	500～1000	200～500	100～200

3.1.2　导流方式

3.1.2.1　导流方式

导流方式大体分两类：一是河床外导流，即围堰一次性拦断全部河床，将河道水流引向河床外的明渠、隧洞或涵管等导向下游；二是河床内导流，采用分期导流，即将河床分段用围堰挡水，使河道水流分期通过被束窄的河床或坝下涵管等导向下游。此外导流泄水建筑物有明渠、隧洞、涵管等。

（1）分期导流常用于中、下游河床较宽的河道，尤其当河床具有滩地、河心洲、礁岛等可利用时，对分期导流更有利。

（2）明渠导流一般适用于岸边具有台地、缓坡的地形，或附近有旧河道、山沟、垭口、河湾等可供利用的地形。明渠具有施工简单，既适合大型机械施工，也可人工开凿等优点；有利于加快施工进度，缩短工期；对通航、放木条件也较好。

（3）隧洞导流一般用于中、上游峡谷地区，没有条件布置纵向围堰的河段。

（4）涵洞导流多用于土石坝，涵洞埋入坝下。与隧洞相比，具有施工简单、速度快、造价低等优点。因此，只要地形、地质具有布置涵洞的条件，均可考虑涵洞导流。

3.1.2.2　导流方案

施工导流方案关系到整个工程施工程序、施工总进度和工程造价等方面，是影响工程全局的重要问题，并直接影响坝址、坝型选择、枢纽布置，在设计阶段要根据工程客观条件，认真进行方案比较后优选。

施工导流方案的设计内容一般包括：①施工导流方案的比较与选定；②选定方案的设计；③导流建筑物的施工布置；④施工期防洪度汛方式及标准选择；⑤下闸蓄水设计。

施工导流方案的设计成果应高度适应施工条件的能力和满足工程设计、施工进度、施工方法、施工场地布置和工程造价等要求。

（1）导流方案的选择。土石坝的施工导流方案应按土石坝不宜过水的原则，结合不同的施工程序，依据河谷形态、地形地质条件、水文特性、坝体方量、上坝强度及施工条件等因素进行分析选择。坝址河谷地形条件是选择导流形式的主要依据，表 3-6 为国内部分土石坝工程施工导流方案。

土石坝导流一般采用土石围堰、河床一次断流的施工导流方案，在选择泄水建筑物时，河床狭窄、两岸陡峻、山岩坚实的地区，往往采用隧洞泄流，应根据泄流量的要求、最大上坝强度，对小隧洞和大隧洞导流两个不同方案，多条多层隧洞导流方案，明渠导流方案和隧洞导流等不同方案进行技术经济比较，优化选定。

坝址处河谷宽阔，分期导流条件较好时，或在河流洪枯变差很大以及有通航要求和冰凌严重等地区，也可采取分期导流方式。根据坝址处地形、水文、施工进度、施工强度、工程投资、施工总体规划等，比较分析二期导流和三期导流两个方案；又根据围堰布置形

表 3-6　　国内部分土石坝工程施工导流方案表

工程名称	坝型	坝高/m	河谷状态系数 n	施工导流方案	备　注
糯扎渡	砾质土心墙堆石坝	261.5		一次断流，1～5号隧洞泄流，围堰和坝体临时断面挡水	1号、2号、5号导流隧洞位于左岸，3号、4号导流隧洞位于右岸
瀑布沟	砾石土心墙堆石坝	186.0		一次断流，隧洞泄流，围堰和坝体临时断面挡水	2条隧洞
小浪底	黏土斜心墙堆石坝	160	7.9	河床分期，一期维护右岸，二期拦断河床，由左岸3条隧洞泄流	右岸有近400m宽的滩区，3条导流洞封堵后改建成泄洪洞
毛尔盖	砾石土心墙堆石坝	147.0		一次断流，隧洞泄流，围堰全年挡水	
黑河金盆水库	黏土心墙砾石坝	130	3.4	一次断流，隧洞泄流，高围堰全年挡水	进行过分期围堰、明渠导流和一次断流隧洞导流方案比较

式比较一期先围护右岸河道和一期先围护左岸河道两个方案。分期导流的泄水建筑物有：岸边开挖的明渠、坝下埋设的涵管或配合使用的导流隧洞。

对高土石坝，一般不宜选用分期导流方案。这是由于分期导流施工，将使左、右岸坝体施工时间不同，填筑的高差较大，待坝建成后坝体密实程度不一致，容易产生坝体不均匀沉陷，造成坝体裂缝，给工程带来永久性灾害。依据国内外高土石坝施工经验，宜采用一次拦断河床、施工初期导流为围堰挡水、隧洞泄流，后期导流采用坝体挡水、隧洞泄流的导流方案。

在围堰选择上，高土石坝趋向于围堰与坝体结合的挡水方式。通过技术经济比较，采用较高的导流围堰，增加了围堰所形成的滞洪库容，是减少导流隧洞泄洪规模最有效和最经济的途径之一。

(2) 导流程序及布置。河床一次拦断、隧洞导流的导流程序。首先建成导流隧洞，然后修建上、下游围堰，河水由导流洞导流。待大坝填筑升高到围堰以上，围堰完成挡水任务，坝体开始挡水，坝体达到发电水位或防洪水位以上后，封堵导流洞，蓄水发电。

分期导流方案的导流程序。第一期围堰先围滩地，或加围一部分河槽，同时施工导流隧洞或导流明渠，导流泄水建筑物建成后，在河槽修建二期围堰，枯水期截流，河水由隧洞或明渠通过。截流以后，在一个枯水期抢筑坝体到度汛高程，即开始拦洪蓄水。一般二期围堰只挡枯水期或春汛流量，大汛由坝体挡水。此时坝体达到度汛高程。

土石坝的导流建筑物布置应注意以下几点：①导流隧洞的布置主要考虑地形和地质条件、水流流速和流量要求、枢纽的布置及是否与永久建筑物结合等；②导流建筑物的布置在地形上要充分利用台地、垭口，在地质条件上要有利于边坡的稳定；③大坝上游围堰采用与坝体相结合；下游围堰应结合施工场地规划、施工期间道路布置情况以及基坑排水方式进行围堰布置；④分期导流的第一期围堰的位置应视地形、主河槽位置和泄水建筑物的位置而定；避免汛期水位壅高过大，以防河床下切过深和对纵向围堰堰基的淘刷。

3.1.3 导流挡水建筑物

导流挡水建筑物主要为围堰，围堰分为土石围堰，混凝土围堰，草土、木笼、竹笼、浆砌石围堰，钢板桩围堰。土石坝工程主要挡水建筑物为土石围堰。

土石围堰的基本断面形式由于材料构造不同，可分为均质土围堰、多种土质混合围堰、防渗斜墙土石围堰、防渗心墙土石围堰。

（1）围堰堰顶高程及安全超高。

1）不过水围堰堰顶高程及超高值。土石围堰堰顶在设计洪水静水位以上应有一段超高，其高度应当避免堰顶溢流的一切可能性。堰顶高程应不低于设计洪水的静水位加波浪高度，其安全超高不低于表 3-7 的值。

表 3-7 不过水围堰堰顶安全超高值下限值表

围堰形式	围堰级别	
	Ⅲ	Ⅳ、Ⅴ
土石围堰/m	0.7	0.5
混凝土围堰/m	0.4	0.3

土石围堰防渗体顶部在设计洪水静水位以上的超高值：斜墙式防渗体为 0.6～0.8m；心墙式防渗体为 0.3～0.6m。

考虑涌浪或冲击水流影响，当下游有支流顶托时，应组合各种流量顶托情况，校核堰顶高程。

北方河流应考虑冰塞、冰坝造成的壅水高度。

2）过水围堰堰顶高程按静水位加波浪高度确定，不另加安全超高值。

（2）土石围堰顶宽及构造。堰顶宽度及其构造按交通情况及防汛抢险情况而定，视围堰高度、结构型式及其材料组合等确定。高于 10m 的围堰，其最小宽度不小于 3.0m；堰高超过 20～30m 时，宽度一般为 4～6m。无行车要求的堰顶宽度，按表 3-8 确定。如有行车道，其顶宽按通过围堰的道路等级而定。如堰顶考虑防汛抢险，其宽度需考虑加子堤或堆筑材料。

表 3-8 堰顶宽度（无行车要求）表

堰高/m	6～10	>10
堰顶宽/m	3～4	5

均质土围堰的土料，应该具有足够的不透水性和稳定性，渗透系数应小于 10^{-4}cm/s，围堰土料最好用壤土，其黏粒含量为 25%左右。

塑性心墙围堰用的黏土及黏壤土，填筑时做成梯形断面，坡度为 1∶0.2～1∶0.6 的陡坡；按反滤的原理，心墙的迎、背水面用较粗粒透水料做成，靠近心墙部分用细料做成过渡带。梯形心墙上部厚度不小于 0.8～1.0m，或由施工要求决定，下部厚度不小于 1/10 水头，且不能少于 3m。当心墙为水下抛填，它与基础结合长度不小于 0.5 倍水头。

塑性斜墙围堰在围堰迎水坡设置斜墙，斜墙土料与心墙土料相同，斜墙围堰的背水部分堰体填料一般用较易透水材料做成，其中仅有极小部分被水饱和，有较好的稳定性。修建斜墙时，黏土、壤土、或砾石土应按其高度逐渐向下加厚；斜墙上部厚度不应小于 1m，而下部不应小于 1/10 水头，在任何情况下不应小于 3m。水下抛投的斜墙不应小于 0.5 倍水头。为防止斜墙的表面冲刷、干裂、冰冻以及迎水面裂缝，要有斜墙覆盖保护层，保护层为砂砾石，厚度不小于 1.5m。水位以上，则不应小于冻层厚度。

直接与斜墙迎、背水面连在一起的填料，应按反滤料要求配置。当斜墙基础为透水层时，为了减少渗流量和满足基础渗透稳定要求，堰前应设铺盖，通常对铺盖土料的基本要求同斜墙一样。铺盖长度通常为水头的3～4倍，但有时可达15～20倍。铺盖厚度应以铺盖填料的透水性，以及土质的种类和性质来规定，一般为1m左右。但若为水下抛投铺盖，由于未经碾压，铺盖厚度要加厚。其厚度应满足抗渗及抛填机械的最小抛投厚度。为防止铺盖水下抛投与斜墙接头处的不均匀沉陷而产生的断裂，在该处铺盖要加厚，一般为3～4m。砾石土做水下抛填铺盖时，为防止分离形成通道，使用时要进行充分论证。

（3）围堰边坡。围堰边坡的确定，应根据填料和基础土料组成的性质，运用荷载条件进行稳定校核计算。

土石围堰稳定破坏有堰坡滑动、土的液化和塑性流动3种形式。进行土石围堰堰坡稳定计算，应杜绝以上3种破坏稳定现象。土石围堰使用历史悠久，有丰富的实践资料，初拟断面时可参照使用。

（4）土石围堰防渗结构。土石围堰防渗结构形式有土质心墙和斜墙、混凝土心墙和斜墙、高压喷射灌浆心墙、土工膜心墙和斜墙、沥青混凝土心墙和斜墙、钢板桩心墙及木板心墙等。

土质心墙位于堰体的中心部位，也可稍偏上游。尽量干地施工，并与基础良好结合。心墙断面自上而下逐渐加厚，坡度一般为1∶0.2～1∶0.4。顶部厚度不小于0.8～1.0m，底部最小厚度不小于1/10～1/8水头，且不小于3.0m。心墙厚度需根据土料的防渗性能、压实程度及其允许渗透坡降而定。由于心墙不易检修，底部厚度不宜过小，一般不小于1/4水头。当水中抛填时，其厚度更应加大，常做成厚断面心墙。为了施工方便，心墙还可不削坡，做成锯齿形。

土质斜墙常为水下施工，其填筑碾压条件一般难以达到心墙的施工要求。并且堰体发生沉陷时对斜墙也有影响。因此斜墙断面应比心墙稍厚。其顶部厚度一般为1.0～3.0m，底部厚度可比心墙适当加厚，两侧都需设置保护层。

土质心墙或斜墙与堰壳体之间都需要设置反滤层。心墙反滤层一般为单层，也有双层。斜墙反滤层一般可分单层、双层或三层。反滤层的厚度应根据粒料及施工条件而定，其总厚度一般为1.0～3.0m。心墙上游面的反滤层可比下游面简化。斜墙反滤层的自然稳定坡比一般为1∶1.5～1∶1.8。

当地基为砂卵石层时，心墙或斜墙基础可用铺盖防渗，做成内铺盖可缩减围堰断面宽度。心墙或斜墙与铺盖的连接部位，为避免不均匀沉陷而破坏，应将铺盖适当加厚。铺盖长度通常根据接触允许渗透坡降而定。

（5）土石围堰防冲措施。

1）护坡。围堰的护坡除防止风浪淘刷、雨水冲刷外，还需防止水流的冲刷。围堰护坡一般只设置在迎水面，尤其是土质斜墙围堰，对于背水面一般可不设护坡，或设置简单的防护。常用的护坡形式有堆石护坡、砌石护坡、梢料护坡、混凝土板护坡等。

A. 堆石护坡。可水上铺筑，可水中抛填。护坡厚度，水上铺筑0.4～0.8m，水中抛填不宜小于0.5～1.0m。堆石块径需根据抗冲要求确定，一般为10～30cm。堆石下面需要设砂砾石垫层，垫层厚度约为0.3～0.5m。

B. 砌石护坡。其厚度可减少为堆石护坡的1/2，一般单层铺砌厚约为0.2～0.35m，但垫层要求级配良好。在北方严寒地区，砌石和垫层的总厚度还应大于冰冻深度。

2）围堰与地基及其他建筑物的连接。围堰与地基的连接。均质围堰与地基的连接，只要将渗水性较大的沉积物或风化破碎岩石清除干净，一般不需要特殊处理。有条件干地施工时，可挖几道齿槽，以便更好地结合。

土质斜墙或心墙与地基的连接，一般有设置混凝土齿墙及扩大防渗体断面两种方式。前者连接可靠，但须干地施工；后者施工简单，水上或水下施工均可采用。斜墙与地基的连接常采用后者，心墙与地基的连接两者都常采用，视施工条件而定。

围堰与岸坡的连接。岸坡一般为坡积物，渗水性大，稳定性差，一般应予清除。为避免堰体产生不均匀沉陷，连接的岸坡不应做成垂直台阶，岩石坡度一般不陡于1：0.5～1：0.75；土质坡度约1：1.0～1：1.5。在岸上修筑铺盖时，其坡度应削成大于1：2.0的缓坡。防渗体与岸坡的连接方式同河床地基一样，可采用混凝土齿墙，也可将防渗体断面扩大。斜墙与岸坡的连接，还可将岸坡附近的斜墙逐渐变为心墙，以增大接触面的渗径。

围堰与其他建筑物的连接。土质心墙或斜墙与其他建筑物（如混凝土导墙、纵向围堰等）的连接，也有扩大防渗体断面和插入式两种。扩大防渗体断面的要求，可参照与地基的连接。插入式连接有设置刺墙和嵌入油毛毡等形式。

3）围堰防冲保护的一般措施。在围堰平面布置时应考虑使水流平顺，不使围堰附近形成紊乱水流流态。对于上游围堰，主要防止隧洞、明渠进口部位或纵向围堰连接处的收缩水流对堰坡和堰脚的冲刷。对于下游围堰，应防止扩散水流或回流冲刷。纵向围堰的防护，尤应满足抗冲流速的要求，其防冲措施一般有设置导流、挑流建筑物和防冲保护两类，必要时需通过水工模型试验确定。

3.2 截流

3.2.1 截流设计

截流，即在流水中抛填石渣、块石、石笼、预制混凝土块等截流物料构筑戗堤截断河道水流，同时迫使河水改道从已建分流建筑物下泄。截流设计一般包括截流时段及截流流量的选择、截流戗堤轴线和灰口位置、截流方式的选择等。

3.2.1.1 截流时段与截流流量

（1）截流时段的选择应根据枢纽工程施工控制性进度计划或总进度计划决定，选择截流时段应遵循以下原则。

1）尽可能在河道枯水期较小流量时截流，但必须全面考虑河道水文特性和截流应完成的各项控制工程量，合理使用枯水期。

2）截流时段的选择应考虑围堰施工工期，确保围堰安全度汛。大流量河道围堰工程量较大，为满足围堰施工工期要求，宜将河道截流时间选择在枯水期前段，但需要研究落实分流建筑物施工方案。

3）对于有通航、灌溉、供水、过木等特殊要求的河道，应全面兼顾这些要求，尽量使截流对河道综合利用的影响最小。

4）有冰冻河流，一般不在流冰期截流，避免截流和闭气工作复杂化，如特殊情况必须在流冰期截流时应有充分论证，并有周密的安全措施。

（2）截流设计流量的选择。截流设计流量根据河流水文特性及施工条件进行选择，一般按频率法确定，根据已选定的截流时段，可选用截流期5～10年一遇的月或旬平均流量。截流前应根据水文气象预报资料，择机截流。具体选择时，应注意以下几点。

1）截流时间选在枯水期的不同时段，其设计流量的重现期应有所不同。选在汛后退水期或稳定枯水期，其重现期可取短一些，如5～10年一遇；选在汛前迎水期，重现期可取长一些，如10～20年一遇。

2）除了频率法以外，也有不少工程采用实测资料分析法。当水文资料系列较长，河道水文特性稳定时，这种方法可应用。至于预报法，一般不能在截流设计中应用，但在截流前夕有可能根据预报流量适当修改设计。

3.2.1.2　截流戗堤轴线和龙口位置

（1）戗堤轴线位置选择。通常截流戗堤是土石围堰的一部分，应结合围堰结构型式和围堰布置统一考虑。单戗截流的戗堤可布置在上游围堰或下游围堰中非防渗体的位置。如果戗堤靠近防渗体，在二者之间应留足闭气料或过渡带的厚度，同时应防止合龙时的流失料进入防渗体部位，以免在防渗体底部形成集中漏水通道。为了形成良好的分流条件，有利于围堰迅速闭气并进行基坑抽水，使截流前后的围堰施工强度尽量均衡，一般将单戗堤布置在上游围堰内较有利。

当采用双戗和多戗截流时，为了使各条戗堤均能分担一定落差，戗堤间距需要满足一定要求。通常双戗和多戗截流的戗堤分别布置在上、下游围堰内，个别工程采用多戗截流时，也有将戗堤布置在基坑范围内，此时，所增加的戗堤填筑和拆除工作量，应能有减少的分流建筑物工程量来抵偿。

在采用土石围堰的一般情况下，均将截流戗堤布置在围堰范围内。如果围堰所在处的地质、地形条件不利于布置戗堤和龙口，而戗堤工程量又很小，则可能将截流戗堤布置在围堰以外。

平堵截流戗堤轴线的位置，应考虑便于抛石桥的架设。

选择戗堤轴线位置还必须与龙口位置选择相结合。

（2）选择龙口位置时，应着重考虑地质、地形条件及水力条件。从地质条件来看，龙口应尽量选在河床抗冲刷能力强的地方，如基岩裸露或覆盖层较薄处，这样可避免合龙过程中的过大冲刷，防止戗堤突然塌方失事。从地形条件来看，龙口河床不宜有顺流向陡坡和深坑。如果龙口能选在底部基岩面粗糙、参差不齐的地方，则有利于抛投料的稳定。另外，龙口周围应有比较宽阔的场地，离料场和特殊截流材料堆场的距离近，便于布置交通道路和组织高强度施工。对于有通航要求的河流，预留龙口一般布置在深槽主航道外，有利于合龙前的通航。无通航要求的河流，龙口也可选在浅滩上，此时分流条件有利，合龙段的戗堤高度也较小。但应注意，进口处可能产生强烈的侧向水流对戗堤前沿抛投料的稳定不利。由龙口下泄的折冲水流常伴随有强烈漩涡和急流驻波，可能造成下游河床和河岸的冲刷。

（3）龙口宽度主要根据水力计算而定，对于通航河流，决定龙口宽度时应着重考虑通航要求，对于无通航要求的河流，主要考虑戗堤与进占所使用的材料及合龙工程量的大小。

3.2.1.3 截流方式的选择

截流方式分为戗堤法截流和无戗堤法截流两种。戗堤法截流主要有立堵、平堵及混合截流；无戗堤法截流主要有建闸截流、定向爆破、浮运结构截流等。

（1）立堵截流是指利用自卸汽车配合推土机等机械设备，由河床一岸向另一岸，或由两岸向河床中间抛投各种物料形成戗堤，逐步进占束窄过水断面，直至合龙截断水流。

在相同的分流条件下，立堵合龙过程中所出现的最大流速比平堵大，因此所需要的材料粒径也较大。同时水流分离线附近造成紊流，易造成河床冲刷。因此立堵截流对河床护底的要求比平堵法高，也就是说，立堵法适用于岩基或覆盖层较薄的岩基河床。在立堵截流过程中，抛投材料是沿戗堤前缘边坡滚动或滑动至河底稳定的。因此，除了采用一般块石和混凝土四面体、立方体外，尚可采用铅丝笼、梢捆、废弃的预制构件等长条状截流材料，使沿长边顺流方向，既可增加材料的抗冲稳定性能，又容易使材料沿端部边坡滚入水中。

立堵具有施工简单、快速经济和干扰小等优点，且目前大容量装载、运输机械设备的普遍使用，使得抛投施工强度及块体粒径大小已不是制约因素，单戗立堵截流被优先考虑使用。

（2）平堵截流是将物料沿截流戗堤轴线均匀地抛入水中，使戗堤均衡上升，最终抛出水面封堵河流。平堵截流过程中龙口宽度未缩窄，单宽流量在戗堤升高过程中逐步减小，水力学条件良好，抛投物料粒径小。但平堵截流通常要在龙口处设置浮桥或栈桥，或利用跨河设备等，准备工作量大，造价昂贵。

（3）混合截流方式。

1）立平堵。为了充分发挥平堵水力学条件较好的优点，同时又降低架桥的费用，有的工程采用先立堵，后在栈桥上平堵的方式。

2）平立堵。对于软基河床，单纯立堵易造成河床冲刷，采用先平抛护底，再立堵合龙，平抛多利用驳船进行。

（4）其他截流方式。对于两岸陡峻、最终落差较大的峡谷，可采用定向爆破法截流；也可采用在岸边预制大体积混凝土块爆破截流。此时，除了对爆破技术需论证外，尚应论证大量物料突然入水时所激起的涌浪对戗堤或永久建筑物的危害以及河道突然断流对下游的影响。

人工泄水道的截流，常在泄水道中预先修建闸墩，最后采用下闸截流。

3.2.2 截流施工

截流时段一般安排在汛后枯水时段，截流标准一般采用截流时段重现期5～10年的月或旬平均流量。

3.2.2.1 截流备料

截流备料，涉及因素很多，至今，对截流备料数量尚无统一方法和计算公式计算，主要按戗堤设计断面计算的戗堤体积和水工模型试验量，再凭借施工实践经验增加一定裕量。这一裕量主要与抛投材料流失、覆盖层冲刷以及备料堆存和运输损耗等因素有关。截流是工程建设进程中一个重要转折，国内外大中型工程截流备料大多立足于有备无患、万无一失来考虑。实施后，备料数量一般达到实际抛投用量的 1.5～2 倍。不少工程备料剩余过多，多因实际截流流量小于设计流量所致，另外还有戗堤实际断面小于设计断面，实际抛投流失量、覆盖层冲刷量减少等原因。考虑到立堵截流水力条件的复杂性以及设计施工经验的积累，备料增加的裕量控制在设计断面工程量的 50%以内，较为合适。

3.2.2.2 截流施工布置

（1）截流施工布置，应根据截流施工方案，在绘有枢纽建筑物的地形图上，统筹安排各项施工临时设施的平面位置，主要包括：①坝区内供应、加工截流抛投物料的有关设施；②截流抛投材料的运输路线；③截流材料储存、转运场地；④供电、供水、供风和通信等设施；⑤现场施工指挥管理系统；⑥各种生产设施及占用场地；⑦其他设施。

（2）截流施工布置原则。

1）满足施工总体布置和总进度计划的要求。

2）运输线路的布置应满足运输量和运输强度的要求，注意充分发挥运输效率。

3）生产、生活设施的布置必须适应截流工程规模和施工现场情况，应充分利用已形成场地，并应遵循有利施工、方便生活的原则。

4）遵守国家环保法律法规，文明施工。

3.2.2.3 截流施工机械设备

（1）截流抛投强度计算。月工作按 25d 计，日工作按 20h 计，台班工作小时按 8h 计。

施工强度不均匀系数 K：非龙口段施工日抛投强度不均匀系数取 1.3；龙口段施工日抛投强度不均匀系数取 2.0。

（2）非龙口段施工机械设备确定。截流戗堤非龙口段进占填筑与土石围堰水下填筑类似，主要施工机械为自卸汽车和推土机，以及装料用的挖掘机及装载机等。

（3）龙口段施工机械设备确定。截流戗堤龙口段合龙施工抛投不均衡性突出，主要施工机械有自卸汽车、挖掘机等。机械台班产量可按施工定额，并参照国内大中型水利水电工程截流实践资料通过分析拟定。

3.2.2.4 截流戗堤施工

（1）截流戗堤进占方式。截流戗堤进占，在一定的抛投材料和水力学条件下，选用合理的进占抛投方式，可以减少物料的流失。常用的进占抛投方式有全断面推进法和凸出上挑角进占法。通常在龙口口门较宽、流速较小时，抛投的中小块石渣可以满足抗冲稳定要求，采用堤头全断面推进的抛投方式。随着口门的束窄，流速逐渐增大，抛投的块石石渣流失较多，需改用大块石或混凝土块体。为减少大块体的用量，采用凸出上挑角进占法，即在戗堤轴线上游侧先进占抛投一部分大块体形成挑角，起挑流作用，从而使堤头形成回流缓流区，可抛投中小石和石渣进占。这种进占抛投方式须在堤头前沿上游角凸出一定长度后，才能使挑角下游不受水流冲刷。同时，要求上挑角大块体抛出水面，防止从其顶部漫流而形成局部落差，从而加剧对挑角下游坡脚的冲刷。

（2）单、双戗堤特点。单戗立堵简单易行，辅助设备少，较经济，适用截流落差一般不超过 3.5m。其龙口水流能量相对较大，流速较高，需制备重大抛投物料相对较多。双戗立堵截流可分担截流落差，改善截流难度，适用于截流落差大于 3.5m 的情况。

（3）降低截流难度措施。一般情况下，把截流最终落差、龙口最大平均流速、龙口水流最大单宽能量等作为衡量截流困难度的指标。截流条件通常按最大来水流量和最终落差来估计，但在截流过程中，还要出现最大流速和最大单宽能量。因此，改善截流条件，降低截流难度，主要从降低截流难度的各项指标（最终落差、单宽能量、流速、截流水深等）及提高截流施工抛投强度等方面采取措施。

1）改善分流条件。分流建筑物的泄流能力是影响截流难度的重要因素。在截流流量相同的情况下，河道截流的难易程度，主要取决于分流条件。泄水建筑物分流条件好，可以减小龙口的单宽流量，从而降低截流落差、龙口流速等。

2）降低截流龙口落差。为了改善截流条件，直接降低落差以减小龙口流速与单宽能量也是有效的措施。

3）提高抛投强度。立堵截流依靠戗堤端部抛投，抛投强度和戗堤宽度及进占方式（单向或双向）密切相关。

3.2.2.5　堤头抛投方法

堤头抛投方法影响立堵合龙抛投强度，也关系到施工安全。根据现场实际情况，灵活应用以下两种抛投方法。

（1）自卸汽车直接抛投。当堤头稳定时，自卸汽车在堤头直接向龙口抛投，其抛投强度高，是立堵进占的基本抛投方法。此方法需控制自卸汽车后轮距堤端的距离，以策安全。20t级和30t级自卸汽车，一般控制在1.5～2.0m之间。

（2）自卸汽车堤头集料，推土机推料。当堤头已抛材料呈架空状或堤头稳定较差时，可用这一方法。自卸汽车距堤头5～8m卸料，每集料3～5车后用大马力推土机赶料推入龙口。

3.2.2.6　堤头行车路线

堤头车辆行车线路是保证立堵进占有序施工的关键，如布置得当，可加大抛投强度，保证施工安全并提高设备生产效率。

3.2.2.7　截流抛投技术

在立堵进占过程中，随水力特性的变化，可划分为不同区段的特点，采用不同的抛投技术。随龙口的缩窄，按水力条件，可划分为以下区段：

（1）明渠均匀流区段。本区段缩窄龙口较小，根据地形条件、导流泄水能力及流态等可确定其范围，一般来说，约占龙口总宽度的10%～15%。龙口流速与落差增长不明显，水流平衡，类似明渠水流。在此区段内，因无冲刷发生，可以不讲究抛投技术，而采用端部全部抛投齐头并进的方法，以最大限度地利用抛投前沿工作面，此时抛投料多采用一般石渣。

（2）淹没堰流区段。本区段的水流特征是落差与流速均有较明显的增长，龙口过水能力基本符合淹没宽顶堰规律。在此区段，流速对抛投料的冲刷能力较前加剧，戗堤端坡出现流线形的冲刷面。此时，为了顺利进占，应根据流速或单宽能量的大小，合理选择抛投料粒径。此外，还要讲究抛投技术。一般来说，抛投重点应放在上游边线处，即上挑角抛投，将大块体料稳定在上游坡角处，其他部位即可采用一般石料顺利进占。当进占遇到困难较大，下游侧回流淘刷，一般石料难以进占时，可采用上下游突出的方式。此时，先在上游侧抛投大块体料，将水流挑离戗堤，再用大块体料抛投下游侧，将落差分担在上下游侧。然后，再用一般石料在中间抛投，如此轮番交替抛投，可大大减少抛投料的流失，从而使戗堤得以有效地进占。

（3）非淹没堰流区段。本区段的水流特征是龙口水流收缩较大，落差有较大的增长。此时的龙口过水能力取决于上游水深而与落差无关。本区段内龙口流速与单宽能量将逐步达到最大值，如不采取措施，下游将形成舌状堆积。当继续采用一般石渣料时，将在舌状堆积的基础上，顺水流方向形成缓坡，然后逐步向前进占。为避免抛投料的大量流失，通常需采用重型岩块、石串和人工抛投料及其串体，重点抛投上挑角以及上下游突出进行。在条件许可时，可将戗堤进占方向转一角度偏向上游，以形成较大滞流区。如流速过大，可考虑采取人工措施，如设置拦石栅、拦石坎等。

有时为了减轻进占难度，利用河势将整个戗堤头部按上挑角抛投，从而改变整个戗堤进占的方向。一般将戗堤轴线按偏向上游 30°～45°布置，即可起到良好的挑流作用。

（4）合龙区段。此时，戗堤坡脚已接触或接近龙口对岸。在合龙区段内，龙口流量与流速均有显著下降而落差却有较大增长。此时的水流特征基本上符合实用断面堰的规律，上游壅水高较大而下游则流速较大。在不采取任何措施时，一般石料不易在龙口站稳而在其下游形成较大舌状堆积后继续以一般料抛投，最终亦将合龙。为了避免其大量流失，除采取其他措施（如拦石栅、拦石坎等）外，在上游侧抛投人工料例如四面体及大块石串等，使之在合龙河床上形成多级落差，这对改善截流条件，降低龙口流速作用很大。

3.2.2.8　堤头施工安全

防范堤头坍塌。立堵戗堤因组成材料的自身物理力学性质及水深、浸水湿化、水流冲刷和渗流等综合因素的作用，会出现不同程度的坍塌。预平抛垫底减少水深、龙口护底加糙以及防止堤脚淘刷等工程措施，可有效地减少堤头规模坍塌和发生频次，但很难完全消除坍塌现象。进占施工过程尚应注意：①尽量使堤头呈全断面进占形状，采用上挑角进占方式时，要控制上挑角长度，挑角形成后迅速在其后抛填各种材料；②视堤头稳定情况，相应选用前述 3 种堤头抛投方法；③合理配用各抛投料物，大块石（人工块体）形成的架空部位及时用石渣、中石充填；④石渣或替代中石的石渣，控制其含泥量（$d \leqslant 0.1$mm）小于 10%；⑤专职人员巡视观测堤头出现的裂缝；⑥进入堤头抛投作业区的所有施工机械设备，其行车、编队、抛投、卸料等作业，由堤头指挥人员统一指挥，非施工人员不经允许，不得进入堤头抛投作业区。

3.3　施工度汛

施工度汛，一方面是指导流规划设计中，对施工各期的导流做出周密妥善的安排；另一方面是指实际施工过程中，由于施工进度拖后或遭遇超标洪水时采取的度汛措施。对于后者，设计时也应有所估计，留有余地，力争施工主动，保证建筑物的安全。

施工导流与拦洪度汛贯穿大坝施工的全过程，施工期拦洪度汛方式随导流方式、洪水流量大小、坝基处理的难易程度、坝体分期填筑强度及施工能力大小的不同而不同。通常，施工期拦洪度汛方式及适用条件见表 3－9。

表 3-9　　施工期拦洪度汛方式及适用条件列表

方　式	适　用　条　件
围堰拦洪	地基处理复杂，而河道洪水流量较小，围堰工程量不太大，坝体或临时断面不可能在一个枯水期内达到拦洪高程
度汛临时断面拦洪	截流后，在一个枯水期内坝体全断面不可能达到拦洪高程时，可采用临时断面拦洪
临时断面拦洪与临时泄水建筑物泄洪相结合	采用临时断面仍不能达到拦洪高程时，可降低溢洪道底高程，或设置临时泄洪道，以降低拦洪高程
坝体全断面拦洪	截流后，在一个枯水期内坝体可以达到拦洪高程

土石坝坝体施工期临时度汛洪水标准见表 3-3。这一阶段又称坝体主要施工阶段。需要注意的是，随着坝体逐年升高，度汛标准逐年应有所提高，一般应比前一年标准提高一个档次。汛前坝体上升高度应当满足拦洪要求，帷幕灌浆高程应能满足相应蓄水要求。

施工期坝体安全超高和坝的级别有关。采用临时断面时，超高值应适当加大。对于用堆石体临时断面度汛的坝体，应综合考虑临时断面高度、坝型、坝的级别及坝的拦洪库容。坝的拦洪库容选用较大的超高值，一般多在 1.5～2.0m 之间，也有采用 3m 超高值的实例。在施工运用阶段，拦洪高程应按设计标准和校核标准分别计算，其中校核标准中的拦洪高程不再另计安全加高。国内部分典型土石坝导流度汛标准实例见表 3-10。不同时段所运用的导流泄水建筑物有所不同。

土石坝常用的度汛方案包括前期围堰度汛和坝体度汛。坝体在截流后一个枯水期内可以填筑至具备挡水条件时，采用枯水期围堰，汛期由坝体挡水度汛。坝体在截流后一个枯水期内不能填筑至具备挡水条件时，采用全年挡水围堰。在坝体不具备挡水条件前，由围堰挡水度汛，坝体具备挡水条件后，由坝体挡水度汛。

3.3.1　前期围堰度汛

3.3.1.1　围堰挡水度汛

围堰挡水度汛分两种情况。一种是围堰采用较高的全年挡水标准，在坝体等挡水建筑物施工达到一定高程前，洪水由围堰拦挡，在围堰保护下基坑不被淹没，度汛坝体等建筑物不间断施工；另一种是坝体等可在截流后一个枯水期上升至具备挡水条件，围堰可只挡枯水期一定标准的流量，至汛期坝体能拦挡相应度汛标准的洪水，围堰已失去挡水作用。

3.3.1.2　围堰临时度汛措施

无论什么围堰，都有一定的设计洪水标准和安全措施。但有时因水文特性难以掌握，围堰设计标准偏低，或遇超标准洪水时，仍应采取临时度汛措施。在施工期间围堰的度汛标准，一般根据洪水预报确定，度汛措施一般有以下几种。

（1）在堰顶加子堰，提高挡水标准。只要堰顶宽度留有设置子堰的条件便可，这是简单易行的措施。

（2）设置非常溢洪道，增大泄洪能力。

（3）对于混凝土围堰，允许堰顶过水，但围堰的设计必须考虑过水时的稳定，并防止对堰脚基础的冲刷。

表 3-10　　国内部分典型土石坝导流度汛标准实例表

坝名	坝型	坝高/m	导流方式/(条·m)	上游围堰		导流工程级别	度汛标准（重现期/a）				进行截流—拦洪—竣工所用的时间/(年.月)	临时断面型式
				类别	高度/m		初期导流	截流后第一汛期	截流后第二汛期	截流后第三汛期		
糯扎渡	砾质土（掺砾）心墙	261.5	5条隧洞	土石	74.0	4	11月中旬，10年一遇	全年，50	全年，50	全年，200	2007.11—2008.5—2014.6	上游坝体
瀑布沟	砾石土（筛分）心墙	186.0	2条隧洞	土石	47.5	4	11月中旬，10年一遇	全年，30	全年，30	全年，200	2005.11—2006.5—2010.4	上游坝体
小浪底	斜心墙	154.0	分期＋隧洞	土石	57.0	3	枯20	100	300	1000	1997.10—1998.6—2001.7	上游及中部坝体
毛尔盖	砾石土心墙	147.0	隧洞	堆石	42.0	4	11月上旬，10年一遇	全年，20	全年，20	全年，100	2008.11—2009.4—2011.5	上游坝体
黑河	黏土心墙	130	隧洞	堆石	54.5	4	11月至次年3月，10年一遇	20	100	200	1998.11—1999.6—2001.12	上游坝体
恰甫其海	黏土心墙	108.0	隧洞	浇筑式沥青心墙	51.3	4	10月上旬，10年一遇	20	100	500	2002.10—2003.4—2005.8	上游坝体

注　1. 小浪底坝右岸施工一期纵向围堰度汛标准为20年一遇洪水；二期度汛围堰按Ⅲ级、枯水围堰按Ⅳ级设计；大坝由于采取加速施工的措施，第二汛期的度汛标准提高到500年一遇。
2. 黑河坝截流后第一汛期为高围堰拦洪，第二汛期临时断面拦洪，度汛后导流洞封堵，第三汛期亦为临时断面拦洪，泄洪洞具备过水条件。

3.3.2 中后期施工度汛规划

当坝体上升到一定高度后，围堰已不再起作用。坝体上升高度越高，度汛标准也越高。中、后期施工度汛的泄流方式，应根据坝型、水工建筑物的布置、蓄水时间及施工条件等统一考虑。

对于土石坝度汛，通常填筑临时断面拦洪。坝体较低时，对坝面采取保护措施后，也允许坝上过水。采取允许坝面过水的方式，常为降低导流工程拦洪度汛的难度、减少导流造价、缩短工期的有效措施。但如果措施不当，将带来极大危害，必须慎重对待。

为了尽量利用永久泄洪建筑物，在布置永久泄水建筑物的高程与位置时，也应适当考虑施工度汛的要求，以达到安全度汛的目的。

3.3.2.1 影响坝体度汛方案的因素

影响坝体度汛方案的因素主要有水文特性、主体工程布置、施工进度及施工方法等。

（1）水文特性。径流量的大小、洪枯流量的变幅、洪水时段的长短、洪水流量及出现的规律均直接影响度汛方案。

（2）主体工程布置。坝体的结构型式、总体布置、工程量等是影响坝体度汛的主要因素。

对于土石坝，坝面过水对坝体施工影响较大，坝面保护难度较大，一般不采用坝面过水度汛方式。

（3）施工进度。度汛方案与施工进度密切相关，度汛方案对施工进度影响较大，反之施工进度又影响度汛方案的制定。

（4）施工方法。随着大型机械设备的应用以及施工技术的提高，工程施工强度不断加大，施工速度更快，使大坝在较短时间内能填至具备度汛挡水的条件，为选择度汛方案增加了多样性。

3.3.2.2　土石坝度汛施工特点

土石坝施工高峰期一般发生在截流后的第一个枯水期，截流后需抓紧完成基础开挖、坝基处理、坝体填筑等工作，以确保能在汛前将坝体全断面或临时断面填筑至拦洪度汛高程。

施工导流与度汛贯穿碾压式土石坝施工全过程，由坝体拦洪度汛时，应根据坝体设计填筑高程所形成的拦洪库容大小确定度汛标准，从而确定坝体的填筑高程及施工强度。

土石坝施工中，抢筑坝体至拦洪度汛高程是最重要的施工阶段。主要具有以下特点。

（1）施工期项目繁多、工序杂、干扰大。土石坝工程截流后，要进行基础开挖、坝基处理和坝体填筑施工，施工期工序繁多且杂、干扰大。

（2）施工期内自然条件恶劣。北方地区 12 月至次年 2 月平均气温在 0℃以下，有的地区河流结冰、土层冻结，对开挖、混凝土施工及填筑施工均不利。

（3）施工工期短，坝体填筑时间有限。我国北方及南方大部分地区，河水呈季节性变化，一般 6 月进入主汛期，9 月以后，河水流量逐渐减小，河道截流时间一般选择在汛期末、枯水期初的 10 月或 11 月。所以截流后的第一个枯水期很短，除去围堰闭气、基坑排水、基坑开挖、坝基处理的时间外，留给坝体填筑的施工时间非常有限。

（4）坝体填筑量大，施工强度高。土石坝断面大，要填筑到拦洪度汛断面，往往第一个枯水期填筑量很大，施工强度高。如采用坝体临时小断面拦洪度汛，由于小断面坝顶有行车、回车的要求，其宽度一般不小于 20m，断面后坡一般比坝体的下游坡缓，有的临时小断面后坡还要布置临时施工道路，因而临时小断面的底宽与工程量较大，施工强度高。

根据土石坝的规模和特点，度汛规划有以下模式：中小型工程尽量在截流后一个枯水期抢填筑坝体至拦洪度汛高程。利用枯水期围堰挡水，隧洞泄流，在截流后一个枯水期内填筑临时断面到度汛水位以上挡水度汛。

采用高围堰全年挡水度汛方案。即在高围堰的保护下，坝体全年施工。

3.3.2.3　临时断面挡水度汛

为使坝体汛前填筑强度不致过高，又能发挥临时拦洪度汛作用，将坝体部分填筑至拦洪高程以上，形成坝体临时度汛小断面不仅是必需的，也是可能的。

对许多中、高土石坝在截流后第一个汛前，因防渗体土料填筑无法达到坝体全断面填筑所要求的拦洪高程，目前多采用将上游围堰堰体（堆石料）作为坝体的一部分，即在汛前按坝体临时断面填筑至度汛高程，此时，应对其断面进行施工设计。

（1）临时断面设计原则。

1）临时断面应满足稳定、渗流、变形及规定的超高等方面的基本要求，并力求分区少、变坡少、用料种类少；相邻台阶的高差一般以40m为宜。高差过大时，可以通过增设平台协调坝体沉降，平台要有相当的宽度。

2）度汛临时断面顶部必须有足够的宽度（不宜小于20m），以便在洪水超过设计标准时，有抢修子堰（堤）的余地。数项工程的实践表明，临时断面的合适顶宽为25～30m。有时断面顶宽是根据施工均衡的要求而拟定的，即可假定几个顶宽，分别计算出不同顶宽的截流拦洪期与坝体主要施工阶段、施工运用阶段的施工强度，选出满足填筑强度均衡性的顶宽。

3）斜墙、窄心墙不应划分临时断面。

4）临时断面位于坝体断面的上游部分时，上游坡应与坝的永久边坡一致；下游坡应不陡于设计下游坝坡。其他情况下，临时断面上、下游边坡可采用同一边坡比，但不应陡于坝下游坡。临时断面边坡抗滑稳定安全系数不低于表3-11所列数值。

表3-11　　边坡抗滑稳定最小安全系数表

坝的级别	Ⅰ	Ⅱ	Ⅲ	Ⅳ、Ⅴ
安全系数	1.20	1.15	1.10	1.05

5）临时断面以外的剩余部分应有一定宽度，以利于补填施工。

6）下游坝体部位，为满足临时断面浸润线的安全要求，在坝基清理完毕后，应全面填筑数米高后再收坡，必要时应结合反滤排水体统一安排。

7）上游块石护坡和垫层应按设计要求填筑到拦洪高程，如不能达到要求，则应采取临时防护措施。

（2）度汛临时断面位置选择。

1）心墙坝临时断面选在坝体上游部位，此时需在上游坡面增加临时防渗措施。施工初期，由于心墙部位的岸坡和坝基的开挖、处理工期或气象因素等对心墙填筑的影响，心墙上升速度可能受到限制，此时可采用这一度汛临时断面型式，如糯扎渡坝、瀑布沟坝、黑河坝等。

2）心墙坝临时断面选在坝体中部。初期施工不如临时断面位于上游部位的有利，且接缝工作量一般较大，但有利于中、后期度汛和施工安排。石头河坝采用此型式。设计这种型式的临时断面，要注意上游补填部分的最低高程应满足汛期一般水情条件下（如$P=5\%\sim10\%$）能继续施工的要求。对于宽心墙坝，必要时亦可将部分心墙划为临时断面，先行填筑。

3）对均质坝和斜墙坝，度汛临时断面应选在坝体上游部位，以斜墙为度汛临时断面的防渗体，同时应将上游的临时保护体也填筑到拦洪高程。

3.3.3　土石坝过水防护

土石坝过水方式，有全坝体过水、预留缺口过水或坝面设置溢流槽泄水、还有坝体透水等。防护措施一般有以下型式。

（1）坝面保护。根据流速大小和抗冲要求，常用的保护措施有：大块石护面、砌石护面、混凝土块护面、石笼（竹笼、铅丝笼）及钢筋网保护等。

（2）在坝体下游侧设置壅水溢流堰。溢流堰的高度不宜太高，一般在7～25m范围，堰顶高出坝面0.4～2.0m。堰体型式，当单宽流量较大时，宜用混凝土或浆砌石，有重力式或拱形布置；单宽流量较小时，也有采用混凝土板、条石或干砌石护面。壅水堰的基础最好落在基岩上，以防冲刷基础。如果堰体设在覆盖层上，在下游需设置消力池或其他防冲保护。溢流堰鼻坎高程以满足水流能形成面流衔接为宜。

3.4 导流洞下闸与封堵

导流隧洞封堵水库下闸蓄水是水利枢纽工程建设的一个重要里程碑，而导流洞封堵堵头的设计与施工又是实现这一里程碑的关键。

3.4.1 导流洞下闸

3.4.1.1 下闸时间的选择

导流泄水建筑物完成导流任务后，需进行封堵或改建。封堵时间应根据施工总进度、主体工程或控制性建筑物的施工进展情况、天然河道的水文特性、下游供水要求、受益时间要求等综合考虑。封堵过迟，将影响蓄水位和受益时间；封堵过早，则须加快施工进度和增大施工强度。经过汛期时，还需考虑度汛及其安全措施。因此，下闸时间的选择，既要使工程尽快发挥效益，又要使下闸在有利的水文条件下进行，并保证主体工程的安全施工。一般需选择几个不同封堵下闸时间和流量进行蓄水计算和技术经济比较，然后确定封堵日期。

3.4.1.2 封堵蓄水设计流量

在封堵蓄水过程中，有4种流量标准：①下闸（或堵口截流）流量标准；②闸门（或围堰）挡水标准；③蓄水历时计算标准；④下闸后坝体拦洪度汛标准。

下闸设计流量一般采用10～20年一遇的月或旬平均流量，也有采用实测水文系列的月或旬最大流量平均值。必要时可选择几组流量进行统计，分析其可封时间的多少确定。一般可封时间每月需有15～20d，最少不小于10d。

闸门的挡水标准决定闸门的设计水头。闸门的工作时段为下闸后至完成永久堵头所需的时间。在此时段内，闸门的设计水头可按75%～85%频率来水量蓄水过程中，遭遇10～20年一遇洪水的相应水位确定。

进口工作平台高程，可根据下闸后启闭机设备撤退需要的时间，经蓄水计算确定。

采用围堰堵口时，挡水位受围堰高度限制，此时需另有泄水途径。

3.4.1.3 封孔下闸程序和安全措施

采用闸门封孔，当有数孔闸门时，需拟定闸门沉放程序。数孔闸门可一次同时下闸，也可分批先后沉放。前者库水位较低，便于下闸，但每扇闸门均需配有一套启闭设备。后者可减少启闭设备，但到最后一孔闸门沉放时库水位较高，下闸困难，须有相应的安全措施。

封孔闸门为一次性沉放，一般不设置检修或事故闸门，下闸后库水位开始上升，一旦发生事故较难处理。因此，在闸门沉放前必须严格检查，做好安全措施（如防止卡门的措施，闸门不能下沉到底时的加重措施等）。在封孔过程中，为了限制库水位上升，常利用永久泄水建筑物（如冲砂孔、泄洪中孔引水道等）泄流。

3.4.1.4　闸门下闸过程及注意事项

下闸前要对闸门、启闭机及进水口检查与准备。下闸过程中闸门的监视及鉴定标准，下闸时可能出现的意外情况及处理措施。

3.4.2　堵头结构形式

导流洞封堵的堵头形式有截锥形、柱形、短钉形、拱形和球壳形等。堵头形式见图 3-1。

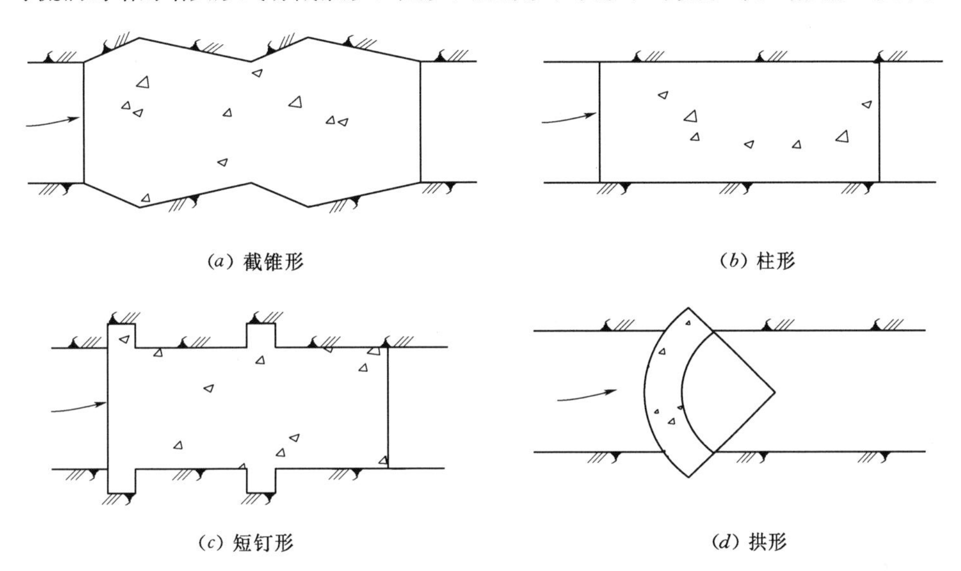

(*a*) 截锥形　(*b*) 柱形　(*c*) 短钉形　(*d*) 拱形

图 3-1　堵头形式示意图

截锥形堵头能将压力较均匀地传至洞壁岩石，受力情况好，常被广泛采用。柱形堵头不能充分利用岩壁的承压，只能依靠自重摩擦力及黏结力达到稳定，隧洞较少采用，常用于涵洞。短钉形开挖较易控制，但钉头部分应力集中，受力不均匀，不常采用。拱形堵头混凝土量少，但对岩石承压及防渗要求较高，可用于岩体坚固、防渗性较好的地层。球壳形堵头结构单薄，只能用作临时堵头。

3.4.3　堵头施工

3.4.3.1　导流泄水建筑物封堵设计标准

导流泄水建筑物的封堵时间应在满足水库拦洪蓄水要求的前提下，根据施工总进度确定。封堵下闸的设计流量可用封堵时段 5～10 年重现期的月或旬平均流量，或按实测水文统计资料分析确定。

封堵工程施工阶段的导流设计标准，可根据工程重要性、失事后果等因素，在该时段 5～20 年重现期范围内选定。

3.4.3.2　导流洞堵头设计

对于导流洞的堵塞段，需满足堵头的抗滑稳定和温控及防渗要求。为增加堵头的稳定，在堵头浇筑混凝土前，在隧洞混凝土衬砌中预留键槽，以保证混凝土堵头在衬砌间有足够的抗剪力。

堵头的最小长度可根据极限平衡条件由抗剪断强度求出。

堵头的稳定主要依靠洞周边接触面的抗剪断凝聚力的作用。

堵头长度的确定，不仅取决于堵头本身的稳定和应力状况，还必须考虑洞周岩体的性质和抗渗性能，以及对坝基或其他建筑物的影响等。

3.4.3.3 导流洞堵头位置

导流隧洞一般只是局部封堵，应慎重选定堵头的位置。若隧洞洞线靠近坝体，则堵头的位置靠近坝的上游面，位于灌浆帷幕线上并与坝基防渗帷幕连接成防渗系统。

3.4.3.4 导流洞堵头施工

为避免堵头混凝土体积过大，因混凝土温度应力引起开裂，堵头宜分段浇筑，段长10～15m为宜，并分层浇筑混凝土。堵头内一般有必要预埋冷却水管，使堵头新浇混凝土迅速降到灌浆温度。循环冷却水可利用水库内蓄水，也可用人工冷却水。灌浆温度可选择接近水库蓄水后下层稳定的水温。待新浇混凝土达到灌浆温度后，再通过预埋的灌浆系统，对堵头与围岩或衬砌之间的接触面进行灌浆处理，以保证接缝密实不漏。

3.5 工程实例

3.5.1 糯扎渡水电站施工导流

3.5.1.1 工程概况

糯扎渡水电站是澜沧江中下游河段梯级规划“二库八级”（功果桥、小湾、漫湾、大朝山、糯扎渡、景洪、橄榄坝、勐松）中第五级，枢纽位于云南省思茅市翠云区和澜沧县境内，左岸为翠云区，右岸为澜沧县，思茅—澜沧公路通过坝址区。

水电站枢纽由砾质土心墙堆石坝、左岸溢洪道、左岸引水发电系统等组成。

砾质土心墙堆石坝，坝顶高程821.50m，最大坝高为261.50m；水库正常蓄水位812.00m，水库总库容为237.03亿m^3，为不完全多年调节水库，总装机容量为5850MW。

糯扎渡水电站工程于2006年正式开工，2011年11月导流洞下闸水库开始蓄水，2013年首批机组发电，2014年6月完工。

3.5.1.2 导流建筑物

糯扎渡水电站工程导流建筑物包括上下游围堰工程、1～5号导流隧洞工程。

上游围堰与坝体结合，为土石围堰，堰顶高程656.00m，围堰顶宽15m，最大堰高74m。围堰下部采用厚0.8m的柔性混凝土防渗墙防渗，围堰上部采用土工膜斜墙防渗。

下游围堰为土石围堰，堰顶高程625.00m，围堰顶宽12m，最大堰高36m。堰基采用厚0.8m的混凝土防渗墙防渗，堰体采用土工膜心墙防渗。

1号、2号、5号导流隧洞位于左岸，3号、4号导流隧洞位于右岸。

1号导流隧洞断面形式为方圆形，断面尺寸为16m×21m（宽×高），进口底板高程为600.00m，洞长1067.868m，隧洞底坡为$i=0.578\%$，出口底板高程为594.00m。

2号导流隧洞断面形式为方圆形，断面尺寸为16m×21m（宽×高），进口底板高程为 605.00m，洞长 1142.045m（含与 1 号尾水隧洞结合段长 304.020m）；结合段前隧洞底坡为 i=3.81%，结合段后隧洞底坡为 i=0，出口高程为 576.00m。

3 号导流隧洞断面形式为方圆形，断面尺寸为 16m×21m（宽×高），进口底板高程为 600.00m，洞长 1529.765m，隧洞底坡为 i=0.50%，出口底板高程为 592.35m。

4 号导流隧洞断面形式为方圆形，断面尺寸为 7m×8m（宽×高），进口底板高程为 630.00m，洞长 1925.00m，隧洞底坡为 i=1.33%，出口底板高程为 605.00m。

5 号导流隧洞与左岸泄洪隧洞结合，隧洞断面形式为方圆形，进口底板高程为 660.0m。前段为有压段，衬砌后断面尺寸为 7.0m×9.0m（宽×高），洞长为 150m，底坡为平坡；在桩号 0+150.00m～0+188.00m 设置事故检修门和弧形工作闸门，承担 4 号导流隧洞封堵施工期向下游控制供水，闸门井长 25～38m，宽 13m，高 150m；闸后为无压洞段，衬砌后断面尺寸为 10.0m×12.0m（宽×高），洞长 476.506m。其中与左岸泄洪隧洞结合段长 212.241m，结合段以前底坡为 i=1.046%，结合段底坡为 i=6.0%（与左岸泄洪隧洞底坡一致），出口底板高程为 637.783m。

3.5.1.3 导流方式

初期导流采用河床一次断流、土石围堰挡水、1～4 号导流隧洞泄流、主体工程全年施工的导流方式。初期导流（2008 年 6 月至 2010 年 5 月）标准为 50 年一遇的全年洪水，相应流量为 1.74 万 m^3/s。

中期导流（2010 年 6 月至 2011 年 10 月）采用坝体临时断面挡水，泄水建筑物为 1～5 号导流隧洞，中期导流标准为 200 年一遇的全年洪水，相应的流量为 2.2 万 m^3/s。

导流隧洞下闸封堵后，后期导流（2012 年 6—10 月）为坝体临时断面挡水，利用右岸泄洪隧洞和溢洪道临时断面泄流，后期导流设计标准为 500 年一遇的全年洪水，相应的流量为 2.51 万 m^3/s，校核标准为 1000 年一遇的全年洪水，相应的流量为 2.75 万 m^3/s。

2012 年 4 月上旬 5 号导流隧洞下闸。

2012 年 5—10 月由右岸泄洪隧洞和未完建溢洪道联合泄流。

3.5.1.4 导流度汛标准

糯扎渡水电站为一等工程，大坝为Ⅰ级永久建筑物，导流建筑物级别为 3 级。导流标准为：2007 年 11 月中旬至 2008 年 5 月，1 号、2 号导流隧洞泄流，导流标准为 10 年一遇洪水，相应的设计流量为 4280m^3/s，相应的库水位为 623.201m。

2008 年 6 月至 2010 年 5 月由 1～4 号导流隧洞泄流，上下游围堰挡水，导流标准为 50 年一遇的全年洪水，相应的设计流量为 1.74 万 m^3/s，相应的库水位为 653.661m。

2010 年 6 月至 2011 年 10 月由 1～5 号导流隧洞泄流，坝体临时断面挡水，导流标准为 200 年一遇的全年洪水，相应的设计流量为 2.2 万 m^3/s，相应的库水位为 672.686m。

2011 年 11 月中旬 1～3 号导流隧洞下闸和 2011 年 12 月上旬 4 号导流隧洞下闸。

2011 年 12 月至 2012 年 4 月，1～4 号导流隧洞堵头施工，由 5 号导流隧洞和右岸泄洪隧洞泄流，坝体临时断面挡水，导流标准为 200 年一遇的枯期时段（12 月至次年 4 月）洪水，相应的设计流量为 5790m^3/s，相应的库水位为 713.27m。

2012 年 4 月上旬 5 号导流隧洞下闸，2012 年 5—10 月由右岸泄洪隧洞和溢洪道临时断面泄流，坝体临时断面挡水，导流设计标准为 500 年一遇的全年洪水，相应的流量为

2.51 万 m^3/s，相应的库水位为 797.44m，校核标准为 1000 年一遇的全年洪水，相应的流量为 2.75 万 m^3/s，相应的库水位为 799.10m。

2012 年 11 月至 2013 年 5 月末完建溢洪道闸室施工，由右岸泄洪隧洞泄流，坝体临时断面挡水，导流设计标准为 20 年一遇洪水，相应的流量为 4930m^3/s，相应的库水位为 769.75m。

上下游围堰的防洪度汛标准、心墙堆石坝填筑的防洪度汛标准、1～5 号导流隧洞闸门安装等金属结构的防洪度汛标准与上述施工导流标准相适应。

3.5.1.5 导流洞封堵时间

2011 年 11 月中旬，1～3 号导流隧洞下闸和 2011 年 12 月上旬 4 号导流隧洞下闸。2011 年 12 月至 2012 年 4 月，1～4 号导流隧洞堵头施工。2012 年 4 月上旬，5 号导流隧洞下闸，随后进行导流隧洞堵头施工。

3.5.1.6 施工导流特点

糯扎渡水电站在大流量、高流速、高落差、大单宽功率的工况下成功截流。

初期导流采用河床一次断流、土石围堰挡水、1 号、2 号导流隧洞泄流、主体工程全面施工的方式；中、后期导流采用坝体临时断面挡水、1～5 号导流洞泄流（或泄洪洞和溢洪道临时断面泄流）方式。

3.5.2 黑河水利枢纽施工导流

3.5.2.1 工程概况

黑河水利枢纽位于陕西省西安市周至县境内的渭河支流黑河下游峪口以上 1.5km，距西安市约 86km。坝址控制流域面积 1481km^2，多年平均年径流量 6.67 亿 m^3，水库总库容 2 亿 m^3。工程以向西安市供水为主，兼有农田灌溉、发电、防洪等综合效益。水库年调节水量 4.28 亿 m^3，其中为西安市供水 3.05 亿 m^3，日平均供水 76 万 m^3，为农业供水 1.23 亿 m^3，坝后式电站装机 20MW，年发电量 7308 万 kW・h。

枢纽工程由拦河坝、泄洪洞、引水洞、溢洪洞、坝后式电站及副坝等建筑物组成。枢纽主要水工建筑物设计洪水标准为 500 年一遇洪水；洪峰流量 5100m^3/s；校核洪水标准为 5000 年一遇，洪峰流量 7400m^3/s。鉴于枢纽工程距周至县、咸阳市及西安市较近，位置特别重要，因而大坝提高为Ⅰ级建筑物设计，抗震按Ⅷ度设防。

拦河坝为黏土心墙砂砾石坝，最大坝高 130m，坝顶高程 600.00m，坝顶宽度 11m，坝顶长度 440m，上游坝坡 1：2.2，下游坝坡 1：1.8，坝体总填筑量 820 万 m^3，其中黏土心墙 150 万 m^3。泄洪洞位于左岸，长 643.39m，洞身为圆拱直墙城门洞形，断面 10m×13m，进口高程 545.00m，最大泄洪量 2539m^3/s，最大流速 41m/s，采用挑流消能。溢洪洞位于右岸，长 476.413m，圆拱直墙城门洞形，断面 10m×11.5m，进口高程 578.00m，最大泄洪量 2200m^3/s，最大流速 41m/s，采用挑流消能。引水洞位于右岸，一洞多用，为城市、水库大坝、农业及发电供水，总长度 792.96m，设计引水流量 30.3m^3/s，引水口高程 514.30m，前段约 600m 压力洞，圆形断面，直径为 3.5m，发电支洞以后（弧门闸室后）为无压洞，圆拱直墙城门洞形，断面 6m×6.8m，进口放水塔顶高程 600.00m，塔身高为 91.7m，沿塔高分设上、中、下 3 个取水孔分层取水。水电站位于右岸下游，装机 3 台，总装机容量为 20MW。副坝为均质土坝，坝长 121m，高 20.6m。

黑河金盆水利枢纽工程于1996年1月开工，2000年11月，导流洞开始封堵，2002年主体工程完工。

3.5.2.2 导流建筑物

（1）导流洞。导流洞由进口段、洞身段、出口段三部分组成，全长731.609m。其中，进口段长38m，包括引渠和两孔5m×13m封堵塔，进口底板高程496.43m，封堵塔顶高程524.00m。洞身段为10m×13m圆拱直墙城门洞形断面，长615.00m。其中，非利用段段长239.78m，底板比降为1∶500，后期封堵。接泄洪洞斜洞段的利用段起点、终点桩号为0+164.78（交汇处）～0+540，段长375.22m，洞底板比降为1∶150。出口段长70.60m，其中明涵段24.00m，明槽段16.00m，扩散段21.25m，鼻坎段30.61m，护坦段8.0m。导流洞设计最大泄流量2288m^3/s。

（2）上游低水围堰。上游低水围堰位于大寒沟口以上的河道"S"弯道处，距导流洞进口约335m，堰顶高程511.50m，顶宽10m，围堰长度201m，最大堰高21.5m。围堰采用土石混合构筑，其中堰体用砂砾石及石渣料填筑，黏土斜墙防渗，上、下游边坡分别为1∶3.0和1∶2.0，河床砂卵石覆盖层采用黏土水平铺盖防渗，铺盖长度50m。上游低水围堰可抵挡枯水期（10月至次年6月）20年一遇洪水，其设计洪水位510.42m，流量810m^3/s。

（3）上游高水围堰。上游高水围堰与坝体相结合，轴线平行于坝轴线，两轴线相距166.80m，堰顶高程为527.00m，顶宽19m，最大堰高42m。上、下游边坡分别为1∶2.5和1∶2.0，在上游高程517.00m处设一宽0.5m的马道。河床砂卵石段采用塑性混凝土防渗墙防渗，墙厚0.6m，最大墙高16m，深入基岩1.0m，防渗墙高程491.00m。两岸坡段岩石基础采用混凝土趾板连接复合土工膜防渗。第一年汛期可抵挡20年一遇洪水，相应上游水位为526.69m，洪水流量为2200m^3/s。第二年坝体小断面继续上升到高程536.00m，可抵挡汛期50年一遇的洪水，流量为3000m^3/s，坝前水位为534.29m。

（4）下游围堰。下游围堰与坝体相结合，轴线平行于坝轴线，两轴线相距223m，堰顶高程为493.50m，顶宽15m，最大堰高9m。围堰上、下游边坡分别为1∶2和1∶2.5，下游面用复合土工膜防渗，河床覆盖层采用混凝土防渗墙防渗，墙厚0.6m，最大墙高15m。下游围堰按汛期20年一遇洪水设计，相应设计水位为491.50m，洪水流量为2200m^3/s。

3.5.2.3 导流方式

导流方式采用河道一次断流，隧洞泄流。在枯水期，用上游低水围堰挡水，利用一个枯水期完成高水围堰施工，达到拦洪度汛高程。此后各年，坝体填筑高程必须能拦挡各年设计洪水，直至大坝建成。

3.5.2.4 导流标准

黑河金盆水利枢纽为大（二）型工程，考虑坝高诸因素，大坝按一级建筑物设计。按所保护的对象、出事后果及导流建筑物使用年限，确定导流建筑物为Ⅳ级。

1998年11月至1999年6月，上游低水围堰和下游围堰挡水，导流隧洞泄流，导流标准为枯水期20年一遇洪水，其设计洪水位510.42m，流量810m^3/s。

1999年7月至2000年6月，上游高水围堰挡水，导流隧洞泄流，导流标准为20年一遇洪水，相应上游水位为526.69m，洪水流量为2200m³/s。

2000年6月至2001年11月，坝体小断面挡水，导流隧洞泄流，导流标准为汛期50年一遇的洪水，流量为3000m³/s，坝前水位为534.29m。

3.5.2.5 导流洞封堵时间

2000年11月，导流洞开始封堵。

3.5.2.6 施工导流特点

上游高水围堰、下游围堰与坝体相结合，节省另筑围堰的工程量。围堰填筑的坝壳料作为坝体的一部分，节约了工程造价，缩短了施工工期。

导流洞与泄洪洞相结合，黑河金盆水利枢纽工程设计将导流洞与永久泄洪洞相结合，在完成洪水度汛的导流任务后，改建为龙抬头式泄洪洞，继续担负永久泄洪任务。

3.5.3 黄河小浪底水利枢纽施工导流

3.5.3.1 工程概况

黄河小浪底水利枢纽位于黄河中游豫、晋两省交界处，在洛阳市西北约40km。上距三门峡坝址130km，下距郑州花园口128km。北依王屋、中条二山，南抵崤山余脉，西起平陆县杜家庄，东至济源县大峪河。南北最宽处约72km，东西长93.6km。坝址控制流域面积69.4万km²，占黄河流域面积的92.3%，水库总库容126.5亿m³。水电站总装机容量为1800MW。水库呈东西带状，长约130km，上段较窄，下段较宽，平均宽度2km，属峡谷河道型水库。坝址处多年平均流量1327m³/s，输沙量16亿t，该坝建成后可控制全河流域面积的92.2%。

黄河小浪底水利枢纽工程由拦河坝、泄洪系统和引水系统3部分组成。拦河大坝为壤土斜心墙堆石坝，最大坝高154m，坝顶高程281.00m，坝顶长1667m，坝顶宽15m。泄洪排沙系统由3条孔板泄洪洞、3条明流泄洪洞、3条排沙洞、1条溢洪道和3座两级出水消力塘组成。引水发电系统由6条引水发电洞、1座地下厂房、1座主变室、1座尾水闸室和3条尾水洞组成。

主体工程1994年9月开工，1997年10月下旬实现主河床截流，1999年10月下闸蓄水，2000年1月首台机组发电，2001年主体工程基本完工。

3.5.3.2 导流建筑物

（1）导流隧洞。3条导流洞断面形式均为圆形，直径14.5m，布置在左岸。其中1号导流隧洞洞身长度为1220m，2号、3号导流隧洞洞身长度分别为1183m和1149m。导流隧洞导流任务完成后均改建成龙抬头孔板泄洪洞。

（2）上游枯水围堰。上游枯水围堰为Ⅳ级建筑物，堰型为土质斜墙堆石围堰，最大堰高24.5m，采用混凝土防渗墙、铺盖防渗。

（3）上游度汛围堰。为壤土斜墙堆石围堰，与主坝相结合，为Ⅲ级建筑物，最大堰高59m。利用黄河天然淤积形成的铺盖防渗。

（4）下游围堰。下游围堰按100年一遇洪水、相应导流隧洞最大下泄流量8740m³/s，采用斜墙堆石断面，基础采用水平防渗。

3.5.3.3 导流标准

小浪底水利枢纽为Ⅰ级工程，导流建筑物为Ⅲ级，应按20～50年一遇洪水设计。鉴于围堰与坝体结合，拦洪库容大于4亿m^3，围堰一旦失事，不仅拖延工期，而且影响较大，按规范规定，将围堰挡水标准提高到100年一遇洪水设计。

大坝度汛标准：截流后第一年，非汛期由枯水围堰挡水，按枯水期20年一遇洪水设计；汛期（1998年）由度汛围堰拦洪，按汛期100年重现期洪水设计。大坝施工期，1999年汛期由大坝临时坝体挡水，按300年一遇洪水设计；2000年3条导流隧洞全部改建成孔板洞泄洪，汛期按设计运行工况1000年一遇洪水标准泄洪。

3.5.3.4 导流方式

小浪底工程坝址处河谷宽约700m，呈“U”形，河床覆盖层厚度约30～40m。根据地形特点和水文特征，选围堰一次拦断河床、隧洞导流的导流方式。

3.5.3.5 导流程序及导流流量

（1）导流时段划分。根据水文分析，全年分汛期和非汛期两个时段，汛期为7—10月，非汛期为11月至次年6月。汛期实测最大流量1.7万m^3/s，非汛期常见流量为500～1000m^3/s。

（2）导流程序及导流流量。工程开工第1年至第4年，进行3条导流隧洞施工，同时利用右岸300～400m滩地进行部分坝体填筑施工，河水由原河床下泄。第4年10月下旬截流，河水由3条导流隧洞下泄。非汛期利用枯水围堰挡水，洪峰流量为2210m^3/s；第5年至第7年导流程序及导流流量见表3-12。

表3-12　　第5年至第7年导流程序及导流流量表

项目	第5年		第6年	第7年
设计标准/%	5（枯水期）	1（汛期）	0.33	0.1
设计流量/(m^3/s)	2210	17340	20550	26640
泄水建筑物	3条导流隧洞	3条导流隧洞	2条导流隧洞，3条排沙洞	3条排沙洞，3条孔板洞，3条明流洞
最高库水位/m	150	177.3	194.56	231.38
下泄流量/(m^3/s)	2210	8740	7620	8584
最大蓄洪量/亿m^3	1.5	4.16	8.96	44.88
坝下游水位/m	135.2	137.91	137.7	138.0
挡水建筑物	枯水围堰	高水围堰	坝体	坝体
下闸封堵及发电		汛后封堵1条导流隧洞	汛后封堵2条导流隧洞	1月初2台机组发电

3.5.3.6 导流隧洞下闸封堵及蓄水发电

（1）封堵时间。黄河流量从11月起呈下降趋势，在次年3月底、4月初有一次桃花汛，经三门峡水库调蓄后，桃花汛流量一般不超过2210m^3/s。7月初进入主汛，可用于封堵导流隧洞的时间仅7个月，考虑到导流隧洞封堵后将改建成泄洪洞，其改建工作量大，故导流隧洞封堵时间安排在11月上旬开始。

（2）封堵程序及封堵流量选择。导流隧洞封堵分两期进行。

第 1 期（第 5 年汛后）封堵 1 号导流隧洞，下闸标准为 11 月 10 年一遇，月平均流量 1910m^3/s。

第 2 期（第 6 年汛后）封堵 2 号、3 号导流隧洞。先下 2 号导流隧洞闸门，利用 3 号导流隧洞过水，下闸流量仍为 1910m^3/s。3 号导流隧洞下闸时，要求三门峡水库控制下泄流量为 800m^3/s，计入区间流量，下闸流量为 943m^3/s。

（3）蓄水发电。根据大坝和发电系统施工进度安排，第 6 年 10 月底具备发电条件。在同年 11 月封堵导流隧洞，水库蓄水至发电水位需要蓄水量 15.6 亿 m^3。11 月、12 月两个月共蓄水 15.9 亿 m^3，可以满足第 7 年初 5 号、6 号两台机组的发电蓄水量要求。

3.5.3.7 施工导流特点

小浪底水利枢纽工程施工导流有以下特点。

（1）导流工程采用大断面导流隧洞及高围堰等大规模的导流建筑物。体现在规模水平方面：3 条直径 14.5m 导流隧洞；上游土石围堰高 59m，其混凝土防渗墙深 71m。

（2）导流标准高，流量大。围堰汛期导流标准由 30 年一遇提高到 100 年一遇，洪水流量虽经三门峡水库调蓄后，仍高达 1.734 万 m^3/s；坝体挡水，导流标准提高至 300 年一遇洪水；封堵后坝体度汛标准采用 1000 年一遇洪水，即按设计运行工况泄洪。

（3）导流隧洞与泄洪隧洞相结合。小浪底工程设计将 3 条导流隧洞与永久泄洪洞相结合，在完成洪水度汛的导流任务后，改建为龙抬头式孔板泄洪洞，继续担负永久泄洪任务。

4 坝基开挖与处理

天然的坝基表面往往会有植被、覆盖层、洞穴、泉眼、建筑物、探坑等，表面土壤的有机混合物的含量比极高，自然容重小，坝基范围内可能有高压缩性松软土层、湿陷性黄土层等。对它们如果不进行开挖、清除、处理，必将给坝基的防渗性、稳定性带来很大威胁。因此，坝基处理是土石坝施工中的重要内容之一，处理效果直接关系到整个大坝工程的总体质量和运行安全。

4.1 坝基处理内容、施工特点和程序

土石坝底面积大，坝基应力较小，坝体具有一定适应变形的能力，坝体断面分区和材料的选择也具有灵活性。土石坝对天然坝基的强度和变形要求，以及处理措施所达到的标准等，都低于混凝土坝。一般情况下，土石坝坝基的承载力、强度、变形和抗渗能力等自然条件也不如混凝土坝，所以对坝基处理的要求丝毫也不能放松。坝基处理技术近年来取得了很大的进展，从国内外大坝工程建设的成就来看，很多地质条件不良的坝基，经过适当处理以后，都成功地修建了高土石坝，如冶勒、下坂地、瀑布沟、毛尔盖等已建成的大坝工程。这些成果表明我国在深厚覆盖层上的筑坝技术和防渗技术已进入国际领先水平，铜街子坝、小浪底坝等的防渗墙的深度均达 70m 以上，其中小浪底最大深度达到 82m。

4.1.1 坝基处理施工内容

4.1.1.1 坝基处理的范围和基本要求

坝基处理的范围包括河床和两岸岸坡。坝基处理的目的是提高坝基承载强度和减少渗透性，处理的基本要求是：①减小坝基沉降对坝体的影响，保持坝体和坝基的静力和动力稳定，不产生过大的有害变形；②控制渗流量，减少渗流坡降，避免管涌等有害的渗流变形；③在保证大坝安全运行的条件下节省投资。

4.1.1.2 主要施工内容

坝基与岸坡处理工程为隐蔽工程，必须按设计要求并遵循有关规定认真施工。施工单位应根据合同技术条款要求以及有关规定，充分研究工程地质和水文地质资料，制定相应的技术措施或作业指导书报监理工程师批准后实施。按照不同的工程部位和施工方法，施工内容主要包括以下几点。

（1）清理地表物及软弱覆盖层。岸坡和铺盖地基清理时，应将树木、草皮、树根、乱石、坟墓以及各种建筑物等全部清除，并认真做好水井、泉眼、地道、洞穴等处理。坝基和岸坡表层的粉土、细砂、淤泥、腐殖土、泥炭等均应按设计要求和有关规定清除；对于

风化岩石、坡积物、残积物、滑坡体等应按设计要求和有关规定处理。

当岩基上的覆盖层较薄时，一般只需将防渗体坐落在岩基上形成截水带，隔断渗流即可；但对较高的土石坝，从防渗和稳定安全考虑，有时要挖除较大部分的覆盖层，将防渗体和透水坝壳都建在岩基上。当覆盖层较厚时，需对其特性进行试验分析，经处理后的深厚覆盖层可作为大坝基础。

(2) 坝体与土质坝基及岸坡连接的处理。大坝断面范围内应清除坝基与岸坡上的草皮、树根、含有植物的表土、蛮石、垃圾及其他废料，并将清理后的表面土层压实。对于坝体断面范围内的低强度、高压缩性软土及地震时已液化的土层，应清除或处理。土质防渗体应坐落在相对不透水的土基上，或经过防渗处理的土质坝基上。坝基覆盖层与下游坝壳粗粒料（如堆石等）接触处，应符合反滤要求，如不符合应设置反滤层。

(3) 坝基岩石开挖。坝基岸坡的开挖清理工作，宜自上而下一次完成。对于高坝可分阶段进行，但应提出保证质量、安全和不影响工期的措施，清除出的废料应全部运到坝外指定场地。凡坝基和岸坡易风化、易崩解的岩石和土层，开挖后不能及时回填者，应留保护层或喷水泥砂浆或喷混凝土保护。坝基与岸坡处理和验收过程中，应系统地进行地质描绘、编录，必要时进行摄影、录像和取样试验。坝体与岩石坝基和岸坡连接的处理应遵守下列原则。

1）大坝断面范围内的岩石坝基与岸坡，应清除其表面松动石块、凹处积土和突出的岩石。

2）土质防渗体和反滤层宜与坚硬、不冲蚀和可灌浆的岩石连接。若风化层较深时，高坝宜开挖到弱风化层上部，中、低坝可开挖到强风化层下部，并应在开挖的基础上对基岩再进行灌浆等处理。在开挖完毕后，宜用风水枪冲洗干净。对断层、张开节理裂隙应逐条开挖清理，并用混凝土或砂浆封堵。坝基岩面上宜设混凝土盖板、喷混凝土或喷水泥砂浆。

3）对失水易风化的软岩（如页岩、泥岩等），开挖时宜预留保护层，待开始回填时，随挖除、随回填；或开挖后喷水泥砂浆或喷混凝土保护。

4）土质防渗体与岩石接触处，在临近接触面0.5～1.0m范围内应填筑接触黏土，并应控制在略高于最优含水率情况下填筑，在填土前应用黏土浆抹面。

(4) 防渗体部位坝基和岸坡开挖、岩面封闭及顺坡处理。防渗体与基岩的接触面要求结合紧密。表层强风化、裂隙密集的岩石应予挖除，将坝建在具有足够强度和整体性好并在渗流作用下不致产生严重溶解流失的岩层上。在岩面不平整或存在微小裂缝处，可通过灌浆、喷水泥砂浆或浇筑混凝土进行处理，防止表层裂隙渗水直接冲刷防渗体。过去，国内外很多土石坝常在基岩面上浇筑混凝土垫座或建混凝土齿墙，也有对基岩表面要进行严格的处理，将防渗体直接填筑在岩面上，防渗体底部岩面进行固结灌浆，并保持结合面具有足够的渗径长度。

防渗体部位的坝基、岸坡岩面开挖应采用预裂、光面等控制爆破法，使开挖面基本上平顺，严禁采用洞室、药壶爆破法施工，必要时可预留保护层，在开始填筑前清除。防渗体和反滤过渡区部位的坝基和岸坡岩面的处理，包括断层破碎带以及裂隙等处理，尤其是顺河方向的断层、破碎带必须按设计要求作业，不留后患。对高坝防渗体与坝基及岸坡结合面，设置有混凝土盖板时，宜在填土前自下而上依次分块完成；如与防渗体平行施工时，不得影响坝基灌浆和防渗体的施工工期，分缝处应设止水，对出现的裂缝应做好补强封闭处理。

设置在岩石地基上的防渗体、反滤、均质坝体与岩石岸坡的接合，必须采用斜面连接。岩石岸坡开挖清理后的坡度应符合设计要求，不得有台阶、急剧变坡，更不得有反坡。对于局部凹坑、反坡以及不平顺岩面，可用混凝土或浆砌石等填平补齐，使其达到设计或规范要求坡度。非黏性土的坝壳与岸坡接合，亦不得有反坡，清理坡度按设计或规范进行。根据设计规范要求，与土质防渗体连接的岸坡应大致平顺，不应成台阶状、反坡或突然变坡；岸坡自上而下由缓坡变陡坡时，变换坡度宜小于20°；岩石岸坡不宜陡于1：0.5，若陡于此坡度时应有专门论证，并应采取相应工程措施；土质岸坡不宜陡于1：1.5；所有岸坡必须保持施工期稳定、安全。

（5）砂砾石基础处理。常见的砂砾石坝基，其河床段上部多为近代冲积的透水砂砾石层，具有明显的成层结构特性，其地基承载力一般是满足要求的，而且压缩性不大。如夹有松散砂层、淤泥层、软黏土层，则应考虑其抗剪强度与变形特性，在地震区还应考虑可能发生的振动液化造成坝基和坝体失稳的危险。为此，需进行专门的分析研究处理，可采取挖除、排水预压、强夯加固等措施。

在砂砾石地基上建坝的另一个问题是渗流控制，解决的方法是做好防渗和排水，如：垂直防渗设施，包括黏土截水槽、混凝土防渗墙、灌浆帷幕等；上游水平防渗铺盖；下游排水设施，包括水平排水层、排水沟，减压井、透水盖重等。这些设施可以单独使用，也可以综合使用。砂砾石坝基垂直防渗设施的型式可以参照以下原则选用：①砂砾石层深度在10～15m以内，或不超过20m时，宜明挖截水槽回填防渗体；②砂砾石层厚度在60～70m以内的，可采用混凝土防渗墙；③砂砾石层更深，上述设施难以选用时，可采用灌浆帷幕，或在深层采用灌浆帷幕，上层采用混凝土防渗墙或明挖截水槽。

不论采用何种型式，均宜将全部透水层截断，悬挂式的竖直防渗设施，防渗效果较差。

当坝基砂砾石层不太深厚时，截水槽是最常用而又稳妥可靠的防渗设施。一般布置在大坝防渗体的底部（均质坝则多设在靠上游1/3～1/2坝顶宽处），横贯整个河床并延伸到两岸。槽身开挖断面呈梯形，切断砂砾石层直达岩基，岩面经处理后回填防渗土料，槽下游侧按级配要求铺设反滤料，槽底宽根据回填土料的容许渗流坡降、与岩基接触面抗渗流冲刷的容许坡降以及施工条件确定。截水槽上部与坝的防渗体连成整体，下部与岩基紧密结合，形成一个完整的防渗体系。

高土石坝截水槽的开挖深度根据坝基地质情况和施工条件，有的较大，如加拿大的下诺赫坝最大挖深达82m。我国20世纪80年代建成的石头河水库大坝，坝高114m，坝基防渗处理时，在河床砂卵石覆盖层较薄处采用明挖至弱风化基岩，浇筑混凝土齿墙后，回填黏土，形成截水槽；在左、右侧深槽部位，明挖到一定深度后，再用人工支撑开挖窄槽至基岩，浇筑厚3m的混凝土防渗墙，墙底深入新鲜岩石0.5m，再在墙顶浇筑混凝土齿墙，对明挖部位回填黏土，形成截水槽。两岸岸坡均沿心墙结合槽中部基岩上设混凝土齿墙，与河床段齿墙连接。河床未开挖的砂砾石表面铺筑反滤后填筑防渗黏土，与防渗土料接触的岸坡岩面喷了厚2～3cm的混凝土。

随着地下混凝土连续防渗墙施工设备和施工技术的发展，一般工程都采用了混凝土防渗墙方案，在施工进度上优势明显，质量能满足工程要求，如毛尔盖水电站拦河大坝采用砾石土直心墙堆石坝，最大坝高147.00m。大坝河床段基础防渗由混凝土防渗墙和墙体下部接基岩帷幕灌浆两部分组成。防渗墙厚1.4m，最大深度约52m。白龙江苗家坝水电站大坝为混凝土面板堆石坝，河床砂砾石覆盖层厚度约45m，坝轴线上游区域采用了8000kN级强夯处理，防渗结构与毛尔盖大坝相同，为混凝土防渗墙和墙体下部接基岩帷幕灌浆两部分组成。

我国超深防渗墙设计与施工技术已达到国际领先水平，在冶勒水电站400m深厚覆盖层中设置悬挂式防渗墙，处理总深度达到200m。西藏旁多水电站创造了3项吉尼斯世界纪录，分别是：世界最深防渗墙成槽——西藏旁多水利枢纽工程大坝基础处理工程201m深孔成槽；世界最深防渗墙接头管拔管成孔——西藏旁多水利枢纽工程大坝基础处理工程158m深液压拔管成孔；世界最深防渗墙水下混凝土浇筑—— 西藏旁多水利枢纽工程大坝基础处理工程158m深水下混凝土浇筑201m防渗墙。对于防渗墙顶与心墙连接方式进行了深入研究，并取得了成功案例与经验。

混凝土防渗墙与坝体防渗体心墙的连接，目前主要有通过混凝土廊道连接和防渗墙直接插入心墙内部两种型式，有刚性接头和软接头之分。现举几例加以说明，可参考采用。

冶勒水电站位于四川省大渡河支流南桠河上游，是该河流梯级开发的龙头水库电站。该水电站采用高坝、长引水隧洞、地下厂房的混合引水式开发。水库总库容2.98亿m^3、调节库容2.76亿m^3，具有多年调节能力，引水隧洞长7.12km，装机容量240MW。首部枢纽中拦河大坝采用沥青混凝土心墙堆石坝，坝顶高程2654.50m，最大坝高124.5m，轴线长411m，坝体建在深厚覆盖层上。坝址处冶勒断陷盆地边缘，坝基左岸基岩埋藏较浅，产状陡倾河心及下游、河床及右岸地表覆盖层深厚，最深超过400m。该套深厚覆盖地层由第四系中、上更新统卵砾石层、粉质壤土和块碎石土等组成，属冰水河湖相沉积层，在不同地质历史时期里经受了不同程度的泥钙质胶结和超固结压密作用，成分复杂，变形不均，坝基左、右岸基础严重不对称，基础变形协调及防渗处理难度大。基础防渗采用混凝土防渗墙和帷幕灌浆的联合处理方案，左坝肩基岩埋深较浅，坝基采用全封闭防渗墙，而河床及右岸为深厚覆盖层，采用悬挂式防渗墙处理。沥青混凝土心墙与防渗墙之间通过混凝土基座连接。冶勒坝基防渗墙的特点是，左岸防渗墙墙底置于岩基上，向右即成悬挂式，其结构见图4-1。由于工作条件的差异，防渗墙沿坝轴线向的工作性态是坝基防渗的关键问题之一。综合多种因素，对软连接、硬连接拟定了4个方案进行分析研究，最终采用结构简单、防渗性能较为可靠的硬接头方案作为冶勒大坝沥青混凝土心墙与坝基混凝土防渗墙的连接接头。由于受上部坝体填筑荷载的作用，基座将荷载传递给基础防渗墙，坝体填筑荷载较大，加之基础不对称，造成个别部位基座内拉应力较大。鉴于此，将基座尺寸由设计早期采用的较大结构断面（顶宽9m、底宽1.2m、高10.4m的倒梯形断面）调整为顶宽3m、底宽1.2m、高2.5m的倒梯形断面，见图4-2。为更好掌握基座施工后的工作性态，在基座内布置有钢筋计，以监测基座内钢筋的受力状态，此外还布置有双向应变计。为了解基座是否产生裂缝及裂缝展开情况，在基座混凝土内沿坝轴线方向设计布

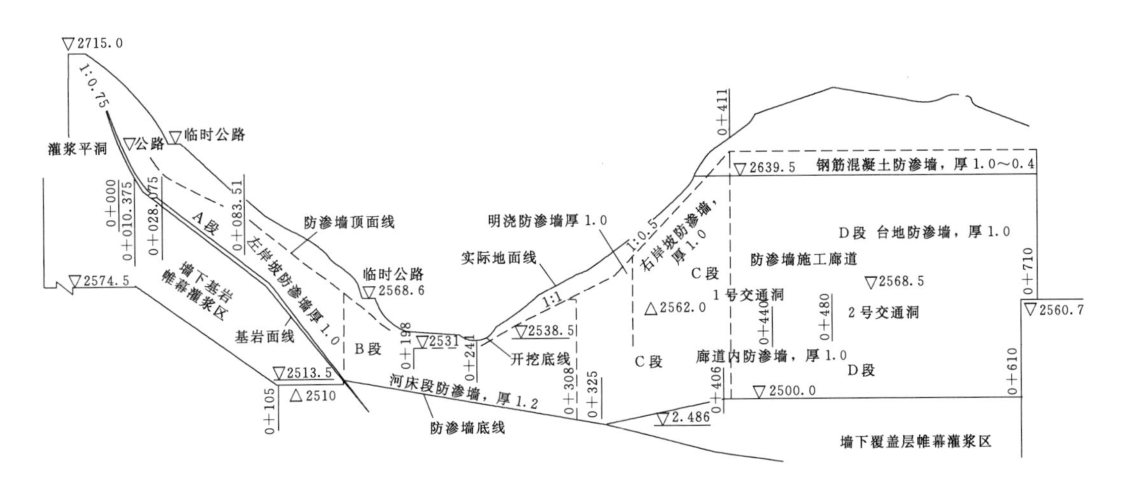

图4-1　冶勒水电站大坝防渗墙结构示意图（单位：m）

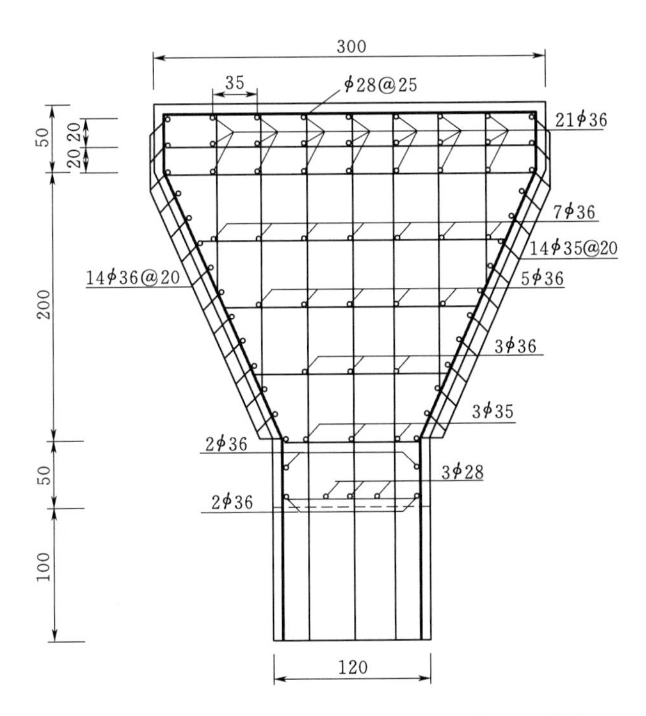

图4-2　冶勒水电站心墙与防渗墙连接基座结构图（单位：cm）

设了4条传感光路。

大坝蓄水运行后的监测数据显示出下列几个特点。

1）左岸基座基本处于拉伸状态，这说明基座左岸斜坡段有顺坡向下滑移趋势，水平段左端有下沉趋势，导致左岸斜坡段与河床水平段交接部位产生压缩变形，量值较小，测值已经稳定。2009年11月10日，实测基座水平段最大拉伸位移为5.16mm；左岸坡坝顺坡向位移最大，为5.04mm，左岸斜坡段与河床水平段交接部位压缩位移为0.53mm。总体位移量不大，不影响基座稳定。

2）防渗墙与基座接缝基本呈闭合状态，测值在－0.32～－0.08mm之间，且较为稳定，情况正常。

3）基座顶部钢筋应力上游侧受拉，下游侧受压，符合结构受力规律。运行至2009年11月10日，已数次蓄水达正常蓄水位，混凝土基座钢筋计的应力在－60.18～73.39MPa之间，量值不大。无论钢筋应力还是混凝土应力均在材料强度范围内。基座受力正常。

4）光纤监测显示，基座内未产生危害性的裂缝；在2008年5月12日汶川大地震后，基座光纤波形均发生不同程度的变异，但这种现象在地震过后，随着时间的推移，波形逐渐趋于稳定，情况较好。

瀑布沟水电站坝址河道最大覆盖层厚度为78m，设计为上、下游两道防渗墙，间距14m，墙厚1.2m，最大防渗墙深度82.9m。通过坝体非线性应力应变计算及坝体防渗心墙与基础混凝土防渗墙各种不同连接式的适用性分析、研究，由于插入式结构简单，无论从有限元分析计算，还是离心机模型实验或大型土工试验的结果，防渗墙墙体内应力均较小，且防渗可靠，施工方便，并在我国已建成和正在建设的大多数土石坝工程中得到应用。综合这方面大量成熟的工程经验，采用了"单墙廊道＋单墙插入式"连接方案（见图4－3）。该方案下游墙轴线与防渗轴线重合，墙顶直接同廊道相接，在廊道内通过两排预埋钢管对墙下基岩进行水泥帷幕灌浆；上游墙采用插入式与心墙连接，防渗墙插入心墙15m，同时在上游墙内预埋钢管对墙底沉渣及其下10m基岩进行浅层灌浆，通过两岸连接灌浆帷幕与下游墙防渗帷幕连成整体。

毛尔盖水电站拦河大坝采用直心墙堆石坝，坝顶高程2133.00m，心墙底高程1991.00m，最大坝高147.00m，坝址区覆盖层厚30～50m，由冲洪积的漂卵砾石层组成。

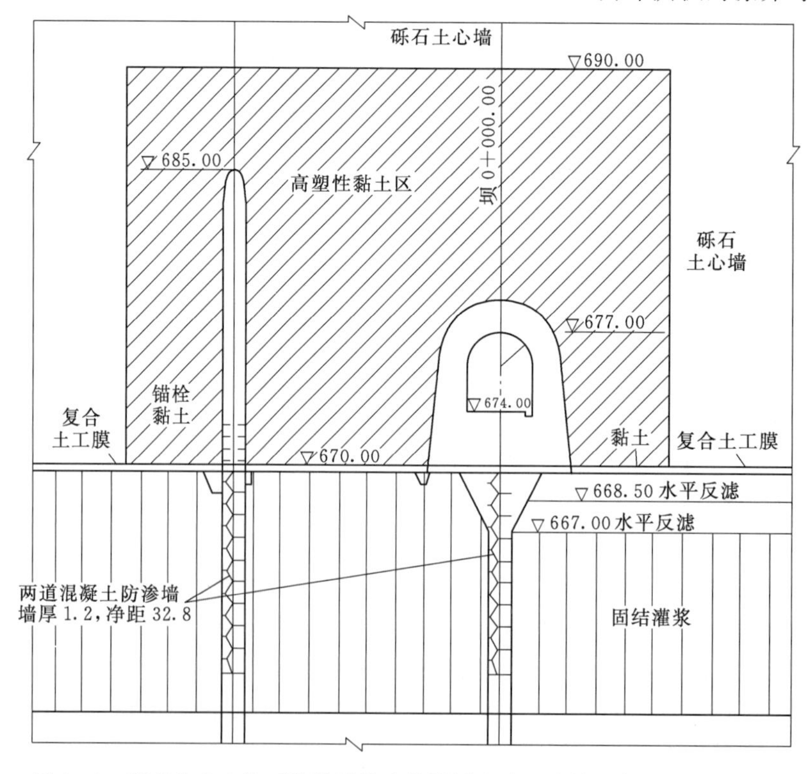

图4－3　瀑布沟水电站"单墙廊道＋单墙插入式"连接示意图（单位：m）

参照目前类似工程的实践经验以及计算分析，毛尔盖水电站大坝防渗墙与心墙防渗体的连接型式为防渗墙与廊道刚性连接，防渗墙取1道，厚度为1.4m，廊道基座底高程与心墙基底高程相同，廊道外轮廓高8.70m，内部净高4.00m，廊道侧壁和顶拱厚度1.20m，底板厚度3.50m，防渗墙与廊道连接部位形状为倒梯形。廊道与坝肩连接处廊道底板结构缝深入基岩水平深5.00m。该方案防渗墙最大压应力约为32.0MPa（位于防渗墙底部），混凝土可以达到此强度要求。廊道内顺河向拉应力接近2.0MPa，采取配筋解决混凝土拉应力问题。毛尔盖水电站“倒梯形连接”见图4-4。

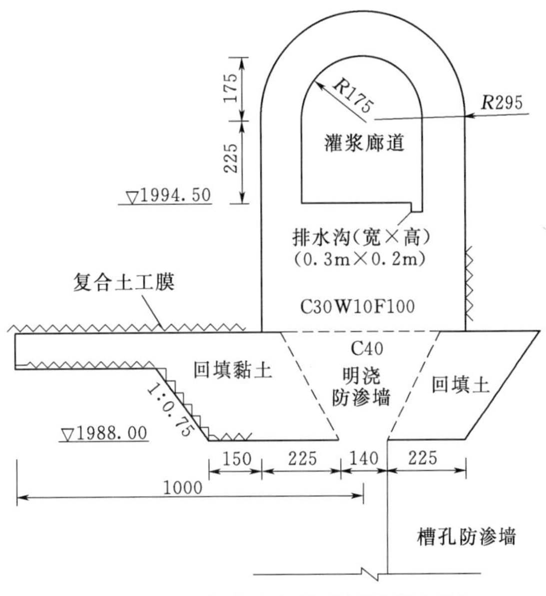

图4-4 毛尔盖水电站“倒梯形连接”示意图（单位：cm）

（6）基坑经常性排水及渗水处理。基坑排水包括截流后的初期排水和经常性排水，初期排水在围堰防渗完成后数天内集中抽排，而经常性排水要伴随基坑开挖、底面处理、填筑的全过程。经常性排水主要排除坝基渗水、施工用水和降雨等，经常性排水的布置和抽排效果对坝基处理影响较大，需与坝基截水槽的施工统一考虑。砂砾类坝基明挖截水槽时，开挖断面除应符合设计要求，还应满足施工排水的需要；开挖、填筑过程中，必须排除地下水与地表径流，应配备足够的排水设备和备用电源。防渗体与基岩直接结合时，岩石上的裂隙水、泉眼、渗水均应处理；岩面上浇筑混凝土盖板时，盖板上也不能有渗水和明水，填土必须在无水状况下进行。

4.1.2 坝基处理施工特点

（1）坝基和岸坡开挖处理是坝体施工关键路线上的关键工作，工期紧迫。

（2）施工程序受导流方式和坝区地形的制约，河床部分的处理需在围堰保护下进行。

（3）防渗体部位的坝基和岸坡处理技术要求高，应严格控制施工质量。

（4）施工场地一般较狭窄，工程量集中，工序多，多交叉施工，相互干扰较大，施工受渗水和地表水的影响。因此，要合理安排开挖程序，规划布置好施工道路和排水系统。

（5）工期安排和施工机械设备的数量要留有足够的富余，以免气象及地质情况变化，造成工程量增加，或因停电等意外事故延误工期。

4.1.3 坝基处理施工程序

（1）一般开挖是自上而下、先岸坡后河床。在河床比较开阔、上下施工干扰能够避免的场合，河床台地与岸坡亦可同时进行开挖。

（2）施工程序要与导流方式相协调。采用一次断流施工时，可在导流洞施工期间同时处理常水位以上两岸坝肩，截流以后处理水位以下两岸及河床基础。采用分期导流施工时，河床截流前应完成一期基坑及两岸的地基处理，截流后进行二期基坑地基处理。

(3) 堆石体岸坡的开挖清理工作，宜在填筑前一次完成；对于高坝，在地形、地质及工期安排允许的情况下，可按年度分阶段进行，解决好开挖与填筑的相互干扰，也可以采取边填筑边开挖的方法。

(4) 要考虑水文气象条件对处理施工的影响。应充分利用枯水季节处理河床部位，尽量减少截流后的基坑工作量。

(5) 坝基开挖料可以用于坝体填筑的，应安排好填筑部位，尽量做到开挖料直接上坝填筑，减少坝外堆放、二次回采方量；不能用于坝体填筑的料物，应尽量作为围堰或其他临建工程的填方，或安排好弃料场地。

(6) 坝基固结灌浆和帷幕灌浆施工安排。

1) 坝下未设灌浆廊道的工程河床段，坝基固结灌浆、帷幕灌浆宜在坝体填筑前完成，也可在心墙填筑到一定高程时进行河床段灌浆施工。岸坡灌浆可以和下部填筑平行进行，但不得影响防渗体填筑期。还要注意将废水、废浆排至大坝以外。

2) 对设置灌浆廊道的工程，帷幕灌浆施工和填筑作业可以同时进行，但也应与水库蓄水过程相协调。

黑河坝心墙基础灌浆采用了先帷幕灌浆后开挖的施工方案，设计 6 排固结灌浆孔，孔深 7～9m，最大孔深 28m；双排帷幕灌浆孔，孔深 43.5～97.6m，仅河床部位灌浆工序需安排一年。为了缩短总工期，经过论证，采取了截流前在河上搭设栈桥，穿过砂卵石覆盖层和风化岩层进行河床段心墙建基面以下的帷幕灌浆的方法。截流后挖除覆盖层和爆破开挖建基面以上风化岩石，浇筑混凝土盖板封闭岩面进行固结灌浆，然后对爆破影响深度范围的灌浆帷幕进行复灌。通过压水试验确定爆破影响深度为 13.4m，实际复灌深度 15m，保证了工期。这是坝基灌浆施工安排的一个特例，为加快工程总体进度提出了新的思路。

4.2 坝基与岸坡处理施工

4.2.1 坝基与岸坡处理施工方案

主要为土石方开挖处理，遵循“先坝肩，后河床；先土方，后石方，自上而下”的原则合理规划，石方采用液压钻或潜孔钻机造孔，手风钻辅助，基岩面采用光面爆破或预裂爆破。采用推土机、装载机、液压挖掘机等挖装，自卸汽车运输。坝肩施工尽量在开挖面直接装运，若由于地形限制，道路修建难度很大时，可采用液压反铲配合推土机将土石推至坝肩坡脚，由低线路或河床运出；基坑开挖分别由上、下游围堰修筑道路至基坑，在基坑内形成多工作面作业。

4.2.2 坝基与岸坡处理施工场地布置

(1) 坝肩和坝基道路。根据坝体填筑和坝肩开挖要求及坝区两岸地形条件，尽可能把开挖施工道路与坝体填筑道路相结合，分层布置施工道路，路宽不小于 7m，一般纵坡小于 8%，局部可按不大于 12%考虑。开挖时利用主要道路出渣，可根据施工需要设慢行设备施工便道，宽 4m，一般纵坡小于 20%。

(2) 坝基开挖临时边坡。开挖坡度视土质、渗水量、开挖深度等情况而定，一般砂土层取1∶1.5～1∶2.0，砂卵石层取1∶1.0～1∶1.5，全风化岩层取1∶0.5～1∶0.75，基岩取1∶0.1～1∶0.5。根据渗水量和岩石风化程度取值。开挖深度大的，由下而上逐级放缓开挖坡度。最好每隔5～10m设置一条马道（宽度1～2m），作为坡面交通和安装水泵之用。在马道边缘设置安全网。

（3）基坑运输线路布置。基坑施工的特点是场地狭窄、工期紧迫、有地下渗水的影响。一般在河床或开挖坡面上布置运输线路，标准比较低，以减少开挖量。

汽车道路纵坡可取12%～15%，有些工程在基坑底部狭窄地段局部可达20%左右，此时汽车半载出渣。道路宜修筑单行道，布置成循环式，坡面上一般不布置回头弯道。

（4）排水系统布置。

1）内外水分开。在边坡以外地表设置浅截水沟、排水沟来排除地表水、雨水，以免流入基坑增大基坑排水量。在岸坡要注意做好截水、排水设施。

2）上、下游水分开。在上、下游分别设置集水井，安设水泵排水，将基坑底部上、下游渗水分开，以便浇筑混凝土和回填防渗土料。

4.2.3 基础面施工

按规范要求将树木、草皮、乱石及各种建筑物全部清除；表层黏土、淤泥、细沙、耕植层均应清除；风化岩石、坡积物、残积物、滑坡体等按设计要求处理；水井、泉眼、洞穴及勘探孔洞、竖井、试坑均应彻底处理。

4.2.3.1 堆石区基础面处理

坝壳区分上游区和下游区，上游一般为主堆石区，地基处理要求较高；下游为次堆石区，无特殊要求时，对表层清理压实后即可开始填筑。

（1）基岩面处理。清除植被及表面松散浮渣等以后，可以开始填筑。对于较大的凹坑、陡坎和陡坡，按设计要求予以适当处理（混凝土或浆砌石补填或者削除）。需要进行爆破开挖时，其施工工序见图4-5。一般边坡采用预裂爆破技术，一次开挖到位，当岩石强度较低或风化严重时，采用预留保护层开挖方案。

（2）砂砾石和土基面处理。河床覆盖层一般为沉积沙砾石，按要求开挖至合适基础后，挖坑取样进行试验，进行原位密度、天然级配分析，满足设计要求后采用重型振动碾进行压实，即为坝基基础。对于土基础在对其表面清理后，按设计要求处理。

（3）细砂等易液化土坝基。坝基中的细砂等地震时，易液化的土料对坝的稳定性危害很大。对判定可能液化的土层，应尽可能挖除后换填。当挖除比较困难或很不经济时，可首先考虑采取人工加密措施，使之达到与设计地震烈度相适应的密实状态，然后采取加盖重、加强排水等附加防护设施。

在易液化土层的人工加密措施中，对浅层土可以进行表面振动加密，对深层土则以振冲、强夯等方法较为经济和有效。振冲法是依靠振动和水冲使砂土加密，并可在振冲孔中填入粗粒料形成砂石桩。一般振冲孔孔距为1.5～3.0m，加固深度可达30m，经过群孔振冲处理，土层的相对密实度可提高到0.7～0.8以上，可达到防止液化的程度，在突尼斯迪亚蒂尼大坝应用成功。强夯法是用重锤（国内一般为8～25t），从高处自由落下（落距一般为8～25m），重锤反复多次夯击地面，夯击产生的应力和振动通过波的传播影响到地层深处，可使不同深度的地层得到不同程度的加固。如苗家坝、水布垭、天生桥等均采用

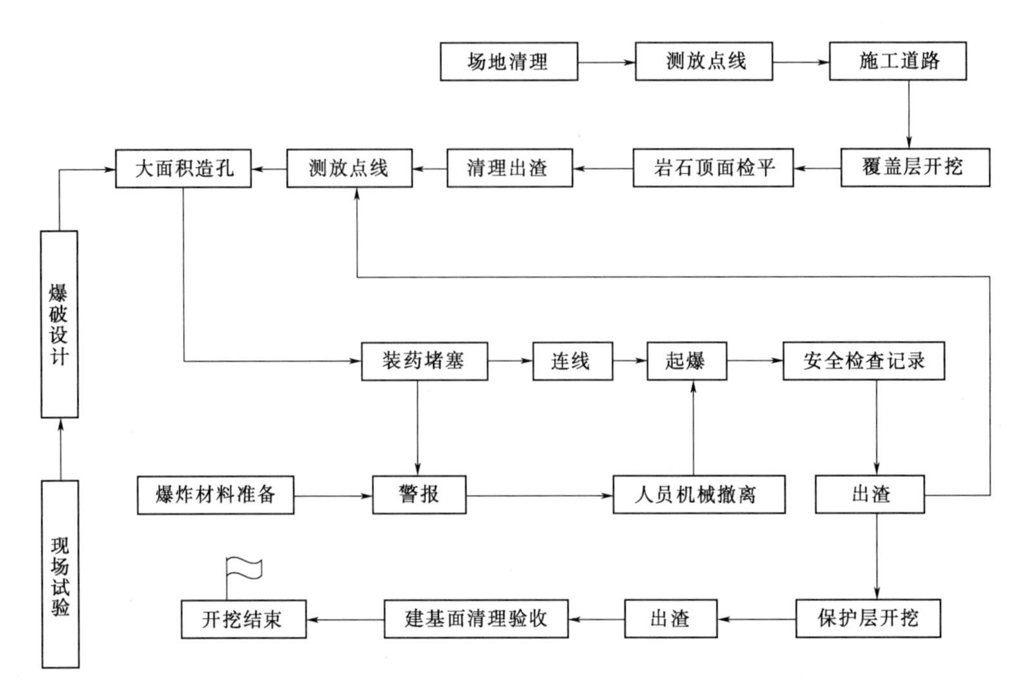

图 4-5　石方开挖施工工序图

了强夯加固措施。

(4) 软黏土坝基。软弱黏性土抗剪强度低，压缩性高，在这种地基上筑坝，会遇到下列问题：①天然地基承载力很低，高度超过 3～6m 的坝就足以使地基发生局部破坏；②土的透水性很小，排水固结速率缓慢，地基强度增长不快，沉降变形持续时间很长，在建筑物竣工后仍将发生较大的沉降，地基长期处于软弱状态；③由于灵敏度较高，在施工中不宜采用振动或挤压措施，否则易扰动土的结构，使土的强度迅速降低造成局部破坏和较大变形。

软黏土地基一般不宜用作坝基，仅在采取有效处理措施后，才可能修建高度不大的坝。我国在软土地基上筑坝也取得了一定的经验，如杜湖土坝，坝高 17.5m，采用砂井处理办法；溪口土坝，坝高 23m，采用镇压层方法。国外在软土地基上建坝的实例有委内瑞拉的古里坝，坝高 90m，地基为高压缩性残积土，采取了部分挖除、预浸水、设戗台、加强反滤等措施。

对软黏土，一般宜尽可能将其挖除。当厚度较大或分布较广，难以挖除时，可以通过排水固结或其他化学、物理方法，以提高地基土的抗剪强度，改善土的变形特性。常用的方法是：利用砂井加速排水，使大部分沉降在施工期内完成，并调整施工进度，结合坝脚镇压层，使地基土强度的增长与填土重量的增长相适应，以保持地基稳定。砂井直径约 30～40cm，井距与井径之比为 6～8，按梅花形布置，砂井顶面铺设厚约 1m 的砂垫层。杜湖水库土坝坝基表层有厚 11～13m 的淤泥质黏土层，抗剪强度只有 0.015MPa，采用砂井加固后，随坝体增高，坝基强度增长较快，当大坝填筑到 14m 高度时，坝基土的抗剪强度已增至 0.05MPa，满足了稳定要求。建软黏土地基上的坝，宜尽量减小坝基中的剪应力，防渗体填筑的含水量宜略高于最优含水量，以适应较大的不均匀沉降。武钢自备电厂灰坝基础软基加固中，采用塑料排水板方案，竖向排水，效果良好，证明对于深厚的软土地基采用排水固结法进行加固时，从技术上和经济上考虑，采用排水板法是经济、有效、可行的方法。

(5) 湿陷性黄土坝基。湿陷性黄土坝基的主要危害是浸水后产生过大的不均匀沉降，造成坝体裂缝。经过充分论证和处理后可建低坝。一般处理措施是挖除、翻压、挤密桩或通过强夯以消除其湿陷性，也可通过预先浸水处理，使湿陷量大部在建坝前或施工期完成。

坝基处理完成后，按照隐蔽工程进行验收。

4.2.3.2 防渗体基础处理

在土石坝中，土质防渗体是应用最为广泛的防渗结构，防渗体的主要结构型式为心墙和斜墙。根据坝址区域地质和料源情况，沥青防渗体也经常采用。对于中小型坝体也可采用复合土工膜防渗型式。

(1) 表面修整。修整平顺局部的凹凸不平的岩面，即凿除明显的台阶、岩坎、反坡，清除表面岩坎、浮渣，用混凝土填补凹坑等，以达到适当的外形轮廓。对于可能风化破坏的岩土面预留保护层或进行适当的保护。岩面修整实例见图 4-6 石头河坝心墙岩石岸坡处理示意图，买加坝（加拿大）心墙岸坡处理见图 4-7。

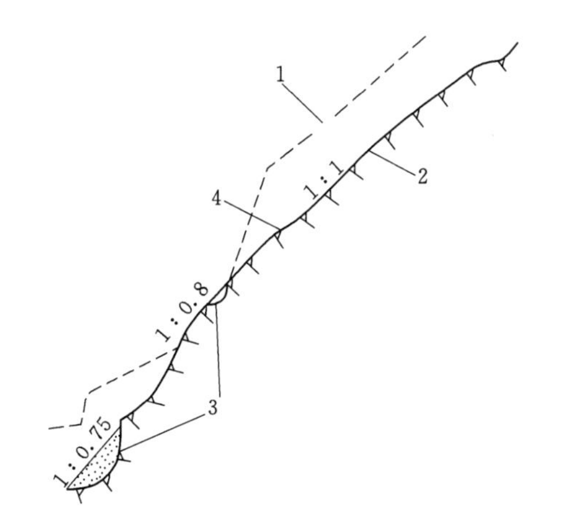

图 4-6 石头河坝心墙岩石岸坡处理示意图

1—原地面线或基岩线；2—开挖线；3—局部凹坑回填混凝土；4—岩面喷水泥砂浆

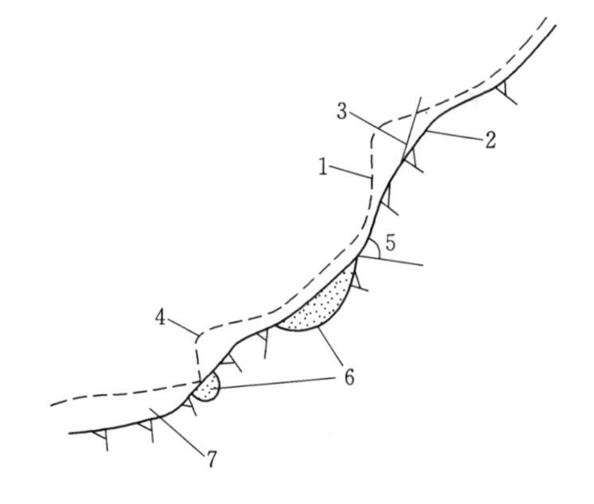

图 4-7 买加坝（加拿大）心墙岸坡处理示意图

1—原地面线或基岩线；2—开挖线；3—坡度变化角度要求小于 20°；4—局部突出要挖除；5—最大坡度要求小于 70°；6—局部凹坑回填混凝土；7—覆盖层全部挖除

(2) 岩面封闭。对于高坝和节理裂隙发育、渗水严重的低坝地基，防渗体（包括反滤）基础一般用混凝土盖板封闭岩面，并作为基岩固结灌浆和帷幕灌浆作业的盖板。混凝土盖板上一般不设齿槽和齿墙。盖板可视基岩情况纵横变坡，但应符合设计规范的变坡规定和保证机械顺坝坡方向碾压作业。也有用喷混凝土、喷刷水泥砂浆封闭岩面的实例。刷水泥砂浆是将水泥砂浆（一般是用 1 份水泥、2 份砂配置）用钢性刷刷入岩面裂隙和小孔洞中，以在无盖板灌浆时止浆用。

对于低坝岩石地基，当岩石较完整且裂隙细小时，在清理节理、裂隙内的充填物后，冲洗干净，用混凝土或砂浆封闭处理张开的节理裂隙和断层。

碧口坝心墙地基施工时，曾在清洗好的岩面上涂抹一层厚度不小于 2cm 的稠水泥砂浆，在其未凝固前铺上并压实第一层心墙料。这样砂浆就可以封闭岩面，充填细小裂隙并形成一层黏结在岩面上的薄而抗冲蚀的土与水泥砂浆的混合层。

表 4-1 为国内外一些土石坝防渗体与基岩接触处理实例。

表 4-1　　国内外一些土石坝防渗体与基岩接触处理实例

坝名	国家	心墙形式	坝高/m	基岩	接触面处理	效果	修建年份
罗贡	苏联	斜心墙	325	砂岩、细砂岩和泥板岩互层	喷混凝土 10～15cm	良好	—1976
努列克	苏联	心墙	300	砂岩、粉砂岩	混凝土垫层厚 17～23cm，长 130m，内设灌浆廊道	良好	1962—1979
提堂	美国	宽心墙	125.6	流纹、泥灰岩	基岩中深挖截水槽，下游面基岩张开节理未封闭，心墙为易冲蚀料	溃决	—1975
鲁布革	中国	心墙	101	白云岩、石灰岩	混凝土板 0.5～3m，宽 37.9m	良好	1984—1988
升钟	中国	心墙	79	砂岩加黏土岩、砂质黏土岩	混凝土底板	良好	1978—1982
石头河	中国	心墙	114	绿泥石、云母石英片岩	喷混凝土 2～3cm	良好	1976—1982
小浪底	中国	斜心墙	154	砂岩、泥岩	岸坡岩石基础混凝土板厚 0.5m	良好	1994—2001
黑河	中国	心墙	130	云母石英片岩	混凝土底板，中心 20m 宽板厚 1.0m，其余板厚 0.5m	良好	1999—2001
糯扎渡	中国	砾质土直心墙	266	花岗岩	混凝土垫层顺水流方向最大宽度 132.2m，设置 6 条纵缝，划分为 7 个浇筑块，最大块长 20m，厚 1.8～3.0m	良好	2007—2014
毛尔盖	中国	砾石土心墙	147	河床覆盖层厚度一般 30～50m，最厚达 56.62m。主要为冲、洪积堆积的以漂卵砾石为骨架的粗粒土层	复合土工膜，坝轴线设灌浆廊道，下接混凝土防渗墙	良好	2008—2011

我国最高土石坝糯扎渡，其防渗体与基岩接触处理方式见图 4-8，毛尔盖坝覆盖层坝基与防渗体接触处理方式见图 4-9。

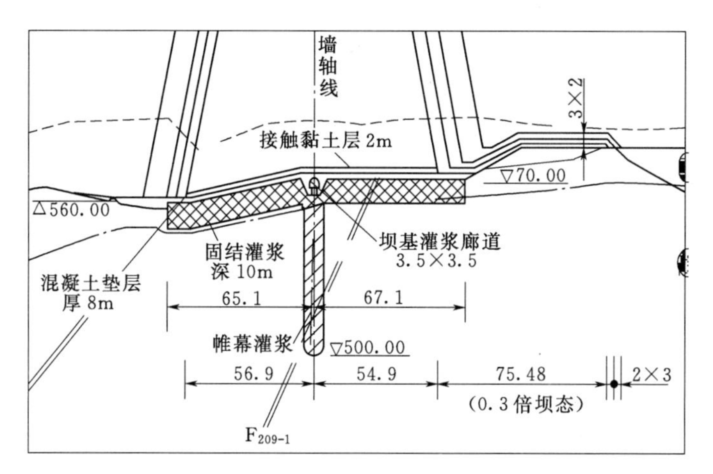

图 4-8 糯扎渡坝防渗体与基岩接触处理方式示意图

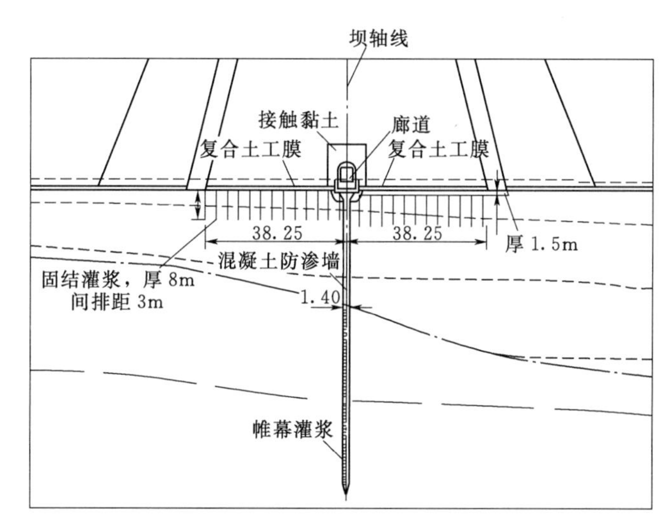

图 4-9 毛尔盖坝覆盖层坝基与防渗体接触处理方式示意图

4.2.4 断层、破碎带处理

防渗体和反滤过渡区部位的坝基和岸坡岩面的处理，包括断层、破碎带以及裂隙等处理，尤其是顺河方向的断层、破碎带必须按设计要求作业，不留后患。

一般断层和破碎带，按其宽度的 1～1.5 倍挖槽，用混凝土回填处理，有的工程在浇筑帷幕盖板混凝土或心墙槽喷混凝土前，跨断层布设一层钢筋网。施工方法为在断层两侧采用光面爆破至新鲜基岩，人工配合反铲清理石渣，根据设计要求布设钢筋网，及打设锚筋，皮带机或长臂反铲浇筑混凝土。该方案对地形适应性强，使用广泛。

4.3 施工期排水与渗水处理

土石坝基坑经常性排水方法主要有明沟排水、深层（管井）排水、井点排水等方法。当从地基层直接排水无破坏性渗透变形时，可采用明沟排水法；砂砾石强透水层地基宜采用深层排水法，一定条件下，土层地基也可采用这一方法；砂层特别是“流砂”地基应采用井点排水。对渗水量大的深基坑采用辐射井排水方法可取得理想效果。填筑土料或浇筑混凝土盖板以前，基岩面裂隙和泉眼渗水要认真处理。

4.3.1 施工期明沟排水

明沟排水是在基坑开挖过程中和开挖完成后，开挖低于开挖面的截水沟，将来水引向集水井（坑），由水泵抽排。

（1）坡面过长或有集中渗水时，可增加一级排水沟和集水井。

（2）集水井位置。开挖中可纵向或横向分区，各区分层轮流下挖，在已开挖的较低位置形成龙头坑，安装水泵抽排。也可将龙头坑固定在渗水较集中的位置，始终使其低于开挖工作面。当开挖到底以后，在上、下游坡脚开挖固定的排水沟和集水井。可根据出水量大小、基坑长度、建基面地形布置一个或多个集水井。排水沟和集水井应布置在防渗体反滤以外。

（3）排水沟、集水井回填。集水井随填筑加高，下部逐步回填，直至填筑面高于稳定水位 1.5m 时停止抽水，回填集水井。排水沟和集水井使用透水材料回填，表面做好反滤。当出水量很大时，回填集水井的过程停止抽水，会造成水位上升淹没填筑工作面，可设置双井轮流回填，不间断抽水。

（4）基坑外排水渠。一般是由基坑水泵抽排至在两岸坡开挖（或砌筑）的排水渠排出坝外，或在坝壳料上置放排水槽引向坝外，也可将水泵出水管接至坝外，视具体条件而定。

（5）根据基坑边界条件计算排水量，必要时可通过抽水试验验证，排水设备、供电容量和排水渠的大小应留有20%～50%的余量。

4.3.2 深井排水法

深井（管井）井点，又称大口径井点，系由滤水井管、吸水管和抽水设备等组成。具有井距大、易于布置、排水量大、降水深（大于15m），降水设备和操作工艺简单等特点。适用于渗透系数较大（20～250m^3/d）、地下水丰富、降水深度大、施工面积大、时间较长的降水工程应用。

地下工程在施工过程中及使用期间有时会因地下水的影响而无法正常运作，此时就必须进行地下水控制，控制的措施之一就是进行工程降水。浅井工程降水施工较为简单且较好控制，目前应用较广。深井工程降水一直以来由于施工难度大、影响因素繁多且不好控制，所以工程应用实例较少。

深井工程降水包括承压水深井工程降水及潜水深井工程降水两种情况。由于潜水含水层中井点降水原理相对较成熟，且有较多潜水深井工程降水实例可以借鉴，所以在此重点讨论承压水含水层（深井）降水工程原理。

4.3.2.1 深井设计

（1）设计计算思路是：①将基坑等效化为一口大井；②确定基坑的总涌水量；③确定单井出水量；④确定井的数量。

（2）深井设计时应确定以下参数。

1）设计水位降深。在满足施工要求的时候，应尽量选择较小的水位降深，一般降到操作面下 0.5m 即可（有特殊要求的除外），这样可最大程度上避免降水对地层的影响，不至于造成地基承载力的下降。

2）管井数量确定。用总的涌水量除以单井出水量，再乘以一定的富余系数即可确定，且此富余系数不小于 1.1。

3）井深及井径的选择。要想使水位降低至工作面下，可以有两种途径：一种是加大井的直径和井的深度，即增大单井的落差，从而达到使最高水位降至操作面下 0.5m；另一种通过均匀布井，控制单井的落差，使水位均匀降至设计要求。前一种布井少，对地层扰动大，如果建筑物对地基要求高时，此方法不可采用（除非施工后注浆），且此方法对原有建筑物也会带来较大的不利影响；后一种方法可能布井较多，但对地层扰动小，对原有地基的危害也较小。因此，条件允许时应优先选用后一种方法。另外，井深还要考虑单井的出水量与施工单位现有的水泵配套。

井深主要是根据水位降深、所需要的单井出水能力、水泵的进水口的位置、含水层的厚度及泥浆淤积深度等因素进行选择。

井径的选择要综合考虑以下几种因素：①单井要求的出水量；②水泵的直径；③当地施工机械及井管的规格，如选用市场常用的规格，价格可能会便宜，对控制成本有益。

4）渗透系数的选择。渗透系数是降水计算中重要的参数，此参数可以从地质报告中选取，但在大面积布井前，须重新验证，或者搜集附近的实际数据作为参考。

5）含水层厚度的取值。含水层的厚度也是一个重要的参数，但地质报告中一般不给出，如果没有地区经验，只能通过综合考虑以往施工经验和降水井的深度及地层的规律来确定。也可事先假定一个数值，按完整井模型，采用使含水层厚度按每 1m 的间隔递增，计算总的涌水量，然后按非完整井的模型，以相同的方法计算总涌水量。最终，它们会有一个重合点，这样即可以利用这一重合点，并结合以往经验综合确定含水层厚度。

6）布井原则。深井一般沿基坑周围离边坡上缘 2m 左右环形布置，施工允许的情况也可在基坑中布置一部分井（这样降水效果更好），井点应深入透水层 6～9m，通常应比所需降水的深度深 6～8m，井距一般为 8～15m，井距太大时降水效果不好。如果计算出的数据使井间距大于 15m，一般要进行修正。其中，要考虑到有些水泵坏时，维修的间隔不能给附近水位造成过大的提升，也就是说要有一定的富余度。

4.3.2.2 井降水计算

工程降水的原理是非稳定流理论及干扰井群理论。通过强抽强排，使地下水位出现一个局部的负压区域（形成一个影响半径所圈定的小范围的降落漏斗），从而使地下工程周围的地下水位急剧降低，最终达到控制地下水，保证深井地下工程正常进行的目的。

深井单井计算较为简单，计算结果一般与实际较为吻合。但群井计算结果就会千差万别（群井中单井的出水量）。由于降水时一般要采用一个以上的井，降水井同时抽水时，互相形成干扰，无法以单井的计算来判断水位的降深，得出总涌水量。各个规范或者计算手册上所列公式的计算结果一般相差无几，且物理意义明确，很容易理解，具体施工时可以参看《建筑基坑支护技术规程》（JGJ 120—2012）、《建筑与市政降水工程技术规范》（JGJ/T 111—98）或者江正荣编著的《建筑施工计算手册》。降水施工中最重要的一环是确定单井的出水量。根据水井理论，水井分为潜水（无压）完整井、潜水（无压）非完整井、承压完整井和承压非完整井。这几种井的涌水量计算公式不同。

（1）均质含水层潜水完整井基坑渗水量计算。根据基坑是否邻近水源，分别计算如下。

1）基坑远离地面水源时［见图 4－10（a）］。

$$Q=1.366K\frac{(2H-S)S}{\lg\left(1+\frac{R}{r_0}\right)} \tag{4-1}$$

式中 Q——基坑渗水量，m^3/d；

K——土壤的渗透系数，m/d；

H——潜水含水层厚度，m；

S——基坑水位降深，m；

R——降水影响半径，m；宜通过试验或根据当地经验确定，当基坑安全等级为二、三级时，对潜水含水层按式（4－2）计算。

$$R=2S\sqrt{KH} \tag{4-2}$$

对承压含水层按式（4－3）计算。

$$R=10S\sqrt{K} \tag{4-3}$$

r_0——基坑等效半径，m；当基坑为圆形时，基坑等效半径取圆半径；当基坑非圆形时，对矩形基坑的等效半径按式（4－4）计算；对不规则形状的基坑，其等效半径按式（4－5）计算。

$$r_0=0.29(a+b) \tag{4-4}$$

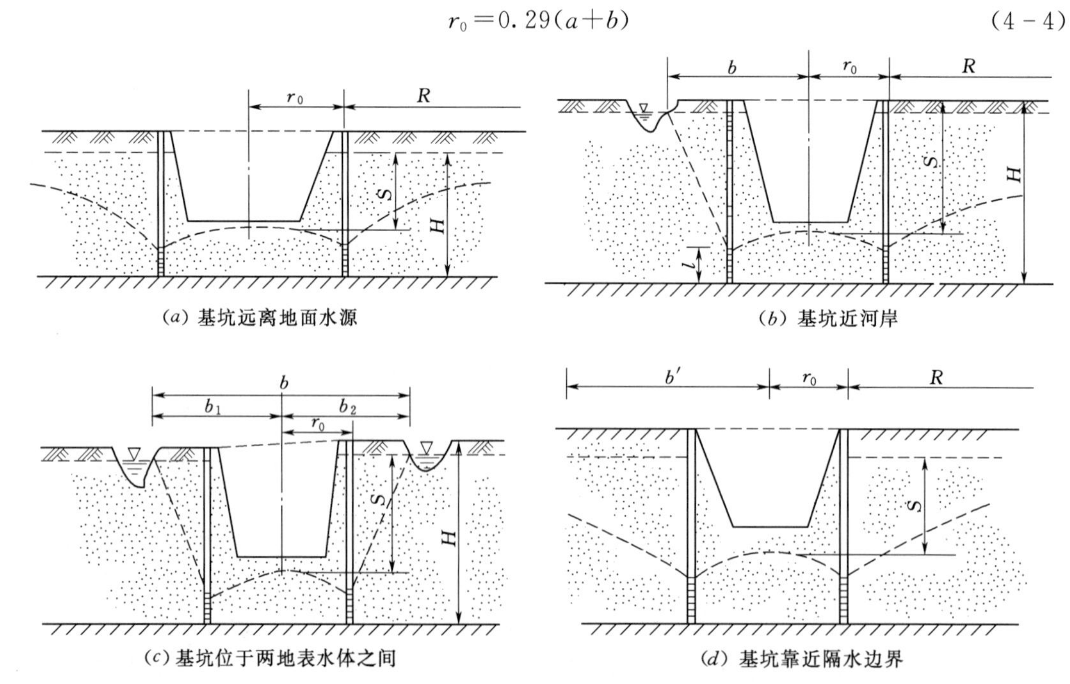

（a）基坑远离地面水源

（b）基坑近河岸

（c）基坑位于两地表水体之间

（d）基坑靠近隔水边界

图 4－10　均质含水层潜水完整井基坑渗水量计算简图

$$r_0=\sqrt{\frac{A}{\pi}} \tag{4-5}$$

式中　a、b——基坑的长、短边，m；

　　A——基坑面积。

2）基坑近河岸［见图 4-10（b）］。

$$Q=1.366K\frac{(2H-S)S}{\lg\frac{2b}{r_0}}\quad(b<0.5R) \tag{4-6}$$

3）基坑位于两地表水体之间或位于补给区与排泄区之间时［见图 4-10（c）］。

$$Q=1.366K\frac{(2H-S)S}{\lg\left[\frac{2(b_1+b_2)}{\pi r_0}\cos\frac{\pi}{2}\frac{(b_1-b_2)}{(b_1+b_2)}\right]} \tag{4-7}$$

4）当基坑靠近隔水边界时［见图 4-10（d）］。

$$Q=1.366K\frac{(2H-S)S}{2\lg(R+r_0)-\lg r_0(2b+r_0)} \tag{4-8}$$

（2）均质含水层潜水非完整井基坑渗水量计算。

1）基坑远离地面水源［见图 4-11（a）］。

$$Q=1.366K\frac{H^2-h_m^2}{\lg\left(1+\frac{R}{r_0}\right)+\frac{h_m-l}{l}\lg\left(1+0.2\frac{h_m}{r_0}\right)},\left(h_m=\frac{H+h}{2}\right) \tag{4-9}$$

式中　h——内水位以下含水层厚度，m；

　　l——过滤器工作部分长度；

其余符号意义同前。

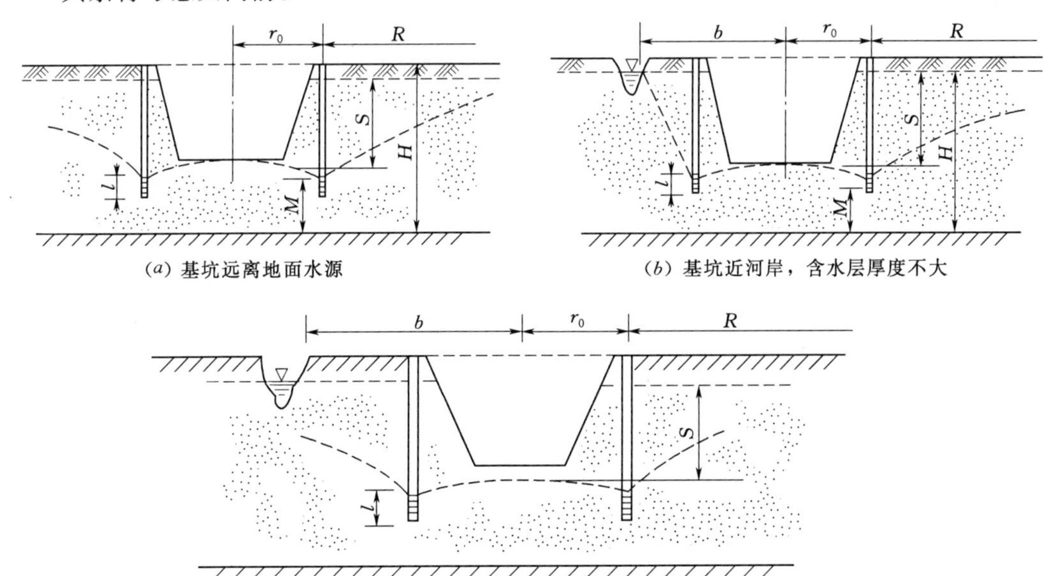

图 4-11　均质含水层潜水非完整井基坑渗水量计算简图

2）基坑近河岸，含水层厚度不大时［见图 4－11（b）］。

$$Q=1.366KS\left(\frac{l+S}{\lg\frac{2b}{r_0}}+\frac{l}{\lg\frac{0.66l}{r_0}+0.25\frac{l}{M}\lg\frac{b^2}{M^2-0.14l^2}}\right)(b>M/2) \quad (4-10)$$

式中　M——由含水层底板到滤头有效工作部分中点的长度，m；

其余符号意义同前。

3）基坑近河岸（含水层厚度很大时）［见图 4－11（c）］。

$$Q=1.366KS\left(\frac{l+S}{\lg\frac{2b}{r_0}}+\frac{l}{\lg\frac{0.66l}{r_0}-0.22arsh\frac{0.44l}{b}}\right)\quad(b>l) \quad (4-11)$$

$$Q=1.366KS\left(\frac{l+S}{\lg\frac{2b}{r_0}}+\frac{l}{\lg\frac{0.66l}{r_0}-0.11\frac{l}{b}}\right)(b<l) \quad (4-12)$$

（3）均质含水层承压水完整井基坑渗水量计算。

1）基坑远离地面水源［见图 4－12（a）］。

$$Q=2.73k\frac{MS}{\lg\left(1+\frac{R}{r_0}\right)} \quad (4-13)$$

式中　M——承压含水层厚度，m。

2）基坑近河岸［见图 4－12（b）］。

$$Q=2.73k\frac{MS}{\lg\left(\frac{2b}{r_0}\right)}\quad(b<0.5r_0) \quad (4-14)$$

3）基坑位于两地表水体之间或位于补给区与排泄区之间［见图 4－12（c）］。

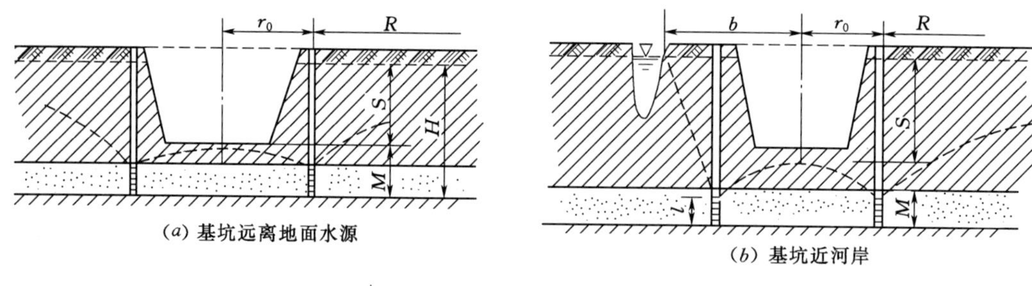

（a）基坑远离地面水源

（b）基坑近河岸

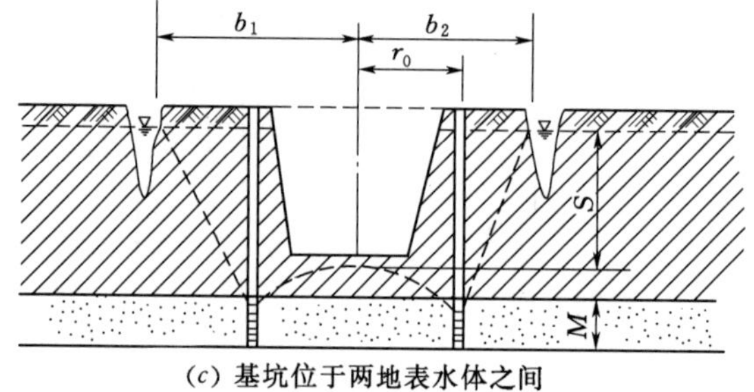

（c）基坑位于两地表水体之间

图 4－12　均质含水层承压水完整井基坑渗水量计算简图

$$Q=2.73k\frac{(2H-S)S}{\lg\left[\frac{2(b_1+b_2)}{\pi r_0}\cos\frac{\pi}{2}\frac{(b_1+b_2)}{(b_1+b_2)}\right]} \tag{4-15}$$

(4) 均质含水层承压水非完整井基坑渗水量计算（见图 4－13)。式（4－16）中符号意义同前。

$$Q=2.73k\frac{MS}{\lg\left(1+\frac{R}{r_0}\right)+\frac{M-l}{l}\lg\left(1+0.2\frac{M}{r_0}\right)} \tag{4-16}$$

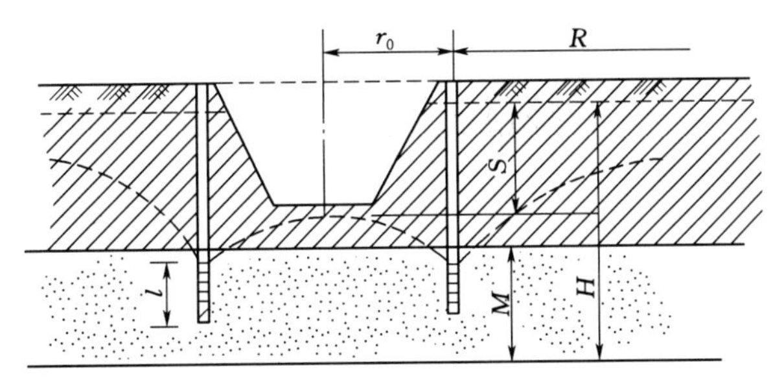

图 4－13 均质含水层承压水非完整井基坑渗水量计算简图

(5) 均质含水层承压-潜水非完整井基坑渗水量计算（见图 4－14)。

$$Q=1.366k\frac{(2H-M)M-h^2}{\lg\left(1+\frac{R}{r_0}\right)} \tag{4-17}$$

式（4－11)～式（4－17）中符号意义同前。

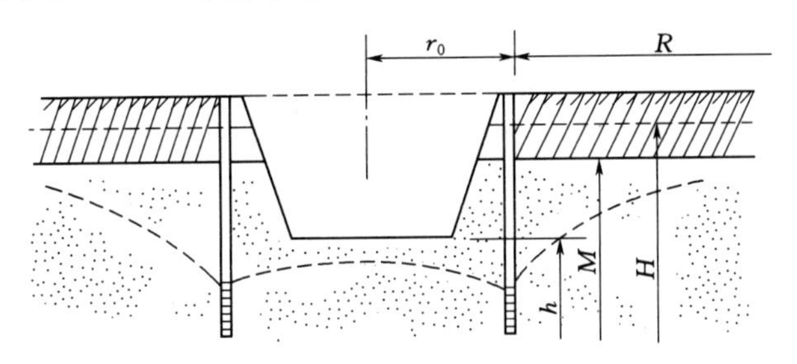

图 4－14 均质含水层承压-潜水非完整井基坑渗水量计算简图

对于承压水深井来讲，降水是通过强抽强排的方法，使深井所在的承压水含水层中的地下水出现一个局部的负压区域（由于地层一般较为复杂，一般不能形成规则的降落漏斗)，从而使降水孔所圈定的小范围内的水位在一定时间内降低，再运用各种手段保持这种负压状态的持续，最终达到控制地下水，保证深井地下工程正常进行的目的。

4.3.2.3 降水对周围环境的影响及其防范措施

在降水过程中，由于会随水流带出部分细微土粒，再加上降水后土体的含水量降低，使土壤产生固结，因而会引起周围地面的沉降。如因长时间降水引起过大的地面沉降，会带来较严重的后果。

为防止或减少降水对周围环境的影响，避免产生过大的地面沉降，可采取下列一些技术措施。

（1）采用回灌技术。降水对周围环境的影响，是由于土壤内地下水流失造成的。回灌技术即在降水井点和要保护的建（构）筑物之间打设一排井点，在降水井点抽水的同时，通过回灌井点向土层内灌入一定数量的水（即降水井点抽出的水），形成一道隔水帷幕，从而阻止或减少回灌井点外侧被保护的建（构）筑物地下的地下水流失，使地下水位基本保持不变，这样就不会因降水使地基自重应力增加而引起地面沉降。

（2）采用砂沟、砂井回灌。在降水井点与被保护建（构）筑物之间设置砂井作为回灌井，沿砂井布置一道砂沟，将降水井点抽出的水，适时、适量排入砂沟，再经砂井回灌到地下。实践证明亦能收到良好效果。

（3）使降水速度减缓。在砂质粉土中降水影响范围可达 80m 以上，降水曲线较平缓，为此可将井点管加长，减缓降水速度，防止产生过大的沉降。亦可在井点系统降水过程中，调小离心泵阀，减缓抽水速度。还可在邻近被保护建（构）筑物一侧，将井点管间距加大，需要时甚至暂停抽水。

为防止抽水过程中将细微土粒带出，可根据土的粒径选择滤网。另外，确保井点管周围砂滤层的厚度和施工质量，亦能有效防止降水引起的地面沉降。

4.3.2.4　深井降水施工时应考虑的因素

（1）布井时，周边多布，中间少布；在地下补给的方向多布，另一方向少布。

（2）布井时应根据地质报告把滤水器部分处在较厚的砂卵层中，避免使之处于泥沙的透镜体中，而影响井的出水能力。

（3）钻探施工达到设计深度后，根据洗井搁置时间的长短，宜多钻进 2～3m，避免因洗井不及时泥浆沉淀过厚，增加洗井的难度。洗井不应搁置时间过长或完成钻探后集中洗井。

（4）水泵选择时应与井的出水能力相匹配，水泵小时达不到降深要求；水泵大时，抽水不能连续，一方面增加维护难度，另一方面对地层影响较大。一般可以准备大中小几种水泵，在现场实际调配。

（5）降水期间应对抽水设备和运行状况进行维护检查，每天检查不应少于 3 次，并应观测记录水泵出水等情况，发现问题及时处理，使抽水设备始终处在正常运行状态。同时应有一定量的备用设备，对出问题的设备能及时更换。

（6）抽水设备应进行定期保养，降水期间不得随意停抽。当发生停电时应及时更新电源保持正常降水。

（7）降水施工前，应对因降水造成的地面沉降进行估算分析，如分析出沉降过大时，应采取必要措施。

（8）降水时应对周围建筑物进行观测。首先在降水影响范围外建立水准点，降水前对建筑物进行观测，并进行记录。降水开始阶段每天观测 2 次，进入稳定期后，每天可以只观测一次。

4.3.2.5　深井降水施工方案

（1）施工准备。施工现场三通一平已完成，地质勘测资料齐全，根据地下水位埋深、土层分布和基坑放坡系数，确定井点位置、数量和降水深度。准备无砂混凝土管（滤管）、滤网、3～8mm 砂砾混合料、潜水钻机、泥浆泵、清水泵、潜水泵等材料。

（2）工艺流程。井点测量定位→挖井口→安护筒钻机就位→钻孔→回填井底砂垫层→吊放井管→回填井管与孔壁间的砾石过滤层→洗井→井管内下设水泵、安装抽水控制电路→试抽水降水井正常工作→降水完毕拔井管→封井。

（3）操作要点。

1）定位：根据设计的井位及现场实际情况，准确定出各井位置，并做好标记。

2）采用潜水钻机。孔径一般为 400～800mm，用泥浆护壁，孔口设置护筒，以防孔口塌方，并在一侧设排泥沟、泥浆坑。

3）成孔后立即清孔，并安装井管。井管下入后，井管的滤管部分应放置在含水层的适当范围内，并在井管与孔壁间填充砾石滤料。

4）安装水泵前，用压缩空气洗井法清洗滤井，冲除尘渣，直到井管内排出的水由浑变清，达到正常出水量为止。

5）水泵安装后，对水泵本身和控制系统做一次全面细致的检查，合格后进行试抽水，满足要求后转入正常工作。观测井中地下水位变化，做好详细记录。

（4）质量要求。基坑周围深井井点应同时抽水，使水位差控制在要求限度内。井管安放应力求垂直并位于井孔中间，井管顶部应比自然地面高 0.5m。井管与土壁之间填充的滤料应一次完成，从井底填到井口下 1.0m 左右，上部采用不含砂石的黏土封口。每台水泵应配置一个控制开关，主电源线路要沿深井排水管路设置。大口井成孔直径，必须大于滤管外径 30cm 以上，确保滤管外围的过滤层厚度。滤管在井孔中位置偏移不得大于滤管壁厚。

（5）安全环保要求。施工现场应采用两路供电线路或配备发电设备，正式抽水后干线不得停电停泵。定期检查电缆密封的可靠性，以防磨损后水沿电缆芯渗入电机内，影响正常运转。遵守安全用电规定，严禁带电作业。降水期间，必须 24h 有专职电工值班，持证操作。潜水泵电缆不得有接头、破损，以防漏电。

施工期间还应对噪声进行监测，不允许形成噪声污染。做好井点降水出水的处理与综合利用，保护环境节约用水。

4.3.3 轻型井点排水法

4.3.3.1 轻型井点的降水原理

轻型井点降水是指在需要处理的建筑物地基内，沿路线方向以一定的间距埋置井点管（下端为滤管），再用水平铺设的集水总管将各井点管连接起来，利用真空原理，用抽水设备从井点管抽水，并通过集水总管排出。随着水的抽出，地下水位逐渐降低，土体被挤密，这样，既防止流砂现象的发生，又达到增加地基强度的目的。一般来讲，轻型井点适用于土层渗透系数 K 为 10^{-6}～10^{-3}cm/s 的粉砂土、砂质粉土、黏质粉土、含薄层粉砂层的粉质黏土，单级轻型井点降低水位深度为 3～6m、多级轻型井点为 6～9m。深井井点适用于土层渗透系数 K 不小于 10^{-4}cm/s、降低水位深度不小于 5m 的各种砂土、砂质粉土。基坑施工现场情况比较复杂，有时候单独使用轻型井点或深井井点降水效果可能不会太好，将轻型井点和深井井点结合起来综合利用可能会起到事半功倍的效果。

4.3.3.2 轻型井点设计

由于轻型井点降水在基坑降水设计中应用最为广泛，现以基坑为例说明井点降水的设计计算方法。

（1）井点埋深 H_A：

$$H_A = H_1 + h + iL + I \tag{4-18}$$

式中 H_1——总管平面至基坑底面高度，m；

h——基坑底面至降水后地下水位线的距离，m；

i——降水后井点周围水位坡降；

L——基坑底中心至井点管中心的水平距离，m；

I——滤管长度，m。

（2）单井涌水量计算。无压完整井单井涌水量计算公式为：

$$Q = 1.366K \frac{H^2 - h^2}{\lg \frac{R}{r}} \tag{4-19}$$

式中 H——含水层厚度，m；

h——井内水深，m；

R——抽水影响半径，m；

r——水井半径，m；

K——渗透系数。

承压完整井单井涌水量计算公式为：

$$Q = 2.73 \frac{KH(M-S)}{\lg R - \lg r} \tag{4-20}$$

式中 H——含水层厚度，m；

M——承压水头高度，m；

S——水位降低值，m；

其余符号意义同前。

（3）井点系统（群井）涌水量计算。无压完整井环井井点系统总涌水量计算公式，根据群井的相互干扰作用，可推导出式（4－21）。

$$Q = 1.366K \frac{H^2 - h^2}{\lg R - \lg x_0} \tag{4-21}$$

式中 x_0——假想半径，m；

其余符号意义同前。

当矩形基坑的长宽比不大于5时，环形井点可将其看成近似圆形布置，此假想圆的假想半径 x_0 可按式（4－22）计算。

$$x_0 = \sqrt{\frac{F}{\pi}} \tag{4-22}$$

式中 F——环形井点所包围的面积，m^2；

其余符号意义同前。

抽水影响半径 R 可近似地按式（4－23）计算。

$$R = 1.95S\sqrt{HK} \tag{4-23}$$

其余符号意义同前。

基坑为线性基坑采用无压完整井时，其涌水量为：

$$Q=\frac{KL(H^2-h^2)}{R} \tag{4-24}$$

式中 L——线性基坑长度，m；

其余符号意义同前。

(4) 井点数量和井距的确定。单根井点管的最大出水量 q 为：

$$q=65\pi dZ^3\sqrt{K} \tag{4-25}$$

式中 d——滤管直径，m；

Z——滤管长度，m；

K——渗透系数，m；

其余符号意义同前。

井点管的最少根数 n 为：

$$n=a\frac{Q}{q} \tag{4-26}$$

式中 a——备用系数，考虑井点管堵塞等因素；

其余符号意义同前。

井点管数量算出后，可根据井点系统布置方式，求出井点管间距 D。

$$D=\frac{L}{n} \tag{4-27}$$

式中 L——总管长度，m。

(5) 抽水设备的选用。真空泵的类型有：干式（往复式）真空泵和湿式（旋转式）真空泵两种。干式真空泵的型号常用的有 W3、W4、WS、W6 型泵，可根据所带的总管长度、井点管根数及降水深度选用。选型时应考虑包括进入滤管的水头损失、管路阻力损失及漏气损失等因素。水泵的类型，在轻型井点中宜选用单级离心泵。其型号应根据流量、吸水扬程及总扬程而定。

4.3.3.3 井点降水沉降量的计算

采用一维固结理论以总应力法将各水头作用所产生的每层土的变形量，迭加起来即为地面沉降量。计算参数的确定，前期参考试验数据并用试算法加以校对，后期应用实测资料加以反算求得。

(1) 黏性土层的计算。对沉降区地层结构进行分析，按水文地质、工程地质条件分组，确定沉降层与稳定层；选择合适的渗流公式计算不同时间的地下水位并绘制时间地下水位变化曲线；计算每一地下水位差值下地面的最终沉降量。

$$S_\infty=\frac{a_{vi}\Delta p_i\Delta H_i}{1+e_{0i}} \tag{4-28}$$

式中 S_∞——最终固结沉降量，mm；

a_{vi}——i 层土的压缩系数，kPa，前期参考 i 层土 100～200kPa 的压缩系数，后期应用实测资料加以反算得到（当水位回升时取回弹系数）；

e_{0i}——i 层土的初始孔隙比；

Δp_i——i 层土因降水产生的附加应力（应力增量），kPa；

ΔH_i——i 层土的厚度，mm。

接着计算某时间每一水位差（应力增量）作用下的沉降量 S_t：

$$S_t = u_t S_\infty t \tag{4-29}$$

式中 S_t——某时间固结沉降量，mm；

u_t——固结度，它是时间 t 的函数，即 $u_t = f(T_u)$，对于不同情况的应力 u_t 有不同的近似解答。

例如，对于矩形应力分布情况（无限均布荷载），按式（4-30）计算。

$$u_t = 1 - \frac{8}{\pi^2}\left(e^{-\frac{\pi^2}{4}T_u} + \frac{1}{9}e^{-\frac{\pi^2}{4}T_u} + \cdots\right) \tag{4-30}$$

由于式（4-30）括号内的级数收敛很快，实用上采取其中的第一项就已经足够，因此式（4-30）可改写为式（4-31）。

$$u_t = 1 - \frac{8}{\pi^2}e^{-\frac{\pi^2}{4}T_u} \tag{4-31}$$

式（4-30）、式（4-31）中，$T_u = \frac{C_v}{H^2}t$，代表时间因素；$C_v = \frac{K(1+e)}{a_v \gamma_w}$，代表固结因素。

T_u 和 C_v 的计算公式中，K 为土的渗透系数（cm/s）；γ_w 为水的密度（kN/m^3），$\gamma_w = \rho_w g$；t 为时间（s）。

最后将每一水位差作用下的沉降量（或回弹量）按时间叠加，即得该时间段内总沉降量，并绘出沉降量-时间关系曲线。

（2）砂层的计算。含水层一般具有良好的透水性，变形可在短时间完成，不需考虑滞后效应。因而可应用一维固结公式计算沉降量。

$$\Delta S = \frac{\gamma_w \Delta h}{E_s}H \tag{4-32}$$

式中 ΔS——砂层的变形量，mm；

Δh——地下水位变化值，m；

H——砂层的原始厚度，m；

E_s——体积压缩模量，$E_s = \frac{1+e_0}{a_v}$，MPa；

当水位回升时应取回弹模量 E_s'。

$$E_s' = \frac{1+e_0}{a_s} \tag{4-33}$$

式中 e_0——土骨架原始空隙比；

a_v——土的压缩系数；

a_s——土骨架的蠕变回弹系数。

4.3.3.4 井管的安装及抽水

（1）冲孔埋管。先将水枪对准井点位置，垂直插入土中，启动高压水泵进行冲孔，水压控制在 0.4～0.5MPa。边冲边做上下左右摆动，以加剧土的松动。待水枪下沉到要求的深度时，拔出水枪，迅速插入井点管，用透水性强的填料如粗砂或碎（砾）石在井点管周围分层填灌，至地下水位 0.5m 处改填黏土固定井点管，以防止漏气。井点管的上端用木塞临时封堵，以防砂石或其他杂物进入。打开临时封堵，注入清水，若水位迅速下渗，证明该井点管埋设成功。填滤料时，若管中有泥水上升，则说明滤管管网良好。

（2）管路安装。首先沿井点管线外侧，铺设集水总管，并用胶垫螺栓把总管连接起来，总管连接水箱水泵，然后拔掉井点管上端的木塞，用胶管与总管连接，再用10号铅丝扎紧。在正式运转抽水之前必须进行试抽，以检查抽水设备运转是否正常，检查各个接头在试抽水时是否有漏气现象，发现漏气应重新连接或用油腻子堵塞，直至不漏气为止。

（3）抽水。管路安装完毕后，先开启真空泵，抽出管路中的空气，使之成为真空，这时地下水和土中的空气在真空吸力的作用下被吸入集水箱，空气经真空泵排出。当集水箱中存有相当多的水，各管路系统的真空度达到0.5MPa时，开动离心泵抽水。

4.3.3.5 轻型井点降水在工程中的实施技巧

（1）井点管间距、埋设深度应符合设计要求，一组井点管和接头中心应保持在一条直线上。

（2）冲孔孔径一般为300mm，深度应比滤管底深0.5m以上。

（3）轻型井点使用时，一般应连续抽水（特别是开始阶段），如时抽时停滤网易堵塞，也容易抽出土粒，使出水混浊。同时由于中途停抽，地下水回升，也会引起土方边坡坍塌等事故。

（4）轻型井点的正常出水规律是“先大后小，先混后清”，否则应立即检查纠正。

（5）必须经常观测真空度，如发现不足，则应立即检查井点系统有无漏气并采取相应的措施。

（6）在抽水过程中，应调节离心泵的出水阀以控制出水量，使抽吸排水保持均匀，达到细水长流的效果。

（7）抽水过程中，应检查有无“死井”（即井点管淤塞）。如“死井”太多，会影响降水效果，应逐个用高压水反向冲洗或拔出重埋。

4.3.4 塑料排水板

塑料排水板别名塑料排水带，有波浪形、口琴形等多种形状。中间是挤出成型的塑料芯板，是排水带的骨架和通道，其断面呈并联十字，两面以非织造土工织物包裹作滤层，芯带起支撑作用并将滤层渗进来的水向上排出，是淤泥、淤质土、冲填土等饱和黏性及杂填土运用排水固结法进行软基处理的良好垂直通道，大大缩短了软土固结时间。

4.3.4.1 材料及包装

芯板采用聚丙烯（PP）和聚乙烯（PE）混合掺配制，使其具备聚丙烯的刚性和聚乙烯的柔性及耐候性；滤膜采用长纤热扎无纺布，具耐水浸性，渗水性能极为优良。

包装外形采用中心收卷成圆形的饼状，200m/卷，直径0.8～1.3m，高度0.1m。截面芯板为并联“十”字形而组成口琴状。

4.3.4.2 工作原理

塑料排水板用插板机插入软土地基，在上部预压荷载作用下，软土地基中孔隙水由塑料排水板排到上部铺垫的砂层或水平塑料排水管中，由其他地方排出，加速软基固结。在软土地基处理中，塑料排水板的作用设计、施工设备基本与袋砂井相同。塑料排水板加固软土地基的优点：①滤水性好，排水畅通，排水效果有保证；②材料有良好的强度和延展性，能适合地基变形能力而不影响排水性能；③排水板断面尺寸小，施打排水板过程中对地基扰动小；④可在超软弱地基上进行插板施工；⑤施工快、工期短，每台插板机每日可插板 15000m 以上，造价比袋砂井低。

对于深厚的软土地基采用排水固结法进行加固时，从技术上和经济上考虑，采用排水板法是经济、有效、可行的方法。

4.3.4.3 适用情况

SPB－A 型塑料排水板适用于深度在 15m 内的软土地基竖向排水，SPB－B 型塑料排水板适用于深度在 15～25m 内软土地基竖向排水，SPB－C 型塑料排水板适用于深度在 25～35m 内软土地基竖向排水，SPB－D 型塑料排水板适用于深度在 35m 以上的软土地基竖向排水。

4.3.4.4 施工工序

塑料排水板施工宜在铺设砂垫层后按下列顺序进行：①根据打设板位标记进行打设机定位；②安装管靴；③沉设套管；④开机打设至设计标高；⑤提升套管；⑥剪断塑料排水板；⑦检查并记录板位等打设情况；⑧移动打设机至下一板位。

4.3.4.5 注意事项

（1）打设机定位时，管靴与板位标记的偏差应控制在±70mm 范围内。

（2）打设过程中，应随时注意控制套管垂直度，其偏差应不大于±1.5%。

（3）必须按设计要求严格控制塑料排水板的打设标高，不得出现浅向偏差；当发现地质情况变化无法按设计要求打设时，应及时与现场监理人员联系并征得同意后方可变更打设标高。

（4）打设塑料排水板时，严禁出现扭结断裂和撕破滤膜等现象。

（5）打设时，回带长度不得超过 500mm，且回带的根数不宜超过打设总根数的 5%。

（6）剪断塑料排水板时，砂垫层以上的外露长度应大于 0.5m。

（7）应检查每根板的施工情况，当符合验收标准时方可移机打设下一根，否则须在邻近板位处补打。

（8）打设过程中应逐板进行自检，并按要求做好施工记录塑料排水板施工原始记录表。

（9）打入地基的塑料排水板宜为整板，长度不足需要接长时必须按规定的方法与要求进行。

（10）一个区段塑料排水板验收合格后，应及时用砂垫层砂料仔细填满打设时在板周围形成的孔洞，并将塑料排水板埋置于砂垫层中。

4.3.5 岩面裂隙及泉眼渗水处理

在截水槽回填防渗土料或浇筑混凝土盖板之前，应对基坑岩面裂隙及泉眼的渗水进行处理。渗水处理方法须根据基坑岩石节理裂隙发育情况、渗水量、渗水压力与泉眼大小而定。一般可选用下列几种方法进行处理。

4.3.5.1 直接堵塞法

对于岩面的裂隙不大、小面积的无压渗水，且在岩面上直接填土的工程，可用黏土快速夯实堵塞。也有先铺适量水泥干料，再用黏土快速夯实堵塞的成功实例。若局部堵塞困

难，可采用水玻璃（硅酸钠）掺水泥拌成胶体状（配合比为水：水玻璃：水泥＝1：2：3），用围堵办法在渗水集中处从外向内逐渐缩小至最后封堵。

4.3.5.2 筑井堵塞法

当基岩有较大的裂隙或泉水，且水头较高时，采用在渗水处设置一直径不小于500mm 的混凝土管，在管内填卵砾石预埋回填灌浆管和排水管的方法。填土时，用自吸水泵不间断抽水，随土料填筑上升，逐渐加高混凝土管。当填土高于地下水位后，用混凝土封闭混凝土管口。最后进行集水井回填灌浆封闭处理（见图 4－15）。

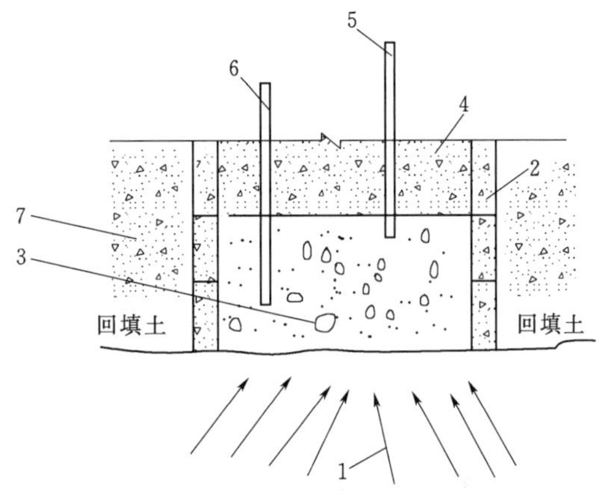

图 4－15　筑井堵塞法示意图

1—集中渗水区；2—预制混凝土井管；3—卵石；4—混凝土；5—排水管；6—灌浆管；7—填土

4.3.5.3 盲沟排水及封堵

西安市黑河坝黏土心墙坝基（含反滤层）宽 94m，设计为在弱风化层上浇筑混凝土盖板。坝基覆盖砂卵石层及强风化层开挖完成后，沿基坑上下游坡脚岩面设置了明沟及集水井排水系统。

（1）盲沟集水井排水。由于岩基面积大，又无深排水井，岩面裂隙渗水分散，水头较高，为了疏干岩面浇筑混凝土盖板，采用盲沟集水井排水。在渗水范围位置较低处设置集水井，沿渗水点开挖导水沟，将分散的渗水全部集中引入集水井。在导水沟内用无纺布包裹砾石形成盲沟；集水井底部也铺填砾石，砾石中置放 ϕ500mm 混凝土管，混凝土管周围砾石层面铺无纺布，并和盲沟无纺布缝合。管内放入潜水泵或自吸泵，在混凝土浇筑和凝固期不间断排水。

（2）盲沟集水井封堵。采用回填灌浆封堵，沿盲沟布设灌浆孔，孔径 50mm，孔距 3m，起始端（高点）孔内埋入排气（水）管，管口安装闸阀。孔深须穿透混凝土盖板和盲沟至基岩面。造孔用 CM－500C 全液压钻。回填灌浆从盲沟最低点开始，逆盲沟渗水方向逐孔灌浆，回填灌浆压力为 0.2MPa，水灰比采用 0.6(0.5)：1，灌至注入率小于 1L/min，延续 30min 后结束，待凝 4～8h 后对灌浆孔采用 M20 的干硬砂浆人工回填封孔。对盲沟起始端相邻的灌浆孔灌注时，待起始端预埋管中排出浆液后，关闭闸阀，再按以上标准灌至结束标准。回填灌浆 3～7d 后钻孔进行压水试验检查，当在 0.2MPa 压力下，初始 10min 的注入量不大于 10L 即为合格。不合格时加密灌浆。

集水井内预埋灌浆管和排水管，依次铺填砾石和小砾石，采用微膨胀水泥混凝土封闭井口，封井混凝土盖板厚度 0.5～1.0m，混凝土标号为 C20W8。封井混凝土浇筑时，自吸泵不间断抽水，直至混凝土达到 50%的强度，再进行集水井的回填灌浆，灌浆技术要求及工艺与盲沟灌浆相同。

盲沟集水井排水及封堵处理工艺见图 4－16。

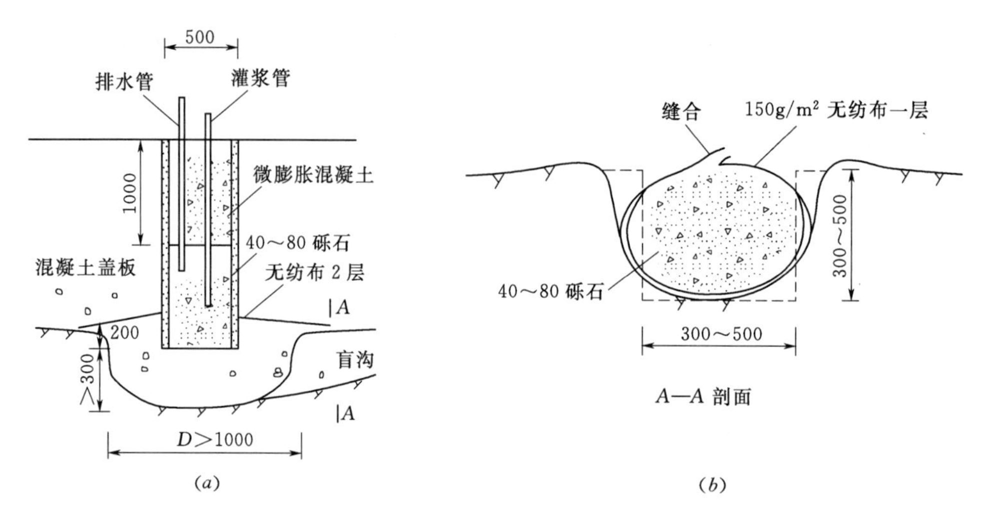

图 4-16 盲沟集水井排水及封堵处理工艺示意图（单位：mm）

4.4 坝基构筑物施工

4.4.1 防渗体基础混凝土盖板施工

4.4.1.1 施工方法

（1）在基础开挖到建基面及做好断层、裂隙等缺陷处理后，人工清理浮渣，用高压风、水清洗岩面，排除积水，处理好渗水。对于沙砾石地基上的盖板，其建基面按设计要求处理。

（2）建基面上的凹坑超过设计要求时，应用混凝土或浆砌石补填，或处理成缓坡区段。

（3）对于坡度较缓的混凝土盖板可采用跳仓浇筑顺序，表面不立面模；当坡度较陡时，应从下向上依次浇筑，或分段从下向上依次浇筑。一般当坡度大于 20°时应立面模浇筑，也可采用简易滑模浇筑，以保证混凝土振捣密实。

（4）有条件时可采用吊罐、皮带机、溜槽等布料方案，浇筑小坍落度的二级配或三级配混凝土；斜坡部位也可采用混凝土泵入仓。糯扎渡大坝盖板混凝土施工中采用了三级配混凝土输送泵，效果较好。泵的型号是 HBT120A-1613D，混凝土骨料粒径最大可达 80mm，最大理论排量 126m³/h，最大输送压力 13MPa，发动机功率 273kW，其主要技术参数见表 4-2。

表 4-2　　三级配混凝土输送泵主要技术参数表

型　号		HBT120A-1613D
技术参数		
混凝土理论输送压力（低压/高压）/MPa		8.8/13
混凝土理论输送量（低压/高压）/（m³/h）		126/71
柴油机额定功率/kW		273
最大骨料尺寸/mm	输送管径 ϕ205	80

续表

型　　号	HBT120A-1613D
混凝土坍落度/mm	100～230
输送缸直径×最大行程/mm	ϕ260×1600
料斗容积×上料高度	0.9m^3×2180mm
外形尺寸（长×宽×高）/（mm×mm×mm）	7860×2376×3050
总质量/kg	13000

（5）盖板施工中要特别注意下部岩层中裂隙水的排放和盖板接缝处理。小浪底大坝原设计灌浆盖板间结构缝是凿毛后先按施工缝要求联结，后按结构缝处理：在缝中填塞IGAS柔性填料，缝表面用沥青麻片粘贴，坑内用膨胀水泥砂浆回填。

4.4.1.2 混凝土盖板表面处理实例

（1）小浪底坝心墙槽混凝土盖板表面处理。心墙槽基岩上覆盖的混凝土面，在填筑前进行一次全面的检查和处理。特别是左岸开挖后的边坡为1∶1，岩层近于水平，开挖后形成许多大小不等的岩坎、台阶，实施中采用混凝土回填，修补成满足心墙填筑要求的基础面。由于坡陡，施工时采用混凝土面上压模的方法，施工后在混凝土面上留下了长短不一的条状混凝土坎、凸块，及立模留下的较长的大陡坎（一般高1m左右）和施工用的3条马道，这些都在填筑前凿除和清理，以形成一个满足填筑要求的混凝土基础面。

1）清除回填灌浆和帷幕灌浆留在混凝土面上的水泥结石、浆渣和喷混凝土的回填料等；割除留在混凝土面上的钢筋头、钢管头；用风镐凿除混凝土面上粒径大于2cm的小块凸块。

2）浇筑混凝土分仓的施工缝以及由于不分结构缝而产生的温度裂缝，未张开的通过在表面粘贴2～5层沥青麻片处理；较大的张开缝，做成V形槽，内填砂浆，上覆2～5层沥青麻片。

3）混凝土面上较大的混凝土坎，表面凿毛，用喷混凝土修补以形成平顺混凝土面。

4）左岸坡三条施工用马道，采用膨胀法凿除。外坡铅直混凝土坎，用手风钻钻孔，在孔内安放胀裂剂，使之沿预定的凿除线开裂，然后清除混凝土渣。平台用回填混凝土填补，形成边坡不大于20°的平缓过渡面（见图4-17）。

（2）黑河坝混凝土盖板表面处理。

1）表面不允许有裸露钢筋，钢筋头凿深2～3cm割除，用高强砂浆抹平。

2）混凝土错台大于3cm的凿成1∶1的斜坡；3cm以下的不处理。

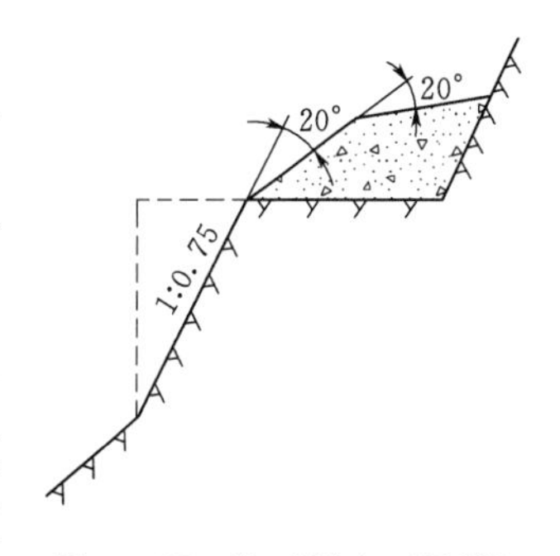

图4-17　施工平台（马道）处理示意图

3）裂缝处理。灌浆引起的裂缝均视为贯穿性裂缝，由温度应力引起且不渗水的裂缝视为非贯穿性裂缝。宽度$b<0.2$mm的非贯穿性裂缝表面贴SR盖片；$0.2\text{mm}\leqslant b<0.5$mm的采用凿槽封闭处理，矩形槽宽7cm，深5cm，用石棉水泥（石棉∶水泥=3∶7，水灰比0.15）手锤砸实填平；$b\geqslant0.5$mm的以及贯穿性裂缝用化学灌浆处理，灌浆材料为水溶性聚氨酯HW和LW，HW浆液黏度低，遇水有较好的亲和力，聚合物抗拉、抗压强度均较高，LW浆液黏度

大，使用时需加稀释剂，聚合物为橡胶状弹性体，遇水有膨胀性。上述两种材料可以按任何比例混合，以配制不同强度和不同水膨胀倍数的材料。建议配合比为 HW∶LW=6∶4。

(3) 克孜尔坝盖板裂缝处理。由于分块尺寸小（9m×10m），没有发生温度裂缝，灌浆产生的裂缝进行了水玻璃灌浆处理。凿槽宽 30cm，深 5cm，手风钻沿缝打孔，灌注水玻璃至不下渗，将槽内洗刷清理干净，干燥后涂刷冷底子油，浇筑沥青混凝土与表面齐平，填土前涂刷 4mm 厚沥青玛蹄脂一道。

随着科技的日益发展，混凝土裂缝处理方面也有很多新型材料及处理方法，如单组分环氧灌浆材料、聚脲封闭材料等，在黄河积石峡、白龙江苗家坝等面板混凝土裂缝处理中进行了试用。新工艺施工工序简单，易于操作，处理效果较好。在以后的工程中需进一步进行试用和研究，从而提高混凝土的内在质量和防渗效果，保证大坝的安全运行。

4.4.2 混凝土廊道

4.4.2.1 施工方案

大坝心墙基座（灌浆廊道）混凝土，在心墙基座基础开挖完成后分河床段、左岸和右岸岸坡段进行浇筑。心墙基座混凝土浇筑先河床段，后岸坡段，岸坡段随坝体填筑升高超前浇筑。同一断面，先浇筑灌浆廊道混凝土，再浇筑垫层混凝土；混凝土浇筑按照分缝分块图跳仓浇筑；廊道混凝土先浇筑底板混凝土，再浇筑侧墙和顶拱混凝土。河床段在施工初期集中、高强度完成第一年度汛高程以下部分的混凝土施工，以保证沥青心墙和坝体填筑的按期进行。

4.4.2.2 模板设计

模板分为内模和表面模板，内模板圆弧段采用定型模板，分为两片，侧模采用 6015 组合模板，围囹采用钢架管，中间搭设满堂架，对撑采用丝杠，表面模板安装固定同垫层混凝土。以糯扎渡大坝基础廊道为例，坝基灌浆廊道模板结构见图 4-18。

浇筑时，廊道底板混凝土也采用分块跳仓浇筑，同一断面先浇筑底板混凝土再进行侧墙和顶拱混凝土浇筑，墙体下部 30cm 高同底板一次浇筑。侧墙和顶拱同时浇筑。浇筑前对新旧结合面进行处理，凿毛并高压水枪冲洗。坝基灌浆廊道混凝土施工浇筑设计见图 4-19。

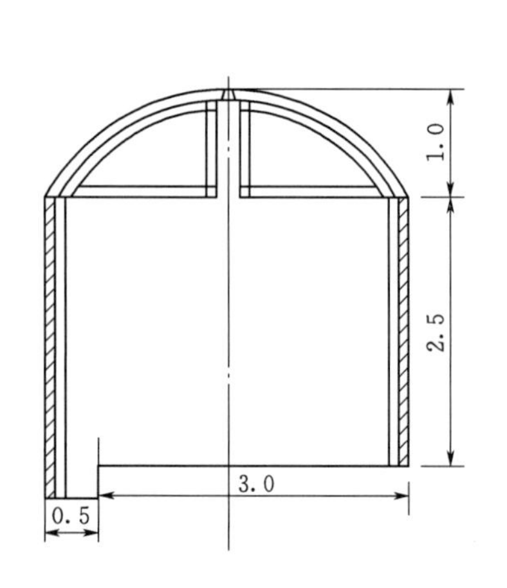

图 4-18 坝基灌浆廊道模板结构图（单位：m）

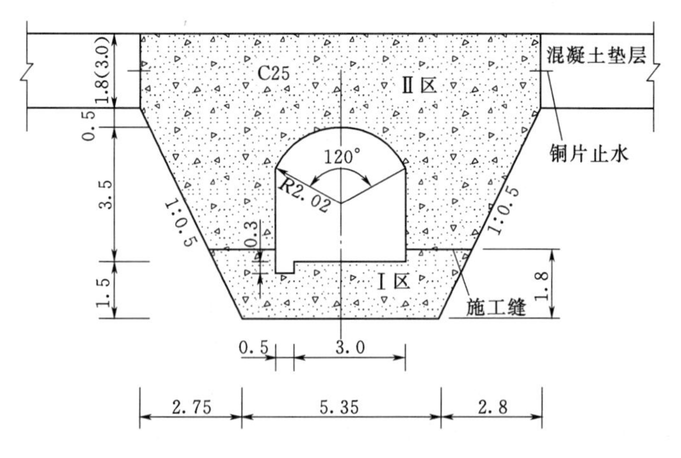

图 4-19 坝基灌浆廊道混凝土施工浇筑设计图（单位：m）

注：廊道混凝土施工顺序为：1. 先施工Ⅰ区板混凝土；2. 基础灌浆；3. Ⅱ区混凝土浇筑。

4.4.2.3 混凝土浇筑温度控制

鉴于当地气候，混凝土浇筑特别要注意降低混凝土温度，采取措施如下。

（1）优化混凝土配合比，胶凝材料可选用中、低热硅酸盐水泥，并采用常态混凝土掺入20%～25%左右的粉煤灰和适量外加剂（高效减水剂及引气剂）。在保证混凝土强度及流动度条件下，尽量节省水泥，合理减少单位水泥及水的用量，有效地降低混凝土的水化热温升，改善混凝土的和易性，降低混凝土温度应力。

（2）尽可能避免高温时段浇筑混凝土，充分利用低温季节和早晚及夜间气温低的时段，加大浇筑强度。

（3）混凝土运输设备（混凝土罐车、吊罐）外包浅色的保温材料并配置活动式遮阳棚遮阳隔热。

（4）混凝土仓面采用喷水雾的方法，以降低仓面环境气温。

（5）及时做好温度监控工作。在混凝土出机口设测温计，随时监控混凝土出机口和仓面浇筑温度。浇筑高温时段设专人随时测量仓面温度，若超过允许幅度及时通知拌和站调整，采取有效措施进行降温，使浇筑温度控制在28℃以内。

（6）混凝土浇筑完成后混凝土面要及时洒水养护，养护采用土工布覆盖，PVC花管长流水，养护时间加长，不低于规范，如有可能延长至28d。

4.4.3 混凝土齿墙

土石坝与坝基及混凝土建筑物等刚性结构连接时，一般采用齿墙结构，延长渗径，有混凝土、浆砌石等型式。下面以混凝土齿墙为例，简述施工方案。

4.4.3.1 齿墙开挖、精修

（1）机械进行开挖前，先进行测量放样。放样时要注意采用灰线控制，先整体后局部的形式放线。具体尺寸以设计图及施工布置设计为准。

（2）挖机操作过程须有测量员和技术员监督，在操作过程中要经常检查，严格要求，严格控制超挖衬砌边坡的现象发生。

（3）机械开挖成型后，由人工进行边墙和底部的修整和压实工作。

（4）齿墙开挖成型过程中，若有地表水和地下水汇入，需及时开挖小型集水坑，用污水泵进行明排，防止齿墙长时间浸泡或发生局部坍塌。

（5）齿墙修整完成，经过自检合格后，及时准备测量验收等资料，报监理工程师、业主验收合格后进行下道工序。

4.4.3.2 模板支护、泡沫板安装

（1）根据设计图纸施工，齿墙浇筑一般以15m为一段分仓，端头布置防水板材或止水结构，按设计位置加固。

（2）模板安装接缝应严密，支护应牢固，防止浇筑过程中发生漏浆、跑模等现象。

4.4.3.3 混凝土浇筑

混凝土输送采用搅拌罐车，因地制宜采取架设滑槽、泵送、吊罐等入仓方式。应分层铺料，每层铺料厚度控制在30～35cm，铺料应均匀。每层振捣应均匀彻底，不得漏振过振。最后一层混凝土浇筑振捣过程中，要控制好齿墙顶高程。混凝土浇筑完后必须及时养护，保证湿润养护时间。采用覆盖塑料布、土工布或草帘并定时洒水进行养护至设计或规

范要求龄期，设专人负责，并填写养护记录。

4.4.3.4 拆模、回填

拆模时间按照设计和规范要求控制，拆模过程应注意混凝土的保护工作，严格控制混凝土面和棱角破坏。

周边填筑严格按照设计分区及尺寸进行，铺料时应有计划的从低处开始，按水平方向分层平衡上升，铺层厚度和压实参数根据碾压实验确定。

4.5 工程实例

4.5.1 黑河水利枢纽金盆大坝基础排水施工

4.5.1.1 工程概况

金盆大坝为砂卵石坝壳黏土心墙坝，坝顶高程 600.00m，最大坝高 130m，坝顶长度 440m，顶宽 11m，大坝底宽 520m，上游坡比 1：2.2，下游坡比 1：1.5。心墙顶宽 7m，两侧坡比在河床段为 1：0.3，在两岸坡为 1：0.6，最大底宽 82m。心墙两侧设有反滤和过渡料，上游总宽 3m，下游总宽 5m。心墙和反滤、过渡料基础开挖到弱风化岩石顶面以下 3m，最大开挖深度 18m。为避免接触冲刷，在心墙、反滤料和过渡料基础下浇筑了混凝土底板。黑河坝基的排水涉及围堰的渗水、地下水、有压水、泉水等，很有代表性。

4.5.1.2 导流方式和围堰渗水

采用导流洞导流，河床一次断流全年施工的导流方式。上游围堰是坝壳的一部分，迎水坡坡度 1：2.2，表面采用 $300g/m^2$＋0.5mm＋$300g/m^2$ 的复合土工膜防渗，设计最大水头 36m，实际发生水头 16m，围堰基础左段采用厚 0.6m 的混凝土防渗墙，最大深度 15m，右段岩石出露较高，采用开挖 1.5m 深梯形槽浇筑混凝土土工膜基座。原设计混凝土防渗墙下和混凝土基座下有帷幕灌浆，施工时取消。下游围堰高 12m，也采用土工膜防渗，施工时将原设计的混凝土防渗墙取消，采用开槽排水回填的方法做了 6～9m 深的悬挂式黏土防渗(覆盖层深度 18m)。由于上游帷幕灌浆和下游防渗墙的取消，使基坑渗水量增加。

4.5.1.3 地质和地下水状况

心墙基础岩石以云母石英片岩为主，有少量的钙质石英岩和绿泥石石英片岩，构造发育，心墙基础有断层 191 条，层理和软弱层密密麻麻，造成岩石的透水性较强，根据灌浆先导孔统计，平均透水率 30Lu，最大 100Lu，50％的透水率大于 15Lu。

两坝肩地下水位较高，特别是左岸地下水较为丰富，尽管导流洞起到了排水的作用，但坝肩地下水出露仍然较高。

4.5.1.4 上下游覆盖层渗水的排除

上、下游围堰渗水主要从岩石的表面流向基坑，由于岩石的表面并不平整，水流从岩石较低的部位较集中地流向基坑，开挖中在基坑的上、下游开挖了集水槽，在水流较集中的部位开挖了集水坑，用离心泵排向右岸下游。坝壳区在高程 500.00m 修筑的排水渠，排到下游围堰以外河床。由于上游围堰较高，上游集水坑的水也排向下游，是将泵管先沿岸坡爬高，再水平穿过心墙区，排入高程 500.00m 的排水渠。上游集水井安装了 10″离心泵 1 台，6″以下的离心泵、污水泵共 4 台，总排水能力 $745m^3/h$；下游安装了 10″离心泵 2

台，6″以下离心泵、污水泵 6 台，总排水能力 1448m^3/h。

在心墙填筑阶段，要保证填筑面始终高于水位 1.5m，将集水槽用大石回填形成盲沟，将集水坑改造成集水井，集水井直径 6m，井壁下部 1.5～2m 高砌筑 1～1.5m 厚的铅丝笼石，上部井壁全部用 M10 砂浆砌石，厚度 1～1.2m，将离心泵架设在集水井上。集水井的外面逐层填筑坝壳。随着心墙的填筑升高，集水井的浆砌石也分次半边半边砌高，当架在墙顶的水泵吸程不够时，将井内用 $D\geqslant 8$cm 的混合卵石回填一定高度后重新架泵。开始时水量较大，在下游砌筑了两个集水井轮流抽水和回填。

4.5.1.5　基础岩石渗水的抽排

基坑岩石渗水以 3 种形式渗出。第一种是岩石表面大面积普遍渗水，断层部位渗水较为集中，采用了盲沟排水。其做法是在帷幕线上游和下游分别（上、下游不能连通）沿断层、软弱层开挖排水沟，在较低位置开挖集水坑，大小和深度依水量的大小而定，一般排水沟宽深均为 30cm，集水坑直径大于 1m，深度大于 50cm。排水沟内铺土工布（150g/m^2），填入卵石（混凝土骨料，直径 20～40mm），用土工布包裹卵石并用铅丝缝合。集水井下面也铺一层土工布，上面铺厚 50cm 卵石，垂直立一根直径 50cm 的预制混凝土管，再在管子里外铺上厚 30cm 卵石，上面再盖上一层土工布，和排水沟的土工布缝合，混凝土管安装的原则是下口一般低于岩石面 20cm，上口不低于混凝土浇筑面。土工布铺设的原则是不能让混凝土流入卵石内。处理完成后浇筑底板混凝土。

在浇筑混凝土以前要将盲沟和集水井的位置准确测量并绘图，以备准确布置回填灌浆孔。浇筑混凝土过程中和浇筑以后在集水井中安装潜水泵排水，不要让水溢出井口。待混凝土达到强度后用 C20 S8 微膨胀混凝土封堵集水井，当井深小于 2m 时，井口封堵深度 0.5m；当井深大于 2m 时，井口封堵深度 1m，混凝土以下用卵石回填。在混凝土中埋设灌浆管和排气（水）管，进行回填灌浆，最大灌浆压力 0.2MPa，水灰比 0.6(0.5)∶1。当排气管内有浆液溢出时，关闭排气管闸阀，直至注入率小于 1L/min 后延续 30min 停止灌浆。24h 后重新造孔，做压水试验检查，渗透系数小于 1×10^{-4}cm/s 即为合格。全坝基共在 13 块底板上布置了 14 眼集水井，最浅的 1m，最深的 8m，灌注水泥 3.44t。然后沿盲沟布置灌浆孔，孔距 2～3m，孔深要求穿透盲沟 10～20cm。逆渗水方向逐孔进行回填灌浆，灌浆压力 0.2MPa，将卵石空隙回填密实，水灰比和结束标准和集水井相同。全坝基共布置盲沟 389m，分布在 21 块底板内。共布置灌浆孔 186 个，其中检查孔 13 个；灌注水泥 17.9t，其中检查孔灌注水泥 0.9t。盲沟检查的方法是向孔内注入水灰比为 2∶1 的浆液，灌浆压力 0.2 MPa，初始 10min 内注入量不超过 10L 为合格。

第二种形式是地下承压水沿原地质勘探孔流出，水头约 2m，在全坝基只有一个，位置靠近上游，用 D50 钢管引向上游坝壳内。

第三种形式是泉水。在左坝肩心墙靠下游坡脚处有一组泉水，采取了排的办法。在泉眼上用手风钻打孔，插上钢管，用速凝砂浆封孔，使泉水集中地从钢管中流出，再将这些支管引到一个总管中，排入下游坝壳坡脚的绕坝渗流渠内，保证浇筑底板混凝土时仓面无流水。

4.5.1.6　混凝土底板浇筑后的减压井排水

混凝土底板浇筑后除上、下游集水井的排水外，还采取了减压井排水。在大坝回填前，对大坝心墙基础进行了彻底地清理，检查发现在 157 块底板中有 27 块有裂缝，共有裂缝42条，单条裂缝长度2～16m，总长度545.3m，缝宽0.2～0.9mm，产生的原因是温度应力和灌浆压裂，大部分裂缝渗水。采用水溶性聚氨酯化学灌浆处理后，绝大部分渗水消失，但是还有5处有压力水渗出。遂根据地质编录资料选择渗水可能集中的位置打了4个ϕ89mm的减压井，孔深7～11m，埋入ϕ73mm的钢管，用1″自吸泵不间断抽水，裂缝中压力水消失，对裂缝进行了彻底封堵处理。随着心墙的填筑，接长钢管继续抽水，为了避免钢管在心墙土料中锈蚀，在钢管外套装ϕ50cm混凝土管，管内浇筑C20混凝土，当管内水位低于心墙填筑面时，用压力灌浆方法封堵减压井，管顶再浇筑20cm混凝土封闭钢管。

采用以上方法排水后，保证了大坝坝基开挖和坝体填筑质量，2001年大坝蓄水，运行正常。

4.5.2 三原西郊水库工程坝基降水

三原西郊水库大坝为渠库结合的均质土坝，坝址区地层为不同成因、不同时代的黄土。地下水位高程约398.00m，埋深为1.5～3.5m。坝基上、下游建基面设计高程392.00m，结合槽底设计高程386.00m。土料场土的实测含水量不小于23%。在地基处理时，需要在两岸处降低地下水位6m，在坝基处降低地下水位16m。通过大量抽水试验，了解了坝区含水层富水性及其相互间的水力联系，确定抽水井的实际出水量、特征曲线，推算出最大出水量和单位涌水量，获得降水数学模型及相应的参数。

4.5.2.1 降水方案设计

（1）降水区域的划分。根据水库工程地质和水文地质特征，把整个坝区划分为坝基降水单元和坝肩降水单元。坝肩降水以右坝肩设计为主。

（2）井结构和成井工艺。排水井的结构由里向外依次为无砂混凝土滤水管、棕皮和滤料。其中，滤水管内径38cm，壁厚5cm，滤料为粒径0～5mm和粒径10～20mm各占50%含量的小石子，厚10cm。井深60m。排水井采用与抽水试验井和观测井一样的结构。排水井采用自制简易打井钻机钻孔，根据泥浆护壁原理成孔，然后洗井。再用自制吊装设备下沉外包棕皮或滤布的混凝土滤水管，完成全井深沉管。清孔的标准为：泥浆比重小于1.15g/cm^3，泥皮厚度小于2mm，成孔的倾斜率小于2%。滤水管根据受压情况，分别采用无砂混凝土管、混凝土花管和钢筋混凝土花管等。

选用原则为：对于井深在50m以内的全部采用无砂混凝土管；井深在60m内的可下10～20节混凝土花管；井深超过65m的可下10～20节钢筋混凝土花管。最后向井管外填入含量各占50%、粒径小于5mm和10～20mm的小石子，厚度10cm作为反滤层。混凝土滤水管壁厚5cm，每节长95cm。当全井深反滤层形成后，再重新将钻杆插入井底进行二次洗井。在成井过程中，遇到跑浆或漏浆时，采用回填黏土重新造井的方法处理；遇到卵石等可以采用抓石器抓石的方法施工。

（3）井深及井距。通过对大量三原西郊水库抽水试验结果进行分析，总结出在抽水过程中存在水跃现象和具有水位降落快等特点，并根据本工程的实际要求，制定出降排水基本参数。

1）排水井深度控制在建基面高程392.00m或386.00m以下35m，并需考虑3m的淤积层。故排水井深度为：大坝建基面设计高程以下38m，即井底高程为354.00m；截水槽设计高程 386.00m，井底高程 348.00m，即井深 55～65m。

2）排水井的间距以 35m 左右为宜，施工时排水井间距根据实际情况做了适当调整。本工程坝基共建造排水井 42 眼，实际间距为 28～36m，其平面布置见图 4-20。左右坝肩降水井采用右坝肩抽水试验时布置的抽水井和观测井作为降水设计布置。

（4）抽水时间和抽水原则。由于开工日期要求紧迫，并受场地和施工组织管理条件等限制，无法监测降水的非稳定过程。另外，最初监测目的在于了解最终降水效果和当前开挖施工大致情况，以及验证降水方案设计的优劣。因此，本降水监测与抽水时间按降水稳定状态要求考虑，即监测结果能够反映降水后的稳定水位。各部位排水历时确定的原则如下。

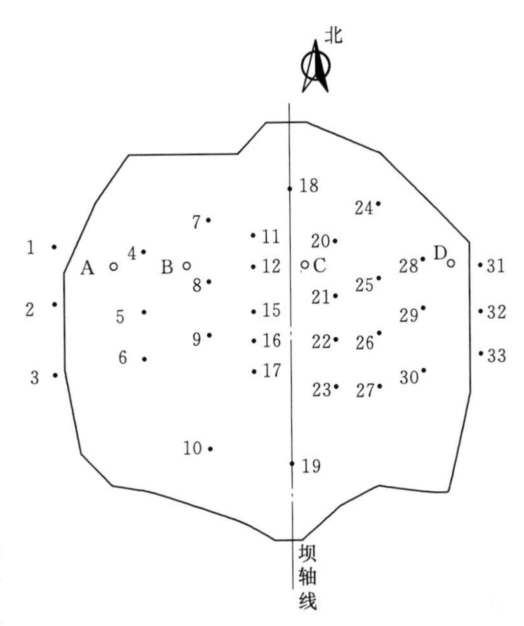

图 4-20　三原西郊水库大坝井点排水井位平面布置示意图（单位：m）

注：1 为抽水井，A 为控制点。

1）坝肩部分：大坝开挖到建基面后回填至高程 406.00m 后停止排水。

2）坝基部分：大坝开挖到建基面后回填至高程 396.00m 后把体内结合槽部分停止排水；回填至高程 401.00m 后，坝体内排水井停止排水；回填至高程 406.00m 后，所有排水井停止排水。

确定停止排水的总原则为：地下水位至少需要保持在工作面下 2～3m 的范围内。

4.5.2.2　坝基降水方案计算

坝基降水方案是在参考抽水试验的成果并借鉴类似工程经验提出的偏于可靠的应急方案。井深为 55～65m。根据抽水试验获得降水模型和参数，并对降水方案进行了核算。

（1）按潜水完整井稳定流抽水的裘布依公式，在已知各井井水位降深（S_w）时计算群井中各井的干扰抽水流量，即

$$S_{wi}=\frac{1}{2.73Km}\sum_{i=1}^{n}\left(Q_i\lg\frac{R}{r_{i-j}}\right) \tag{4-34}$$

式中　S_{wi}——第 i 井的水位降深，m；

Q_i——第 i 井的干扰抽水流量，m^3/d；

R——井的影响半径，m；

K——渗透系数，m/d；

m——含水层平均厚度，m。

（2）以群井中各井的上述干扰抽水流量为已知量，用本节建议的非稳定流抽水的等效泰斯公式计算降水区控制点不同时间的降深，若控制点计算降深略大于控制降深，则认为这一抽水时间为该布井方案下的超前抽水时间。

降水计算公式为

$$S_A = h_0 - \sqrt{h_0^2 - \frac{1}{2\pi k_i}\sum_{i=1}^{n} Q_i W\left(\frac{r_i^2 \mu}{4Tt}\right)} \tag{4-35}$$

式中 S_A——降水区控制点降深，m；

h_0——初始地下水位，m；

Q_i——群井中第 i 井的干扰抽水流量，m^3/d；

$W(\mu)$——泰斯井函数。

群井计算参数见表 4-3，则其降水计算结果可依次算出（见表 4-4 和表 4-5）。

表 4-3　群井计算参数表

初始水位/m	398.0	平均含水层厚度/m	39.46
井底高程/m	341.7	渗透系数/(m^3/d)	0.138
水泵下落高程/m	351.7	给水度	0.00058
水跃值/m	10.0	影响半径/m	250

表 4-4　群井抽水时各单井的干扰抽水流量表

井号	干扰抽水流量/(m^3/d)	井号	干扰抽水流量/(m^3/d)	井号	干扰抽水流量/(m^3/d)	井号	干扰抽水流量/(m^3/d)
1	88.84	9	17.28	19	73.46	27	35.68
2	69.93	10	46.73	20	24.18	28	35.65
3	89.21	11	29.97	21	12.52	29	26.37
4	50.35	12	17.64	22	14.73	30	34.58
5	30.51	15	8.34	23	28.47	31	68.32
6	45.16	16	12.87	24	50.53	32	55.77
7	42.99	17	20.65	25	18.67	33	71.81
8	16.44	18	58.17	26	19.57		

表 4-5　控制点降深计算表

控制点	控制点降深/m	抽水时间/d		
		0.7	1.0	1.5
A	8.0	10.80	14.52	18.90
B	8.0	11.74	15.29	21.20
C	16.0	11.60	16.13	21.78
D	8.0	11.68	15.04	20.14

由表 4-5 可以看出：在该施工降水方案下，只需抽水 1d，地下水位就可以降到施工控制水位以下，使坝基处理区高含水软土得到更多的疏干时间；该降水方案还可以进一步优化，以便使降水方案技术性更高也更经济。

4.5.2.3 降水方案实施效果分析

按照该降水方案实施，并进行严密的监测。对监测数据进行分析，结果如下。

(1) 当群井抽水 2d 时，实测结合槽处水位，已降到控制高程 386.00m 以下。

(2) 当群井抽水 102d 时，11 月 26 日坝基开挖至建基面高程 392.00m 时，实测土的含水量为 16%～20%。

(3) 当群井抽水 134d 时，12 月 28 日结合槽开挖至槽底设计高程 386.00m 时，实测土的含水量均小于 22%。

从以上监测结果可以得出，这一降水方案的实施完全满足了坝基处理施工进度的要求，降水速度很快，降水效果良好。在黄土地区建筑工程和水利工程的降水过程中，采用该降水施工技术以及降水方案的设计办法可以取得较好的降水效果，具有广阔的应用前景。

5 坝料开采与加工

土石坝作为当地材料坝，原则上是有什么样的料就修建什么样的坝，坝料既影响土石坝本身的设计和施工，又关系到工程质量、工期和造价。在坝体施工前，应做好料场的复查、规划、坝料的开采、运输和加工。土石坝涉及的坝料有防渗材料（包括黏性土、砾质土、碎石土、风化料、沥青混凝土以及复合土工膜等）、坝壳料、反滤料、过渡料、堆石料等。石料、天然砂砾料、土料的开采和加工处理，应满足防渗料、堆石料、过渡料及反滤料、排水料的质量、强度要求。

5.1 料场复查

设计阶段已经确定了料场和坝料物理力学指标。施工阶段应对料场进行复查，以验证给定坝料资料的正确性和可靠性。

料场复查，是施工单位进场后，在大坝填筑施工以前，根据设计提供的料场和料场地质资料、坝料的勘探资料，在适宜的时间内，以规范要求的坑探、钻孔取样和相应的室内外试验工作，对料场进行核查。通过料场复查，核对设计料场勘探资料数据的正确性；查明料场的岩、土层结构及岩性、夹层性质及空间分布、地下水位、有用层储量、坝料质量、无用层厚度及方量；开采、运输条件和对环境的影响等。根据料场复查结果，为施工提供料场坝料的质量和储量、开采条件和开采方法；划定开采范围。

特殊情况下，寻找质量更优或开采条件更好料场的情况也较为多见，成为料场复查的内容之一。

黑河金盆水利枢纽工程拦河大坝为黏土心墙砾石坝，黏土填筑量 158 万 m^3。设计阶段选定了金盆、武家庄、永泉 3 个土料场，3 个土料场普遍存在天然含水量偏高的问题，土料均需要翻晒后方可上坝。初设阶段在考虑土料的物理力学指标，特别是土料的击实性能及天然含水量、储量等因素后，本着尽量少占用耕地、减少征地、增加库容的原则，确定心墙填筑以金盆土料场为主料场，武家庄土料场为辅助料场，永泉土料场为备用料场。施工单位于截流前进行了金盆土料现场碾压试验，在试验中发现翻晒时，土料结块难以粉碎，土块外干内湿，在碾压后的土层中，发现夹杂有碎土块，土层在碾压过程中发生剪切破坏。经研究决定将金盆土料场转为备用土料场，对武家庄、永泉土料场扩大复查范围，并综合考虑土料性质、储量、运距、天然含水量等因素，对荞麦窝、狮子头、上黄池、钟楼山等料场进行了复查，开采了符合施工要求的土料，确保了施工工期和质量。

5.1.1 内容和方法

（1）料场复查时，应根据料场情况、岩土特性和勘察级别选择勘探方法。对水上砂砾料和土料，宜以坑探、井探为主，钻探为辅；水下砂砾料宜以钻探为主；石料宜以洞探、钻探为主，坑探为辅。料场复查的内容和方法见表5-1。

表5-1　料场复查的内容和方法表

料名	内　容	方　法
黏性土、砾质土	天然含水量、颗粒组成（砾质土大于5mm的粗粒含量和性质）、土层分布、储量、覆盖层厚度、可采土层厚度；最大干密度、最优含水率、砾质土的破碎率等；天然干密度、颗粒密度、液塑限、压缩性、渗透性、抗剪强度等	坑井探、洛阳铲、手摇钻、布孔间距50～100m，沿深度每1m测含水率一组，其他项目取代表样试验
软岩、风化料	岩层变化、料场范围、可利用风化层厚度、储量；标准击实功能下的级配、小于5mm的粒径含量、最大干密度、最优含水率、渗透系数等	钻探和坑槽探，分层取样与沿不同深度混合取样
砂砾料	级配、小于5mm含量、含泥量、最大粒径、淤泥和细砂夹层、胶结层、覆盖层厚度、料场分布、水上与水下可开采厚度、范围和储量以及与河水位变化的关系、天然干密度、最大与最小干密度等；密度、渗透系数、抗剪强度、抗渗比降等性能试验	坑探、方格网布点、坑距50～100m，取代表样试验
石料	岩性、断层、节理和层理、强风化层厚度、软弱夹层分布、坡积物和剥离层及可用层的储量以及开采运输条件	钻孔、探洞或探槽，用代表性试样进行物理力学性能试验
天然反滤料	级配、含泥量、软弱颗粒含量、颗粒形状和成品率、淤泥和胶结层厚度、料场的分布和储量、天然干密度、最大与最小干密度等；颗粒密度、渗透系数、渗透破坏比降等性能试验	取少量代表样进行试验
建筑物开挖料	可供利用的开挖料的分布、运输及堆存、回采条件；主要可供利用的开挖料的级配等工程特性；有效挖方的利用率	取少量代表样进行试验

(2) 料场复查时，勘探剖面应根据地形地貌和地质条件进行布置，宜沿岩相和岩性变化大的方向布置。勘探点应该根据料场类型，先疏后密，逐步增加并形成网格状。

按照《水利水电工程天然建筑材料勘察规程》(SL 251—2015) 等规范，料场复查的分类及勘探网点的布置间距见表5-2。

5.1.2 料场复查试验

5.1.2.1 取样方法

应综合考虑地形、地层特点及施工开采方式等因素，采用不同的方法，如刻槽法、探井法、全坑法或钻孔法。样品可分为原状样和扰动样。立面开采以混合取样为宜，平面开采以分层取样为宜。

5.1.2.2 取样组数及试验项目

黏性土、砾质土、反滤料、砂砾料因其特性差异，试验项目和取样组数有所不同，其组数见表5-3～表5-5。

石料应取1～3个典型剖面，在剖面各有用层上取样。试样总组数不得少于5～10组。典型断面以外各点所揭示的有用层，均应采取一组试样。

爆破石料作级配试验时，一组取样料的数量不宜少于100t。

对于黏性土，料场复查有时还需要现场进行碾压试验，确保坝料施工的可碾性。

表 5-2　　料场复查的分类及勘探网点的布置间距表

料名	类型	料场特点	勘探网（点）间距/m
防渗土料	Ⅰ	地形完整，平缓，料层岩性单一，厚度变化小，没有无用层或有害夹层	100～200
	Ⅱ	地形较完整，有起伏，料层岩性复杂，相变较大，厚度变化较大，无用层或有害夹层较少	50～100
	Ⅲ	地形不完整，起伏大，料层岩性复杂，相变大，厚度变化大，无用层或有害夹层较多	<50
用于填筑反滤的砂砾料	Ⅰ	料层厚度变化小，相变小，没有无用层或有害夹层	200～300
	Ⅱ	料层厚度变化较大，相变较大，无用层或有害夹层较少	100～200
	Ⅲ	料层厚度变化大，相变大，无用层或有害夹层较多，料场受人工扰动较大	<100
碎（砾）石类土料	Ⅰ	料场面积大，地形平缓，岩性单一，有用层厚度大而稳定，成分结构较简单	100～150
	Ⅱ	料场面积较大，地形起伏，有用层厚度和成分、结构变化较大	50～100
	Ⅲ	料场带状分布，地形起伏大，有用层厚度和成分、结构变化大	<50
石料	Ⅰ	岩性单一，岩相稳定，断裂、岩溶不发育，岩石裸露，风化轻微	150～250
	Ⅱ	岩层厚度及质量较稳定，没有或有少量无用夹层，断裂、岩溶较发育，剥离层薄	100～150
	Ⅲ	岩层厚度及质量变化较大，有无用夹层，风化层较厚，断裂、岩溶发育，剥离层较厚	<100

表 5-3　　黏性土取样试验组数表

产地储量/万 m^3	主要试验项目						
	天然含水率	颗分	击实试验	天然密度	渗透	抗剪强度	界限含水率
<10	每孔 1 组/m	每孔 1 组/2m	不少于 5 组	不少于 3 组	不少于 5 组	不少于 5 组	5 个
10～50	每孔 1 组/m	每孔 1 组/2m	不少于 8 组	不少于 3 组	不少于 8 组	不少于 8 组	不少于 8 个
>50	每孔 1 组/m	每孔 1 组 2m	不少于 12 组	不少于 3 组	不少于 12 组	不少于 12 组	不少于 12 个

表 5-4　　砾质土防渗料取样试验组数表

产地储量/万 m^3	最小组数	试验项目
<10	5	测定天然的、剔去超径石的和击实后的颗粒级配，粗、细料含水率、密度；做粒径小于 10mm 土料的击实试验；测定细料界限含水量等。渗透性除试验室试验外，宜结合碾压试验做现场双环注水试验
10～50	8	
>50	12	

注　新辟料场的复查取样组数应比以上各表增加 1 倍。

表 5-5　　反滤料、砂砾料取样试验组数表

产地储量/万 m^3	最小组数	试验项目
<10	5	每个坑、井沿深度，每 5m 混合取样 1 组，做颗分及含泥量试验，成品反滤料除颗分试验外，做不少于 3 组的最大及最小干密度试验
10～50	10	
>50	15	

5.1.3 坝料储量

5.1.3.1 储量计算

储量计算是料场复查中最基本内容之一，它的准确与否，关系到料场开采价值。

储量计算可分为平行断面法及平剖法两种基本方法，均在已绘制完成的地形图上切取断面，间距根据实际可定为20～50m，突变部位适当加密。平行断面法是垂直于等高线切取断面，断面上可以反映后边坡的情况，对分析料场后边坡稳定较为形象和直观，但缺点是封闭性不好，计算误差较大；平剖法是平行于等高线进行切取断面，以计算好的后边坡作为封闭线，封闭性较好，在平面上可以较为准确地反映地质分界线，区分有用料、无用料较为方便，计算的精度略高。一般情况下，推荐采用平剖法进行储量计算，从用料安全的角度，储量可采用式（5-1）进行简易计算：

$$V=S(H_1-H_2) \tag{5-1}$$

式中 S——测区面积，m^2；

H_1——勘探深度，m；

H_2——无用料平均厚度，m。

需指出的是，采用两种方式进行料场储量计算（或其他方法计算），均与实际情况存在着差异，根据多个工程情况分析，对于同一个料场，采用不同的方式计算出的储量相差较大，最大可以达到相差20%以上。因此，对于计算出的储量，应综合进行评价，同时也应注意，储量并不等同于开采量，一些不具备开采条件或开采条件较差的储量不能算入可开采量内，以免影响对料场的正确评价。

5.1.3.2 储量要求

根据实际施工条件及料场变化情况，对原料场勘探资料提供的有效坝料储量进行复核，扣除难以开采或必须弃置的储量部分。料场复查确定的料场有效的可开采储量与坝体填筑数量的比值一般应为：土料2.0～2.5（砾质土取上限）；砂砾料1.5～2.0；水下砂砾料2.0～2.5；天然反滤料不小于3.0；石料1.2～1.5。

5.1.4 复查报告

料场复查完成后应编写复查报告，报告内容包括：①综述复查及补充试验中各种材料试验的分析成果、技术指标的变异特征、有效开采面积和实际可开采量的计算书及各类材料的储量；②对设计料场勘探结果中的疑点和新发现问题的处理措施和建议；③提出料场地形图、试坑及钻孔平面图、地质剖面图（土层简单者可以省略）；④对料场的开采方法、顺序、时段等提出建议。

5.2 料场规划

料场的合理规划与使用关系到坝体的施工质量、工期和工程投资，而且还会影响工程的生态环境和国民经济其他部门。施工前应从空间、时间、品质与数量等方面进行全面规划。

空间规划，指对料场位置、高程的恰当选择，合理布置。土石料的上坝距离尽可能短。高程上有利于重车下坡，减少运输机械功率消耗，近料场不应因取料影响坝的防渗稳定和上坝运输；也不应使道路坡度过陡引起运输事故。坝的上下游、左右岸最好都设料场，这样有利于上下游、左右岸同时供料，减少施工干扰，保证坝体均衡上升。用料原则上应低料低用，高料高用。同时料场的位置应有利于布置开采设备、交通及排水通畅。对石料尚应考虑与重要建筑物、构筑物、机械设备等保持足够的防爆、防震安全距离。

时间规划，是要考虑施工强度和坝体填筑部位的变化。随着季节及坝前蓄水情况的变化，料场工作条件也在变化。在用料规划上，应力求做到上坝强度高时用近料场，低时用较远料场，使运输任务较为均衡。对近料和上游易淹的料场应先用，远料和下游不易淹的料场后用；含水量高的料场旱季用，含水量低的料场雨季用。在料场使用规划中，还应保留一部分近料场供拦洪度汛高峰强度时使用。

品质与数量的规划，应对地质成因、产状、埋深、储量以及各种物理力学指标进行全面勘探和试验。不仅应使料场的总储量满足坝体总方量的要求，而且应满足施工各个阶段最大上坝强度的要求。料尽其用，充分利用永久和临时建筑物开挖渣料。

划分主要料场和备用料场。质好、量大、运距近，且有利于常年开采，通常在淹没区外的料场作为主要料场。

料场开采和坝料运输平面布置规划，主要包括运输主干线和料场内支线道路的布置，风、水、电线路的布置，坝料加工场、回采场、弃料场以及排水防洪设施的布置，炸药库的布置。

随着现代通信技术、计算机技术、空间信息技术的不断发展，在国内外的工程建设领域正兴起一股数字化技术的应用热潮，并在我国高土石坝建设中初显优势。高土石坝具有填筑工程量大、施工期短、填筑强度高等特点，施工场地布置复杂，施工干扰大。由于坝料种类多、来源多，坝体填筑施工是一个非常复杂的随机动态过程，难以通过构建简单的数学解析模型来分析研究。随着仿真技术的发展和应用，土石坝施工仿真技术可以对坝体施工动态全过程进行仿真分析，预测不同施工方案下大坝施工进程中的施工参数与控制指标，为工程管理提供科学的、可靠的决策依据。依据实际施工的实时信息，通过动态仿真来进行施工进度的预测分析，当发现工程进程与计划发生偏差时给出优化施工的措施和建议，进而确保进度目标的实现。

通过建立土石坝施工数字模型，如土石方调配仿真模型、交通运输仿真模型及土石坝填筑过程仿真模型等，共同组成土石坝施工仿真系统，进行施工过程的动态模拟。土石坝施工过程的仿真可实现坝料平衡、填筑分期、交通运输、填筑单元的数字仿真，为施工方案和进度控制提供决策依据。如糯扎渡高心墙堆石坝施工全过程动态可视化仿真系统包括土石方规划平衡子系统、场内交通运输模拟子系统、大坝填筑子系统、溢洪道开挖子系统和三维可视化子系统。长河坝、水布垭、溧阳等工程均采用了施工数字化控制系统。

5.2.1 料场规划原则

经济的、最大化的料源利用是料场规划及土石方平衡工作原则。

（1）料源充足且质地比较均一。

（2）料场剥离层薄，便于开采，利用率高。

（3）注意合理调配坝料，尽量做到就近取料，高料高用，低料低用，拦洪淹没的料区先用，并力求料场及弃渣的总运量最小。

（4）利于环保，少占耕地，多用库内淹没区的料场，充分利用其他建筑物开挖料并尽量直接上坝。

（5）应选择施工场地宽阔、料层厚、储料集中、质量好的大料场作为施工的主料场。

（6）有一定的备用料区，并保留部分近料场作为坝体抢筑拦洪高程使用。

（7）垫层料、过渡层和反滤料一般多用天然砂石料筛选，也常采用多种方式的掺配料。要注意合理安排反滤料筛选加工、储存及弃料场地。

（8）减少料场堆存、倒运。必须堆存时，堆场宜靠近上坝道路，并应有防洪、排水、防物料污染、防分离和散失的措施。

（9）确定运输方式。载重汽车以其坝料适用性强、运输能力大、设备通用、机动灵活、贴近卸料等优点被行业通用；有轨运输、皮带运输适宜料场集中、运输量大、运距大于10km的运输；其运输方式应根据运输量、开采、运输设备型号、运距、地形条件以及临建工程量等资料，通过技术经济比较后选定。目前，各种坝料的运输方式以自卸汽车为最多，土料采用皮带机运输的也有几个成功的例子，已不再采用火车或轻轨运输各种坝料。

（10）根据确定的运输方式布置坝料的开采与加工，确定开挖、加工设备的型号、数量。

5.2.2 坝料开采区布置

（1）开采工作面布置。根据开采强度和作业方式，划定足够的开采面，布置开挖机械和运输机械的行驶线路。

（2）风、水、电线路布置。应避开爆破抛掷的方向，以免飞石损坏设备。风、水、电线路尽量避免与道路交叉，如遇交叉则应将之埋入地下或用排架高挑。风、水管路的主干线敷设至料场开挖的边线外，改用软胶管引入作业面。

5.2.3 料场运输路线布置

大、中型工程料场运输路线尽可能采用专用道路，避免与村庄、社会道路交叉。料场运输路线规划，应根据坝体填筑的强度、开采设备的配置、运输车辆的类型及道路内侧边坡稳定等综合因素进行考虑，并根据规范正确确定路宽、坡度、转弯半径及径向超高等技术指标，并在道路上按规定设置必要的标志及安全墩等措施，结合实际查勘的情况在地形图中根据纵坡定出道路特征点，进行线路的平面及纵、横断面的设计（具体设计详见相关规定）。道路设计尽量采取挖填平衡或挖方略多于填方的方案，以简化道路修建，道路规划应提出的成果资料一般包括下面内容：①道路平面布置图；②道路展开图（纵断面图）；③道路横断面图；④道路修建开挖、回填工程量及土石方平衡表；⑤特殊部位的工程处理措施及相应的防护措施；⑥道路运输量的复核资料；⑦必要的文字说明。

从工程实践中，将运输道路提高一个等级而增加的费用不会增加很多，而带来的效益却是可观的，因此，道路的标准确定，是一个综合经济及效益费用比较的问题，需进行全面的分析。

在不良地质条件下的料场道路修建，应充分注意沿道路的断层对道路边坡的影响。由于断层破碎、松散，边坡难以稳定，且在雨季容易形成滑塌，影响道路的运行，应根据断层的走向、影响程度、防治费用等方面制定综合处置措施。在料场道路的修建中，由于路线长、坡度陡，运输车辆刹车系统负荷较大，从安全的角度上来讲，应在料场坡脚部位修建刹车池，进行刹车冷却。刹车池的尺寸应根据运输车辆的尺寸进行相应设计，刹车池的位置不得影响正常运输。

（1）土料场一般地势较平缓，其支线道路可设置循环式的单车道；地形狭窄处可设置直进式的双车道。采区道路变更频繁，故路面简易，需要推土机经常维护。

（2）石料场一般地势较陡，当采用潜孔钻钻孔、梯段爆破的方法开采时，往往必须由料场顶部开始施工作业。这就要求支线道路迂回盘旋爬升到尽可能高的部位，局部支线路段坡降比可达15%，但雨天要有防滑措施，拐弯处要设安全防护。对于比道路端部还高的山顶部位，可另修建一条推土机可爬升的陡坡道，将轻型钻机拉运到山顶，进行钻爆作业，用推土机推运石料供挖掘机装入汽车的方法开采。

《水电水利工程场内施工道路技术规范》（DL/T 5243—2010）中附录A.1对水电工程场内施工主要道路主要技术指标进行了规定（见表5-6）。

表5-6　　水电工程场内施工主要道路主要技术指标表

项目				道路等级			备注
				一	二	三	
年运量/万t				>1200	250～1200	<250	
行车密度/(辆/单向小时)				>85	25～85	<25	
计算行车速度/(km/h)				40	30	20	
最大纵坡/%				8	9	9	在条件受限时可增加1%，三级道路个别路段可增加2%；但在积雪严重及海拔2000m以上地区不宜增加
最小平曲线半径/m				45	25	15	
不设超高的最小平曲线半径/m				250	150	100	
视距/m	停车			40	30	20	
	会车			80	60	40	
竖曲线最小半径/m	凸形			700	400	200	
	凹形			700	400	200	
双车道路面宽度/m	车宽分类	一	2.5	7.5	7.0	6.5	当实际车宽与计算车宽的差值大于10cm时，应适当调整路面的宽度
		二	3.0	8.5	8.0	7.5	
		三	3.5	9.5	9.0	8.5	
		四	4.0	10.5	9.5	9.0	
		五	4.5	12.0	11.5	11.0	
		六	5.0	15.0	14.0	13.0	

续表

项目				道路等级			备注
				一	二	三	
单车道路面宽度/m	车宽分类	一	2.5	4.0	4.0	3.5	当车道需要双向错车时，应设置错车距，错车道间距不宜大于300m
		二	3.0	5.0	4.5	4.0	
		三	3.5	5.5	5.0	4.5	
		四	4.0	6.0	5.5	5.0	
		五	4.5	6.5	6.0	5.5	
		六	5.0	8.0	7.5	7.0	
回头曲线	计算行车速度/(km/h)			25	20	15	1. 在条件受限时，一、二级道路回头曲线各项指标可适当降低，但分别不应低于二、三级道路。无挂车运输时，最小平曲线半径可采用12m。 2. 单车道路路面加宽值，应按表列值折半。 3. 表中轴距加前悬为7m、8m、8.5m的双车道路面加宽值是按表列最小平曲线半径增加一个相应的计算车宽值后算得的，单括号内数值是按表列最小曲线半径算得。 4. 当汽车轴距加前悬在6～7m之间时，采用6m的加宽值与7m括号内的加宽值进行内插计算；当汽车轴距加前悬在7～8m之间时，采用8m的加宽值与7m无括号的加宽值进行内插计算
	平曲线最小半径/m			20	15	15	
	超高横坡/%			6	6	6	
	双车道路面加宽值/m	轴距加前悬/m	5	1.3	1.7	1.7	
			6	1.8	2.4	2.4	
			7	(2.5)/2.0	(3.3)/2.5	(3.3)/2.5	
			8	2.5	3.0	3.0	
			8.5	2.7	3.3	3.3	
	最大纵坡/%			3.5	4.0	4.5	
	停车视距/m			25	20	15	
	会车视距/m			50	40	30	

注 特殊情况下，要突破表中数值时，应采取专门论证，并采取可靠的安全措施。

洪家渡水电站坝址处河谷狭窄，只能在截流、基坑基本开挖完成后才能进行填筑。坝体填筑料源分散，垫层料加工点、过渡料堆放点、保护石渣、部分次堆石料均位于左岸上游小冲堆渣场，须从左岸上坝；其余主、次堆石料由天生桥、卡拉寨两个石料场及下游右岸王家渡堆渣场从右岸上坝。道路布置的原则是不论料源在上游还是下游均采用从下游上坝方式，且能控制整个坝体的填筑施工。按此要求，左岸上游布置了3层交通洞，即通到坝体内部高程1030.00m的4号支洞、通到坝后高程1055.00m的5号支洞、通到坝顶高程1147.50m的上坝交通洞；右岸布置了高程996.00m、1032.00m、1050.00m、1097.00m、1147.50m的5层公路。按此布置结合坝内、坝后公路即可满足坝体填筑要求。

由于河床狭窄，很难布置45 t级自卸汽车行驶的施工道路，因此选用32 t自卸汽车作为坝料的主要运输设备。上坝道路标准为三级，混凝土路面，路宽10m，平均纵坡6%～7%（个别路段10%～12%），最小转弯半径15m。双车道交通洞断面10m×8m、单行洞6m×6m，通行能力按昼夜2000对车考虑，32 t自卸汽车高峰日强度可达3.2万m^3，高峰强度可达72万m^3/月。

5.2.4 回采料及弃料场布置

（1）回采料场地。可利用的开挖料堆存场地和坝料加工场地，应设置在地形开阔、交通方便、有利防洪排水的区域，其面积应满足储量要求。

积石峡水电站工程最大坝高101.00m，设计填筑量约280万m^3，该面板坝的开挖料达500万m^3。经过试验研究论证，设计对原方案进行了优化，充分利用开挖料作为筑坝材料。大坝主堆石料3BⅡ、下游堆石料3C，主要利用左岸坡主体工程开挖的回采料，回采料堆存在上游样板湾主、次倒渣场，倒渣场距坝址1.5km；主堆石料区占地8.6万m^2，容量130万m^3；下游堆石料区占地11.5万m^2，容量195万m^3。

(2) 弃料场地。土石坝施工中未能充分利用的弃料，应根据弃料数量、堆存时间，结合场地平整度设置集中的或分散的堆弃料场地。其位置应与总平面布置统一考虑，切忌沿河乱堆乱卸或与有用料混杂。弃料场应符合环保要求，不占或少占用耕地，有条件时应结合造地。弃料场应保持自身稳定，必要时应分层碾压，不得因弃料场造成水土流失、地基失稳、滑坡、泥石流、环境污染等危害。

5.2.5 料场防洪及排水

5.2.5.1 料场防洪

(1) 当料场靠近山坡或山沟出口时，应采取措施预防山洪或泥石流带来的灾害。

(2) 洪水期开挖滩地料场时，应布置好机械设备的撤退路线，选好采砂船避风港，并设置地锚，挖掘机要设置好避洪台等设施。

(3) 当料场低于地平面时（尤其是地下水位较高的砂砾料场和石料场），应设水泵进行排水。采砂船开采砂砾料，当河水位上涨至安全警戒水位时，采砂船应迅速撤退到安全区停泊；水位有下落趋势时，要做好返航准备，以防船只搁浅。

(4) 要根据洪水规律做好河滩料场的开采规划，所有施工作业不应对防洪设施造成危害。

5.2.5.2 料场排水

(1) 根据料场地形、降雨特点及使用情况，确定合理的排水标准，做出全面的排水规划。

(2) 在料场周围布置排水沟。排水沟有梯形土质明沟和梯形砌石明沟，应有足够的过水断面。

(3) 顺场地地势布置排水沟，并辅以支沟。干沟大致平行，有一定纵坡，使排水通畅。

(4) 排水系统与道路布置相协调，主要道路两侧均设排水沟，道路与排水沟交汇处应设管涵。

5.2.6 水布垭面板堆石坝土石方调配

水布垭面板堆石坝坝高233.00m，是当前世界最高的面板堆石坝。在工程施工中，土石方的挖填、运输工程量巨大，挖方总计约2500万m^3，填方总计约1570万m^3。土石方调配问题是水布垭面板堆石坝施工中关系全局的核心问题，牵涉到施工装备的配置、道路系统的布置、施工场地的征用、施工进度的协调、工区环境影响等诸多方面，直接影响工程施工进度、投资、施工质量及其施工区生态环境保护等目标的实现。该工程建立了综合考虑施工过程的动态性、土石方调配时间/空间关系、物理性质匹配关系等多维的、动态的土石方优化调配模型，并开发了土石方优化调配与管理系统，用于施工现场管理与决策。

水布垭面板堆石坝土石方工程施工的特点如下。

（1）土石方施工工程量大。总开挖量、总填筑量、调配运输量庞大，总量超过5000万 m^3。

（2）施工强度高。水布垭面板堆石坝施工各期的强度均达到较高强度，其中第二期、第三期的月平均填筑强度在40万 m^3 以上。

（3）土石方施工点多、面广。开挖区、料场、中转场数量多、发布广、不集中，开挖区、料场、中转场占地面积大。共有6个开挖大区、13个开挖分区、3个存料场、2个料场。

（4）坝体分区多、料型多。水布垭面板堆石坝共分7个区，共有10种料型。施工过程中，对每一种料型的物理、化学、力学性质都有严格的规定。

（5）可变因素多。土石方工程施工中的可变因素多、不确定因素多。如，实际地质条件与勘测设计阶段未必一致，施工进度有调整的需要，料场储量也与设计有一定出入。

水布垭面板堆石坝左岸、右岸建筑物开挖料利用情况及其料场利用情况见表5-7～表5-9。

表5-7　　水布垭面板堆石坝左岸建筑物开挖料利用情况表　　单位：m^3

开挖部位	一期	二期	三期	四期	五期	坝前盖重区	合计
	2003.1.31—2003.5.25	2003.9.17—2004.5.18	2004.5.19—2004.9.16	2004.9.17—2005.11.28	2005.11.19—2006.10.12		
三友坪砂石系统	20791.80	131444.70	17568.30	138317.30	112344.50	16013.80	436480.40
溢洪道	134407.80	1692786.60	925770.00	1400185.20	1043124.28	442941.70	5639215.58
长淌河存料场	15406.90	512143.90	606399.60	364057.30	0.00	0.00	1498007.70
邹家沟存料场	0.00	0.00	0.00	486467.80	0.00	0.00	486467.80
河床及左坝肩	0.00	33735.60	466.20	0.00	0.00	0.00	34201.80
5号路延长段	0.00	1800.10	0.00	0.00	0.00	0.00	1800.10
7号路延长段	0.00	0.00	25959.30	0.00	0.00	0.00	25959.30
导流洞进口左侧上游河床	0.00	0.00	0.00	0.00	0.00	44573.50	44573.50
溢洪道左侧高程407.00m以上	0.00	0.00	0.00	10711.00	6447.40	12009.90	29168.30
溢洪道右侧高程422.00m以上滑移体	0.00	0.00	0.00	0.00	0.00	24486.00	24486.00
桥沟料场	0.00	0.00	0.00	0.00	13590.35	0.00	13590.35

表 5-8　　水布垭面板堆石坝右岸建筑物开挖料利用情况表　　单位：m^3

开挖部位	一期	二期	三期	四期	五期	合计
	2003.1.31—2003.5.25	2003.9.17—2004.5.18	2004.5.19—2004.9.16	2004.9.17—2005.11.28	2005.11.19—2006.10.12	
桥沟存料场	0.00	0.00	166232.60	414984.30	0.00	581216.90
马崖三期	0.00	205544.30	50.20	0.00	0.00	205594.50
庙包及电站引水渠	6070.60	58554.10	41662.90	262968.80	2690.10	371946.50
猴子包	0.00	38174.20	7294.50	43913.90	0.00	89382.60
响水河	0.00	0.00	0.00	0.00	0.00	0.00

表 5-9　　水布垭面板堆石坝料场利用情况表　　单位：m^3

开挖部位	一期	二期	三期	四期	五期	合计
	2003.1.31—2003.5.25	2003.9.17—2004.5.18	2004.5.19—2004.9.16	2004.9.17—2005.11.28	2005.11.19—2006.10.12	
桥沟存料场	352993.60	970779.10	674180.20	1771978.00	873006.37	4642937.27
马崖三期	373009.30	622862.60	45396.20	403792.80	3025.30	1448086.20

经过上述的多维动态土石方优化调配工作，实现了水布垭面板堆石坝高强度、均衡的施工过程，确保了面板坝填筑质量、填筑进度的实现。开挖过程中产生的有用料的直接上坝率达到了86.23%，最终上坝率（直接上坝＋中转上坝）接近100%，最大限度减少了料场开采量，减少了弃料和料场占地面积。

5.3　爆破堆石料开采与加工

土石坝施工中堆石料的开采常与坝基、边坡、导流洞、溢洪道等建筑物开挖相结合，建筑物开挖料作为主堆石、次堆石、垫层料、过渡料、排水料等筑坝材料。筑坝石料主要依靠爆破开采取得，爆破开采的土石坝筑坝石料的特点是，满足设计级配包络线，不但最大粒径要满足铺料厚度（一般应小于0.8m）的要求，有较好的颗粒级配组成以利于振动压实，而且要在爆破开采的规格和数量上与设计要求的上坝强度相适应。

5.3.1　堆石料开采原则

（1）堆石料开采应根据设计要求、料场地形、地质条件、水文地质特点、爆破试验参数以及总方量、日上坝强度、装运机具等进行爆破设计。

（2）堆石料宜采取自上而下、分层台阶开采。

（3）覆盖层在石料开采前剥离完成。同时，形成开采平台推进方向的初始掌子面。

（4）开采过程中及时清除夹泥层、软弱层及污染层，确保石料质量。

（5）堆石料开采方法，宜采用深孔梯段微差爆破法和（或）挤压爆破法；在地质、地形和安全条件允许的情况下，亦可采用洞室爆破法。爆破参数应通过试验确定。

（6）爆破时应注意观测，调整爆破参数，保证石料开采质量的稳定性。爆破后的超径石料宜在料场处理。

（7）开采过程中，应保持石料场开挖边坡的稳定。

（8）应编制安全施工细则。为确保安全，应优先采用非电导爆管网络。如采用电爆网络时，应充分注意雷电和量测地电对安全的影响。

5.3.2 爆破试验

由于地质条件的复杂性和工程的特殊性等原因，在堆石料场开采前，必须进行爆破试验，逐步调整爆破参数。爆破试验一般结合碾压试验在施工初期进行，爆破、碾压试验的优化成果，既能指导施工，也是验证设计的依据。

一般用施工中同一型号的钻孔机具和火工材料对同一要求的石料进行试验，梯段爆破一般以2～3次为宜。洞室爆破则结合小规模的洞室爆破进行。每次施爆后应对试验效果进行检测。

5.3.2.1 试验目的

（1）确定合理的深孔爆破孔网参数及单耗，以及预裂爆破的合理装药量及装药结构。

（2）研究不同爆破条件、地形和地质情况下的爆破振动衰减规律，以制定相应的开挖技术措施。

（3）通过预裂、梯段爆破试验，确定施工中规格化生产的爆破参数、装药结构、起爆方式及网络。

（4）通过预裂、梯段爆破试验，测定预裂爆破及深孔爆破破坏范围。

（5）通过对需要上坝的石方开采区进行级配料爆破试验，确定满足坝料设计级配的相关爆破参数、单耗及级配料筛分测定。

（6）研究爆破对高边坡、邻近建筑物的影响，以确定爆破安全控制标准。

5.3.2.2 试验原则

（1）场地选择具有代表性，在开挖区内选取具有代表性的地段进行爆破试验。

（2）爆破参数试验2～3组，以便指导施工。

（3）试验数据的初步选定要根据经验和计算选取。

（4）试验记录准确。

（5）暂定试验钻爆参数以阶梯爆破选定参数为基础，选定上下界限参数进行试验。

5.3.2.3 试验内容

（1）预裂爆破成缝及其减振效果试验，进行跨预裂缝的爆破前后声波对测试及预裂爆破前后的质点振动衰减规律监测，对比减振效果。

（2）预裂及深孔爆破参数及装药结构的选择。确定爆破方式、钻爆参数及起爆网络，宏观调查及爆破效果分析，进行爆区相邻边坡的声波测试及爆破振动衰减规律监测。

（3）爆破对边坡稳定影响及其控制标准的确定，进行爆破振动衰减规律监测，爆区相邻边坡的声波测试及宏观调查。

（4）检查爆破后堆渣情况，测算堆渣的体积、抛掷距离、超径块石的数量和位置等，并检查爆破后岩体的稳定性。

（5）对爆破石料进行取样筛分，每次试验应选其获得料的0.5%～1%进行筛分，统计筛分结果。根据其结果绘制颗粒级配曲线，并计算分布函数的 n 值和 X_0 值，验证其是否在坝工设计的颗粒级配曲线的包络范围内，否则要调整爆破参数，再做试验。

（6）结合现场碾压试验，检验爆破试验料的压实效果。对每次试验结果和爆破设计资料应及时进行整理。

为了满足工程堆石料的粒径级配要求，先对料场堆石料进行计算机模拟计算并设计爆破参数。根据计算的参数进行爆破试验，对爆破料进行室内筛分试验，通过对比堆石料级配设计包络线，对爆破参数进行针对性的调整，直至爆破料级配满足上坝堆石料的要求。

5.3.2.4　试验程序

（1）选定试验部位。在开挖区内选定试验场地，制定试验技术措施。选定试验测试项目及需取得数据。实施中由试验组成员进行指导、控制。

（2）测量放样，地形测量。选定试验场地后，进行地形测量，并进行放样测出试验要求的控制点。

（3）钻孔布置。依据控制特点按试验技术要求进行钻孔布置，如试验场地平面高差较大，先行对场地进行平整，以使试验方便施工和数据的收集。

（4）装药爆破。依据试验技术要求进行装药、分段、起爆，并做好记录，按施工区爆破安全要求组织爆破。

（5）试验成果。试验过程中进行数据收集。

1）爆破振动数据，采用试波仪收集振动数据，并整理出振动速度公式，以供施工中进行爆破振动控制。

2）爆破后石渣堆积体型测量，分析爆破效果。

3）预裂面评价，出渣后对预裂面进行检查，检查项目：半孔率、平整度、爆破裂隙等。

4）爆破后对爆破料进行现场颗粒分析试验及相应的室内试验和分析。

5.3.2.5　试验成果

组织对试验工作总结，并完成试验成果报告。

成果报告包括：试验过程，试验内容，试验场地的地形、地质情况，试验爆破参数，地表、地下岩体、建筑物破坏情况，地表、地下岩体振动速度公式中的 K、α 值，岩体波速变化成果，爆破料颗粒分析及各种物理力学指标，爆破情况照片等。

高塘水电站石料场选定于坝体下游的左岸，沿河谷分布，可利用长度 300m，储量 250 万 m^3 左右。料场岩石主要为燕山期灰白色细粒花岗岩和灰白、肉红色中粒花岗岩，岩性单一，地质构造简单。岩石的比重为 2.64～2.65，密度为 2.51～2.64g/cm^3，新鲜岩石的抗压强度在 123.2～178.1MPa 之间，岩石的普氏硬度系数 f 值平均在 15 左右，属坚硬难爆岩石。按施工计划先后进行了次堆石料、过渡料、主堆石料 3 场爆破试验。第一场的次堆石料爆破试验，受地形限制只能布置两排孔，且爆破作用方向也只能向河床方向，为了减少爆渣大量落入河床，起爆采用 V 形起爆方式；第二场过渡料爆破试验，爆破作用方向调整为顺山坡方向，起爆采用排间毫秒延时，“一”字形起爆方式；第三场主堆石料爆破试验受断层分支切入的影响，岩石较破碎，其爆破作用方向和起爆方式同第二场。3 场爆破试验，爆破后石渣都比较集中，最大抛散范围为台阶高度的 3～4 倍。由于集渣场地狭窄，3场爆破试验均有少量爆渣滚落到下河槽。爆破后在挖渣运输到碾压场的同时，每场都随机选取代表性爆渣进行了颗料分析试验。结合同期进行的碾压试验颗粒分析成果曲线，可以看出，过渡料、次堆石料的爆渣级配曲线在设计级配的左侧，说明爆渣各级粒径均较设计要求的偏粗，而经碾压后的级配曲线又落在设计级配曲线的右侧，说明爆破石碴经挖装、铺场、碾压后有较明显的二次破碎现象，而使各项粒径较设计值略偏一点。主堆石料爆后石渣的级配曲线和碾压后的级配曲线均落在设计要求的级配曲线附近，其中间段基本重合。由此可见，过渡料、主堆石料、次堆石料的爆破粒径具有良好的级配组成和压实效果，符合设计要求。

5.3.3 爆破开采石料

国内石料开采爆破，大致归纳有以下几种方法（见表5-10）。

表5-10　坝料开采爆破方法比较表

方法名称	方法比较	结论
石料中小孔径装药爆破	采用以手持式汽油钻、手持式风钻及ϕ80mm以下的凿岩机械钻孔。人工装药，以散装炸药耦合装药及条形药包不耦合装药结构、火炮及电炮爆破开采。 优点：无需大型钻爆机械设备及附属设施，灵活方便，石料级配质量较高。 缺点：成本高，开采强度低，劳动强度大，工期长等	规模小，成本高，无法满足工程进度要求
洞室爆破采石	采用小型凿岩机械先行挖掘平洞及药室，人工装药，以袋装、箱装炸药药室集中装药结构，采用电力或非电爆破开采。 优点：无需大型钻爆机械设备及附属设施，设备投入量少，开采强度高，材料用量少，经济效益较好。 缺点：爆破地震效应强，爆破效果较难控制，爆破飞石难控制，料级配质量差	开采粒径很难控制，爆破安全问题突出
洞室加深孔梯段复式爆破采石	采用小型凿岩机械先行挖掘平洞及药室，人工装药，以袋装、箱装炸药药室集中装药，辅以顶部钻孔结构装药，采用电力或非电爆破开采。 优点：减少大型钻爆机械设备及附属设施，设备投入量少，开采强度高，材料用量少，块石破碎均匀。 缺点：爆破地震效应强，爆破飞石难控制	成本高，技术难度大，爆破安全问题突出
石料大孔径深孔不耦合装药爆破	采用ϕ120～200mm较大型凿眼机械进行深孔梯段人工装药爆破，以条形药包不耦合装药结构、电雷管及非电雷管进行梯段爆破开采。 优点：爆破地震效应可控制，破坏及影响范围较小，爆破振动及飞石可有效地得到控制，爆破网络安全可靠，开采强度较高，爆破开采效果较好。 缺点：顶部大块率高，石料细颗粒粒含量偏少，材料用量较大，钻孔量大，经济效益不明显，工期较长等	开采强度受到限制，于工程进度不利
石料中大孔径深孔全耦合装药爆破	采用ϕ80～138mm中大型凿眼机械进行深孔梯段爆破，以散装2号铵油炸药或散装4号防水铵油炸药全耦合装药结构，电雷管及高精度非电雷管进行梯段爆破开采。 优点：爆破地震效应可控制，破坏及影响范围较小，爆破振动及飞石可有效地得到控制，爆破网络安全可靠，开采强度高，爆破开采效果好。 缺点：散装炸药在有溶洞溶槽及严重的地质缺陷的部位使用存在较大困难	开采粒径得到较好的控制，可满足开采强度及工程进度，且经济效益明显

用作坝体的堆石料多采用深孔梯段微差爆破。一定条件下，用洞室爆破也可获取合格的堆石料，并能加快施工进度。用作护坡及排水棱体的块石料，块体尺寸要求较高，且数量一般不大，多用浅孔爆破法开采，也有从一般爆破堆石料（侧重获取大块料进行爆破设

计）筛分取得。

5.3.3.1　深孔梯段毫秒微差爆破开采堆石料

研究堆石料开采的意义是在满足爆破料级配的前提下，充分利用各项技术手段，节约炸药、雷管等火工品消耗量，加大钻孔利用率，减小人工及其他费用，从而最大限度地降低施工成本。毫秒微差爆破是在目前堆石料爆破开采中广泛使用的技术，毫秒微差爆破施工中合理选用爆破网络、排数、孔排距以及梯段高度等爆破参数非常关键。

在爆破料开采中，常使用的微差爆破网络有奇偶式微差起爆、波浪式微差起爆、V形微差起爆、梯形微差起爆等起爆方式。实际施工中，要结合爆破料场的最大允许单药响量、梯段高度、排数等具体情况选用。

采用多排微差爆破时，爆破岩体内部可得到较大的挤压作用时间，而且可增加岩体的运动碰撞机会。与少排爆破相比，多排爆破可使临空面出现的机会大大减少，从而显著减少临空超径石。所以多排微差爆破比少排的效果明显要好，大量工程实践也证明了这一点。但是，超过一定的排数以后会出现爆堆抱死现象和爆破松动效果。

深孔梯段爆破中，在地形条件允许的前提下，应根据造孔设备选择合理的梯段高度，因为钻孔越深，机械损耗越大，钻孔成本加大。

要提高延米爆破量，应在满足级配的前提下最大限度地增加孔排距，在级配料开采中常用小抵抗线 ω，宽孔距 b，小排孔距。一般 $b=$（1.5～2）ω。

在堆石坝料开采和采石场作业中，梯段爆破得到了进一步的发展，爆破效率进一步提高。在深孔梯段爆破中，采用大孔径、大孔距、孔底装药、浅孔补爆技术。孔径一般在120～150mm，孔距5～6m，排距3～4m。采用这种方法，可减少钻孔，提高爆破效率。为了防止上部岩石块径过大，在大孔间布置3～3.5m深小孔径，使岩石块度满足要求。

小浪底斜心墙堆石坝的堆石料开采，使用技术十分成熟的微差深孔梯段爆破方法开采，取得了较好的效果。

石料场位于黄河南岸石门沟，南北长1km，东西长0.5km，经2号公路至大坝平均运距为5km。该料场为三叠系巨厚层硅质石英细砂岩及中厚层硅钙质细砂岩，水平及垂直裂隙十分发育。岩石顶部覆盖黄土厚10～30m。地下水位以上的石料勘探储量超过3700万m^3，超过计划开采量约2600万m^3的1.4倍。石料场顶部10～20m的土层为最合适的心墙区土料，因此结合石料爆破及心墙填筑计划，部分土料开采装运至指定的堆料场堆存，部分土料直接开采装运上坝填筑。基岩顶部约2～3m厚为不合适料，剥离后装运至弃料场。实际开采高程310.00～390.00m。施工中，沿斜坡向布置不同高程的爆破台阶，从而形成多个可开挖的掌子面。每个爆破台阶高度约为10m，台阶宽度约45～50m，形成了较好的钻孔、装药、挖运互不干扰的施工场面，利于大型机械作业，并且每个高程的台阶均与2号上坝公路相连。钻孔机具采用芬兰产2台TAMROCK CHA660型和4台TAMROCK CHAT 100型液压履带式钻机。前者钻孔为ϕ76mm、ϕ89mm，后者钻孔为ϕ102mm及ϕ127mm，转速30m/s。钻杆类型为T45和T51，长3.66m，分3～4个台阶同时进行装料作业。采用2台10.3m^3的正铲（日立EX1800）和1～2台10.7m^3的轮式装载机（卡特匹勒992D）装料，14～21辆65t意大利产Perlini自卸汽车运输石料上坝。采用卡特匹勒D8N推土机或卡特匹勒814、824轮式推土机维护道路和平整爆破台阶。爆破后石料自然倒塌在台阶上，便于装运，其级配满足规范要求。

我国已建和在建的许多大型工程石料开采中均使用了梯段微差爆破，例如糯扎渡、水布垭、天生桥等工程。但因工程地质条件、地形、岩石类别、施工方法等条件的不同，堆石料开采中的爆破参数也不尽相同，但经过实际应用，都取得了预期的效果，获得了级配符合设计要求的堆石料。几个大型工程堆石料开采爆破参数见表5-11。

表5-11　几个大型工程堆石料开采爆破参数表

工程名称	岩石类型	使用部位	孔径/mm	孔距/m	排距/m	孔深/m	单位耗药量/(kg/m³)	填塞长度/m	超钻/m	梯段高度/m
糯扎渡	弱风化及微新的花岗岩、角砾岩	Ⅰ区粗堆石料	115	5.0	3.0	16.5	0.44	2.5	1.5	15
水布垭	茅口组灰岩	ⅢB区主堆石	150	5.5	4.8	15.9	0.65	2.5	0.9	15
			140	5.0	4.2	15.8	0.59	2.5	0.8	15
			115	4.4	3.6	10.7	0.6	2.3	0.7	10
天生桥	弱风化、微风化、新鲜灰岩	ⅢB区主堆石	90	2.5	2.5	10.5	0.64	1.7	0.5	10
瀑布沟	弱风化、微风化花岗岩	堆石料	105	4.0	2.5～3.0	16.5	0.60～0.70	2.5	1.5	15
小浪底	硅质石英细砂岩及中厚层硅钙质细砂岩	堆石料	102	3.5～4.5	9.0～12.0	16.0～16.50	0.25～0.35	3.5～4.5	1.0～1.5	15
长河坝	微、弱风化、新鲜花岗岩或石英闪长岩		120	3.0	4.8	11.0	0.50	2.5	1.0	10

5.3.3.2　洞室爆破开采堆石料

洞室爆破方法一次爆破方量大、施工简单、机械投入少、经济效果良好，常用于料场开挖中和堆石级配坝料的生产上。广东环海炮台山移山填海洞室大爆破，总装药量1.2万t，爆破石方总量1085万m^3。

但洞室爆破由于存在爆落岩块不够均匀、大块率高、级配较差；对环境影响问题较突出，爆破振动影响范围较大；设计施工较复杂，精度要求较高等缺点，主要适用于料场节理发育、风化严重，料场地形限制无法形成开采条件、需要增加开采强度等的情况。

盘石头水库工程花尖脑西料场地质条件优越，石料质量优良，开采范围宽约100m，高程270.00～420.00m，储量达300万m^3，可以满足大坝填筑的要求。但花尖脑西料场的地形条件复杂，修筑施工道路困难，要在极短的时间内形成梯段开采条件十分困难。鉴于时间紧迫，应用梯段爆破开采又有相当的困难，因此采用了洞室爆破开采施工方案。

根据料场的地形地貌以及地质条件，条形药室的布置与爆破区地形等高线基本平行，呈“开”字形布置，以确保条形药包各部分的最小抵抗线基本相同；药室自上而下分4层，分别布置在385.00m、360.00m、335.00m、310.00m高程，另在270m和290m布置两层药室，以爆除底部鼓包；各药室及导洞设计为断面尺寸为1.2m×1.7m城门洞拱形的平洞，为便于出渣和排水，按0.3%的顺坡设计。为降低大块率，使爆破料级配更合理，尽量采用较小的抵抗线，采用非电微差起爆网络，降低单药响量。单次洞室爆破方量70万m^3，每米洞室爆破量344m^3，最小抵抗线15～22m，总装药量51.56万kg，起爆段数76段，最大单药响量9359.5kg，平均炸药单耗0.74kg/m^3。除对表层80cm以上的超径石进行二次解爆外，还采取了分区选择上坝的措施，即：洞室中心部位及附近区域的石料主要用于大坝的主堆石区填筑；距药室中心较远的石料用于大坝的次堆石区填筑。从上坝碾压后的颗分试验结果看，颗分曲线均在设计包络线内。

在具有类似地质条件的崖羊山、黄连山、甘龙首二级、龙背湾、芹山、三插溪等工程中，堆石料的开采应用了洞室爆破开采技术，解决了高峰期供料不足的问题和满足度汛要求等问题，获得的开采料级配曲级在包络线内，且线条平滑，满足质量要求，爆破成本较低，取得了良好的效果。

5.3.3.3 堆石料级配控制

（1）堆石料块径控制。大块率是衡量爆破开采堆石料效果的主要指标，大块率过高不仅增加二次破碎的成本，爆破大块也使挖装损耗增加。施工中应对大块发生原因进行分析并采取有效措施进行控制，以达到降低工程爆破成本的目的。

按填筑要求石料允许的最大块度一般为填筑层厚的0.8～0.9，特殊情况下不允许超过层厚；主堆石区应从严要求。

大块产生的主要原因有两个方面：①人为因素，如爆破参数设计与选择不合理、造孔质量差等；②自然因素，即被爆岩体本身具有易出现大块的内在因素，如因断层、节理、层理、裂隙等影响而生成许多原始大块。

深孔梯段爆破大块产生的部位有以下几处。

1）前排临空面，由于梯段临空面往往凹凸不平，使临空面抵抗线大小不均；造孔垂直，造成底部抵抗线过大，底部装药密度过低等原因，使临空面产生大块石。

2）孔口填塞段。由于孔口部分堵塞物对炸药作用的阻力明显不如原岩体，使炸药在抛掷堵塞物过程中形成泄能作用，相应对孔壁的作用大大减小，从而使孔口易形成大块石。在大孔径深孔爆破中，由于堵塞段长，距离大，孔口形成大块石尤为明显。

3）面积偏大孔网的中间部位。

4）地质条件复杂地段。在深孔梯段爆破中，往往由于存在大裂隙、断层等软弱结构面，炸药爆炸形成的气体从结构面泄露，得不到足够的时间压缩破碎岩体，从而形成大的大块石。

采用垂直钻孔和一般钻孔间距进行梯段爆破时，大块发生率可参考表5-12。

表5-12　　大块发生率参考表

岩石硬度 f		6～8	9～11	12～14	15～17	18～20
大块尺寸	>0.75m	8%	10%	12%	14%	16%
	>1.00m	5%	7%	10%	12%	14%
	>1.2m	3%	5%	7%	9%	10%

采用洞室爆破时，一般大块发生率较深孔梯段爆破法大，为1.5～2.0倍。近年来，洞室爆破技术的提高已使大块发生率明显减少。

降低大块率的技术措施：①优化爆破设计，选择合理的孔网参数，采用多排延时挤压爆破方式；②采用不同装药结构达到较好的爆破效果，例如不耦合或间隔装药结构；③尽量减少填塞长度，使孔口部位爆破有效能量增加，降低填塞段大块率；④采用节理裂隙夹角平分线方向为爆破作用分析，使岩体受到充分扭曲、撕裂，降低大块率；⑤其他措施，选择合理的炸药，提高炸药单耗等。

（2）细颗粒含量控制。细颗粒含量对堆石坝堆石料的压实质量起着至关重要的作用，细颗粒含量不足是级配料爆破中较为普遍的问题。采用合理爆破参数，使爆破料细颗粒含量达到设计要求。工程中采用的措施主要有：选择合理炸药单耗、连续全耦合装药、采用毫秒微差挤压爆破。

1）采用合理炸药单耗。对于每一种岩石在一定的炸药与爆破参数和起爆方式下，有一个合理的单耗，影响炸药单耗的主要因素是岩石的爆破性、自由面条件、起爆方式和级配要求。单耗过低，爆破效果不能满足预期要求，大块率过高，细颗粒含量偏低。单耗过高，炸药能量过多地消耗在岩石的粉碎和爆破的有害效应中。

2）连续全耦合装药。爆破中，不耦合装药孔中存在的间隙中的空气被压缩产生的回弹效应，使炸药作用在孔壁上的压力明显削减，能量被吸收，爆压粉碎作用减弱，使炮孔周围的粉碎圈明显减小。因此，采用连续耦合装药结构对增加爆堆中的细颗粒含量效果明显。

3）采用毫秒微差爆破。如前所述，毫秒微差爆破增加了岩体的挤压时间和碰撞机会，细颗粒含量比齐发爆破明显改善。

（3）超径石处理。可采用钻孔爆破法或机械破碎法。一般应在料场破碎，不宜在坝面进行。采用钻孔爆破时，钻孔方向应是块石最小尺寸方向。机械破碎是通过安装在液压挖掘机斗臂上的液压锤来完成的。还可以将超径石填筑到坝下游坡面。

5.3.3.4 过渡料开采

堆石坝过渡料的级配要求是相当严格的，其级配曲线应处于设计级配包络范围之内。传统的方式通过机械破碎、筛分、掺配等施工工艺获取，加工成本高，且生产强度也较低，往往影响工程工期。

堆石坝过渡料开采通常有多种方案可供选择，可采用常规松动爆破，从常规爆渣中用小型挖装设备仔细挑选爆渣中的小颗粒及细颗粒；或是在挑选细小颗粒的石料后，对因常规爆破不足的细料部分，采取人工破碎补充；亦可采取密集型系数进行特殊控制爆破以求在获得最佳的爆破效果后，直接开采过渡料。

堆石坝过渡料用量往往较大，一般可达数百万方，采用爆破直采法进行过渡料生产具有显著的工程效益。其主要特点是，通过理论结合实际试验，采用爆破直接大量生产，省去传统二次机械破碎，在堆料过程中利用自然筛分，所生产过渡料满足设计要求，可直接上坝填筑，以满足堆石坝快速高效施工的要求。

在天生桥一级水电站施工中通过适当增加爆破单耗、合理布置炮孔间排距以及采用微差顺序起爆网络等技术，达到通过爆破法直接开采过渡料的目的。

5.3.4 堆石料运输

对不良地质情况的料场而言，剥采比一般非常高，主堆石料场剥采比接近1：1，堆石料场开采条件较好时，剥采比有时也达到1：3。无用料往往与有用料交错分布，剔除方案也是必须要考虑的因素，而无用料的转运、堆存、防护均是必须重点考虑的问题。

根据有关资料，无用料的处理方式主要有以下几种：①就地堆存；②转运堆存；③重新复核坝体指标，将部分无用料填至技术要求较低的部位；④通过对料质的分析和论证，改为其他填筑料进行施工。

就地堆存处理方式最为简单，也是施工单位首选的事情。但是，由于不良地质条件下无用料较多，为防止造成泥石流等环境灾害问题，往往需设导水建筑物（如暗渠）和较高的防护挡墙，费用也不低。防护施工与料场开采存在着安全问题，例如某工程，由于无用料较招标文件增加了20倍左右，拟设置2～3根直径为1.8m的导水涵管和高达30m的浆砌石挡墙，代价也较大。

堆石料的采装多用2～8m^3的挖掘机或装载机侧面装车，回转角度一般不超过90°，配合10～60t自卸汽车运输，用推土机平整装料工作面、维护道路等。紫坪铺混凝土面板堆石坝堆石料采用PC-650正铲挖掘机和PC-400反铲挖掘机为主，3m^3装载机配合使用，32t和26t自卸汽车运输至工作面。

5.4 砂砾料开采与加工

5.4.1 砂砾料的开采

砂砾料的开采规划应遵循下列原则。

（1）开采范围应根据需要量，砂砾料场有效层的储量、分布和开采条件等因素确定。有效储量应满足需要，并应安排备用料场。

（2）开采、加工工艺应根据料场位置的高低、水文和水文地质条件、天然砂砾料的级配、使用粒级范围等因素确定。

（3）开采强度应根据施工时段和上坝强度、开采获得率、折方系数、工艺损耗和储存条件确定。

（4）开采分层和开采程序应根据料场天然级配在深度和平面上的分布状况、河床水位变化、料物级配平衡要求确定。

（5）场地平面布置应根据施工工艺、储备需要和防洪排水要求确定。

反滤料和垫层料应优先考虑使用天然砂砾料。当工程附近缺乏天然砂砾料，或其质量不能满足设计要求，或使用天然砂砾料并不经济时，可考虑使用人工制备料。

砂砾料（含反滤料）开采施工特点及适用条件见表5-13。

表5-13　砂砾料（含反滤料）开采施工特点及适用条件

开采方式	水上开采	水下开采（含混合开采）
料场条件	阶地或水上砂砾料	水下砂砾料无坚硬胶结或大漂石
适用机械	正铲、反铲、推土机	采砂船、索铲、反铲
冬季施工	不影响	若结冰厚，不宜施工
雨季施工	一般不影响	要有安全措施，汛期一般停产

5.4.1.1 水上开采

开采水上砂砾料最常用的是挖掘机立面开采方法，应尽可能创造条件以形成水上开采的施工场面。

在相同的河段上，由于沉积条件的不同，所形成的砂砾石级配也各不相同，具有明显的随机分布特点，而且在河道纵坡较大的河段、年内洪枯流量变化较大的河道，河床砂砾石的级配存在间断性，因此造成砂砾料级配分布不均匀性。砂砾料在开采时，应根据料场复查的结果优先开采级配符合要求的砂砾料。通过选用斗容量为 3.3～6.5m^3 的大型正（反）铲，进行高掌子面开采（一般掌子面高度不小于 5m），同时采用大吨位自卸车运输。通过挖、装、运、卸等工序达到调整砂砾石坝料的离散性，改善填筑坝体的均匀性。

石头河坝坝料主要为河床砂卵（漂）石，用 4m^3 电动正铲挖掘机开采，18t 自卸汽车运输上坝。对于胶结沉积致密的砂卵石料场，以不过度损伤斗牙和钢丝绳且生产效率高为原则，经反复试验和实践，采掘掌子面高度选定为 5m。采掘带宽度一般为 2 倍的开挖回转半径，该工程选取 15m。考虑河床天然比降、开挖场地比降及最大挖掘高度，料场分段长度安排为 800～1200m，其料场开采顺序及布置见图 5-1。由于河流的特定条件，河床砂卵（漂）石不仅粒径大，而且沉积密实，颗粒间有比较大的黏结力，采掘难度较大。为提高采掘效率，曾对料层进行过松动爆破试验，由于钻孔困难，料层密闭性较差，爆破效果不佳，遂放弃。

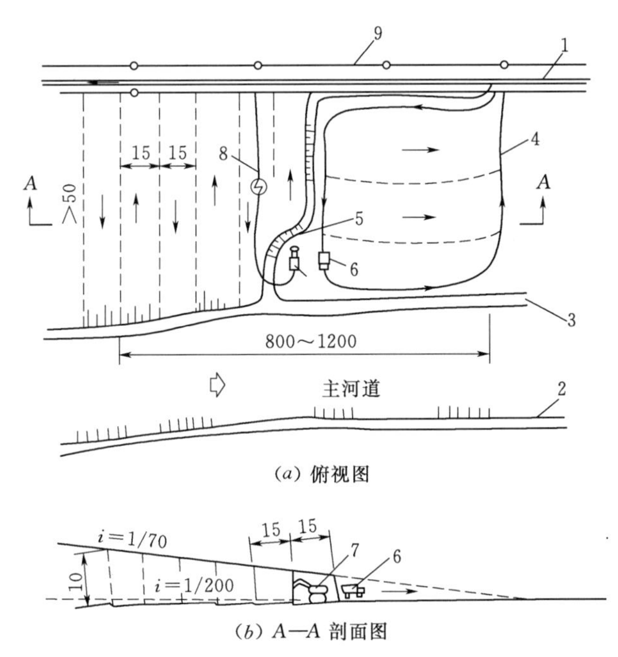

图 5-1　石头河坝料料场开采顺序及布置示意图（单位：m）

1—上坝道路；2—河堤；3—防洪堤；4—临时道路；5—掌子面；6—18t 自卸汽车；7—4m^3 电动正铲挖掘机；8—电缆；9—6kV 动力线

5.4.1.2　水下开采

（1）采砂船开采。采砂船开采有静水开挖、逆流开挖、顺流开挖等 3 种方法。静水开挖时，细砂流失少，料斗易装满，应优先采用。在流水中（流速小于 3m/s）一般采用逆流开挖，特殊情况下才采用顺流开挖。

丹江口大坝加高工程砂砾石料源位于长江最大支流之一的汉江，由于供应混凝土骨料、土石坝用砂砾料含砂率、级配、用量的不同，开采设备选型、布置、料源平衡的难度较大。综合考虑开采深度、土石坝填筑施工进度施工要求、河道实际状况等因素，选择链斗采砂船开采。

目前，国内同等规模工程水下开采深度控制在2～3m，根据现场实际情况，为保证开采用量，开采设备最大开采深度要求达到8～9m，另外根据设计要求，水下开采遇到泥团、淤泥质土壤时应予以剔除。

采砂船开采时，必须一次开挖至采砂船的最深开采限度，避免二次开采，以提高开采效率和充分利用料场资源。开挖采取逆水流方向开采，开挖时，采用锚揽固定采砂船，调整水下开采链斗位置，运输砂驳就位后，由船长统一指挥开始开采施工。

水下开采砂石料运输采用砂驳运输，目前的砂驳有自航式和非自航式砂驳，非自航式砂驳由拖轮牵引进行水上运输。为保证运输砂驳将砂砾石卸至岸上，砂驳上需要配置足够长的运输皮带系统，保证砂砾料上岸。岸上的运输设备主要是皮带机运输，毛料运输至筛分系统廊道位置，皮带宽1m，运输速度为2m/s，岸上输送距离约112m。

(2) 索铲挖掘机开采。一般采用索铲采料堆积成料堆，然后用正铲挖掘机或装载机装车。很少采用索铲直接装汽车的方法。

(3) 反铲混合开采。料场地下水位较高时，宜采用反铲水上、水下混合开挖。当开挖完第一层后，筑围堤导流，可以开采第二层。硗碛水电站砂砾料水下部分开挖采用1.6m^3液压反铲进行水下翻料，直接翻至反铲附近沥水。当含水量达到设计要求时，1.6m^3液压反铲挖装20t自卸汽车运至坝体各填筑部位。由于料场将受汛期影响，因此料场在开采的顺序上遵循了枯期开采高程低的部位，汛期开采高程高的部位的原则。

5.4.2 砂砾料的加工

河床砂砾料经过开采后，可通过3种途径用于工程实体中：①经过破碎、筛分、冲洗等程序后用作混凝土骨料；②级配合适时，作为坝壳料、过渡料、反滤料等直接运输上坝；③经过加工系统制备成反滤料和垫层料。

5.4.3 超径料处理

当砾石不过量且超径石含量又不多时，常用装耙的推土机先在料场中初步清除，然后在坝体填筑面上再做进一步清除。当超径粗粒的含量较多时，可根据具体地形布置振动蓖条筛（格条筛）加以筛分。

5.4.4 反滤料加工

通过对砂砾料料场分析论证，满足反滤料性质要求的天然砂砾料可以直接开采，这在大多数中低坝施工中得到广泛的应用。但在一些工程施工中，当天然砂砾料的级配不能满足要求时，可修建简易的砂砾料筛分楼，或结合混凝土骨料修建筛分系统进行加工生产，筛分后级配不满足要求时可进行掺配，弃料可进行再利用。总体工作思路是在满足设计要求的情况下，施工应简便、经济。

张峰水库大坝天然料场砂砾料粒径含量比例不符合工程反滤料、过渡料的设计要求，较难满足全部生产过渡料、反滤料的计算平衡，弃料较多。经计算和总体规划，在坝上游设立上游过渡料、上游反滤料、下游过渡料筛分破碎系统；在坝下游设立下游反滤料、人工砂加工系统。

(1) 上游筛分破碎系统：由筛分系统、破碎系统、配料系统组成。

根据大坝进度需要反滤料、过渡料用量的变化，及时调整筛分系统毛料的开采选用。如：过渡料3B需要量大时，则选择粒径相对较大，含砂量小的毛料进行生产；相反，2B反滤料用量大时，则选用粒径较小的毛料进行加工。

根据大坝需求量的变化，合理安排破碎系统，筛分系统的运行时间。如2B反滤料需要量大时，则适当延长破碎系统运行时间；相反，过渡料3B需要量大时，则适当延长筛分系统运行时间，用料高峰期时，需要两大系统满负荷运行。

系统的半成品、成品料通过配料机合理频率配制给料，再通过皮带机输送到指定料场位置。在通过皮带运输机出料时，因混合料中各种粒径大小不同而产生不同程度的分离现象，如：3B混合料下料时，60～300mm的料下落的位置要远于5～20mm粒径的料。为了控制这种现象的发生，对于一次性堆放的成品料不宜过大（一般堆放为50～100m^3），在大坝用料紧张时，采用分区堆放后，再用PC220挖掘机对料堆搅拌、摊平后，再进行堆放，堆满为止。

除了按3A料级配配制半成品3A料后，半成品3A料与砂的配合则需人工异地配制，配制方法主要采用体积分层配制法，配合比石子：砂＝1：0.7。主要运用ZL50装载机堆放，20t自卸汽车运送，PC220挖掘机进行充分搅拌混合，经筛分试验检验合格后，方可进行大坝填筑。

采用上述控制办法保证混合料的级配比例，保证了反滤料、过渡料的质量。

(2) 下游反滤料、人工砂加工系统。原料经汽车运输后进入原料仓，原料仓位于毛料平台下，净宽3.2m，半敞开式结构，砌石侧墙构造，底部硬化，容量40m^3。为便于系统检修和均衡生产，设置毛料临时堆存场，容量800m^3。1号皮带机机尾上部设受料斗，由ZL50装载机装料至受料斗进入1号皮带机。经1号皮带机运输至PL7000型立轴式冲击破碎器进行破碎加工。破碎后物料经排料口进入2号皮带机。2号皮带机机尾设置分料岔斗进行分料。生产反滤料时，全部破碎料经由分料岔斗进入3号皮带机进行反滤料成品料堆存。生产人工砂和骨料时，全部破碎料由分料岔斗入YK1230振动筛筛分后，小于5mm料径产品进入螺旋分级机分洗，然后经4号皮带机进行成品人工砂堆存，螺旋分级机弃水流入沉砂池进行沉砂处理；附属产品5～20mm料径产品经5号皮带机进行成品骨料堆存。

对高坝施工可实现科学、精确的自动化管理。

糯扎渡水电站大坝反滤料及掺砾石料加工系统位于大坝右岸上游料场与大坝之间，主要由粗碎车间、中碎车间、Ⅰ反滤料破碎车间、Ⅱ反滤料破碎车间、第一筛分车间、第二筛分车间、第三筛分车间、半成品堆料场、掺砾石料和反滤料成品堆料场、尾砂处理车间、厂内给排水及废水处理设备、厂内配电及生产自控系统等构成。整个系统主要分为粗碎及进料平台、中细碎及筛分平台、成品堆料场三大平台。大坝心墙填筑用反滤料及掺砾石料全部由反滤料及掺砾石料加工系统负责加工供应，加工总量约595万t。系统设计照900t/h考虑，根据填筑强度要求实际所需生产能力870t/h，其中掺砾石料成品设计生产能力 420t/h，实际所需生产能力 415t/h，反滤料成品设计生产能力 4800t/h，实际所需生产能力 455t/h。

级配要求如下。

1）反滤料Ⅰ：级配连续，最大粒径 20mm，D60 特征粒径 0.7～3.4mm，D15 特征粒径 0.13～0.7mm，小于 0.1mm 的含量不超过 5%。

2）反滤料Ⅱ：级配连续，最大粒径 100mm，D60 特征粒径 18～43mm，D15 特征粒径 3.5～8.4mm，小于 2mm 的含量不超过 5%。

3）反滤料应满足如下规定：不均匀系数 $\eta \leqslant 6$；级配包络线上下限满足 $D_{max}/D_{min} \leqslant 5$；$D_5 \geqslant 0.075$mm；无片状、针状颗粒，坚固抗冻；含泥量小于 3%。

反滤料Ⅰ、反滤料Ⅱ级配要求见图 5-2。

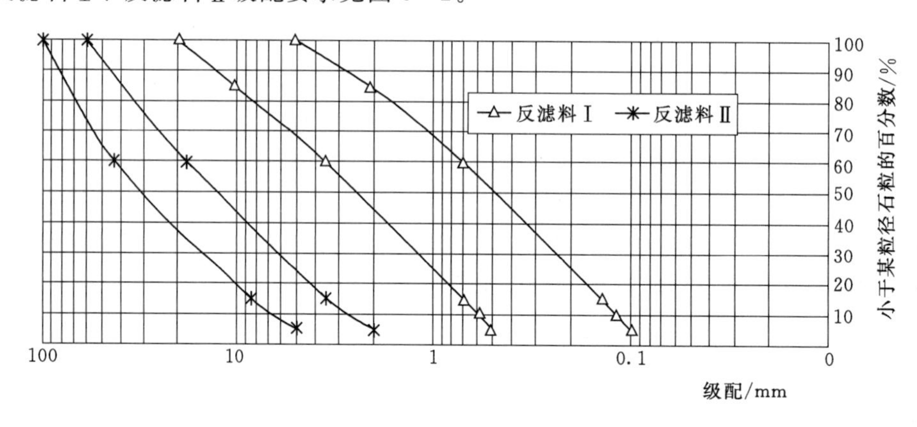

图 5-2　反滤料Ⅰ、反滤料Ⅱ级配要求示意图

反滤料Ⅰ生产工艺：反滤料Ⅰ由粗碎、中碎破碎后，经第一筛分车间筛出 5～40mm 物料，这部分料进入反滤料Ⅰ破碎车间，破碎后汇同第一筛分车间筛分后，不大于 5mm 的物料和第二筛分车间筛分的小于 3mm 的物料送到第三筛分车间，经筛分后获得最终产品。为控制反滤料Ⅰ产品级配符合要求，反滤料Ⅰ破碎和第三筛分车间形成部分闭路，将第三筛分车间筛出的大于 20mm 料和 5～20mm 料返回反滤料Ⅰ循环破碎，产品最终控制最大粒径小于 20mm，小于 0.1mm 的含量不超过 5%。在有效控制产品质量的前提下，为简化工艺配置，心墙掺砾石料和反滤料Ⅱ采用干法生产，反滤料Ⅰ采用湿法生产。

反滤料Ⅰ湿法生产工艺为：先通过第三筛分车间冲洗筛分的分级，筛出 62.9%的 5～20mm 的物料转化为成品料，其余 37.1%的物料及不大于 5mm 的物料进入筛下的螺旋分级机和脱水筛进行洗砂脱水，以控制粒径小于 0.1mm 颗粒的含量。

5.5　防渗土料的开采与加工

5.5.1　防渗土料的开采

防渗土料开采时，应符合下列要求。

（1）除在料场周围布置截水沟防止外水浸入外，还应根据地形、取土面积及施工期间降雨强度在料场内布置排水系统，及时宣泄径流。排水沟应保持畅通，沟底随料场开挖面下挖而降低。对位于山坡的土料场，要充分利用原有溪沟，进行必要的加固，改善后作为排水通道。采料时应避免堵塞，防止泥石流的发生。

（2）当料场在土料天然含水率接近或小于控制含水率下限时宜采用立面开挖，以减少含水率损失；如天然含水率偏大，宜采用平面开挖，分层取土。

（3）在冬季施工中，为防止土温散失，应采用立面开挖，工作面宜避风向阳，并选用含水率较低的料场，必要时可采取备料措施。

（4）雨季施工时，应优先选用含水率较低的料场，或储备足够数量的合格土料，加以覆盖保护，保证合格土料及时供应。开挖作业区排水应通畅，开挖底面应有一定坡度，以利排水。

（5）应根据开采运输条件和天气等因素，经常观测料场含水率的变化，并做适当调整。料场含水率的控制数值与填筑含水率的差值应通过试验确定。

土料开采主要分为立面开采及平面开采，其施工特点及适用条件见表5-14。

表5-14　土料开采方式施工特点及适用条件比较表

开采方式	立面开采	平面开采
料场条件	土层较厚，料层分布不均	地形平坦，适应薄层开挖
含水率	损失小	损失大，适用于有降低含水率要求的土料
冬季施工	土温散失小	土温易散失，不宜在负温下施工
雨季施工	不利因素影响小	不利因素影响大
适用机械	正铲、反铲、装载机	推土机、铲运机或推土机配合装载机

料场规划中应将料场划分成数区，进行流水作业。

无论采用何种开采方式，均应在料场进行质量控制，检查土料性质及含水量是否符合设计规定，不符合规定的土料不得上坝。

5.5.1.1　立面开采

（1）正铲挖掘机开挖。

1）侧向开挖。可分为平层掌子和台阶掌子两种。土石坝的采土场中，由于场地宽阔，侧向平层掌子最为常用。这种作业方式挖掘机位于挖掘带的一侧，运输车辆在挖掘机一侧的同一平面上，与挖掘机的运行路线平行行驶。挖掘机采用60°～90°的回转角做侧向卸土，回转角较小，生产效率高。停机坪要平整，以利排水。

2）正向开挖。挖掘机位于挖掘带的中部，运输车辆布置在机后两侧装土，挖掘机的回转角较大。由于运输工具要倒车进入指定地点，且正向铲装车的转角较大，致生产率受到影响。它一般多用于开辟工作面时采用。

（2）反铲挖掘机开挖。在土场作业中，可用于方量不大、分布零散的薄层料场，或工作面底部不便行车的料场，也可用于料场排水沟渠的开挖，但不适于冻土开挖。

反铲挖掘机开挖常采用沟端开挖与沟侧开挖两种形式。

（3）斗轮挖掘机开挖。生产率很高，可开挖地面以上土方，适用于土层厚、开采量大的料场，但开辟工作场地的工作量较大。

斗轮挖掘机可用作下切式开采或梯段式开采。下切式开采可控制块度的大小，并能起一定的掺合作用，设备移动较少；对于挖掘阻力变化不大的土层，而工作面又宜于分成小分段时，采用梯段式开采。斗轮挖掘机的运行路线有“往返式”和“环形式”两种。与斗轮挖掘机配合的运输方式有胶带输送机、汽车、铁路运输 3 种。

采用带式输送机配合运输，其生产率一般按斗轮挖掘机实际平均产量的 1.3～1.5 倍来选择。

（4）装载机开挖。主要用来铲装松散土、砂、碎石等料，有时也可用来挖装不太硬的土壤。装载机与汽车配合是最常用的作业方式。装载机移动方向与汽车装土位置应根据场地大小和机械类型等来配置，尽可能做到来回行驶距离短、转弯次数少。交替进退作业法因装载机和车辆要互相等待，影响生产率，故仅在场地狭窄时使用。Y 形作业法，装载机需倒退较长距离，适合于场地较宽时使用。直角形作业法为装载机前进装料，倒退后再做 90°转向前驶去卸料，机械倒退距离短，但转向大，仅适用于履带式装载机。摆转作业法仅适于铰接式装载机，其作业行驶距离最短。

5.5.1.2 平面开采

平面开采主要以推土机开挖为主。适用于不太坚硬的土料，如土壤太坚硬，则需进行预松。预松的方法有爆破和机械松动两种。

推土机切土应根据不同土壤，采用最大切土深度（10～20cm）在最短距离（6～10m）内完成，尽量缩短切土时的低速行驶时间。

推土机在采土场的施工作业除清理覆盖层、傍坡推土、形成路基平整地面、翻晒土料外，主要是用以平面采运土料。

5.5.2 防渗土料运输

土石坝施工中开挖运输方案主要有以下几种。

（1）正向铲开挖，自卸汽车运输上坝。正向铲开挖、装载，自卸汽车运输直接上坝，通常运距小于 10km。自卸汽车可运各种坝料，运输能力高、设备通用，能直接铺料、机动灵活、转弯半径小、爬坡能力较强、管理方便、设备易于获得。

在施工布置上，正向铲一般都采用立面开挖，汽车运输道路可布置成循环路线，装料时停在挖掘机一侧的同一平面上，即汽车鱼贯式地装料与行驶。

（2）正向铲开挖、胶带机运输。国内外水利水电工程施工中，广泛采用了胶带机运输土、砂石料。胶带机的爬坡能力大，架设简易，运输费用较低，运输费用比自卸汽车降低了 1/3～1/2，运输能力也较高。胶带机合理运距小于 10km，可直接从料场运输上坝；也可与自卸汽车配合，做长距离运输，在坝前经漏斗由汽车转运上坝；与有轨机车配合，用胶带机转运上坝做短距离运输。

（3）斗轮式挖掘机开挖，胶带机运输，转自卸汽车上坝。对于填筑方量大、上坝强度高的土石坝，若料场储量大而集中，可采用斗轮式挖掘机开挖，其生产率高，具有连续挖掘、装料的特点。斗轮式挖掘机将料转入移动式胶带机，其后接长距离的固定式胶带机至坝面或坝面附近，经自卸汽车运至填筑面。

这种布置方案，可使挖、装、运连续进行，简化了施工工艺，提高了机械化水平和生产率。

坝料的开挖运输方案很多，但无论采用何种方案，都应结合工程施工的具体条件，提高机械利用率；减少坝料的转运次数；各种坝料铺筑方法及设备应尽量一致，减少辅助设施；充分利用地形条件，统筹规划和布置。

例如瀑布沟水电站大坝施工中，由于黑马料场距离大坝较远，若采用汽车运输，则运输成本较高，为此在料场与大坝之间开挖了一条皮带机洞，洞长 4km，安装了 1 条长距离的胶带运输机，带宽 1m，带速 4m/s，运输强度 1000t/h。胶带机下行角度为 6.6°，运输落差 457m，采用液压拉紧，电气系统采用进口德国西门子变频器，PLC 程序控制。

5.5.3　防渗土料的加工

防渗土料加工主要有黏性土含水率的调整、人工掺合料的制备等。

防渗土料的含水率调整工作应在坝外进行，调整方法按工艺试验成果确定。

人工掺合料配制的场地应设置排水系统，配制的料堆应采取防雨措施。配制工作宜在旱季进行。

人工掺合料的加工场地与规模，应根据各期填筑需用量进行规划，配制工作应列入施工计划，以便与填筑工期相配合，掺合料应有一定的备用数量。

5.5.3.1　调整土料含水率

防渗土料的压实可使其抗剪强度增加、压缩性降低、渗透性减少，即力学性能提高。防渗土料与其他坝料不一样，对含水率非常敏感，土料在最优含水率状态下，可达到最佳的压实效果。这是因为众多土颗粒表面薄膜水的润滑作用，使得压实功能下的小尺寸土团粒滑移并楔入大土团粒孔隙中，土的空隙率变小，干密度变大；偏湿则土体有效应力增加，偏干则土团强度高，压实效果差。实际中土石坝防渗土料，往往含水率并不接近最优含水率，故存在着一个含水率调整的问题。

当土料固有含水率偏低或由于挖装、运卸和碾压过程中风干、晾晒、蒸发等失水而造成土料含水率低于最优含水率时，应采用料场蓄水入渗、堆场加水畦灌、坝面喷雾洒水等方法加以改善。

当土料固有含水率偏高时，可采用深沟排水、分季分期开挖、堆土牛、翻晒（分段晾晒或场地晾晒）、掺灰、红外线或热风干燥等措施加以改善。

故防渗土料的含水率调整分为增加含水率和降低含水率两种类型。

（1）增加含水率。

1）畦块灌水法。适用于地势平坦、浸润土层较厚、增加含水量幅度较大、采用立面开采、土料垂直渗透系数较大的料场。有时可结合钻孔注水，以增加渗透作用。

畦块灌水试验程序如下：在料场布置畦块，坑内注水、浸泡。浸泡期间随时打检查孔，沿深度每 0.5m 测取土料的含水率变化值，并记录水深、浸泡时间、气温等。坑内水深一般为 1m 左右，浸润深度达数米。浸泡时间与土性有关，一般约 30～40d。试坑的大小以 1m×1m 或 1m×2m 为宜，坑距通过试验而定。开沟注水是畦块灌水法的一个特例。

南沟门水库工程就是采用畦块灌水法增加含水率的实例。延安南沟门水库枢纽设计大坝为均质土坝，最大坝高 68.0m，坝顶高程 852.00m，需用土料 472 万 m^3。工程区位于陕北黄土高原南部，第四系上更新统（Q_3^{eol}）黄土和中更新统（Q_2^{eol+pl}）黄土状壤土分布广泛，坝区周围土料储量丰富。但由于工程区气候干旱少雨，地下水埋深大，根据对土料场进行复查，料场土层各项技术质量指标基本符合均质土坝土料的质量要求，但天然含水率远小于土料的最优含水率，最小值仅7.0%，不符合设计要求和规范标准，不能直接用于坝体填筑。因此，对筑坝土料进行了人工配水试验，即使用畦（坑）灌法和沟灌法两种工艺试验。

A. 畦（坑）灌法工艺设计。此种方法在工程实际应用时是按地形将土料场分成若干大小不一的区块进行整平筑畦，然后灌水，在水分下渗、蒸发达到设计要求时开挖上坝（见图5-3）。而试验中为了方便、准确地计算用水量及下渗深度等，实际是开挖成面积大、深度小的试验坑进行试验。通过不间断的取样测试工作，找出土料适宜的灌水量和待渗、开挖时段。工作程序主要有：①试坑位置、间距及开挖面积的选择；②计划灌水量的确定；③待渗期的确定和检查孔设计；④含水率的测定；⑤开采期结束的标准；⑥资料整理和评价。

B. 沟灌法工艺设计。试验灌沟的开挖方向与坡面垂直，取样测试时，取样孔以灌沟为中心，与灌沟呈90°直角向两侧辐射，通过不断地取样测试工作，找出水分垂直及水平

(a) 畦（坑）灌法加水

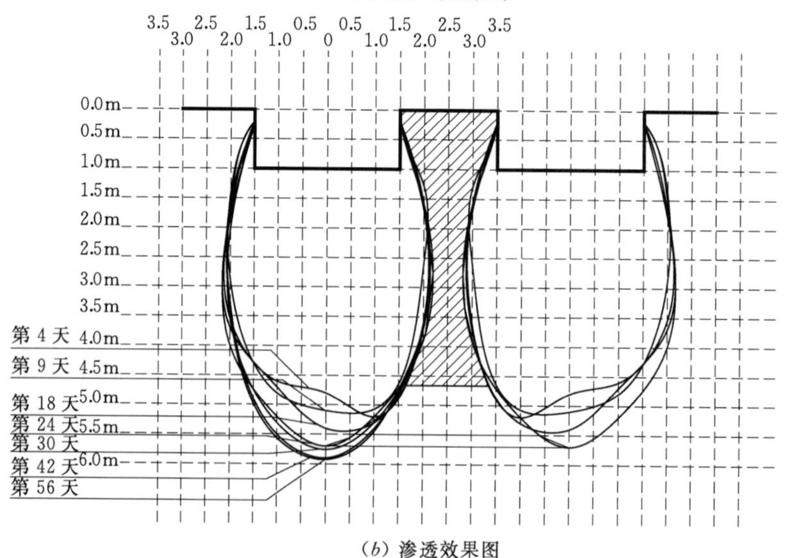

(b) 渗透效果图

图5-3 畦（坑）灌法加水和渗透示意图

渗透的边界范围和土料待渗、开挖时段。

沟灌法除试沟位置、间距及开挖面积有别于畦（坑）灌法，其他程序与畦（坑）灌法相同。

2）表面喷水法。适用于渗透系数较大、采用平面开采的土场。喷水前，应将土场表面耙松约0.6m；喷水后，要有足够的停置时间，使水渗透均匀，并及时采运上坝，或堆积成土堆备用。新疆“635”水利枢纽工程用作主坝段心墙主体填筑的1号防渗土料天然含水量分布不均匀，且较最优含水量低约4%～8%，土料场较水源较远，故在坝后选取附近高差较大的场地作为制备场，利用高坡溜土进占法卸料，120HP推土机配合使土料在圆弧坡面上一层层压力水流喷洒堆积起来，形成制备窝堆25万m^3“土牛”，采用窝存数月，使水量浸润均匀，并随时对表面进行洒水，防止内部水分流失。待浸润数月后，用正铲挖掘机翻倒后上坝。

3）堆料加水法。为加快土料湿润速度和由于料场距坝较远，供水困难时，可选择距坝较近、供水方便的堆料场地分层铺土、分层喷水润湿来提高土料含水率，有的工程还在土堆上设畦灌水，以尽快满足增加含水率的要求。

（2）降低含水率。

1）翻晒法。土料天然含水率较高、且具有翻晒条件时，可以采用翻晒法降低含水率。通常使用圆盘耙或带松土器的推土机松动土层来翻晒。将料场的试验场地划分成几个翻晒区，松土与翻晒轮换作业。试验中应记录气温、风力、翻晒时间和次数、土料含水率变化、水面日蒸发量、需要设备和人力数量等，以便分析翻晒参数和效果。

黑河大坝部分土料采用逐层翻晒法降低含水率（3%～4%），其工艺流程为：用推土机松土器松动原状土层深30cm，每天数次用七桦犁沿纵横方向翻晒，翻晒间隔时间和翻晒遍数视土料含水率和当天气温而定。当土料含水率合格后，用推土机推集待运。每层合格土料松土平均厚度13.5cm（原状土厚度10cm）。

黑河土料翻晒的实践说明，12月至次年2月为冰冻期，平均气温低于6℃，蒸发量0.5mm/d，不适合土料翻晒；6—8月气温高于25℃，蒸发量大于2.5mm/d，1d可以翻晒一层合格土料；5—9月平均蒸发量为2.1mm/d，两天翻晒一层合格土料；4—10月平均蒸发量1.5mm/d，3～4d可以翻晒一层合格土料。

某土场翻晒场地21600m^2（180m×120m），在蒸发量大于2.5mm/d的条件下，平均翻晒量为1254m^3/d。对合格土料以“土牛”形式堆存。“土牛”底宽约80m，长度约120m，堆高7～15m。“土牛”边坡坡面严格整平，沿坡面每隔10m修一条小土埂。土堆用11m×11m双面涂塑帆布覆盖防护，逐块覆盖以后，沿土埂中心线盖脊瓦1～2道，水平缝用砖块排压密实。

2）掺料法。掺料的目的是通过掺入含水率低的土料，吸收含水率高的土料中多余的水分，使土料含水率重新调整，以满足施工含水率的要求。掺料可用砾石、碎石、含水率较低的土料或风化岩石等。阿岗坝心墙土料为重黏土，天然含水率为33%～47%，在初设阶段曾进行采用掺料法降低土料含水率的试验。选用砂页岩石碴做掺料，其饱和吸水率为9%，掺前含水率为3.1%～4.6%。

3）强制干燥法。其原理是将高含水率的黏性土，置于某稳定温度条件下进行干燥，以降低土料含水率。我国还没有采用这种方法的实例。

5.5.3.2 调整土料的级配

土料通过调整级配的措施可分别或综合解决：①提高防渗体的强度和刚度；②降低土料含水率，提高施工控制含水率；③改善坝料的施工特性，提高填筑速度；④改善坝料的防渗性能；⑤节约土料，少占耕地等。

防渗掺合料最好是级配良好的砂砾料，也可用风化岩石、建筑物开挖石渣，其最大粒径不大于碾压层厚的2/3（最大粒径可达120～150mm）。

试验表明，当掺料（d>5mm）含量在40%以下时，土料能充分包裹粗粒掺料，这时掺料尚未形成骨架，掺合料的物理力学性质与原土相近。当掺料含量大于60%时，掺料形成骨架，土料成为充填物，渗透系数将随掺量的增加而显著变大。一般认为防渗体的掺料以40%～50%为宜。部分土石坝防渗料的掺合料性质及含量见表5-15。

表5-15　部分土石坝防渗料的掺合料性质及含量表

坝名	地名	掺合目的	掺合类别	掺合料含量	说明
小浪底	中国河南	提高刚度和强度	砂砾石	掺土30%、40%	内防渗铺盖用料
糯扎渡	中国云南	改善土料力学性能、减小坝体变形	人工碎石	35%	心墙（压实后砾石含量控制在30%～50%）
御母衣	日本	降低含水率，改善施工性能	风化花岗岩石渣	80%	掺料中小于5mm的粒径
三保	日本	开采料的渗透系数大，掺细料以改善防渗性	火山砾质壤土	约35%	掺料含量按掺合料小于0.074mm的粒组含量计
菲尔泽	阿尔巴尼亚	降低含水率，改善施工性能	砂砾石	50%	心墙（掺料中，粗粒含量30%～35%，最大粒径80mm）
罗贡坝	塔吉克斯坦	提高刚度和强度	砾石		心墙（天然亚黏土和<200mm砾石）

掺合料的掺合方法与5.6.2砾石土料的制备相同。

5.5.4 防渗土料的储备

黏土料的储备是一个较复杂的问题，黏土料的储备应遵循以下原则：①土料的堆存宜通过堆存试验来确定堆存方式和堆存工艺；②土料的储备，一般采用“土牛”，一方面可以减少土料大面积碾压，另一方面有利于排水，覆盖集中、储存量大；③应该注意防雨、防晒，一般采用彩条布或塑料纸覆盖；④储备土料的场地应相对平缓、地基稳定、不受洪水威胁，容量能满足储料和调节需要；⑤存料场的位置应尽量靠近上坝路线，使物料流向顺畅合理，运输道路易布置，进出料方便；⑥有用料和弃料应分别堆放，不得混杂。

5.5.5 一般土防渗料质量技术指标

《水利水电工程天然建筑材料勘察规程》（SL 251—2015）对一般土防渗料质量技术进行了规定（见表5-16）。

表 5-16　　一般土防渗料质量技术指标规范表

项　　目	评　价　指　标
黏粒含量/%	15～40
塑性指数	10～20
渗透系数（击实后）/(cm/s)	$<1\times10^{-5}$
有机质含量（按质量计）/%	<2
水溶盐含量（易溶盐、中溶盐、按质量计）/%	<3
天然含水率/%	与最优含水率允许偏差为±3

5.6　砾石土的开采和制备

砾石土是由碎石、砾石、砂、粉粒、黏粒等组成的宽级配土。

从已建的国内外土质防渗体土石坝筑坝经验看，高土石坝采用冰碛土、风化岩和砾石土为代表的宽级配土料越来越普遍。瀑布沟、糯扎渡、长河坝等高土石坝均采用了砾石土作为防渗体。采用砾石土作为高堆石坝防渗体的优点是：①压实后可获得较高的密度，从而使防渗体具有强度高、压缩性低的特点，可缩小防渗体与坝壳料的变形差，有效降低坝壳对心墙的拱效应，减少心墙裂缝的发生概率；②可适应相对较宽的含水率变幅（偏湿），提高施工控制含水率，能适应重型施工机械进行运输和压实，多雨地区施工较黏土容易；③节约土料，少占耕地等。但该料渗透系数偏大，风化程度和砾石含量在垂直和水平方向都有较大差异，需通过一定的工程措施才能满足做防渗墙的要求。

砾石土心墙施工过程中，由于料场开采的砾石土级配，一般无法直接满足心墙料填筑的需要，需经过筛分并掺合级配骨料形成满足级配要求的心墙料，心墙料加工的关键环节是砾石土的筛分、级配骨料的加工、砾石土与级配骨料的掺合 3 个环节。

5.6.1　砾石土料开采

砾石土料应根据含水率的变化调整开采区域。料层较厚、上下层土料性质不均匀时，宜采用立面开采；对于含水率高且受气温影响大，粒径级配满足设计要求的土料宜采用平采方式。

根据宽级配土料的特性，砾石土料开采应结合工地设备情况，力求采料、装运、散土、压实整个工艺流程机械化作业。

鲁布革心墙堆石坝首次采用了软岩风化料作为防渗体。

下面将以鲁布革坝风化料开采为例，简述砾石土料的开采。

（1）风化料场的土料性质及分布。料场土层包括坡残积层和全风化层，全风化层据其性状分为 3 个亚层，具体如下所示。

1）第四系坡残积层，棕红—棕黄色，含少量重黏土、砾石，为风化不完全的铁质、硅质砂岩。此层黏粒含量多，含水量高，容重低，一般厚 2～3m，局部达 7m，山脊部位多无此层。

2）全风化土状砂页岩，岩层产状很不明显，由于水的溶滤作用，上伏黏土沿节理裂隙充填，有一定红土特性，含水量较高，一般厚3～5m。

3）全风化碎块状砂页岩，原岩结构清晰，节理裂隙发育，将岩石切割成3～5cm碎块，碎块较松软，层厚2～3m。

4）全风化块状砂岩，岩石结构产状很明显，多呈10～20cm以上碎块，人工掘进困难，厚度1～3m。

坡残积层平均天然含水量40.9%，全风化层30.6%，全料场平均33.2%，随深度加深，风化减弱，含水量递减。混合料最大干容重1.42g/cm^3，最优含水量32.7%，天然含水量略大于最优含水量。

（2）开采试验。为了将垂直和水平方向都有较大差异坡残积红土和全风化砂页岩得到较均匀地掺合，使运到坝上的风化料有相对稳定的颗粒级配（压后含砾在40%以下，0.1mm含量在30%），有比较合适的含水量，开采方式有两种：

1）在全风化底部人工开挖平洞，深约5m，装药爆破，使坡残积层和全风化层振松，用装载机翻拌数次，使二者得到一定混合。

2）采用D85推土机深槽切割开采取料，把计划取料层厚度内的坡残积层和全风化层推至集料堆，3.2m^{3}装载机翻拌1～2次，装8t自卸汽车上坝。

（3）风化料开采工艺流程。通过碾压试验后，施工试验推荐采用多台（2～3台）推土机深槽切割开采取料，使上下层、左右处的土料都能互相混合，并且推土机来回行驶，对风化块有较好的破碎作用，D80或D85推土机推不动的强风化层原则上不能用作防渗料。3～5m^{3}装载机装车，12～20t自卸车运料上坝，推土机平土，15t振动凸块碾压实。

实际施工工艺流程是：D85推土机采料→4m^{3}装载机装车→15t自卸车运料上坝→推土机散料→平地机整平→15t自行式振动凸块碾压实。

5.6.2　砾石土料的制备

砾石土的制备主要有掺入法和剔除法。掺入法是在天然土料中加入一定量的粗粒或细粒，从而获得满足设计级配要求的砾石土；剔除法是通过剔除天然土料中的超径或过量的颗粒，使砾石土的级配满足设计要求。

5.6.2.1　掺入法制备砾石土

（1）掺入法的施工工艺。

1）分层铺料立采混掺法。掺合料堆逐层铺料，第一层铺掺料，第二层铺土料，如此相间铺料直至预计高度。铺砂砾料时用进占法，铺土料时用后退法，汽车始终在砂砾料层面上行驶。掺合料堆的高度，取决于挖掘机的掌子面高度，一般为10～15m。各层料物的铺层厚度一般以40～70cm为宜。铺料过程中，每层土料和砂砾料取试样测定含水率和颗粒级配，进行质量控制。为防止降雨增加备料的含水量，顶层应为黏土，表面使用推土机履带压实。此法工艺成熟，过程简单，掺合比较均匀，能适应大规模施工的自卸汽车运输。

掺合料堆的各层厚度按式（5-1）计算。

$$h_{土}=h_{砾}(\rho_{d砾}/\rho_{d土})n \qquad (5-2)$$

式中　$h_{土}$——黏土层厚度，cm；

$\rho_{d砾}$——砂砾料层干密度，g/cm³；

$\rho_{d土}$——黏土层干密度，g/cm³；

$h_{砾}$——砂砾料层厚度（预先确定值），cm；

n——黏土与砂砾料的比例，按质量计。

2）土料场水平单层堆放掺料——立面开采掺合法。先将土料覆盖层清除，用推土机平整料场表面。在料场表面均匀铺一层掺料，铺料厚度应根据掺合料配合比及挖掘高度而定。挖掘机开挖时应沿掌子面薄层取料并多次挖卸掺合均匀后装车。要求严格控制掌子面的挖掘深度，以保证设计要求的掺合比例（见图 5-4）。

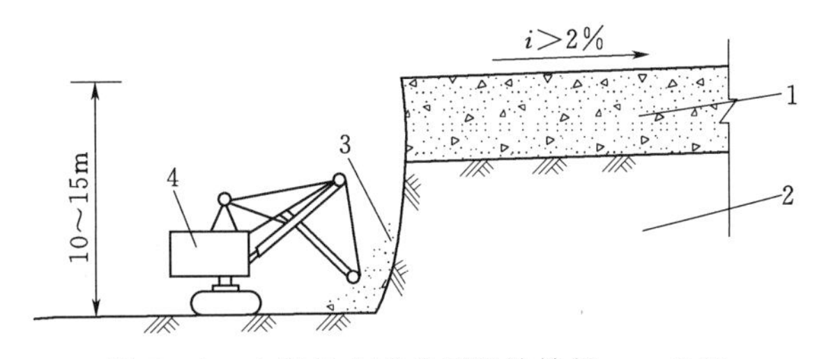

图 5-4　土料场水平单层堆放掺料——立面开采掺合法示意图

1—粗粒掺料；2—土场原状土料；3—掺合料；4—挖掘机

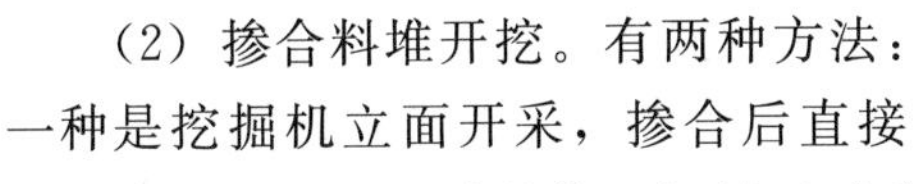

（2）掺合料堆开挖。有两种方法：一种是挖掘机立面开采，掺合后直接装汽车上坝；另一种是推土机斜面开采，掺合后，再由装载机或挖掘机装汽车上坝。

（3）菲尔泽坝心墙掺合料的制备与开采。我国 20 世纪 70 年代援外项目菲尔泽心墙堆石坝，心墙填筑量 95 万 m³，采用掺砾黏土料。

1）土料性质。土料为砾岩风化形成的残积土，黏粒含量 48%～51.5%，天然含水量达 27%～32%，其最优含水量为 26.5%，采用重型机械施工困难。为改善心墙筑坝材料的力学性能和压实条件，防止心墙发生裂缝，采用了掺合料填筑心墙。

2）掺合料试验。经室内、野外掺料及碾压试验，在黏土料中掺入粒径小于 50mm 的砂砾石，黏土与砂砾石的质量比为 52∶48，大于 5mm 的砾石含量以 30%～35%为宜。掺合后的渗透系数为 10^{-8}～10^{-6}cm/s，抗剪强度基本与纯土相同，即仍属纯土的性质。内摩擦角大于 25°，黏聚力大于 0.4kg/cm²，单位沉降量有所减少，室内试验压力在 30kg/cm² 时，单位沉降量为 92～115mm。掺合料的含水量施工控制为 13%～15%。

3）掺合料制备。土场黏土天然含水率偏高，利用层仅 2～3m，采用 2m³ 反铲平采，装 15t 自卸汽车运输，控制土料含水率小于 26%。砂砾料取自筛分厂，采用 W400 型装载机装 20～30t 自卸汽车运料，备料含水率不超过 3%。在备料场第一层先铺 40cm 砂砾石，第二层铺 65cm 黏土、相间铺料各 10 层，总高度为 10.5m，顶层为黏土，表面使用推土机履带压实（见图 5-5 和图 5-6）。

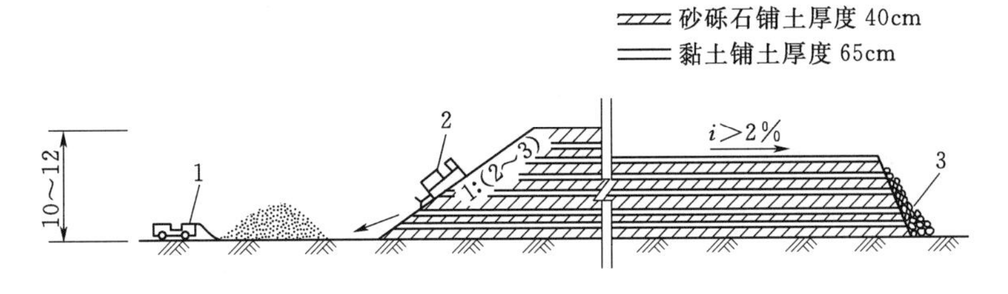

图 5-5　推土机斜面开采掺合示意图（单位：m）

1—装载机；2—推土机；3—超径石弃料堆

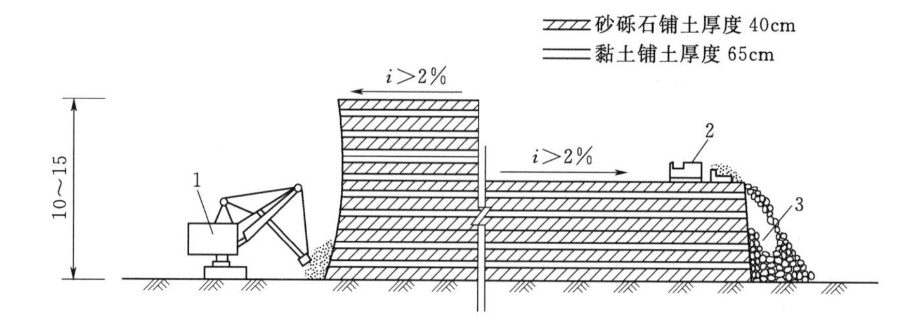

图 5-6　挖掘机立面开采掺合法示意图（单位：m）

1—挖掘机；2—推土机；3—超径石弃料堆

4）掺合料堆拌和与开采。使用 $2m^3$ 正铲打开斗门，从掌子面从下而上挖料，削土厚度 30～40cm 左右，使两种料拌和均匀，然后关闭斗门开采装车上坝。

5）质量检查。据 1976—1977 年填筑 46 万 m^3 的心墙料取样 1972 个试验资料看，掺合料中大于 5mm 砾石含量平均为 35%，一般为 30%～40%，大于 40%约占取样数的 6.24%，少于 25%的占取样数的 0.25%。可见经挖、装、卸与铺等工序掺合料是比较均匀的。

6）备料过程中必须有防雨和排水措施，砂砾石层不要长时间裸露，及时用黏土层覆盖，并尽量避免雨季备料。降雨时应首先苫盖砂砾石层，黏土层表面可用平碾压成光面以利排水，防止下渗。雨后应刨松表面风干，以免结块，影响拌和质量。

7）加大掺合料中砾石粒径。在砾石含量不变的情况下，加大掺砾料的粒径。由于砾石总表面积小，更易于为黏土包围，对防渗有利；加大粒径可减少掺料的含水率；加大粒径可提高干容重，加大变形模量，减小沉陷量。实际施工中，后期保持砾石含量 35%不变，将砾石最大粒径增至 80mm。加大粒径较为不利的是，应加强备料堆掺拌工艺，以防颗粒分离。

8）缺陷处理。河床开挖砂砾石，由于含水率控制不严，致使含水率高达 4.1%～5.1%；另外备料料堆面积大，工作面难以做到很平整，降雨后在低洼处形成砂砾石含水层，使上下层接触面黏土含水率高达 31%～38%，经混合后掺合料的含水率达 18%～20.1%，因此造成坝面无法碾压。

处理方法：首先在料堆（料堆底面积为 260m×12m）中间开挖 4 条排水沟，将大料堆分割成 5 个小料堆；再在小料堆上面铺 5.25m（各 5 层）厚含水率合格的新料，取料时将 10 层新料和下部 10 层旧料一并开采拌和装运；最后再采用同样办法处理余下的 10 层旧料。经上述方法处理，满足了筑坝要求。

5.6.2.2　剔除法制备砾石土

砾石土中砾石含量或粒径超过设计要求，必须清除过量或超径的砾石。当砾石不过量且超径石含量不多时，常用装耙的推土机先在料场中初步清除，然后在坝体填筑面上再做进一步清除。当超径粗粒的含量较多时，可根据具体地形布置振动蓖条筛（格筛）加以筛除。国外还有采取从高坡下料，造成粗细分离再分部位挖运的方法清除粗粒料。

瀑布沟大坝为砾石土心墙堆石坝，最大坝高186.00m，心墙顶高程854.00m，顶宽6m，心墙底高程670.00m，底宽98m，790.00m以下填筑黑马砾石土料。黑马料场位于坝址上游右岸15km的黑马沟内，分布高程1350.00～1600.00m，为洪积、坡积和冰川沉积形成的宽级配砾石土，土体由褐黄、浅红、灰色含块碎石土组成，块碎石主要成分为白云质灰岩及少量凝灰岩和砂岩，粒径以5～60mm的碎石居多，属宽级配砾质土。黑马Ⅰ区料场开挖至8～10m时，经筛分后，剔除80mm以上的粗粒后级配为：大于5mm以上颗粒含量为33.1%～66.4%，平均为50.24%；小于0.1mm颗粒的含量为15.2%～33.9%，平均为22.6%；小于0.005mm颗粒的含量为2.9%～8.2%，平均为5.5%。按土料的上包线、平均线、下包线分类均为Gc，渗透系数为10^{-5}～10^{-7}cm/s，渗透变形的形式为流土，破坏比降为8～11。根据国外使用宽级配砾质土的经验，当土料中粗料（大于5mm颗粒）含量的上限不大于50%～60%、细料（小于0.1mm颗粒）含量不少于15%、分类为Gc时，这种土料可作大坝防渗料。经筛分系统级配调整后，黑马Ⅰ区土料能够达到以上要求。

通过试制条筛进行现场试验，发现仅用条筛有诸多不利：不能控制片状超径砾石；格栅过密、条筛倾角小物料容易堆积经常堵筛，且筛面块石大，人工无法清理，影响进度；格栅间距不变，加大格栅倾角会减少堆积，但有用弃料增加，含超径的弃料达到20%以上，且细粒含量相应遗弃会导致开采量增大，最终必须掺合，投入大且进度和质量无法满足要求；格栅间距调大，超径增加，不能满足设计的各项指标要求。经过实验对比确定采用第一次条筛→第二次方孔振动筛的二次筛分方案。

（1）砾石土料制料工艺流程：表层剥离→1.6m^{3}反铲或4m^{3}正铲装料→20t自卸汽车运输→条筛一次筛分（剔除大于250mm以上的粒径）→振动筛二次筛分（方孔筛，Ⅰ区剔除大于80mm以上粒径，0区剔除大于60mm以上粒径）→地弄皮带机出料→下行皮带机（坡度不大于15°）输送至黑马隧洞口→4km隧洞皮带机送至娃古洛沟隧洞口→转接料斗→料斗出料皮带机→土料中专料场皮带机→堆料机堆料。

（2）筛分系统。包括条筛筛分系统，中转皮带输送系统和振动筛分系统。

经过施工强度计算，布置筛分3个条筛，对应布置3台方孔振动筛。条筛尺寸为10m×4m（长×宽），由轻型钢轨制作安装，格条之间间距为250mm，坡度经试验控制在34°左右，每个条筛下设20m^{3}料仓，仓壁安装振动器，分别通过下料口和出料皮带传给振动筛，下料口由电动弧门控制开度。

如何既控制超径又避免有用料浪费是筛分过程要解决的关键问题。条筛角度在34°左右是合适的，经过试验确定振动筛方孔筛网尺寸为100mm×100mm（剔除60mm以上粒径）和120mm×120mm（剔除80mm以上粒径）。

系统建成后，筛分系统实际生产能力为750m^3（1275t）/h。

5.6.3 碎（砾）石土、风化土防渗料质量技术指标

《水利水电工程天然建筑材料勘察规程》（SL 251—2015）中对碎（砾）石土、风化土防渗料质量技术指标进行了规定（见表5-17）。

表 5-17　　碎（砾）石土、风化土防渗料质量技术指标规范表

序号	项目	评价指标
1	最大颗粒粒径	<150mm 或碾压铺土层厚的 2/3
2	>5mm 颗粒含量	20%～50%
3	<0.075mm 颗粒含量	≥15%
4	黏粒含量	占小于 5mm 颗粒的 15%～40%
5	渗透系数（击实后）	$\leqslant 1\times10^{-5}$cm/s
6	有机质含量（按质量计）	≤2%
7	水溶盐含量（易溶盐、中溶盐，按质量计）	≤3%
8	天然含水率	与最优含水率的允许偏差为±3%

5.7　工程实例

5.7.1　黑河水利枢纽大坝砂砾石料开采与加工

5.7.1.1　黑河工程概况

黑河金盆水利枢纽位于陕西省西安市周至县境内的渭河支流黑河下游峪口以上 1.5km，距西安市约 86km。坝址控制流域面积 1481km^2，多年平均年径流量 6.67 亿 m^3，水库总库容 2 亿 m^3。工程以向西安市供水为主，兼有农田灌溉、发电、防洪等综合效益。水库年调节水量 4.28 亿 m^3，其中为西安市供水 3.05 亿 m^3，日平均供水 76 万 m^3，为农业供水 1.23 亿 m^3，灌溉农田 2.47 万 hm^2；坝后式电站装机 20MW，年发电量 7308 万 kW·h。

枢纽工程由拦河坝、泄洪洞、引水洞、溢洪洞、坝后式电站及副坝等建筑物组成。枢纽主要水工建筑物设计洪水标准为 500 年一遇洪水；洪峰流量 5100m^3/s；校核洪水标准为 5000 年一遇，洪峰流量 7400m^3/s。鉴于枢纽工程距周至县、咸阳市及西安市较近，位置特别重要，因而大坝提高为Ⅰ级建筑物设计，抗震按Ⅷ度设防。

拦河坝为黏土心墙砂砾石坝，最大坝高 128.9m，坝顶高程 600.00m，坝顶宽度 11m，坝顶长度 440m，上游坝坡 1∶2.2，下游坝坡 1∶1.8，坝体总填筑量 820 万 m^3，其中黏土心墙 150 万 m^3。

5.7.1.2　黑河工程砂砾料的开采

黑河工程砂砾石料场为河床及漫滩地，地形较平坦，储量丰富。砂砾石厚度较大，覆盖层厚度平均 0.2m，可开采 6.0m 深，水上厚度平均 4.2m。水位随汛期变化很大。料场复查结果表明，设计划分的Ⅰ区、Ⅱ区料场的级配上下包线距离很窄，包线形状近乎一样，说明砂砾石料级配差别不大，故施工中不需要分区。黑河工程砂砾石料场用两台 EX1100 正铲（6.3m^3）和一台 PC1000 正铲（4.3m^3）采装，18 台载重 45t 自卸车运输，坝壳料直接开采上坝。开采的另一部分砂砾料运输至砂石筛分场，加工成混凝土骨料、反滤料和垫层料。

5.7.1.3　黑河工程砂砾料的加工

黑河砂石料加工场位于黑河水利枢纽右岸下游 2+450～3+314 堤外，承担黑河水利

枢纽 32 万 m^3 混凝土骨料及 27.6 万 m^3 反滤、垫层料的采运、加工和储存。生产和生活区占地 120 亩。共布置两套生产系统，一套是混凝土骨料生产系统，将砂石料经过全破碎筛分生产混凝土粗细骨料；另一套是混合反滤料生产系统，将砂石料经过筛分去除大于 80mm 部分，生产 80mm 以下混合反滤料（天然级配）。

（1）混合反滤料的制备。1999 年 1 月建成筛分场二期工程——混合反滤料生产系统，专门生产 80mm 以下级配稳定、质量合格的混合反滤料（连续级配）。主要设备有：420×110 振动喂料筛分机、1543 振动筛、8040 胶带输送机。配套设施有：$30m^3$，料斗、电控操作楼、修理车间等。混合反滤料生产系统工程流程见图 5－7。

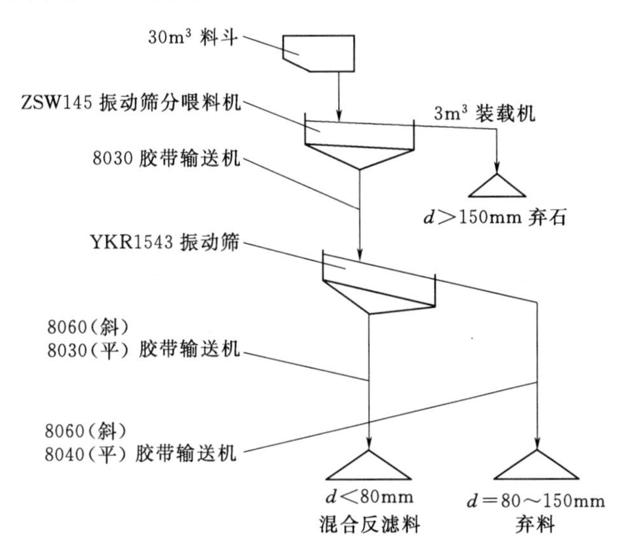

图 5－7　混合反滤料生产系统工程流程图

料源采用黑河下游料场地质分区的区河床砂卵石，加工后的混合反滤料，最大粒径 80mm，其级配曲线见图 5－8。

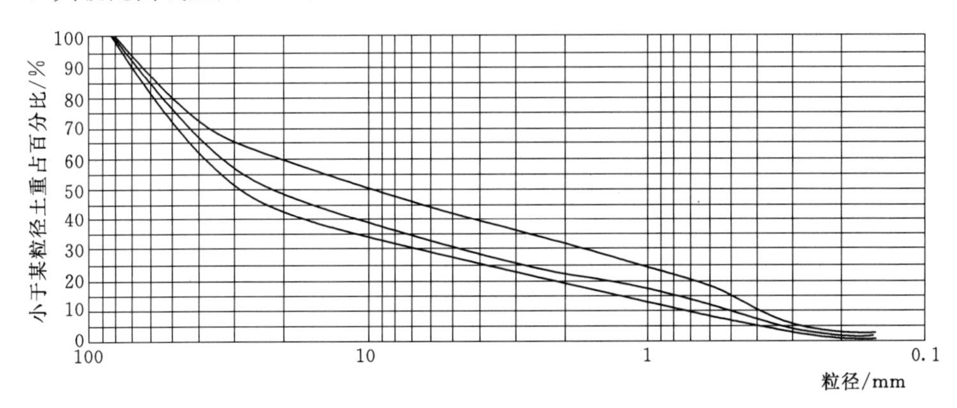

图 5－8　混合反滤料级配曲线图

（2）反滤砂制备。在混合反滤料的生产系统中增加一台 PC1200 洗砂机，一台 6 寸泥浆泵和 B800 胶带输送机，增建排水渠、沉砂池，即可完成对渭河砂的筛分、冲洗，使之达到设计要求。

水洗后的渭河砂，最大粒径为5mm，质地致密坚硬，具有高度抗水性，无风化料，其级配曲线见图5-9。

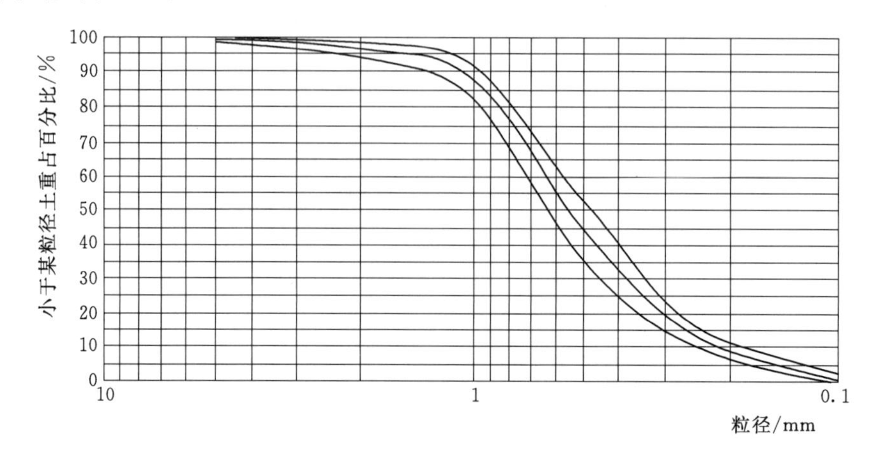

图5-9 反滤砂级配曲线图

5.7.2 糯扎渡水电站堆石坝砾石土料开采与加工

5.7.2.1 糯扎渡水电站工程概况

糯扎渡水电站大坝为心墙堆石坝，坝高261.50m，为国内第一，世界第三。坝体填筑总量为3268.42万m^3。心墙堆石坝由砾质土心墙区、上下游反滤料区、上下游细堆石料区、上下游粗堆石料区和上下游护坡块石等组成。

大坝心墙720.00m以下高程为掺砾土料，总填筑方量300万m^3，720.00m以上高程为不掺砾的天然混合土料，填筑方量约165万m^3。掺合比例为土料：砾石=65：35。大坝掺砾土料在掺合场制备成品回采上坝。

5.7.2.2 糯扎渡水电站工程砾石土料开采

（1）施工分区。

1）土料场开采分主采区和高塑性黏土采区，主采区开采掺砾石土料及混合土料，高塑性黏土采区则专门开采接触性黏土。

2）依据大坝填筑施工分期，根据各分期需用土料量进行开采区域规划。

3）根据现场含水量情况确定每区开采的具体范围，优先开采含水量适中的，对高含水量部位，经处理满足开采要求后再进行开采。

（2）开采方法。

1）土料以立采法开采，根据有用料开采深度，采用正铲、反铲结合施工。

2）各采区按自下而上垂直坡面顺序立体开采。

3）料场开采初期，先以2m^3反铲后退法开挖为主，待形成立采工作面后，再以4.5m^3挖掘机立面挖料。

4）根据工作面道路布置情况，土料一次开采到底，避免有用料浪费。

5）土料用正铲混合后装车，运输以20～32t自卸汽车为主。

6）开采区的边角和底部，配备2m^3反铲进行清理挖装，并辅以165～240kW推土机集料及修路平整，确保作业面和路面清洁、平整。

7）当土料开采深度不大于8m时，采用液压挖掘机立面开挖取料。

8）当土料开采深度大于8m时，采用反铲扒料，正铲装料的方式开采。

5.7.2.3 糯扎渡水电站工程砾石土料加工与储备

掺合场布置：砾石土料掺合场布置在大坝上游右岸码头公路旁，土料从农场土料场Ⅱ区主采区开采，砾石料由掺砾石料加工系统生产，土料和砾石料采用自卸汽车运输到掺合场分层铺料，推土机平料，正铲掺合再挖装自卸汽车运输上坝。

砾石土料掺合场设置4个料仓，保证2个储料，1个备料，1个开采料，达到连续供料的目的。

料仓之间采用浆砌石挡墙分隔，挡墙内用石渣回填压实，顶部浇筑混凝土路面，作为掺合料运输进仓道路，挡墙顶部路面最大坡度控制在10%，可满足料仓运料车在不同高程进料场堆料，料仓总面积约3万m^2，储量约14万m^3，可满足最大上坝月强度约15d的用量。

（1）砾石土掺合工艺流程见图5-10。

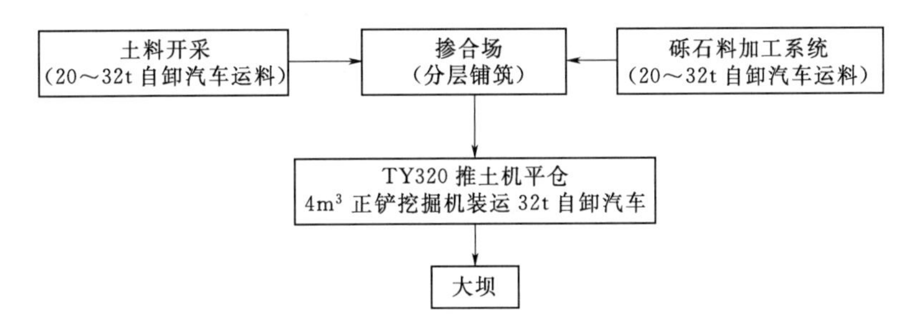

图5-10　砾石土掺合工艺流程图

1）掺砾石土料中的土料从土料场中立采获取，砾石料由人工加工系统生产供应。

2）混合土料采用2～4m^3挖掘机挖取混合均匀后，挖装20～32t自卸汽车运输至掺合场。

3）混合土料最大粒径不大于150mm，小于0.074mm颗粒含量不少于28%。

4）掺砾石料最大粒径120mm，连续级配，小于5mm含量不超过15%。

5）掺砾石料采用装载机或挖掘机从成品料堆挖装20～32t自卸汽车运往掺合场。

6）掺砾石料最大粒径不大于150mm，小于5mm颗粒含量48%～70%，小于0.074mm颗粒含量不小于19%～50%。

（2）运料、铺料。

1）掺砾土料按土料与砾石料65∶35的重量比掺合而成。根据现场试验互层铺料的厚度为：土料110cm、砾石料50cm。

2）料仓铺料时铺料顺序为：第1层铺砾石料（厚50cm），第2层铺土料（厚110cm），第3层铺砾石料（厚50cm），第4层铺土料（厚110cm）。如此相间铺料三互层（见图5-11）。

3）掺砾石料采用进占法卸料，湿地推土机及时平整。

4）土料采用后退法卸料，湿地推土机平料。

图 5-11　料仓铺料互层

5）各铺料层面略向外倾斜，坡度1%～2%，以利于降雨时表面积水排除。

6）混合土料铺料过程中，配置1台$3m^3$装载机并配备人工剔除粒径大于20cm以上的超径石。

（3）砾石土料掺合及装运。

1）每个料仓备料完成后，在挖装运输上坝前，必须用正铲混合掺拌均匀，掺拌方法是：正铲从底部自下而上装料，斗举到空中把土自然抛落，重复做3次。

2）掺拌合格的料采用4～$6m^3$的正铲装料，由20～32t自卸汽车运输至填筑作业面。

5.7.2.4　糯扎渡水电站工程掺砾石土料加工质量控制

（1）备料仓准备：每一个备料仓在备料前必须进行场地平整，完善排水设施后，方可备料。

（2）层厚控制：每一层土料或砾石料铺设完成后，经定点方格网（20m×20m）测量检查铺设厚度满足要求后，方可进行下一层土料或砾石料铺设；对铺料层厚度不满足要求时，须进行处理，以保证砾石含量和掺砾土料级配满足设计要求。

（3）级配及含水率测定：对掺拌好的掺砾土料须进行级配和含水率的检测，级配和含水率满足要求后方可装车上坝。

（4）超径及干土块的处理：在铺料和掺拌过程中剔除超粒径石块，严禁干土块和不合格土料装车上坝。

6 堆石料填筑

土石坝堆石料又称坝壳料，主要用来保持坝体稳定。首先，应具有较高的强度，易压实；其次，要有良好的排水性能。按其材料分为堆石、风化料、砂砾（卵）石三类。按其岩石硬度分为坚硬岩、硬岩、软岩等。不同材料由于其强度、级配、湿陷程度、软化系数的不同，施工采用的机械及工艺也不尽相同。

料场开采和坝区开挖的砂、砾石、卵石、石料和风化料及砾石均可作为坝壳的填筑材料。均匀中细砂只能用于中、低坝坝壳浸润线以上的干燥区，高坝和地震区不宜采用这种土料。下游坝壳应采用透水性能良好的土石料填筑。对软化系数低，不能压碎成砾石土的风化石料和软岩宜在坝壳的干燥区填筑。

针对不用性质的坝料，在填筑施工前都要根据设计要求，结合工程实际情况，进行充分必要的碾压试验，复核设计指标，选择合适的施工机具，提出科学合理的施工工艺和控制参数、质量指标等。本章主要对堆石料、过渡料和反滤料进行详述。

6.1 堆石料碾压试验

土石坝的设计和施工参数多来源于工程实践，其参数的选用与筑坝材料的物理力学特性密切相关，因此，根据工程料源情况，在大坝填筑前开展填筑碾压试验是必要的。实践证明，填筑碾压试验是取得科学合理的设计和施工参数的有效方法之一。该试验方法先后在公伯峡、天生桥、水布垭、瀑布沟、三板溪、糯扎渡、江坪河、溧阳等工程中应用，取得了科学实用的试验研究成果，解决了工程实际问题，具有广泛的应用及推广价值。设计阶段填筑碾压试验以研究筑坝材料的填筑碾压工程特性，评价筑坝材料的质量为主，并为设计提供基本参数。施工阶段填筑碾压试验以核实坝料设计填筑标准的合理性，确定达到设计填筑标准的压实方法和施工参数为目的。

堆石料现场碾压试验是指筑坝材料有关特性调整试验、土石料铺筑压实试验、质量控制试验等。通过现场试验核实或修正有关筑坝材料的设计、施工技术指标，选择合适的施工机具和施工工艺，确定各项施工参数和施工质量要求。现场碾压试验，是采用初步拟定的施工设备、压实机械和选定料场的土石料，在大坝填筑前进行不同压实参数的坝料压实试验。对于粗堆石料（主堆石、次堆石）、细堆石料（过渡料、反滤料），当料源相同时试验方法基本相同，只是天然砂砾料的最大干密度确定有所区别。

6.1.1 试验内容

6.1.1.1 试验目的及内容

（1）通过试验，进一步了解坝体各区填料实际的压实特性，为进一步研究及预测坝体沉降收集资料。

(2) 通过试验，对设计提出的坝体填筑压实质量控制标准进行复核与检查，为进一步优化设计提供依据。

(3) 确定满足坝体填筑压实质量控制标准的压实方法（包括铺料厚度、碾压遍数、加水量、碾压机具选择参数）。

(4) 坝体填筑施工工艺研究，包括铺料顺序与方法，相邻料区衔接及边角部位的碾压方法等。

(5) 根据工程实际情况，编制试验计划。

6.1.1.2 压实机械的选择

压实机械的选择，有的由设计单位或建设单位根据前期勘探及实验成果推荐选择，并且在合同中明确规定了压实机械类型，有的由施工单位根据同类工程经验选取，对于高坝或坝料品质特性复杂的坝料，可进行不同设备的对比试验。

选择压实机械时，应考虑以下因素：①坝料类别；②各种坝料设计压实标准；③各种坝料的填筑强度；④设备动力和振动参数；⑤气候条件；⑥机械维修条件。

在已建成的土石坝中，白龙江苗家坝坝料为220MPa的超硬变质凝灰岩，采用的是25t拖式碾和32t大功率自行碾，公伯峡、积石峡采用的是20t自行碾或拖式碾，糯扎渡大坝采用的是26t自行碾。现在设备的研发速度很快，36t的自行碾已开始应用，所以设备选型应以坝料特性为主，选择合理、适应的设备组合。

6.1.2 试验准备

6.1.2.1 试验用料

试验用料要选取料场具有代表性的料，料的数量满足试验规程要求，剔除超径不合格料，试验用料提前进行级配筛分，做出级配检测曲线，判断所取试验料的级配是否良好。对爆破开采的或者工程爆破开挖的可利用石渣，必须进行岩性检测，包括风化程度、强度、密度、级配情况等，与设计提供的坝料指标和要求进行对照。坝料取样要有代表性，并达到一定数量和组数。

6.1.2.2 试验压实参数和试验组合的确定

(1) 压实参数。压实参数包括机械参数和施工参数两大类。当压实设备型号选定后，机械参数已基本确定。施工参数有铺料厚度、碾压遍数、行车速度、堆石的加水量等。

(2) 试验组合。试验组合方法有经验确定法、循环法、淘汰法和综合法，一般多采用淘汰法。淘汰法又称逐步收敛法，此法每次只变动一种参数，固定其他参数，通过试验求出该参数的适宜值。同样，变动另一个参数，用试验求得第二个参数的适宜值，依此类推。待各项参数选定后，用选定参数进行复核试验。此种方法的优点是达到同等效果时的试验总数较少。

6.1.2.3 试验场地要求及准备

(1) 场地应平坦，地基坚实。

(2) 用试验料，先在地基上铺压一层，压实到设计标准，将这一层作为基层，然后在其上进行碾压试验。

(3) 试验区面积。①砾石土、风化砾石土、砂每个试验组合净面积不小于4m×8m；

②砂砾石、堆石料每个试验组合净面积不小于 6m×10m。

(4) 试验铺料要求。由于碾压时产生侧向挤压，因此，试验区的两侧（垂直行车方向）应留出一个碾宽。顺碾压方向的两端应留出 8～10m 作为非试验区，以满足停车和错车需要。

(5) 场地布置。一般试验可完成几个或十几个组合试验。淘汰法，每场只变动一种参数，一般一场试验布置 4 个组合试验；部分循环法，一场试验可以同时有 2 种或 2 种以上参数变动，一般一场布置 8～12 个组合试验。

研究两种铺料厚度、不洒水、不同碾压遍数压实效果的堆石料碾压场地布置示意图（见图 6－1），可供参考。

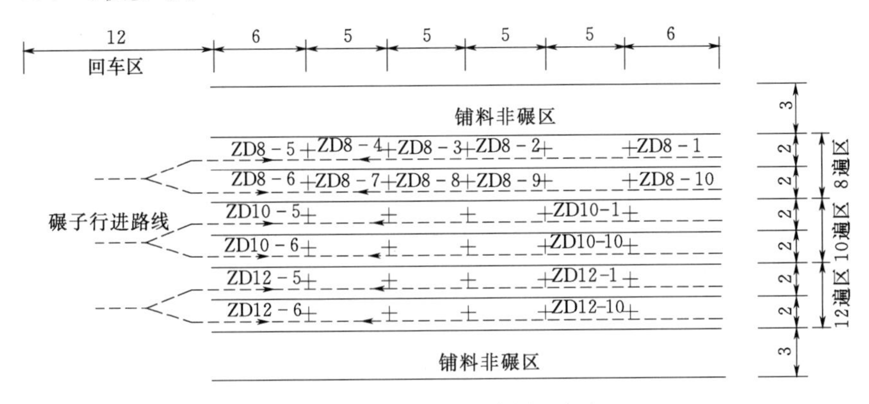

图 6－1 堆石料碾压场地布置示意图（单位：m）

6.1.3 试验方法

6.1.3.1 铺料及碾压

铺料厚度初步拟定设计提供的铺料厚度，再结合各料之间铺料厚度要求确定。铺料采用进占法铺料，一般采用机械铺料，铺料按照规划区域铺料并超出规划区域一定范围，保证摊铺到区域内的料碾压密实。

碾压按照试验设计的选型设备、碾压遍数和碾压方向进行碾压。

铺料和碾压环节中要做好铺料前各测点的高程和碾压后测点高程测量工作，并做好记录。

6.1.3.2 取样

试验按照规定内容完成后，进行下列内容的分析验证工作。

(1) 测定每一组合压实后的干密度、含水率及颗粒级配。砂砾料现场密度检测，宜采用挖坑灌水（砂）法或辅以表面波压实密度仪法。挖坑灌水（砂）法试坑直径不应小于最大粒径的 3 倍，试坑深度为碾压层厚。

(2) 碾压前后级配变化的分析，干密度与碾压遍数的关系，压实沉降量和沉降率的关系，平均沉降率与碾压遍数的关系，洒水与不洒水与平均沉降率的关系和试验料的 P－S 曲线等。

（3）取样数量。砂砾料每一组合取样6～8个；堆石料每一组合取样不少于3个，如果测定沉降量时，测点布置方格网点距1.0～1.5m。

结合工程实际试验情况，对上述检测内容进行说明，并分析总结编制试验成果资料。

6.1.3.3 挖坑灌水法密度测定

（1）仪器设备：套环（带法兰盘）、测针、台秤、薄膜、盛水容器、温度计、水准尺、铲土工具等。

（2）操作步骤。

1）将测点处的地面整平，并用水准尺检查。

2）按表6-1规定的试坑尺寸，将相应直径的套环平稳地放置在试验点上。

表6-1　试坑尺寸与试样最大粒径关系表

试样最大粒径/mm	试坑尺寸		套环直径/cm
	直径/cm	深度	
≤800	≥160	碾压层厚	200
≥300	90～120		120

3）将水位测针安装在套环上，将大于套环内表面积的一层塑料薄膜置于套环内，沿环底、环壁紧密相贴。

4）用盛水器向环内注水，记录每桶水质量，环内水深控制在10～15cm，记录注水总质量m_1、水温T和环内水位h_1（即测针读数）。

5）排除环内水，取出塑料薄膜，按表6-1规定，在套环内挖试坑。挖试坑应从中间向外扩展，在挖试坑过程中，不得碰撞套环和挤压坑壁，已松动的岩块应全部取出，称量试样干质量m。人工整平踩实坑底，将面积足够大的一层塑料薄膜置于坑内沿坑底、坑壁及套环壁松松地铺上（见图6-2）。

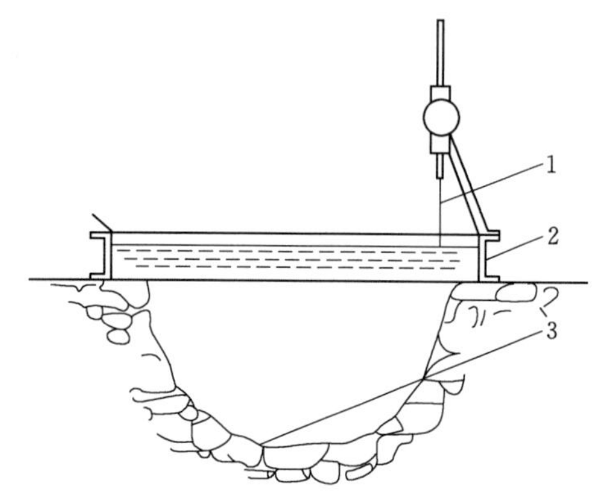

图6-2　灌水法取样示意图

1—水位测针；2—套环；3—塑料薄膜

6）向试坑内注水，注水至环内水位h_1止（即测针读数），记录注入试坑内水的总质量m_2，测量水的温度T。注水过程中，随时调整塑料薄膜，排除薄膜与试坑壁间的孔隙，使其靠紧坑底、坑壁及环壁。同时，要随时观察塑料薄膜有无刺破漏水现象，发现有刺破漏水处，应停止向试坑内注水，排除坑内的水，待修补好以后再重新进行注入测量。

（3）计算。

1）按式（6-1）计算试坑体积。

$$V=\frac{m_1-m_2}{\rho_w}+\Delta V \tag{6-1}$$

式中　V——修正后的试坑体积，cm^3；

m_1——套环内注水质量，g；

m_2——套环加试坑内注水质量，g；

ρ_w——T℃时水的密度（$\rho_w \approx 1.0$），g/cm^3；

ΔV——塑料薄膜的体积，cm^3。

2）按式（6-2）计算干密度。

$$\rho_d = \frac{m}{V} \tag{6-2}$$

式中　ρ_d——干密度，g/cm^3；

m——试样干质量，g；

V——试坑体积，cm^3。

6.1.3.4　砂砾石坝料最大干密度试验

砂砾料要确定设计相对密度所对应的干密度指标，首先应该进行最大最小干密度试验，以便碾压试验确定能达到该密度的施工参数。确定最大干密度传统的剔除替代法、相似级配法等试验方法由于受试验设备的限制，不能使用砂卵石的原型级配进行试验，将超过试验仪器允许的粒径均采用剔除替代法、相似级配法等进行缩分处理，得出的数据也不是直接数据。室内采用振动台法与施工中的振动碾，碾压有一定的差距，工程使用中有一定的局限性和间接性。

根据黑河金盆大坝、公伯峡大坝等工程试验及应用情况，砂砾料最大干密度的确定采用密度桶法是科学合理的。密度桶法是根据砾石料的最大粒径，按粒径比3～5的范围考虑加工直径140cm，高100cm，壁厚1.2cm的钢桶，将料场原型级配料，人工配制掺合后装入试验桶内，埋入1.3m的试验铺料厚度当中。用自行式振动碾，碾压6遍，然后定点碾压15min，测其干密度作为该碾压机具情况下的最大干密度。最小干密度应用人工松填法测得。

考虑到实际施工中料场本身粗细变化的不均匀性，试验组次除依据砂砾石料场平均级配和上、下包线级配制不同砾石含量外，试验中配置下包线可扩大砾石含量到90%，上包线缩小砾石含量到45%、55%进行最大最小干密度试验，以包容料场所有级配的填筑干密度标准。

6.1.4　试验成果

6.1.4.1　试验过程描述及记录（形成记录、样表）

（1）记录使用的运输设备、卸料方式及铺料方法。

（2）检查并记录上、下压实层的结合情况。

（3）应观察表面石料压碎及堆石架空情况。

（4）各种料物应记录碾压前后的实际铺层厚度。

（5）各种参数状态下的压实情况和检测结果。

（6）实验记录表格参照《土石筑坝材料碾压试验规程》（NB/T 35016—2013）附录E，结合工程实际情况可适当调整。

6.1.4.2 编写试验报告

试验完成后，应将试验资料进行系统整理分析，绘制成果图表，编写试验报告。

（1）砂砾石应绘制砾石（直径大于5mm）含量与干密度（ρ_d）、碾压遍数的三因素关系曲线。

（2）堆石料应绘制不同铺料厚度时的干密度（ρ_d）与碾压遍数（N）关系曲线，绘制沉降量（Δh）与碾压遍数（N）关系曲线。

（3）绘制最优参数（包括复核试验结果）情况下的干密度（ρ_d）、压实度（R_c）、孔隙率（n）的频率分配曲线与累计频率曲线。

（4）对各类坝料碾压前后级配变化检测成果进行分析。

6.1.4.3 实验结论

根据以上成果，结合工程的具体条件，确定各种坝料施工碾压参数和填筑标准。在试验报告中应提出以下结论：①设计标准的合理性；②与各种坝料相适应的压实机械和参数；③各种坝料填筑干密度控制范围；④提出达到设计标准的施工参数：铺料厚度、碾压遍数、行车速度、错车方式、堆石料的加水量等；⑤上、下层的结合情况及其处理措施；⑥确定施工设备，包括装车机械、运输车辆、推平设备、碾压设备，选择时要充分考虑施工强度、施工环境、道路情况、天气、坝料岩性、设计指标等要素，确定最优设备组合，达到质量优良、保证进度、经济指标好的合理配置。

6.2 堆石料碾压试验报告

首先对工程概况进行简述，然后从以下几个方面整理总结试验成果。以某堆石坝工程堆石料碾压试验报告为例详述如下。

6.2.1 碾压试验目的

（1）核实坝料设计填筑标准的合理性及可行性。

（2）研究达到设计填筑标准的铺料、压实方法，通过试验和比较确定合适的碾压施工参数，包括：压实机械类型、机械参数、铺料厚度、碾压遍数、加水量及加水方法等，制订大坝填筑施工的实施细则。

（3）研究筑坝材料在重型碾压施工机械下的碾压性能（压实密度、颗粒级配变化）。

（4）研究筑坝材料碾压后的工程特性（渗透性、压缩性等）。

（5）研究确定坝料填筑的施工工艺，为大坝填筑提供经济合理的施工参数。

（6）研究坝料压实质量控制措施及现场快速施工的有效方法。

（7）检验所用的压实机械的适用性及其性能的可靠性。

6.2.2 设计技术要求

6.2.2.1 引用标准

《碾压式土石坝施工规范》（DL/T 5129—2013）、《碾压式土石坝设计规范》（DL/T 5395—2007）、《混凝土面板堆石坝施工规范》（DL/T 5128—2009）、《混凝土面板堆石坝设计规范》（DL/T 5016—2011）、《水电水利工程天然建筑材料勘察规程》（DL/T 5388—

2007)、《水电水利工程粗粒土试验规程》(DL/T 5356—2006)、《水电水利工程土工试验规程》(DL/T 5355—2006)、《水电水利工程岩石试验规程》(DL/T 5368—2007)、《水利水电工程施工测量规范》(DL/T 5173—2003)、《工程测量规范》(GB 50026—2016)、《水电水利工程爆破施工技术规范》(DL/T 5135—2013)、《爆破安全规程》(GB 6722—2014)、《土石筑坝材料碾压试验规程》(NB/T 35016—2013)、《混凝土面板堆石坝挤压边墙混凝土试验规程》(DL/T 5422—2014)、《XXX 工程碾压试验技术要求》。

以上标准某项目设计文件要求列举，实施时应查阅设计要求和规范的修订更新情况，确定采用水利行业标准还是电力行业标准，所采用规范标准应为最新版本。

6.2.2.2 填筑料设计指标

根据招标文件、设计图纸、相关规程规范及《XXX 工程碾压试验技术要求》，主堆石 3B 料填筑设计技术要求见表 6-2，坝料设计级配曲线见图 6-3，主堆石 3B 料级配要求参照主堆石料 3B 设计包线。

表 6-2　　主堆石 3B 料填筑设计技术要求表

料源	填筑材料	颗粒级配要求	压实干密度/(t/m³)	渗透系数/(cm/s)	最大粒径/mm	孔隙率/%
YY 料场	弱风化以下板岩料	级配连续，小于 5mm 含量小于 20%，小于 0.075mm 含量不大于 5%	>2.20	$>5\times10^{-3}$	600	<20
YY 堆存料	弱风化以下板岩料	级配连续，小于 5mm 含量小于 20%，小于 0.075mm 含量不大于 5%	>2.20	$>5\times10^{-3}$	600	<20
工程区开挖料	弱风化以下板岩料	级配连续，小于 5mm 含量小于 20%，小于 0.075mm 含量不大于 5%	>2.20	$>5\times10^{-3}$	600	<20

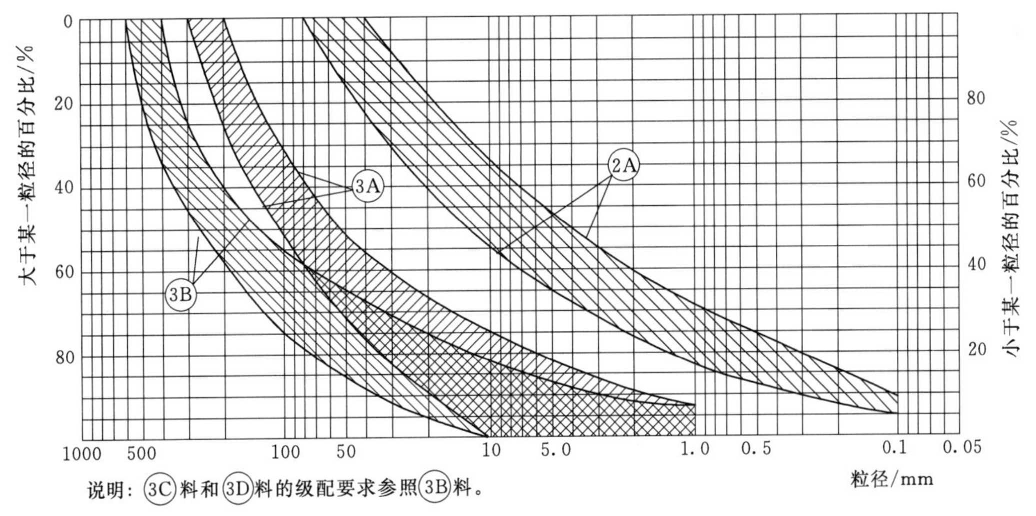

图 6-3　坝料设计级配曲线图

6.2.3 场地布置及主要人员、设备、物资配置

6.2.3.1 场地布置

碾压试验场地应选在地势平坦、基础密实部位，主堆石 3B 料整平出 50m×30m 的场

地，在试验区长度方向划分为 3 种不同铺料厚度 $h=60$cm、80cm、100cm，3 种不同碾压遍数 $n=6$ 遍、8 遍、10 遍，两个洒水区分别为：表面洒水湿润，$W=5\%$（加水量控制按体积比计量）对比试验区以及一个复核试验区，两端为调头和错车区，中间为试验区。用白灰洒出 8m×10m（碾压方向长 10m）的试验单元格，共计 6 个试验区，12 个试验单元格，见图 6-4 和图 6-5；分别测量方格交点高程。为确保碾压试验场地的基础平整、坚硬，找平后采用 26t 振动平面碾压 18 遍后，在方格交点上测高程，最后两遍沉降量不大于 1mm，直至密实不沉降。

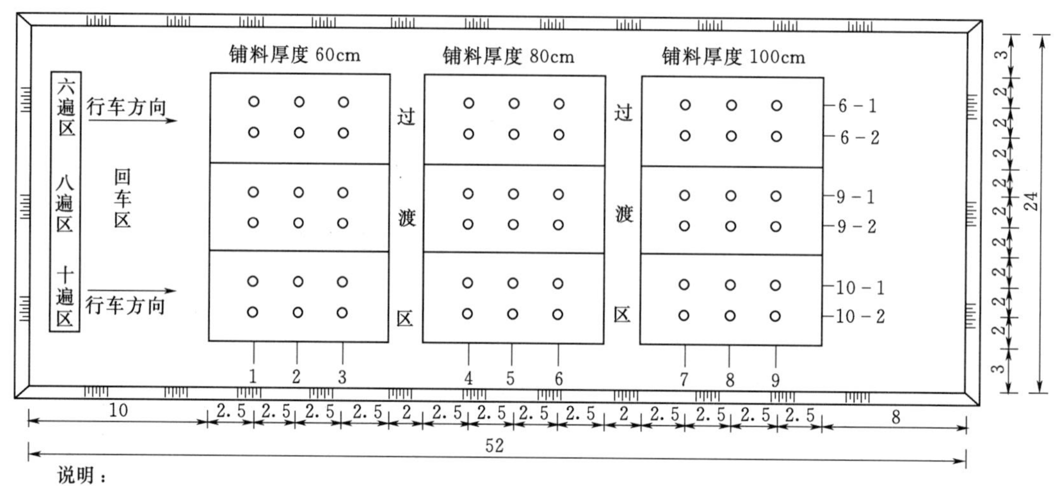

图 6-4　主堆石 3B 区碾压试验布置图（第一大场）（单位：m）

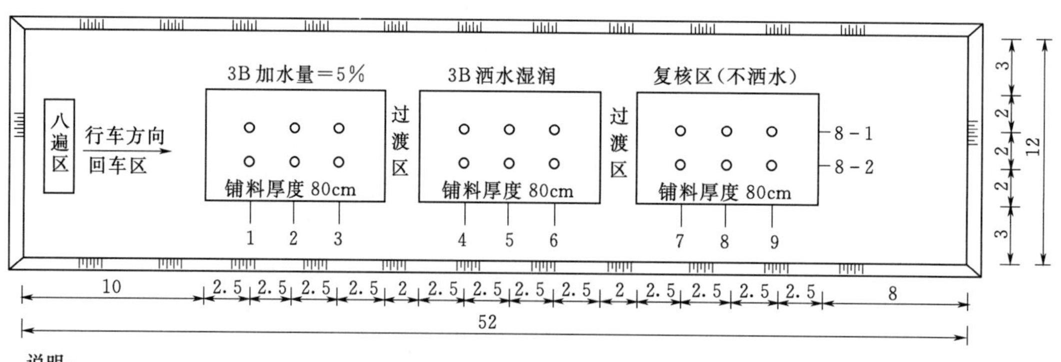

图 6-5　主堆石 3B 区碾压试验布置图（第二、三大场）（单位：m）

6.2.3.2　人员配置

人员配置一览见表 6-3。

表 6-3　　人员配置一览表

序号	工　种	人　数	备　注
1			
2			
合　　计			

6.2.3.3 设备、物资配置

设备、物资配置一览见表 6-4。

表 6-4　　设备、物资配置一览表

序号	设备名称	型号/规格	性能参数	数量
1				
2				

6.2.4 试验用料及碾压机具

6.2.4.1 试验用料

（1）主堆石 3B 料（YY 料场开挖爆破试验料）新鲜弱风化板岩全级配料，级配连续，无断径，超粒径料在挖装过程中剔除，在碾压前进行颗粒级配筛分，小于 5mm 含量及小于 0.075mm 含量均满足设计要求，室内实测填料比重 3 组，最大值 2.74t/m^3，最小值 2.72t/m^3，平均值 2.73t/m^3。

（2）主堆石 3B 料（YY 堆存料），堆存时间 2013 年 3 月，经过 2013 年雨季雨水浸润，级配连续，无断径，超粒径料在挖装过程中剔除，在碾压前进行颗粒级配筛分，小于 5mm 含量及小于 0.075mm 含量均满足设计要求，室内实测填料比重 3 组，最大值 2.73t/m^3，最小值 2.69t/m^3，平均值 2.71t/m^3。

（3）主堆石 3B 料（工程区开挖料），料源为溢洪道开挖弱风化板岩料，堆存时间 2013 年 11 月，经过 2013 年 12 月一次较大降雨雨水浸润，级配连续，无断径，超粒径料在挖装过程中剔除，在碾压前进行颗粒级配筛分，小于 5mm 含量及小于 0.075mm 含量均满足设计要求，室内实测填料比重 3 组，最大值 2.73t/m^3，最小值 2.70t/m^3，平均值 2.72t/m^3。

6.2.4.2 碾压机具

依据设计要求碾压机具 25t 及以上自行式振动平碾，激振力大于 320kN，本次碾压试验机具选用 26t 自行式振动平碾，自行式振动碾技术性能参数见表 6-5。

6.2.5 铺料、洒水、整平、碾压

根据已规划好的试验区长、宽及铺料厚度，PC520 反铲装料，25t 自卸汽车运料，采用 PC360 反铲配合 220HP 推土机摊铺，人工配合整平。在铺料顶面根据铺料基面布置的方格网坐标，恢复方格网平面坐标位置，并测设各点高程，计算出实际铺料厚度。然后对

表 6-5　　自行式振动碾技术性能参数表

厂家	三一重工股份有限公司	厂家	三一重工股份有限公司
工作质量/kg	26700	名义振幅/mm	2.05/1.03
振动轮分配质量/kg	17100	激振力/kN	416/275
驱动桥分配质量/kg	9600	振轮直径/mm	1700
振动轮静线荷载/(N/cm)	788	振动轮宽度/mm	2170
振动频率/Hz	27/31	振动轮轮圈厚度/mm	42

洒水对比区的试验单元格分为表面洒水湿润、注水 5%（加水量控制按体积比计量），注水完毕，振动碾按 2 档中油门、行车速度 2.0～3.0km/h、强振模式，采用满辊错距法，振动碾前进后退一次算两遍，顺碾压方向碾筒轮迹的重叠宽度为 10cm，在不同碾压遍数、不同铺料厚度碾压各试验区，确定出参数最优组合，再选用最优参数组合进行加水对比及复核碾压，碾压完各试验区后，振动碾退出试验区。依照建基面方格网平面坐标位置，再次恢复各试验单元方格网，测设各网点高程，分别计算出碾压 2 遍、4 遍、6 遍、8 遍及 10 遍后的沉降量。

6.2.6　YY 料场开挖主堆石 3B 料试验及成果分析

6.2.6.1　试验项目及方法

主堆石 3B 料试验项目包括压实干密度、颗粒分析、原位渗透系数（包括碾压层表面、层内横向水平以及综合渗透）、含水率、计算孔隙率、破碎度和沉降量。压实干密度测定采用灌水法，渗透系数测定采用双环试坑注水法，含水率测定采用烘干法，颗粒级配筛分是将试坑内全料分级筛分。

6.2.6.2　碾压试验数据

各料场碾压试验数据各类汇总表较多，其碾压试验（第一场次不加水）数据汇总见表 6-6，破碎度数据汇总见表 6-7，（第二场次加水对比及复核）数据汇总见表 6-8，碾压遍数与累计沉降量汇总见表 6-9。根据试验数据，绘制相关曲线：①压实干密度与碾压遍数关系曲线；②孔隙率与碾压遍数关系曲线；③碾压遍数与累计沉降量的关系曲线；④碾压前后的全料颗粒级配变化对比曲线。

6.2.6.3　相关关系曲线图

YY 料场开挖主堆石 3B 料不加水时，不同铺料厚度、不同碾压遍数与累计沉降量存在一定关系（见图 6-6），其与干密度关系曲线图见图 6-7。

由图 6-6 和图 6-7 可知：YY 料场开挖新鲜板岩在不加水试验在铺料厚度一定的条件下，干密度随着碾压遍数的增加而增大，孔隙率相应随之减小，干密度随碾压遍数的增加而规律性增加。铺料 60cm、80cm 时，随着碾压遍数的继续增加至 8～10 遍后，干密度的增加与孔隙率的减小速度趋于缓慢，碾压 8 遍时压实干密度、孔隙率满足设计要求，判定已达到密实状态；碾压后从挖坑揭露情况看，坑壁基本密实稳定，无倒悬，有轻微架空现象。根据振动碾的激振力以压实波的传播方式，动压力随深度的增加逐渐减弱。因此，铺料厚度对压实效果影响较为敏感，从碾压试验成果表 6-6 中数据可以反映出，在现有

表 6-6　　YY料场开挖主堆石3B料碾压试验（第一场次不加水）数据汇总表

铺料层厚分区	碾压遍数分区	含水率/%				干密度/(t/m³)					孔隙率/%					加水量	备注
		1	2	3	4	1	2	3	4	平均值	1	2	3	4	平均值		
60cm	6	0.48	0.38	0.47	0.51	2.16	2.23	2.17	2.21	2.19	20.9	18.3	20.5	19.1	19.7	不加水	
	8	0.39	0.40	0.35	0.52	2.24	2.20	2.24	2.22	2.23	17.9	19.4	17.9	18.7	18.5		
	10	0.41	0.43	0.49	0.47	2.23	2.22	2.26	2.25	2.24	18.3	18.7	17.3	17.6	18.0		
80cm	6	0.33	0.41	0.45	0.34	2.20	2.13	2.17	2.15	2.16	19.3	21.9	20.5	21.1	20.7	不加水	
	8	0.31	0.45	0.38	0.34	2.21	2.22	2.25	2.20	2.22	18.9	18.7	17.5	19.3	18.6		
	10	0.45	0.38	0.38	0.31	2.21	2.25	2.24	2.28	2.25	19.0	17.5	17.9	16.4	17.7		
100cm	6	0.45	0.46	0.38	0.31	2.11	2.08	2.07	2.04	2.08	22.7	23.8	24.1	25.1	23.9	不加水	
	8	0.37	0.39	0.38	0.35	2.13	2.10	2.16	2.09	2.12	21.9	23.0	20.8	23.3	22.3		
	10	0.47	0.45	0.50	0.43	2.17	2.12	2.13	2.18	2.15	20.5	22.3	22.0	20.1	21.2		

注　YY料场开挖主堆石3B料比重为2.73t/m³。

表 6-7　　YY料场开挖主堆石3B料破碎度数据汇总表

铺料60cm				铺料80cm				铺料100cm				备注
6遍	8遍	10遍	平均值	6遍	8遍	10遍	平均值	6遍	8遍	10遍	平均值	
4.5	5.1	6.0	5.2	5.0	5.7	7.2	6.0	2.2	1.5	3.5	2.4	

表 6-8　　**YY 料场开挖主堆石 3B 料碾压试验（第二场次加水对比及复核）数据汇总表**

铺料层厚分区	碾压遍数分区	含水率/%				干密度/(t/m³)					孔隙率/%					加水量	备注
		1	2	3	4	1	2	3	4	平均值	1	2	3	4	平均值		
80cm	8 遍	0.39	0.43	0.34	0.45	2.26	2.21	2.24	2.20	2.23	17.2	19.0	17.9	19.4	18.4	不加水复核	
80cm	8 遍	0.57	0.54	0.60	0.70	2.21	2.22	2.21	2.25	2.22	19.1	18.8	19.2	17.4	18.6	表面湿润	
80cm	8 遍	1.37	1.27	1.25	1.09	2.22	2.26	2.27	2.24	2.25	18.7	17.2	16.8	18.1	17.7	加水 5%	

注　YY 料场开挖主堆石 3B 料比重为 2.73t/m³。

表 6-9　　**YY 料场开挖主堆石 3B 料碾压遍数与累计沉降量汇总表**

场次	铺料层厚分区	沉降量/mm					相邻两遍 Δ 沉降量/mm					压缩率/%			加水量
		2 遍	4 遍	6 遍	8 遍	10 遍	2 遍	4 遍	6 遍	8 遍	10 遍	6 遍	8 遍	10 遍	
第一场次	60cm	17	35	43	53	60	17	18	8	10	7	6.1	7.5	8.5	不加水
	80cm	14	30	47	49	53	14	16	17	2	6	5.4	5.6	6.1	
	100cm	14	33	39	43	47	14	19	6	4	4	3.8	4.1	4.5	
第二场次	80cm	23	39	50	59	—	23	16	11	9	—	5.6	6.6	—	不加水复核
	80cm	28	32	53	61	—	28	4	11	8	—	6.0	6.9	—	表面加水湿润
	80cm	45	54	61	71	—	45	9	7	10	—	7.1	8.3	—	加水 5%

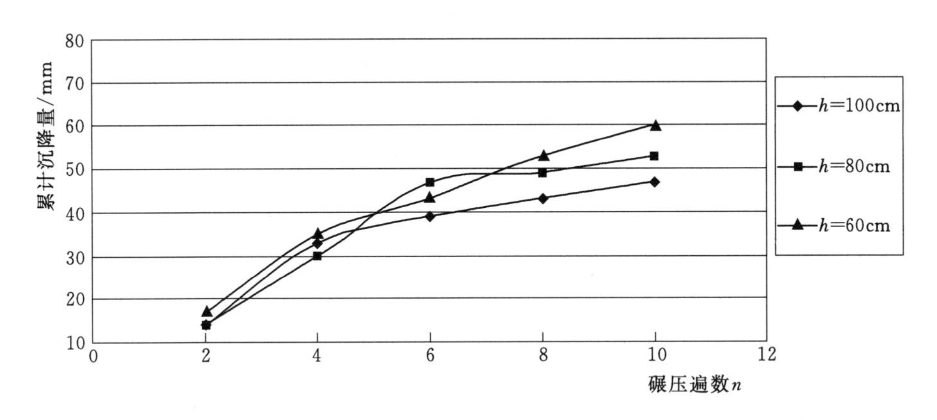

图 6-6　YY 料场开挖主堆石 3B 料不加水碾压遍数与累计沉降量关系图

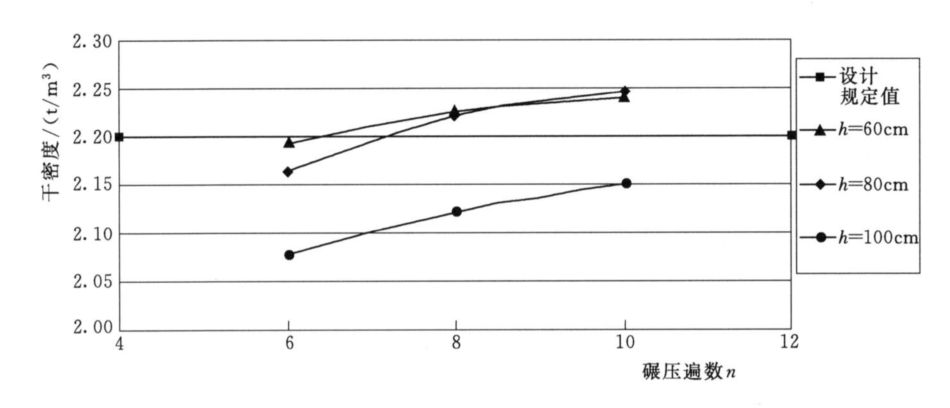

图 6-7　YY 料场开挖主堆石 3B 料碾压遍数与干密度关系曲线图

压实机械情况下，铺料厚度增大到 100cm 时，即使增加碾压遍数，碾压后干密度也难以达到设计要求，主堆石料仍无法密实、稳定，同时从碾压后从挖坑揭露情况看，有少量倒悬，架空现象较为普遍，坑壁细粒料较为松散。

根据以上分析，最终确定 YY 料场开挖新鲜板岩主堆石 3B 料不加水试验参数最优组合为：铺料厚度为 80cm、碾压 8 遍。

6.2.6.4　YY 料场开挖主堆石 3B 料碾压遍数与累计沉降量分析

根据试验所得 YY 料场开挖新鲜板岩主堆石 3B 料碾压后累计沉降量数据（见表 6-9），碾压遍数与累计沉降量关系曲线（见图 6-6），分析可知：YY 料场开挖新鲜板岩主堆石 3B 料在铺厚层一定的条件下，碾压后累计沉降量随碾压遍数的增加而增大；相邻两遍沉降量逐渐减小，碾压 8 遍已基本稳定，继续碾压至 10 遍时，沉降量仍有缓慢的增长趋势，表明岩石颗粒在激振力的作用下二次破碎，符合颗粒变细，孔隙率变小，压实干密度增大、体积压缩变小的客观规律。

铺料 60cm 时：压缩率从 6 遍到 8 遍增加了 1.4%，从 8 遍到 10 遍平均增加了 1.0%。铺料 80cm 时：压缩率从 6 遍到 8 遍增加了 0.2%，从 8 遍到 10 遍平均增加了 0.5%。铺料 100cm 时：压缩率从 6 遍到 8 遍增加了 0.3%，从 8 遍到 10 遍平均增加了 0.4%，表明已趋于稳定；第 8 遍后两次的沉降值均明显变小，第 10 遍后则更小。其沉降量与关系曲线也趋于平缓，第 10 遍比第 8 遍也明显增长缓慢，说明沉降量变化与干密度变化规律吻合，同时也说明碾压 8 遍后的碾压效果提高较轻微。以此可知继续增加碾压遍数不经济，而且获得的压缩密实增加量非常小。故主堆石 3B 料在铺厚层一定的条件下，碾压 8 遍已基本稳定。

6.2.6.5 YY 料场开挖主堆石 3B 料碾压前后颗粒级配对比分析

不同碾压遍数、不同铺料厚度情况下，YY 料场开挖主堆石 3B 料碾压前后级配分析对比曲线见图 6-8。

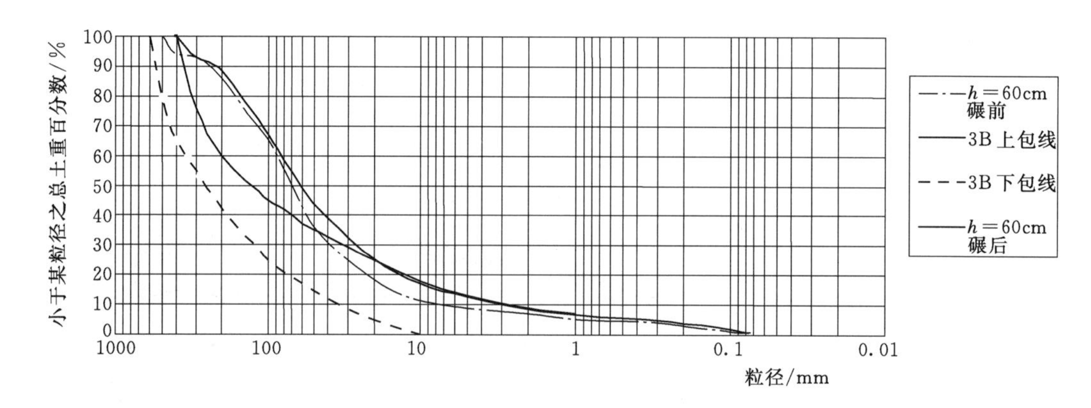

图 6-8 YY 料场开挖主堆石 3B 料碾压前后级配分析对比曲线图

由图 6-8 可知：各试坑实测颗粒级配连续，说明 YY 料场开挖主堆石 3B 料试验过程的装运、铺料保证了原料的均匀性和各级颗粒的连续性。碾压前与碾压后级配良好，无断径现象，碾压前后小于 5mm 含量共计检测 18 组，最小值 4.8%，最大值 13.3%，平均值 8.7%，均满足设计指标要求小于 20%的要求；小于 0.075mm 含量共计检测 18 组，最小值 0.3%，最大值 1.0%，平均值 0.5%，均满足设计指标要求小于 5%。

碾压前后级配变化较为明显，颗粒变细趋势较大。依据表 6-7 数据可知，岩石破碎度较大，变化规律符合客观规律：岩石破碎度随着铺料厚度的增加而减小。随着碾压遍数的增加而增大趋势明显。分析主要原因如下。

(1) YY 料场开挖新鲜弱风化板岩母岩强度较低。根据设计地勘资料显示，料场母岩属于软岩类，故破碎度较大，铺料 60cm 时，破碎度最小值 4.5%，最大值 6.0%，平均值 5.2%；铺料 80cm 时，破碎度最小值 5.0%，最大值 7.2%，平均值 6.0%；铺料 100cm 时，破碎度最小值 1.5%，最大值 3.5%，平均值 2.4%。

(2) 通过碾压现场目测，由 YY 料场开挖主堆石 3B 料为爆破料，棱角突出及爆破预存裂纹在振动碾激振力作用下二次破碎，故细料含量增加，颗粒变细趋势增大。

6.2.6.6 YY 料场开挖主堆石 3B 料加水与不加水碾压分析

加水对比试验单元区的加水量分别为：W=5%（体积比）和表面湿润（洒水车表面洒水来回两遍）。单个加水试验区单元面积为 60m²，铺料层厚为 0.87m，依照体积比计算出 W=5%试验单元区加水量为 2.61m³；表面湿润试验单元区，控制加水量约为试验料体积的 1%，加水试验单元区加水时间约为 1.5h，加水后试验区无表面径流和积水，闷料一夜，第二天早上碾压。

(1) 加水对比及复核试验区级配分析曲线图。YY 料场开挖主堆石 3B 料加水及复核试验区填料与不加水试验区料源同为 YY 料场弱风化板岩，其级配分析曲线见图 6-9。共计检测 3 组颗粒分析，小于 5mm 含量最小值 3.5%，最大值 9.1%，平均值 6.2%，均满足小于 20%设计要求；小于 0.075mm 含量最小值 0.3%，最大值 1.0 %，平均值 0.7%，均满足小于 5%设计要求；两次试验用料基本一致，级配连续，无断径，细颗粒含量略有减少。

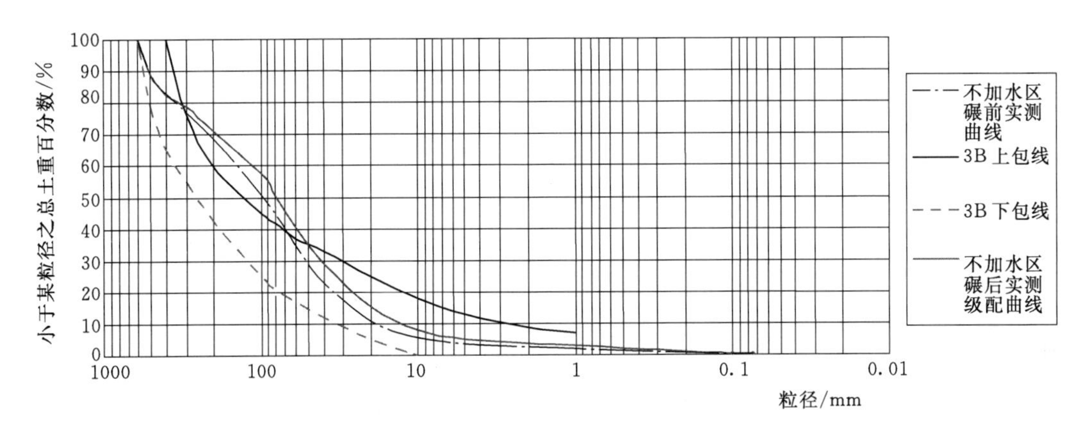

图 6-9　YY 料场开挖主堆石 3B 料不加水复核区级配分析曲线图

(2) 加水及复核试验区对比分析。针对最优参数组合铺料厚度 80cm 碾压 8 遍，在不同加水量条件下，其与干密度关系曲线见图 6-10。

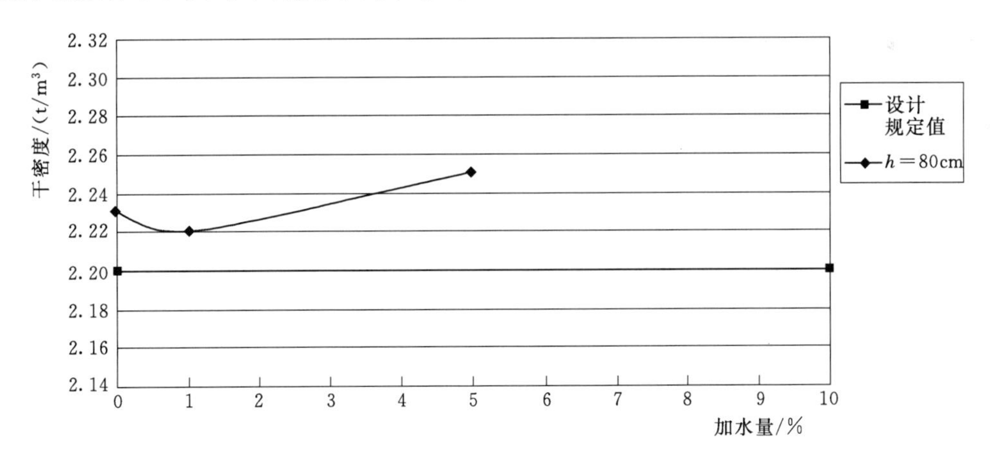

图 6-10　YY 料场主堆石 3B 料不同加水量与干密度关系曲线图

通过现场加水碾压观察，加水 5%试验区挖坑揭露面显示，加水闷料后，充分均匀湿润，表层 10～32cm 厚度细颗粒含量较多。经碾压聚集板结，在上面层形成致密光面弱透水层，不利于内部孔隙水层间垂直渗透，且试验单元格局部表面形成弹簧现象，而不加水复核区、表面加水湿润试验区无此现象。根据实验数据分析反映，随着加水量的增加，压缩率增大，干密度随之增大，孔隙率相应减小。经对比试验，加水碾压相比不加水碾压获得的压实效果有较小增加的趋势，与不加水碾压效果对比不显著，且加水碾压后形成表面致密光面层，不利于垂直渗透，建议 YY 料场开挖新鲜板岩料不加水碾压施工。

依据《混凝土面板堆石坝施工规范》（DL 5128—2009）相关条款：对于爆破料的碾压，加水一般情况下可使块石表面浸水软化、润滑，降低抗压强度，减小颗粒间相对位移摩阻力、咬合力，从而在激振力作用下，提高压实密度，减少坝体运行期沉降量。但加水效果与母岩的岩性、风化程度，料源级配有关。诸多试验验证，吸水率小、软化系数大的新鲜坚硬岩石，加水与否及加水量多少对其碾压效果影响甚微，也可不加水。

综合以上因素：建议对 YY 料场开挖主堆石 3B 新鲜弱风化板岩料采用不加水填筑碾压。

6.2.6.7 YY 料场开挖主堆石 3B 料碾压后的渗透系数

根据现场碾压后表面颗粒变细，细颗粒增加情况，碾压后挖坑揭露表层细颗粒集结层厚约为 7～18cm。考虑孔隙水垂直渗透能力可能会减弱，故增加碾压层表面、层内横向水平原位渗透测试项目。采用双环试坑注水法对加水 $W=5\%$、表面加水湿润及不加水复核 3 个试验单元区均进行原位渗透系数测定，其渗透系数见表 6－10。

表 6－10 YY 料场开挖主堆石 3B 料渗透系数汇总表

项目	检测深度/cm	渗透系数实测值/(cm/s)					判定结果
		加水量 5%	表面湿润	不加水	平均值	设计规定值	
表面	0	2.9×10^{-4}	3.7×10^{-3}	5.10×10^{-3}	3.03×10^{-3}	$>5\times10^{-3}$	不符合设计要求
综合	15	8.40×10^{-2}	1.06×10^{-1}	7.22×10^{-2}	8.74×10^{-2}		符合设计要求
横向	60	2.0×10^{-1}	1.7×10^{-1}	2.5×10^{-1}	2.07×10^{-1}		符合设计要求

6.2.6.8 YY 料场开挖主堆石 3B 料试验结论

根据以上试验成果分析，推荐 YY 料场开挖新鲜板岩主堆石 3B 料填筑碾压施工参数见表 6－11，通过现场碾压试验确定出的施工参数，能够满足设计指标要求。

表 6－11 推荐 YY 料场开挖新鲜板岩主堆石 3B 料填筑碾压施工参数表

铺料厚度	碾压遍数	卸料	振动碾型号	行进速度	碾压搭接	振动模式	加水量
80cm	8 遍	进占法铺料	26t 自行式平碾	2 挡中油门（2.0～3km/h）	采用满辊错距法，重叠宽度不小于 10cm	强振	不加水

6.2.7 YY 堆存料场

各工程项目根据实际情况，都会尽可能利用工程开挖料，按照工期计划，部分堆石料需要堆存使用，在堆存时应注意每层的堆存高度，避免级配分离，造成有用料浪费。试验方法和资料整理与开采料相同，参照编制。

6.2.8 主堆石 3B 三种料源现场碾压试验结论

6.2.8.1 主堆石三种料碾压后试验数据对比

影响压实效果的因素是多方面的，如小于 5mm 颗粒含量变化，颗粒级配分布的均匀性及颗粒各级含量的变化等。主堆石 3B 料三种料源现场碾压试验效果以选定最优参数组合（$h=80$cm，$n=8$ 遍，$W=0$）为例（见表 6－12）。

表 6-12　　　　主堆石三种料碾压后试验数据对比表

料种	平均小于5mm含量/%	平均干密度值/(t/m^3)	平均孔隙率值/%	平均渗透系数/(cm/s)			
	＜20	＞2.20	＜20	设计规定值	表面	综合	横向
XX堆存料	12.5	2.23	17.6	$>5\times10^{-3}$	2.5×10^{-4}	1.2×10^{-3}	6.90×10^{-2}
XX开挖堆存料	11.8	2.24	17.7		1.3×10^{-3}	2.70×10^{-3}	1.6×10^{-1}
YY料场开挖新鲜板岩料	8.7	2.22	18.6		5.10×10^{-3}	7.22×10^{-2}	2.5×10^{-1}

6.2.8.2　颗粒级配

碾压试验所用主堆石3B料三种料源级配连续，无断径现象，岩石性质、关键控制粒径：最大粒径小于600mm、小于5mm含量、小于0.075mm含量全部满足《XXX工程碾压试验技术要求》表6-2设计技术要求；表中主堆石料小于5mm含量、小于0.075mm含量与主堆石3B料设计包线中关键控制粒径小于某粒径百分比数据不一致，实测碾压试验用料颗粒级配分析反应，粒径40～200mm超出设计上包线。

6.2.8.3　压实后干密度、孔隙率

碾压试验所用主堆石3B料三种料源，以碾压试验选定的最优参数组合（h=80cm，n=8遍，W=0），碾压后干密度、孔隙率均满足《XXX工程碾压试验技术要求》表6-2主堆石3B料填筑设计技术要求。

6.2.8.4　原位渗透系数

以碾压试验选定的最优参数组合（h=80cm，n=8遍，W=0）情况下，依据规范《水电水利工程粗粒土试验规程》（DL/T 5356—2006）相关技术要求，实测主堆石3种料源综合渗透系数：YY料场开挖新鲜板岩料满足设计要求，YY堆存料不满足设计要求。将堆存料降级为次堆石使用。

增加碾压后横向水平渗透系数检测项目，主堆石3B料三种料源实测原位渗透系数均满足设计要求；增加碾压后表面渗透系数检测项目，主堆石3B料三种料源实测原位渗透系数均不能满足设计要求。针对此种表面密实板结现象，经设计研究分析，增加了L形排水区，保证大坝运行安全。

6.2.8.5　推荐大坝填筑施工参数

大坝推荐主堆石3B料填筑施工参数见表6-13。

表 6-13　　　　大坝推荐主堆石3B料填筑施工参数表

料种	铺料厚度	碾压遍数	卸料	振动碾型号	行进速度	碾压搭接	振动模式	加水量
YY料场开挖新鲜板岩料	80cm	8遍	进占法铺料	26t自行式平碾	2挡中油门(2.0～3km/h)	采用满辊错距法，重叠宽度不小于10cm	强振	不加水
YY堆存料								

6.2.9　建议及要求

（1）应加强装料控制，保证每一车均匀装料和颗粒级配的连续性，防止局部超粒径范

围的集中装运，认真控制铺料厚度的均匀性。填筑面平整是保证铺料厚度均匀的前提条件，因此在铺料过程中力求保持层面平整。

（2）本次试验用主堆石 3B 料级配连续，无断径，与主堆石料 3B 设计级配包线相比，偏上设计上包线，建议放宽最大粒径至 800mm，使得主堆石 3B 料级配曲线更接近或下调至主堆石 3B 料设计包线区间。

（3）YY 料场开挖新鲜板岩料试验数据表明，压实后干密度明显偏小，总体干密度平均值能够满足设计要求。考虑到现场参建各方对碾压质量便于控制，建议根据表 6-2 主堆石 3B 料填筑设计技术要求孔隙率小于 20%，实测该料比重为 2.73t/m³，计算干密度指标为 2.18t/m³，将设计干密度指标调整至 2.18t/m³，作为现场碾压质量控制标准，平均干密度值将不小于 2.18t/m³，以便保证最终在工程实体中平均密实度满足设计初衷的基础上能较顺利施工，使施工结果和设计意图达到统一。

6.3 填筑规划

6.3.1 填筑分区

（1）根据坝体填筑分期规划，将同一期填筑坝面按主要工序数目划分为几个面积大致相等的填筑区段，在各区段依次完成填筑的各道工序，其工序流程见图 6-11。为便于碾压机械操作，区段长度取 50～100m 为宜，分别为铺料区、碾压区和检测区。

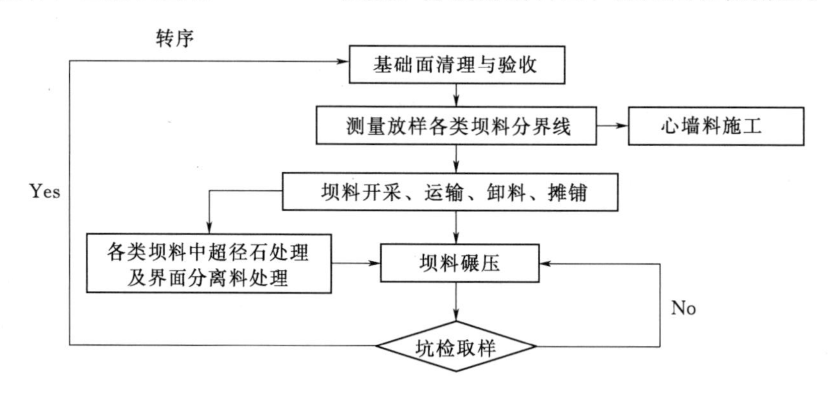

图 6-11 坝体填筑工序流程图

（2）堆石料的填筑始终应保证防渗体的上升。

（3）堆石料填筑应与拦洪度汛要求密切结合，汛前安排填筑坝体上游部分断面，满足拦洪度汛高程，汛期则可继续填筑下游部分坝体，尽可能实现均衡施工。

（4）堆石料区可以根据需要设置上坝临时施工道路，填料分区应与临时道路布置通盘规划，以减少不同工序施工机械相互干扰。

为加快施工进度，一般采用平起填筑施工，平起施工有几个优点：减少了接缝、接坡、削坡等工序，保证了填筑质量；保证有尽可能大的堆石填筑面，利于大机械化的施工；有利于在以后继续填筑时布置进入防渗料区的施工道路；运输反滤料及过渡料的大型自卸汽车不横穿防渗料区；有利于减小料界偏差和相邻料平起填筑时的跨缝碾压。

虽然平起填筑施工有上述优点，但是，在越来越多的工程实践中，为满足度汛和分期蓄水提前发挥效益的要求，均要求施工单位在短时间内大坝上升到某一高程，而受多方面的制约，全断面填筑不具备可能性，一般均采用临时挡水断面填筑施工方法。在冬雨季，心墙部位不能进行填筑的情况下，只得进行堆石料填筑时，也只能进行临时断面的填筑。临时断面的设计应综合多方面因素的考虑并通过稳定性复核，在临时断面填筑至设计高度后，再进行尾部坝料填筑。为加快施工进度，在临时断面填筑中，应正确分析临时断面尺寸与坝体填筑的需要，不可一味减少临时断面填筑量而影响大型机械的正常施工，这样反而达不到经济、快速的目的。在后期的填筑中，接缝、接坡、削坡工作将增加很多工程量。为保证施工质量，这也是必须要确保施工到位的项目，同时也是填筑临时断面必须多付出的代价。

6.3.2 填筑设备选择

(1) 自卸汽车运输直接上坝。总结国内外土石坝施工经验可以得出，坝体方量在500万 m^3 以下的，以30t级以下为主，大于500万 m^3 的应以45t级以上为主。

(2) 坝面用以摊铺、平料的推土机，为了便于控制层厚，不影响汽车卸料作业，其动力应与石料最大块径、级配相适应，功率一般以320HP为主，220HP辅助。不宜小于220HP（1HP=745.70W）。

(3) 碾压设备目前主要以自行式液压振动碾为主，部分工程也在拖式振动碾混合使用的模式。拖式振动碾主要处理大面积区域的碾压处理，自行式液压振动碾主要处理边角和粒径较小和坝体特殊料的区域，碾压设备都向大功率、大重量方向发展。近几年来，重型自行式全液压振动碾发展较快，以设备数量少、操作简单、成本较低等优势已在许多工程中推广应用，如32t、36t单钢轮全液压自行式振动压路机。

配合推土机摊铺料的设备还有液压反铲，主要处理小区域和边角。配合振动碾碾压处理的设备还有平板液压夯板等，主要处理边角部位。

6.4 堆石料填筑

6.4.1 堆石料铺填方法

(1) 堆石料铺料基本方法分为进占法、后退法、混合法3种，其铺料特点及适用条件见表6-14。

进占法铺料层厚易控制，表面容易平整，压实设备工作条件较好。一般采用推土机进行铺料作业，铺料应保证随卸随铺，确保设计的铺料厚度。按设计厚度铺料平料是保证压实质量的关键。铺填中应保证坝面平整度。

后退法的优点是运输汽车在碾压后的坝面上行走，路况很好，但是推土机平整难度较大，不易推平，摊铺厚度不易控制，因此很少单独采用。对于上坝强度较大的项目，可采用进占法为主、后退法配合的混合上料法，有利于提高填筑强度。

(2) 堆石料一般应用进占法铺料，堆石强度为中等硬度的岩石，施工可操作性好。对于特硬岩（强度大于90MPa），由于岩块边棱锋利，施工机械的轮胎、链轨节等损坏严重，

表 6-14　　汽车运输不同铺料特点及适用条件比较表

铺料方法	图　示	特点及适用条件
进占法		推土机平料容易控制层厚，坝面平整，石料容易分离，表层细粒多，下部大块石多，有利于减少施工机械磨损，堆石料铺填厚度 1.0m
后退法		可改善石料分离，推土机控制不便，多用于砂砾石和软岩；层厚一般小于 1.0m
混合法		适用铺料层厚大（1.0～2.0m）的堆石料，可改善分离，减少推土机平整工作量

同时因硬岩堆石料往往级配不良，表面不平整影响振动碾压实质量，因此施工中要采取一定的措施，如在铺层表面增加、掺合部分较细石料，以改善平整度。对于坚硬岩石采用 T320 以上的重型大功率推土机效果较好。

（3）级配较好的石料，如砂砾（卵）石料等，宜用后退法铺料，以减少分离，有利于提高密度。强度 30MPa 以下的软岩堆石料也可采用后退法。

（4）不管用何种铺料方法，卸料时要控制好料堆分布密度，使其摊铺后厚度符合设计要求，不要因过厚而难以处理，尤以后退法铺料更需注意。

（5）保证铺料合理和连续高效，在现场配置一定专业素质的指挥人员，是摊铺料的重要环节。

6.4.2　坝面超径石处理

（1）对于振动碾压实，石料允许最大粒径可取稍小于压实层厚度。

（2）超径石应在料场内解小，少量运至坝面的大块石或漂石，在碾压前应作处理。一般是在坝面用冲击锤解小，或用推土机移至坝外坡附近，做护坡石料。

（3）近期部分土石坝堆石料铺填实例见表 6-15。

6.4.3　堆石料加水

（1）加水的作用。为提高堆石、砂砾石料的压实效果，减少后期沉降量，一般应适当加水。堆石料加水除在颗粒间起润滑作用以便压实外，更重要的是软化石块接触点，在施工期间造成石块尖角和边棱破坏，使堆石体更为密实，以减少坝体后期沉降量。砂砾料在洒水充分饱和条件下，才能达到有效的压实效果。加水量宜通过碾压试验分析确定，为保证均匀加水及足够的加水量，要有一定的技术措施。

（2）加水量。堆石、砂砾料的加水量还不能给出一个明确的标准，一般依其岩性、细粒含量而异。对于软化系数大、吸水率低（饱和吸水率小于 2%）的硬岩，加水效果不明显，经对比试验确定，也可不加水碾压。对于软岩及风化岩石，其填筑含水量必须大于湿陷含水量，最好充分加水，但应视其天然含水量及降水情况而定。如加水碾压将引起泥化

表 6-15　　近期部分土石坝堆石料铺填实例

工程名称	坝高/m	坝型	坝体填筑量/万 m^3	物料类别	自卸汽车吨位/t	卸料方式	铺层厚度/cm	铺料推土机动力/HP	振动平碾碾重/t	完建年份
小浪底	154	斜心墙	4900	堆石	60	进占法	100	287	17.5（自）	2000
西安黑河	130	黏土心墙	825	砂砾石	44	后退法	100	520	17.5（自）	2001
瀑布沟	186	砾石土心墙	2400	堆石	32	进占法	90～120	320	25（自）	2009
狮子坪	136	黏土心墙	583	堆石	20	进占法	80	320	20（拖）	2010
糯扎渡	261.5	砾石土心墙	3495	堆石	45	进占法	90～100	328	26（自）	2013
毛尔盖	147	黏土心墙		堆石	20	混合法	100	320	26（自）	
长河坝	240	砾石土心墙	3436	堆石	45	进占法	100	460	26（自）	2016
新疆石门	106	沥青混凝土心墙	305	砂砾石	20	混合法	80	320	26（自）	2013
库什塔依	91.1	沥青混凝土心墙	407	砂砾石	20	混合法	80	220	18	2013
公伯峡	139	混凝土面板	460	堆石（砂砾石）	20	进占法	80	320（220）	18（拖）（18 自）	2004
水布垭	233	混凝土面板	1564	堆石	32	进占法	80	320	25（自）	2009

现象时，其加水量应通过试验确定。堆石加水量依其岩性、风化程度而异，一般约为填筑量的 5%～15%；砂砾料的加水量宜为填筑量的 10%～20%，对小于 5mm 含量大于 30%及含泥量大于 5%的砂砾石，其加水量宜通过试验确定。因加水效果与堆石母岩的岩性、风化程度、坝料级配有关，诸多堆石碾压试验证明，软化系数大的新鲜坚硬岩石，加水与否及加水量多少对其碾压效果影响甚微，此类岩石坝料的碾压，经对比试验论证，加水效果确实不明显时，可不加水。

黄河小浪底大坝上游堆石料为硅质细砂岩，平均饱和抗压强度为 189MPa，饱和吸水率平均值为 0.185%，软化系数 0.83，为极硬岩。曾进行两次加水与不加水的碾压对比试验，结果表明，堆石料在填筑中加水后，比不加水时干密度增加 0.006%～0.013%，影响甚微。经过综合比较，采用不加水方法。

(3) 加水方法。一般多用供水管道人工洒水，此法费用较低，但坝面施工机械运行对管道的安装及供水干扰很大，管道损坏也比较严重，作业面大时人工洒水难以覆盖，影响加水效果。汽车洒水机动灵活，洒水方便。白溪坝采用高位水池结合用 32t 自卸汽车改装的水车在坝面加水，效果较好。有的工程采用在自卸汽车运输途中用喷淋方法对车厢中的石料进行加水湿润，以减少坝面作业工序。用车载的高压水枪加水，覆盖面大，也可使用。

对砂砾料或细料较多的堆石，宜在碾压前洒水一次，然后边加水、边碾压，力求加水均匀。对含细粒较少的大块堆石，宜在碾压前洒水一次，以冲掉填料层面上的细粒料，改善层间结合。但碾压前洒水，大块石裸露会给振动碾碾压带来不利。对软岩堆石，由于振动碾压后表面产生一层岩粉，碾压后也应洒水，尽量冲掉表面岩粉，以利层间结合。有些特殊料物，需进行洒水效果及洒水工艺试验。

（4）坝料加水设施。需要加水碾压的填筑料，应有适当的技术措施保证均匀加水和加水量。宜采用运输中向运输车辆加水和坝面洒水相结合的措施。堆石料在填筑前和碾压前需要加水和洒水，为保证达到所要求的加水量及加水效果，一般在堆石料上坝前（可布置在上下游围堰处综合利用基坑抽排水）或坝面的路口设置自动加水站，加水量要求为总加水量的50%左右，剩余加水量在坝面采用水罐车洒水补充。

堆石料加水设施见图6-12，自卸汽车可在1min内完成加水。坝面在两岸坡布设水管，从高位水池引水，向坝面洒水车供水。

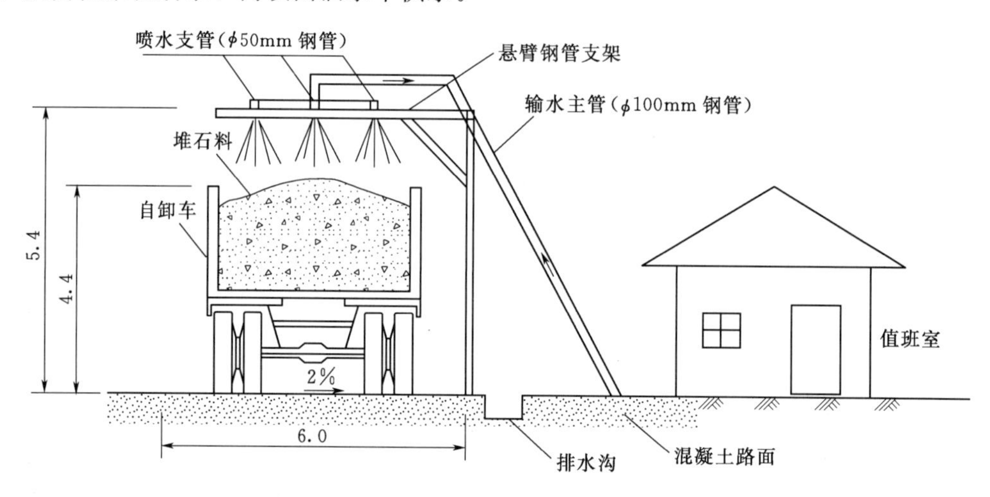

图6-12　堆石料加水设施示意图（单位：m）

6.4.4　堆石料压实

6.4.4.1　碾压类型

压实机械分为静压碾压、振动碾压、夯击3种基本类型。其中静压碾压设备有羊角碾、气胎碾等，振动碾压有拖式振动碾、自行式振动碾等，夯击设备有夯板、强夯、冲击碾等。静压碾压作用力是静压力，其大小不随作用时间而变化。夯击的作用力为瞬时动力，有瞬时脉冲作用，其大小随时间和落高而变化。振动作用力为周期性的重复动力，其大小随时间呈周期性变化，振动周期的长短，随振动频率的大小而变化。振动碾压与静压相比，具有重量轻、体积小、碾压遍数少、深度大、效率高的优点。

振动平碾适用且广泛应用于堆石与含有漂石的砂卵石、砂砾石和砾质土的压实。振动碾压实功能大，碾压遍数少（4～8遍），压实效果好，生产效率高，应优先选用。堆石料压实是土石坝填筑重要工序，在设备选型、分区碾压和道路布置上要系统考虑，合理规划布置，以达到既要满足设计要求，又要经济合理。

根据目前土石坝施工情况，坝料压实设备主要采用拖式碾和自行碾结合的方式。根据坝料设计分区，对应采用碾压设备，像垫层料、过渡料采用自行式振动碾效果较好；像主堆石、次堆石料等粗堆石料，采用拖式碾或大功率自行碾较好。土石坝目前发展趋势是快速筑坝，对分层厚度、分区要求变厚、变大，对设备施工效率要求越高，所以碾压设备提高为大功率、大重量，在快速筑坝方面发挥了优势。

坝料压实受坝料级配、坝料含水、坝料块径、铺层厚度和设备影响，主要影响因素是坝料级配、铺层厚度和设备选型。根据以往施工经验，坝料级配由于需求量大，受料场和场地限制，很难做到人工掺配，所以需要在料场爆破开采过程中优化爆破参数，做到大部分料级配合格。对特殊少量坝料可以进行人工掺配，以满足要求。铺层厚度控制在现场便于控制，在坝料摊铺过程，通过做灰堆、设置铺层标杆等方式进行控制。碾压设备选型主要通过碾压试验确定，以达到设计要求为准。

坝料压实方向根据分区分块要求，一般平行于坝轴线方向碾压。碾压过程配置监督碾压人员，详细记录碾压遍数，时刻抽查碾子的运行参数，像行进速度、激振力等，保证碾压质量。随着科技的发展，GPS 实时监控系统已在多个工程中应用。

6.4.4.2　碾压要求

(1) 堆石料碾压一般要求。

1) 除坝面特殊部位外，碾压方向应沿轴线方向进行。一般均采用进退错距法作业。在碾压遍数较少时，也可一次压够后再行错车的方法。

2) 施工主要参数铺料厚度、碾压遍数、加水量等要严格控制；还应控制振动碾的行驶速度，符合规定要求的振动频率、振幅等参数。振动碾应定期检测和维修，使其始终保持在正常工作状态。

3) 分段碾压时，相邻两段交接带的碾迹应彼此搭接，垂直碾压方向，搭接宽度应不小于 0.1～0.2m，顺碾压方向应不小于 1.0～1.5m。

(2) 碾压方法。进退错距法操作简单，碾压、铺土和质检等工序协调，便于分段流水作业，压实质量容易保证；圈转套压法要求开行的工作面较大，适合于多碾组合碾压，其优点是生产效率较高，但碾压中转弯套压交接处重压过多，易于超压。当转弯半径小时，容易引起扭曲，产生剪力破坏。在转弯的四角容易漏压，质量难以保证，其开行方式见图 6－13。国内多采用进退错距法，用这种开行方式，为避免漏压，可在碾压带的两侧先往复压够遍数后进行错距碾压。错距宽度 b 按式（6－3）计算。

$$b=\frac{B}{n} \tag{6-3}$$

式中　B——碾轮净宽，m；

　　　n——设计碾压遍数。

图 6－13　进退错距法、圈转套压法开行方式示意图

在错距时，为便于施工人员控制，也可前进后退仅错距一次，则错距宽度可增加一倍。对于碾压起始和结束的部位，按正常错距法无法压到要求的遍数，可采用前进后退不错距的方法，压到要求的碾压遍数，或铺以其他方法达到设计密度的要求。坝体分期分块填筑时，会形成横向或纵向接缝。由于接缝处坡面临空，压实机械有一安全距离，坡面上有一定厚度不密实层，另外铺料不可避免的溜滑，也增加不了密实层厚度，这部分在相邻块段填筑时必须处理，一般采用留台法或削坡法。

6.5 过渡（反滤）料填筑

6.5.1 一般要求

（1）在心墙施工过程中，做到心墙和过渡层的任何断面都高于其上、下游相邻的坝体填筑料1～2层，并在心墙铺筑后，心墙两侧过渡层以外4m范围内禁止使用大型机械振动压实，以防心墙局部受振畸变或破坏。

（2）过渡（反滤）料填筑的位置、尺寸、材料级配、粒径范围符合设计图纸的规定。过渡（反滤）料采用后退法卸料。

（3）心墙两侧过渡料的填筑与心墙填筑面平起上升。

（4）过渡（反滤）料填筑与相邻层次之间的材料界线分明。分段铺筑时，做好接缝处各层之间的连接，防止产生层间错动或折断现象。在斜面上的横向接缝收成缓于1：3的斜坡。

（5）过渡（反滤）料填筑与堆石料连接时，可采用锯齿状填筑，但保证反滤（过渡）料的设计厚度不受侵占。

（6）为增强压实效果，过渡料碾压前做加水润湿试验，根据试验结果确定是否加水及加水量。

（7）过渡料与心墙或坝壳交界处的压实可用振动平碾进行，碾子的行驶方向平行于坝轴线。

（8）过渡料与岸边接触部位，先洒水后用振动平碾顺岸边进行压实。压不到的边角部位，用液压振动夯板压实，但其压实遍数按监理工程师指示做出调整。

（9）在过渡料与基础和岸边及混凝土建筑物（心墙基座混凝土）的接触处填料时，不允许因颗粒分离而造成粗料集中和架空现象。

（10）坝料运至坝面卸料后，及时摊铺，并保持填筑面平整，每层铺料后用水准仪检查铺料厚度，超厚时及时处理。

（11）过渡料因方量少，不能逐层检查进行时，严格按监理工程师批准的施工参数施工，并加强现场监督，不允许出现漏压现象。

6.5.2 施工工艺与方法

一般采用先粗后细法填筑：先填筑堆石料，再过渡料，再反滤料。

集中加工生产符合技术要求的合格料，提前堆存在堆料场。心墙两侧过渡料，按其分区宽度与心墙施工同时进行。过渡料在堆料场由3m^{3}装载机装20t自卸汽车拉运至坝面，后退法卸料，220hp 推土机摊铺整平，1.2m^3 反铲挖掘机配合修整，其摊铺厚度与心墙相同，并由自行式振动碾碾压。反滤料采用 3m^3 装载机装车，20t 自卸汽车运输，后退法卸料，220hp 推土机摊铺整平，自行式振动碾碾压。

6.5.3 边角部位填筑压实

对振动碾无法到达的边角部位，减薄铺层厚度，由人工配合小型振动夯板或液压夯板压实。

6.6 接缝处理

6.6.1 坝体与岸坡接合部的施工

坝体与岸坡接合部位包括坝体与原岸坡、坝体与补坡体、坝体与心墙基座等，其接合部位填筑时，若采用自卸汽车卸料及推土机平料，容易发生超径石集中和架空现象，且局部区域碾压机械不易碾压。对该部位填筑采用如下技术措施。

(1) 对岸坡反坡部位进行削坡、回填混凝土（浆砌石）予以处理。

(2) 对接合部位按设计要求铺填细料，并由振动碾尽可能沿岸坡方向碾压密实。

(3) 对岸坡接合处的补坡体（混凝土、浆砌石等），在宽 2m 范围内，采用减薄铺料厚度至 20cm，增加碾压遍数及振动碾静压等方式进行碾压。对振动碾不易压实的边角部位，由 1t 液压振动夯板压实。

(4) 对坝体与心墙基座结合部位填筑，在廊道上下游侧过渡料区 2m 范围内，采用薄层（20cm）静压多遍的方式进行碾压。对振动碾不易压实的边角部位，由 1t 液压振动夯板压实。

6.6.2 各类坝料接合部位处理（界面处理）

各类坝料接合部位（界面），由人工配合 1.2m^3 挖掘机对大料集中区进行处理，尤其是堆石料与心墙两侧过渡料界面，采用机械配合人工清除分界面上超出过渡料最大粒径以上的块石。坝体填筑过程中，允许细料占压粗料区，严禁粗料占压细料区。

对过渡料与堆石料搭接处，总体遵循平起施工，即三层过渡料（层厚为 25～35cm）与一层堆石料（层厚为 75～100cm）平起施工，并在最后一层填平后进行骑缝碾压。

6.6.3 堆石料接缝处理

堆石料区分期分段填筑时，在坝体内部形成了横向或纵向接缝。由于接缝处坡面临空，压实机械作业距坡面边缘留有 0.5～1.0m 的安全距离，坡面上存在一定厚度的松散或半压实料层。另外，铺料过程中难免有部分填料沿坡面向下溜滑，这更增加了坡面较大粒径松料层的厚度，其宽度一般为 1.0～2.5m。堆石料填筑中应采取适当措施，将接缝部位压实，其处理方法见表 6-16。

6.6.4 坝体填筑横向搭接接缝的处理

根据黄河小浪底、呼图壁石门水电站沥青混凝土心墙施工经验，为了加快工程进度前期先进行具备条件部位的填筑，在填筑过程中，堆石料、过渡料及沥青混凝土心墙料分层

表 6-16　　坝壳料接缝处理方法表

施工方法		施工要点	适用条件
留台法（见图 6-14）		1. 先期铺料时，每层预留 1.0～1.5m 的平台； 2. 新填料松坡接触； 3. 碾碴骑缝碾压	适用填筑面大； 不需削坡处理，应优先选用
削坡法	推土机削坡 （见图 6-15）	1. 推土机逐层削坡，其工作面比新铺料层面抬高一层； 2. 削除松料水平宽度为 1.5～2.0m； 3. 新填料与削坡松料相接，共同碾压	削坡工序可在铺料以前平行作业，施工机动灵活，能适应不同的施工条件
	反铲或 装载机削坡	1. 削坡工序须在铺新料前进行； 2. 新填料与压实料相接	
	人工		砂砾料等小粒径石料

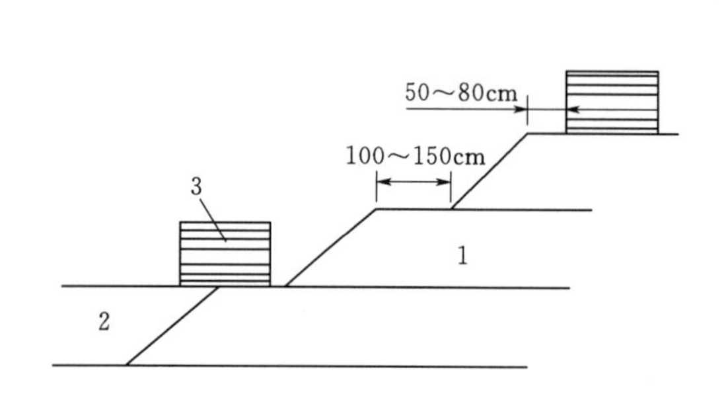

图 6-14　坝壳料接缝留台示意图

1—先期填料；2—后期填料；3—骑缝碾压

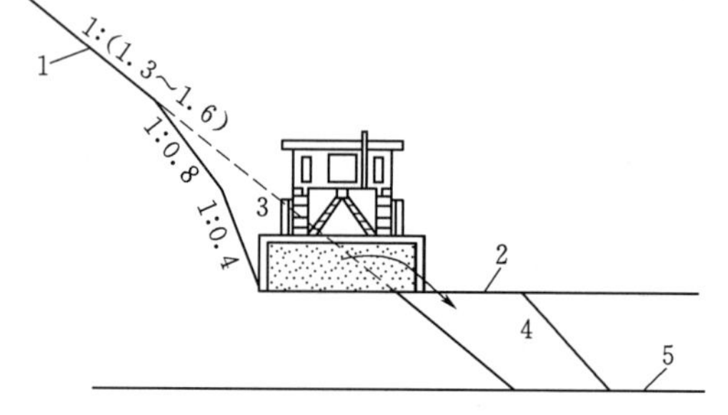

图 6-15　推土机削坡示意图

1—填料接坡；2—新铺料层面；3—削除坡料；4—削坡料填放区；5—压实合格面

铺筑时形成“人造边坡”，坝体搭接坡比采用 1∶3，主要包括沥青混凝土心墙、过渡层及堆石料的搭接。后期坝体铺筑时，由 1.2m^3 反铲沿坡脚处将先期所填筑的堆石料 1.0m 范围内未压实区重新摊铺，并削成 1∶2 的边坡，形成 1.0m 宽的预留台阶，上层坝料铺填时，将下层碾压面露出，台阶预留明显、整齐，随后期堆石料填筑一并进行，并采用骑缝碾压，以确保接坡处碾压质量。

6.7　坝顶结构及护坡施工

6.7.1　坝顶结构

6.7.1.1　施工时段选择

坝顶结构包括防浪墙、坝顶公路、电缆沟等附属建筑物，是大坝的最后一个施工项目，也是体现和代表大坝形象的关键部位，所以，在保证内在质量的前提下，还必须注意外观质量。为了避免因坝体沉降对结构物产生影响或破坏，应安排在坝体施工期沉降基本结束或大坝蓄水后进行施工，一般要求在下一个主汛期来临前完成。

6.7.1.2　施工方案

防浪墙是坝顶结构的主要建筑物，其余填筑、路面、栏杆等均按照设计要求和一般做

法施工。坝顶防浪墙基础为坝体填筑料，填筑到设计高程后，测量放线、人工精确整平，含水量达到要求后采用振动碾压实整平，分段完成。防浪墙混凝土采用按照设计分块跳仓浇筑，各道工序穿插进行流水作业。

防浪墙为钢筋混凝土结构，一般分底座、墙体、栏板3部分，施工中同样分为三仓浇筑，沿坝轴线方向分块，分块长度一般为12m。为保证防浪墙的外观质量，要对模板结构、混凝土配合比、修缺处理等制定专项方案。根据黑河、公伯峡等工程施工情况，防浪墙墙体及栏板采用大块定型钢模板，钢模板面板厚度不小于5mm，基础部位和挡头模板采用组合钢木模板。墙体模板采用纵横钢管围囹固定，穿墙拉丝杆对拉固定、预埋拉筋和内外支撑加固，保证混凝土实体和外观质量。

6.7.1.3 外观质量保证措施

(1) 外露面模板采用定型钢模板，钢模板面板厚度不小于5mm，肋条经过验算必须满足刚度要求，同时验算围囹设计，保证设计几何尺寸和平整度。

(2) 对模板面板采用抛光处理，或敷贴胶片贴膜，可得到外表光滑细腻的效果。

(3) 对拉丝杆采用三段式止水螺栓拉杆，既可以保证防浪墙的防渗效果，又减小了外漏拉杆的处理难度，工艺简单，效果良好。

(4) 因防浪墙体型较小，厚度约为30～50cm，所以混凝土配合比应采用和易性较好的二级配作业，并控制好振捣方法和振捣质量。

(5) 多数高坝项目，对坝顶结构进行了装修处理，材料有瓷砖、大理石、花岗岩等，效果更好。

(6) 为提高外观质量和施工速度，可进行预制方案研究，但应保证防浪墙的结构、防渗、吊装等设计要求，并具有可实施性。

6.7.2 护坡施工

坝体上、下游护坡施工，一般包括坡面修整、垫层铺设、护坡施工三道主要工序，还有马道（或下游上坝道路）、排水沟等项目施工。

护坡施工安排，以稍滞后于坝体填筑，与坝体同步上升为宜。

6.7.2.1 护坡类型及施工特点

(1) 堆石护坡。堆置层厚大，施工工艺简单，适于机械化作业，护坡与坝体填筑同步上升，例如黄河小浪底大坝。

(2) 干（浆）砌石护坡。工期安排和现场布置灵活，耗用护坡石料数量比堆石护坡少。主要为人工操作，用劳力多。有的工程从堆石料中挑选大块石，运至坡面码放，用人力或机械略加整理，效果良好，如黄河小浪底大坝。

(3) 混凝土护坡。用于缺乏护坡石料的地区，分为砌筑预制板（块）和现场浇筑两种类型。后者一般采用滑动模板施工。

(4) 沥青混凝土护坡。沥青混凝土为热施工，需专用设备，施工工艺要求高，一般不用。

(5) 水泥土护坡。用于缺乏护坡石料地区和均质坝，施工除制备（拌和）水泥土料外，其他工艺与碾压土料相同。也可用水泥土预制块砌筑。

(6) 草皮护坡。适用于温暖湿润地区中小型坝的下游护坡，主要由人力施工。

（7）卵石、碎石护坡。用于小型坝下游护坡，能充分利用工程开挖料及筑坝弃料，施工工艺简单。也有用混凝土梁做成框格，在其空间填筑卵石、碎石的护坡型式。

6.7.2.2　坝坡坡面修整

在铺设坝体上下游垫层前，应先对坡面填料进行修整。修整的任务是，削去坡面超填的不合格石料，按设计线将坡面修整平顺。

修整方法分为反铲、推土机、人工作业3种。人工作业多作为辅助工作配合施工。

（1）反铲修整。堆石料每填筑2～4层，在坝面用白灰石放出坝坡设计线，反铲沿线行走，逐条削除设计线以外的富裕填料，将其放置在已压实合格的坝面上。反铲操作灵活，可适应各种坝料，容易与坝体填筑协调，同步上升。

（2）推土机修整。对于黏性土料、砾质土、砂砾料，且坡度缓于1∶2.5的坝，可直接采用推土机削坡及修整。推土机作业可分为以下两种方式。

1）自下而上修整。削坡料可推至坝面进行填筑。坝体每填筑到适当高度（如10～15m），即进行一次修整。

2）自上而下修整。对于低坝往往采用此种方式。推土机由坝顶向坝脚修整，削坡料弃在坝脚适当部位或转运上坝填筑。

推土机作业不能一次削至设计线，应分次削坡、整平，并需要人工配合修整。

6.7.2.3　堆（砌）石护坡施工

堆石或干砌块石护坡是土石坝采用最多的护坡型式，前者为机械作业，后者为人工操作。护坡施工包括铺设垫层和堆（砌）块石两道工序。其施工安排宜采取与坝体同步上升，边填筑坝体边进行护坡施工；对于低坝或施工机械不足的情况，可采取在坝体填筑完毕后，再进行护坡施工的方法。

（1）护坡与坝体同步施工。

1）机械作业。坝体填筑每升高2～4m，铺设垫层料前放出标明填料边界和坡度的示坡桩，每隔10m左右设一个。按示坡桩进行坡面修整后，先铺筑垫层料再填筑护坡石料。

两种料均采用自卸汽车沿坡面卸料，用反铲摊铺。反铲能将大小块石均匀铺开、充填缝隙，并沿垂直坡面方向击打护坡料，以压实、挤密堆石。这种方法填筑护坡料密实、坡面平整、填筑偏差小。

对于堆石坝坡，也可将堆石料中的超径石或大块石用推土机运至坡面，大头向外码放，辅以机械和人工整理平顺填实，形成摆石护坡与坝面填筑同步上升。近期修建的堆石坝在坝后坡面多有应用。

2）人工作业。坝体上升一定高度后进行，其高度结合坝坡马道或下游上坝道路的设置确定，一般为10m左右。垫层料与块石坡面运输可采用钢板溜槽自上而下运送到填料部位。垫层料用人工铺料，人工或轻便机夯夯打，充分洒水，分层填筑；块石为人工撬移、码砌。

（2）坝体填筑完毕后的护坡施工。对于低坝或坝坡较缓（大于1∶2.5）的坝，垫层料和护坡石料在坡面运输，可采用拖拉机牵引小型自卸汽车沿坡面下放至卸料点，也可用钢板溜槽自上而下输送。垫层料的铺筑，可用推土机自下而上摊铺、压实，人工辅助作业。护坡块石采用人工砌筑。

6.7.2.4 混凝土护坡施工

采用现场浇筑混凝土护坡施工的工程实例有以下几个。

(1) 碧口坝。上游混凝土护坡采用滑动模板浇筑，面板厚 0.3m，分块宽度为 10m，不设水平缝，接缝填塞沥青木板条。

(2) 丹江口左岸土石坝。上游护坡现场浇筑混凝土，板块厚 0.2m，分块 5m×5m，混凝土用汽车运输上坝，用滑槽入仓，平板振动器振捣及人工插扦振捣。

垂直缝涂厚 1cm 黄泥浆，水平缝面涂刷沥青。为加快施工进度，水平缝采用预制混凝土板条、板面涂沥青隔块浇筑。排水孔间距 1m，孔径 6cm。排水孔曾用 3 种方法施工：①埋入内径为 6cm 的竹管；②埋设有预留孔的混凝土预制块，上部尺寸 12cm×12cm，下部尺寸为 16cm×16cm，高度与板厚相同；③护坡混凝土浇筑后用风钻打孔。

(3) 黑河坝。上游护坡原设计为干砌块石护坡，因采石场场地狭小，开采不便，且运距近 40km，后改为现浇混凝土护坡。

混凝土护坡厚 0.4m，横向分块宽度为 10m，沿坡面 24.2m 设水平缝，接缝嵌置厚 15mm 的低发泡聚氯乙烯塑料板，排水管为 ϕ10cm 塑料管，其间距为 2m。垫层料为小于 80mm 的砂砾石，厚为 40cm。

施工程序及方法是，坝体每填筑 3m 高，用 1m^3 反铲削坡，修整坡面→20t 自卸汽车沿坡面卸垫层料→反铲按标示桩铺料→坝体升高 10～20m（坡长 30～50m），用 10t 斜坡振动碾压实垫层料→滑动模板浇筑混凝土。混凝土用搅拌车运输，用铁溜槽沿坝坡面输送。

护坡水平分缝高程是根据坝体度汛高程、马道位置等因素综合分析而定。

根据试验确定垫层料超铺 20cm（水平宽），作为振动碾压实余量。

采用预制混凝土块（板）护坡施工时，预制块（板）在坡面上用卷扬机牵引平板车向下运输，人工砌筑。升钟坝上游护坡为两层干砌混凝土块，混凝土块尺寸为 0.4m×0.4m×1.0m，预制块下部用砾石或碎石调平，预制块之间留 1～2cm 的缝隙，用细粒石填塞。

6.7.2.5 草皮护坡施工

在黏性土坝坡上先铺腐殖土，施肥后再撒种草籽或植草。草种应选择爬地矮草（如狗爬草、马鞭草等）。升钟坝坝壳为砂岩石渣，下游坝坡修整好后，自卸汽车将土从坝顶倾卸至下游坡面，用推土机均匀铺厚 20cm 的土层，在铺好的土层上撒种草籽。丹江口左岸土石坝下游护坡，在砂砾料坡面加铺一层厚约 10cm 的豁土，上面植草皮护坡。为防止暴雨对坡面的冲刷，应在坡面设置横向和纵向排水沟，排水沟用混凝土预制板干砌，断面尺寸为 30cm×30cm。

6.7.2.6 碎石、卵石护坡施工

碎石、卵石护坡一般用于下游坡的护面。碎石从采石场开挖，也可用筛分的卵石。护坡铺设简单、造价低。

卵石护坡一般用浆砌石（或混凝土）在坝坡筑成棱形或矩形格网，格网内铺筑垫层料和卵石。碎石护坡因碎石咬合力强，可不设格网。坡面施工主要使用人力作业，宜采用稍滞后于坝体填筑并与坝体同步上升的方式，以节省坡面物料运输人力消耗。

6.8　堆石体质量控制

6.8.1　特殊条件下坝体填筑

6.8.1.1　雨季填筑措施

（1）对多雨地区，可适当安排施工程序。在雨季心墙停工，填筑堆石料；旱季集中力量填筑心墙及相邻的反滤料与堆石料，也可收到良好效果。例如，毛家村坝就是采取了这种措施。

（2）砂砾石及堆石料雨季可以继续施工，应防止降雨期间重型汽车对泥结石路面严重破坏以及轮胎带进泥沙污染填筑坝料，并应保证汽车安全行驶。

6.8.1.2　负温下填筑

我国北方的广大地区，每年都有较长的负气温季节。为了争取更多的作业时间，需要根据不同地区的负气温条件，采取相应措施，进行负气温下填筑。

（1）砂砾料的含水率（指粒径小于5mm的细料含水率）应小于4%。最好采装地下水位以上或较高气温季节堆存的砂砾料。

（2）在负气温下填筑砂、砂砾料及堆石，冻结后压实层的干密度仍能达到设计要求，可允许继续填筑。

（3）负温下填筑砂砾料与堆石，不得加水。可采取减薄层厚、增加遍数、加大压实功能等措施，以保证达到设计要求。

（4）填筑层面不得有积雪及冰冻层。

6.8.2　填筑质量控制

填筑质量控制应按国家和行业颁发的有关标准、工程设计、施工图、合同技术条款的技术要求进行。

6.8.2.1　填筑质量检查控制项目

（1）各填筑部位的边界控制及坝料质量，防渗体与反滤料、部分堆石料的平起关系。

（2）碾压机具的规格、质量，振动碾的振动频率、激振力、行走速度等。

（3）铺料厚度和碾压参数。

（4）防渗体碾压层面有无光面、剪切破坏、弹簧土、漏压或欠压土层、裂缝等。

（5）防渗体每层铺土前，压实土体的表面是否按要求进行了处理。

（6）与防渗体接触的岩石表面上的石粉、泥土以及混凝土表面的乳皮等杂物的清除情况。

（7）与防渗体接触的岩石或混凝土面上是否涂浓泥浆等。

（8）过渡料、堆石料有无超径石、大块石集中和夹泥等现象，尤其是各种材料界面上有无块石集中。

（9）坝体与坝基、岸坡、刚性建筑物等的结合，纵横向接缝的处理与结合，土、砂结合处的压实方法及施工质量。

（10）坝坡控制情况。

6.8.2.2 坝体压实质量控制指标

（1）坝料压实控制指标。反滤料、过渡料及砂砾料采用干密度或相对密度（D_r）；堆石料采用孔隙率（n）。

（2）对堆石料、砂砾料，取样所测定的干密度，平均值应不小于设计值，标准差应不大于 0.1g/cm³。当样本数小于 20 组时，应按合格率不小于 90%，不合格干密度不得低于设计干密度的 95%控制。

（3）反滤料和过渡料的填筑，除按规定检查压实质量外，必须严格控制颗粒级配，不符合设计要求应进行返工。

（4）坝壳堆石料的填筑，以控制压实参数为主，并按规定取样测定干密度和级配作为记录。每层按规定参数压实后，即可继续铺料填筑。对测定的干密度和压实参数应进行统计分析，研究改进措施。

6.8.2.3 坝体压实质量检测

压实质量检测项目见表 6-17，取样频次按照施工规范和设计要求及合同约定的次数控制。

表 6-17　　压实质量检测项目表

项目	质　量　要　求
坝料铺填	厚度符合要求，无超厚；垫层区及过渡区无颗粒分离现象
加水	按要求进行
坝料碾压	碾压机械工况、碾压遍数、行车速度应符合碾压试验所提出的要求
斜坡碾压	碾压机械工况、碾压遍数、行车速度应符合碾压试验所提出的要求
上游坡面处理	碾压砂浆护面的不平整度与设计线偏差为+5cm、-8cm；喷射混凝土护面不平整度与设计线偏差为±5cm

6.8.2.4 坝区各种料的检测要求

坝区各种料质量控制标准见表 6-18。

表 6-18　　坝区各种料质量控制标准表

项　　目			质量指标
超径颗粒含量	垫层区		<3%
	过渡区、主堆石区		<1%
细颗粒含量（d<0.1mm）	垫层区 爆破料/砂砾料		8%
	过渡区	爆破石料	2%
	主堆石区	砂砾石料	5%
泥团、冻土块			无
颗粒级配			符合设计要求
密度（或孔隙率）			符合设计要求

6.8.2.5 坝体压实密度、含水率检测方法

压实密度、含水率检测方法见表 6-19。

表 6-19　　　　压实密度、含水率检测方法表

坝料类型	压实密度检测方法	含水率检测方法
黏性土	宜采用环刀法，表面型核子水分密度计法	宜采用烘干法，也可采用核子水分密度计法、酒精燃烧法、红外线烘干法
砾质土	宜采用挖坑灌砂（灌水）法	宜采用烘干法或烤干法
土质不均匀的黏性土，砾质土	宜采用三点击实法	现场不用测含水率
反滤料、过渡料及砂砾料	宜采用挖坑灌水法或辅以面波仪法、压实计法	宜采用烘干法或烤干法
堆石料	宜采用挖坑灌水法、测沉降法等	宜采用烤干和风干联合法

6.8.3　填筑质量控制及检测工程实例

6.8.3.1　黄河小浪底坝

小浪底工程大坝填筑以工艺控制质量，除工区（斜心墙）土料按规范规定，每层碾压完成后需要进行试验检测，满足要求才能进行上一层填筑外，其余料的现场质量检测实行抽样检测。试验检测分为压实前的控制试验和压实后的记录试验。检测偏重于要求进行检测级配、含水量的控制试验，其次才是包括现场压实密度、压实度及压实填筑料级配的记录试验。表 6-20 列出了坝区各种料（合同技术规范所要求）检测频次。

表 6-20　　　　坝区各种料检测频次要求表

部位	检验项目		抽样检验次数
垫层区	密度、颗粒级配	水平	1 次/(500～1500m^3)
		斜坡	1 次/(1500～3000m^3)
过渡区	密度、颗粒级配		1 次/(3000～6000m^3)
主堆石区	密度、颗粒级配	坝轴线以上游	1 次/(4000～30000m^3)
		坝轴线以下游	1 次/(10000～50000m^3)

（1）堆石料的质量检测。堆石料的施工质量由施工碾压参数控制，规定干密度只作为记录用。现场施工质量控制的相关检测项目，主要有颗粒级配分析及控制软岩（粉砂岩及砧土岩）的含量。考虑到标准堆石料试验的试坑尺寸较大，试验难度较高，因此只对尺寸约为 1.3m 的试坑进行密度与颗粒级配检测，采用美国标准 ASTMD5030 指定的灌水法来检测密度。必要时进行取料重量为 100t 的级配分析试验来检测材料级配组成。

（2）反滤、过渡料的质量控制。正常施工只进行反滤料级配、含水率的检测。对岸坡地段垂直于基础面厚 1m 的反滤料进行记录试验检测压实质量，要求每一层压实后的压实度（即现场压实干密度与美国标准 ASTMD4253 振动试验确定的最大干密度比值）不小于 95%，采用美国标准 ASTMD5030 指定的灌水法进行反滤料和过渡料的密度试验。同时，为了检验灌水法试验成果的可靠性，对反滤料还进行了灌砂法试验，并将其成果进行了比较。

6.8.3.2 鲁布革坝

鲁布革坝心墙为风化料，填筑质量采用施工参数控制法及压实度检测双控法。其施工参数为铺料厚度25cm，SFP－84自行式振动凸块碾压实8遍，含水率与最优含水率的差值为－1%～＋3%，压前粗料含量小于70%。以压实度作为质量检查指标，要求压实度不小于0.96的合格率为90%，压实度不小于0.94的合格率为100%。施工参数中规定粗料含量的目的是，保证压实土的粗料含量不大于40%，以达到渗透系数不大于10^{-5}cm/s的要求。

压实度的质量检查除作为质量评定的依据外，主要用来调整施工参数控制法中的施工参数，使压实度的统计值能符合规定的要求。压实度采用Hilf三点快速击实法，最大粒径为20mm，2h内可以得到结果，因此对每场碾压质量都有控制作用。实际上，只要含水率在允许范围内，施工参数能得到严格控制，压实度都能合格。因此，施工人员认为抽样检查有局限性，施工质量应主要依靠严格控制施工参数来保证。

6.9 填筑施工过程实时监控系统

随着我国水利水电工程建设的发展，土石坝开始向300m级高度研发和建设。土石坝施工规模的提高给坝体安全性带来了新的考验，对大坝建设管理，特别是施工质量控制提出了更高层次的要求。心墙堆石坝是土石坝的主要坝型之一。大坝填筑，尤其是防渗体的施工质量，是心墙堆石坝施工质量控制的主要环节，直接关系到大坝的运行安全，而坝体填筑施工质量，主要与料源质量和施工参数有关。因此，在心墙堆石坝的施工中，有效地控制料源质量和施工参数是保证大坝填筑施工质量的关键。在国内，心墙堆石坝施工管理中通常采用采样试验的方法来控制料源质量和填筑质量，依靠人工巡检的方式控制施工参数。有限的试验不能完全反映施工质量，而人工控制施工参数在客观性与精度方面均有欠缺。同时，人工控制方式与大规模机械化施工不相适应，也很难达到水利水电工程建设管理创新水平的高要求。因此，有必要研究开发一种具有实时性、连续性、自动化、高精度等特点的大坝填筑施工过程实时监控系统，对大坝填筑施工的各个环节进行有效监控，使大坝施工质量始终处于受控状态。

应用系统的观点进行分析，心墙堆石坝填筑施工过程实时监控系统可分解为两个紧密联系的子系统：大坝填筑碾压过程实时监控系统和上坝运输实时监控系统，分别对填筑碾压过程与上坝运输过程进行监控。在土石碾压过程监控方面，国内外学者已经开展了相关研究。国外研究主要集中于道路施工领域，对路基土石方碾压过程进行监控与指导，以控制路基碾压的密实程度。国内学者近年来将GPS技术应用到大坝碾压参数实时监控中，为大坝填筑质量控制提供了新手段。其中，在水布垭面板堆石坝施工中得到应用的大坝填筑碾压质量GPS监控系统是土石坝填筑施工过程实时监控的一个具体应用。该系统实现了对碾压速度、碾压遍数、铺料厚度这三项碾压参数的实时监控，但没有涉及另外一个碾压参数——碾压机械振动状态，也没有对坝料运输过程进行监控。在糯扎渡大坝施工中，针对高心墙堆石坝填筑施工特点，研制开发心墙堆石坝填筑施工过程实时监控系统，实现对土石料上坝运输过程、坝面填筑碾压过程的实时监控，并在实际工程中进行应用。大渡河长河坝、黔中水利枢纽混凝土面板堆石坝填筑施工中也应用了实时监控系统，控制施工过程的填筑质量。

6.9.1 监控指标

以大坝施工工艺参数作为施工过程监控指标。在上坝运输阶段，监控指标为各上坝道路行车密度、加水量以及卸料点料源与分区匹配情况。当监测到车流量过大、加水不足、卸料地点错误时，及时提醒现场管理人员进行处理，并统计各种坝料上坝强度；在坝面碾压阶段，监控指标为各项碾压参数（碾压机行驶速度、激振力、碾压遍数、填筑层厚度）。当监测到碾压机过速、激振力不达标、漏碾或超碾、填筑层过厚等情况时，及时提醒现场管理人员进行处理，使大坝碾压过程始终处于受控状态。心墙堆石坝填筑施工过程监控指标体系见图6－16。

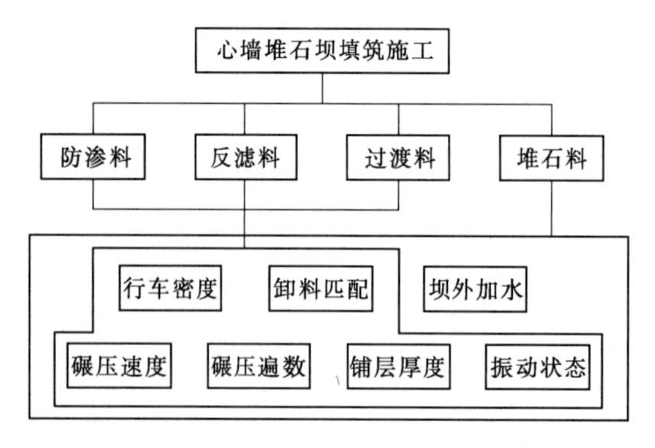

图6－16 心墙堆石坝填筑施工过程监控指标体系图

6.9.2 监控方法

在上坝运输阶段，通过安装在自卸车上的空间定位设备与卸料监测设备，对自卸车进行时空定位与卸料动作监测。通过PDA（Personal Digital Assistant，个人数字助理，即掌上电脑）实现车辆调度信息更新；在加水站安装射频读卡器、加水阀自动控制装置，配合安装在自卸车上的无线射频卡进行加水量监测以及加水阀门的开合。监测数据通过无线网络传输至监控中心。在坝面碾压阶段，安装于碾压机上的监测设备对碾压机进行高精度空间定位，以获取碾压机精确时空位置数据。激振力监测设备实时监测碾压机振动状态，并将定位得到的三维空间位置坐标数据与监测得到的振动状态信号通过无线网络传输至监控中心；在各监控点电脑上安装监控客户端，通过互联网络连接监控中心获取监测数据，对各项碾压参数进行实时计算与图形化显示。

监测数据由监控中心统一管理。根据预先设定的控制标准，监控中心的应用程序实时分析判断监控指标是否达标，通过短信向相关管理人员发送提醒信息，并配合使用监控客户端的图形界面进行不达标事件的处理。

6.9.3 解决方案

心墙堆石坝填筑施工过程实时监控的实现依托于几个组成部分，包括碾压机流动站、定位基准站、运输车流动站、加水点控制站、总控中心、现场分控站、PDA调度模块及通信网络，其系统结构见图6－17。

（1）碾压机流动站。碾压机流动站包括安装于碾压机械上的GPS接收机、DTU（Data Transfer Unit，数据传输单元）、激振力监测设备。GPS接收机每秒对碾压机械进行空间三维定位，激振力监测设备监测碾压机振动状态；两种监测数据汇总至DTU，通过无线通信数据链路发送至位于总控中心的系统服务器。

（2）定位基准站。基准站是整个监测系统的“位置标准”，通过无线电数据链，与流

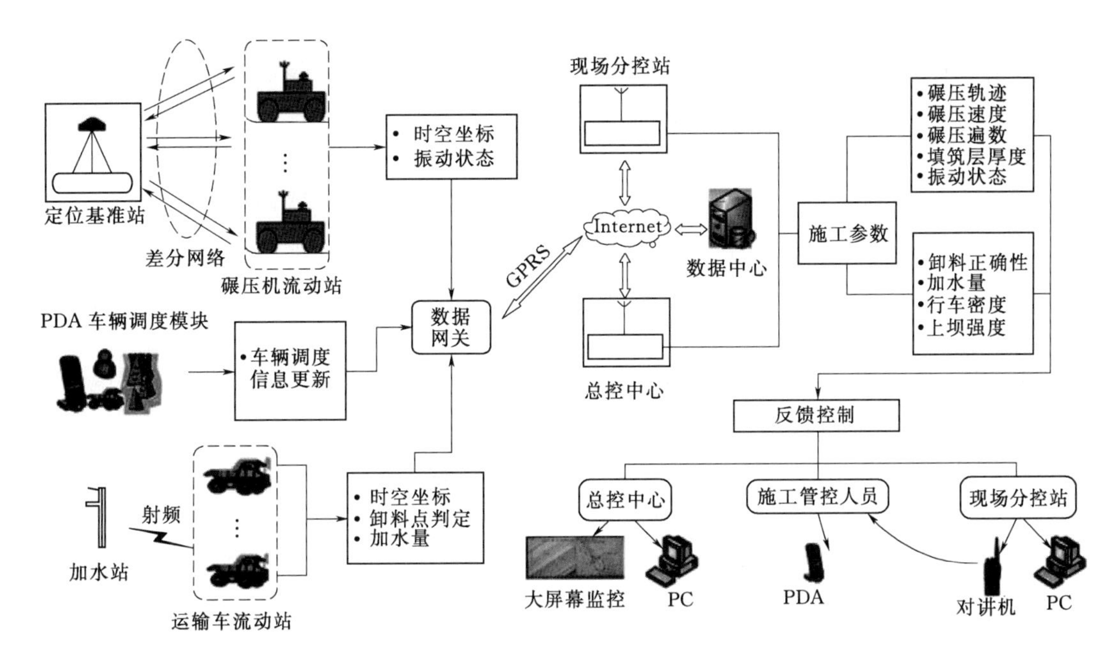

图 6-17　心墙堆石坝填筑施工过程实时监控系统结构示意图

动站 GPS 接收机的观测数据一起进行数据差分处理，将碾压机械 GPS 设备的测量精度提高到厘米级，从而满足大坝填筑碾压质量控制的要求。

(3) 运输车流动站。运输车流动站包括安装于自卸车上的 GPS 接收机、卸载操作设备、无线射频卡及 DTU。GPS 接收机每分钟对运输车进行空间三维定位，卸载操作设备监测卸料动作，卸料时额外进行车辆定位；监测数据汇总至 DTU，通过无线通信数据链路发送至位于总控中心的系统服务器。

(4) 加水点控制站。加水点控制站包括安装于加水点的阀门控制器、射频读卡器、DTU 设备。射频读卡器对进入加水区域的运输车上安装的无线射频卡进行识别，根据车型换算出设计加水量，据此操作加水阀门。加水记录由 DTU 通过无线通信链路发送至位于总控中心的系统服务器。

(5) 总控中心。总控中心是整个系统的核心组成部分，由多台服务器组成，负责系统的通信与数据管理。总控中心设置于建设营地，可配置投影系统对施工过程进行远程监控。

(6) 现场分控站。现场分控站设置于大坝施工作业面附近，配置监控终端与网络设备，由监理人员值守，应用系统进行过程监控与问题处理。一旦监控指标出现偏差，监理人员可及时进行纠偏工作。

(7) PDA 调度模块。运输车现场调度人员应用已安装车辆调度模块的 PDA 及时更新运输计划，包括运输车的始发料场、运载的土石料的种类、目的卸料分区等，防止系统产生卸料地点判定错误。

6.9.4　系统开发

心墙堆石坝填筑施工过程实时监控系统采用 N 层计算结构。从逻辑角度看，系统分成客户端、服务端、数据库；从物理角度看，客户端可以视用户数从 1 到 N 进行扩充，以满足多点监控的要求。系统工作模式采用 C/S（Client/Server，客户机/服务器）模式，从逻辑上划分为三层：表现层、应用层、数据层。

第一层：表现层，即监控客户端，为用户提供施工过程监控界面，负责各项监控成果的展示。

第二层：应用层，包括通信与计算服务端，是实现各种业务功能的逻辑实体，是系统的核心部分。它一方面负责数据通信；另一方面负责接收来自表现层的功能请求，完成相应计算分析之后进行反馈。

第三层：数据层，存放并管理各种信息，实现对各种数据源的访问，也是系统访问其他数据源的统一接口。

心墙堆石坝填筑施工过程实时监控系统工作模式见图 6-18。

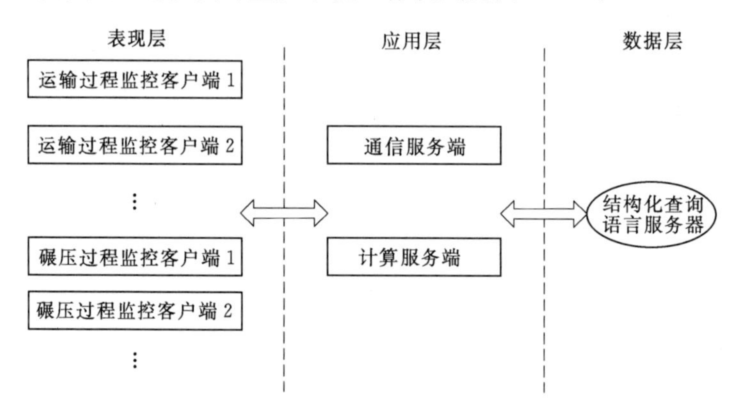

图 6-18　心墙堆石坝填筑施工过程实时监控系统工作模式图

6.9.5　工程应用

糯扎渡水电站是澜沧江中下游河段梯级规划“二库八级”电站的第五级，其拦河大坝为直黏土心墙堆石坝，最大坝高为 261.5m，是亚洲第一高堆石坝，世界第三高心墙堆石坝。填筑施工试用了过程监控系统，以施工单元为监控单元、以现场分控站为主要监控操作地点、以现场施工管控人员为系统反馈信息接收方，构建监控系统参与方执行流程（见图 6-19）。通过系统运行情况、施工过程监控成果、监控报警汇总及处理结果，实现监控系统运行的资料闭合。

糯扎渡高心墙堆石坝填筑施工过程实时监控系统经过多年的设计、研发、建设、运行及完善，实现了对于填筑碾压参数、加水量、卸料正确性等施工参数的实时监控以及道路行车密度、上坝运输强度等重要参数的统计，减少了施工过程控制中的人为因素，提高了施工过程的质量控制水平与效率，其系统软件操作界面见图 6-20。该系统在实际应用中体现出以下特点。

（1）精细监控。碾压机械定位精度达到厘米级水平；自卸车平面定位精度达到米级水平；碾压遍数、碾压高程、压实厚度计算像素化，计算单位为数厘米边长的方形网格。

（2）实时、远程监控。监测设备实时地将数据通过无线通信网络传输至总控中心，各监控点可通过互联网络接入系统获取监控数据，通过装有监控客户端的电脑对施工过程进

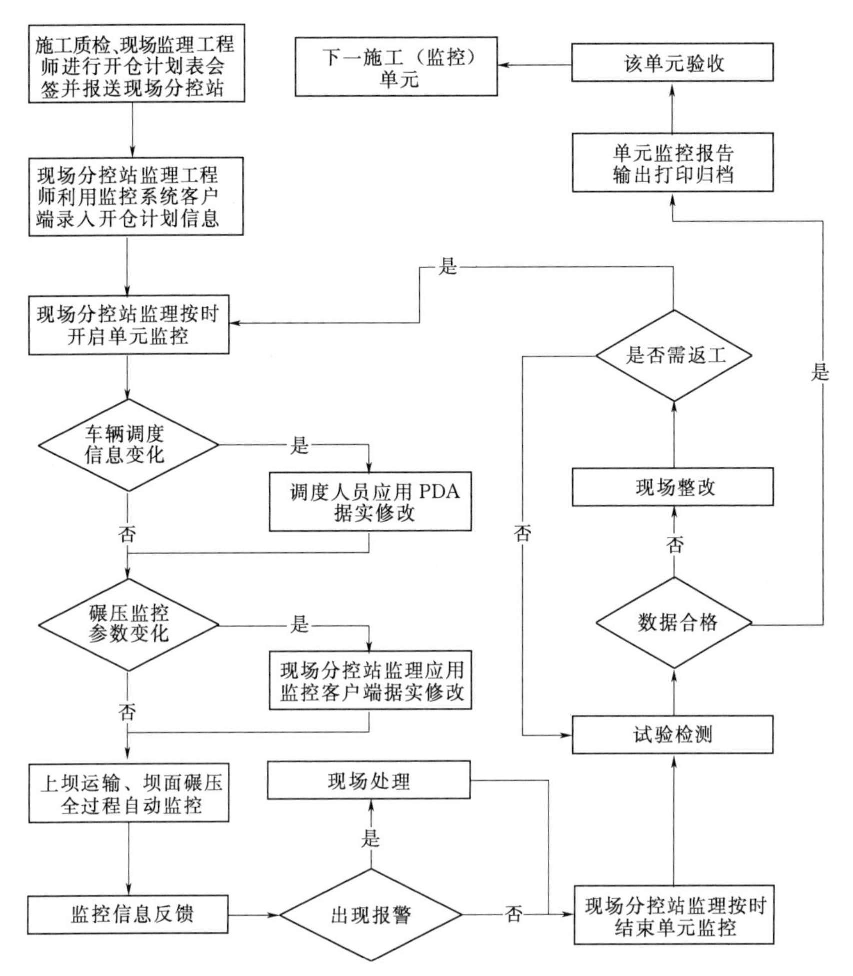

图 6-19　糯扎渡心墙堆石坝填筑施工过程实时监控系统执行流程图

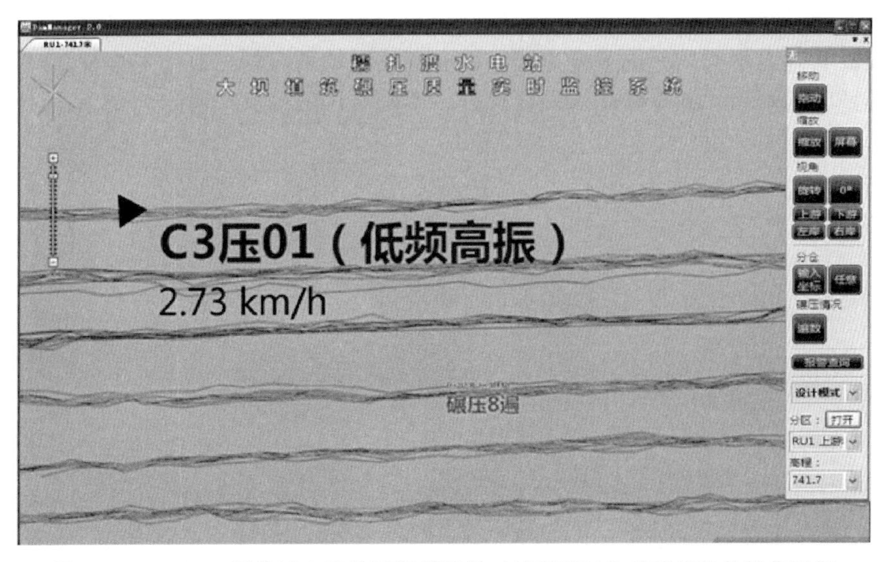

图 6-20（一）　糯扎渡心墙堆石坝填筑施工过程实时监控系统软件操作界面

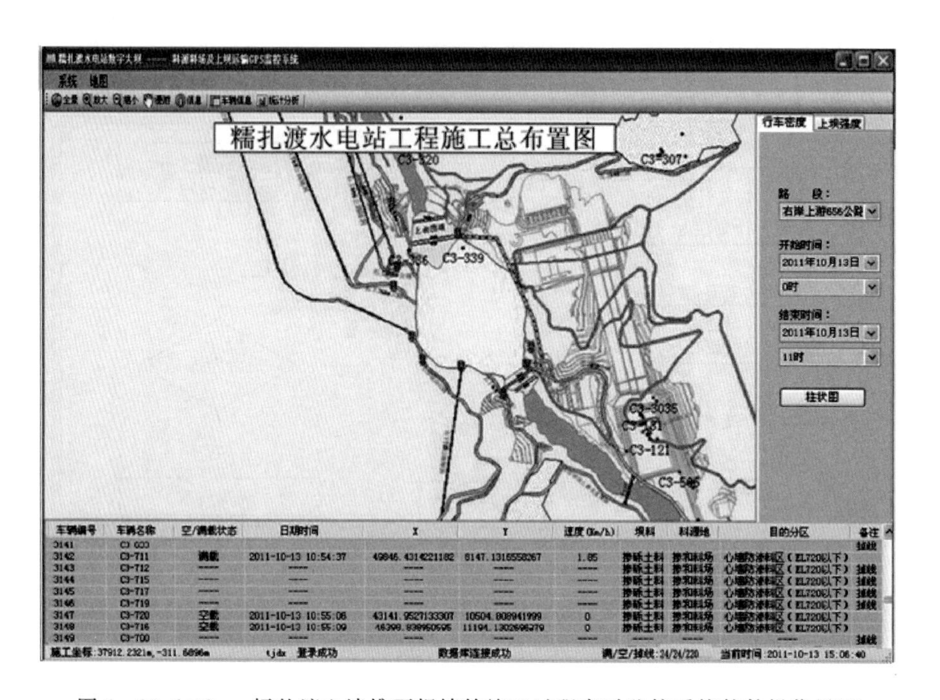

图 6-20（二） 糯扎渡心墙堆石坝填筑施工过程实时监控系统软件操作界面

行远程、实时监控。

（3）全天候监控。系统各类监测设备、硬件设施均为全天候不间断工作，保证系统连续正常运行。

（4）高度自动化运行。碾压机流动站设备为全自动运行，不需任何人工操作；定位基准站无人值守运行；运输车流动站设备自动定位，空满载开关操作简便。

高心墙堆石坝填筑施工过程实时监控系统及其在实际工程中的应用，为工程质量实时监控提供了先进的技术手段，在保证工程质量方面发挥了重大作用。施工过程监控系统以其科学性及对高新技术的高度适应性，成为工程管理者实时监控工程建设过程、控制工程质量、提高管理水平与效率的重要途径。研究开发心墙堆石坝填筑施工过程实时监控系统具有重要的实用价值，并在我国流域梯级开发中具有广阔的推广应用前景。

7 土质防渗体施工

土质防渗体按结构形式分为心墙（斜心墙）、斜墙两类，其填筑材料包括黏性土、砾质土、风化料、红土及掺合料等。

7.1 碾压试验

防渗体填筑施工前必须做土料的碾压试验。试验应在坝体填筑区以外的场地进行，一些大型土石坝工程往往在料场就地试验。试验场地、试验用机械设备等试验条件和环境应与大坝防渗体填筑施工相同。经碾压试验确定了的施工技术参数和施工工艺，施工中不得随意改变；确需改变时，需就所改变的部分重新进行试验。试验应在填筑施工前一个月内完成，试验可按照《土石筑坝材料碾压试验规程》（NB/T 35016—2013）的要求进行。

7.1.1 碾压试验内容

（1）核实土料设计填筑标准的合理性，检验土料的可碾性。

（2）确定合理可靠的施工技术参数。

（3）研究施工工艺技术。

（4）人员和机械设备施工演练和施工能力的检验。

7.1.2 碾压试验的准备

7.1.2.1 碾压试验注意事项

（1）注意各种料的层厚搭配。

（2）注意最佳工艺参数施工结果的合格率，大中型工程在必要时做校核试验。

（3）注意试验用料的代表性。

（4）注意根据料类和料场数量选择试验场次。

7.1.2.2 土石坝防渗体土料碾压试验工程量组合

土石坝坝料的碾压试验工程量随坝料的种类、设计要求、合同要求、有关规范要求的不同而不同；随每种坝料料场数量、同一料场料源品质变化的增加而增加。

坝料碾压试验工程量的组合包括试验场次、检测试验项目、取样数量以及碾压试验前准备工作的室内检测试验等。

《土石筑坝材料碾压试验规程》（NB/T 35016—2013）中，对黏性土的碾压试验工程量组合按表 7-1 安排。

7.1.2.3 土料准备

（1）选择有代表性的土料进行试验。

表 7-1　　**黏性土的碾压试验工程量组合安排表**

场次	试验单元	含水率/%			选定碾		铺厚			碾压遍数						试验检测项目					
		w优−	w优	w优+	碾Ⅰ	碾Ⅱ	$H1$	$H2$	$H3$	2	4	6	8	10	12	2遍	4遍	6遍	8遍	10遍	12遍
1	6	—	√	—	√	√	—	√	—	√	√	√	√	√	—	μ	μ Cu k w ρ	μ Cu k w ρ	μ Cu k w ρ	μ Cu k w ρ	—
2	6	—	√	—	选定碾		√	—	√	√	√	√	√	√	—	μ	μ Cu k w ρ	μ Cu k w ρ	μ Cu k w ρ	μ Cu k w ρ	—
3	6	√	—	√	选定碾		选定铺厚			√	√	√	√	√	—	μ	μ Cu k w ρ	μ Cu k w ρ	μ Cu k w ρ	μ Cu k w ρ	—
4	4	选定含水率			选定碾		选定铺厚			√	√	√	√	√	√	μ	μ Cu k w ρ	μ Cu k w ρ	μ Cu k w ρ	μ Cu k w ρ	μ Cu k w ρ
复核场	4	选定含水率			选定碾		选定铺厚			√	√	√	√	√	√	μ	μ Cu k w ρ	μ Cu k w ρ	μ Cu k $w\rho$	μ Cu k w ρ	μ Cu k w ρ

注　1. 本表工作量组合是针对设计阶段碾压试验安排的，施工阶段碾压试验工作量组合可参照执行。
2. 当含黏量变化不小于5%或者含砾量变化10%时，须按两种土料进行碾压试验和计算试验工作量。
3. 接触黏土料的碾压试验工作量可参照执行。
4. μ—沉降率；Cu—颗粒分析（含破碎率、颗粒形状测定）；ρ—密度；k—渗透系数；w—含水率。

（2）同一种土质、同一种含水率的土料，在试验前一次备足。

（3）土料的天然含水率如果接近标准击实的最优含水率，则应以天然含水率为基础进行备料，在料场选择三种不同含水量的土料作为试验用料；如果天然含水率与最优含水率相差较大，则一般制备以下几种含水率的土料：①低于最优含水率2%～3%；②与最优含水率相等；③高于最优含水率1%～2%（砾质土可为2%～4%）。

7.1.3 碾压试验的方法

7.1.3.1 压实参数

压实参数包括机械参数和施工参数两大类。当压实设备型号选定后，机械参数已基本确定。施工参数有铺料厚度、碾压遍数、行车速度、土料含水率、振动频率等。

7.1.3.2 试验方法

试验方法有经验确定法、循环法、淘汰法（逐步收敛法）和综合法，其参数可参照表7-2确定。一般可按照土料性质及以往工程经验，初步拟定各个参数。先固定其他参数，变动一个参数，通过试验得出该参数的最优值；然后固定此最优参数和其他参数，变动另一个参数，用试验求得第二个最优参数，依此类推，使每一个参数通过试验求得最优值；最后用全部最优参数，进行一次复核试验，若结果满足设计、施工要求，即可将其定为施工碾压参数。在有条件的情况下，工期要求紧迫的，可布置较大的试验场地，同时进行系列性的多个施工参数的比较试验，从试验结果中选择出满足设计、施工技术要求的最优施工参数，进行一场校核试验，确定施工参数的压实合格率，满足质量要求时，即可作为确定的填筑施工参数。

表7-2　碾压试验设备和碾压参数选择搭配参照表

碾压机械	凸块振动碾	轮胎碾
机械参数	碾重（选2种以上）	轮胎碾的气压、碾重（选3种）
施工参数	3种铺料厚度 3种碾压遍数 3种含水率	3种铺料厚度 3种碾压遍数 3种含水率
复核试验	按最优参数	按最优参数

注　1. 碾压机械一般由施工单位根据可能取得的机械和经验进行选择，但是一般不少于2种。
2. 也有由设计单位和建设单位选择的，以合同的形式约定。

（1）选择含水率合适的土料：一般选择3个不同的含水率进行试验。

（2）参数选择：选择3个不同铺料厚度；3个不同的碾压遍数；不同吨位碾子；振动碾的不同振幅与频率（一般黏性土选择振动碾的低频高振幅）；选择振动碾的行进速度的参数组合，进行试验。

（3）场地布置和取样规定：黏性土每个试验组合不小于2m×5m的有效试验面积，取样不少于10～15个。

（4）取样检测（核子密度仪和环刀法）：测含水率，干密度；用水准仪测虚铺和压实厚度，计算碾压沉降量；取土样在室内做所用土料的击实试验。

（5）用选定的最佳施工参数进行校核试验。校核试验取样30组以上，计算该参数条件下，填筑碾压施工的合格率和质量保证率。

7.1.3.3 黏性土

（1）根据料场规划和料场复查的结果、坝料的填筑部位、碾压机械设备确定碾压试验场次。一般一种碾压机械设备做一个场次；一个料场做一个场次；一种级配做一个场次；土料的黏粒含量变化超过5%时，作为两种级配分两个场次进行试验；一种含水量做一个场次，一般主填筑区和边角填筑区土料的含水量和碾压设备不同，应分场次进行试验。

（2）每一场次分3个不同铺土厚度、3个不同的碾压遍数进行试验。铺土厚度的大小，根据土料的黏粒含量初步估计，一般黏粒含量越高，铺土厚度越小，黏粒含量越小；铺土厚度越大。

（3）现场检测试验应做碾压前的铺土含水量、碾压后的干密度、含水量、沉降量检测，做环刀法和核子密度仪法对比试验。一个铺土厚度、一个碾压遍数为一个试验单元，每个试验单元干密度、含水量检测数量10～15个；环刀法和核子密度仪法对比试验检测点数应在30个以上，以便统计对比分析。

（4）与碾压试验同时做的室内试验分两个方面。碾压试验前在料场确定的碾压试验用料中，取代表性土样做级配、击实（最大干密度、最优含水量）试验。碾压试验完毕后，在确定保证合格率的试验单元内，取原状土样做1～2组剪切、压缩、渗透试验，必要时取原状土样做1～2组三轴试验。

（5）对小型工程，可以适当简化。

7.1.3.4 黏性砾石土

（1）根据料场规划和料场复查的结果、坝料的填筑部位、碾压机械设备确定碾压试验场次。一般一种碾压机械设备做一个场次；一种级配做一个场次，砾质土土料的砾石含量变化超过10%时，作为两种级配分两个场次进行试验；一种含水量做一个场次，一般主填筑区和边角填筑区土料的含水量和碾压设备不同，应当分场次进行试验。

（2）每一场次分3个不同铺土厚度、3个不同的碾压遍数进行试验。

（3）现场检测试验一般应做碾压前的铺土含水量、碾压后的干密度、含水量、沉降量检测，做挖坑法和核子密度仪法对比试验。一个铺土厚度、一个碾压遍数为一个试验单元，每个试验单元干密度、含水量、砾石含量检测数量10～15个。挖坑法和核子密度仪法对比试验检测点数应在30个以上，以便统计对比分析。碾压试验完毕后，在确定保证合格率的试验单元内，做1～2组渗透试验。

（4）与碾压试验同时做的室内试验分两个方面。碾压试验前，在料场确定的碾压试验用料中取代表性土样做级配、不同砾石含量的击实（最大干密度、最优含水量）试验。碾压试验完毕后，用确定的、保证合格率的试验单元的平均干密度和平均砾石含量的参数，在室内制备试样，做剪切、压缩、渗透试验；有必要时在确定保证合格率的试验单元内，取原状土样做1～2组三轴试验。

7.1.3.5 碾压试验操作

（1）碾压试验是施工的工艺试验，是正式填筑施工的演练，施工试验用料的运输、卸料、摊铺平料、碾压、刨毛、洒水等工艺方法应当与试验后的填筑施工相一致，填筑施工不可能做到的施工工艺方法，不能作为碾压试验的工艺方法和试验内容。

（2）场地选择与布置。场地应平坦开阔，地基坚实。用试验料先在地基上铺压一层，压实到设计标准，将这一层作为基层进行碾压试验。试验场地宜选在料场附近，其场地布置见图7-1。

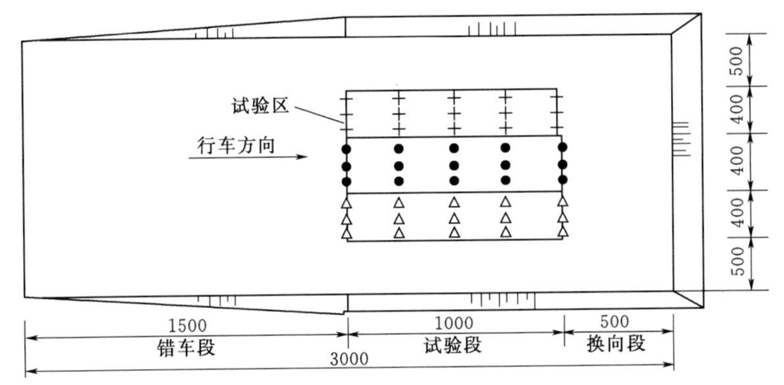

图7-1 碾压试验场地布置示意图（单位：cm）

注：1. 一种铺土厚度、3种含水率，3个碾压遍数的碾压试验现场布置。

2. 本布置图中，“+、●、△”分别为不同含水率区域的取样点。

（3）碾压试验的铺料用进占法，预先根据经验估计虚铺铺料厚度，使压实厚度能正好与反滤料、过渡料及坝壳料的压实厚度相匹配，使大坝填筑各种坝料之间达到平齐上升。铺料厚度一般为25～50cm，其误差不得超过5cm。碾压用进退法，一来一回算两遍，碾压错距宜用整碾错距法。凸块振动碾压实土料参数工程实例见表7-3。

表7-3 凸块振动碾压实土料参数工程实例表

坝名	土料	振动碾参数					压实/铺土厚度/cm	碾压遍数	干密度/(kg/m³)	压实度/%
		碾重/t	频率/Hz	振幅/mm	激振力/kN	碾型				
瀑布沟	高塑性黏土	18				凸块碾	30*	8	1.76	97.9
	砾石土	25				凸块碾	45*	8	2.4	101.6
糯扎渡	接触黏土	18 20				装载机自行凸块碾	27*	10	1.84	99.5
	掺砾土	20				自行凸块碾	27*	10	1.98	96.6
黑河	粉质壤土	17.5	21.8	1.65	319	自行式	20	8	1.68	99
	粉质壤土	18	27.5	1.8	400	牵引式	20	8	1.68	99
小浪底	中、重粉质壤土、粉质黏土	17	21.7	1.65	315.8	自行式	25	6	1.676～1.692	100
石头河	粉质黏土、重粉质壤土	8.1	30	1.85	190	牵引式	18	8		97
鲁布革	砂、页岩风化料	9	25.4	1.4	222.4	自行式	20	12	1.44～1.52	96

注 1. 干密度栏内，鲁布革和小浪底是实测范围值，黑河是施工控制值。

2. 碾重自行式是总机重，碾轮质量是总机重的0.65左右。

3. 石头河在工程后期使用凸块振动碾。

4. 未带*号的是压实铺土厚度，带*号的是指铺土厚度，而不是压实铺土厚度。

(4) 测试。测定虚铺土层厚度、压实层厚度、土样含水率和干密度。取样点位距试验块边沿有效距离不小于2m(轮胎碾可小些)。每个试验块取样数量10~15个，复核试验所需取样数量不小于30个。

(5) 采用轮胎碾时，首先根据土料性质选择适宜的轮胎内压力，再根据轮胎内压力、轮胎个数、轮胎尺寸等确定碾重，然后估算铺土厚度等碾压参数。

(6) 现场描述填土上下层面结合是否良好，有无光面及剪力破坏现象，有无黏碾、弹簧土、表面龟裂等情况，碾压前后的实际土层厚度以及运输碾压设备的工作情况等。

(7) 复核试验完毕后，计算选定技术参数施工的压实度合格率。并在现场取碾压成品原状样，在试验室内进行其剪切、压缩、渗透性能试验。

7.1.4 试验报告

7.1.4.1 成果分析整理。

(1) 计算压实度和压实度合格率。

(2) 计算分析整理含水率、干密度与渗透系数的关系。

(3) 计算分析不同铺土厚度、不同碾压遍数时的干密度与含水率的关系。

(4) 分析最优参数时的干密度、含水率的频率分配概率与累计频率。

(5) 对砾石土，尚应分析砾石($d>5$mm)含量与干密度的关系。

7.1.4.2 试验报告内容

(1) 试验时间、场地的选择及位置。

(2) 试验的依据。

(3) 试验用料的料场、料源，料的物理力学性质和有关情况，试验机械、试验方法。

(4) 试验场地处理情况，绘制试验场地布置和试验点布置图。

(5) 试验的成果及确定施工技术参数的考虑因素。

(6) 试验中存在的问题以及解决方法，并就有关问题提出建议。

(7) 绘制试验成果图表曲线：①绘制铺土厚度与碾压遍数、干密度关系曲线；②绘制沉降量与碾压遍数、压实度、孔隙率的关系曲线；③砾质土，还应绘制砾石含量与干密度关系曲线；④绘制干密度与渗透系数的关系曲线等；⑤绘制碾压遍数与沉降量关系曲线。

(8) 试验结论：①应采用的压实机械和包括振幅、频率等机械参数；②铺土厚度、碾压遍数、行进速度、错车方式等；③干密度、含水量控制范围和标准，料的含水量、加水量等；④填筑施工的工艺方法如铺土方式、平土、碾压、刨毛、洒水、结合缝的处理方法等；⑤对设计标准合理性的复核意见。

7.2 坝面填筑作业规划

7.2.1 基本要求

(1) 坝面施工应统一管理，合理安排多种料填筑顺序，分段流水作业，使填筑面层次分明，作业面平整，均衡上升。

(2) 上坝土料要求其含水率在最优含水率附近，无影响压实的超径材料，压实后的坝面有较高的承载能力，便于施工机械正常作业。

（3）防渗体土料填筑流程分别是：测量放线→运输→卸料→摊铺→碾压→取样检测→验收等基本工序。

7.2.2 填筑机械规划

（1）为防止已填筑碾压合格的土料产生裂缝和过压产生剪切破坏，填筑坝面运输坝料的车辆吨位不宜太大，以小于等于20t为宜。

（2）黏土、砾石土的铺土平料一般用推土机、平地机。

（3）接触土料的碾压宜用气胎碾，或者小吨位的凸块振动碾碾压，也可以使用各类夯板压实。

（4）大面积的防渗体土料用凸块振动碾碾压。

（5）防渗体坝面的填筑施工，机械搭配组合一般以碾压设备为龙头设备进行组合。根据填筑面积的大小，每500～600m^2配备1台碾压设备。振动碾与平料机、运料车的搭配比例以2∶1∶6为宜。运料车的数量可根据运距的大小增减。

7.2.3 坝料平起填筑

（1）坝体各部位的填筑必须按照设计断面进行，应保证防渗体和反滤层的有效设计厚度。

（2）心墙与上下游反滤料、坝壳料的填筑，在碾压试验确定碾压施工参数时，事先考虑各种坝料压实厚度的层间厚度搭配，从技术参数上保证各种坝料填筑的平齐上升。

（3）斜墙宜与下游反滤料及相邻部分坝壳料平起填筑，也可滞后于坝壳料填筑，但需预留斜墙、反滤料和部分坝壳料的施工场地，已填筑坝壳料必须削至合格面，方可进行下道工序。

7.2.4 主要工序流水作业

（1）防渗体坝面填筑一般按照铺料、平料、压实、取样检测四道主要工序流水作业，中间包括洒水、刨毛、清理坝面、接缝处理等作业。

（2）按大型机械平行流水作业要求，作业区面积大小应满足机械正常作业、施工强度要求，并与气象、施工季节等因素有关。冬、夏季施工，为防止水分散失，宜缩短作业循环时间。

（3）防渗体填筑时，应重点检测控制防渗体土料的质量、含水量、铺土厚度，砾质土还应检测控制砾石含量，在填筑干密度逐层取样检查合格后，方可继续铺填。反滤料应逐层检查坝料质量、铺料厚度、洒水量，严格控制碾压参数，经检查合格后，方可继续填筑。

某工程黏土心墙坝作业区划分，考虑土料质检取样时间约需2h，铺料区面积按容纳3h上坝量控制，作业区长度（平行坝轴线方向）一般取碾压机械正常作业长度40～80m。作业区内，碾压一般控制在2h左右完成，为取样、试验和补压留出时间裕量。

（4）流水作业方向和工作段的划分要与坝面平面尺寸相适应，其工作段布置形式见图7-2。

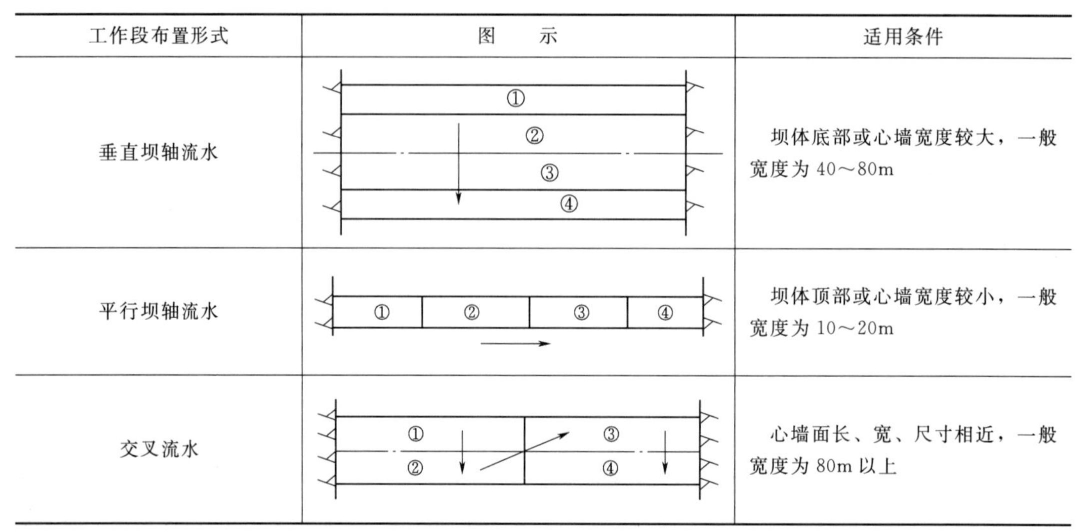

工作段布置形式	图　　示	适用条件
垂直坝轴流水	① ② ③ ④	坝体底部或心墙宽度较大，一般宽度为 40～80m
平行坝轴流水	① ② ③ ④	坝体顶部或心墙宽度较小，一般宽度为 10～20m
交叉流水	① ③ ② ④	心墙面长、宽、尺寸相近，一般宽度为 80m 以上

说明　①表示铺土区；②表示平土区；③表示碾压区；④表示质检区；→表示流水作业方向。

图 7－2　坝面流水工作段布置形式图

7.2.5　穿越心墙临时道路布置

心墙、斜墙防渗体尽量避免重型车辆频繁穿越，以免破坏填土层面。当坝壳堆石料、反滤料等料源处在坝上游或下游一侧上坝道路布置困难，运输坝料的车辆必须通过防渗体时，可通过调整填土作业区布置，在防渗体坝面设置临时通过防渗体的道路，以确保对成品防渗体的保护。

（1）黑河金盆水利枢纽大坝施工过心墙临时道路。由于坝壳砂卵石料全部取自下游河床，采用 45t 自卸汽车运输，汽车经由坝下游坡面的永久道路上坝。坝体上游区填料运输，汽车必须穿越心墙。心墙坝面采用分两段平起填筑，横向结合坡坡度 1∶3，在分段处铺设厚 0.8m 的砂卵石料，形成 12m 宽的过心墙道路，两区高差 5～10m。填土前临时道路应全部挖除，并将路基填土层处理合格，方可继续填土（见图 7－3）。

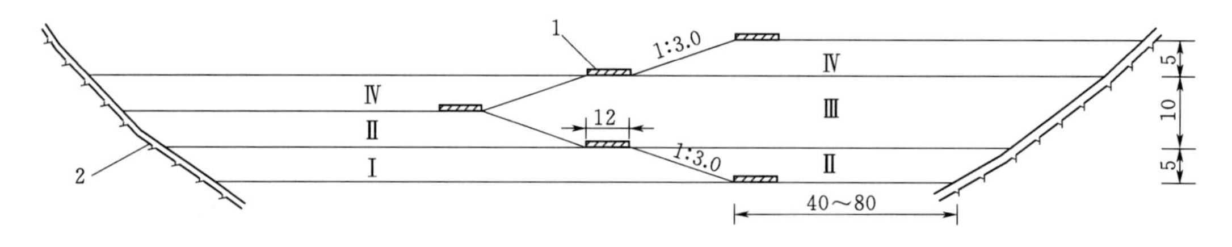

图 7－3　黑河金盆水利枢纽大坝过心墙道路布置示意图（单位：m）
1—道路；2—坝肩混凝土盖板；Ⅰ～Ⅳ—心墙填筑次序

（2）瀑布沟坝过砾石土心墙临时道路。在心墙区采用砾石土料分层填筑出一条高 1～1.5m、宽约 4m 的临时通道，上面再铺设厚 24mm 的锰钢板，待砾石土料大面积填筑至路面同高时，进行临时道路的位置更换。新通道与原通道错开布置，并且对原通道超压土体进行挖除处理，挖除时控制通道左右侧坡度不陡于 1∶3，按正常填筑要求快速分层碾压回填，同时大面积平起填筑。

7.3 防渗土料填筑施工

7.3.1 测量放线

（1）坝体填筑前，校测和放出大坝轴线、各种坝料的填筑范围界线和重要建筑物的边界位置。坝体填筑过程中，应对各分区的边界范围进行测量控制或监测；定期对坝体填筑纵、横断面和各种坝料填筑厚度进行控制测量，确保填筑断面正确，坝面平齐上升。

（2）填筑过程中要层层放线以确保心墙料、反滤料和过渡料的实际有效厚度满足设计要求。

7.3.2 土料铺填

（1）防渗体土料铺筑应沿坝轴线方向进行，采用自卸汽车卸料，推土机平料，在平料区宜增加平地机平整工序，便于控制铺土厚度和坝面平整。

（2）铺料层厚应据设计要求和现场碾压试验结果确定。推土机平料过程中，应采用仪器或钢钎及时检查铺层厚度，发现超厚部位应及时进行处理。土料与岸坡、反滤料等交界处应辅以人工仔细平整。

（3）在气候干旱炎热，坝面已填筑层土料含水量损失的情况下，铺土前坝面应洒水湿润，以利于填筑层的结合。

（4）汽车卸料铺料方法，分为进占法和后退法两种。

1）进占法铺料。防渗体土料应用进占法卸料，即汽车在已平好的松土层上行驶、卸料，用推土机向前进占摊铺土料（见图 7－4）。

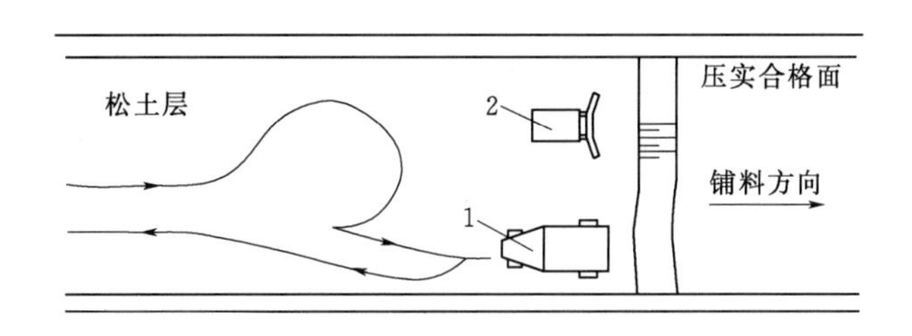

图 7－4　汽车进占铺料法示意图

1—自卸汽车；2—推土机

2）后退法铺料。汽车在已压实合格的坝面上行驶并卸料（见图 7－5）。对砾质土、掺合土、风化料土可以选用。在填土坝面重车行驶路线要尽量短，且不走一辙，控制土料含水率略低于最优含水量。

（5）严格控制料区分界线，粗细料交错填筑时，确保心墙土料、反滤料的有效断面尺寸的原则，不允许粗料侵占细料部位。由粗粒料到细粒料的界面，因卸料造成的大粒径堆集，用反铲或人工清理。

（6）砾质土、风化料及掺合料在摊铺时，注意利用摊铺平料工序进行掺拌混合，避免块石集中。

（7）如防渗体填筑过程中出现“弹簧土”、剪切破坏、粗粒集中等情况时，应挖除，

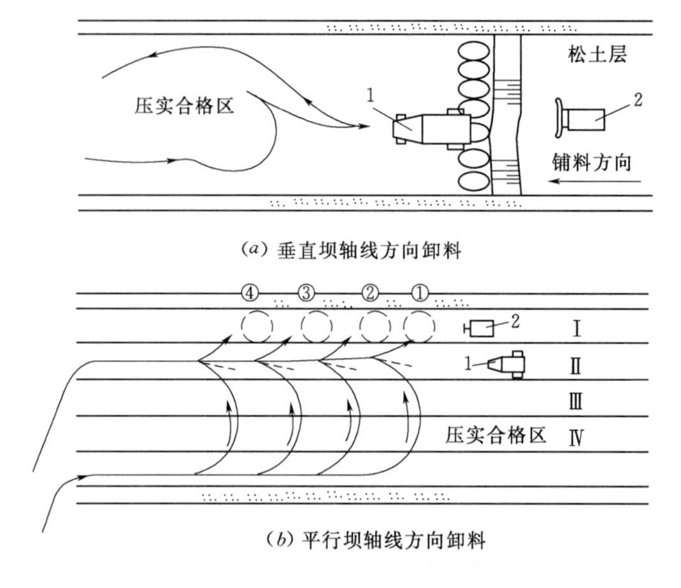

(*a*) 垂直坝轴线方向卸料

(*b*) 平行坝轴线方向卸料

图 7-5　汽车后退法铺料示意图

①～④—汽车卸料顺序；Ⅰ～Ⅳ—推土机平料顺序；
1—自卸汽车；2—推土机

重新铺土碾压；出现的层间光面、松土层、干土层等，应认真处理，并经验收合格后，方可铺填新土。

(8) 分块、分条带填筑时，先后块间高差不宜过大，先填块临时边坡采用台阶法，即每上升一层预留 0.8～1m 台阶。

(9) 自卸汽车进入心墙、斜墙的"路口"，应经常更换位置，不同填筑层应交错布置，以避免路口处防渗土料剪切破坏。可在"路口"处先铺厚 0.3～0.5m 的松土，当全工作段铺土完毕，及时挖除"路口"填土（见图 7-6）。

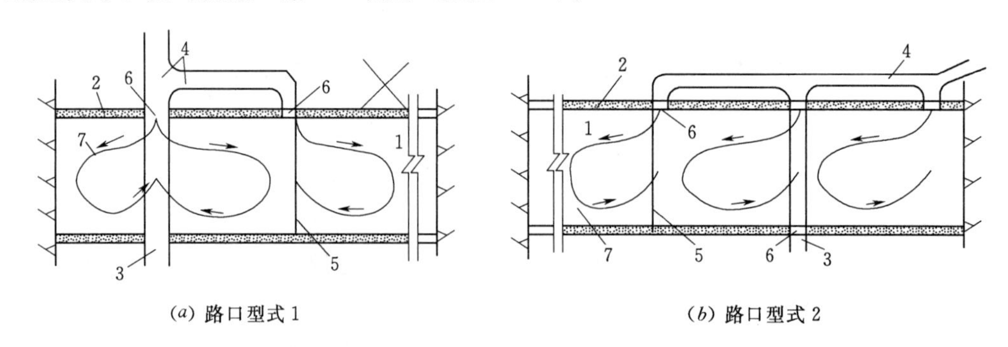

(*a*) 路口型式 1　　(*b*) 路口型式 2

图 7-6　坝面运土汽车道路布置图

1—心墙或斜墙；2—反滤层；3—穿越心墙临时道路；4—运土道路；5—填土工作段界限；
6—专用路口；7—运土汽车行驶路线

瀑布沟大坝工程施工中，20t 自卸汽车运输上坝，在上下游反滤料上一定区域铺设厚 24mm 锰钢板作为向心墙砾石土料卸料平台，推土机摊铺平整。

小浪底大坝工程，心墙作业面分为3～4个小区，每个小区沿坝轴线长50～80m，每区布置1～2条临时道路，从堆石区跨过过渡料、反滤料，垂直进入施工小区，上、下游堆石区的施工道路不横穿防渗料区。这样布置，避免路口处填土破坏，加快心墙施工进度。

（10）防渗体的铺筑应连续作业，如需长时间停工，则应铺设保护层。复工时予以清除，经验收合格后，方可填筑。

7.3.3 土料压实

7.3.3.1 主要压实机械及施工特点

（1）振动凸块碾。适用于黏性土料、砾质土及软弱风化土石混合料。振动凸块碾压实土料的机理是碾重与振动的激振力共同作用，压实深度大，生产效率高。压实效果与碾重、频率、振幅、激振力相关。铺土厚度25～40cm，一般碾压6～10遍可达设计要求，压实后其表面有一定的松动层，填土表面可不做刨毛处理。凸块振动碾因其良好的压实性能，成为防渗土料压实的主要机具，国内外已广泛采用，目前，国内使用的碾重为18～26t。

（2）气胎碾。适用于大坝心墙与岸坡等部位的高塑性土和将较高含水量土料压实，一般大于最优含水量3%时，尚能压实。其压实效果主要取决于碾重与气胎压力、轮胎尺寸。压实后土层表面平滑，填上层土前，需（洒水）刨毛处理。

我国援外工程高150.5m的菲尔泽堆石坝的砾质土心墙，采用60t气胎碾碾压（气胎压力$7kg/cm^2$），铺土厚30cm，碾压8遍，平均压实厚度为25.7cm，达到干密度1.85～$1.90g/cm^3$的要求。石头河土石坝黏土心墙使用35t气胎碾压实，内胎压力$6kg/cm^2$，铺土厚25～30cm，压8～10遍干容重可以达到$1.68\ g/cm^3$的要求。

由于高效的振动碾的广泛应用，气胎碾已很少采用，对于心墙的特殊部位和偏湿土料有一定应用领域。

（3）冲击碾。压实效率高，在高速公路和机场的基础回填施工中得到广泛的应用，但在水利水电工程中应用实例不多。瀑布沟坝为了研究冲击碾能否增大铺料厚度，提高填筑施工工效，利用其特有的击实功能，提高砾石土中细料含量，以改善砾石土的防渗指标，在砾石土的碾压试验中增加了25t三边冲击碾的试验内容。由于冲击碾试验回转区土料的压实质量难以保证，且存在剪力破坏迹象，实际施工中未采用冲击碾。

7.3.3.2 压实方法

（1）碾压方法。一般采用整碾错距法碾压，一来一回算两遍，这种碾压方法碾迹清楚，振动碾司机易操作，碾压搭接宽度好掌握，易于保证碾压质量。

也有采用进退错距法碾压，即按确定的碾压遍数和振动碾的碾轮宽度，确定错距宽度进行碾压。此法碾压与铺土、质检等工序分段作业容易协调，便于组织平行流水作业；缺点是碾压时错距宽度不易判断掌握，可能造成局部过压或者漏压。

（2）碾压方向。应平行于坝轴线方向进行，岸坡处可沿坡角碾压，但应控制好与平行坝轴线碾压区的搭接碾压质量。

（3）分段碾压时碾迹的搭接宽度，垂直碾压方向不小于0.3～0.5m，顺碾压方向应为

1.0～1.5m。

(4) 碾压行进速度。一般碾压行进速度为2～3km/h。

(5) 高温季节，心墙土料为了防止太阳暴晒，保证最佳含水量，可在碾压合格后用雨布覆盖，检测取样完毕，在填筑下一层时，适当洒水，保证层间结合。

(6) 对风化料采用“薄层重碾”方法，以改善级配，满足密实度及防渗效果。

(7) 在坝体填筑中，以控制碾压参数为主，以取样检测为辅的“双控”法进行质量检测。碾压时，安排专职质检员旁站监控。瀑布沟大坝，在碾压设备上安装GPS系统轨迹记录仪，心墙砾石土碾压厚度、碾压遍数采用GPS卫星定位系统进行监控。

(8) 振动碾的滚筒重量、激振频率、激振力满足设计要求，经常性维护与保养，按规定时间做激振力、频率测定，保证设备处于良好的受控状态。

7.3.4 工程实例

(1) 鲁布革工程。

1) 鲁布革工程水电站位于南盘江支流黄泥河上，云南省罗平县和贵州省兴义县境内，距昆明市320km，北距罗平县城67km。该工程为引水式水电站，主要任务为发电。装机容量600MW，主坝为心墙堆石坝，心墙土料采用近坝区的坡积残积层红土和全风化砂页岩混合料。最大坝高103.8m，顶宽10m，全长217.17m。1982年11月开工建设，1988年12月第一台机组投产发电，1992年12月11日正式通过国家验收。是中国“六五”“七五”期间的重点工程项目。鲁布革水电站是中国第一个使用世界银行贷款、部分工程实行国际招标的水电建设工程，具有高堆石坝、长引水隧道、全地下多洞室厂房等特点。

2) 鲁布革坝心墙风化料施工。

A. 心墙填筑工艺流程：320HP推土机采料→$5m^3$装载机或$4m^3$正向铲装料→15t自卸汽车运料上坝→推土机平料→平地机整平→自行式14.2t振动凸块碾（碾重9t）压实。

B. 风化料料场就地混合，不需堆料混合，工艺比掺合料简单。料场推土机采用深槽平面开采，推运50～80m至陡坎料堆处混合，用装载机或正铲翻拌后装车，使垂直和水平方向都有较大差异的坡残积红土和全风化砂页岩得到较均匀的掺合。

C. 填筑含水率“宁稍湿勿干”，主要原因如下。

a. 风化岩在潮湿时强度低，极易破碎，而干燥时则相反，当发生干粗颗粒集中时就容易架空。

b. 风化料与纯黏土相比较，保水能力差，容易风干。红土团粒结构的存在，容易产生“外干内湿”现象。施工中发现烘干测定的含水率值不低，但土样外观呈干松状态，压实后土体疏松。原因是压实时颗粒间缺乏必要的滑润水分，摩擦力较大，而水分却贮藏在团聚体内部，因此不易压实。

c. 从压力与沉降关系曲线看，用偏湿土料填筑沉降大部分在施工期完成，竣工运行期沉降较小。

d. 偏湿土料填筑，压实土体有较好的塑性，对限制压实土体产生过大的膨胀量有利。填筑含水量原定与最优含水量的差值为－1%～＋3%，实际上采用天然含水量填筑，差值达到了－1%～＋7%。填筑施工中，以重型碾压机具、载重汽车可正常运行，不致陷车为度。

D. 铺料厚度“宁稍薄勿厚”。施工实践表明，由于离析或其他原因产生风化岩块局部集中的状况，如果铺土过厚，振动凸块碾即使增加碾压遍数，也难以振压密实，因为在表层15～20cm已产生硬壳，振动凸块碾的碾压功能难以传递到下层，上下层间密度有较大差异。因此采用铺松料厚度小于25cm，压实厚度约20cm。

E. 料场推土机开采、装载机或正铲翻拌混合后，风化料中粗粒（$d>5$mm）含量均可控制在70%以下。振动凸块碾碾压破碎作用明显，风化料的细粒含量碾压前平均为25%，压后增加到45%；小于5mm的细料平均含量则由47%增加到67%。

F. 料场含水量控制。全料场土料平均含水量33.2%，略高于最优含水量，当连续开采时，可开采直接上坝。在3—5月干湿交替季节，需要适当洒水，一般在推土机采土时喷洒少量水分，然后推料成堆，闷土1d使水分均匀，再运料上坝。

（2）糯扎渡工程。

1）糯扎渡水电站大坝是掺砾石土心墙堆石坝，最大坝高261.5m，坝顶长度630.06m，坝顶宽度18m。大坝填筑总量约3300万m^3。

2）糯扎渡砾质土心墙施工。填筑施工技术有以下几个方面的特点。

A. 为了保证心墙掺砾土料与坝基垫层混凝土的良好接触，在心墙坝基混凝土垫层以上，填筑了厚2m的接触土料。

B. 心墙料掺砾石35%，最优含水率10%～12%，施工接触黏土料控制含水率$\omega_{op}+1$～$\omega_{op}+3$，掺砾石土控制含水率$\omega_{op}-1$～$\omega_{op}+3$（ω_{op}为最优含水率）。

C. 心墙料现场碾压试验成果表明，掺砾料含水率低于最优含水率时，细料与砾石黏结不好，故施工时含水率宜控制在最优含水率偏湿一侧，有利于改善心墙料的压实度及渗透性，减少填筑碾压施工过程中土料含水率调整的工作量。

D. 接触土料铺料前，在垫层混凝土表面涂刷一层厚5mm的浓泥浆，涂刷高度与铺料厚度一致，随刷随填，防止泥浆干硬。

E. 心墙接触土料和掺砾土料采用后退法铺料，湿地推土机平料，靠岸坡垫层混凝土部位，人工配合平料。

F. 接触土料高程571.80m（心墙底部填筑高度的11.8m以下）以下采用18t轮式装载机碾压，铺土厚度27cm，行进速度为2～3km/h，碾压8遍，搭接宽度不小于15cm；高程571.80m以上的接触土料采用20t凸块振动碾碾压，铺土厚度27cm，碾压10遍，行进速度为2～3km，错距法碾压，错距宽度不大于25cm。

G. 掺砾土料采用20t凸块振动碾碾压，铺土厚度27cm，碾压10遍，行进速度不大于3km/h，错距20cm，分段碾压垂直碾压方向搭接宽度不小于0.3～0.5m，顺碾压方向搭接长度不小于1.0～1.5m。

H. 层间刨毛用推土机，履带压痕即为刨毛面，刨毛顺水流方向进行。

I. 日照较强或者风力大，填筑面失水较大时，洒水车洒水，保证层间结合。

J. 降雨前用光面振动碾碾压封闭表面，避免雨水大量渗入填筑面。雨季施工时，将填筑面形成倾向上游的坡面，坡面坡度2%～3%，以利于填筑表面排水。

K. 进入心墙填筑面的行车道路，错位布置，避免局部超压，如产生超压时，将超压土料予以松散，进行重碾压处理。

3）部分土石坝心墙填筑施工工艺。部分土石坝心墙填筑施工工艺见表7-4。

表7-4　部分土石坝心墙填筑施工工艺表

工程名称（坝高/m）	土料性质	运料车型/t	卸料方式	摊铺机械	铺料（压实）层厚/cm	碾压机具	碾压变数[压实干容重/(g/cm³)]
糯扎渡（261.5）	掺砾土	32	进占法	湿地推土机	35	19t自行式振动凸块碾	8～10
菲尔泽（165.6）	掺砾土	12、16	进占法	120HP、300HP	30（25.7）	60t气胎碾（内胎压力7kg/cm²）	8（1.85～1.90）
瀑布沟（186.0）	砾石土	20	进占法	180HP推土机	40（30）	25t自行式振动凸块碾	8
小浪底（160.0）	中、重粉质壤土	35	进占法	D8N推土机 CAT14G平地机	35（25）	17t自行式振动凸块碾	6
黑河（130.0）	黏土	20	进占法	520HP推土机	20	18t自行式振动凸块碾	8～10
鲁布革（103.8）	风化料	15	后退法	D85推土机	25（20）	14.2t自行式振动凸块碾	12
云龙（77.0）	风化料	20	进占法		25～30	16t自行式振动凸块碾	8～10
满拉（76.3）	砾质土	15～20	后退法		40cm	宝马216B振动凸块碾	8～10

7.3.5　特殊部位的处理

7.3.5.1　坝面土料含水量调节及填土层间结合处理

（1）坝面土料含水量调节。

1）上坝土料含水量的调节应在料场进行制备。上坝的土料应是含水量合格的土料，含水量不合格的土料不能接运上坝。坝面土料水分补充调节仅在运输过程土料有较小的水分损失、或者填土压实面天热日晒水分损失和风干时进行。

2）坝面摊铺土料或压实面的土料含水量的补充调节，采用配有雾状喷头的洒水车对土层表面均匀洒水，再用耙或犁进行翻耙，使含水量均匀。

3）粗粒残积土在碾压过程中，随着粗粒被破碎，细粒含量不断地增多，压实最优含水率也在提高。碾压开始时比较湿润的土料，到碾压终了可能变得过于干燥，因此，碾压过程中要适当地补充洒水。

4）当含水量偏高时，采用耙子或犁进行耙松、翻晒、风干处理。

（2）填土层间结合处理。

1）采用振动凸块碾压实的心墙部位，其表面一般有一层松动土层，不需要专门刨毛处理。在压实面土料含水量调整时，如需要，则进行刨毛处理。对采用振动平碾压实的心墙部位，需采用刨毛机具进行刨毛处理。

2）刨毛机具目前尚无定型产品，黄河小浪底坝使用平地机机尾的松土器刨毛；黑河

金盆水库大坝将平土用推土机松土器尖端装设专门制作的耙齿刨毛，菲尔泽坝使用75HP拖拉机牵引20片缺口圆盘耙（直径70cm舱面，间距22cm）刨毛，刨毛效果均较好。

7.3.5.2 填土纵、横向接缝处理要求

（1）斜墙和心墙内不应留纵向施工缝。均质土坝可设置纵向接缝。

（2）横向接缝坡度不陡于1：3，且高度不大于20m。

（3）填土前，坝体接缝坡面可使用推土机或反铲自上而下清理削坡，适当保留保护层，随坝体填筑上升，逐层清至合格层。

（4）清理削坡后的接合面取样检查合格后，必须洒水、刨毛，沿坡面跨缝碾压，并宜控制其含水率为施工土料规定含水率的上限。

（5）坝体填筑纵横接坡设置实例见表7－5，这些坝运用情况均正常。

表7－5　坝体填筑纵横接坡设置实例

坝名	设置接坡原因	接坡部位	接坡要素		
			接坡性质	接坡坡度	最大高差/m
清河	度汛临时断面	斜墙	纵向坡	1：2.5	10
大伙房	临时分期施工	心墙龙口	横向坡	1：1.5	10
岳城	度汛临时断面	均质坝体下游坡	纵向坡	1：1.5	9.5
	分期施工	均质坝体	横向坡	1：3.0	
密云	度汛要求	斜墙	纵向坡	与斜墙边坡同	6.0
碧口	分期施工	心墙	纵向坡	1：1.75	11
	分期施工	心墙	横向坡	1：2.5	10
石头河	截流龙口	心墙	横向坡	1：2.0	17
南湾	分期施工	心墙	横向坡	1：3.0	18
小浪底	分期施工	斜心墙	横向坡	1：3.0	<20
黑河	分期施工	心墙	横向坡	1：3.0	<15

7.3.6 防渗体与坝基、建筑物结合部位处理

防渗体与坝基（包括防渗墙、廊道）、两岸岸坡、溢洪道边墙等结合部位的填筑，须采用专门的机械、专门工艺进行施工，确保防渗体填土与建筑物结合面良好结合。

7.3.6.1 防渗体与坝基结合部位填筑

（1）黏性土、砾质土坝基，应将表面含水率调至施工含水率上限，用与防渗体相同的碾压参数压实，经验收合格后方可填土。

（2）无黏性土坝基铺土前，坝基应洒水压实，经验收合格后方可按设计要求回填反滤料和第一层土料。

第一层料的铺土厚度可适当减薄，含水率应调整至施工含水率上限，宜采用较轻型压实机具压实。

7.3.6.2 防渗体与基础混凝土垫板、廊道、防渗墙、基岩等接触部位

（1）为了确保防渗体土料与岸坡良好结合，在即将填土前，利用风枪、扫帚、铁刷等

手工操作的工具，必须对混凝土表面的乳皮、粉尘等杂物，岩面上的泥土、污物、松动岩石等清除干净。

（2）填土前应在混凝土面或基岩面洒水湿润，边涂刷浓泥浆、边铺土、边夯实，泥浆涂刷高度须与铺土厚度一致，并应与下部涂层衔接，严禁泥浆干涸后再铺土和压实。泥浆土与水质量比宜为 1：2.5～1：3.0，涂层厚度 3～5mm。

（3）裂隙岩面上填土时，按设计要求对岩面进行妥善处理后，按先洒水，后边涂刷浓水泥黏土浆或水泥砂浆、边铺土、边压实（砂浆初凝前必须碾压完毕）的程序填筑施工。涂层厚度可为 5～10mm。

（4）基础混凝土盖板、廊道、防渗墙、基岩、岸坡等部位与砾质土、掺合土结合处，先填筑厚 1～2m 高塑性接触黏土（黏粒含量和含水率都偏高），再填筑正常的防渗体土料，避免直接接触。

瀑布沟高坝，为了增强心墙廊道混凝土的防渗能力，心墙廊道整个外表面及施工缝内表面两侧各 50cm 范围设计涂刷两层赛柏斯，第一层涂刷浓缩剂，第二层涂刷增效剂。

为了加强心墙廊道混凝土结构缝处及心墙廊道与两岸面板衔接界线处的防渗能力并考虑该部位的沉降，在缝线处设计了 SR 防渗体系。

（5）高塑性黏土在靠近基础混凝土垫板、廊道、防渗墙、基岩等处采用气胎碾碾压、也可采用蛙夯、手扶式平板夯等小型机具夯实。

（6）坝基混凝土垫板或岩基上，开始几层填料可用较轻型碾压机具直接压实，填筑至少 0.5m 以上时方允许用振动凸块碾或重型气胎碾碾压。

丹江口副坝基础混凝土盖板上，采用 22.5t 气胎碾碾压第一层填土，填土厚 0.5m 后，使用 50t 气胎碾碾压。黑河金盆水库坝心墙岩石基础浇筑厚 0.5～1.0m 混凝土盖板，规定混凝土盖板上 1.0m 厚以内填土，采用 20t 气胎碾碾压，压实层厚 12cm，1.0m 以上采用 18t 振动凸块碾压实。

7.3.6.3　防渗体岸坡结合部位填筑

（1）防渗体与岸坡结合带的填土宜选用黏性土，其含水率应控制在大于最优含水率的 1%～3%，适当降低干密度。

（2）为确保防渗体土料与混凝土盖板或岩面的良好结合，结合带宽度视坡度陡缓而定，一般水平宽度 1.5～4m。黄河小浪底大坝，垂直基础混凝土盖板面的高塑性黏土层厚不小于 1m；糯扎渡特高坝，不小于 2m。

（3）防渗体结合带填筑施工参数由碾压试验确定。

（4）填筑的程序是先填筑靠岸坡的结合带，后填筑防渗体大面积，填土齐平后跨缝碾压，均衡上升。

（5）如岸坡过缓，结合处碾压后土料因侧向位移，若出现“爬坡、脱空”现象，应将其挖除。

（6）压实机械可用满载装载机前轮、气胎碾碾压，边角部位采用蛙夯、小型振动板夯等小型机具，沿岸壁方向开行压实。

（7）防渗体与岸坡结合带填筑工程实例（见表 7 - 6）。

表 7-6　　防渗体与岸坡结合带填筑工程实例

项目		小浪底坝	瀑布沟坝	菲尔泽坝	黑河金盆水库坝
结合带	土料性质（含水率）	中、重粉质壤土（$>\omega_{op}$1%～3%）	高塑性黏土（接近 ω_{op}）	纯黏土	黏土
	铺土宽度/m	1.5～2.5	3.0	3.0 左右	2.0
	压实机械	蛙式打夯机	18t 振动凸块碾	20t 载重汽车轮胎	蛙夯、气胎碾
	压实厚度/cm	12～13	30	30	25
心墙大面积	土料性质（含水量）	中、重粉质壤土（接近 ω_{op}）	砾质土（接近 ω_{op}）	黏土掺和料	黏土
	压实机械	17t 振动凸块碾	25t 振动凸块碾	60t 气胎碾	18t 振动凸块碾
	压实厚度/cm	25	30	27.5	20
施工程序及工艺		结合带填筑 2 层→心墙大面积填筑 1 层→振动碾跨缝碾压	结合带先于大面积填筑 60cm 高→反铲按不陡于 1∶3 的坡比削坡→25t 振动凸块碾平行坝轴线碾压斜坡面→填筑心墙大面积	结合带与心墙大面积交替上升，60t 气胎碾跨缝碾压	结合带与心墙大面积平齐上升，结合带分两层填筑

7.3.6.4　铺盖填筑

（1）铺盖在坝体内与心墙或斜墙连接部分，应与心墙或斜墙同时填筑，坝外铺盖的填筑，应于库内充水前完成。

（2）铺盖完成后，应及时铺设保护层，已建成铺盖上不准进行打桩、挖坑等作业。

7.3.6.5　防浪墙基础与防渗体的结合部位的处理

防浪墙基础与防渗体的结合部位的处理，应符合设计要求。

7.4　反滤层施工

反滤层填筑与相邻的防渗体土料、坝壳料填筑密切相关。合理安排各种材料的填筑顺序，既保证填料的施工质量，又不影响坝体施工速度，这是施工组织安排的重点。

反滤料填筑分为卸料、摊铺、压实、质量检测等工序。

7.4.1　卸料、摊铺

（1）反滤层的位置、尺寸、材料级配、粒径范围应符合施工图纸的规定。

（2）在挖装、运输和铺筑过程中，应防止反滤料颗粒分离，防止杂物与其他物料混入，反滤料宜在挖装前洒水，保持其湿润状态，以免颗粒分离。

（3）卸料。自卸汽车采用后退法卸料，卸料方向规定为从心墙向堆石区方向；运料车型的大小应与铺料宽度相适应，当铺料宽度小于 2m 时，宜选用较小吨位自卸汽车（10t）卸料；大吨位自卸汽车运料时，可采用分次卸料方式卸料。

（4）摊铺。宜采用反铲摊铺平整。当反滤层宽度较大（大于 3m）时，也有使用装载机或推土机摊铺，但须人工配合整理边坡。

(5) 严禁在反滤层内设置纵缝。反滤层横向接坡必须清至合格面，使接坡层次清楚，不发生层间错位、中断和混杂，横向接缝应收成缓于1：2的斜坡。

(6) 反滤层与防渗体连接时，允许采用“犬牙交错”方法施工，但必须保证心墙的设计厚度不受侵占。反滤层与坝壳连接时，亦可采用“犬牙交错”填筑，但必须保证反滤层的设计厚度不受侵占。

(7) 反滤料与防渗体土料、过渡料、堆石料填筑结合部位，容易出现超径石和粗粒料集中现象，应采用反铲剔除结合部超径石，将集中的粗粒料做分散处理，以保证层间良好结合。

(8) 跨反滤层路口布置。防渗体填筑施工中，应采取措施防止反滤层被破坏和污染。

1) 通常采用的措施是，合理布置通过反滤层的通道。新疆635水库大坝黏土心墙砂砾石坝（坝高70.6m）是按照“同一高程及时变换，不同高程避免重复”的原则在反滤层上设置过道，即在反滤层上设置4～6m宽的“路口”，临时铺设厚30cm的松土，供运土料车辆通行；一层松土铺完，及时变更“路口”位置，人工配合反铲拆除使用过的“路口”，将“路口”反滤层料整理达到质量要求。

2) 采用保护设施保护反滤层。瀑布沟坝，在反滤层上铺设厚24mm的锰钢板，对反滤层保护。

7.4.2 填筑次序

反滤层与防渗土料、坝壳料应按照平起上升的原则，控制各区协调上升。反滤料与土料允许按“犬牙交错”方法施工，其余料应按正常次序一层压一层平起填筑。

按照各种料填筑的先后次序，可分为“先砂后土法”与“先土后砂法”，工程实践证明，前者更适合于大机械化施工，是普遍采用的方法。

7.4.2.1 先砂后土法

先铺反滤层，在反滤层的限制下填筑防渗体土料，两种料填筑齐平后，采用振动平碾跨缝碾压。

黑河、鲁布革坝等土石坝，心墙两侧反滤层厚度较小（1m、2m），施工中采用先铺1层反滤料，填筑2层土料，碾压反滤料并骑缝压实与土料的结合带的方法。因先填砂层的边坡与心墙填土收坡方向相反，为减少土砂交错宽度，碧口、黑河等坝在铺第2层土料前，增加人工将砂层沿设计线补齐的工序（见图7-7）。

小浪底、瀑布沟等高土石坝，心墙两侧反滤层宽度较大（4m、6m），机械作业方便，反滤层填筑与防渗体填筑面同层平起，并骑缝碾压，其填筑次序见图7-8。

7.4.2.2 先土后砂法

先铺防渗体土料，后铺反滤层料，两料填筑面同层平起，振动平碾跨缝碾压（见图7-9）。采用此顺序填筑的工程很少。

7.4.2.3 土砂交替法

国外也有用土砂交替法施工的情况（见图7-10）。

7.4.3 填筑区界控制

反滤料与防渗料采用“犬牙交错”方法填筑，虽然反滤料与防渗料之间的边界未严格

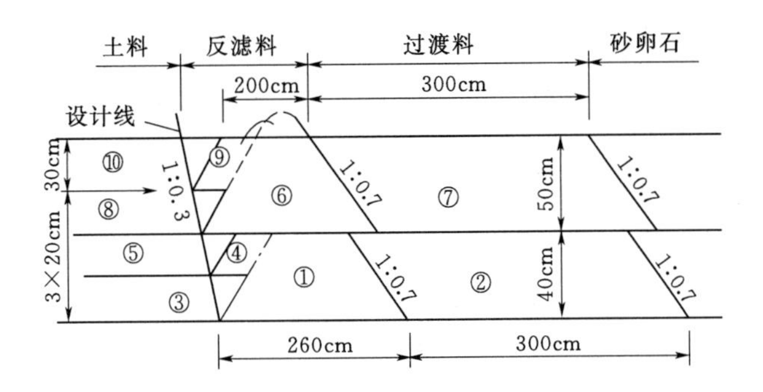

图 7-7 先砂后土法（黑河坝）示意图

①～⑩—铺土顺序（其中①、②、③、④、⑤、⑧为压实区；⑥、⑦、⑨、⑩为未压实区）

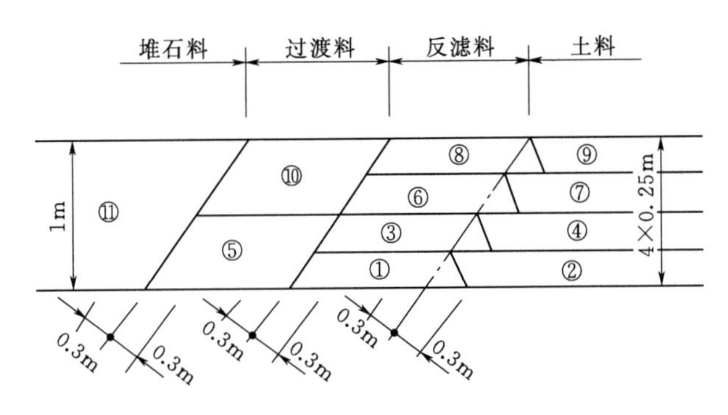

图 7-8 多区料填筑次序（小浪底坝）示意图

①～⑩—铺土顺序

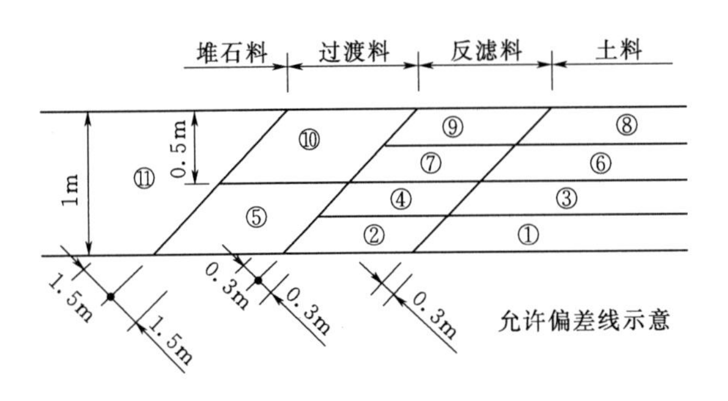

图 7-9 "先土后砂"填筑次序（小浪底坝）示意图

①～⑪—铺料顺序

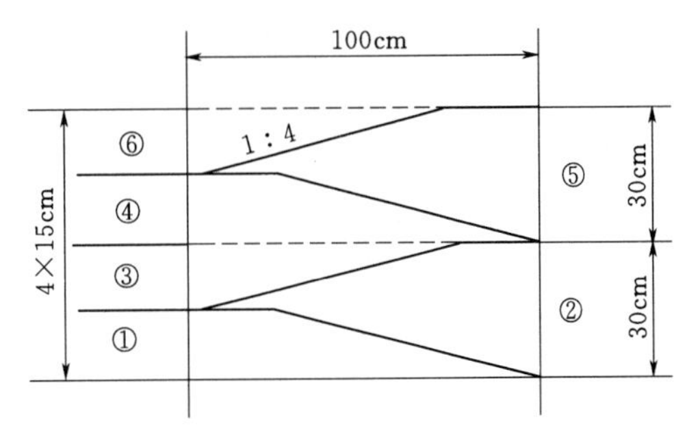

图 7-10 土砂交替法（日本岩屋坝）示意图

①～⑥—铺料顺序

符合设计断面，但其边界误差必须控制在允许的范围以内。施工中应做好填筑边界的控制。

7.4.3.1 边界放样

及时、准确测量放样边界。放样测量人员应 24h 跟班，进行每一层填筑料边界放样测量工作；对于每一条边界，每隔 10～20m 设一放样桩。放样采用全站仪，确定一个样桩只需 3min 时间。

7.4.3.2 填筑边界误差处理

坝面配备小型反铲，专门进行反滤料、过渡料的填筑和边界的修理工作，对局部的侵入料及污染料辅以人工清理。

7.4.3.3 填筑料边界容许误差

碾压后，坝体内的填筑料侵占相邻区域的范围一般不超过表 7－7 所允许的偏差。

表 7－7 各分区填筑料侵占相邻区域的允许偏差表

填筑区分界线	偏差值/m	
	向坝轴线方向	离坝轴线方向
Ⅰ级反滤料与防渗体	0	0.3
Ⅱ级反滤料与Ⅰ级反滤料	0	0.3
过渡料、坝壳堆石料与Ⅱ级反滤料	0	0.3
坝壳堆石料与过渡料	0.5	1.0
坝壳堆石料不同分区	1.0	1.0
坝坡面	0	1.0

7.4.4 反滤料压实

7.4.4.1 压实标准

反滤层的压实标准和碾压施工参数应按设计要求及碾压试验确定的参数执行。

7.4.4.2 碾压方向

碾压机械的行驶方向应平行于坝轴线，反滤层与岸边接触处可沿岸边进行压实。在较陡岸坡，反滤层填筑大型机械无法靠近，可在离开岸坡一定长度范围内，减薄铺料厚度，采用振动夯板或其他小型机械进行压实。

7.4.4.3 骑缝碾压

当防渗体土料与反滤料，反滤料与过渡料或坝壳堆石料填筑齐平时，必须用平碾骑缝碾压，跨过界面至少 0.5m。应防止心墙土料被带至反滤层面发生污染。

7.4.4.4 压实机械

普遍采用的是振动平碾，压实效果好，效率高，与坝壳堆石料压实机械通用。因反滤层施工面狭小，应优先选用自行振动碾，牵引式的拖拉机履带板易使不同料物混杂。

7.4.5 部分土石坝反滤料填筑的工艺及参数

部分土石坝反滤料填筑工艺及参数，见表 7－8。

表 7－8 部分土石坝反滤料填筑工艺及参数表

工程名称（坝高/m）	装车机型	运料自卸汽车吨位/t	卸料方式	铺料机械 铺料（压实）层厚	碾压机械型号	碾压变数
糯扎渡（261.5）		32	后退法	反铲平料 60cm	19t 振动平碾	静压 2～4
小浪底（160.0）	10.3m^3挖掘机	65	后退法（每车料分成 2～3 堆卸料）	2.2m^3反铲平料（25cm）	17t 振动平碾	2

续表

工程名称（坝高/m）	装车机型	运料自卸汽车吨位/t	卸料方式	铺料机械 铺料（压实）层厚	碾压机械型号	碾压变数
瀑布沟（186.0）		20	进占法	180HP推土机 30cm	25t振动平碾	8
鲁布革（101.0）						
黑河（130.0）	$3m^3$装载机	20	后退法	220HP推土机 50cm	18t振动平碾	6
云龙（77.0）		20	后退法	50cm	16t振动平碾	4

注 1. 碾压机械型号均为自行式振动碾。
2. 反滤料与土料填筑次序均为“先砂后土法”。

7.5 特殊气候条件下的填筑施工

7.5.1 雨季填筑

（1）加强雨季水文气象预报，提前做好防雨准备，确切掌握雨前停工、雨后复工的时机。

（2）为保持土料正常的填筑含水率，日降雨量大于5mm时，应停止防渗体土料填筑。

（3）心墙坝雨季施工时，晴天抢填心墙土料，宜将心墙和两侧的反滤料与部分坝壳料筑高，在雨天继续填筑坝壳料，保持坝体各区均衡上升。

（4）防渗体雨季填筑，应适当缩短流水作业段长度，土料应及时平整、及时压实。

（5）心墙及斜墙的填筑面应稍向上游倾斜，宽心墙及均质坝填筑面可中央凸起向上下游倾斜一定坡度，以利排泄雨水。

（6）降雨来临之前，应及时碾压作业面松土，用平碾快速碾压形成光面，以减小雨水下渗。

（7）对于长时间的雨水天气，或对突然来临降雨局部来不及铺平、压成光面的松土料，宜用雨布对防渗体表面进行遮盖。

（8）防渗体填筑面上的施工机械，雨前应撤离填筑面，停置于坝壳区。

（9）做好坝面保护，下雨至复工前，严禁施工机械穿越和人员践踏防渗体与反滤料。

（10）防渗体雨后复工处理。及时用人工排除防渗体表层局部积水，并将被泥土混杂和污染的反滤料予以清除。视未压实表土含水率情况，可分别采用旋耕犁、五铧犁翻松、晾晒或用推土机将其清除。

（11）对多雨地区的土料施工，可适当安排施工程序。在雨季停工心墙，填筑坝壳料；旱季集中力量填筑心墙及相邻的反滤料与坝壳料，也可收到良好效果。

（12）砂砾石及堆石料填筑。砂砾石及堆石料雨季可以继续施工，应防止降雨期间重型汽车对泥结石路面严重破坏以及轮胎带进泥沙污染填筑坝料，并应保证汽车安全行驶。

7.5.2 负气温下填筑

我国北方的广大地区，每年都有较长的负气温季节。为了争取更多的作业时间，需要根据不同地区的负气温条件，采取相应措施，进行负气温下填筑。

负气温下土料填筑可分为露天施工和暖棚法施工两种。暖棚法施工所需器材多，一般只是在小范围内进行。露天施工可在大面积进行，需要严格控制填筑质量。负气温下土料填筑工作效率低，成本高，质量较难保证，如非十分必要，以停工为宜。

7.5.2.1 防渗土料

(1) 在负温下施工，应特别加强气温、土温、风速的测量，气象预报及质量控制工作。施工前应详细编制施工计划，做好料场选择、保温、防冻措施以及施工机械设备、材料、燃料等准备工作。

(2) 合理分区填筑，缩小填筑区域，加强现场施工管理，搞好流水作业，做到铺土、碾压、取样快速连续作业，以减少土料受冻时间。

有资料指出，从运土到碾压全过程允许间隔时间：当气温为－10℃，间隔时间小于2.5h；气温为－5℃，间隔时间小于3h。

(3) 防渗土料上坝含水率要求在规范允许范围内，且不应大于塑限含水率的90%。

(4) 负温下填筑，碾压前的松土温度不得低于－1℃，可采取减薄铺土厚度，增加碾压遍数，加大碾压机械功能等措施，以保证达到设计要求。

(5) 当日最低气温在－10℃以下，或者在0℃以下且风速大于10m/s时，应停止施工。

(6) 负温下停止填土时，防渗体坝面应根据当地最大冻土深度，覆盖一定厚度的松土层，防止冻结，恢复填筑时予以清除。

(7) 负温下填筑范围内的坝基在冻结前应处理好，并预先铺1～2m松土层或采用其他防冻措施，以防坝基冻结。若部分地基被冻结时，须仔细检查。如黏性土地基含水率小于塑限，砂和砂砾地基冻结后无显著冰夹层和冻胀现象，并经有关方面批准后，方可填筑坝体，非经处理不准填筑。

7.5.2.2 负气温情况下防渗体填筑施工工程实例

(1) 小浪底坝，斜心墙防渗土料冬季施工要点。

1) 小浪底坝址12月至次年1月气温在0℃以下，最低－5℃。

2) 寒冷气温对防渗体土料填筑的影响。①气温低于0℃时，即使土料含水率在规范允许以内，也要增加压实遍数（由8遍增加到16遍），才能达到要求的压实度；②气温低于0℃时，压实后的土层表面很快结冰，冻结深度达5cm，土块内部出现冰屑；③气温较低，且在大风天气时，已压实的土层表面很快风干，影响层间结合；④寒冷气温施工速度明显减慢，填筑强度由夏季平均14000m^3/d降至7000m^3/d。

3) 寒冷气温填筑施工方法及措施。对表面已冻结的土层必须进行处理，含水率合适无风干的冻土，可迅速翻耙、整平，用振动凸块碾击碎，再快速铺土料。碾压前冻土的含量应小于10%，冻块尺寸不得大于5cm，并要均匀分布。接坡处、基础面以上厚1m填土范围内（蛙夯区）不允许含有冻土。在任何情况下不允许含有冰雪。其余方法及措施同前。

(2) 大伙房坝心墙负温下露天填筑施工。

1) 大伙房坝心墙于1955年和1956年冬季，曾在负温下进行露天填筑，铺土厚

25cm，用16.4t双联羊足碾碾压。共填筑黏土17000m³。在日最低气温降至－12.2℃时，黏土压实已极为困难；气温达－15℃时，露天填筑即告停止。

2）在铺土与压实过程中，其土温资料见表7－9。

3）大伙房坝负气温下土料温度及压实效果参见表7－10。

表7－9　大伙房坝心墙铺土及压实过程不同深度土温资料表

时间/(h：min)	气温/℃	施工工序	不同深度的土温/℃				
			1cm	5cm	10cm	15cm	20cm
15:00	0.5	铺土时	4.7	3.7	3.8	4.2	4.8
17:00	－0.5	碾压前	0.8	1.5	2.6	2.9	3.5
18:00	－1.4	碾压中	0.1	0.7	2.4	2.5	3.5
23:00	－4.1	碾压后	－0.5	－0.5	0.5		3.0
24:00	－6.5	铺土时	0.1	0.2	0.2	0	0
1:00	－6.5	碾压前	－2.3	－0.5	－0.5	－0.5	－0.2
4:00	－7.8	碾压后	－3.0	－0.5	－0.5	－1.0	

表7－10　大伙房坝负气温下土料温度及压实效果表

碾压过程中的气温/℃	碾压前不同深度的土温/℃			碾压效果				碾压遍数
				测点数/个	含水量	干密度/(g/cm³)		
	1cm	10cm	20cm			平均值	最小值	
－0.5～－4.1	－0.2	2.2	3.5	5	17.1%	1.77	1.74	24～28
－6.5～－7.8	－2.7	－0.5	－0.2	7	18.9%	1.73	1.70	28～36
－7.8～－8.0	－0.5	0	0.1	5	18.5%	1.73	1.72	28～32
－0.5～－6.0	－0.6	－0.1	－0.7	11	18.7%	1.74	1.72	28
－6.5～－7.0	－1.3	－0.5	－1.5				1.70	36

7.5.3　反滤料

（1）负气温下控制上坝反滤料含水率不大于4%。

（2）填筑反滤料，冻结后压实层的干密度仍能达到设计要求，可允许继续填筑。

（3）控制冻块粒径小于15cm。如发现整层结冻，应首先用振动凸块碾击碎，再用平碾碾压。

（4）任何情况下反滤料中不允许含有冰雪。

7.5.4　高寒地区填筑

我国持续高寒地区主要集中在东北和西北地区，近年来，在这些地区已建造了几座中、高土料防渗的土石坝。根据不同的海拔、气候条件，在施工上采取了相应的有效措施，完成了工程建设，为高寒地区筑坝积累了经验。

满拉水库大坝为土质心墙堆石坝，心墙为宽级配砾质土料。坝址位于西藏日喀则地区。

7.5.4.1 具有较强的施工季节性

青藏高原气候恶劣，一年四季气候变化明显，满拉水库坝址区海拔在 4200.00m 以上，属高原性气候，坝体填筑只能在 4—11 月，每年施工期只有 7 个月的时间。

7.5.4.2 劳动工作效率低

大坝地处高原，气压低，缺氧严重，冬季缺氧 48%，夏季缺氧 28%，洞内缺氧 50% 以上。劳动效率大幅度下降，人工劳动高效率时仅相当于劳动定额标准的 0.3～0.7，施工机械效率相当于劳动定额标准的 0.35～0.6。

7.5.4.3 气候条件影响坝体填筑

坝址处大风天数多，风力大，多年平均最大风速为 19.6m/s，风速大于 176m/s（相当于 8 级风）的多年平均天数为 26.9d。坝址处空气干燥，年降雨量不大，日照强，水分蒸发快。因此，筑坝材料的含水量不好控制，特别是心墙土料，天然含水量为 6%～8%，而设计填筑含水量为 9%～14%。

7.5.4.4 对施工设备要求高

鉴于工程所处地区自然气候条件的特殊性及施工强度的要求，施工机械主要使用性能较好的进口设备，部分使用国产设备。大坝填筑使用的设备：卡特正、反铲及装载机；奔驰 15～20t 自卸汽车；宝马 216B 振动凸块碾；德马克振动碾。

7.5.4.5 心墙填筑施工

料场在坝下游，距坝 3km，料场主要由含碎石的轻壤土组成，个别为碎石重壤土，土料质量不均匀，颗粒级配和含水量变化大。料场采用 $3m^3$ 装载机、$1m^3$ 反铲开挖装料，15t、8t 自卸汽车运输上坝，用进占法卸料，铺填厚度 0.3～0.5m，132kW 推土机平仓，新旧层结合面洒水湿润并用推土机刨毛深 1～2cm，振动凸块碾碾压 10 遍。采用在料场和坝上洒水，解决蒸发量大带来土料含水率低的问题。年度土料施工结束后，在心墙部位铺一层 10cm 的土料覆盖，防止风沙侵害。采用压实度作为质量控制指标。

7.6 填筑质量控制

填筑质量控制应按国家和行业颁发的有关标准、工程设计、施工图、合同技术条款的技术要求进行。

7.6.1 填筑质量检查控制项目

（1）各填筑部位的边界控制及坝料质量，防渗体与反滤料、部分坝壳料的平起关系。

（2）碾压机具的规格、质量，振动碾的振动频率、激振力，气胎碾气胎压力等。

（3）铺料厚度和碾压参数。

（4）防渗体碾压层面有无光面、剪切破坏、弹簧土、漏压或欠压土层、裂缝等。

（5）防渗体每层铺土前，压实土体的表面是否按要求进行了处理。

（6）与防渗体接触的岩石表面上的石粉、泥土以及混凝土表面的乳皮等杂物的清除情况。

（7）与防渗体接触的岩石或混凝土面上是否涂浓泥浆等。

（8）过渡料、堆石料有无超径石、大块石集中和夹泥等现象，尤其是各种材料界面上有无块石集中。

（9）坝体与坝基、岸坡、刚性建筑物等的结合，纵横向接缝的处理与结合，土、砂结合处的压实方法及施工质量。

（10）坝坡控制情况。

7.6.2 坝体压实质量控制指标

坝料压实控制指标，防渗体土料采用干密度、含水率或压实度（D）。反滤料、过渡料及砂砾料采用干密度或相对密度（D_r）；堆石料采用孔隙率（n）。

（1）对防渗土料，干密度或压实度的合格率不小于90%，不合格干密度或压实度不得低于设计干密度或压实度的98%。经取样检查压实合格后，方可继续铺土填筑，否则应进行补压。补压无效时，应分析原因，进行处理。

对砾质土、风化料及性质不均匀的黏性土料，应采用压实度作为控制指标，现场以三点快速击实试验法作为检测手段。详见《碾压式土石坝施工规范》（DL/T 5129—2013）。

（2）对堆石料、砂砾料，取样所测定的干密度，平均值应不小于设计值，标准差应不大于0.1g/cm^3。当样本数小于20组时，应按合格率不小于90%，不合格干密度不得低于设计干密度的95%控制。

（3）反滤料和过渡料的填筑，除按规定检查压实质量外，必须严格控制颗粒级配，不符合设计要求应进行返工。

（4）坝壳堆石料的填筑，以控制压实参数为主，并按规定取样测定干密度和级配作为记录。每层按规定参数压实后，即可继续铺料填筑。对测定的干密度和压实参数应进行统计分析，研究改进措施。

7.6.3 坝体压实质量检测

坝体压实质量检测项目及取样次数见表7-11。

表7-11　坝体压实质量检测项目及取样次数表

坝料类别及部位			检查项目	取样次数
防渗体	黏性土	边角夯实部位	干密度、含水率	2～3次/层
		碾压面		1次/(100～200m^3)
		均质坝		1次/(200～500m^3)
	砾质土	边角夯实部位	干密度、含水率、大于5mm砾石含量	2～3次/层
		碾压面		1次/(200～500m^3)
反滤料			干密度、颗粒级配、含泥量	1次/(200～400m^3)，每层至少一次
过渡料			干密度、颗粒级配	1次/(200～400m^3)，每层至少一次
坝壳砂砾（卵）料			干密度、颗粒级配	1次/(1000～5000m^3)
坝壳砾质土			干密度、含水率、小于5mm含量	1次/(3000～6000m^3)
堆石料			干密度、颗粒级配	1次/(5000～50000m^3)

注 1. 堆石料颗粒级配试验组数可比干密度试验组数适当减少。
2. 对防渗体应选定若干个固定取样断面，沿坝高每5～10m取代表性试样进行物理、力学性质试验，作为复核设计及工程管理依据。

7.6.4 坝体压实密度、含水率检测方法

压实密度、含水率检测方法见表7-12。

表7-12 压实密度、含水率检测方法表

坝料类别	压实密度检测方法	含水率检测方法
黏性土	宜采用环刀法、表面型核子水分密度计法	宜采用烘干法，也可采用核子水分密度计法、酒精燃烧法、红外线烘干法
砾质土	宜采用挖坑灌砂（灌水）法	宜采用烘干法或烤干法
土质不均匀的黏性土，砾质土	宜采用三点击实法	现场不用测含水率
反滤料、过渡料及砂砾料	宜采用挖坑灌水法或辅以面波仪法、压实计法	宜采用烘干法或烤干法
堆石料	宜采用挖坑灌水法、测沉降法等	宜采用烤干和风干联合法

7.6.5 填筑质量控制及检测工程实例

7.6.5.1 小浪底坝

小浪底工程大坝填筑以工艺控制质量，除工区（斜心墙）土料按规范规定，每层碾压完成后需要进行试验检测，满足要求才能进行上一层填筑外，其余料的现场质量检测实行抽样检测。试验检测分为压实前的控制试验和压实后的记录试验。检测偏重于进行检测级配、含水量的控制试验。其次才是包括现场压实密度、压实度及压实填筑料级配的记录试验。表7-13列出了合同技术规范所要求的坝体质量检测试验频数。

表7-13 坝体质量检测试验频数 单位：m^3

区号	防渗土料	混合不透水料	反滤料	过渡料	堆石料
控制试验	2000	1000	1000	—	—
记录试验	8000	2000	4000	100000	500000

（1）防渗土料的检测。现场质量检测项目主要有三项：含水率、压实效果、颗粒级配。压实效果的控制采用压实度指标，采用MC-3型核子湿度密度仪测定含水率及密度，再与在料场最近3次或5次的普氏最大干密度试验值的平均值相比得到现场压实度。该方法从工程实际出发，运用一种模糊评判的概念，考虑土料性质有差别的特点，定期取样试验，并采用多点移动平均值指标，做到上坝土料与控制参数相适应，其最大的特点是能适应大型机械化、快速施工。

（2）堆石料的质量检测。堆石料的施工质量由施工碾压参数控制，规定干密度只作为记录用。现场施工质量控制的相关检测项目，主要有颗粒级配分析及控制软岩（粉砂岩及砂土岩）的含量。考虑到标准堆石料试验的试坑尺寸较大，试验难度较高，因此只对尺寸约为1.3m的试坑进行密度与颗粒级配检测，采用美国标准ASTMD5030指定的灌水法来检测密度。必要时进行取料重量为100t的级配分析试验来检测材料级配组成。

（3）反滤、过渡料的质量控制。正常施工只进行反滤料级配、含水率的检测。对岸坡地段垂直于基础面厚1m的反滤料进行记录试验检测压实质量，要求每一层压实后的压实

度（即现场压实干密度与美国标准 ASTMD4253 振动试验确定的最大干密度比值）不小于 95%，采用美国标准 ASTMD5030 指定的灌水法进行反滤料和过渡料的密度试验。同时，为了检验灌水法试验成果的可靠性，对反滤料还进行了灌砂法试验，并将其成果进行了比较。

7.6.5.2 鲁布革坝

鲁布革坝心墙为风化料，填筑质量采用施工参数控制法及压实度检测双控法。其施工参数为铺料厚度 25cm，SFP-84 自行式振动凸块碾压实 8 遍，含水率与最优含水率的差值为−1%～+3%，压前粗料含量小于 70%。以压实度作为质量检查指标，要求压实度不小于 0.96 的合格率为 90%，压实度不小于 0.94 的合格率为 100%。施工参数中规定粗料含量的目的是，保证压实土的粗料含量不大于 40%，以达到渗透系数不大于 10^{-5}cm/s 的要求。

压实度的质量检查除作为质量评定的依据外，主要用来调整施工参数控制法中的施工参数，使压实度的统计值能符合规定的要求。压实度采用三点快速击实法，最大粒径为 20mm，2h 内可以得到结果，因此对每场碾压质量都有控制作用。实际上，只要含水率在允许范围内，施工参数能得到严格控制，压实度都能合格。因此，施工人员认为抽样检查有局限性，施工质量应主要依靠严格控制施工参数来保证。

 水工沥青混凝土防渗体施工

8.1 水工沥青混凝土防渗体特点及应用

8.1.1 水工沥青混凝土防渗体的结构类型及特点

水工沥青混凝土防渗体按结构类型分为沥青混凝土面板（沥青混凝土斜墙、蓄水池护面和渠道衬砌）防渗体和沥青混凝土心墙防渗体两种型式。沥青混凝土面板防渗体结构又分为两种类型，一种称为简式结构（单防渗层结构）；另一种称为复式结构。

与其他防渗体相比，沥青混凝土面板和沥青混凝土心墙作为大坝水库、蓄水池和渠道的防渗体具有以下特点。

（1）防渗性能良好，渗透系数一般小于 10^{-7}cm/s，通常低于水泥混凝土的1/10，渗漏量极低。

（2）塑性变形大，能很好地适应填筑体不均匀沉降，一旦沥青混凝土产生裂缝，在一定条件下也可自愈封闭。

（3）抗震性能好，能适应坝址区地震活动烈度大、坝基深覆盖层等不利条件。

（4）耐久环保可靠，沥青混凝土无毒，老化速度慢，能广泛应用于大坝水库、蓄水池、渠道等饮水工程。

（5）施工优势明显，能在高原、寒冷和多雨环境条件下施工，施工速度快，施工后不需养护，一经完成就可蓄水防洪度汛。

（6）沥青混凝土防渗体采取热施工，其拌和、运输、摊铺和碾压在一定温度条件下进行。

（7）沥青混凝土防渗体工程量小，投资少，经济可靠。

8.1.2 水工沥青混凝土在土石坝防渗工程中的发展和应用

国外使用沥青混凝土作为防渗体应用比较早。1943年，德国修建的阿梅克（Ameck-er）大坝，坝高12m，用沥青混凝土对已建成的大坝做表面防渗处理；始建于1949年的葡萄牙瓦勒·多·盖奥（Vale－do－Gaio）大坝，首次采用沥青混凝土心墙防渗，坝高45m；1961年第七届国际大坝会议充分肯定了沥青混凝土防渗体的可靠性和耐久性后，欧美国家沥青混凝土防渗技术得到了广泛应用和发展，20世纪70年代后建成的沥青混凝土坝已突破百米大关，挪威于1997年建成的Storglomvate沥青混凝土心墙坝，坝高128m。

国内水工沥青混凝土防渗技术的应用较晚，从20世纪70年代初开始主要用于中小型水利工程。1973年建成的白河水库大坝，坝高25.00m，是国内第一座浇筑式沥青混凝土

心墙坝；1975 年建成的党河水库大坝，坝高 58.00m，是国内第一座碾压式沥青混凝土心墙坝；1976 年建成的正岔水库大坝，坝高 35.00m 和北京半城子水库大坝，坝高 29.00m，是国内最早采用浇筑式沥青混凝土面板（斜墙）防渗工程。

国内在应用沥青混凝土防渗技术过程中，由于受到工程机械行业发展水平的限制，生产效率低下、施工工艺落后、施工质量不易保证，因此到 20 世纪 80 年代末期，国内水工沥青混凝土工程建设基本处于相对停滞的局面。进入 20 世纪 90 年代后，随着国外先进技术的引进，国产沥青质量大幅提高，各类型沥青混凝土拌和站、摊铺机、碾压设备等进口设备在天荒坪抽水蓄能电站上库沥青混凝土防渗面板、三峡茅坪溪沥青混凝土心墙工程的应用，我国水工沥青混凝土进入了第二个发展时期。在这一阶段，我国工程技术人员积累了大量的水工沥青混凝土的设计、施工、质量监测经验，同时在工程理论研究、沥青混凝土配合比材料研究和工程实践均取得了明显的进展，施工机械化、国产化程度大大提高，先进的施工工艺不断得到发展，施工质量得到了很好的保证，培养了一批专业的沥青混凝土施工队伍和技术人才，为我国在这一技术领域内迅速赶上国际先进水平提供了有利的条件。

目前，我国采用水工沥青混凝土防渗技术建成的土石坝已有近百座，已成为沥青混凝土大坝使用最多的国家。截至 2014 年，于 2006 年建成的冶勒水电站大坝是国内最高的沥青混凝土心墙坝，坝高 125m。经统计，国内已建 70m 以上的沥青混凝土大坝工程见表8－1。

表 8－1　　国内已建 70m 以上的沥青混凝土大坝工程列表

序号	名　称	坝高/m	防渗体型式	地区	建设年份
1	冶勒水电站大坝	124.50	碾压式心墙	四川凉山州	2001—2006
2	高岛东坝	105.00	碾压式心墙	中国香港	1973—1977
3	高岛西坝	102.50	碾压式心墙	中国香港	1973—1977
4	三峡茅坪溪坝	104.00	碾压式心墙	湖北宜昌市	1997—2003
5	石门水电站大坝	106.00	碾压式心墙	新疆呼图壁	2010—2013
6	阿拉沟水库大坝	105.00	碾压式心墙	新疆吐鲁番	2012—2014
7	宝泉抽水蓄能上库大坝	97.00	碾压简式面板	河南辉县	2004—2008
8	库什塔依水电站大坝	91.00	碾压式心墙	新疆伊犁哈萨克自治州	2010—2012
9	旁多水利枢纽	72.30	碾压式心墙	西藏林周县	2011—2014
10	天荒坪抽水蓄能上库	72.00	碾压简式面板	浙江安吉县	1994—1998

8.2　水工沥青混凝土配合比设计与工艺试验

8.2.1　技术要求

一般来讲，可将水工沥青混凝土防渗体的技术要求大体上归纳为不渗、不流、不裂和耐久，便于施工。

（1）不透水性。水工沥青混凝土防渗体的沥青混凝土，要求孔隙率控制在 2%～4%，渗透系数不大于 1×10^{-7}cm/s。

（2）稳定性。包括结构稳定性、热稳定性和水稳定性等，要求水工沥青混凝土应具有不产生斜坡流淌的内摩擦力和黏聚力，即具有一定的强度；水稳定系数不小于0.85。

（3）挠曲性。水工沥青混凝土要有适应地基不可避免的自然下沉的挠曲性，在动荷载作用下，要有不产生弯曲破坏的挠曲性，更要有一定变形能力。

（4）耐久性。水工沥青混凝土必须有抗侵蚀性，能抵御波浪、流水、砂及酸性水的侵蚀。水工沥青混凝土的耐久性是由沥青混凝土的抗弯曲、拉、压和变形能力指标进行评价，其要求是根据工程当地气温、工程特点和运行条件等通过计算提出。

（5）施工和易性。施工和易性是指沥青混合料在摊铺和碾压、振捣工作时的难易程度。为了保证沥青混合料的施工和易性，必须根据施工现场所处的地理、气候环境，选择沥青混合料的组成材料，并进行合理的配合比设计。

8.2.2 配合比设计

水工沥青混凝土配合比设计是指在一定的施工工艺条件下，按照沥青混凝土原材料技术特性和水工沥青混凝土的技术要求，确定水工沥青混凝土各组成材料之间的最佳组成比例，称作标准配合比。通过现场工艺试验对标准配合比调整，使之既能满足水工沥青混凝土设计技术指标要求，又经济合理，从而形成施工配合比。

8.2.2.1 原材料的选择及性能检验

（1）沥青的选择及性能检验。最新规范规定水工碾压式沥青混凝土应选择专用水工沥青。同一工程宜采用同一厂家、同一标号的沥青。不同厂家、不同标号的沥青，不得混杂使用。当采用同一标号的沥青不满足设计要求的技术指标时，可采用两种以上不同标号的沥青进行现场掺配，必要时可加入改性剂。

浇筑式沥青混凝土防渗体受到坝壳料的保护和约束，受温度的影响较小，使用的沥青具有一定的稳定性，避免防渗体产生较大的沉降变形，影响防渗体与坝顶连接安全。故浇筑式混凝土防渗体宜选用针入度指数较大、抗流变性能较好、胶体结构接近于凝胶型的沥青为宜。

对于掺配及改性沥青的使用必须进行专门的沥青混凝土混合料试验，在确保满足设计要求后方可使用。由于现场掺配使沥青混凝土施工更为复杂，现场设备条件较差，掺配沥青质量不易保证，需要加强施工质量的管理工作，确保掺配沥青的质量满足设计要求。

沥青的性能检验指标主要有：针入度、软化点、延度、脆点、质量损失、闪点、燃点、密度、含蜡量和溶解度等，这些指标应符合设计要求。

用作冷底子油或层间涂层的乳化沥青，也可采用水工沥青与汽油、柴油配制的稀释沥青。稀释沥青的配合比可根据干燥速度的要求选定。稀释沥青用作冷底子油时，沥青与溶剂比例可采用30：70或40：60。采用溶剂比例较大的目的是降低黏度，使易于渗入底层缝隙，形成黏结牢固的沥青膜。如用作层间涂层时，则宜采用60：40的比例，以提高黏度，增加涂层厚度。

配制稀释沥青，当采用快挥发性溶剂（如汽油）时，宜将熔化沥青以细流状加入溶剂中，因为溶剂原为常温，其温度随沥青加入而逐渐升高，减免溶剂突然升温挥发；当采用慢挥发性溶剂时，溶剂挥发性较小，其溶解能力亦不及快挥发性溶剂强，故将常温的溶剂加入熔化沥青，可使配制开始的温度较高，以加速溶解，同时应不停地搅拌。至于沥青温度，可根据国内沥青防渗墙工程施工配制稀释沥青的实践。当采用慢挥发性溶剂时，沥青温度不得超过120℃；当采用快挥发性溶剂时，沥青温度不得超过100℃±5℃。

（2）骨料的选择及性能检验。应用于沥青混凝土的骨料，最好选用新鲜坚硬的碱性岩石如石灰岩、白云岩等进行加工。应尽量寻找满足使用要求的，具备开采条件的碱性矿石储料场，只有在周边缺少碱性岩石料场或开采碱性岩石很不经济时，才能考虑使用酸性骨料加改性剂的方案。目前大型水利工程很少使用改性剂，特殊情况要进行充分的试验论证才能确定是否采用。由于沥青混凝土骨料与沥青具有较强的黏附性，且不能因为加热引起其物理化学性质的变化，因而要求加工后的骨料颗粒必须满足针片状含量、粒径及级配的要求。骨料的加工工艺流程及设备选型应满足沥青混凝土施工要求。

粗骨料可根据其最大粒径分成2～4级。在施工过程中应保持粗骨料级配稳定且宜采用碎石。当采用卵石加工碎石时，卵石的粒径不宜小于碎石最大粒径的3倍。若采用天然骨料做粗骨料时，应通过试验论证。防渗沥青混凝土粗骨料的最大粒径，不得超过压实后的沥青混凝土铺筑层厚度的1/3且不得大于25mm；非防渗沥青混凝土粗骨料的最大粒径，不得超过层厚的1/2且不大于35mm。

细骨料应质地坚硬、级配良好，粒径组成应符合设计、试验提出的级配曲线要求。可选用河砂、山砂、人工砂等。加工碎石筛余的石屑，应加以利用。

吸水率大的骨料，表明其空隙多，质地疏松。易受水浸湿，易残存水分，从而降低骨料与沥青的黏附性能。而针片状颗粒受力后易被折断，故应限制其含量。骨料耐久性试验采用硫酸钠法，可以加快试验进程，试验方法和要求与混凝土骨料坚固性试验相同。粗骨料与沥青的黏附性能，采用水煮法进行试验，看沥青薄膜在全部颗粒表面保持完整的程度。

根据大量试验研究和工程实践（包括道路）的经验表明，只要黏附力达到4级，就可以满足工程的要求。

细骨料的水稳定等级是判断细骨料与沥青黏附性能的指标。其检验方法是将砂粒与沥青拌和，使其表面包裹一层沥青膜，然后将它分别放入不同浓度的Na_2CO_3溶液中煮沸，找出沥青膜已剥落的砂粒数量为50%的溶液浓度，即可确定其水稳定等级。根据大量试验资料和工程实践的经验表明，水稳定等级大于6级，沥青混凝土就具有足够的水稳定性。

骨料的检验项目主要有：CaO含量、SiO_2含量、与沥青的黏结力、压碎指标、坚固性、吸水率、针片状颗粒含量、表观密度等。另外，对骨料的级配也应进行检验使之满足相关设计及规范要求。

（3）填料的选择及性能检验。小于0.075mm的矿质材料，比表面积较大，它与沥青混合后可以有效地改善沥青胶凝材料（即沥青—填料相）的稠度，使沥青混凝土混合料具有较好的施工和易性，其微细骨料的填充作用可以有效地提高沥青混凝土的密实性，改善沥青混凝土的力学性能和变形性能，进而提高沥青混凝土的耐久性能。填料的亲水系数是影响沥青混凝土水稳定性的重要因素，其大小反映了填料与水的亲和能力，对沥青混凝土水稳定性的影响要比粗、细骨料大得多。因而填料与沥青黏附性能的好坏将直接影响到沥青混凝土的各项性能指标。实践结果表明，采用质地坚硬的碱性岩石加工成满足细度要求的矿粉（填料）是可以满足填料的技术要求的。

用作填料的矿粉种类很多，如天然岩石加工成的石灰岩粉、白云岩粉、大理石粉等；也可采用工业产品如水泥、滑石粉等；用工业废料加工成的磨细矿渣、粉煤灰、燃料炉渣粉比较经济，但其作为填料的沥青混凝土和易性较差，不易压实，所以其适用性有待研究。

填料的检验项目主要有填料颗粒级配以及其表观密度、亲水系数和含水率等。

8.2.2.2 配合比设计

沥青混凝土配合比设计使之既能满足沥青混凝土技术要求又符合经济的原则，配合比设计的依据是工程的设计要求，采用试验法，包括室内配合比试验和现场铺筑试验，最后确定施工配合比。

室内配合比试验就是根据设计规定的技术要求，对选定的原材料进行多种配比的试验，选出能满足设计要求的各配合比参数，确定标准配合比。

目前，国内外沥青混凝土配合比设计，多采用两个参数：矿料级配和沥青含量。

（1）矿料级配理论。目前常用的级配理论，主要有最大密度曲线理论和粒子干涉理论。前一理论主要描述了连续级配的粒子分布，可用于计算连续级配；后一理论不仅可用于计算连续级配，也可用于计算间断级配。

（2）矿料级配的选择。矿料合成级配可用试验或计算的方法确定，试验的方法是根据国内外有关的技术标准或技术资料，在其推荐的级配范围内，选择一条或几条级配曲线，作为矿料标准级配，再根据标准级配曲线确定各种矿料的配合组成，使合成级配尽可能与标准级配相近。也可根据级配理论，计算出需要的矿质混合料的级配范围。

我国沥青混凝土防渗体工程的矿料级配，采用过阿斯贝克提出的水工沥青混凝土标准级配，也采用过美国、日本等国的矿料级配标准以及我国道路沥青混凝土的矿料级配标准。我国水工沥青混凝土矿料级配和沥青推荐用量参考见表8-2。

表8-2　我国水工沥青混凝土矿料级配和沥青推荐用量参考表

级配类型			密级配			开级配		沥青碎石	
筛孔尺寸/mm	60	总通过率/%						100	
	35		100			100		35～70	
	25		80～100	100		70～100			95～100
	20		70～90	94～100		50～80	96～100	0～15	
	15		62～81	84～95	100	36～70	88～98		55～70
	10		55～75	75～90	96～98	25～58	71～83		
	5		44～61	57～75	84～92	10～30	40～50	0～8	10～25
	2.5		35～50	43～65	70～83	5～20	30～40	0～5	5～15
	0.6		19～30	28～45	41～54	4～12	14～22		
	0.3		13～22	20～34	30～40	3～8	7～14	0～4	4～8
	0.15		9～15	12～23	20～26	2～5	2～8		
	0.074		4～8	8～13	10～16	1～4	1～4	0～3	0～4
沥青用量（占矿料百分比）/%			5.5～7.5	6.5～8.5	8.0～10	4.0～5.0	5.0～6.0	3.0～4.0	3.5～4.5

矿料配合比的计算按以下步骤进行。

1）组成材料的原始数据测定。根据现场取样，对于粗骨料、细骨料和矿粉进行筛分试验，按筛分结果分别给出组成材料的筛分曲线，同时测出各组成材料的相对密度，以供计算物理常数之用。

2）计算组成材料的配合比。根据各组成材料的筛分试验资料，采用图解法或电算法，计算符合要求级配的各组成材料用量比例。

3）调整配合比。计算得出的合成级配应根据要求作必要的配合比调整。

（3）沥青用量的确定。矿料合成级配确定后，沥青用量成为影响沥青混凝土性质的唯一因素。沥青用量有两种不同的表示方法：一种方法是以矿料总重为100%，沥青用量按沥青占矿料总重的百分数计，例如沥青用量6%，则沥青混合料重为100%+6%=106%；另一种方法是以沥青占沥青混合料总重的百分数计，例如沥青用量6%，矿料用量则为94%，沥青混合料总重为100%。目前这两种方法均在应用，但前者将矿料固定为100%，沥青用量成为独立的变量，它的变化不影响矿料的计算，实用上较为方便，故应用较多。掺料的表示方法也相类似。

沥青混合料的最佳沥青用量，可以通过各种理论计算方法求出。但是由于实际材料性质的差异，按理论公式计算得到的最佳沥青用量仍然要通过试验方法进行修正。因此理论法只能得到一个供试验的参考数据。采用试验的方法确定沥青最佳用量，目前最常用的是马歇尔法。该法确定沥青最佳用量按下列步骤进行。

1）制备试样：①按确定的矿质混合料配合比，计算各种矿质材料的用量；②根据表8-2推荐的沥青用量范围（或经验的沥青用量范围），估计适宜的沥青用量。

2）测定物理、力学指标。以估计沥青用量为中值，以0.3%间隔上下改变沥青用量，制备马歇尔试件，试件不少于5组，然后在规定的试验温度和试验时间内，用马歇尔仪测定稳定度和流值，同时计算孔隙率、饱和度及矿料间隙率。

3）马歇尔试验结果分析。

A. 绘制沥青用量与沥青混凝土物理、力学指标关系图。以沥青用量为横坐标，以沥青混凝土视密度（容重）、孔隙率、饱和度、稳定度、流值为纵坐标，将试验结果绘制成沥青用量与各项指标的关系曲线。

B. 从关系曲线中求取相应于稳定度最大值的沥青用量 a_1、相应于密度最大值的沥青用量 a_2 及相应于规定孔隙率范围中值的沥青用量 a_3，求取三者平均值作为最佳沥青用量的初始值 B_1。即

$$B_1=(a_1+a_2+a_3)/3 \tag{8-1}$$

C. 求出各项指标均符合沥青混合料技术标准的沥青用量范围 $B_{min}\sim B_{max}$，其中值为 B_2，即

$$B_2=(B_{min}+B_{max})/2 \tag{8-2}$$

D. 根据 B_1 和 B_2 综合确定沥青最佳用量 B。

E. 沥青混凝土性能的检验。按确定的最佳沥青用量进行沥青混凝土防渗体必要的性能试验验证。如对心墙防渗体进行不透水性、柔性、蠕变、破坏变形、三轴压缩 C、φ、k 等指标和耐久性的验证；对面板防渗体的防渗层进行孔隙率、渗透系数、斜坡流淌值、水

稳定性、马歇尔稳定度及流值等指标和耐久性的试验验证。

F. 如通过两次试验验证最佳沥青含量能满足要求，则将此配合比作为标准配合比进行现场铺筑试验。

8.2.2.3 施工配合比的确定

沥青混凝土施工配合比是在经配合比设计并参考其他类似工程沥青混凝土配合比的设计经验，进行室内试验确定室内试验配合比后，再结合现场实际试验情况进行调整后确定。

（1）参考配合比。以下为各种类型的沥青混凝土室内试验配合比以及部分已建工程的施工配合比，可作为配合比设计的参考。

1）碾压式面板沥青混凝土配合比。表 8-3 为尼尔基水利枢纽工程的碾压式沥青混凝土面板工程参考配合比。

表 8-3　　尼尔基水利枢纽工程的碾压式沥青混凝土面板工程参考配合比表

序号	种 类	填料用量/%	骨料最大直径/mm	级配指数	沥青质量及含量/%
1	防渗层	10～16	16～19	0.24～0.28	70 号、90 号水工沥青、道路沥青或改性沥青：7.0～8.5
2	整平胶结层	6～10	19	0.70～0.90	70 号、90 号道路沥青、水工沥青：4～5
3	排水层	3.0～3.5	26.5	0.80～1.00	70 号、90 号道路沥青、水工沥青：3～4
4	封闭层	沥青：填料=(30～40)：(60～70)			50 号水工沥青或改性沥青
5	沥青砂浆	15～20	2.3 或 4.75	—	70 号、90 号道路沥青、水工沥青：12～16

表 8-4 为部分已建碾压式沥青混凝土面板工程防渗层施工配合比。

表 8-4　　部分已建碾压式沥青混凝土面板工程防渗层施工配合比表

工程名称	最大粒径/mm	配合比/%			沥青含量/%
		粗骨料	细骨料	填料	
正岔	15	32～40	49～55	10.9～12.5	7.8～8.2
半城子	15	44.2	45	10.8	7.2
横冲	30	55.1	35.2	9.7	8.8
里册峪	20、15	27～35	53～60	12～13	7.0～8.5
红江	15	39～45	44～50	11	8.0～8.5
石砭峪	20、15	19.4～28.6	61.6～70	9.8～10.6	7.7～8.8
峡口	15	38.3	46.7	15	8.0
天荒坪	16	48.3	36.7	15	7.3
西龙池	16	43	45	12	7.5～7.8
张河湾	16	41.7	46.2	12.1	7.7
宝泉	16	46.2	40.8	13	7.0

注　沥青含量指沥青占矿料的重量比，即油石比。

表 8－5 为部分已建碾压式沥青混凝土面板工程整平胶结层施工配合比。

表 8－5　　部分已建碾压式沥青混凝土面板工程整平胶结层施工配合比表

工程名称	最大粒径/mm	配合比/%			沥青含量/%
		粗骨料	细骨料	填料	
里册峪	20、15	60～70	24～36	4～6	3.0～5.5
红江	25	57	38	5	4.3
石砭峪	25、30	48～84	14～47	2.4～4.0	3.0～5.8
车坝	20	63	32	5	4.5
天荒坪	22.4	73.9	19.4	6.7	4.3
西龙池	19	83	13.5	3.5	4
张河湾	16	45.9	43.9	10.2	5
宝泉	19	82.2	12.8	5	4

注　沥青含量指沥青占矿料的重量比，即油石比。

表 8－6 为部分已建碾压式沥青混凝土面板工程排水层施工配合比。

表 8－6　　部分已建碾压式沥青混凝土面板工程排水层施工配合比表

工程名称	最大粒径/mm	配合比/%			沥青含量/%
		粗骨料	细骨料	填料	
石砭峪	30	91.8	5	3.2	3.5
牛头山	20～30	93.8	3	3.2	3
张河湾	19	88	9	3	3.5

注　沥青含量指沥青占矿料的重量比，即油石比。

表 8－7 为部分已建沥青混凝土面板封闭层施工配合比。

表 8－7　　部分已建沥青混凝土面板封闭层施工配合比表

工程名称	配合比/%		
	填料	沥青	掺料
峡口	44	54.5（60%B70，40%B10）	1.5（丁苯橡胶）
天荒坪	70	30（坡面 B45，库底 B80）	—
西龙池	62	30（普通沥青）	8（矿物纤维）
	63	30（改性沥青）	7（矿物纤维）
张河湾	70	30（改性沥青）	

2）碾压式心墙沥青混凝土配合比。表 8－8 为尼尔基水利枢纽工程碾压式沥青混凝土参考配合比。

表 8－8　　尼尔基水利枢纽工程碾压式沥青混凝土参考配合比表

名称	粗骨料			细骨料		矿粉	沥青
筛孔尺寸/mm	20～15	15～10	10～5	5～2.5	2.5～0.074	<0.074	
按重量计/%	6	14	20	8	38	14	6.5

3）浇筑式沥青混凝土配合比。表8-9为聚宝水电站浇筑式沥青混凝土参考配合比。

表8-9　　聚宝水电站浇筑式沥青混凝土参考配合比表

材料名称	碎石	砂	填料	沥青
粒径/mm或规格	2.5～15	≥2.5	<0.07mm占70%	针入度大于2
级配范围或含量/%	35～45	35～45	10～20	12～20

4）振捣式沥青混凝土配合比。表8-10为尼尔基水利枢纽工程振捣式沥青混凝土参考配合比。

表8-10　　尼尔基水利枢纽工程振捣式沥青混凝土参考配合比表

名称	粗骨料			细骨料		矿粉	沥青
筛孔尺寸/mm	20～15	15～10	10～5	5～2.5	2.5～0.074	<0.074	
按重量计/%	10.3	10.4	16.9	16	34.2	12.2	8.0

（2）现场配合比试验。室内试验选择的标准配合比，要在施工现场准确地再现，并达到预期的设计要求，还必须结合工地的实际条件加以有效地实施。现场试验的目的是对室内沥青混凝土配合比进行验证，掌握沥青混凝土混合料的材料制备、储存、拌和、运输、铺筑、碾压及检测等一套完整的工艺流程，取得并确定各种有关的施工工艺参数，以指导沥青混凝土防渗体的施工。

1）现场试验的主要内容及任务：①检验、调整、确定沥青混凝土的施工配合比；②检验沥青混凝土拌和系统等设备运行性能；③检验沥青混凝土摊铺设备运行性能；④试验、选定各种摊铺碾压参数，如温度、铺层厚度、摊铺速度、碾压方式、碾压遍数等；试验热、冷接缝的施工方法；试验沥青混凝土与钢筋混凝土或基岩接头部位的施工方法；⑤落实劳动组合，进一步培养施工人员；⑥测定材料消耗、生产效率、经济成本等。

现场配合比试验一般在防渗体铺筑场外进行，在有一定的经验和有成功的把握的情况下，可在防渗体上进行。

2）现场配合比试验步骤。

A. 现场条件的调查研究。标准配合比是经过室内试验选定的，是根据试验所用的原材料确定的配合比。试验所用的原材料即使是在施工现场抽取的，经过试验室加工处理后，其规格也不可能与现场原材料完全一致。例如，试验室可对矿料仔细进行筛分分级，如上所述，将粗骨料分为20～10mm、10～5mm、5～2.5mm 3级，而现场由于技术经济条件的限制，骨料不可能分级过多，超径和逊径也在所难免。试验用材料与现场原材料总是或多或少存在差异，事先应充分调查了解，并应根据现场的施工条件，采取措施，使标准配合比得以在现场正确实施。

B. 现场铺筑试验。现场铺筑试验的目的是检验标准配合比，在现场施工条件下，沥青混凝土能否达到设计规定的要求。必要时需进行调整，以确定施工配合比。

首先应做好现场原材料的抽样检查。沥青主要检查三大指标，矿料主要检查其级配组成，按标准配合比确定各种材料的配料比例。同时还要根据室内试验结果，选出几组可供现场试铺的配合比备用。

将标准配合比经过现场实地摊铺、碾压后，检查其技术指标能否达到要求，如达不到预计的要求，再将备用的配合比进行试铺。室内试验的试件为静压压实成型，现场用振动碾压实，实际的压实效果必须通过铺筑试验才能判断。现场铺筑质量主要检查孔隙率和渗透系数这两项指标，配合比的误差则通过沥青抽提试验加以检查。最后根据试铺试验结果确定的施工配合比，既有室内试验的依据，又有现场实践的数据，可以确保工程质量。

8.2.3 工艺试验

8.2.3.1 密实性试验

沥青混凝土密实性用孔隙率表示，即孔隙率越小，沥青混凝土越密实。沥青混凝土孔隙率的大小将直接反映沥青混凝土的防渗性能的好坏，是控制沥青混凝土防渗体防渗性能的最重要指标。孔隙率的试验方法是通过水中称量法按式（8-3）计算出沥青混凝土的表观密度，再根据沥青混凝土混合料的密度通过式（8-4）计算出沥青混凝土的孔隙率。

$$\rho_s=\frac{w}{w-w_2}\rho_{水} \tag{8-3}$$

$$v_v=1-\frac{\rho_s}{\rho_t} \tag{8-4}$$

式中 ρ_s——试件的表观密度，g/cm³；

v_v——试件的孔隙率，%；

w——试件在空气中的质量，g；

w_2——试件在水中的质量，g；

ρ_t——试件的密度，g/cm³；

$\rho_{水}$——试验温度下水的密度，g/cm³。

根据以往的工程经验，在实际施工当中，当沥青混凝土的孔隙率小于3%时，沥青混凝土的渗透系数是小于10^{-7}cm/s的，可以认为是不透水的。但在室内试验时，《土石坝沥青混凝土面板和心墙设计规范》（SL 501—2010）要求沥青混凝土防渗体的孔隙率要以小于2%，渗透系数以小于10^{-8}cm/s进行控制。

（1）碾压式沥青混凝土的密实性试验。碾压式沥青混凝土的孔隙率是通过马歇尔试件的测试来评价其密实程度。某工程碾压式沥青混凝土的物理性能试验结果见表8-11。从表8-11的试验结果可以看出，设计的16个配合比的试件孔隙率均小于《土石坝沥青混凝土面板和心墙设计规范》（SL 501—2010）中对沥青混凝土孔隙率（不大于3%）的要求。而且当骨料级配固定时，随着沥青含量的增加，沥青混凝密度、表观密度、孔隙率降低，密实性提高；当沥青含量和粗骨料用量一定时，随着矿粉用量的降低，孔隙率降低；当沥青含量与矿粉用量一定时，适当增加细骨料的用量，也可以降低沥青混凝土的孔隙率，提高沥青混凝土的密实性。

（2）浇筑式沥青混凝土的密实性试验。由于沥青含量比较高的关系，浇筑式沥青混凝土采用水稳定性试件的孔隙率来评价其密实性，而不是采用马歇尔试件来评价。某工程项目浇筑式沥青混凝土进行各配合比的密度、表观密度、孔隙率等物理性能试验，其结果见表8-12。

表 8-11　某工程碾压式沥青混凝土的物理性能试验结果表

配合比编号	沥青含量/%	密度/(g/cm³)	表观密度/(g/cm³)	孔隙率/%	配合比编号	沥青含量/%	密度/(g/cm³)	表观密度/(g/cm³)	孔隙率/%
B1-0	6.5	2.465	2.443	0.89	B3-Ⅰ	6.3	2.472	2.460	0.49
B1-Ⅰ	6.3	2.472	2.447	1.01	B3-Ⅱ	6.1	2.478	2.469	0.36
B1-Ⅱ	6.1	2.478	2.448	1.21	1-1	6.5	2.463	2.456	0.28
B1-Ⅲ	5.9	2.485	2.449	1.45	1-2	6.3	2.470	2.457	0.53
B2-0	6.5	2.465	2.444	0.85	1-3	6.1	2.477	2.462	0.61
B2-Ⅰ	6.3	2.472	2.445	0.99	2-1	6.5	2.464	2.440	0.97
B2-Ⅱ	6.1	2.478	2.446	1.29	2-2	6.3	2.471	2.446	1.01
B3-0	6.5	2.465	2.443	0.89	2-3	6.1	2.478	2.449	1.17

表 8-12　浇筑式沥青混凝土的物理性能试验结果表

配合比编号	沥青含量/%	密度/(g/cm³)	表观密度/(g/cm³)	孔隙率/%
1-1	10.5	2.337	2.322	0.64
1-2	11.0	2.322	2.310	0.52
1-3	11.5	2.309	2.300	0.39

从表 8-12 的试验结果可以看出，试验的 3 个配合比所成型试件孔隙率为 0.52%左右，远远小于《土石坝沥青混凝土面板和心墙设计规范》(SL 501—2010) 中对沥青混凝土孔隙率（不大于 3%）的要求。而且当骨料级配不变时，在一定范围内随着沥青含量的增加，沥青混凝土密度、表观密度、孔隙率均出现降低，密实性提高。

(3) 振捣式沥青混凝土的密实性试验。与碾压式沥青混凝土和浇筑式沥青混凝土不同，振捣式沥青混凝土采用芯样孔隙率来评价其密实程度，检测芯样来自小型施工模拟试验段，和其他两种沥青混凝土室内配合比试验相比，振捣式沥青混凝土孔隙率无疑更具有实际意义。有某工程振捣式各配合比沥青混凝土的密度、表观密度、孔隙率等物理性能试验，其结果见表 8-13。

表 8-13　振捣式沥青混凝土的物理性能试验结果表

配合比编号	沥青含量/%	密度/(g/cm³)	表观密度/(g/cm³)	孔隙率/%
Z-1	8.0	2.416	2.370	1.90
Z-2	7.5	2.432	2.384	1.96
Z-3	7.5	2.432	2.368	2.65
Z-4	8.0	2.416	2.368	1.99

从表 8-13 的试验结果可以看出，这 4 个配合比所成型的试件孔隙率符合《土石坝沥青混凝土面板和心墙设计规范》(SL 501—2010) 中对沥青混凝土孔隙率（不大于 3%）的要求。而且当骨料级配恒定时，沥青混凝土的密实性随着沥青含量的提高而提高。

8.2.3.2　碾压式沥青混凝土的马歇尔稳定度和流值试验

马歇尔稳定度和流值反映了沥青混凝土在高温、荷载作用下的可靠性，用来评价碾压式沥青混凝土的高温力学稳定性，并作为碾压式沥青混凝土混合料配合比设计和现场质量检测的主要依据。因为沥青混凝土面板防渗体在夏季运行过程中受到太阳的辐射，其表面温度可达50℃左右，甚至更高，因而开展马歇尔稳定度和流值试验是必要的。但沥青混凝土防渗心墙的运行温度较低，在大坝运行过程中承受的荷载主要来自于其自重和两侧坝体过渡料的侧压力，与马歇尔稳定度及流值试验模拟的运行工况存在着较大的差异，因而马歇尔稳定度及流值试验对沥青混凝土防渗心墙的指导意义不大，这在工程实践中也充分说明了这一点，因此，本书不建议在碾压式沥青混凝土防渗心墙工程中开展这两项指标的工作。

马歇尔稳定度及流值试验是将马歇尔试件置于（60±1)℃恒温水槽中恒温30～40min。然后将试件取出置于马歇尔试验仪上以（50±5）mm/min速率加荷，当荷载达到最大值开始减少的瞬间自动停机，分别读取压力值和位移值。从水槽取出试件起至试验结束，时间不应超过30s。由荷载测定装置读取的最大荷载值即为试样的稳定度，精确至0.01kN。每组3个试件，取其平均值作为试验结果。当3个试件测定值中最大值或最小值之一与中间值之差超过中间值的15%时，取中间值。当3个试件测定值中最大值和最小值与中间值之差均超过中间值的15%时，应重做试验。由流值计或位移传感器测定装置读取的试件变形量，即为试件的流值，精确至0.1mm。

碾压式沥青混凝土的马歇尔稳定度和流值技术要求要满足设计要求。

8.2.3.3 水稳定性试验

水稳定性是衡量沥青混凝土在水中长期浸泡过程中的稳定性。水稳定性不良的沥青混凝土在水的长期浸泡作用下，黏附于矿质材料表面上的沥青膜容易被水剥离，使沥青混凝土强度和防渗性大大降低，进而导致水工沥青混凝土结构物的失稳破坏。水稳定性以水稳定系数指标来进行控制。由于沥青混凝土防渗心墙位于坝体内部，运行过程中环境温度变化小，且不受冻害、紫外线及恶劣气候条件的影响，因此，沥青混凝土防渗体的耐久性完全取决于水稳定性的高低。

《土石坝沥青混凝土面板和心墙设计规范》(SL 501—2010）规定：碾压式沥青混凝土面板防渗体的整平胶结层和排水层的水稳定系数不小于0.85，其防渗层及心墙防渗体的水稳定系数不小于0.9。

(1）碾压式沥青混凝土的水稳定性试验方法是：静压成型高度、长度均为10cm的圆柱体试件6个，将其分为两组（分组原则：两组孔隙率相近），一组置于60℃的水中恒温24h后取出，再与置于20℃空气中恒温24h的另一组试件一起放入（20±1)℃水中恒温2h，在轴向变形速度为2mm/min荷载作用下测定其极限抗压强度，两组强度之比即为水稳定系数。某工程碾压式沥青混凝土面板排水层及防渗层的水稳定试验结果见表8-14。

从表8-14中的试验结果可以看出，按这8种配合比成型的沥青混凝土试件，水稳定系数均能满足规范要求，且按此试验方法开展的沥青混凝土水稳定系数随着沥青含量的增加而增大。

(2）浇筑式沥青混凝土水稳定性试验方法为：浇筑成型长、宽、高均为10cm的立方体试件6个，将其分为两组（分组原则：两组孔隙率相近)，同样的方法进行测试。某工程浇筑式沥青混凝土水稳定性及抗压强度试验结果见表8-15。

表 8-14　　某工程碾压式沥青混凝土面板排水层及防渗层的水稳定试验结果表

配合比编号	沥青含量/%	抗压强度（A）/MPa	抗压强度（B）/MPa	水稳定系数	备　注
B1-0	6.5	2.38	2.80	0.85	试件分组按要求制备：一组置于60℃的水中，恒温24h后，置于20℃的水中，恒温2h；另一组先置于20℃空气中（常温状态下）恒温24h后，置于20℃的水中，恒温2h
B1-1	6.3	2.58	3.01	0.86	
B2-0	6.5	2.36	2.62	0.90	
B2-1	6.3	2.32	2.71	0.86	
1-1	6.5	2.51	2.62	0.96	
1-2	6.3	2.72	2.81	0.97	
2-1	6.5	2.71	2.85	0.95	
2-2	6.3	3.05	3.18	0.96	

表 8-15　　某工程浇筑式沥青混凝土水稳定性及抗压强度试验结果表

配合比编号	沥青含量/%	抗压强度（A）/MPa	抗压强度（B）/MPa	水稳定系数	备　注
1-1	10.5	0.83	0.95	0.87	试件分组按要求制备：一组置于60℃的水中，恒温24h后，置于20℃的水中，恒温2h；另一组先置于20℃空气中（常温状态下）恒温24h后，置于20℃的水中，恒温2h
2-1	110	0.87	0.94	0.93	
3-1	11.5	0.75	0.78	0.96	

从表 8-15 中的试验结果可以看出，按这 3 种配合比成型的沥青混凝土试件，水稳定系数均能满足设计要求，且按此试验方法开展的沥青混凝土水稳定系数是随着沥青含量的增加而增大的。

（3）振捣式沥青混凝土可直接采用沥青混凝土芯样进行水稳定性试验。振捣式沥青混凝土的水稳定性试验的试件制作是从小型施工模拟试验段钻取直径为 10cm 的圆柱体芯样 6 个，将其分为两组（分组原则：两组孔隙率相近），试验方法相同。振捣式沥青混凝土的水稳定性试验结果见表 8-16。

表 8-16　　振捣式沥青混凝土的水稳定性试验结果表

配合比编号	沥青含量/%	抗压强度(A)/MPa	抗压强度(B)/MPa	水稳定系数	备　注
z-1	8.0	1.71	1.78	0.96	试件分组按要求制备：一组置于60℃的水中，恒温24h后，置于20℃的水中，恒温2h；另一组先置于20℃空气中（常温状态下）恒温24h后，置于20℃的水中，恒温2h
z-2	7.5	1.69	1.72	0.98	
z-3	7.5	1.70	1.75	0.97	
z-4	8.0	1.61	1.63	0.99	

8.2.3.4 防渗性能试验

目前评价水工沥青混凝土防渗性能的方法有两种：一种是用渗透系数法，一种是抗渗压力法。渗透系数法是沿用土力学中的达西定律，即单位时间透过稳定材料的水量与其水头和截面积成正比，且在压力恒定时单位时间通过稳定材料单位面积的水量是恒定的。在防渗沥青混凝土中应用达西定律忽视了一个明显的事实，即沥青是憎水性材料。沥青混凝土中虽有吸水性的砂石骨料和填料，但已被沥青包裹。防渗沥青混凝土中虽有一定数量的孔隙，但这些孔隙大多都是封闭的，在常压水头下水分是不能渗透未连通的孔隙的。因而利用渗透系数可以评价已出现结构损伤的沥青混凝土，不能评价结构完好的沥青混凝土的防渗性能。采用抗渗压力法评价沥青混凝土的防渗性对于结构完好的防渗沥青混凝土是符合防渗沥青混凝土运行工况的。为此，采用两种试验方法检测沥青混凝土的防渗性能，一种是参照水泥混凝土采用逐级加压法检测沥青混凝土的渗漏情况（包括直接密封和经过真空饱水后再密封两种试件）；一种是将未饱水试件密封于抗渗试模内，在 2m 恒压水头下检测其渗透情况（试验历时 48h 以上），以考察两种试验方法的差异。

实际试验证明：逐级加压法当压力达到一定程度后，沥青混凝土试件表面出现受压变形和密封破损现象，从而证明沥青混凝土在较短的时间内承受较高的水压力作用与防渗体的实际受力状况相差较大，不能准确地反映沥青混凝土的渗透性能。而在 2m 恒压水头下的试验，从理论上讲不会造成沥青混凝土的内部连通孔隙的封闭和结构的重新调整，因而能更好地反映沥青混凝土在试验条件下的真实透水性能。

《土石坝沥青混凝土面板和心墙设计规范》（SL 501—2010）规定：除碾压式沥青混凝土面板防渗体的排水层要求其渗透系数不小于 10^{-2}cm/s 外，防渗层及心墙防渗体的渗透系数均不大于 10^{-8}cm/s。

8.2.3.5 变形性能试验

沥青混凝土的变形性能指标是通过小梁弯曲试验来测定的。即将规定的标准试件置于一定跨径的简支梁上，在跨中点以恒定的加荷速率施加集中荷载直至试件断裂破坏。通过测定不同温度下沥青混凝土小梁的弯曲强度和变形能力，评价沥青混凝土的变形性能（柔性）。

正常情况下，当矿料级配、试验温度相同时，随着沥青含量的增加，沥青混凝土的抗弯强度、劲度模量降低，应变增大，沥青混凝土柔性越好；相同的沥青混凝土试件，试验温度越低，抗弯强度、劲度模量越高，应变越小，沥青混凝土柔性越差。对于沥青混凝土防渗体，在各项技术指标满足要求的情况下，沥青混凝土柔性越大越好，对工程越有利。

《土石坝沥青混凝土面板和心墙设计规范》（SL 501—2010）对碾压式沥青混凝土心墙的变形性能进行了规定：弯曲强度不小于 400kPa，弯曲变形不小于 1%。

8.2.3.6 强度特性试验

沥青混凝土强度构成起源于两个方面：一方面，由于沥青的存在而产生的黏聚力；另一方面，由于骨料的存在而产生的内摩阻力。

对于沥青混凝土的强度构成特性，摩尔-库仑（Mohr - Coulomb）理论作为分析沥青混凝土的强度理论较为成功。该理论指出，材料任一平面的剪切应力 τ 为作用于该平面法向应力 σ 的函数，即

$$\tau = C + \sigma \mathrm{tg}\varphi \tag{8-5}$$

式中 C——黏聚力；

φ——内摩擦角。

影响沥青混凝土抗剪强度的因素有许多，其中最主要的是沥青的性质、矿粉的性质、沥青与矿粉的比例及矿质骨架的特征。

摩尔-库仑理论引进了两个材料内在参数 C，φ 值作为强度理论的分析指标，其一般

表达式为：

$$\sigma_1-\sigma_3=(\sigma_1+\sigma_3)\sin\varphi+2C\cos\varphi \tag{8-6}$$

式中 σ_1——最大主应力；

σ_3——最小主应力。

沥青混凝土在参数 C、φ 值的确定上需要把理论准则与试验结果结合起来，理论准则采用摩尔一库仑理论，而试验结果则可通过三轴试验、拉压试验或直剪试验确定。

8.2.3.7 热稳定性试验

反映沥青混凝土热稳定性的两个主要指标就是沥青混凝土的斜坡流淌值和沥青混凝土热稳定系数。

（1）斜坡流淌值。斜坡流淌值从一定方面反映出沥青混凝土的热稳定性，可以通过模拟试验求得。

国内外对沥青混凝土斜坡流淌值的测试方法和测试标准不尽相同，其规定标准也有所不同。

《土石坝沥青混凝土面板和心墙设计规范》（SL 501—2010）中规定：将马歇尔试件置于1∶1.7的斜坡或设计要求的坡度上，放入70℃的环境中恒温48h，测其位移值，要求防渗面层沥青混凝土的斜坡流淌值不大于0.8mm。

我国天荒坪抽水蓄能电站上库面板边坡采用的参数是：坡度1∶2，温度70℃，斜坡流淌值小于5mm，或温度60℃，斜坡流淌值小于1.5mm。

日本的大门水库是将沥青混凝土试件放在与施工坡面一致的斜面上，在最高温的季节，在室外进行曝晒，试验进行7d，试验也已经基本稳定下来，其斜坡流淌值小于0.25mm。

无论如何，沥青混凝土斜坡流淌值测试，对于面板沥青混凝土而言是必不可少的。

（2）热稳定系数。热稳定系数是沥青混凝土试件在20℃的抗压强度与50℃的抗压强度的比值。记为 $K_r=R20/R50$。其值越小，则表明沥青混凝土的热稳定性能越好。

《土石坝沥青混凝土面板和心墙设计规范》（SL 501—2010）规定：碾压式沥青混凝土面板防渗体的整平胶结层和排水层的热稳定系数不大于0.45。

由于工地施工条件的限制，使得试验温度及试验加荷速度很难满足精度要求，这一点请在实施时加以重视。

8.3 水工沥青混凝土施工机械设备选型

8.3.1 骨料制备设备

（1）选型原则。

1）设备的型式和数量应满足设计的处理能力和相应的工艺要求。

2）设备的类型要适应当地的维修技术条件和操作工人的运行经验。

3）应尽量选用同规格型号的设备，以简化机型方便维修。

4）便于操作、工作可靠、安装方便、节省投资、能耗及其他消耗低，以降低运行管理费用。

5）尽量选用国家的定型产品，质量可靠。

（2）破碎机选型。沥青混凝土所用的粗骨料粒径较小，一般不超过25mm且用量较少，根据经验和各型号破碎机的特点推荐采用反击式破碎机较适宜。这种破碎机破碎比大，产品细、粒形好、产量高、能耗低、结构简单，不足之处是板锤和衬板容易磨损，更换和维修工作量较大，这个矛盾可通过采用颚式破碎机作为初破碎解小加以缓解。碱性矿石属于中硬性岩，也比较适合这种设备，在选型时两种设备的生产能力应匹配。

骨料用量强度计算。根据设计沥青混凝土配合比，可以算出高峰铺筑时所需骨料总量及各级粒径骨料的数量。在设备选型时，以高峰年平均月需骨料数量作为所选机型处理能力的依据，以最短缺级别粒径生产数量作为控制生产的最低限，在设备选型时还应考虑连班作业以及填筑淡季时的备料储存等因素。

破碎机的处理能力可按产品目录（标牌）选取或按式（8－7）计算。其处理能力须乘相应负荷系数。选择产品目录上的处理能力时，应选择中下限比较可靠。

1）颚式、旋回和锥式破碎机。

$$Q_c = K_1 K_2 K_3 q_0 e \tag{8-7}$$

式中 Q_c——破碎机计算处理能力，t/h；

K_1——石料的可碎性修正系数（见表8－17）；

K_2——石料的比重修正系数，$K_2=0.625\gamma_e \approx 0.370\gamma_\tau$；

K_3——给料粒径修正系数（见表8－18）；

γ_e——石料的容重，t/m^3；

γ_τ——石料的比重，t/m^3；

q_0——破碎机单位排料口的处理能力，t/(mm·h)（见表8－19）；

e——破碎机排料口开度，mm。

表8－17　石料可碎性修正系数 K_1 取值表

石料可碎性	抗压强度/(kgf/cm²)	K_1	备注
难碎	>1600	0.9～0.95	1. 按照我国现行资料，可碎性系数按压强分类；2. 1kgf=9.8×10⁻⁴Pa
中等可碎	800～1600	1.0	
易碎	<800	1.1～1.2	

表8－18　给料粒径修正系数 K_3 取值表

最大给料粒径与进料口宽度比	0.85	0.6	0.4
K_3	1	1.0	1.1

表8－19　破碎机的单位处理能力 q_0 取值表

颚式破碎机	规格/(cm×cm)	25×40	40×60	60×90	90×120	120×150	150×210	—
	q_0 /[t/(mm·h)]	0.4	0.65	0.95～1.0	1.25～1.3	1.9	2.7	—
旋回破碎机	规格/cm	50/7.5	70/13	90/16	120/18	150/18	150/30	—
	q_0 /[t/(mm·h)]	2.5	3.0	4.5	6.0	10.5	13.5	—

续表

圆锥破碎机	规格/cm		ϕ60	ϕ90	ϕ120	ϕ165	ϕ175	ϕ210	ϕ220
	q_0/[t/(mm·h)]	标准中型	1.0	2.5	4.0～4.5	7.0～8.0	8.0～9.0	13.0～13.5	14.0～15.0
		短头	—	4.0	6.5	12.0	14.0	21.0	24.0

颚式破碎机规格性能见表 8-20。

表 8-20　　颚式破碎机规格性能表

类　型		复杂摆动颚式破碎机						简单摆动颚式破碎机		
破碎机规格/(cm×cm)		40×60	50×75	60×90	90×120	120×150	150×210	90×120	120×150	150×210
最大给料块径/mm		340	400	500	750	1000	1250	750	1000	1250
调料口范围/mm		35～70	55～100	65～170	100～200	130～210	170～240	110～280	130～200	170～220
电动机功率/kW		30	55	80	110	200	310	110	170～180	260～280
破碎机各种排料开度的处理能力(指硬岩,即容重为1.6t/m³)/(t/h)	35	21								
	40	24								
	45	27								
	50	30								
	55	33	44							
	65	39	52	78						
	70	42	56	84						
	80		64	96						
	90		72	108						
	100		80	120	180					
	110			132	198			165		
	120			144	216			180		
	130			156	234	325		195	260	
	140			168	252	350		210	280	
	150			180	270	375		225	300	
	160			192	288	400		240	320	
	170			204	306	425	580	255	340	460
	180				324	450	610	270	360	485
	190				342	475	650		400	510
	200				360	500	680			540
	210					525	715			570
	220						750			600
	230						780			
	240						815			
给料块尺寸与排料口开度比		5.8～9.7	4.0～7.3	2.9～7.7	3.8～7.5	4.8～7.7	5.2～7.4	4.2～6.8	5.0～7.7	5.7～7.4

2）反击式破碎机。反击式破碎机的规格型号及性能参数以厂家提供的说明作为参考，其处理能力按式（8－8）计算。

$$Q=60KN(H+A)DB\gamma_e \tag{8-8}$$

式中 Q——处理能力，t/h；

K——处理能力修正系数，一般可取0.1；

N——转子上板锤数目；

H——板锤高度，m；

A——板锤与反击板间的距离，m；

D——板锤单位时间内的往复次数，次/h；

B——板锤宽度，m；

γ_e——石料的容重，t/m^3。

式（8－8）计算的处理能力要与厂家提供参数表中的处理能力相比较选用。厂家提供的处理能力一般为一个区间，通常取区间下限再与式（8－8）计算结果比较，取其小值。

（3）矿粉（填料）加工设备。沥青混凝土用矿料颗粒小于0.075mm，一般用量很少，大约10%左右。为此，工程上一般不专门加工矿粉，而是在附近的水泥厂采购。当水泥厂没有矿粉而用量较少时，也可以采用水泥。当确须自行加工时，其加工设备主要采用雷蒙风选磨粉机。这种磨粉机的产量一般为1.5～2.5t/h，其生产的矿粉细度可以满足沥青混凝土对于矿粉的要求。

（4）筛分设备。骨料生产需干法加工，车间内粉尘较大，为了减少污染环境，车间必须封闭，所以筛分设备的选型应满足以下原则：①筛分能力满足破碎机的生产能力；②结构布置要紧凑，占地面积小，便于封闭车间；③由于骨料分级多，级差小，所以要以圆孔筛为优选筛；④部件不易损坏，便于维修。

关于骨料分级，从理论上讲分级越细（越多）越好，越能准确地实现设计配合比，越能更好地发挥水工沥青混凝土的工程功能作用。所以，设计或规范要求上都是以20～15、15～10、10～5、5～2.5、<2.5等五级，提出比例要求，以前好多项目的施工也是以这样的分级进行筛分的。但是随着人们的生产实践和对水工沥青混凝土认识水平的提高，拌和机械设备的改进，目前的沥青混凝土拌和设备在骨料加热后需二次筛分配料。这样碎石加工厂的分级一般就按20～10、10～5、<5等三级筛分完全可以达到水工沥青混凝土的功能作用和相关要求，从而为施工提供了方便，节约了成本。

目前筛分设备主要有以下两种。

1）折线筛（双轴等厚）ZSD型。这种筛的特点是：筛面采用不同倾角的折线形，物料在筛面上的运动速度递减，料层厚度保持不变；处理能力高，比普通筛分方法高一倍以上；减少筛孔的堵塞，筛分效率高；设备配置较方便，占用厂房面积小。缺点是筛面结构复杂，安装难度大，价格较贵。这种筛型比较适合专业生产厂家。

2）往复式多层振动筛（由辽宁朝阳重型机器厂改制）。这种振动筛可将几级规格骨料同时筛分，即几级骨料几层筛子，筛子按孔径大小依次自上而下排列（结构紧凑，便于安装拆卸）。这种筛子由于振动频率不高，不易损坏，维修量不大，但较易堵孔。筛面应经常清理，处理能力为12～16t/h。比较适合施工企业现场生产。

振动筛处理能力计算公式比较复杂，修正系数多，经公式计算的处理能力误差比较大，建议采用厂家标牌的处理能力中下限为宜。

8.3.2 沥青混凝土的搅拌设备

8.3.2.1 拌和设备的选择条件

目前，我国生产碾压式沥青混凝土的拌和设备厂家还不多，选购设备时除了生产能力要满足施工强度外，还应考虑北方低温的特点，沥青储存罐、输油管道、熟料仓均应设置加热保温系统。

拌和系统的生产能力选择取决于沥青混凝土的铺筑强度。铺筑强度是沥青混凝土防渗体施工组织设计的一项重要指标，是选择沥青混凝土混合料拌和设备、选择运输、摊铺、碾压设备的依据。铺筑强度计算公式为：

$$P=\frac{W}{TMN}K \tag{8-9}$$

式中 P——铺筑强度，t/h；

W——防渗墙沥青混凝土的总工程量，t；

T——有效铺筑天数，d；

M——日工作班数，班/d；

N——班实际工作小时数，h/班；

K——生产不均系数；$K=1.2\sim1.4$。

K 值的选取可参考整个环节各种设备的运行状况和施工组织管理水平。设备性能好，施工组织管理水平高，K 选大值，否则 K 选小值。

沥青混凝土的有效铺筑天数 T 可按式（8-10）计算。

$$T=T_0-t_1-t_2-t_3 \tag{8-10}$$

式中 T_0——铺筑工期（除去设备安装和善后天数），d；

t_1——铺筑期因雨停工天数（降雨量不小于 5mm 时，应根据当地长年降雨天数确定），d；

t_2——放假天数，d；

t_3——低气温及大风需停工天数（风大于 4 级），d。

确定沥青混凝土铺筑强度后，就可以选定沥青混凝土拌和系统的生产能力，两者必须相适应。在选用成套的沥青混凝土拌和设备时，要考虑沥青混凝土拌和设备的额定生产能力。用它生产水工沥青混凝土时，其生产能力要降低，其原因有以下几点：①由于沥青混凝土的配合比不同，水工沥青混凝土细料较多，有时还要用掺合料，因此拌和时间适当延长；②拌和温度要求高；③施工过程中，时间间断较多。

根据日本的经验，水工沥青混凝土的实际生产力 P 约为设备额定能力的 65%～70%。因此水工沥青混凝土拌和设备的生产能力，即实际生产力 P_B 应按式（8-11）计算。

$$P_B=K\,P' \tag{8-11}$$

式中 P_B——拌和设备的生产能力，t/h；

K——折减系数一般为 0.6～0.7；

P'——沥青混凝土拌和设备的额定生产能力，t/h。

8.3.2.2 拌和设备的分类及特点

沥青混凝土拌和设备的发展，经历了人工拌和、小型机械化及机电液一体化发展过程。在结构方面，也经历了单滚筒结构、强制式间歇式结构、双滚筒结构的发展。根据拌和工艺的不同，沥青混凝土拌和楼可以划分为强制间歇式及滚筒式两种类型。

(1) 强制间歇式沥青混凝土拌和楼。目前，强制间歇式沥青混凝土拌和楼，在道路沥青混凝土、水工沥青混凝土生产中占有主导地位。它是先将各种级配的冷骨料，包括人工骨料及天然骨料，在干燥筒内加热、烘干后，经过二次筛分储存，对每级骨料重新配重，与单独称量计量的填充料、沥青，按照设定的配合比进行强制搅拌，形成需要的沥青混合料，其工艺流程见图 8-1。

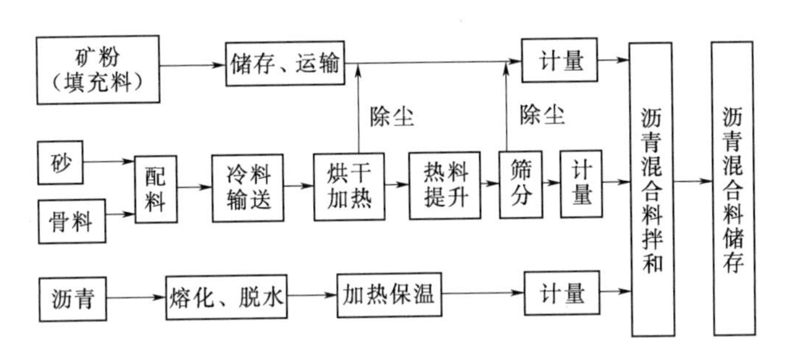

图 8-1 强制间歇式沥青混凝土拌和生产工艺流程方框图

(2) 滚筒式沥青混凝土拌和楼。20 世纪 70 年代后，国外出现了一种新型的拌和工艺，即采用冷骨料的烘干、加热及与热沥青的拌和是在同一滚筒内进行的。它依靠骨料在旋转筒内的自行跌落，从而实现沥青材料对骨料的裹覆。滚筒式沥青混凝土拌和生产工艺流程见图 8-2。

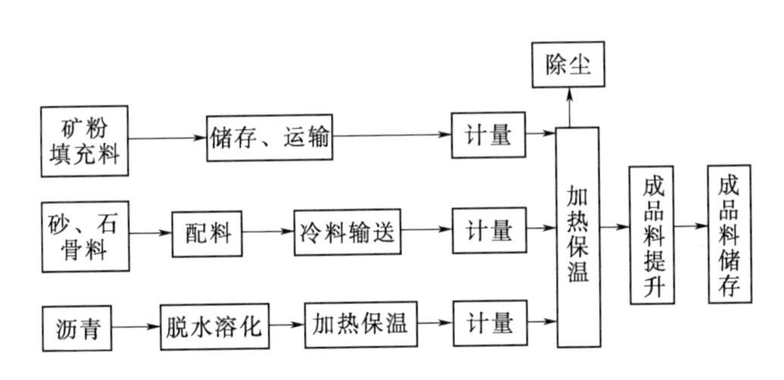

图 8-2 滚筒式沥青混凝土拌和生产工艺流程方框图

据有统计资料表明：同等能力的、特别是高生产力的沥青混凝土拌和设备，滚筒式的设备成本低 15%～25%；设备的操作、维修费用降低 5%～12%；动力消耗降低 25%～30%。由于设备简化，使其安装拆卸便利，易于搬迁；粉尘排量小，容易达到环境保护的要求。滚筒式沥青混凝土拌和设备多为移动式。

(3) 双滚筒沥青混凝土拌和设备。双滚筒沥青混凝土拌和设备使用了沥青混凝土回收加工技术，不仅降低了生产成本，更重要的是使难以降解的沥青混凝土，通过回收加工重新应用，极大地减轻了对环境的破坏。

8.3.2.3 沥青混凝土拌和设备介绍

我国西安筑路机械厂生产的LB1000型沥青混凝土拌和系统和吉林省公路机械厂生产的LJ80型沥青混凝土拌和系统，是目前使用较多的沥青混凝土制备系统，其设备技术性能比较见表8-21。这两家生产沥青混合料拌和系统，在我国大型水利枢纽中均使用过。茅坪溪土石坝碾压式沥青混凝土心墙采用的是西安筑路机械厂生产的LB1000型沥青混凝土制备系统，该系统在额定工况下设计生产能力为60～80t/h，在工程实际工况下实际能力为40t/h左右。

表8-21　LJ80型与LB1000型沥青混凝土搅拌设备技术性能比较表

项目	LJ80型	LB1000型
生产能力	在出料温度140℃、含水量为4%、沥青含量为5%时，搅拌能力为1000kg，完成一个工作循环为45s，生产能力为80t/h	与LJ80型一致
与生产能力有关的技术数据	1. 含水量为表层含水量； 2. 环境温度为5℃； 3. 石料容量为1.6t/m³； 4. 砂料含量小于35%； 5. 生产能力包括石粉和沥青； 6. 料场骨料应符合拌和技术规范的比例要求	与LJ80型一致
冷料系统	6个冷料斗，每斗容积7m³；3.2m×3.5m（宽×高）；2个250W的电磁振动器装在2个砂仓上	4个冷料斗，每斗容积7.9m³；3.2m×2.5m（宽×高）；1个250W的电磁振动器装在1个砂仓上
	6个调整给料机；皮带尺寸500m×970mm（宽×中心距）；2.2kW调速电机减速机直联转动；控制台集中控制各个给料器；500mm宽双层结构皮带（耐寒皮带）	4个调整给料机；4kW调速电机减速机直联转动；控制台集中控制各个给料器；500mm宽双层结构皮带（普通皮带）
	平皮带和斜皮带（耐寒皮带）；平皮带尺寸500mm×13000mm（宽×中心距）；斜皮带尺寸500mm×10000mm（宽×中心距）；重型槽钢制成的底盘和支架	平皮带和斜皮带（耐寒皮带）
烘干系统	干燥筒直径1.7m×6.5m（直径×长度）；燃油式燃烧器（国产）；鼓风机电机30kW；电阻式测温器；控制台控制点熄火、控温及温度指示	干燥筒直径1.5m×6.5m（直径×长度）；燃油式燃烧器（国产）；鼓风机电机11kW；红外温度计间接测温；控制台控制点熄火、控温及温度指示
筛分及拌和系统	80TPH双链斗热料提升机	链斗热料提升机
	4700mm×2200mm四层快速振动筛	4000mm×1500mm四层快速振动筛
	5个热料仓、总容积15t、5个位移	4个热料仓、总容积6.25m³、4个位移
	16TPH粉料提升机；20t石粉仓1个	粉料提升机；20t石粉仓1个
	1250kg石料称量斗及传感器；200kg石料称量斗及传感器；150kg沥青称量斗及传感器；1250kg、2台22kW电机驱动双轴拌和缸；7.5kW沥青喷射泵，喷射管	1000kg石料称量斗及传感器；200kg石料称量斗及传感器；150kg沥青称量斗及传感器；1000kg、1台30kW电机驱动双轴拌和缸；通过沥青阀流入搅拌器
计量精度/kg	砂石料±0.5；矿粉±0.5；沥青±0.3	砂石料±0.5；矿粉±0.5；沥青±0.3

续表

项目	LJ80 型	LB1000 型
除尘系统	一级除尘；总能力 39000m^3/h；直径 1500mm 的双管旋风式除尘器，旋风器增加外排孔	一级除尘；总能力 35099m^3/h；直径 1500mm 的双管旋风式除尘器，旋风器增加外排孔
	二级除尘为湿式除尘，除尘效率 400mg/m^3，1 个 1.2m 直径 10m 高的烟筒	二级除尘为湿式除尘，除尘效率 400mg/m^3，1 个 1.2m 直径 10m 高的烟筒
控制系统	中心控制系统，TP7、PLC 控制拌和微机系统或 PC、PLC 控制拌和微机系统；工艺参数数字显示；全自动，半自动；手动	中心控制系统，称量搅拌控制系统，全自动，半自动；手动
成品料仓系统	储存能力 120t 的热料储存，厚 60mm 矿物质岩棉保温层，储存能力 3t 的废料仓，斗容 1t 的提升机，编码器和接近开关控制卷扬机，低温液压泵	储存能力 85m^3（130t）的热料储存；矿物质岩棉保温层，电加热装置
沥青储存及加热系统	1 个 80 万 kcal/h(1kcal＝4.18kJ) 的燃油导热油炉；1 个 22kW 导热油循环泵；2 个 40t 的沥青保温罐；1 个 10t 的沥青接卸槽；1 个保温沥青泵；控制柜	1 个 60 万 kcal/h(1kcal＝4.18kJ) 的燃油导热油炉；1 个 11kW 导热油循环泵；1 个 50t 的沥青保温罐；1 个 10t 的沥青接卸槽；1 个保温沥青泵；控制柜
设备额定功率/kW	360	346
设备占地面积/m^2	2000	1800

在拌和系统正常的情况下，每天（1～2 班）可生产 160～480t（65～300m^3）沥青混凝土，正常月平均产量为 600～1000m^3，最高月产量为 1630m^3。每月按 25d 计，日平均产量为 34～40m^3，最高产量为 75m^3。由于沥青混凝土心墙的施工进度受坝体填筑的影响较大，实际每月的施工天数为 10～25d 不等，最高日产量约为 160m^3（390t）左右。

由于水工沥青混凝土细料多，要求配料精度、拌和温度都比公路用沥青混凝土高，所以 LB1000 型沥青混合料制备系统在三峡茅坪溪使用过程中存在一定的缺陷，为了确保生产出高质量的沥青混合料，在生产中需做一定的修改和工艺调整。

（1）为防止沥青混凝土拌和热料仓溢料，矿料在进入干燥筒前应进行较精确的配料，使之尽可能地与施工配合比相一致。该型号设备设置 4 个冷料配料仓，难以满足沥青混合料分级的要求，应设 4～6 个为宜（三峡茅坪溪工程增加了一个冷料仓）。采用电振给料机配料，亦难以满足精度要求。用电子皮带秤配料较为理想，能保持级配平衡控制，防止热料溢出。

（2）由于细骨料的表面积远远大于粗骨料的表面积，因此细骨料对沥青混凝土性能有重大影响，必须严格控制细骨料的级配，而 LB1000 型拌和楼对热料仓中的细骨料不分级，可能会使沥青混凝土性能产生波动。为此，热料筛宜作改进，设定对 0.6mm 级骨料进行筛分，力求使其级配的波动幅度控制在允许的范围之内。

（3）沥青混合料拌和过程中，无论是连续作业、循环作业还是综合作业，均采用喷洒方式注入沥青，我国《土石坝碾压式沥青混凝土防渗墙施工规范》（SD 220—1987）未明确注入方式，但从宏观及微观机理分析，流入式较喷洒式制备沥青混合料均匀性要差一些。质量波动要大一些，而 LB1000 型设备采用的是注入式，宜改为喷洒式注入沥青。

（4）热料仓中的各级骨料，在进入拌和仓前，应进行单独称量，即每种骨料单独使用一杆秤，以提高二次筛分精度，同时热料仓还应增加容积，使料源充足，保证沥青混合料的配比精度。

8.3.2.4 沥青混凝土制备系统的选择原则

在沥青混凝土制备系统选择时主要考虑以下几个方面：①混合料生产能力应满足强度要求；②混合料拌和配比误差应满足设计文件和规范要求；③机械性能应适应本地区气候及地理环境；④售后服务好，系统维修方便，配件供应充足；⑤经济便宜。

8.3.2.5 搅拌机

一般多用双轴强制式搅拌机，转速一般为 40～80r/min。搅拌机的容量一般以回转轴的轴心以下的体积计算，通常为搅拌机几何容积的 45%～55%。搅拌机的额定生产能力主要取决于搅拌机的容量，其关系见表 8-22。但一般来说，它并不是定值，如细料比例较大时，拌和时间需相应延长，生产率也相应降低。

表 8-22 搅拌机容量与生产率关系表

搅拌机容量/L	500	750	1000	1500	2000
生产率/(t/h)	30～35	40～50	60～70	90～110	120～140

8.3.2.6 沥青系统

沥青系统是混合料制备系统的组成部分之一，沥青从储存、加热脱桶、脱水加温到使用，温度是控制混合料制备质量的关键。

沥青有桶装和散装两种。桶装沥青便于运输和储存，但需脱桶，且沥青桶一般只能利用一次，消耗比较大，且雨水或秽物易进入，熔化也较费事；散装沥青需用铁路保温槽车、公路保温槽车、公路保温罐车等运输，储存则需要加热保温罐。有条件时应尽量选用散装沥青，但也应根据工程的具体情况，视混合料拌和强度要求、经济合理性来确定。

沥青场外运输及保管损耗率（包括一次装卸）可按 3%计算，且每增加一次装卸按增加 1%计。

桶装沥青的储存可设地下储存槽库，一般采用立放，最多放两层。存放地面应硬化处理，地表面需洁净，避免在脱桶时将污染物混入沥青中。

桶装沥青每桶重 200kg（桶重约 25kg），桶的直径 60cm，高 90cm。桶装储存占地面积 A 可按式（8-12）和式（8-13）计算。

$$A=\frac{Q}{q}K \tag{8-12}$$

$$Q=PtT\frac{\alpha}{1+\alpha} \tag{8-13}$$

式中 A——桶装沥青储存占地面积，m^2；

α——沥青混凝土中沥青与骨料填充料重量比；

T——储备天数，d；

Q——沥青储存量，t；不小于一次运来的沥青量；

q——单位面积的堆存定额，t/m^2；当码放一层时，$q=0.5t/m^2$；码放两层时，$q=1t/m^2$；

K——系数，一般为1.2～2.0；

P——沥青混凝土铺筑强度，t/h；

t——日实际工作时数，h/d；我国一般多采用两班制，每班按6h计。

散装沥青加热储存罐应距混合料制备系统较近存放，以便于加热恒温储存和拌和时提取。储油罐的总容积可按式（8-14）计算。

$$V=\frac{PtT\frac{\alpha}{1+\alpha}}{\Delta}K_1=\frac{Q}{\Delta}K_1 \tag{8-14}$$

式中 V——储油罐总容积，m^3；

Δ——沥青容重，一般取$1.0t/m^3$；

K_1——系数，一般取1.10～1.50。

桶装沥青系统主要有沥青存储库、沥青加热脱桶室、脱桶后沥青进入加热保温罐加热脱水系统、温度测控装置、泵送供油系统及计量装置；散装沥青主要有导热油加热系统、沥青保温加热存储罐、温度测控装置、泵送供油系统及计量装置。对于沥青加热，目前多采用导热油加热系统，这比较经济环保。

8.3.2.7 骨料和填料系统

（1）骨料。骨料的储存数量以满足5d铺筑量为宜，如骨料加工系统较远可适当增加储存量。储存仓应有防雨排水设施，骨料含水率不宜超过4%。骨料上料可用装载机或皮带机等。骨料计量一般采用配料斗进行初配，经加热系统加热后进入拌和机上的筛分机进行二次筛分分级重新精确计量。

（2）矿粉。矿粉的细度对沥青混凝土的质量影响极大，矿粉不允许受潮结块，最好存储在罐内。采用螺旋机直接上料，采用时间继电器计量。

8.3.3 沥青混凝土的运输设备

8.3.3.1 运输设备用量计算

运输混合料的车辆或罐的容量应与拌和楼、现场摊铺机能力相适应。要求水平运输设备的容量要大于等于拌和机的出料容量，同时也是给摊铺机上料的设备容量的3～4倍。

沥青混合料运输设备的台数N，要保证拌和厂的连续生产，即

$$N=1+\frac{t_1+t_2+t_3}{T}a \tag{8-15}$$

式中 t_1——运至铺筑现场的时间，min；

t_2——由铺筑现场返回拌和系统的时间，min；

t_3——在工地卸料等待的时间，min；

T——一辆运输设备的沥青混合料拌和、装车所需的时间，min；

a——运输设备备用系数，视运输组织情况和运输设备完好情况而定。

8.3.3.2 运输方式及设备

沥青混合料运输可以采用多种方式，在满足运输强度和质量的情况下可以选择不同的

运输方法。可以采用汽车背罐，由汽车背罐至摊铺机前再由吊车（或缆式起重机）起吊吊罐给摊铺机上料；也可用自卸汽车直接运料，用卸料平台（可移动）卸至装载机斗内，由装载机给摊铺机上料；还可以用装载机直接运输。无论采用哪一种方式运输均应满足以下要求。

（1）运输设备必须保证沥青混合料的运输质量，运输过程中沥青混合料不能发生离析、分层现象。

（2）沥青混合料应采用较大吨位的自卸汽车运输。运输时应防止沥青与车厢黏结。车厢应打扫干净，不得有灰尘、泥块、积液等残留在车厢内。

（3）运料车应具备保温、防晒、防污染、防漏料的措施。

（4）运料车上应设置有车序的标志。

（5）运输道路应平坦，以减轻沥青混合料振动，防止混合料离析、分层。

（6）运输途中应避免车辆阻塞，以免延误运输时间。

（7）沥青混合料从保温罐内下料至运料车上，其落差不得大于 2m。

（8）下料速度应均匀，每卸一部分沥青混合料后，应挪动一下运料车的位置。

8.3.4 沥青混凝土的摊铺设备

水工沥青混凝土的摊铺作业是沥青混凝土防渗工程施工最关键的一道工序，施工机械设备、工艺的不同对施工质量影响极大。下面介绍几种水工沥青混凝土防渗工程发展以来国内外一些摊铺机械的基本情况。

8.3.4.1 沥青混凝土防渗面板摊铺设备

（1）LXT－7 型斜坡摊铺机。这是国内完全依靠自有技术，由我国自行研制的沥青混凝土斜坡摊铺机。1985 年在浙江牛头山沥青混凝土面板砂砾料坝的沥青面板施工中应用，与 LXW－5 型喂料机和 TQYI5/5 型移动式卷扬台车联合作业进行。首先，热沥青混凝土由拌和楼卸入汽车的保温罐，由汽车运至坝上，起重机将材料由料罐卸入喂料车，再由坝顶的移动卷扬台车将喂料车下送至摊铺机进行喂料，并进行摊铺。在改换摊铺条带时，卷扬台车的运载平台可以载着摊铺机、喂料机和振动碾沿坝轴线行走至所需摊铺的位置。在摊铺施工中，摊铺机是整个施工的关键。LXT－7 型摊铺机摊铺宽度为 3m，摊铺率为 20t/h，预压密实度可达设计值的 91％。该摊铺机填补了我国在这一领域内的空白，但也存在一些不足，如摊铺机不具备行走装置、不能在平地工作；熨平器可靠性不高；远红外装置达不到接缝处理的温度要求等。

（2）LMP－03 型沥青混凝土面板摊铺机。LMP－03 型沥青混凝土面板摊铺机系统是西安理工大学研发的一种专用于土石坝、蓄水池等沥青混凝土面板工程施工用的成套设备，它由 LMT－03 型沥青混凝土面板摊铺机、LW－3 型喂料车和 LQ－03 型牵引台车所组成，用来将沥青混合料按设计厚度摊铺在填筑体的基础坡面上，并进行熨平和振动压实保温，以保证二次碾压时沥青混凝土铺层仍保持在最佳压实温度范围内。LMT－03 型摊铺机摊铺碾宽度 3m，由前轮、方向机、大臂前梁料斗、螺旋铺平器、刮刀、振动熨平器、后轮、电缆绞盘和电控箱组成，采用双吊点牵引，行走机构可以在软垫层上工作。振动熨平器由熨平板、激振器、倾角调整机构、减振支座和熨平板加热系统组成，可以通过倾角调整来控制摊铺厚度。由于采用了高效的水平力激振器专利技术，摊铺后的初压密实度大于 90％。

LW－2 型喂料车，料斗容量为 2.2t，由料斗、机架、锁紧器、行走轮、方向器等组成，依靠料斗自重倾翻卸料，在牵引钢绳作用下复位。

LQ－03 型牵引台车，由两台主卷扬机（3t）、1 台供料卷扬机（3t）、平台、斜台、立柱、活动中斜台、液压支腿、液压横移机构、行走轮、方向器和电控系统组成。摊铺机可以一直工作到坝顶，牵引上斜台，活动中斜台可以承载喂料车，并转动角度固定，使摊铺机可以插入中斜台下，整机可驼载全套设备横向移动。台车移动定位后可以撑起液压支腿，确保其稳定，为安全起见台车上还设置了必需的配重，其主要技术参数见表 8－23。

表 8－23　　LMP－03 型沥青混凝土面板摊铺机主要技术参数表

项目名称	参　数	项目名称	参　数
摊铺厚度/cm	5～10	下行速度/(m/min)	30
摊铺宽度/m	3	总功率/kW	40
适用坝面坡度	1∶1.7～1∶2.5	自重/t	18
摊铺速度/(m/min)	1～1.5		

（3）TITAN280 型摊铺机。TITAN280 型摊铺机，为德国技术。最大摊铺宽度为 5m，斜坡摊铺能力为 45t/h，库底摊铺能力为 110 t/h。斜坡摊铺时，摊铺机、喂料机振动碾均由库顶的履带式卷扬机站牵引，自卸汽车将料卸入卷扬机站的受料斗，受料斗经提升后将料倒入喂料机。卷扬机站可以载着摊铺机、喂料机，沿坝顶做水平移动。施工机械操作人员之间用对讲机联络。

（4）桥式沥青混凝土摊铺机。桥式沥青混凝土摊铺机为德国和瑞士先后研制，可以进行水平向摊铺。这种摊铺机特别适合于斜坡几何尺寸变化较小的渠道和大型库盆形坡面的沥青混凝土摊铺。根据坡面的实际长度，桥式摊铺机可以一次或两次对整个坡面进行沥青混凝土摊铺，甚至可以一次完成从底部到坝顶的摊铺，它还可以对坡面和库底的过渡区域进行摊铺。除了经济性以外，桥式摊铺机的主要作用是通过可靠的材料运输、铺设和压实来达到衬砌质量的均匀一致。特别值得一提的是，由于消除了处于水位线以上区域的施工缝，大大提高了沥青混凝土的质量，延长了其工作寿命。

8.3.4.2　沥青混凝土防渗心墙摊铺设备

（1）三代心墙摊铺机。沥青混凝土防渗心墙第三代摊铺机械是指人们在沥青混凝土铺筑机械研究方面经历了三次大的改新，而形成的现代工艺摊铺机。

第一代心墙摊铺机，是人们把摊铺设备所需要的 4 大部分：底盘、沥青混凝土和过渡料的装料斗、沥青混凝土和过渡料的整平设备、沥青混凝土和过渡料的压实设备组成一台机械，大大改善了沥青混凝土的摊铺精度和外形。而摊铺设备只是用一个拖式料斗，由拖拉机牵引，用一台起重机供应热混合料，用振动板紧接着进行压实，并用小碾进行最终的压实。过渡料是用装载机从侧面加上去的。

第二代心墙摊铺机，是过渡料摊铺在心墙料之前，在摊铺机前端装有保护罩，过渡料卸在它的上面，然后分散到左右两侧，再由后面的整平板予以整平。沥青混凝土上料斗位于整平板的后方，从料斗放出的沥青混合料自由地进入保护罩内成型，保护罩的宽度依心墙宽度而定。从保护罩内成型出来的沥青混合料呈塑性状态，可以与过渡料紧密结合。

第三代心墙摊铺机，是德国SRABAG公司生产的心墙摊铺机。这种设备在不同形状、不同材料、不同摊铺条件下形成了一种新的现代工艺。

这种摊铺机前面装有红外线加热器，其高度是可以调整的。它用履带行驶，由液力马达无极驱动，也可以用轮子行驶。履带是在前一层平整压实过的过渡料上行驶。心墙的钢模板安装在沥青混合料料斗的下面，驾驶室平台与其邻接，这种设备可保证心墙每一层都摊铺得非常密实。过渡料料斗位于沥青混合料后部，直接由两个胶轮支撑，轮子在新铺的过渡料上行驶，并初步压实过渡料，给心墙一定的压力。

沥青混合料从料斗卸入模板中并整平到摊铺厚度，由振幅和频率都可调整的液力夯梁进行初压，紧接着过渡料从料斗中流到心墙的两侧。心墙的顶面由一钢板保护着，两个可调的夯板固定在摊铺机的外侧，可根据过渡区宽度调整其尺寸，料斗中用一块很简单的隔板可将上游过渡料与下游过渡料分开。

料斗出口有一液力操作的滑动门，一个电子控制元件可保证过渡料整平到相对于心墙所需要的高度，在胶轮前面、料斗后面的模板，末端有一块钢板将其封闭。

一组振动板用来压实，中间部分可加热，用来压实沥青混凝土心墙，两边部分压实过渡料，最终的压实则由轻型的振动碾组分别压实心墙和过渡料。

(2) 斯特拉堡公司生产的专用沥青混凝土心墙摊铺机。这种心墙摊铺机，铺设宽度为50cm左右，铺设速度为1.5～2.0m/min，每月施工量可达4200t沥青混凝土。但在水泥混凝土截水墙顶部的心墙宽度增大部位和两岸接头部位，均无法使用这种专用摊铺机，需要改用人工铺设。

摊铺机在进行沥青混合料铺筑时，由装载机向摊铺机前的推土铲供应过渡层材料，同时由汽车拉沥青混合料料罐给摊铺机的摇臂起重机供应沥青混合料。随着摊铺机向前作业，推土铲将过渡层材料铺筑在心墙两侧，整平到层厚为20～25cm，推土铲位于可移动的钢制保护罩上（保护罩可移动，目的在于摊铺暂停时，可以从心墙表面移开加热装置）。保护罩的宽度与心墙要求的宽度相同，保护罩可以保证过渡层材料不落在心墙上。保护罩下有一红外线加热器，加热层面结合缝，并由料斗将沥青混合料摊铺在心墙表面。机械后面还有3个板式振动装置，中间一个配有丙烷加热装置，以避免黏碾，并担负沥青混合料心墙的初碾，避免后继的振动碾陷车。振动碾压实后的沥青混凝土层厚为20～25cm，压实过渡层材料则靠摊铺机后两侧2台板式振动碾和摊铺机本身的行走履带，经摊铺机初压后，也由后继的上下游各一台过渡层振动碾压至合格为止。该机行走在过渡带上，要求成型的过渡带比较平整，否则沥青混凝土心墙表面会随着过渡带的起伏而高低不平，使摊铺的心墙厚度厚薄不匀，影响碾压质量。同时，操作时要求摊铺机前方保护罩始终要紧靠心墙表面，若因石子等物将保护罩抬起，会使铺筑的过渡带材料落在心墙表层，致使心墙断面变窄。另外，要求整个施工的各个环节相互密切配合，均衡生产，连续施工，否则会影响心墙层面结合缝的施工质量。

(3) 通用机械改装成的摊铺机。这种摊铺机是由日本鹿岛建设所研究改装的。心墙摊铺机性能为：摊铺宽度60～100cm（可变式）；铺设厚度10～40cm（一次铺厚）；铺设能力10～40t/h；铺设速度0～13m/min（无级变速）。

施工时，由汽车拉装有沥青混合料的吊罐运至铺筑现场，由吊车吊运吊罐供应心墙摊铺机所需要的沥青混合料，同时在摊铺机两侧由两台推土机不断地向摊铺机后部摊铺过渡层的装置上供应过渡带材料。铺筑前先由摊铺机的牵引机下面的气体式红外线加热器对层面结合缝进行加热，确保上下层面紧密结合，然后铺设沥青混合料，并由心墙摊铺机后半部的振动板立即进行初压。接着由连接在心墙摊铺机后面的过渡层摊铺装置铺筑心墙两侧的过渡层，随之进行平整，并由后继的两台 2.5t 振动碾进行碾压。而沥青混凝土心墙最后压实是由后继的 1t 振动碾完成的。

（4）西安理工大学研制的沥青混凝土摊铺机。西安理工大学在沥青混凝土心墙防渗技术研究上走在全国的前沿，研制的牵引式沥青混凝土心墙摊铺机摊铺宽度 0.4～0.8m，是一种轻型沥青混凝土心墙摊铺机，适用于中、小型工程。它采用振动滑模成型，可以完成沥青混凝土心墙体的摊铺成型，初压压实度在 94％以上，并同时完成两侧 0.5m 宽过渡料的铺筑。与已有技术相比，可使心墙施工的最终空隙率降低 15％～25％，使振动碾的工作量减少 60％～75％，还能节省 5％～10％的心墙材料。

1）JXT－99 型牵引式沥青混凝土心墙摊铺机。JXT－99 型牵引式沥青混凝土心墙摊铺机是中小型土石坝沥青混凝土心墙施工而设计的专用施工机械。该机采用新型振动滑模成型原理，将沥青混合料密实成型，形成心墙体。经检验，沥青混凝土的压实度可达到 90％以上。该机组成部分如下。

A. 牵引用卷扬车。牵引用卷扬车与主机是分离的，该卷扬车上装有电动卷扬机，能实现工作时的牵引速度为 1m/min。该卷扬车体积小，自重轻，转移场地时较方便。但为了可靠的工作，在工作时须用地锚杆。

B. 远红外电加热器。

C. 方向控制器，通过人工操纵方向盘，可使摊铺机前轮偏转，达到控制摊铺机行走方向的目的。摄像头和显示器可以监视轴线偏差。

D. 沥青混合料斗。沥青混合料斗容积为 1.5m^3，为了适应装载机上料，料斗斗口前后侧壁设计成活动可倾翻式，通过液压油缸来操作。下部有螺旋喂料器。

E. 振动滑模。在沥青混合料斗出料口处，直接与振动滑模相接。该振动滑模采用高效的水平力激振器，对沥青混合料的初压密实度达 95％以上。振动滑模成型宽度是有级可调的，其变化范围为 0.5～0.7m。

F. 车架及轮式行走机构。该机车架为整体式，主要由两条大臂支撑振动滑模。整机支撑在轮式行走机构上。前轮为转向轮，后轮为主承重轮。

G. 过渡料斗。该机有一小的过渡料斗。整个过渡料斗在侧面由两轮胎支撑，在中部直接与振动滑模后部的稳定模相连。在摊铺心墙时，两侧可铺筑 0.5m 宽的过渡料带。

牵引式摊铺机主要技术参数见表 8－24。

JXT－99 型牵引式摊铺机的特点是：①摊铺机本身没有行走动力，需牵引卷扬车牵引，这样施工起来没有联合摊铺机方便；②过渡料斗小，摊铺的过渡料带窄；③铺筑心墙宽度变化是有级的；④没有吸尘器，需人工清洁心墙表面；⑤该机机型小，结构简单，造价低廉。牵引式的摊铺与联合摊铺机相同之处是远红外电加热器一样，工作机构都是振动滑模，因此能保证心墙的施工质量。

表 8-24　　　　　　　　　　　**牵引式摊铺机主要技术参数表**

项　目	参　数　值
心墙摊铺宽度/m	0.5、0.7（根据工程需要有级可调）
摊铺层厚度/m	0.2
过渡层摊铺层宽度/m	两侧各 0.5
沥青混凝土预压密实度	90%以上
摊铺速度/(m/min)	1.0,变频电源
沥青混凝土料斗容量/m^3	1.5
过渡料斗容量/m^3	0.6
整机重量/t	3.0
主机外形尺寸(长×宽×高)/(mm×mm×mm)	3800×2000×1800

2）XT120 型沥青混凝土心墙联合摊铺机。XT120 型沥青混凝土心墙联合摊铺机，是沥青混凝土心墙施工的大型专用工程机械，摊铺宽度 0.6～1.2m，目前仅德国、挪威生产，属国内首创。整机由履带式台车、驾驶室、动力仓、沥青混凝土料仓、振动滑模、过渡料拖车、层面清洁器、层面加热器、液压系统、电气控制系统组成。该机器采用了经过优化的专利技术——水平力激振器，以及液压控制的无级调宽机构，变频调速行走传动机构，自控过渡料铺层平整度的激光扫平仪等先进技术，可完成变宽度心墙及两侧 1.5m 宽的过渡料的摊铺和初压工作。

XT120 型心墙摊铺机的主要性能参数见表 8-25。

表 8-25　　　　　　　　　　**XT120 型心墙摊铺机的主要性能参数表**

名　称	参　数　值	备　注
心墙摊铺宽度/m	0.6～1.0	无级可调，固定宽度 1.2m
摊铺层厚度/m	0.2	
过渡层铺筑宽度/m	2×1.5	心墙两侧各 1.5m
摊铺速度/(m/min)	1～2.5	
空行速度/(m/min)	10～20	
沥青混合料摊铺理论生产率/(t/h)	36	
整机功率/kW	120	
沥青混合料料斗容量/m^3	2.5	
过渡料料斗容量/m^3	5.0	
单侧履带接地(长度×宽度)/(mm×mm)	3035×400	
整机自重/t	22	
外形尺寸(长×宽×高)/(mm×mm×mm)	8748×4200×3400	

XT120 型心墙联合摊铺机在使用性能上基本与德国第三代摊铺机相同，与它相比不同点如下。

A. 心墙成型滑模采用振动滑模。因装有专利技术的水平力激振器，使沥青混凝土初

压密实度达95%以上，提高了心墙的施工质量。而德国的第三代摊铺机，据介绍只是在尾部装有预压装置，滑模本身并不是振动的。而振动滑模的宽度调节可依照心墙设计要求，在0.6～1.0m宽度范围内实现遥控无级调节，并通过传感器将宽度值显示在控制台上。调宽和锁定自动连锁，只有在松开锁定的情况下，才能进行宽度调整，调宽结束则自动锁紧，而德国第三代摊铺机据介绍是能在短期内改装，以适应心墙宽度的变化。

B. 沥青料斗放于中部，其料斗出口直接与滑模相接，省去了输送沥青混合料的机构，同时缩短一滑模长度，整机结构简单可靠。德国第三代摊铺机的沥青混合料斗位于驾驶室前面，这使得成型滑模较长；挪威的摊铺机沥青混合料斗也是位于驾驶室前面，沥青混合料通过输送机构被送到后部的滑模。

C. 该机采用的是电远红外加热器，德国和挪威的摊铺机都是采用的液化气加热器。使用电加热器没有明火，易于控制加热温度，可避免沥青心墙表面老化。

D. XT120-95型摊铺机驾驶室空间大，且是空调驾驶室，给驾驶员提供了良好的工作环境。而德国第三代摊铺机的驾驶室较狭小。

尽管西安理工大学在沥青混凝土心墙摊铺机械上进行了一些研发，但真正应用于实际施工的摊铺机械仍然比较落后。西方发达国家十分重视沥青混凝土摊铺机的研制开发，已经成熟地应用了机、电、液一体化技术，使摊铺机具有结构合理、功能完善、性能稳定、安全可靠、易于维修等优点。同时，国外仍然在不断改进摊铺机的结构与性能，使产品不断更新换代。其具体特点有：采用高密度熨平板合强力振捣装置；无级变化摊铺宽度装置；较高的设备运行可靠性和先进的机械保修；自动化程度高，借助各类传感器，电脑分析程序等控制工作速度、夯熨振动频率、驾驶方向、料斗温度等。为减轻劳动强度，国外目前正在研究全自动、无人驾驶摊铺机。

8.3.5 沥青混凝土的碾压设备

沥青混合料碾压设备通常采用德国BOMAG公司生产的BW90AD型和BW90AD-2型振动碾（1.5t），沥青混凝土心墙两侧过渡料碾压采用BW120AD-3型（2.7t）振动碾（见图8-3），其尺寸和性能参数见表8-26和表8-27。

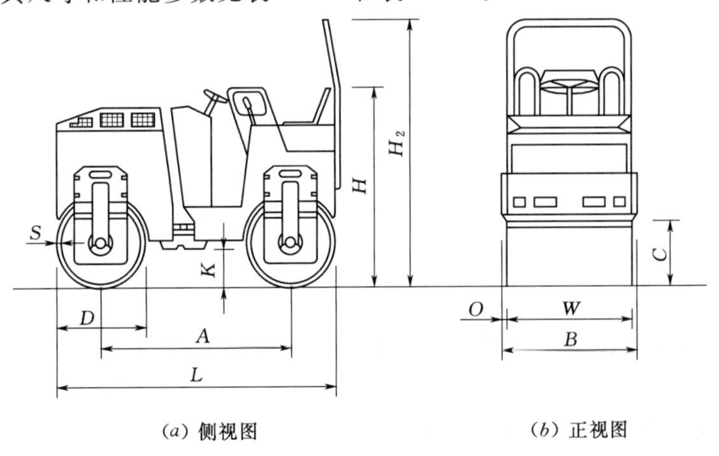

(a) 侧视图　　(b) 正视图

图8-3　宝马振动碾示意图

表 8-26 宝马系列振动碾各部位尺寸参数表 单位：mm

型号	A	B	C	D	H	H_2	K	L	Q	S	W
BW80AD/ADH-2	1282	856	458	580	1482	2300	250	1862	28	13	800
BW90AD-2	1282	956	458	580	1482	2300	250	1862	28	12	900
BW100ADM-2	1282	1056	458	580	1482	2300	250	1862	28	12	1000

表 8-27 宝马系列振动碾设备性能参数表

序号	名　称	单位	BW80AD-2	BW80ADH-2	BW90AD-2	BW100ADM-2
1	基本重量	kg	1335	1485	1385	1435
2	操作重量	kg	1470	1620	1520	1570
3	前后轮荷载	kg	735	810	760	785
4	静态线荷载	kg/cm	9.2	10.1	8.4	7.9
5	工作宽度	mm	800	800	900	1000
6	外转弯半径	mm	2820	2820	2870	2920
7	整机长度	mm	1934			
8	行走速度	km/h	0～8			
9	最大爬坡能力（有振/无振）	(°)	40/30			
10	最大允许倾斜度	(°)	25			
11	发动机型号		KubotaD722			
12	冷却方式		水冷			
13	功率	kW	11.9（16HP）			
14	振动频率	Hz	60			
15	振幅	mm	0.5			
16	激振力	kN	14.6			
17	燃油	L	23			
18	液压油	L	9			

进口碾压机械虽然性能相对稳定，质量好，但价格较高，且高强度工作时，难免也会有故障，特别是有些故障所损坏的部件要从国外进口，周期很长，影响施工进度。目前，一些国产的小型碾压机械也在一些项目上被采用，如新疆特克斯县库什塔依水电站大坝沥青混凝土心墙施工中，碾压过渡料的德国宝马压路机故障后就购置了两台邯郸市中大建筑机械有限公司制造的 YZJ3.5 型振动压路机。通过使用证明：国产压路机总的来说故障较多，但易坏易修；从工作效率来讲，进口的宝马压路机要比国产的高。

8.4 碾压式沥青混凝土防渗体施工

8.4.1 沥青混凝土混合料的制备、运输

8.4.1.1 矿料的制备存储

骨料分级一般按 20～10、10～5、<5 等三级粒径筛分分级，并经试验，其按一定比

例混合后的级配符合设计及有关规范要求。

骨料加工宜采用反击式破碎机破碎，筛分后分别堆存并进行防护。成品骨料存储量应按施工高峰期日用量的7d备用。

填料为小于0.075mm的矿料，自行加工成本太高，宜在附近的水泥厂采购。当确需自制时，宜采用反击式破碎机和立式复合破碎机联合破碎。成品存放须采用储罐储存，并密封防潮。

8.4.1.2 沥青混凝土混合料的制备

（1）沥青储备加热系统。沥青有条件时应尽量选用散装沥青，但也应根据工程的具体情况，视混合料拌和强度要求、经济合理性来确定。

散装沥青主要有导热油加热系统、沥青保温加热存储罐、温度测控装置、泵送供油系统及计量装置。对于沥青加热，目前多采用导热油加热系统，较为经济环保。

沥青场外运输及保管损耗率（包括一次装卸）可按3%计算，且每增加一次装卸按增加1%计。

（2）矿料的配料加热系统。

1）骨料。骨料自储料仓可用装载机上料到各级配料斗备用。骨料计量采用电子秤配料斗进行初配后通过胶带机混合输送到干燥加热筒，经干燥加热3～5min，温度达到179～190℃后，通过链斗运输带输送进入拌和机上的筛分机进行二次筛分，重新分级精确计量以备拌和。

2）矿粉。矿粉的细度对沥青混凝土的质量影响极大，矿粉存储在罐内不允许受潮结块。采用螺旋机直接上料，采用时间继电器计量。

（3）沥青混凝土混合料的生产。在沥青混凝土混合料正式生产前，必须对混合料拌和系统各种装置进行检测。主要检测称量系统的精度、计时、测温设备及其他控制装置的运行情况。拌和沥青混凝土时，必须严格按照经批准的沥青混凝土配料单进行配料，配料时入机拌和量不得超过厂家额定容量的10%，沥青、骨料、填料均以重量计，配合比误差控制值为：沥青±0.3%、骨料±2%、填料±1%。

拌制沥青混凝土混合料时，应先投骨料与填料干拌约15s，再喷洒热沥青湿拌45～60s，要求拌和均匀，沥青裹覆骨料良好。拌和时，骨料温度为170～190℃，严格控制其上限温度。拌出的沥青混合料应均匀，无花白料，卸料时不产生离析。拌和好的沥青混合料卸入沥青混合料受料斗，再由受料斗装入运输设备。

8.4.1.3 混合料的运输

运输混合料的车辆或罐的容量应与拌和楼、现场摊铺机能力相适应。要求水平运输设备的容量要大于拌和机的出料容量，同时也是给摊铺机上料的设备容量的3～4倍。

运输距离在2km以内的，因运输途中温降很小，所以可采用自卸汽车直接运料，用卸料平台（可移动）卸至装载机斗内，由装载机给摊铺机上料；运输在0.5km以内时还可以用装载机直接运输。

对于斜坡式面板沥青混凝土防渗体还要斜坡运输，这是由斜坡喂料机来运输完成。斜坡喂料机由可移式卷扬台车的牵引，将水平运输到位的混合料通过配套的转运设备转运卸入斜坡喂料机受料斗内，斜坡喂料机将沥青混合料转运至摊铺机受料斗内，无论采用哪一种方式运输均应满足有关要求。

8.4.2 现场铺筑碾压试验

沥青混凝土铺筑前，应进行现场铺筑碾压试验，其目的是验证沥青混凝土的配合比设计的合理性，检验施工过程中原材料生产系统、沥青混凝土制备系统、运输系统和摊铺碾压机具等的运行可靠性、配套性；确定合理的施工工艺参数，如摊铺方式、摊铺厚度、碾压温度、碾压工艺等。其主要内容和任务如下。

(1) 检验、调整、确定沥青混凝土的施工配合比。

(2) 检验沥青混凝土拌和系统等设备运行性能。

(3) 检验沥青混凝土摊铺设备运行性能。

(4) 试验、选定各种摊铺碾压参数，如温度、铺层厚度、摊铺速度、碾压方式、碾压遍数等；试验热、冷接缝的施工方法；试验沥青混凝土与钢筋混凝土或基岩接头部位的施工方法。

(5) 过渡料（垫层）摊铺碾压的相关参数，如松铺厚度、碾压遍数、碾压机械设备选型以及与碾压工艺等。

(6) 落实劳动组合，进一步培养施工人员。

(7) 测定材料消耗、生产效率、经济成本等。

现场铺筑碾压试验质量检查主要有孔隙率和渗透性两项指标，同时通过沥青抽提试验来检查配合比误差，并结合现场铺筑试验结果确定施工配合比。

试铺施工检测项目要系统、全面，施工检测频率应适当增大。在试铺过程中需要进行的检测项目一般包括入仓温度、摊铺温度、碾压温度；用核子密度仪检测沥青混凝土的孔隙率、用渗气仪检测沥青混凝土的渗透系数；还要取样对混合料进行抽提、马歇尔稳定度、马歇尔流值、小梁弯曲等进行检测。

在试铺完成后，一般需等待3～5d的时间。以摊铺的沥青混凝土完全冷却为标准，安排钻取沥青混凝土芯样，进行沥青混凝土孔隙率、渗透系数、马歇尔稳定度、马歇尔流值、柔性、斜坡流淌值、马歇尔抽提等试验检测。

具体的试验检测项目及检测频率，应按设计要求进行。所有试验检测成果，都应达到设计技术指标的要求。

8.4.3 沥青混凝土心墙防渗体施工

沥青混凝土心墙防渗体按布置型式分主要有3种，即直立心墙，斜心墙以及下部直立、上部倾斜心墙。每种型式各具特点，但其施工工艺方法相同。

8.4.3.1 施工准备

(1) 现场施工准备。

1) 为了使沥青混凝土与常态混凝土更好地连接，基座混凝土表面必须粗糙平坦，需做打毛处理，即将其表面的浮浆、乳皮、废渣及黏着物等全部清除，并用高压风吹干，局部潮湿部位用酒精喷灯烘干，保证混凝土表面干净和干燥。一般情况下，可在混凝土初凝时用高压水冲洗掉上述废物，也可在混凝土初凝后不久，用高压砂枪打毛，用高压水清洗干净，如果面积较小也可以人工用钢毛刷刷洗。当混凝土已达到其设计强度或混凝土已浇筑几年后，则必须采用人工凿毛的方式清理基面。人工凿毛时应注意，只是要将混凝土表面的浮浆、乳皮、废渣及黏着物清除，而不是把混凝土表面全部打掉一层。如果把混凝土表面打出很多小深坑，或将河卵石全部露出，当喷涂冷底子油时混凝土表面很多小深坑内会积满稀释沥青，使其干燥时间延长，另外小坑内汽油不易挥发出来，会影响沥青混凝土与常态混凝土的黏结强度。如果常态混凝土表面露出很多河卵石，也会降低沥青混凝土与混凝土的黏结强度，因为河卵石是酸性骨料，酸性骨料与沥青的黏结力是较差的。

2）混凝土基础面清理工序中，冷底子油和砂质沥青玛蹄脂（沥青砂浆）的配料比例要正确，稀释沥青涂抹要均匀，无空白，无团块，色泽要一致，最好是浅褐色。每平方米的喷涂量约为0.2kg，喷涂多了稀释沥青不易挥发，且造成浪费。

涂底材料干燥后敷设厚10～20mm的沥青胶或沥青砂浆，使心墙与基座紧密结合。涂底表面应无鼓泡、无流淌，且平整光顺。沥青胶或沥青砂的配合比，应经试验确定。

例如：碧流河大坝采用的沥青胶配合比为沥青：矿粉＝3：7（重量比），沥青砂浆的配合比为沥青：矿粉：细砂＝22：13：65。

三峡茅坪溪防护土石坝、四川冶勒水电站大坝采用的沥青砂浆的配合比为沥青：矿粉：细砂＝1：1.5：2.5或1：2：2。

3）模板准备。心墙两端岸坡处及最底层，需要立模人工铺筑。模板分钢模板、钢木模板、木模板和混凝土预制模板等几种型式。大部分工程采用的都是钢模板，钢模板的型式有专用摊铺机使用的钢制保护罩、通用机械碾压时使用的活动钢模以及人工铺筑时采用的固定型钢模板。也有一些工程钢模板不易解决，采用固定型木模，为了避免木模与沥青混合料黏结，可在木模内侧钉一层薄铁皮。

钢模板必须架设牢固，拼接严密，尺寸准确。相邻模板搭接长度不小于5cm，定位后的钢模板（内侧面）距心墙中心线的偏差应小于±0.5cm。钢模板定位经检查合格后，方可按要求填筑两侧的过渡料和沥青混合料，碾压前应将钢模板拔出，并及时将表面黏附物清除干净，并在模板内侧涂脱模剂。有用轻柴油做脱模剂的，也有自己配制脱模剂的，其材料配比为：火碱：硬脂酸：滑石粉：水(80℃)＝1：20：330：400，方法是先将80℃水与火碱、硬脂酸混溶，后加滑石粉。

4）对施工人员，特别是操作手须进行技术培训。

5）在铺筑现场应准备好防雨布等材料，具备遇雨时的防雨设施和措施；冬季具备施工条件时，沥青混合料的储运设备和摊铺机应具备保温设施，铺筑现场必须配备有加热设施。

（2）施工技术准备。

1）编制施工组织设计。施工组织设计主要包括以下内容：①施工总平面布置；②施工总进度计划安排；③施工难点、重点分析和措施；④施工方案、工艺与方法；⑤高峰强度及关键控制性工期分析；⑥施工进度保证措施；⑦施工监测试验计划、监测内容和频率；⑧施工质量安全保证措施；⑨施工资源配置、投入计划。

2）编制施工操作规程并交底和培训。内容包括：试验规程、拌和系统的运行与管理、混合料的运输、施工设备的运行维护与操作规程、现场质量检测、施工过程记录与验收评定、施工安全及注意事项等。

8.4.3.2 施工技术要求

沥青混凝土心墙与过渡料、坝壳填筑应尽量平起平压，均衡施工，以保证压实质量，减少削坡处理工程量。沥青混合料的施工机具应及时清理，经常保持干净。

沥青混凝土铺筑机具、设备应根据铺筑方式和铺筑强度选择。沥青混合料的铺筑，应以专用摊铺机为主，专用摊铺机不便铺筑的部位，辅以人工铺筑。

人工铺筑时，宜按“立模→过渡料摊铺→过渡层初碾→沥青混合料摊铺→拆模→沥青混合料和过渡料同步碾压”的工艺流程进行。沥青混合料人工铺筑部位所用模板应优先选用铜材，可在沥青混合料一侧模板表面涂刷防黏剂。安装时，必须按照施工详图测量放样，并设控制点。模板应安装牢固，拼装平整严密、尺寸准确。定位后的模板距心墙中心线的偏差应不大于±5mm。

8.4.3.3 碾压式心墙防渗体铺筑施工工艺及方法

碾压式心墙防渗体铺筑施工工艺流程为：测量放线→摊铺机就位→沥青混合料摊铺→混合料与过渡料碾压→防护。

（1）测量放线。按照细部测量放线方法，利用全站仪定出心墙轴线在两岸坡上的点并作保护，然后在一侧岸坡上设经纬仪架设平台，且经纬仪可安设在心墙轴线的点上。利用经纬仪前视心墙中线的另一岸坡点，测放心墙轴线。一般每隔5～10m采用铁钉标记中点，用金属丝连接各点或采用墨斗在心墙上弹出白线，以便沥青混凝土摊铺机在行走过程中正确控制中线。

（2）摊铺机就位。摊铺机首先要骑在心墙之上，在过心墙时要对心墙采用苫布铺盖保护。当摊铺机骑在心墙上后，要小心慢慢倒到起铺位置，在倒的过程中避免摊铺机行走部分损伤心墙层面。在起铺位置，须对摊铺机进行反复调整定位，确保摊铺机械就位准确。

（3）沥青混合料摊铺。摊铺机可同时进行沥青混合料和过渡料的摊铺，水平分层，全轴线不分段一次摊铺。摊铺厚度一般控制在30cm左右，具体可通过碾压试确定。摊铺时，随时注意摊铺机料斗中沥青混合料数量，以防“漏铺”和“薄铺”现象发生。摊铺机行走速度控制为1～3m/min。心墙铺筑时连续、均匀地进行。对已铺但不符合设计要求部位，予以清除并重新铺筑。由于摊铺机行走在沥青心墙两侧压实后的过渡料上，因此施工过程中为保证摊铺厚度的均匀性，过渡料摊铺后采用人工辅助耙平，确保底层的平整。

混合料铺筑过程，严格对摊铺温度、初碾温度、终碾温度进行控制，铺筑现场派专人检测混合料温度，掌握适宜的碾压时机。

摊铺机的沥青混凝土混合料采用装载机改装的喂料机给料斗供料，过渡料采用挖机供料。在给摊铺机供过渡料时，要特别注意不要污染已铺筑的沥青混凝土，一般需采用苫布对刚铺筑的沥青混凝土进行防护。

（4）混合料与过渡料碾压。沥青混凝土混合料一般采用1.5t振动碾较为经济合理，而过渡料一般采用2.5t振动碾较为合适。

碾压的工艺要通过碾压试验来确定，实践证明，先压混合料再压过渡料能有效保证心墙厚度。碾压时控制好行走速度，不得突然刹车，或横跨心墙碾压。横向接缝处要重叠碾压30～50cm，碾不到的部位，用小夯机或人工夯实。

沥青混凝土的碾压温度要通过试验确定，一般不低于130℃，实际上温度太低将无法压实。

为避免在过渡料碾压过程中，对心墙产生挤压，造成中线偏移、心墙宽度变窄，在过渡料碾压时离心墙20～40cm这一部分先不进行碾压；到温度降到130℃时，采用骑缝碾压的方法进行，并通过试验确定碾压遍数。

(5) 防护。沥青混凝土心墙碾压完成后应立即采用苫布进行覆盖防护，以防止表面污染。在进行下一层施工时，一般是边摊铺边向前揭去覆盖，始终保持结合面的干净清洁。

8.4.4 沥青混凝土面板防渗体施工

8.4.4.1 施工前现场的准备工作

(1) 址墩和岸墩是保证面板与坝基间可靠连接的重要部位，一定要按设计要求施工。岸墩与基岩连接，一般设有锚筋，并用作基础帷幕及固结灌浆的压盖。其周线应平顺，拐角处应曲线过渡，避免倒坡，以便于和沥青混凝土面板连接。

(2) 与沥青混凝土面板相连接的水泥混凝土趾墩、岸墩及刚性建筑物的表面在沥青混凝土面板铺筑之前必须进行处理。表面上的浮皮、浮渣必须清除，潮湿部位应用燃气或喷灯烤干，使混凝土表面保持清洁、干燥。然后在表面喷涂一层稀释沥青或乳化沥青，用量约0.15～0.20kg/m^2。待稀释沥青或乳化沥青完全干燥后，再在其上面敷设沥青胶或橡胶沥青胶。沥青胶涂层要平整均匀，不得流淌。如涂层较厚，可分层涂抹。

(3) 与齿墙相连接的沥青砂浆或细粒沥青混凝土楔形体，一般可采用全断面一次浇筑施工，当楔形体尺寸较大时，也可分层浇筑施工，每层厚30～50cm。与岸墩相连接的楔形体必须采用模板，从下向上施工。模板每次安装长度以1m为宜。楔形体浇筑温度应控制在140～160℃，边浇筑边用钢钎插捣。拆模时间视楔形体内部温度的降低程度而定，一般要求温度下降到沥青软化点以下方可拆模。

(4) 对于土坝，在整修好的填筑土体或土基表面应先喷洒除草剂，然后铺设垫层。堆石坝体表面可直接铺设垫层。垫层料应分层填筑压实，并对坡面进行修整，使坡度、平整度和密实度等符合设计要求。垫层表面需用乳化沥青、稀释沥青或热沥青喷洒，乳化沥青喷洒量一般为2.0～4.0kg/m^2，热沥青一般为1.0～2.0kg/m^2。

8.4.4.2 施工工艺流程及方法

面板（斜坡）沥青混凝土防渗体结构由碎石（砂砾）垫层（过渡料）、沥青混凝土铺筑层和沥青玛瑞脂封闭层组成。其施工工艺流程如下：垫层施工→沥青混凝土铺筑层施工→封闭层施工。

(1) 垫层施工。垫层布置在防渗面板结构的最底层，也叫下卧层或过渡料层。垫层一般采用碎石或级配砂砾石柔性结构，最大粒径不宜超过80mm，小于5mm粒径含量宜为25%～40%，小于0.075mm粒径含量不宜超过5%。垫层压实后应具有渗透稳定性、低压缩性、高抗剪强度，表面应平顺，变形模量宜大于40MPa。中等高度的土石坝的垫层厚度一般不大于50cm，重要工程和高坝要厚一些。

根据垫层结构和施工要求，垫层施工主要项目是坝体坡面整修、碎石或砂砾石垫层铺筑，垫层表面喷洒一层乳化沥青或稀释沥青。对土质坝体坡面，在施工垫层之前，坡面应喷洒除草剂以防产生植物而破坏沥青混凝土面板。

1）坝体边坡整修。土石坝坝体在边坡处填筑时，通常对超出设计坡面填筑部分随坝面升高而进行了初步消除和整修。为了确保垫层施工符合设计要求，在垫层铺筑前需对坝体坡面再进行详细测量复核，以进行更精细的整修。方法是：首先进行测量挂线定标高，要求根据坡面密实程度预留一定松铺高度；然后由人工自上而下以一定宽度为一幅，逐幅进行。当整修合格的坡面密实度不满足设计要求时，须进行坡面碾压，方法是在面板铺筑顶部平台上布置可移式卷扬台车，由可移式卷扬台车牵引振动碾对坡面进行碾压，使其坡度、平整度、密实度符合设计要求。对于土质坝体边坡，在垫层施工前，须喷洒除草剂防止植物生长。分条带喷洒的搭接宽度不小于30cm。

2）垫层铺筑。碎石或砂砾石垫层铺筑，按照设计厚度分层铺筑。一般当垫层设计厚度小于30cm时，可一层铺筑；当其厚度为40～80cm时，分两层铺筑；厚度大于80cm的，要分3层以上进行铺筑。具体铺层厚度要通过碾压试验确定，其铺筑方法如下。

A. 根据试验确定的铺层厚度，测放出垫层分层填筑厚度控制位置（含松铺厚度）。

B. 由面板铺筑平台上的可移式卷扬台车牵引摊铺机、受料机，自下而上。单层时，前铺后压逐幅进行铺筑；多层时，分层双幅交替进行铺筑。即：垫层铺筑在纵向分幅进行，当垫层为一层铺筑时，一幅摊铺完成后转到下一幅进行摊铺，摊铺好的一幅进行碾压，依次一前一后逐幅进行铺筑；当需两层以上进行垫层铺筑时，一幅一层摊铺完成后转到下一幅一层进行摊铺，一幅一层进行碾压，下一幅一层摊铺完成后转到一幅二层进行摊铺，下一幅一层进行碾压，如此交替进行。

C. 垫层碾压采用面板铺筑平台上的可移式卷扬台车牵引振动碾。由振动碾进行碎石或砂砾石垫层进行分层碾压。振动碾采取顺坡碾压，上行有振碾压，下行无振碾压，以防止粒料向下移动。碾压的遍数按设计的压实度要求通过碾压试验确定，压实度或相对密度应满足设计要求。

3）垫层表面喷洒乳化沥青。对于大面积的垫层表面喷洒乳化沥青或稀释沥青，应采用沥青机械洒布机喷洒，机械洒布机难以洒布的部位采用喷雾器人工喷洒。

A. 施工要求。喷洒前垫层表面应保持清洁、干燥，下雨前不得喷洒；一次喷洒面积应与沥青混合料的铺筑面积相适应；乳化沥青干燥前，禁止人员、设备在其上行走和进行各种作业。喷洒其用量可为0.5～2.0kg/m^2，具体应通过现场试验确定。

B. 沥青机械喷洒机采用面板铺筑平台上的可移式卷扬台车牵引，按照自下而上分条带进行。喷洒宽度根据洒布机的性能而定，最小为3m。

（2）沥青混凝土铺筑层施工。碾压式沥青混凝土面板，其沥青混凝土铺筑层有两种结构形式，即简式断面结构和复式断面结构。

简式断面结构是由位于下层的整平胶结层和上层的沥青混凝土防渗层两层组成。

复式断面结构从下往上由整平胶结层、防渗底层、排水层、沥青防渗面层4层组成。

其铺筑的工艺流程为：斜坡摊铺机械设备安装就位→沥青混合料的拌和→沥青混合料的运输→铺筑施工→碾压。

1）斜坡摊铺机械设备安装就位。斜坡摊铺机主要由斜坡摊铺机、喂料机、可移式卷扬台车组成。可移式卷扬台车布置在填筑坝体顶部平台上，斜坡摊铺机、喂料机布置在填筑坝体斜坡面上。

A. 布置程序。首先在填筑坝体顶部平台上布置可移式卷扬台车，然后依次布置斜坡摊铺机、斜坡喂料机。

B. 可移式卷扬台车安装就位。首先将平台进行修整碾压，满足卷扬台车行走和停放要求，然后由汽车吊、人工配合在现场进行卷扬台车组装、调试、行走、卷扬等性能测试，经验收合格后投入使用。

C. 斜坡摊铺机、斜坡喂料机就位。可移式卷扬台车布置完成后，将斜坡摊铺机与卷扬台车牵引装置连接起来，通过斜坡摊铺机卷扬装置在斜坡上行走到摊铺位置。再将斜坡喂料机与卷扬台车牵引装置连接，通过斜坡喂料机卷扬装置，在斜坡上行走到摊铺机受料斗位置。

2）沥青混合料的拌和。沥青混合料拌和施工按照 8.4.1.2 节及有关要求实施。

3）沥青混合料的运输。混合料运输主要是平面和斜坡两种。总体要求沥青混合料运输车辆应相对固定，并采取保温防漏措施。运输容器停用时应及时清理干净。确保在卸料、运输及转料过程中不发生离析、分层现象。在转运或卸料时，出料口沥青混合料自由落差应不大于 1.5m。

4）铺筑施工。沥青混凝土面板的铺筑施工包括整平胶结层、防渗底层、排水层、防渗面层等 4 个结构层的施工。这 4 个结构层的施工工艺流程相同，沥青混合料的配合比不同，质量控制要求不同。整平胶结层为半开级配沥青混凝土，排水层为开级配沥青混凝土，防渗底层和防渗面层为密级配沥青混凝土。

A. 施工技术要求。

a. 施工气象条件为非降雨将雪时段，施工时风力小于 4 级，施工气温在 5℃以上。

b. 沥青混合料碾压时应控制碾压温度，初碾温度控制为 120～150℃，终碾温度控制为 80～120℃，最佳碾压温度应由试验确定。当没有试验成果时，可根据沥青的针入度按表 8－28 选用，气温低时，应选大值。

c. 上下层的施工间隔时间以不超过 48h 为宜，当铺筑上一层时，下层层面应干燥、洁净。

表 8－28　　沥青混合料碾压温度表　　单位：℃

项目名称	针入度/0.1mm		一般控制范围
	60～80	80～120	
最佳碾压温度	145～150	135	
初次碾压温度	120～125	110	120～150
最终碾压温度	95～100	85	80～120

B. 铺筑方法。沥青混凝土面板铺筑施工全部采用机械化施工，机械不能铺筑的部位采用人工铺筑。沥青混凝土面板各结构层铺筑厚度设计不大于 10cm 时，采用单层施工。沿垂直坝轴线方向，依摊铺宽度分成条带，由低处向高处摊铺，摊铺宽度 3～4m。

a. 按照设计和施工要求，测放出铺筑层每个条带施工控制位置。

b. 拌和好的沥青混合料转运卸到斜坡喂料机受料斗内，斜坡喂料机将沥青混合料转运卸到摊铺机受料斗内，摊铺机按照条带控制位置，从下而上，由低处向高处依次进行摊铺。摊铺机摊铺速度一般为1～3m/min，或按照试验确定，使之与碾压速度匹配。

c. 复式断面面板的排水层，一般应先铺筑开级配沥青混合料，留出隔离带的位置，然后再用密级配沥青混合料铺筑隔水带。

d. 当隔水带的设计宽度与摊铺机的摊铺宽度一致时，用摊铺机摊铺；若隔水带的宽度小于摊铺机的摊铺宽度时，则只能用人工摊铺。

5）碾压。沥青混凝土面板压实设备主要是振动碾。斜坡面板压实分为初碾和二次碾压。初碾为用布置在摊铺机后的，由斜坡摊铺机卷扬机牵引的小于1.5t的振动碾或振动器进行的初次碾压。二次碾压振动碾为摊铺机从摊铺条幅移除后，由布置在坝体顶部平台上移动式卷扬台车牵引的3.0～6.0t振动碾进行碾压。初次碾压温度为150～120℃，二次碾压温度为120～80℃。

碾压采用上行振动碾压，下行无振动碾压，按照试验所确定的振动速度匀速行进碾压，不要骤停骤起。施工接缝处及碾压条带之间采取重叠碾压，重叠碾压宽度不小于15cm。碾压结束后，表层采用无振动碾压收面，使沥青混凝土防渗层达到表面平整，而且无错台现象。碾压遍数按照摊铺试验所确定的遍数碾压，不得随意增减。

碾压过程中应对碾压轮定期洒水，以防止沥青及细料黏在碾压轮上，振动碾上的黏附物应及时清理，以防施工中出现陷碾现象。如果发生陷碾现象，应将陷碾部位的沥青混合料全部清除，并回填新的沥青混合料。

机械设备碾压不到的边角和斜坡处，辅以人工夯实或打夯机夯实。

条带接缝采用平接方法，当已摊铺碾压完毕的条带接缝处的温度高于80℃时，可直接摊铺，不需要进行处理；当温度低于80℃时按冷缝处理，在接缝表面涂热沥青，并用红外线加热器烘烤制100℃±10℃后在进行摊铺碾压。

在新条带摊铺前，对受灰尘等污染的条带边缘，采用人工清扫干净。污染严重的采用人工清除，用平台卷扬机配斗车运到坝顶，用装载机运到指定位置堆放。

沥青混合料在碾压过程中遇雨应停止施工，淋雨、浸水的沥青混合料，应全部铲除。

（3）封闭层施工。沥青混凝土面板封闭层采用沥青玛瑞脂、改性沥青玛瑞脂或其他防水材料。

沥青玛瑞脂是由沥青和矿粉按一定比例在高温下配制而成的沥青混合物胶凝材料。

根据封闭层的结构布置和施工要求，封闭层施工主要项目是防渗层表面处理、沥青玛瑞脂拌制、涂刷。

1）施工技术要求。

A. 封闭层施工前，防渗层表面应干净、干燥。因污染而清理不净的部分，应喷涂热沥青。

B. 沥青玛瑞脂应采用机械拌制，出料温度为180～200℃，涂刷时温度应在170℃以上。涂刷厚度宜为2mm，分两层涂刷，每层涂刷厚度为1mm。涂刷后如发现有鼓泡或脱皮等缺陷应及时清除后重新处理。

C. 封闭层宜选择在10℃以上的气温条件下施工。

D. 封闭层施工后的表面严禁人机行走。

2）防渗层表面处理。人工采用风管从上往下将防渗层表面清扫干净，积水吹干。污染而清理不净的部分，喷涂热沥青处理。

3）沥青玛琋脂拌制。沥青玛琋脂拌制采用移动式电动搅拌锅炉，用液化气加热。按照试验室提供的配合比在现场加热拌制沥青玛琋脂。

4）沥青玛琋脂涂刷。采用一种专用的沥青玛琋脂刮板机进行涂刷。刮板机由置于坝顶的可移式卷扬台车牵引，配有刮板机受料斗。制备好的沥青玛琋脂采用保温吊罐装盛，载重汽车水平运到卷扬台车位置，再由起吊设备起吊保温吊罐将沥青玛琋脂卸到刮板机受料斗内，刮板机沿坡面方向分条幅自下而上，分两层涂刷完成，每层厚度为1mm。

为防止封闭层施工后的表面人机行走，用彩带将才施工的封闭层围起来，并设置警示牌。

（4）特殊部位及特殊时段施工。面板的特殊部位包括面板的周边、顶部曲面、死角、施工冷缝、狭窄地段、岸坡或与钢性建筑物的连接部位等，其形状复杂，构造特殊，技术要求高，铺筑十分困难，一般均无法使用大型机械施工，需要采用人工摊铺。特殊时段是指冬雨季施工。

1）曲面区域铺筑施工。面板曲面部位的铺筑方法一般需根据曲面的面积大小、形状将该区域以最有利于机械摊铺的方式划分成条幅，采用机械摊铺施工方案首先将大面积施工完成，然后再人工摊铺施工。人工摊铺的沥青混凝土混合料采用小型振捣器分层进行碾压。

2）接头部位及层间施工。对于坝体与岸坡、基础及其他刚性建筑物的连接部位，必须严格按照设计规定进行施工。其原材料，配合比和配制工艺应据设计规定的技术要求，经室内或现场试验，证明技术指标确能满足要求后才能使用。

当先铺筑沥青混凝土面板，后进行面板与刚性建筑物的连接部位施工时，先铺的面板各层不能在同一断面，各层应相差1/3左右的条幅宽度，以满足各铺筑层相互错缝的要求。

沥青护面与混凝土结构间的连接面，采用钢丝刷和压缩空气将混凝土表面清除干净，将潮湿部位的混凝土表面烘干，然后均匀涂刷一层稀释沥青或乳化沥青，涂刷量一般为0.15～0.20kg/m^2。所有与IGAS或GB材料接触的混凝土表面都应完全涂刷热沥青材料。待其干燥后，按图纸要求的范围均匀铺一层厚度为3mm的IGAS材料（或同类产品）。混凝土表面在涂刷前应烘干。最后止水槽用防渗层材料补平压实。

在廊道水泥混凝土表面的冷沥青涂料、塑性过渡料和塑性填料施工完成2～3d后，方可开始与其相接的沥青混凝土的摊铺施工。首先进行整平胶结层的摊铺与碾压施工，在水泥混凝土结构物的边缘用0.7 t振动碾碾压和小型平板夯夯实；其次是沥青砂浆施工，人工卸下沥青砂浆然后摊开，每层最大厚度控制在20cm以内，然后在其上铺设木板，用平板夯夯实。

整平层应铺筑成光滑曲面。防渗层应分两层或多层铺筑，每层厚度不超过10cm。主防渗层应用机械铺筑得尽可能贴近混凝土结构，在加厚摊铺时，也应使用乳化沥青，以保证各层结构的黏结性。

整平胶结层与防渗层条幅要错开摊铺，错距大于50cm；为保证沥青混凝土面板各铺筑层间紧密结合，铺筑上一层时下一层层面必须干燥、洁净、严禁层面泼洒柴油，以免发生鼓泡。当层面有灰尘、泥土、散落石子等杂物时，应用压缩空气吹净。

沥青混凝土面板施工完毕后，如要补做基础帷幕灌浆时，应先对连接部位的地基进行浅层固结灌浆。帷幕灌浆应控制灌浆压力，使其由低到高逐步上升。

3）加筋部位施工。铺设聚酯网格前，首先在胶结层上均匀地涂一层乳化沥青，然后将聚酯网格铺上、拉平，聚酯网格搭接宽度24cm，然后再均匀地涂一层乳化沥青，最后摊铺其上的防渗层和加厚层沥青混凝土。铺设聚酯网格过程摊铺过程要特别注意保护施工面的干燥。

4）接缝处理。施工缝分为垂直于摊铺方向的横缝和平行于摊铺方向的纵缝两种。在摊铺过程中，不允许出现横缝，纵缝的处理分为冷缝和热缝两种方式。

A. 热缝是指混合料摊铺时，相邻条幅的混合料已经预压实到至少90%，但温度仍处于100℃以上，适用于碾压情况下的接缝。防渗层，加厚层的热缝处理，是对先铺层接缝处层面用摊铺机将边缘压成45°，然后进行相邻条幅的摊铺与碾压，接缝两边一起由碾压机压实。整平胶结层的热缝如果温度下降太快可用LPG加热器加热至90℃以上即可。

B. 冷缝是指在一天工作结束时所形成的接缝或接缝处温度低于90℃的缝，或某些区域的边缘，需在日后进行摊铺所形成的缝。接缝表面应涂乳化沥青。乳化沥青涂好之后，不能马上进行摊铺，必须在乳化沥青中的水分完全蒸发掉之后，方可进行摊铺。前一条幅摊铺时，先利用振动压板压到收工前最后条幅的边界，包括边缘与层面呈45°斜面，再用后续的振动碾压实到离接缝10cm处。在已冷却的上一个铺筑的条幅旁进行下一条幅铺筑时，应用摊铺机旁的红外线接缝加热器对接缝加热，以使接缝整合平滑，加热温度应控制在100～130℃之间。使用加热器加热施工接缝，应必须保证加热深度不小于7cm，并应严格控制温度和加热时间，防止因温度过高而使沥青老化。摊铺机因故停止工作时，应及时关闭加热器。对冷缝45°斜面进行加热时，其加热方向应与斜面基本平行，并尽量靠近加热面。

5）沥青混凝土面板裂缝修补。一般情况下沥青混凝土裂缝的修补分两种情况。

A. 自身的微小裂缝修补方法，采用处理沥青混凝土施工冷缝的方法就可以满足修补要求。

B. 贯穿性裂缝修补方法。第一，沿裂缝方向开槽，槽宽视裂缝宽度决定，一般为50～100cm，裂缝两侧延长1m以上，槽的四周为45°的斜坡。第二，将过渡层按原设计处理后，均匀地涂一层乳化沥青，并用远红外线设备或其他加热器将沥青混凝土槽的四周充分加热，将槽的四周刷一层玛𤧛脂，按原设计分层铺设整平胶结层和防渗层，每次铺设厚度小于4cm，用小型振动碾（或手扶振动碾）压实，直至与周围沥青混凝土表面齐平。第三，在新铺筑的防渗层表面向四周围扩大1m铺设聚酯网格和加厚层，作为加筋材料的聚酯网格置于防渗层与加厚层之间。铺设聚酯网格前要在防渗层上均匀地涂一层乳化沥青后将聚酯网格铺上、拉平再均匀地涂一层乳化沥青。第四，摊铺其上的加厚层沥青混凝土防渗层，加厚层四周的沥青混凝土加工成45°的斜坡，用小型振动碾将四周捣实。摊铺过程要特别注意保护施工面的干燥。第五，在修补后的新沥青混凝土表面均匀涂一层玛𤧛脂封闭层。

6）沥青混凝土面板取芯孔的修补。对于现场取芯样时留下的孔洞填补，应先将孔洞周边加热，并将其上部周边加工成45°左右的圆台型，四周涂抹沥青胶，然后用配合比相同的沥青混合料逐层填塞捣实。

7）特殊气候条件施工。特殊气候条件施工主要是沥青混凝土面板低温施工、雨季施工、施工度汛。

A. 低温施工。沥青混凝土施工时当预报有降温、降雪或大风时，应及早做好停工安排和防护工作。

当气温在5℃以下进行沥青混凝土面板施工时，和气温在0℃以下进行沥青混凝土心墙施工时，应采取下列措施。

a. 在低温季节施工时，一般选择晴天和气温较高的时段铺筑。

b. 通过试验确定沥青混凝土低温施工配合比和保温方法。

c. 沥青混合料的温度选用试验确定的出机口温度的上限值。

d. 铺筑现场配备足够的加热设备。根据施工现场特点采取表面铺盖或搭设暖棚等保温措施。

e. 缩短摊铺长度并及时碾压。采用多台振动碾分区碾压，以缩短碾压时间。施工后及时进行保温防护。

f. 寒冷地区面板的非防渗沥青混凝土层不宜裸露越冬，可采用防渗沥青混凝土将其覆盖。

g. 寒冷地区的心墙在冬季停工时，用草帘进行表面覆盖保温防冻，覆盖材料及覆盖厚度根据现场最大冻结深度和材料的保温效果确定。

B. 雨季施工。沥青混凝土在雨季施工时，可采取以下措施。

a. 当预报有连续降雨时不安排施工，遇短时雷阵雨时及时停工，雨停后立即复工。

b. 当有大到暴雨及短时雷阵雨预报及征兆时，做好停工准备，停止沥青混合料的拌制。

c. 沥青混合料拌和、储存、运输过程采用全封闭方式。

d. 摊铺机沥青混合料漏斗口设置自动启闭装置，受料后及时自动关闭。

e. 沥青混合料摊铺后应及时碾压，来不及碾压的应及时覆盖并碾压。

f. 碾压密实后的沥青混凝土心墙略高于两侧过渡料，呈拱形层面以利排水。

g. 缩小碾压段，摊铺后尽快碾压密实。

h. 两侧岸坡设置挡水埂，防止雨水流向施工部位。

i. 雨后恢复生产时，及时清除坡面积水，并用红外线加热器或其他加热设备使层面干燥。

j. 未经压实而受雨浸水的沥青混合料，应彻底铲除。

k. 铺筑过程中，若遇雨停工，接头应做成缓于1∶3斜坡，并碾压密实。

l. 碾压后的沥青混凝土，遇下雨时应及时覆盖。

C. 施工度汛。应按以下措施实施。

a. 提前做好分期铺筑计划，将死水位以下的沥青混凝土面板施工并验收完毕。

b. 面板应至少铺筑一层防渗沥青混凝土，其高程应高于拦洪水位，或按设计要求，适当提高整平胶结层的抗渗性。

c. 防渗面板应及时用防渗沥青混凝土临时封闭拦洪水位以下未完建的顶部。

d. 未完建的面板如遇临时蓄水时，应采取相应保护措施。放水时，应控制水位下降速度小于 2m/d。

e. 有度汛要求的沥青混凝土心墙坝施工时，在汛前心墙高程应高于拦洪水位。

8.5 浇筑式沥青混凝土防渗体施工

浇筑式沥青心墙混凝土防渗体主要适用于高寒潮湿等施工条件比较恶劣的季节和地区。其沥青用量相对大于碾压式沥青混凝土，一般都是碾压式沥青混凝土的 1.5～2 倍之间。对机械化程度要求相对较低，不需要摊铺设备，断面体形相对较小，更能适应于冬季低温施工，一般空隙率小于 2%，渗透系数小于 10^{-11}cm/s，低温变形、抗裂性能、裂缝自愈能力均相对较强。但需要模板或预制混凝土块砌体等，劳动强度相对较大，不适应于大型水利工程。在我国一般中低坝防渗应用较多。浇筑式沥青混凝土按其施工工艺的不同分为自密实式和振捣式两种。

自密实浇筑式沥青混凝土和振捣浇筑式沥青混凝土防渗体一样都有适应变形的能力，因为它们都具有较好的柔性，能较好地适应各种不均匀沉陷。如果一旦发生裂缝，在坝体应力作用下（包括自重），沥青混凝土有自愈（闭合）能力。相比较自密实浇筑式沥青混凝土柔性最好，但它的抗剪能力不如碾压式沥青混凝土，而振捣浇筑式沥青混凝土居两者之中。由于自密实浇筑式沥青混凝土沥青含量较高的特点，混合料制备及浇筑相对容易，在负温下施工质量几乎不受影响。

浇筑式沥青混凝土施工前的准备工作与碾压式基本相同。

8.5.1 浇筑式沥青混凝土配合比

振捣浇筑式沥青混凝土配合比一般是在碾压式沥青混凝土配合比的基础上，适当增加沥青含量。表 8-29 为尼尔基水利枢纽工程振捣式沥青混凝土施工配合比，以供参考。

表 8-29　尼尔基水利枢纽工程振捣式沥青混凝土施工配合比

骨料粒径/mm	15～20	10～15	5～10	2.5～5	0.074～2.5	矿粉	沥青
配合比/%	10.3	10.4	16.9	16.0	34.2	12.2	8.0

自密实浇筑式沥青混凝土配合比与振捣式基本相同，其沥青含量相对更大一些。自密实沥青混凝土施工配合比见表 8-30，以供参考。

表 8-30　自密实沥青混凝土施工配合比　%

工程名称	5～25mm	0.074～5mm	矿粉	沥青
呼玛团结水库大坝	42	50	8	13
马栏河大西山水库大坝	32	42	8	15
象山坝（黑龙江）	43	43	14	12

8.5.2 浇筑式沥青混凝土技术要求

浇筑式沥青混凝土技术性能应满足表 8-31 的要求。

表 8-31　　浇筑式沥青混凝土技术性能指标

项　　目	技　术　指　标	备　　注
孔隙率/%	≤2	芯样检测
渗透系数/(cm/s)	$\leq 1\times10^{-9}$	芯样检测
水稳定系数	0.85	芯样检测
最大粒径/mm	20	芯样或混合料抽提试验

8.5.3 防渗体施工

浇筑式沥青混合料的制备、运输以及入仓手段与碾压式沥青混合料基本相同，浇筑式沥青混凝土施工采用提模方式进行。模板是根据浇筑式沥青混凝土施工要求特制的专用模板。

8.5.3.1 施工工艺及方法

振捣浇筑式沥青混凝土施工工艺为：测量放线→模板安装→过渡料铺筑→过渡料初步碾压→无纺布铺设→仓面清理→下层加温→沥青混合料铺筑→沥青混合料振捣→提模板→过渡料碾压。

自密实浇筑式沥青混凝土施工工艺除无沥青混合料振捣工序外，其他工艺与振捣浇筑式沥青混凝土施工工艺相同。

(1) 测量放线。用全站仪放出心墙中心线，采用细钢丝固定于心墙上作为沥青混凝土施工时的控制线，在每块模板接头处测好心墙高程，并写在心墙上，作为铺筑沥青混凝土时的水平控制点。

(2) 模板安装。模板根据浇筑层高，一般加工成高度 40cm。安装时，首先将钢模板按心墙宽度组装，拧紧螺丝，并固定牢。模板安装应从一头开始，用钢销连接，模板接缝应严密，采用搭接法，定位后两侧模板内面距心墙中心线误差不大于±5mm，采用过渡料挤压的方法固定模板。靠近模板铺筑的过渡料采用人工进行，远离模板的地方采用人工配合反铲铺筑，过渡料铺筑时应在模板两侧对称进行，以防模板移位。

(3) 过渡料铺筑、过渡料初步碾压。模板安装完毕后，过渡料开始从一端向另一端对称铺筑，要保证均匀平整。铺好的过渡料先进行初碾，一般 10～15m 为一碾压段。碾压时不带振动，静碾两遍，要求两侧对称碾压。碾压轮与模板的间距控制在 20～30cm，确保模板稳定不移动。振动碾速度控制在 20m/min 左右。

(4) 无纺布铺设。过渡料初步碾压后，将无纺布铺入钢模内侧，模板上口外侧搭 10cm，用夹具夹住，沿轴线方向搭接 10cm。当沥青混合料铺筑时，无纺布将混合料与模板隔开，这样沥青混合料不污染模板，还有利于提模。当模板提出后，沥青与过渡料之间又有一层无纺布隔离，进而起到保护沥青混凝土防渗体的作用。

(5) 仓面清理与下层加温。模板安装前应将严重污染物清除，无纺布铺完后用高压风将灰尘吹掉即可，沥青混合料铺筑前先将下层心墙表面加热至大于 70℃。

(6) 沥青混合料铺筑。沥青混合料铺筑前应保持仓内干燥、洁净。施工最后一层时，应将封面高程点上返到模板上，并做好标记，以此标记作为封面高程的控制线。

沥青混合料入仓温度控制在 130～150℃。沥青混合料从一头入仓，用改制的装载机直接端料入仓，人工配合摊铺找平，装载机下料时要稳、要快、不得碰模板，发现跑模应及时调整。

（7）沥青混合料振捣。对振捣浇筑式沥青混凝土，在沥青混合料摊铺完后，应及时进行振捣，先进行内部振捣，插入式振捣时每个部位控制在20s左右。振捣器拔出时应缓慢，避免刀片处出现裂痕，采用行进法振捣时应放慢行进速度，振捣器行进速度控制在2m/min左右，并观察沥青混凝土表面至不冒泡返油为止。内部振实后立即用平板振捣器在沥青混凝土表面走一遍，进一步找平收光。沥青混合料振捣时，一定要保证振捣作业面的连续性，不得漏振。刚振捣过的沥青混凝土不宜马上碾压过渡料，应在下一层施工前再进行碾压。

（8）提模板。在完成沥青混凝土浇筑后即开始提模板，先将无纺布的夹子取下，将无纺布折向心墙，拔出钢销，四人对称面对面站立，垂直将模板缓慢提起。模板提出心墙后，先将模板外侧砂子扫净，然后将模板放到防渗体一侧清理、存放。提模时如过渡料将心墙污染，应立即清除。

（9）过渡料碾压。当沥青混凝土表面温度小于70℃后，可以进行过渡料碾压。

过渡料采用骑缝式碾压，注意不得压着沥青混凝土心墙，碾压时碾轮应与防渗体保留10cm左右距离。尼尔基主坝过渡料碾压指标采用干密度控制，干密度大于2.15t/m³，采用BW－120振动碾，先静碾1遍，再动碾6～8遍，最后静碾1遍，一般可以达到设计指标。

8.5.3.2 施工注意事项

（1）遇雨时应停止摊铺，已摊铺但未密实而受雨浸水的沥青混合料应全部铲除。雨季施工要求：当有降雨预报及征兆时应作好停工准备；摊铺现场备好防雨布，遇雨立即覆盖；采取小面积摊铺，摊铺后尽快振实；雨后复工需采用高压风及红外线加热器加热干燥，保证其层间结合良好。

（2）拌制好的沥青混合料应连续、均匀、快速、及时地从拌和楼运至铺筑部位。

（3）沥青混合料应随拌随用，且应色泽均匀、稀稠一致。无花白料、黄烟及其他异常现象。混合料出机口温度控制在160～170℃，以确保其经过运输、摊铺等热量损失后的温度能满足铺筑的温度要求。

（4）振捣浇筑式沥青混凝土在振捣时，振捣器行走速度不宜过快，以保证振捣后的沥青混凝土密实。表面采用平板振捣器进行振捣收光，达到沥青混凝土表面形成油膜。沥青混合料振捣时一定要保证振捣作业面的连续性，不得漏振。

（5）刚振捣过的沥青混凝土不宜马上碾压过渡料，应在下一层施工前再进行碾压。

8.6 沥青混凝土防渗体的过渡料施工

8.6.1 技术要求

人工摊铺过渡料前，可用防雨布等遮盖防渗体表面，防止砂石落入防渗体内。遮盖宽度应超出防渗体两侧各30cm以上。

必须保证过渡料摊铺的均匀与平整，避免过渡料的骨料分离，更不允许有少铺或漏铺现象发生。

专用机械摊铺施工时，过渡料的摊铺宽度和厚度应由摊铺机自动调节。机械无法摊铺的部位，应采用人工配合施工机械摊铺。

心墙防渗体两侧的过渡料应同时铺填压实，防止防渗体受挤压移位。距心墙防渗体边线15～20cm范围内的过渡料先不压实，待具备条件后，与心墙骑缝碾压。

心墙防渗体两侧的过渡料应采用3.0t以下的小型振动碾碾压。碾压遍数根据设计密度要求通过试验确定。

过渡料的填筑尺寸、填筑材料以及压实质量（相对密度或干容重）等均应符合设计要求。

8.6.2 施工工艺

过渡料一般按照过渡料开采制备→运输→摊铺→碾压的工艺过程施工。

过渡料开采严格按照设计要求选定合格的料场，确定开采规划，按规划均衡开采。过渡料为级配碎石时，需经过破碎→筛分→拌和的工艺进行制备；过渡料为级配砂砾石时，如果经试验不满足设计及相关规范所要求的级配，需进行筛分→拌和的工艺进行制备。拌和可采用反铲或装载机，以一定的量为一批，分批次进行充分拌和。拌和好，合格的过渡料采用反铲或装载机装，自卸汽车运输到堆存场地分层堆存备用，防止分离。

过渡料运输宜采用反铲分层取料装车，慎重采用装载机自底层直接取料装车。自卸汽车运输，沥青心墙一侧按量定点卸料，反铲喂料。

过渡料摊铺是与沥青混合料摊铺同步完成的，由沥青混凝土专用摊铺机摊铺并予以平整。

过渡料料斗位于沥青混凝土心墙专用摊铺机的后部，直接由两个胶轮支撑，轮子在新铺的过渡料上行驶，并初步碾压过渡料，给心墙一定的侧向支撑力。

过渡料摊铺的平整情况直接影响着沥青混合料的摊铺质量，因此，要求过渡料摊铺务必平整。对摊铺机摊铺不平整的，须采用人工进行精平整理，对摊铺机摊铺宽度不足的采用反铲补铺并初平，然后采用人工精平以满足设计要求。

8.6.3 碾压密实

沥青混凝土心墙两侧的过渡料，主要有支撑心墙沥青混凝土、协调沥青混凝土与坝体填料之间的变形等作用。

8.6.3.1 碾压要求

在沥青混凝土心墙的施工过程中，要求沥青混凝土与心墙两侧的过渡料同时碾压，两者之间的碾压顺序及具体要求，需结合工程特性的不同，并经过试验确定。这样做的目的，就是要保证沥青混凝土的压实宽度及压实效果，减少或避免沥青混凝土与过渡料相互挤压造成沥青混凝土的质量问题，减少沥青混凝土施工过程中的损耗。

一般地，工程应用中以采用沥青混凝土心墙振动碾压与两侧过渡料振动碾压同时交错进行的碾压方式为宜，即沥青混凝土的碾压与过渡料的碾压同步进行、其振动碾相距保持基本恒定。对于具体的工程，应该通过试验确定具体碾压交错方式、碾压遍数、相互之间的间距等。

8.6.3.2 碾压机械

用于沥青混凝土心墙两侧过渡料的振动碾压，一般采用两台振动碾，这样有利于保证心墙上下游两侧的过渡料的同时碾压，与沥青混凝土碾压协调一致。振动碾一般为2.7t，其功率等必须能够保证过渡料的碾压质量，振动碾具体的要求需经试验确定。

8.6.3.3 碾压注意事项

沥青混凝土心墙的碾压与其两侧过渡料的碾压不可分割，因此，在进行过渡料的碾压时应注意以下几点。

（1）心墙两侧的过渡层材料要同时铺筑、碾压，靠近模板部位作业应特别小心，防止模板走样、变位。距模板20～30cm的过渡料先不碾压，待模板拆除后，与心墙沥青混合料骑缝碾压。

（2）沥青混合料摊铺好、模板拆除完毕后，先进行静碾，然后再与过渡料一起同步碾压密实。

（3）沥青混凝土心墙施工的过程中，自始至终都要注意保证沥青混凝土层面的清洁，确保沥青混凝土施工层面不会造成污染。

（4）沥青混凝土与过渡料要求使用专用的振动碾，不能相互串用。特殊情况下，如心墙振动碾故障时，需经试验验证，能够确保沥青混凝土及过渡料的施工质量，方可短时间串用，并要求迅速恢复正常。

（5）在保证沥青混凝土心墙施工质量的前提下，应重点分析沥青混凝土心墙与过渡料的碾压交错方式、碾压遍数等对沥青混凝土损耗的影响，使沥青混凝土损耗较少，降低施工成本。

8.7 施工质量控制

8.7.1 施工质量控制的内容

沥青混凝土防渗墙施工应制定完善的质量检测与控制制度，按照《土石坝浇筑式沥青混凝土防渗墙施工技术规范》（DL/T 5258—2010）、《土石坝沥青混凝土面板和心墙设计规范》（SL 501—2009）、《水工碾压式沥青混凝土施工规范》（DL/T 5363—2006）以及设计要求等加强质量检测与控制。对原材料、沥青混凝土制备和浇筑后的沥青混凝土进行质量检验。施工过程中，应加强各工序的工艺控制，做好施工原始记录，并及时分析、整理、归档。

（1）原材料质量控制。对于骨料质量控制应从料源、运输、储存、加工等一系列环节进行认真把关，严格检查，一旦发现不合格材料必须坚决处理。骨料由合格的矿料加工而成，必须按指定的矿山选取矿料，矿料的物理力学指标及化学成分应满足设计要求。选料时，在矿山应有人监督检查，不满足设计要求的石料严禁混入矿料堆，发现时必须清除掉。骨料质量主要控制指标包括：含水量、针片状含量、超逊径含量、黏附性、吸水率、水稳定性、耐久性，这些指标的控制主要在骨料的加工过程中和筛分后经过试验来获得。

根据设计文件和施工规范要求，骨料要求清洁、坚硬、耐久、均匀，不能被黏土、粉砂和其他有害物包裹，也不能含有黏土块、淤泥、炭块及软弱颗粒等。骨料加工生产环节是控制骨料形状以及超逊径的关键工序，根据施工经验，骨料的超逊径是一个较为严重的问题。骨料若不能保持稳定的级配，将导致表面积和孔隙率变化，沥青混合料的性能必将受到影响。按设计的要求，对骨料的超逊径、含水量的检测试验每 100～300m^3 为一取样检测单位，且每天不少于一次，必要时进行其他项目的技术指标的抽样检测。骨料加工质量检测项目及要求见表 8-32。

表 8-32　　骨料加工质量检测项目及要求列表

工艺过程	检验对象	检查项目	质量要求	取样数量
碱性骨料加工	粗骨料	含泥量	<0.5%	每月进行 1 次，正常情况下，超逊径至少检验 1 次
		超逊径	超径小于 5%，逊径大于 10%	
		耐久性	硫酸钠溶液 5 次试验，重量损失小于 12%	
		与沥青黏附性	<4 级	
		针片状颗粒	<10%	
	细骨料	含泥量	<2%	每月进行 1 次，正常生产情况下，级配每天至少检验 1 次
		级配	符合试验规定的要求	
		耐久性	硫酸钠溶液 5 次试验，重量损失小于 15%	
		水稳定等级	>4 级	
	矿粉	细度	通过率：0.6mm 筛为 100%，0.15mm 筛为 90%，0.074mm 筛大于 70%	每批（或每 10t）为一取样单位
		含水量	<0.5%	
		亲水系数	<1.0	

骨料超逊径的控制手段主要是经常检查筛孔是否有破损，是否出现堵塞现象，发现问题应及时进行处理，对骨料的成形问题要通过调节破碎机的出料口间距解决。

骨料的储存应分仓堆放、防雨、防潮湿，地面硬化。

填料（矿粉）的质量控制主要检测它的细度、含水量和亲水系数。另外，填料从生产、运输、堆存、进入料仓的过程中，应防止污染或把泥沙杂物带入，填料要采用专用储存灌或仓库妥善保存，防止雨水浸湿。

沥青质量的控制指标主要为针入度、软化点、延度、脆点、闪点、燃点、含蜡量以及老化后指标。

同一厂家、同一批次的沥青，每 10～50t 为一取样单位，不足 10t 亦应取 1 组样品检验。若检测结果差异较大，应增加检测样品组数。

罐装沥青应从沥青罐的 5 个不同高度分别取样 0.5～1.0kg，拌和均匀后作为检验样品。块状沥青应从至少 5 个包装袋中分别取样 0.5～1.0kg，熔化后混合均匀作为检验样品。桶装沥青应在每 100 桶左右沥青中随机选择 1 桶，从 5 个不同高度分别取样 0.5～1.0kg，熔化后混合均匀作为检测样品；不足 100 桶亦应随机选择 1 桶，取 1 组样品检测。

每次用于检测的沥青样品质量不应少于 2kg，其质量及检测要求按有关设计及规范要求进行。

（2）温度控制。包括：沥青材料脱桶脱水时的温度、沥青储存料罐的温度（导热油的加热温度）、沥青材料进入拌和楼的温度、沥青混合料的出机口温度、沥青混合料储料罐的温度、沥青混合料的运输温度、沥青混合料入仓温度、碾压温度、钻孔取芯时的温度等。

（3）配合比误差。主要是针对沥青混合料的配合比误差进行控制，做到事前控制和事后控制。事前控制主要是依靠对拌和楼的称量误差进行控制，事后控制主要是通过马歇尔抽提试验来检验。

配合比误差要求在拌和楼出机口、沥青混合料摊铺现场等进行取样，也可以对沥青混凝土芯样或其他方式获取的沥青混凝土，采用溶剂溶解的方式进行抽提获取。

（4）沥青混合料在运输过程中，要保证沥青混合料不发生骨料分离和离析现象，同时将沥青混凝土运输过程的温度损失控制在允许的范围之内。

（5）摊铺碾压过程控制，包括沥青混合料的入仓温度和碾压温度、沥青混合料的摊铺与碾压厚度、碾压方式与碾压遍数、过渡料的碾压及其与沥青混合料的碾压方式的协调。

（6）沥青混凝土质量检测，包括无损检测、现场取样检测、钻孔取芯检测。

1）无损检测，用核子密度仪检测密度，推算其孔隙率；用沥青混凝土渗气测试仪测试渗透系数。

2）现场取样检测内容包括沥青混合料的配比抽提试验、击实成型的沥青混凝土马歇尔稳定度、马歇尔流值、小梁弯曲试验、沥青混凝土三轴试验等。

3）钻孔取芯检测内容包括配合比抽提、沥青混凝土马歇尔稳定度、马歇尔流值、小梁弯曲试验、沥青混凝土三轴试验等。

8.7.2 沥青混凝土制备质量控制

（1）在沥青混凝土制备过程中，应检测沥青、骨料及填料的温度。

（2）控制沥青混合料的出机温度。注意观察出机沥青混合料的外观质量，如发现有花白料、时稀时稠或冒黄烟等现象时，应立即查明原因，及时处理。

（3）应从搅拌机出料口对沥青混合料取样，检测其配合比和技术指标。一般每天至少取样1次。取样方法为：从5盘沥青混合料中各抽取试样2kg，均匀混合成一个样品。用一部分样品进行沥青用量、矿料级配的检测。剩余样品浇筑成10cm×10cm×10cm的沥青混凝土试件，进行孔隙率、强度及耐水性试验。沥青混凝土的其他技术指标可按设计要求进行抽查。

8.7.3 沥青混凝土施工质量控制

（1）沥青混凝土施工前，应对防渗墙轴线放样，对施工准备情况进行全面检查。防渗墙轴线的偏差应满足设计要求。

（2）浇筑过程中，应随时检测沥青混合料的入仓温度。

（3）每浇筑一层均应进行缺陷检查，发现异常，及时处理。

（4）防渗墙厚度每层均应检测，沿坝轴线每20～40m检测1次，其厚度不应小于设计值。

（5）通过芯样孔隙率和无损检测沥青混凝土密实度，其孔隙率应小于3%。若两种方法检测结果不一致时，以芯样检测为准。

(6) 沥青混凝土抗渗性，可在现场采用渗气仪检测，或通过芯样抗渗试验检测。

(7) 防渗墙高度每上升2～4m，沿坝轴线100～150m布置钻取芯样2组，进行孔隙率、抗渗性及三轴试验；坝轴线长度小于100m时，至少取样1组。

沥青混合料质量标准及检验频次见表8-33。

表8-33　沥青混合料质量标准及检验频次表

材料名称	检测场所	检测项目	质量标准	检测频次
沥青	沥青恒温罐	针入度	满足设计要求	每天至少检查1次
		软化度	满足设计要求	
		延度	满足设计要求	
		脆点	满足设计要求	
		温度	满足设计要求	
粗细骨料	拌和厂料场	超逊径	测定实际数值，计算施工配料单	每天至少检查1次
		级配		
		含水率		
	热料仓	温度	试验确定	随时监测，间歇烘干时，应在加热滚筒出口监测
矿粉	拌和厂矿粉库	细度	测定实际的级配组成，计算施工配料单	每天至少检查1次
	热料仓	温度	60～100℃	随时检测
沥青混合料	拌和厂出料口	外观检查	色泽均匀、稀稠一致、无花白料、无黄烟及其他异常现象	随时监测
		温度	试验确定	
	浇筑仓面	沥青用量	±0.5%	每天至少抽提1次
		矿料级配	0.075mm以上各级骨料配合比误差小于±5%，填料配合比误差小于±1%	
		室内成型试件的空隙率、强度	满足设计要求	每天至少检测1次
		室内成型试件的抗渗性、耐水性	满足设计要求	每2天至少检测1次
		入仓温度	满足设计要求	每车检测

沥青混凝土防渗墙质量标准及检测频次见表8-34。

表8-34　沥青混凝土防渗墙质量标准及检测频次表

名称	检测项目	质量标准	检测频次
沥青混凝土防渗墙无损检测	厚度	满足设计要求	每层浇筑完毕并冷却后，沿坝轴线方向每20～40m检测1次；接缝处应设一测点
	孔隙率	<3%	
	密度	满足设计要求	
	抗渗性	满足设计要求	

续表

名称	检测项目		质量标准	检测频次
沥青混凝土防渗墙芯样检测	孔隙率		≤3%	每升高 2～4m 沿轴线 100～150m 布置钻取芯样 2 组
	密度		满足设计要求	
	强度		满足设计要求	
	抗渗性		满足设计要求	
	耐水性		满足设计要求	
	小梁弯曲		满足设计要求	按照设计要求进行
	三轴试验	K	满足设计要求	
		φ/(°)	满足设计要求	
		C/MPa	满足设计要求	

8.8 沥青混凝土防渗工程实例

8.8.1 石门水电站大坝沥青混凝土心墙施工

石门水电站工程位于新疆维吾尔自治区呼图壁县的西南，坝址区位于呼图壁河中游河段，是呼图壁河中游河段河流规划中的第三级水电站，水库正常蓄水位 1240.00m，死水位 1185.00m，调节库容为 7016 万 m^3，具有年调节能力。电站装机容量 95MW，多年平均发电量 2.14 亿 kW·h。

坝顶结构见图 8-4，水平段与斜坡段心墙与基座连接分别见图 8-5 和图 8-6。

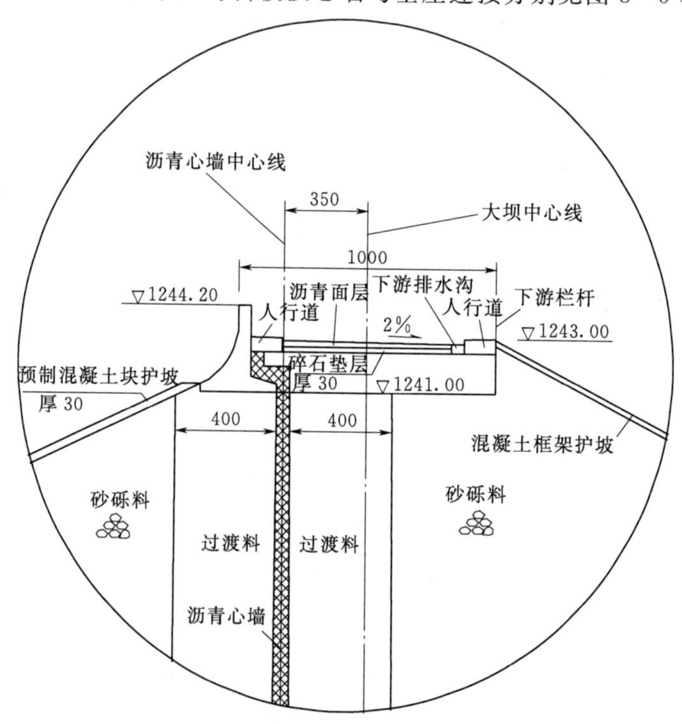

图 8-4 坝顶结构详图（单位：cm）

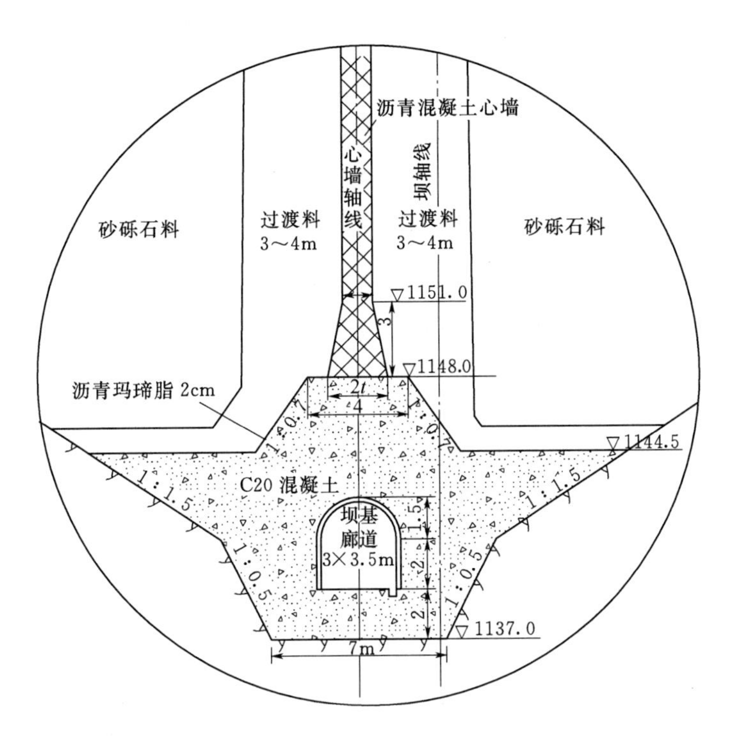

图 8－5　水平段心墙与基座连接图

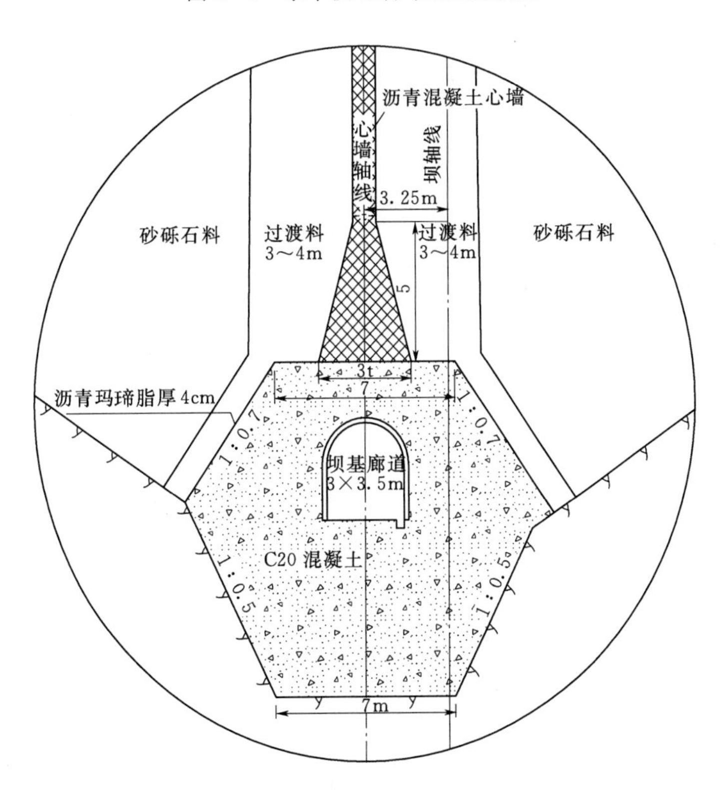

图 8－6　斜坡段心墙与基座连接图

表 8-35　　心墙厚度范围表

高程范围/m	心墙厚度/m	高程范围/m	心墙厚度/m
1241.00～1228.00	0.6	1189.00～1176.00	1
1228.00～1215.00	0.7	1176.00～1163.00	1.1
1215.00～1202.00	0.8	1163.00 以下	1.2
1202.00～1189.00	0.9		

枢纽大坝为沥青混凝土心墙砂砾石坝，坝顶高程 1243.00m，河床段心墙基座建基面高程为 1137.00m，最大坝高 106.00m，坝顶全长 312.51m，坝顶宽 10m。坝体填筑材料从上游至下游依次分为：①上游预制混凝土块护坡区；②砂砾料填筑区；③过渡层；④沥青混凝土心墙；⑤过渡层；⑥砂砾料填筑区；⑦下游预制混凝土框架护坡区。碾压式沥青混凝土心墙位于坝体中轴线上游，心墙轴线距坝轴线 3.25m。心墙顶高程 1242.50m，顶部厚 0.50m，上、下坡比为 1∶0.0054，河床段至 1147.50m 高程心墙厚 1.50m，心墙底部与混凝土基座连接，底部高程 1144.50m，心墙通过 3m 的渐变段加厚为 2.50m。

呼图壁河流域多年平均降雨量为 409.1mm，多年平均蒸发量 888.2mm，多年平均气温为 6.4℃；极端最高气温为 39.1℃，极端最低气温为－30.4℃，最大冰厚 0.6～0.8m。多年平均风速 1.6m/s；最大风速在 5～7m/s 之间。

坝体沥青混凝土心墙设计的主要工程量为沥青混凝土 17400m^3；沥青玛琋脂 3695m^2。

沥青混凝土按照：基础清理→喷稀释沥青→刷沥青玛琋脂→测量放线→摊铺机摊铺沥青混凝土→过渡料碾压→沥青混凝土碾压→下一层施工的工艺过程施工。

沥青混凝土拌和站布置在大坝上游左岸，沥青混凝土通过 2 号施工道路、上坝高低线路运输至工作面，运距约 500m，由堆料场，骨料配料系统，混合料加热干燥系统，热料提升、称量系统，沥青脱水、加热、供给系统，填料供给系统，混合料搅拌系统，除尘系统以及成品料仓和中心控制室组成。

沥青混合料采用 3 辆 5t 保温自卸汽车通过 2 号公路或上坝高低线施工道路运输至工作面，卸入装载机给摊铺机供料。

沥青混凝土心墙采用 2.5t 振动碾碾压，2.5t 振动碾无法碾压的边角部位采用手扶振动碾碾压，辅以人工夯实。

混合料与过渡料碾压的碾压顺序及方法：采用 2 台 2.5t 自行式振动碾同时静压心墙两侧过渡料 2 遍后再振动碾压 2 遍。沥青混合料摊铺完成后，用帆布将沥青混合料表面覆盖，其宽度为盖住上下游过渡料各 30cm，然后振动碾在毡布上碾压。当摊铺长度达到 8～10m 时，用振动碾集中碾压，其压实标准以沥青表面泛油为准。对于振动碾碾压不到的边角部位辅以人工夯实，且防止沥青混凝土骨料破碎。对于铜止水附近，则采用重锤人工夯实，直至表面泛油为止。

在质量控制中严格按照《土石坝碾压式沥青混凝土防渗墙施工规范》（SD 220—1987）和招标文件第二卷技术文件中有关沥青混凝土工程中的规定执行。严格实行三检制，严格按照《石门水电站大坝沥青混凝土心墙施工作业指导书》施工，对各工序进行全过程质量控制，按照每层为一个单元进行验收签证。在沥青拌和站和大坝施工现场均安排专人测记沥青混凝土出机口温度、入仓温度、碾压温度及进行外观检测等。

8.8.2 库什塔依水电站大坝沥青混凝土心墙施工

库什塔依水电站沥青心墙坝工程位于库克苏河上，距与特克斯河汇合口 18.36km，距特克斯县 20km。工程等别为Ⅱ等大（2）型工程。大坝为Ⅱ级建筑物，采用碾压式沥青混凝土心墙坝防渗，坝长 439m，最大坝高 91.1m，沥青混凝土工程量约 19677.4m^3。工程所在位置处于山区，冬天寒冷，夏季凉爽。库克苏河年平均气温 7.3℃，极端最高气温 37.5℃，极端最低气温－29.0℃；多年平均蒸发量为 1545.56mm，主要集中在 4—9 月，这期间的蒸发量约占全年的 77.97%；多年平均降水量 375.26mm，在年内主要集中在 4—8 月，占全年降水量的 72%；多年平均湿度 68%；多年平均雷暴日数 57.7d；库克苏河流域历年最大冻土深度 136cm；最大积雪深度 38cm。

坝体设计填筑分区从上游至下游分为：上游砂砾料区、上游过渡料区、沥青混凝土心墙、下游过渡料区、下游砂砾料区、下游利用料区、下游排水棱体区。

沥青混凝土的技术性能指标见表 8-36。

表 8-36　沥青混凝土技术性能指标表

项　目	设计指标	备　注
容重/(t/m^3)	常温不小于 2.34	冬季不小于 2.3
孔隙率/%	<3	机口取样小于 2.0%(击实成型)
渗透系数/(cm/s)	$<1\times10^{-8}$	
马歇尔稳定度(40℃)/kN	>5	
马歇尔流值(1/100cm)(40℃)	30～70	
水稳定系数	>0.9	
最大抗弯强度/MPa	由试验确定	试验温度 7.3℃
模量数 K	≥400	参考指标 试验温度 7.3℃
内摩擦角 ϕ/(°)	>25	
凝聚力 C/MPa	>0.20	

沥青混凝土配合比见表 8-37，每方各级材料用量见表 8-38。

表 8-37　沥青混凝土配合比表

名称	骨　料				矿粉	水工沥青
筛孔尺寸/mm	19～9.5	9.5～4.75	4.75～2.36	2.36～0.075	<0.075	
按重量计/%	23.6	18.4	13.8	32.2	13	6.8

表 8-38　每方各级材料用量表

粒径/mm	<4.75	4.75～9.5	9.5～19	矿粉	沥青	备注
用量/kg	1067	405	530	278	155	夏季用
用量/kg	1015	384	500	320	178	冬季用

沥青混凝土心墙采用垂直布置，位于坝轴线上游侧，相距 3.0m，顶部与坝体防浪墙

连接。沥青混凝土心墙的厚度由顶厚 0.4m 台阶式渐变至底厚 0.8m，底部与混凝土基座接触处厚度由 0.8m 台阶式渐变为 2m。心墙顶高程为 1307.40m。

沥青混凝土总体施工方案：骨料采用附近一设计提供的碱性灰岩料场加工而成，沥青采购自克拉玛依产“昆仑”牌水工罐装沥青，矿粉采购自附近一水泥厂。沥青混凝土拌和采用西安市户县公路机械厂生产的 lb－1000 型沥青混凝土搅拌系统拌和，其额定生产能力 80t/h。沥青混凝土运输采用加保温防护的 5t 自卸翻斗车水平运输，在卸料平台上卸入装载机，再由装载机喂入沥青混凝土摊铺机。摊铺机采用 XT120 沥青混凝土心墙联合摊铺机，该摊铺机可同时进行沥青混合料和过渡料的摊铺，摊铺机行走速度控制为 1～3m/min。沥青心墙碾压设备配置了 2 台 BWI20AD-3 型（2.7t）双轮振动碾，固定用于心墙两侧过渡料的碾压；1 台 BW80AD 双轮振动碾进行沥青混凝土心墙混合料碾压。与两岸岸坡结合部位采用小型振动碾或汽油夯压实。

沥青混凝土心墙施工工艺方法及质量控制：拌制沥青混合料时，先投骨料和矿粉进行干拌，再喷洒沥青进行湿拌，干拌时间 15s，湿拌时间 45s。拌出的沥青混合料温度控制在 145～175℃之间。

沥青混凝土心墙采用水平分层，全轴线不分段一次摊铺碾压的施工方法。施工分层厚度为：摊铺厚 30cm，压实后厚 25cm。沥青混合料的铺筑以专用摊铺机为主，专用摊铺机不方便铺筑的部位，辅以人工铺筑。心墙铺筑时连续、均匀地进行。沥青混凝土铺筑按一天 2～3 层控制。

对过渡料与坝壳料搭接处，总体遵循平起施工，即 3 层过渡料（层厚 25cm）与 1 层坝壳料（层厚 75cm）平起施工，并在最后一层填平后进行骑缝碾压。

坝体填筑横向搭接接缝的处理。搭接坡比采用 1∶3，主要包括沥青混凝土心墙、过渡层及坝壳料的搭接。在先期坝体填筑过程中，坝壳料、过渡料及沥青混凝土心墙料分层铺筑时形成 1∶3 的“人造边坡”，后期坝体铺筑时，由 1.2m^3 反铲沿坡脚处，将先期所填筑的坝壳料 1.0m 范围内未压实区重新摊铺，并削成 1∶2 的边坡，形成 1.0m 宽的预留台阶。上层坝料铺填时，将下层碾压面露出，台阶预留明显、整齐，随后期坝壳料填筑一并进行，并采用骑缝碾压，以确保接坡处碾压质量。过渡（反滤）料填筑与相邻层次之间的材料界线分明。分段铺筑时，必须做好接缝处各层之间的连接，防止产生层间错动或折断现象。在斜面上的横向接缝收成缓于 1∶3 的斜坡。

在沥青混凝土心墙施工过程中，心墙和过渡层都高于其上、下游相邻的坝体填筑料 1～2 层，并在心墙铺筑后，心墙两侧过渡层以外 4m 范围内采用 12t 自行式振动碾压实坝壳料，以防心墙局部受振畸变或破坏。

沥青混凝土心墙及过渡料的施工参数为：过渡料虚铺 35cm，压实厚度值 27cm 左右，沥青混合料虚铺 30cm，压实后 27cm 左右；碾压顺序为过渡料静 2 遍动 2 遍→沥青混凝土心墙静 2 遍（摊铺一段长度后随即进行，以便于表面的提油）→过渡料动 8 遍→沥青混凝土心墙动 6 遍→沥青混凝土心墙动 2 遍静 2 遍收光；共计过渡料静 2 遍动 10 遍，沥青混凝土心墙静 2 遍动 8 遍。沥青混凝土初碾温度范围为 125～155℃。

8.8.3 宝泉抽水蓄能电站上水库面板沥青混凝土施工

宝泉抽水蓄能电站位于河南省新乡市辉县境内，总装机容量 1200MW，工程枢纽主要由上水库、水道系统、地下厂房系统及地面出线场、下水库等组成。上水库工程主要包括大坝、库区防渗、库底排水、浆砌石副坝等。主坝为沥青混凝土面板堆石坝，坝顶长度600.37m，上游坝坡1∶1.7，下游坝坡1∶1.5，最大坝高94.80m；副坝为浆砌石重力坝，坝顶长度201.05m，最大坝高43.9m。总库容约776万m^3。上水库主坝和库岸周边采用沥青混凝土面板防渗，库盆底部采用黏土铺盖防渗，这是继美国LUDINGTON工程之后，世界上第二个采用此类防渗结构的工程。沥青混凝土防渗面板总防渗面积约16.6万m^2。防渗面板采用简式结构，自下往上分别为厚60cm碎石垫层、10cm整平胶结层、10cm防渗层及2mm玛𤧛脂封闭层。面板最大斜面长度约110m，坡度1∶1.70。

（1）工程特点。

1）坡度较陡，在国内采用沥青混凝土防渗的抽水蓄能电站中，宝泉工程的库岸和坝坡坡度最陡，为1∶1.70。

2）因库岸和坝坡采用沥青混凝土防渗，而库底采用黏土防渗，沥青混凝土与底部混凝土廊道的连接结构复杂，施工难度较大。

3）库岸和坝坡垫层料的铺筑、沥青混凝土施工及库底的黏土铺筑施工交叉进行，相互干扰，相互制约。

4）宝泉工程是国内类似工程中第一个由国内承包商承包沥青混凝土面板施工的工程，对推动我国水工沥青混凝土的发展和进步具有较大的推动作用。

（2）施工创新点。

1）砂石骨料加工和矿粉的生产。沥青混凝土对骨料的分级、针片状含位等要求较高，为保证宝泉工程沥青混凝土所需的骨料具有较高的品质，建造了干法生产的骨料加工系统，系统包括中碎系统和细碎系统，生产的骨料粒径分级为0～2mm、2～5mm、5～8mm、8～13mm、13～19mm。生产的骨料级配稳定，各级料比例均衡，生产能力为100t/h，能很好地满足沥青混凝土生产的要求。

2）研发了主绞车及喂料车。宝泉工程研发的主绞车整机重约100t，具备牵引摊铺机、喂料车、振动碾、自行走和侧面上料的功能。研发的斜坡喂料车容积为8t，行走速度为40m/s。

3）研发了斜坡摊铺机研发的Voegele S-1800-2专用斜坡摊铺机附有双压实梁，摊铺宽度2.5～5m，通过液压系统自动调整，摊铺厚度0～300mm，摊铺速度为0～20m/min，无级变速，适用斜坡最大倾角为32°。沥青混合料摊铺的预压实度可达90%以上。

4）研制了封闭层涂刷设备。封闭层采用热改性沥青玛𤧛脂，施工时采用热涂刷，涂刷温度180～200℃，涂刷厚度2mm。封闭层涂刷厚度太薄，防紫外线能力不足；太厚易形成流淌。针对封闭层施工的要求，开发了封闭层的搅拌和涂刷设备，搅拌设备采用导热油加热，可对沥青和矿粉进行加热和搅拌，搅拌锅的容积为1.5m^3。涂刷机的涂刷宽度为2m，在涂刷过程中可对沥青玛𤧛脂进行加热。该设备可保证玛𤧛脂的温度满足涂刷要求，从而保证涂刷的厚度和均匀性。

5）弧线段曲面部位采用摊铺机摊铺。在防渗面板曲面部位的沥青混凝土摊铺时，充分利用了摊铺机的变宽度摊铺功能。由于所用摊铺机的熨平梁具有液压伸缩功能，摊铺宽度可以在3～5m之间变化。对于各曲面部位，采取下窄上宽（凹弧段）或下宽上窄（凸弧段）的摊铺方式，避免了大量的人工摊铺，有利于保证施工质量和提高效率。

6）施工质量控制的专项试验。施工过程中除了开展常规的试验控制原材料的质量、混合料的制备质量外，还进行了现场取芯圆盘试验与芯样的 Van Asbeck 斜坡稳定性试验。为了检测接缝处的施工质量，在接缝处取芯进行了极限拉伸试验。

宝泉抽水蓄能电站上水库采用库岸沥青混凝土与库底黏土联合防渗的形式，系国内首创。工程施工中，在充分吸收国外先进技术的同时，施工设备和施工技术均有不少创新，形成了一套加有自主知识产权的成套施工技术。

9 土工膜防渗体施工

土工合成材料是应用于岩土工程的、以合成材料为原料制成的新型建筑材料，广泛应用于水利水电、公路、建筑等工程领域。目前，国内外通常采用聚酯纤维、聚丙烯纤维、聚酰胺纤维及聚乙烯纤维等原料制造土工合成材料，形成了八大系列产品，如土工织物、土工膜、土工网、土工格栅、土工席垫、土工格室、土工复合材料及相关产品等。其中，土工膜是土工合成材料中应用最早也是应用最广泛的一种系列产品。

土工膜最早应用可追溯到20世纪30年代，人们采用聚氯乙烯PVC土工膜作为游泳池的防渗材料；50年代初，美国垦务局采用PVC土工膜作为防渗衬砌；苏联以聚乙烯膜进行渠道防渗。我国对土工膜的研究和应用起步虽较晚，但发展较快。60年代中期，塑料薄膜用于渠道防渗，较早的有河南人民胜利渠、陕西人民引渭渠等几处灌区，主要原料是聚氯乙烯，个别是聚乙烯，以后推广到水库、水闸和蓄水池等工程。70年代中后期，利用聚丙烯编织布进行防渗护底处理，80年代以后相继在许多坝体中使用土工膜作为防渗体，取得较好的效果，并于90年代开始用于50m级高的坝体中。

土工膜按组成的基本材料可分为塑料类、沥青类、橡胶类3种，目前在水利水电工程上主要应用的是塑料类土工膜，制造塑料类土工膜所用聚合物有聚氯乙烯（PVC）、高密度聚乙烯（HDPE）、中密度聚乙烯（MDPE）、低密度聚乙烯（LDPE）、氯化聚乙烯（CPE）等，其中以高密度聚乙烯（HDPE）土工膜应用最为广泛。随着技术的进步，为改善土工膜的性能，充分利用土工膜与土工织物各自的长处，常用各种成型方法将土工膜与土工织物组成复合土工膜。前者提供了不透水性，后者提供足够的强度，使其具有土工织物平面排水的功效及土工膜法向防渗的功能。同时，又改善了单一土工膜的工程性能，提高了其抗拉、顶破和穿刺强度及摩擦系数，还可避免或减少在运输、铺设过程中机械损伤防渗主膜，因而复合土工膜是一种比较理想的防渗材料。工程中使用的复合土工膜大多为以非织造布为基材，以聚乙烯、聚氯乙烯等为膜材，复合而成得非织造布复合土工膜，其结构常有“一布一膜、二布一膜、一布二膜、二布二膜”等。

土工膜作为土石坝的防渗材料，根据土工膜在坝体中的部位分为心墙式和斜墙式（或称面板式），其特点见表9-1。

表9-1　　斜墙式、心墙式土工膜特点表

名称	土工膜位置	优　点	缺　点
斜墙式	土工膜铺设于上游坡面	1. 土工膜施工与坝体填筑互不干扰； 2. 土工膜施工速度快	1. 土工膜用量较大； 2. 在上游面需专门设置保护层及相应护坡结构
心墙式	土工膜位于坝体中部	1. 土工膜用量较少； 2. 结构比较简单	土工膜铺设随坝体填筑同步上升，相互干扰比较大

9.1 土工膜技术要求和性能指标

9.1.1 一般技术要求

（1）所用土工膜的性能指标应满足《水利水电工程土工合成材料应用技术规范》（SL 225—98）、《土工合成材料聚乙烯土工膜》（GB/T 17643—2011）、《土工合成材料非织造布复合土工膜》（GB/T 17642—2008）、《聚乙烯（PE）土工膜防渗工程技术规范》《SL/231—98》的要求和工程实际需要，主膜无裂口、针眼，主膜和土工织物结合较好，无脱离或起皱。

（2）土工膜的厚度根据具体基层条件、环境条件及所用土工膜材料性能确定。根据国内坝工实践经验，土石坝防渗土工膜主膜厚度不小于 0.5mm。承受高应力的防渗结构，采用加筋土工膜。

（3）土石坝防渗土工膜应在其上面设防护层、上垫层，在其下面设下垫层和支持层，对于采用复合土工膜的，可依据复合土工膜的结构，不设上垫层或下垫层。

（4）土工膜铺设常用形式（见图 9-1）。

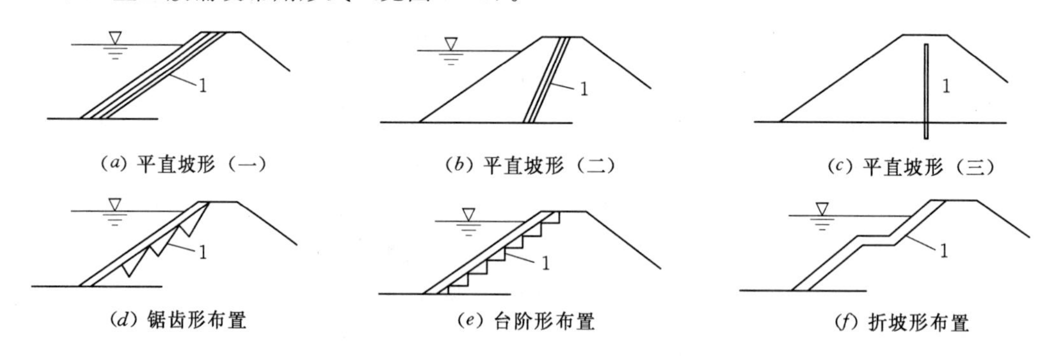

图 9-1 土工膜铺设常用形式示意图

1—土工膜

1）平直坡形。斜墙，薄保护层，用于低水头坝；或用作心墙；或用于已建堤、坝加固［见图 9-1 (*a*)～(*c*)］。

2）折坡形。斜墙，较高水头坝设马道［见图 9-1 (*f*)］。

3）锯齿形。斜墙［见图 9-1 (*d*)］。

4）台阶形。斜墙［见图 9-1 (*e*)］。

（5）土工膜防渗系统的计算应进行稳定性验算及膜后排渗能力校核。

1）稳定性验算仅针对防护层、上垫层与土工膜之间的抗滑稳定。验算的最危险工况为库水位骤降。

2）膜后排渗能力核算是针对膜后无纺土工织物平面排水或砂垫层导水能力。上游水位骤降时，坝体中部分水量将流向上游，沿土工织物流至坡底，经坝后排水管或导水沟导向下游排走。应先估算来水量，校核自上而下各段土工织物的导水率，并考虑一定的安全系数。

（6）土工膜防渗施工属于隐蔽工程，作业人员应持证上岗，施工过程应严格执行“三检制”。

（7）土工膜质量管理包括工厂制作、运输、仓储、工地临时存放、现场铺设、连接以及保护等较多环节，各环节都必须严格把关。

9.1.2 土工膜的性能指标

用于坝体防渗的土工膜的各项性能指标，根据工程的具体情况提出要求，并按《水利水电工程土工合成材料应用技术规范》（SL/T 225）进行复核，土工膜和土工织物的指标测定试验包括几个主要项目（见表9－2）。

表9－2　土工膜性能指标表

序号	指标名称	指标包括的内容
1	物理性能指标	单位面积质量、厚度、等效孔径（EOS）（及其与压力的关系）等
2	力学性能指标	拉伸强度、撕裂强度、握持强度、顶破强度、胀破强度、材料与土相互作用的摩擦强度等
3	水力学指标	垂直渗透系数（或透水率）、平面渗透系数（或导水率）、梯度比（GR）等； 土工膜渗透系数一般在10^{-12}～10^{-11}cm/s之间，可以认为它是不透水的，其主要的透水量为缺陷透水量。土工膜耐水性也较好，能够承受较大水头而不被击穿
4	耐久性	抗老化性能，抗化学腐蚀性

这些评价土工膜和土工织物的指标均与所用材料的品种、性质、加工工艺、孔径、厚度有关。根据工程具体需要，选择材料的测试项目。测试方法应符合有关标准。

9.1.2.1 PE土工膜物理力学性能指标

PE土工膜物理力学性能指标要求见表9－3。

表9－3　PE土工膜物理力学性能指标要求表

序号	项　　目	指　　标
1	密度ρ/(kg/m^3)	≥900
2	破坏拉应力σ/MPa	≥12
3	断裂伸长率ε/%	≥300
4	弹性模量E/MPa	在5℃不应低于70
5	抗冻性（脆性温度）/℃	≥－60
6	连接强度	大于母材强度
7	撕裂强度/(N/mm)	≥40
8	抗渗强度	在1.05 MPa水压下48h不渗水
9	渗透系数/(cm/s)	≤10^{-11}

注　摘自《聚乙烯（PE）土工膜防渗工程技术规范》（SL/T 231—98）。

9.1.2.2 聚氯乙烯土工膜物理力学性能

单层、双层和夹网聚氯乙烯复合土工膜物理力学性能分别见表9－4、表9－5。

表 9-4　　单层聚氯乙烯土工膜和双层聚氯乙烯复合土工膜物理力学性能表

序号	项　　目		指标
1	密度/(g/cm³)		1.25～1.35
2	拉伸强度（纵/横）/MPa		≥15/13
3	断裂伸长率（纵/横）/%		≥220/200
4	撕裂强度（纵/横）/(N/mm)		≥40
5	低温弯折性（−20℃）		无裂纹
6	尺寸变化率（纵/横）/%		≤5
7	渗透系数/(cm/s)		$\leq 10^{-11}$
8	透气系数/[(cm³·cm)/(cm³·s·cm)]		按设计或合同规定
9	热老化处理	外观	无气泡，不黏结，无孔洞
		拉伸强度相对变化率（纵横）/%	≤25
		断裂伸长率相对变化率（纵横）/%	≤25
		低温弯折性（−20℃）	无裂纹

表 9-5　　夹网聚氯乙烯复合土工膜物理力学性能表

序号	项　　目		指　　标
1	密度/(g/cm³)		1.20～1.30
2	断裂强力（纵/横）/(kN/5cm)		0.5～2.0
3	低温弯折性（−20℃）		无裂纹
4	尺寸变化率（纵/横）/%		≤5
5	撕裂负荷（纵/横）/N		≥80
6	CBR 顶破强力/kN		按设计或合同规定
7	渗透系数/(cm/s)		$\leq 10^{-11}$
8	透气系数/[(cm³·cm)/(cm³·s·cm)]		按设计或合同规定
9	热老化处理	外观	无气泡，不黏结，无孔洞
		断裂强力相对变化率（纵横）/%	≤25
		低温弯折性（−20℃）	无裂纹

注　摘自《土工合成材料 聚氯乙烯土工膜》(GB/T 17688—1999)。

9.1.2.3　非织造布复合土工膜基本项技术要求

非织造布复合土工膜基本项技术要求和耐静水压规定值分别见表 9-6 和表 9-7。

表 9-6　　非织造布复合土工膜基本项技术要求表

项　　目		指　　标							
标称断裂强度/(kN/m)		5	7.5	10	12	14	16	18	20
1	纵横向断裂强度（不小于）/(kN/m)	5.0	7.5	10.0	12.0	14.0	16.0	18.0	20.0
2	纵横向标准强度对应伸长率/%	30～100							
3	CBR 顶破强力（不小于）/kN	1.1	1.5	1.9	2.2	2.5	2.8	3.0	3.2

续表

	项　目	指　标							
4	纵横向撕破强力（不小于）/kN	0.15	0.25	0.32	0.40	0.48	0.56	0.62	0.70
5	耐静水压/MPa	按表 9-7							
6	剥离强度/(N/cm)	≥6							
7	垂直渗透系数/(cm/s)	按设计或合同要求							
8	幅宽偏差/%	−1.0							

注　1. 实际规格（标称断裂强度）介于表中相邻规格之间，按线性内插法计算相应考核指标；超出表中范围时，考核指标由供需双方协商确定。
2. 第 6 项如测定时试样难以剥离或未到规定剥离强度基材或膜材断裂，视为符合要求。
3. 第 8 项标准值按设计或协议。
4. 实际断裂强度低于标准强度时，标准强度对应伸长率不作符合性判定。

表 9-7　　非织造布复合土工膜耐静水压规定值表

项目 \ 膜厚度/mm		0.2	0.3	0.4	0.5	0.6	0.7	0.8	1.0
耐静水压/MPa	一布一膜	0.4	0.5	0.6	0.8	1.0	1.2	1.4	1.6
	二布一膜	0.5	0.6	0.8	1.0	1.2	1.4	1.6	1.8

注　膜厚介于表中相邻规格之间，按线性内插法计算相应考核指标；超出表中范围时，考核指标由供需双方协商确定。

9.2　土工膜防渗体通用施工技术

9.2.1　施工流程

土工膜施工的一般流程为：基面处理→下垫层施工→土工膜铺设→土工膜搭接试验→土工膜搭接→检测→修补→复检验收→上垫层及保护层施工。

9.2.2　土工膜铺设施工条件

（1）施工前，应根据施工图纸，计算分部分项工程量，计算所需材料的详细数量，检查土工膜的存量。根据土工膜幅宽、现场长度需要，合理制定规划。

（2）检查并确认基础支撑层已具备铺设复合土工膜的条件，并符合设计条件。基面应干燥、压实、表面平整、无裂痕、无明显尖突、无凹陷，垂直深度 25mm 内部不应有树根、大块尖棱石、钢筋头等。其平整度应在允许范围内平缓变化，坡度均匀一致。

（3）基面上有阴、阳角时，其半径不宜小于 0.5m。

9.2.3　土工膜铺设原则

（1）接缝最短原则。接缝的多少，不但影响施工进度，而且影响施工质量。按接缝最短原则设计时，低坝应沿着坝轴线方向展铺，高坝应沿着上下方向即坝顶至坝底展铺。

（2）拉力大的方向，接缝应少原则。接缝的抗拉强度约为母材的 80%，所以拉力大的方向接缝应少些，也就是复合土工膜的纵向平行于拉力大的方向。对于高土石坝，坝坡方向受力大于坝轴线方向，复合土工膜的纵向应沿上下方向（坝顶至坝底 ）展铺。

9.2.4 土工膜的铺设施工

对于采用土工膜作为防渗材料的土石坝，在土工膜正式铺设施工前，首先检查趾板或者锚固槽是否已全部开挖完成，然后把土工膜的留边光膜纵向（长度方向）顺着趾板或者锚固槽走向浇埋在混凝土内或者锚固槽内，露出半边准备与坝面或坝中央的土工膜拼接，检测坝面土石料是否密实平整无大块尖棱石，或者混凝土面是否平顺无尖角，然后铺设复合土工膜。

土工膜铺设时，可采用机械（卷扬机、拖拉机）或人工牵引铺设土工膜，人工拖拉平顺，松紧适度，使布膜同时受力，土工膜铺设做到以下几点。

（1）在干燥、暖和天气进行铺设。

（2）铺设时应适当放松，留足够余幅（大约3%～5%），以便拼接和适应气温变化。

（3）接缝与最大应力方向平行。铺设土工膜时，模块之间形成节点，应当为T形，不得做成“十”字形。

（4）坡面弯曲处注意裁剪尺寸，务使妥帖。

（5）随铺随压，以防风吹。

（6）施工中发现损伤，及时修补。

（7）施工人员穿无钉鞋或胶底鞋。

（8）施工中注意防火，禁止工作人员吸烟。

9.2.5 土工膜的连接

土工膜的连接可采用胶结法、焊接法、折叠法、重叠法等，其中最常用的是焊接法和胶结法。

9.2.5.1 胶结法

胶结法是将塑膜搭接处擦干净，均匀刷涂胶黏剂，滚压黏合的方法，胶黏剂主要有聚氯乙烯胶黏剂、乳化沥青、氯丁橡胶等。

（1）一布一膜的搭接型式。一布一膜的搭接，采用两边合并，另裁剪搭接膜条，再将膜与膜搭接黏合（封条式搭接），不得采用一布一膜重叠式搭接，以防渗水，其搭接型式见图9-2，复合土工膜不要甩边。

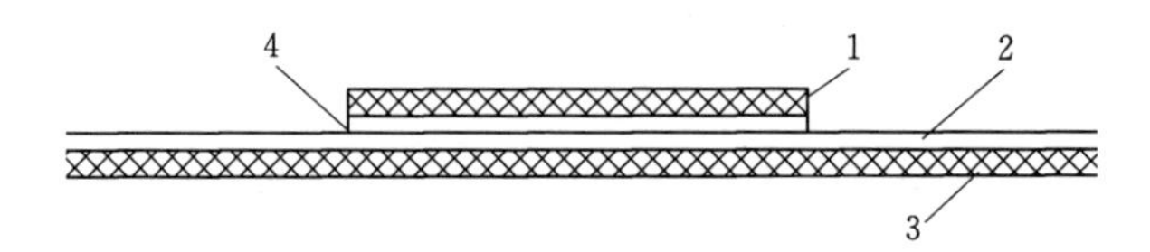

图9-2 一布一膜封条式胶结法搭接型式示意图

1，3—水工布；2—PVC膜；4—土工膜胶

（2）二布一膜的搭接型式。二布一膜产品有甩边，应采用交叉式搭接，其搭接型式见图9-3和图9-4。图9-3布与布之间采用胶结，图9-4布与布之间采用手提式缝纫机缝合。

（3）搭接前，应将搭接面擦干净，必要时，可用砂纸刷一刷，再涂胶，每次涂胶要均匀。根据气温情况确定涂刷长度，一般不超过4m，晾晒2～4min，即可黏合，黏合后用平

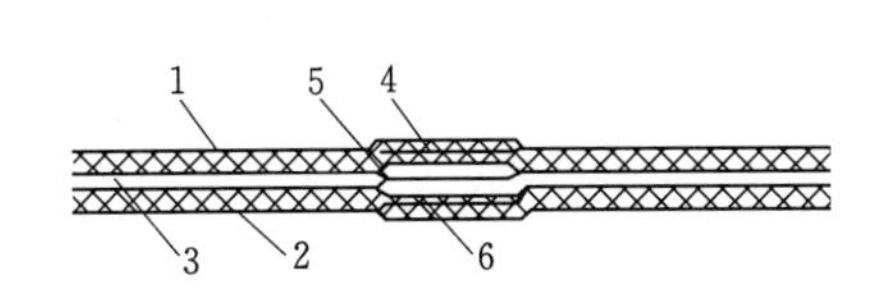

图 9-3　二布一膜搭接型式示意图（一）
1，2—土工布；3—塑膜；4，6—土工布胶；
5—土工膜胶

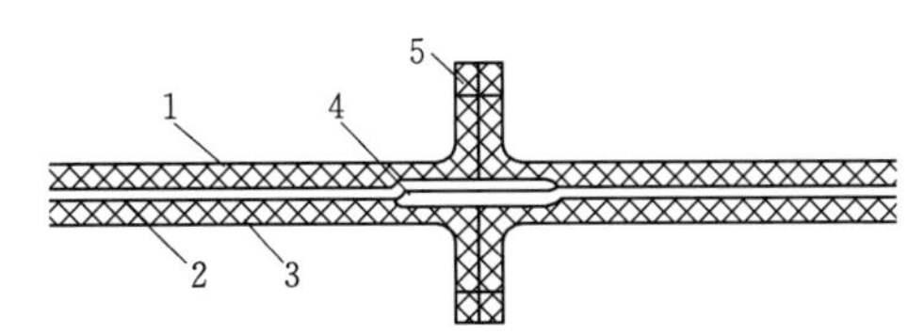

图 9-4　二布一膜搭接型式示意图（二）
1，3—土工布；2—塑膜；4—土工膜胶；
5—缝合线

压铁辊滚压数次或木槌打压数次即可。

（4）塑膜搭接好后，再进行土工布的搭接。土工布的搭接可采用黏合剂黏结，也可采用手持式缝纫机缝合。若采用土工布胶（如氯丁橡胶、乳化沥青等）胶结，搭接次序为先胶结下层土工布，再胶结塑膜，最后胶结上层土工布。

9.2.5.2　焊接法

焊接法是借助热焊机等加热设备，将塑膜加热软化，机械滚压或人工加压贴合在一起的方法。一般采用自动爬行热合机。

焊接法施工由于施工效率高，质量便于检测，是水利水电工程最为常用的土工膜连接方法。土工膜的施工焊接主要有两种方法，即双缝热合焊接和单缝挤压焊接，其接缝构造及适用范围见图 9-5。

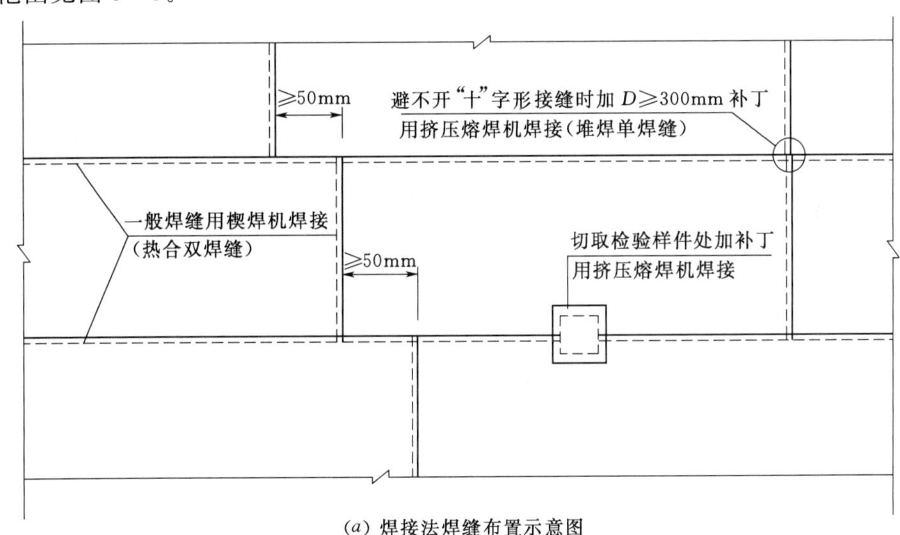

(a) 焊接法焊缝布置示意图

上幅膜
熔接区，形成双焊缝
80mm
20mm
焊缝检漏用空腔
下幅膜

(b) 热合双焊缝构造

熔接区
堆焊焊缝
上幅膜
2.5
80mm
下幅膜
Δ

(c) 堆焊单焊缝构造

图 9-5　焊接法焊缝构造图

（1）一布一膜和二布一膜的搭接均采用交叉式搭接，膜与膜搭接焊接，布与布搭接，其搭接型式见图 9-6 和图 9-7。

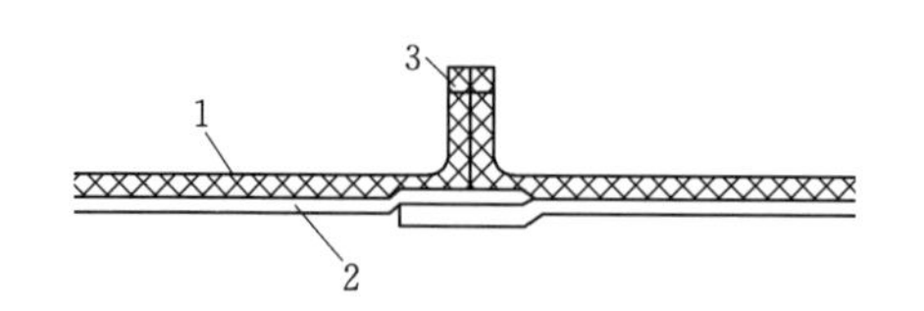

图 9-6　一布一膜搭接型式示意图
1—土工布；2—塑膜；3—缝合线

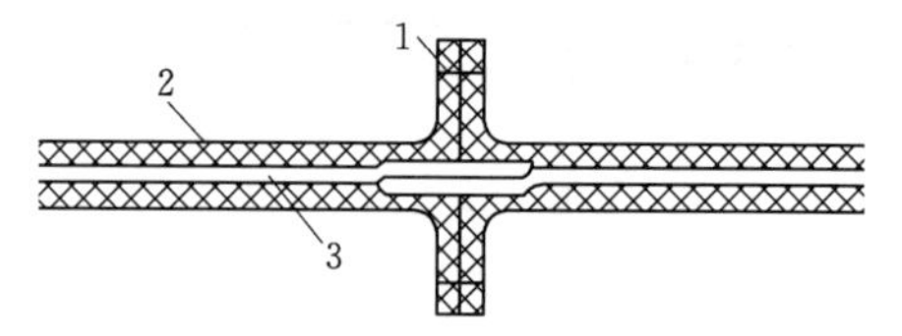

图 9-7　二布一膜搭接型式示意图
1—缝合线；2—土工布；3—塑膜

（2）现场土工膜施工前，应根据设计要求、现场气温、设备做焊接试验，确定现场连接施工的各项技术参数，以保证土工膜的连接质量。

9.2.5.3　重叠法

重叠法是将复合土工膜直接搭接一定长度的方法，该方法只适合防渗要求较低的工程。

9.2.5.4　折叠法

折叠法是将两块复合土工膜边错开一定宽度，折叠 2 次或 3 次的方法（见图 9-8）。对低水头防渗，采用折叠法搭接，要求复合土工膜折叠 4 层以上，折叠宽度 15～20cm，并在搭接处 30cm 内喷射高标号混凝土。

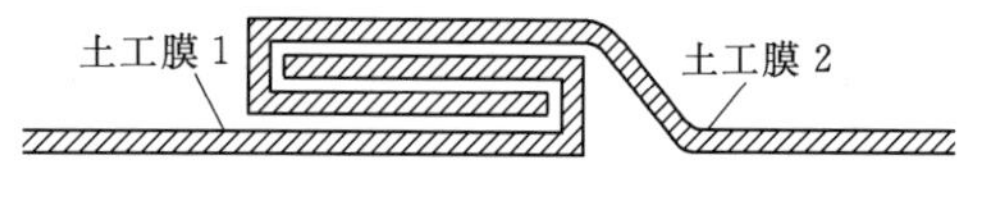

图 9-8　折叠法搭接型式示意图

9.2.6　质量检测

（1）原材料质量检测。原材料进场后必须进行抽检，检测内容主要包括：单位质量、土工膜厚度、纵向抗拉强度、横向抗拉强度、纵向断裂伸长率（%）、横向断裂伸长率（%），检测合格后方可投入使用。

（2）接缝的质量检测。接缝检测方法有目测法、现场检漏法和抽样测试法。

1）目测法。观察有无漏接，接缝是否无烫损、无褶皱，是否拼接均匀等。

2）现场检漏法。应对全部焊缝（连接缝）进行检测，常用的有真空法和充气法。

真空法：利用包括吸盘、真空泵和真空机的一套设备。检测时将待检部位刷净，涂肥皂水，放上吸盘，压紧，抽真空至负压 0.02～0.03MPa，关闭气泵。静观约 30s，看吸盘顶部透明罩内有无肥皂水泡产生，真空度有无下降。如有下降，表示漏气，应予补救。

充气法：焊缝为双条，两条之间留有约 10mm 的空腔。将待测段两端封死，插入气针，充气至 0.02～0.05MPa（视膜厚选择），静观 30s，观察压力表，如气压不下降，表明接缝合格。

3）抽样测试法。约 1000m^2 取一试样，做拉伸强度试验，要求强度不低于母材的 80%，且试样断裂不得在接缝处，否则接缝质量不合格。

9.3　土工膜防渗面板（斜墙）施工

9.3.1　一般施工技术要求

（1）土工膜应尽量用宽幅，减少拼接量。

（2）土工膜铺设前，基础垫层要碾压密实、平整，不得有突出尖角块石露出。做好排渗设施，挖好固定沟。

（3）防渗土工膜顶部应埋入坝顶锚固沟内，其底部必须嵌入坝底。如为透水地基，土工膜与上游防渗铺盖或截水槽，岸坡和一切其他防渗体紧密连接，构成完全封闭体系。土工膜封闭体系的具体结构可根据地基土质条件和结构物类型分别采用以下型式。

1）与黏土地基连接。土工膜直接埋入锚固槽，填土应予夯实，槽深2m，宽4m［见图9－9（*a*）］。

2）与砂卵石地基连接。应清除砂卵石，直达不透水层。浇混凝土底座，埋入土工膜。对新鲜和微风化基岩，底座宽为水头的1/20～1/10。对半风化和全风化岩，底座宽为水头的1/10～1/5，所有裂缝要填实［见图9－9（*b*）］。当砂卵石太厚、不能开挖至不透水层时，可将土工膜向上游延伸一段，形成水平铺盖，长度通过计算确定；如用混凝土防渗墙处理，则将土工膜埋入防渗墙中。土工膜下设排水、排气措施。

3）与岩石地基连接［见图9－9（*c*）］。

4）与结构物连接。如与输水管、溢洪道边墙、廊道等连接，相邻材料的弹性模量不能差别过大，要平顺过渡，并充分考虑结构物可能产生的位移。

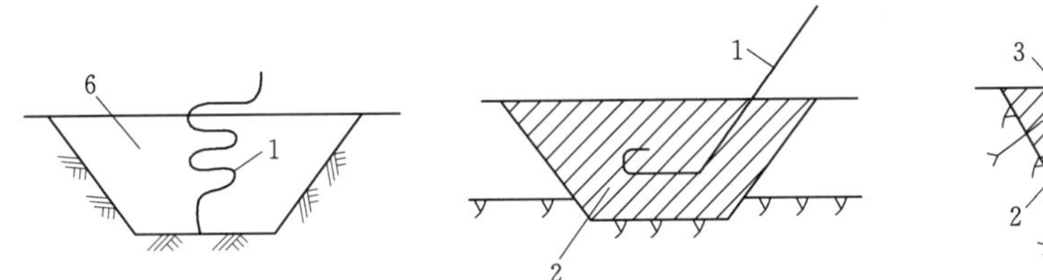

（*a*）与黏土地基的连接　　（*b*）与砂卵石地基的连接　　（*c*）与岩石地基或混凝土地基的连接

图9－9　土工膜与地基的连接示意图

1—土工膜；2—混凝土；3—氯丁橡胶垫片；4—锚栓；5—锚筋；6—回填土

（4）土工膜的搭接。土工膜各条幅间现场搭接宽度不小于10cm。最常用的是焊接法和黏接法。搭接方法应根据施工现场的实际情况和复合土工膜的材质、有无甩边来确定，但工程中多用膜焊布缝进行搭接。焊缝抗拉强度较高，应根据膜材种类、厚度和现有工具等优先采用焊接法。

9.3.2　土工膜防渗面板施工

一般土工膜防渗面板大多铺设在堆石坝体的过渡层上，而对于一些堆石坝的防渗加固工程，土工膜防渗面板直接铺设在堆石坝沥青混凝土斜墙或混凝土面板上。土工膜防渗面板的结构形式一般为（自下而上）：支撑层→下垫层→土工膜→上垫层→保护层，其结构示意见图9－10。

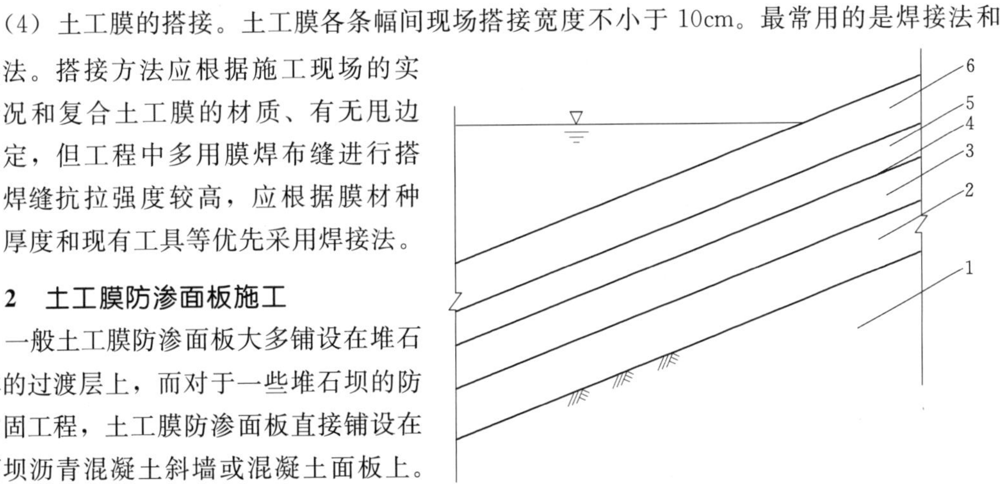

图9－10　土工膜防渗面板结构示意图

1—坝体；2—支撑层；3—下垫层；4—土工膜；5—上垫层；6—保护层

土工膜防渗面板的施工既可待坝体填筑完成后，再进行土工膜防渗面板的施工，也可随着坝体的填筑，分层上升施工。

9.3.2.1 下垫层施工

对于采用土工膜作为防渗面板的碾压式土石坝，支撑层即为过渡料。下垫层一般采用砂砾石，级配和最大粒径应符合设计要求。根据施工规划，坝体填筑一定高度后，对坝坡面进行修整、碾压，碾压密实度达到设计要求，并通过验收后，即可开始垫层料的施工。在老挝南欧江六级水电站复合土工膜面板坝施工中，采用了混凝土面板坝固坡的挤压边墙作为下垫层的新技术，挤压边墙施工时预埋设复合土工膜锚固带，土工膜面板直接焊接在土工膜锚固带铺上，施工较为方便。对于一些除险加固的面板坝，下垫层即为沥青混凝土面板或混凝土面板。

垫层料由自卸汽车运至工作面，后退法卸料，人工辅助机械摊铺及收坡，摊铺时先按垫层料的自然坡超填。铺料厚度用钢钎插入法检测，人工挂线铺垫平整。垫层料摊铺完成后，洒水湿润，采用振动夯板或斜坡振动碾进行垂直碾压，碾压遍数以碾压试验所确定参数为准。碾压完成后按设计坡比及时修坡，将超填的料回收后喷涂阳离子乳化沥青，均匀铺洒一层粗沙，再用振动夯板重新静压一遍，以保证坡面的平整及固坡。

9.3.2.2 土工膜铺设

在垫层坡面处理完毕，经验收后，即开始复合土工膜的铺设。土工膜铺设一般采用自下而上，人工铺设的方式施工。也可采用坝顶移动式卷扬机牵引复合土工膜，由下而上铺设。铺膜时不宜拉得太紧，应留2%～3%的褶皱量，以适应坝体的沉陷变形；在斜坡或垂直部位应留30～40cm折叠伸缩；铺好的土工膜应及时覆盖，避免阳光直接照射，并做到当天铺膜，当天覆盖完毕；铺设土工膜时，工作人员应穿软底鞋，严禁施工人员穿带钉鞋进入作业区。

（1）土工膜的裁剪。复合土工膜的幅宽、长度视现场需要，由厂家在厂内剪裁好适宜的长度卷成卷。除锚固端外，其余三边预留10cm宽拼缝带，以便于施工时膜与膜的拼接。

（2）土工膜的拼接。拼接方法的选择应根据施工现场的实际情况和土工膜的材质来确定。正式拼接前，应根据施工气温进行试焊，确定行走速度和施焊温度。一般行走速度1.5～2.0m/s，施焊温度200～300℃。

9.3.2.3 上垫层及保护层施工

上垫层是保护层和土工膜之间的过渡层，一般采用透水性良好的砂砾料，厚度不小于15cm。保护层也叫防护层，一般采用堆石、砌石、预制混凝土板或现浇混凝土板等，其做法见表9-8。

9.3.2.4 工程应用

黑河水利枢纽工程上游高水围堰是坝体一部分，堰高37m，围堰堰顶长度380m，迎水坡面高程517.00m以下为复合土工膜面板防渗结构（见图9-11）。

趾槽置于基岩内，开挖深度不小于1m。河床段为塑性混凝土防渗墙，墙顶设混凝土帽墩，其余部位均为趾槽。复合土工膜与地基的连接示意见图9-12。趾槽混凝土标号为C15，不设伸缩缝。土工膜用钢板夹固定在预埋钢筋上。

表 9-8　土石坝的保护层及上垫层施工做法列表

保护层形式	土工膜类型	建议上垫层型式	保护层做法
预制混凝土板	复合土工膜	可不设上垫层	混凝土板直接铺在膜上
	土工膜	喷沥青胶砂或浇厚约 4cm 的无砂混凝土	板铺在上垫层上，接缝处塞防腐木条或沥青玛瑲脂，或 PVC 块料等，留排水孔
现浇混凝土板或钢筋网混凝土板	复合土工膜	可不设上垫层	板直接浇在膜上
	土工膜	膜上先浇厚约 5cm 的细砾无砂混凝土垫层	在垫层上布置钢筋，再浇筑混凝土，分缝间距约为 15m，缝间填防腐木条或沥青玛瑲脂，或 PVC 块料等，留排水孔
浆砌石块	复合土工膜	铺厚约 15cm、粒径小于 2cm 的碎石垫层	在垫层上砌石，应设排水孔，间距 1.5m
	土工膜	铺厚约 5cm、细砾混凝土垫层	
干砌块石	复合土工膜	铺厚约 15cm、粒径小于 4cm 的碎石垫层	在垫层上铺干砌块石
	土工膜	铺厚约 8cm 的细砾无砂混凝土或无砂沥青混凝土垫层	

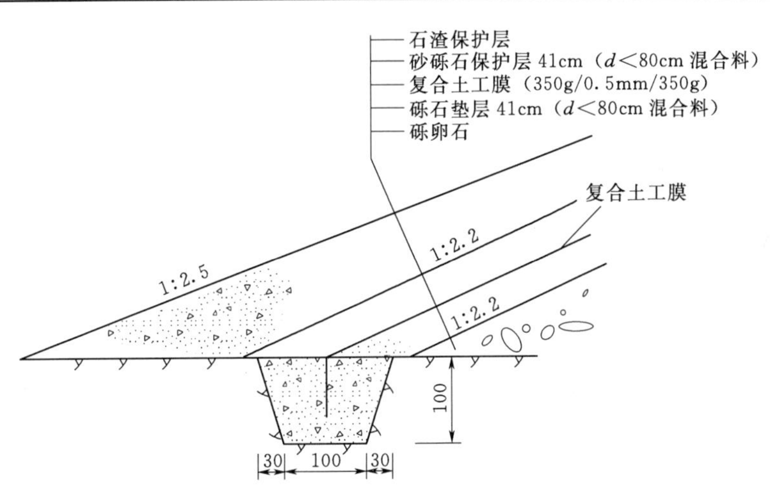

图 9-11　陕西黑河复合土工膜斜墙围堰结构图（单位：cm）

土工膜铺设前对坝坡面修整，每填 2～3 层坝壳料，用 1.4m^3 反铲配合人工削修边坡一次，全站仪施放控制桩，人工修整，达到设计坡比。每填高 10m 左右，坡面用 10t 斜坡振动平碾静压 4 遍，再振压 4 遍，碾压密实达到设计要求，经监理工程师、设计人员验收合格后铺设垫层料。

在整好的坝壳坡面上铺厚 41cm 的砂砾石垫层料，砂石比为 0.466∶1，洒水湿润，用 10t 斜坡振动碾静压 2 遍，振压 2 遍，质检站取样合格后，铺设土工膜。

土工膜的铺设为 300g/0.5mm　PE/300g 的“两布一膜”。土工膜自上而下铺设，底部脱布后的主膜与趾板中所夹高强塑料布焊接。为防止坡面土工膜拉裂，铺设时每增高

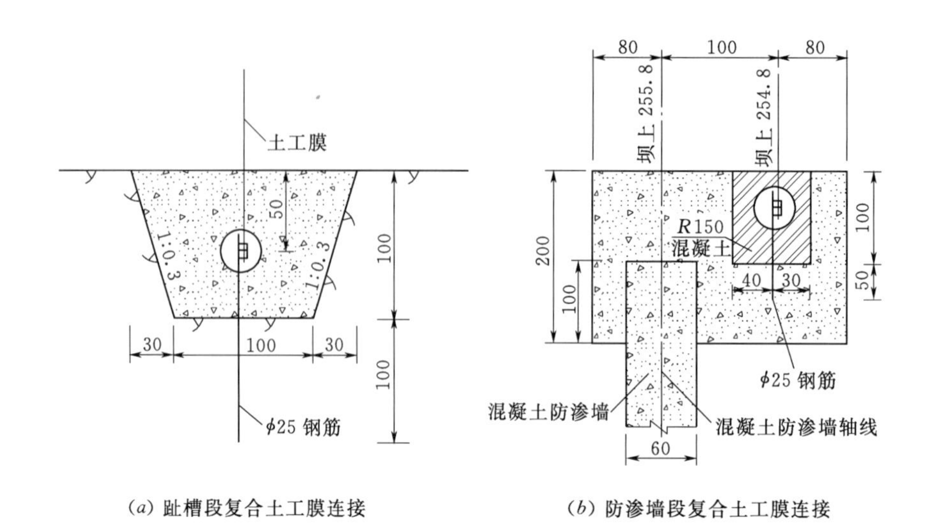

图 9-12　陕西黑河坝围堰工程复合土工膜与地基的连接示意图（单位：cm）

6m 打一个 Z 形折。坡面土工膜采用膜焊布缝搭接，搭接长度不小于 10cm。热焊机采用 ZPR-210 自动爬行热焊机，焊接速度 1m/min，焊接温度 230℃。

对于烫伤、折皱以及人工不慎铲破的小洞，先用砂布将缺陷周围一定范围内打毛，然后刷专用胶，将补的膜片粘贴好。

土工膜在坝面上搭接铺设结束后，认真进行质量检测，发现开缝、有孔眼或刺伤，立即进行修补。焊缝质量检测分目测和充气检漏。目测两条焊缝是否透明，宽度是否均匀，有没有漏焊、烫伤、折皱等缺陷，并做好详细记录。本工程采用自动爬行热合机焊接的双焊线焊缝，因而，运用充气法对焊缝检漏简单易行，其设备为一个针头、一块压力表、气门芯与打气筒。检漏时，把气针插入两条焊缝中间的空腔内，然后密封针孔四周，再将焊缝空腔两头（检测焊缝长度范围）堵住，用打气筒打气，使其升至 0.1MPa，稳定 30s 压力表读数不降低，即可认为焊缝合格。

上垫层铺设厚度 41cm，用 1.4m^3 反铲配合人工铺填。木板刮平并适量洒水，用人工持木板夯实，保护层石渣用推土机自坝下开始，自下而上铺筑，一次达到设计厚度并压实。

9.3.2.5　面板坝防渗加固土工膜面板施工

一般防渗工程中的土工膜都是铺设在散粒料垫层上，而对于一些防渗加固工程，土工膜防渗面板是直接铺设在堆石坝的沥青混凝土面板或混凝土面板上，施工也有自己的一些特点，其施工工艺见图 9-13。

（1）清理坝面与基础。

1）清除坝面杂土块石、已老化的鳞片状沥青混凝土，用地面打磨机等设备打磨清洗。

2）清理坝基与防渗墙顶部的淤土，检查沥青混凝土斜墙与坝基混凝土防渗墙的连接情况，看其有无破损及裂缝缺陷，如有缺陷，进行加固处理。

3）用高压水枪将坝面冲洗干净，进行晾干保护。

（2）埋设排水管。

1）在复合土工膜和沥青混凝土斜墙界面上设置排水管，按设计图准确定位放线，使排水管渗水及时由干管排出。

2）用沥青混凝土将排水管固定在沥青混凝土斜墙上，按设计要求做出一定的斜坡，便于复合土工膜后渗水的排出。

3）排水管在固定前进行注水实验，检查排水管是否畅通。

（3）周边连接。在坝面上铺设复合土工膜之前，应先做好周边的连接。

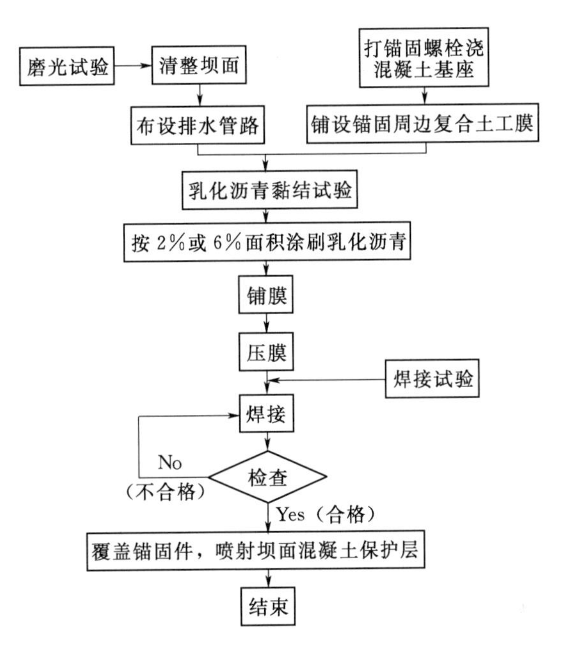

图9-13　复合土工膜防渗面板施工工艺流程图

1）与左右岩石岸坡连接。在与两岸边连接时，在原混凝土面板或沥青混凝土与基岩的接触带附近，开挖宽度为1m的槽子，当遇破碎裂隙岩体时清除到弱风化岩面，将复合土工膜植入槽内，用混凝土回填锚固（见图9-14）。若两岸岩石新鲜平整，可清除岸边杂土，用水冲洗干净，浇筑混凝土墩，在岸边基岩中钻孔、插锚筋、铺设复合土工膜，用钢板压膜，螺栓紧固，并在其上浇筑混凝土保护层。在锚固件的外边预留复合土工膜（每边10cm），以备与坝面土工膜底边焊接。

2）与坝基截水墙的连接。将截水墙清理干净后，在截水墙上游侧做一混凝土锚墩，将复合土工膜弯折埋入墩内，注意在墩的上游侧膜要打一皱折。在与基础连接时，将倒挂井防渗墙顶部做成圆形，在防渗墙的上游侧开挖深、宽均为1m的槽子，将复合土工膜植入槽内，用混凝土回填锚固（见图9-15）。

3）与冲沟截渗墙连接时，将冲沟挡土墙内侧做一混凝土锚固墩，并用锚杆连接，型式同图9-14。

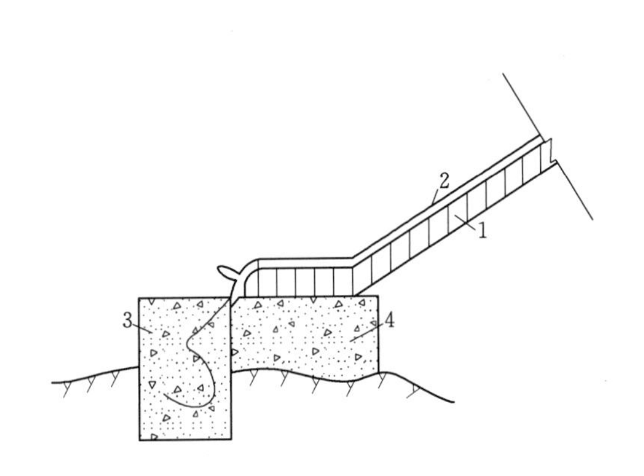

图9-14　复合土工膜岸坡锚固图

1—沥青混凝土斜墙或混凝土面板；2—复合土工膜；3—混凝土锚固槽；4—原混凝土防渗齿墙

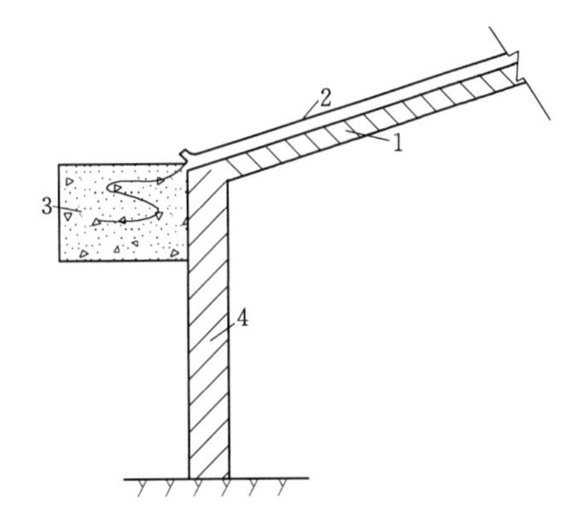

图9-15　复合土工膜坝基锚固图

1—沥青混凝土斜墙或混凝土面板；2—复合土工膜；3—混凝土槽；4—防渗墙

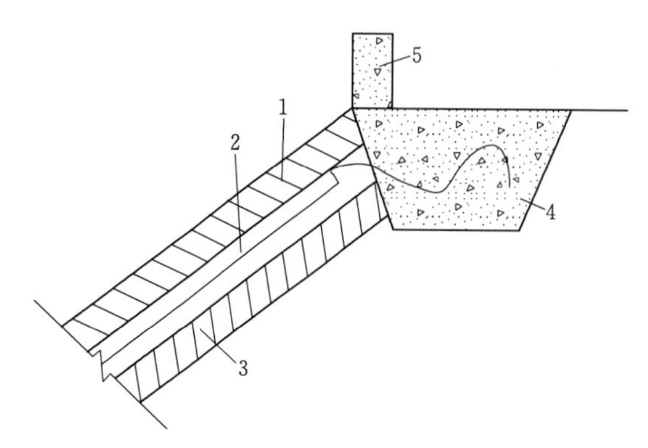

图 9-16　复合土工膜坝顶锚固图

1—混凝土护坡；2—复合土工膜；3—沥青混凝土斜墙或混凝土面板；4—混凝土锚固槽；5—防浪墙

4）与坝顶防浪墙的连接。将坝顶防浪墙与复合土工膜浇筑在一起，连接固定上部边界（见图 9-16）。或在墙的上游侧做一混凝土锚固墩，为使其抗滑稳定需用钢筋与防浪墙基础连接。

（4）复合土工膜铺设。采用坝顶移动式卷扬机牵引复合土工膜卷材，由下而上铺设。复合土工膜运到坝顶后，在复合土工膜卷中心插入钢管，钢管两头装定滑轮，卷扬机的钢丝绳通过定滑轮牵引卷材运动。复合土工膜两幅拼接处留边 10cm，中间的膜用热合焊机焊成双道焊缝，每条焊缝宽 10mm，用气压针在双焊缝间充气检查焊缝质量。两面的织物用手提工业缝纫机缝合。根据设计要求，如果复合土工膜与斜墙间的摩擦系数小，还需在复合土工膜下面涂刷黏结剂（如乳化沥青），黏结剂一般按上下方向涂刷，而不按井字形涂刷是为了不影响水库运行后的排气排水。

复合土工膜铺设不要绷得太紧，应留 1.5%左右的富裕度，特别是在与边界连接时，应留有更大一点的伸缩量，以适应气温变化和基础的沉降。由于膜厚不能打折，可做成波浪形。

铺设焊接施工时，工作人员不得穿钉底鞋，应穿软底鞋，工作人员不得在铺设坝面吸烟打火；复合土工膜铺设完成后，应在 7d 内进行喷射混凝土或现浇混凝土保护层，若不能在此期间完成保护层的施工，则应当用毡布遮盖，以避免暴晒老化。

（5）保护层施工。复合土工膜上设混凝土保护层（即护坡）。保护层一般采用喷射混凝土或现浇混凝土，厚度 15～20cm，由于喷射混凝土施工方便，且喷射的混凝土与复合土工膜胶结十分牢固，其抗滑稳定性能好，故多采用喷射混凝土作为复合土工膜的保护层。

喷射混凝土施工时，一般采用先边缘后中央、先下后上的顺序，受喷面不宜一次喷射至设计厚度，应按阶梯状逐项喷至设计厚度；喷嘴与受喷面的距离，一般应控制在 0.6～1.2m 之间，喷嘴与受喷面的角度应尽量保持垂直；喷射混凝土一般在 3d 后即可拆除模板，模板拆除后将缝内清理干净，用 PT 胶泥将缝灌满；喷射好的混凝土应注意养护，一般采用草帘覆盖或洒水养护。

（6）工程应用：陕西石砭峪水库大坝除险加固工程土工膜铺设施工。石砭峪水库位于陕西省西安市长安区境内的石砭峪河上，水库大坝为定向爆破（1973 年施工）沥青混凝土斜墙堆石坝，坝高 85m，坝顶高程 735.00m，沥青混凝土防渗斜墙面积 4 万 m^2，坝基采用混凝土防渗墙，周边采用灌浆帷幕防渗。

大坝的主要问题是堆石填筑质量差。当水库在中水位以上蓄水时，坝体产生较大的不均匀沉陷，而沥青混凝土斜墙受到其变形能力的限制又无法适应，致使斜墙开裂，进而大坝漏水，产生冲刷破坏，使水库长期在中低水位运行。根据大坝存在的问题，大坝加固处理主要从下面三个方面着手：一是加固斜墙基础，在斜墙基础有问题的部位进行浅层充填灌浆，以提高其堆石基础的密实度、渗透稳定性；二是在斜墙上铺设一层抗拉能力大、变形性能好的土工膜（2000 年施工）；三是在反弧上设伸缩沉降缝。

1）复合土工膜规格型号及性能。土工膜采用“二布一膜”，703m 以下采用 450/1(PE)/450 复合土工膜，纵向极限抗拉强度为 47.1kN/m，横向极限拉伸强度为 45.71kN/m；703～720m 采用 400/1（PE）/400 复合土工膜，纵横向极限抗拉强度不小于 35kN/m；720m 以上采用 350/1(PE)/350 复合土工膜，极限拉伸强度不小于 30kN/m；土工膜用热沥青粘贴在斜墙上，不用稀释沥青黏结，粘贴时热沥青温度控制在 110～130℃。土工膜幅间连接用胶接。

2）复合土工膜与沥青混凝土斜墙间的排水。该坝在土工膜后沿坝高均布四道水平排水管（665m、680m、700m、715m），其纵比降为 1：200，由东向西倾斜，每条管的中间及末端用竖管穿过斜墙直通到灌浆层下，竖管与斜墙间密封不透水。所有排水管均为 ϕ70mm 聚氯乙烯塑料管，水平支管为花管，设 ϕ10mm 排水孔，孔间距 5cm，梅花形布设。

3）复合土工膜与沥青斜墙间排气。复合土工膜用黏结剂黏贴在斜墙上，从上到下沿坝轴线方向每隔 20m 留 1m 宽排气通道，排气道处复合土工膜与斜墙不用黏结剂粘贴，并将复合土工膜有意拱起，以形成通道。原设计通过排气通道，经“烟囱”将气排出。“烟囱”紧贴防浪墙内边布置，高出洪水位，顶端装设向下弯头。施工时去掉了“烟囱”，改用逆止阀排水排气。在坝坡 703m 以上及坝顶，沿等高线布设逆止阀，逆止阀排距 5～6m，间距 30m，梅花形布置。

4）复合土工膜保护层施工。该坝复合土工膜上设保护层（即护坡），保护层采用 15cm 现浇 C20 混凝土块，混凝土块尺寸为 6m×6m 和 4m×4m 两种，块与块之间设 2cm 变形缝，缝内填沥青木板条。混凝土护坡上设排水孔，孔径 ϕ10cm，间距 2m×2m，孔内填无砂混凝土。

9.3.2.6 复合土工膜面板堆石坝挤压边墙施工新技术

复合土工膜面板堆石坝挤压墙施工技术，就是在采用土工膜作为防渗面板的土石坝施工中，采用类似混凝土面板堆石坝挤压边墙固坡施工技术，以简化垫层料的坡面处理工艺，达到提高功效的新施工技术，其挤压边墙结构形式见图 9-17。

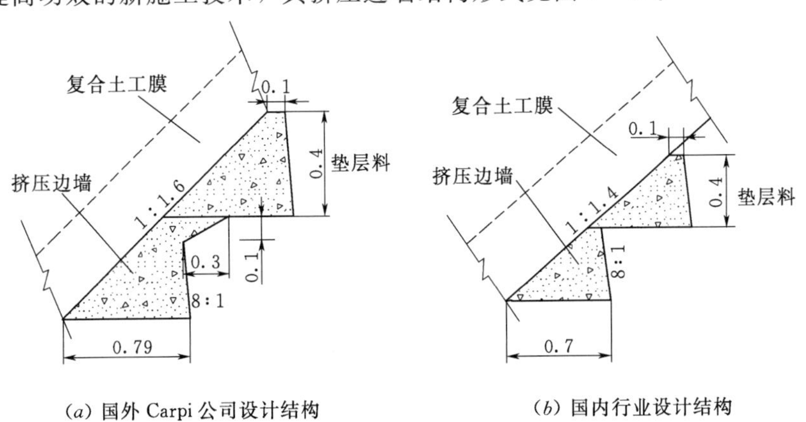

(*a*) 国外 Carpi 公司设计结构　　(*b*) 国内行业设计结构

图 9-17 复合土工膜面板堆石坝挤压边墙结构形式图（单位：m）

复合土工膜面板堆石坝挤压边墙施工技术在国内尚未有工程应用的实例，中国水电建设集团十五工程局有限公司借鉴国外设计理念，结合国内面板堆石坝挤压边墙施工技术，依托老挝南欧江六级水电站复合土工膜面板堆石坝的施工，对该项技术开展了一系列的研究，取得了一定成果。

南欧江六级水电站复合土工膜面板堆石坝，坝高88m、坝顶长362m、顶宽10m。坝体总填筑方量为193万m^3，大坝上游采用意大利Carpi公司的防渗体系设计，采用裸露的复合土工材料安装方案，复合土工膜锚固带固定于挤压边墙上，复合土工膜材料采用SIBELON专利产品和施工技术，该材料由聚氯乙烯材质复合土工膜焊接于无纺反滤土工布上组合而成。

在实际施工中，经过室内、室外试验，挤压边墙结构形式采用国内行业设计结构，挤压边墙混凝土推荐施工配合比见表9-9，混凝土强度8～10MPa。

表9-9　挤压边墙混凝土推荐施工配合比表

编号	水胶比	砂率/%	速凝剂掺量/%	单位材料用量/(kg/m³)					容重/(kg/m³)
				水	水泥	砂	小石(5～10)/mm	速凝剂KD-5	
ZHP-24	0.40	25	2	120	300	420	1260	6	2100

土工膜的铺设在坝体填筑完成，挤压边墙和防渗板验收、处理完成后，开始土工膜的铺设。土工膜用叉车运输至铺展面，与预制钢架连接，铺展顺序由上至下，由左至右。土工膜铺展后进行土工膜的焊接，焊接工具采用瑞士莱丹（LEISTER）塑料焊接技术有限公司生产的系列专业焊接设备（双轨热熔挤压焊接）。

9.4　土工膜防渗心墙施工

心墙式土工膜置于坝体中部，下接基础防渗设施，上与防浪墙连接，两侧与岸坡连接，在膜两侧各设一定厚度的细砂（或黏土）保护层，随坝体填筑上升铺设连接，复合土工膜心墙剖面见图9-18。

9.4.1　心墙土工膜施工一般技术要求

(1) 心墙土工膜宜采用“之”字形布置，折皱高度一般为50～75cm，与坝体分层碾

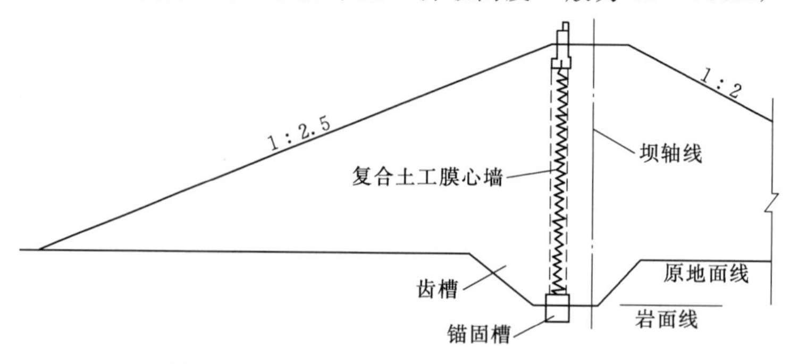

图9-18　复合土工膜心墙大坝剖面示意图

压厚度相适应。折皱角度根据过渡料边坡稳定休止角确定。因土工膜在施工和运行中可能产生拉应力和剪应力，铺设时应使其保持松弛状态，并在水平和垂直方向每隔一定距离留一定折皱量，折皱高度应与两侧垫层料填筑厚度相同。土工膜施工速度应与坝体填筑进度相适应。

(2) 土工膜防渗心墙两侧回填材料的粒径、级配、密实度及与土工膜接触面上孔隙尺寸应符合设计要求。

(3) 土工膜铺设前，过渡料边坡应人工配合机械修整，并用平板振动器振平，不得有尖角块石与其接触。

(4) 土工膜与地基、岩坡的连接及伸缩节的结构型式，必须符合设计要求。在开挖后的设计岩面上开凿梯形锚固槽，在槽中浇筑混凝土的同时，将主膜呈S形分层埋入混凝土中。

(5) 为防止膜料被拉裂，土工膜与刚体连接处要设置折皱伸缩节，伸缩节展开长度约1m。

(6) 土工膜施工时，现场应清除尖角杂物，做好排渗措施并注意防火；土工膜铺设时不应过紧，应留足够余幅，铺设时随铺随压，并加以回填保护；寒冷季节施工时，膜铺好后应及时加以覆盖。

(7) 土工膜铺设过程中应注意防止块石和施工机械损坏土工膜，特别是自卸汽车穿越土工膜心墙时，通过铺设钢板等措施对土工膜加以保护。

(8) 加强施工过程的检验，防止搭接宽度不够、脱空、收缩起皱、扭曲鼓包，如发现土工膜损坏、穿孔、撕裂等，必须及时补修，经监理工程师同意后方可覆盖。

9.4.2 心墙土工膜施工方法

心墙土工膜施工一般包括过渡层施工、保护层施工、土工膜铺设，原则上保持不同种类的填筑材料与坝体堆石料同步上升。以土工膜为界，两侧填料交替碾压上升，控制上下游高差不大于1m。施工前应对各种填料进行生产性试验，对铺料方式、铺层厚度和压实厚度、碾压机行车速度、铺料过程加水量、碾压遍数进行验证。

坝体基础处理完毕后，即可进行心墙土工膜防渗体的施工。先铺设土工膜，再分层铺填、碾压膜两侧垫层料和过渡料，以及两侧堆石料。其一般施工方法为：土工膜与底板混凝土焊接完成后，人工将膜沿坝轴线平整、松弛铺放于碾压好的坝体一侧，再将多余的膜人工均匀卷起，进行另一侧的垫层和过渡层填筑。完成后将卷好的土工膜翻转至填筑好的一侧，在土工膜表面铺设细帆布做保护，再进行另一侧的垫层和过渡层的填筑施工。依次反复，同坝体填筑协调上升。

9.4.2.1 一般施工流程

土工膜心墙由低而高组织施工，先铺设土工膜，再按设计分层铺填、碾压膜两侧垫层和过渡层。垫层一般采用细砂或黏土，按照碾压试验确定的厚度铺筑，采用人工铺料，振动碾碾压密实，按照设计宽度分层填筑至坝体分层碾压高度。过渡料采用机械摊铺，人工平整，振动碾洒水碾实。过渡料铺设好后，先不碾压，待垫层料和过渡料齐平后，和垫层料、坝壳料骑缝碾压。依次反复，按照“犬齿交错”上升法施工。

下面以银盘水电站二期围堰和莲花水电站围堰工程复合土工膜心墙施工为例对土工膜

心墙的施工进行阐述。

(1) 银盘水电站位于乌江下游河段，电站正常蓄水位215.00m，最大坝高79m，电站装机600 MW。电站二期上下游土石围堰EL190以上采用土工膜心墙防渗，心墙呈“之”字形铺设至堰顶高程。复合土工膜施工时，底部直接锚固在高喷防渗墙顶部盖帽混凝土中，与岸坡基岩结合部位通过现浇混凝土埂锚固联结，土工膜与土工膜接缝采用焊接，土工织布之间采用缝合连接。

1) 土工膜铺设。银盘水电站土工膜采用二布一膜复合土工膜，HDPE膜厚0.8mm，膜两侧织物分别为350g/m^2，规格为短丝复合土工膜，幅宽6m。土工膜采用人工铺设，上下游侧采用石渣过渡料保护，单侧厚度为3m，分为支持层和保护层。支持层为左岸人工砂石系统生产的人工砂，位于防渗中心线左右各1m，保护层为图9-19中过渡料2。过渡料2为人工砂石系统生产的级配碎石料。

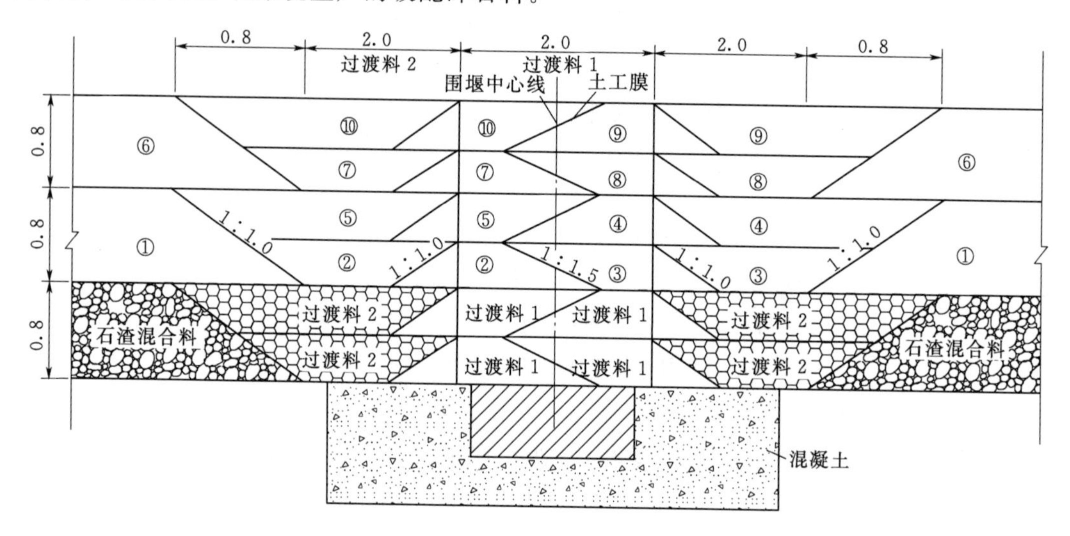

图9-19 土工膜心墙铺设施工示意图（单位：m）
①、⑥—石渣混合料、②～⑤、⑦～⑩—过渡料

土工膜铺设时先翻向围堰外侧面，在土工膜内侧根据设计要求堆积砂墙，砂墙的层高为40cm，砂墙按设计比例做成边坡，再将土工膜翻向砂墙上，继续填筑围堰外面，同样也是40cm的层高。以后照此反复翻膜填筑。为防止膨胀或位移拉破裂土工膜，每隔6m设一S形折，S形折的宽度不小于30cm。

2) 土工膜的连接。

A. 土工膜与高喷防渗墙帽盖连接。防渗墙帽盖混凝土按2m宽度开挖，开挖至防渗墙顶面，浇筑时两侧不立模板。按15～20m一段分段浇筑，段与段之间凿毛，并设置4根ϕ16并缝钢筋。

混凝土帽盖分两次浇筑，第一次预留0.4m×0.5m槽，槽底板预埋ϕ16mm锚栓。将土工膜放置在槽内，用扁铁压条与螺母将土工膜压在锚栓上，槽内浇筑二期混凝土。为方便施工，预埋土工膜高度1.5～2m（见图9-20）。

B. 土工膜与岸坡连接。土工膜与岸坡连接方式和防渗墙帽盖连接方式相同，岸坡要

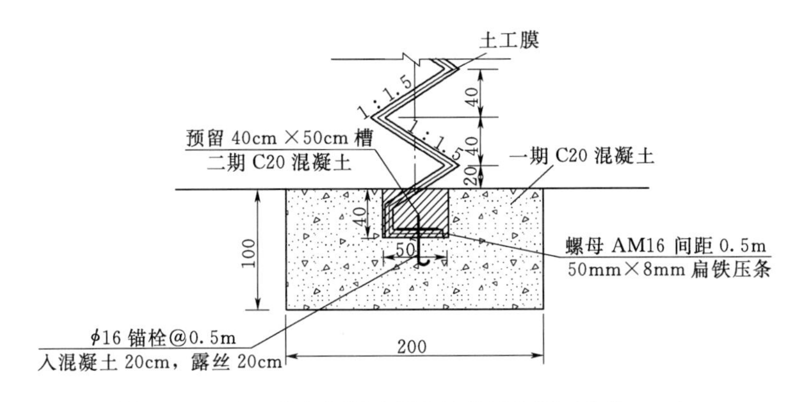

图 9-20　土工膜与混凝土冒盖连接示意图（单位：cm）

求开挖至岩石面，岩石上布设两排 ϕ25mm 锚杆，锚杆间距 1m，入岩 1.0m，外露 0.5m。

C. 土工膜与混凝土连接。土工膜与混凝土连接见图 9-21，混凝土按 3m 段浇筑，段与段之间凿毛处理。回填一段浇筑一段，侧向土工膜直接埋入二期混凝土中。

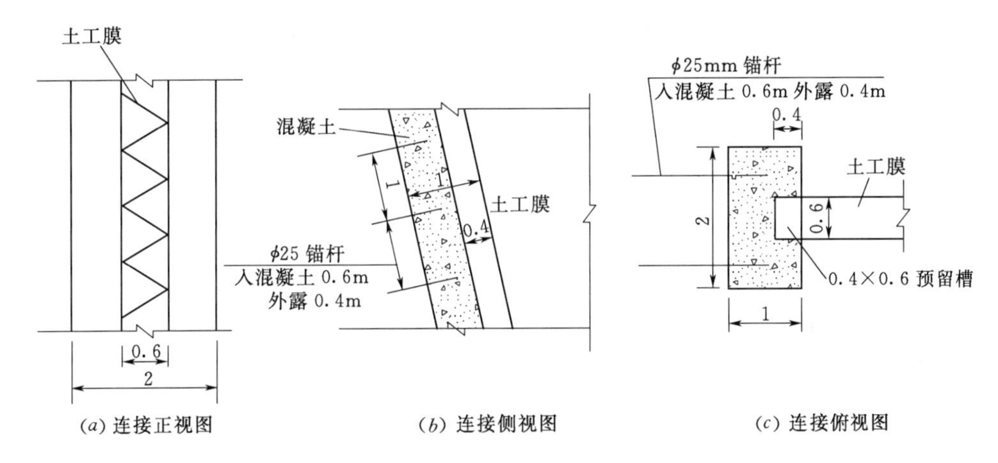

图 9-21　土工膜与混凝土连接示意图（单位：m）

D. 土工膜与土工膜连接。土工膜与土工膜连接主要为焊接和黏接，一般以热焊为主，在土工膜边角部位不适于焊接机焊接的部位或烫伤、折皱等缺陷部位采用 KS 胶黏接。

E. 土工膜局部特殊处理。十字缝及取样处的处理：在施工时偶有"十"字形接缝情况发生，实在无法避开时，应采用在接缝处要加一块不小于 300mm×300mm 的补丁。对试件取样处的部位，要使补丁的尺寸每边大于切除部分 60mm 以上。对安装中发现的孔洞，要加盖不小于 D=300mm 或 300mm×300mm 的补丁。

土工膜缺陷修补。对烫伤、折皱等缺陷修补，先用砂布将缺陷周围一定范围内打毛，然后刷上 KS 胶，再将另外准备的土工膜片粘贴好，补痕每边应超过破损部位 10～20m。对材料上小于 5mm 的孔洞及局部焊缝的修补完善，可用挤压熔焊机进行点焊。对大的孔洞、刺破处、膜面严重损伤处，可用加盖补丁方法来修补，补丁边距缺陷处不小于 80mm。

（2）莲花水电站位于黑龙江省海林县下游的牡丹江上，其大坝上游围堰型式为土工膜心墙防渗堆石围堰，最大堰高 18m，选用的土工膜为聚乙烯丙纶双面复合防水卷材

(D600)，幅宽 1.15m，每卷长 50m。先将幅宽 1.15m 的复合土工膜在加工厂拼接成 10m 左右的宽幅，运往现场铺设。土工膜沿竖直方向采用“之”字形布置，折皱高度为 75cm，与堆石分层碾压厚度 1.5m 相适应。为防止石碴将土工膜扎破，土工膜两侧填筑厚 50cm 砂料。心墙土工膜及砂料的两侧各填筑宽 2m 的砂砾石过渡层并碾压。土工膜沿围堰纵轴线方向每 15m 设一个折皱状伸缩节，伸缩长度 15cm。土工膜与黏土地基连接，采用在黏土地基上开挖 2.0m 深的锚固槽，将土工膜埋入槽内并用黏土回填夯实；土工膜与岸坡采用沥青砂浆连接。

土工膜采用热合焊机加热拼接，接缝搭接长度 10cm，焊接前将土工膜上的灰尘和杂物清除干净，焊接温度 250℃。

9.4.2.2 土工膜保护

土工膜垂直防渗体的埋置施工随坝体的逐层填筑而进行，存在着施工机械较为频繁跨越土工膜及土工膜长时间受阳光照射的问题。前者易使土工膜发生机械损伤，后者紫外线作用导致土工膜的老化。针对这两个问题，对土工膜采取有效的保护措施是十分必要的。在坝体每个填筑层，选择一至两处施工机械需跨越土工膜的位置，将土工膜埋置在保护层土料（或细料）30cm 下的沟槽中，适当压实整平后，上覆钢板形成不损伤土工膜的临时交通道。施工过程较长时间暴露于日光照射下的土工膜应用厚 10～20cm 的土料（或细料）掩埋保护。越冬施工期的土工膜用厚 30cm 保护层土料（或细料）埋置保护。

9.5 土工膜铺底水平防渗施工

土工膜铺底水平防渗体结构同土工膜防渗面板结构基本相同，一般由（自上而下）防护层→保护层（上、下保护层）→土工膜→垫层构成。

9.5.1 土工膜铺底施工技术要求

（1）土工膜应尽量用宽幅，铺设尽量保持同向，以利于形成流水施工。对于不规则的库区，应以相对顺直的坝坡为基线进行排膜，尽量使土工膜排列整齐，减少出现三角形、楔形等不规则形状，以减少拼接量。

（2）铺底土工膜铺设面积大、与周边施工交叉作业，对土工膜下料、周边锚固等造成困难。因此，土工膜施工时宜按“先中间、后四周”的原则进行作业。中央区域土工膜铺设时，根据土工膜幅宽在库盆周边预留施工道路，待中央区域土工膜铺设、焊接完成后再对预留部位与周边锚固土工膜进行同步施工。

（3）土工膜铺设前，基础垫层要碾压密实、平整，不得有突出尖角块石露出。

（4）应根据施工工期合理划分作业段数量，在满足工期要求的情况下，尽量少划分施工作业段。

（5）边坡位置土工膜铺设，宜垂直于边坡铺设，以便于机械施工。其他与土工膜防渗面板施工技术要求相同。

9.5.2 土工膜铺底施工方法

铺底土工膜一般施工程序为：基层处理→垫层施工→土工膜铺设→对正、搭齐→压膜

→定型→擦拭尘土→连接→检测→修补→复检→保护层施工→防护层施工。

9.5.2.1　垫层施工

在垫层基础面处理完成并验收后，即可开始土工膜垫层的施工。垫层料采用自卸汽车后退法卸料，人工配合机械铺料，表面平整度不应超过 3～5cm。铺填厚度和碾压遍数以碾压试验确定参数为准，振动碾碾压密实。最后在碾压好的垫层料上铺一道细砂或过筛细土，用尺杆刮平，即可进行土工铺设。

9.5.2.2　土工膜铺设

土工膜按施工前规划进行铺设，随铺随压。铺膜前应检查垫层面是否平整、或其他有可能损害土工膜的杂物。土工膜铺膜时不宜拉得太紧，要留有折皱，松动率不少于 5%。

9.5.2.3　接缝连接

热力熔合或黏结剂黏结的搭接宽度均不得小于 30cm，搭接时将土工布与膜剥离，膜采用叠瓦式搭接，不能使搭接处集中受力。

（1）热力黏合或黏结剂黏结前应在现场进行黏结永久性防渗试验、强度实验等。黏结前应清除膜表面沙子、泥土等脏物，保证膜面清洁，且接头处铺设平整。

（2）采用热焊接方法时，对于铺设好的土工膜，边缘接缝处不能有污物、水分、尘土等，焊接前要调整好接缝处两边的膜，使之搭接一定宽度，且平整无褶皱。

9.5.2.4　检测

铺设结束后，根据焊接质量控制要求对土工膜表面进行目测，以确定所有损坏的地方，做上标记并进行修补，并确定上面没有可能损坏土工膜的外来物质。施工过程中随时检测，做到边施工边检测。

9.5.2.5　修补

对损坏部分要及时修补，在缝合结合处，需进行重新缝合修补，并确保跳针部分的末端已重新缝合。必须通过铺设和热链接土工膜小片来修补的部位，土工膜小片要比缺陷的边缘在各个方向上最少长 20cm。土工膜损坏修补时应满足以下技术要求。

（1）用来补洞或补裂缝的补丁应和土工膜材质一致。

（2）补丁应延伸到受损土工膜范围以外至少 30cm。

（3）如裂口长度超过卷材宽度 10%，受损部分必须切除掉，然后将两部分土工膜连接起来。

9.5.2.6　保护层施工

土工膜焊接完成并经过质量验收合格后，及时在土工膜上均匀铺设保护层砂砾料。保护层一般分为上下两层，下保护层采用挖掘机进料，人工配合铺料，下保护层细砂砾料最大粒径不超过 20mm，采用人工夯实，禁止用机械铺设，同时，下保护层铺设前，应先在土工膜表面铺一道细砂或过筛细土；上保护层也采用挖掘机进料，人工配合铺料，填料最大粒径不大于 80mm，铺至设计厚度后，人工整平，振动碾碾压至设计密实度，碾压遍数参数以碾压实验确定。

9.5.2.7　防护层施工

保护层经碾压密实，并通过验收后，即可开始防护层施工，防护层一般为干砌块石或混凝土板，人工砌筑或现场浇筑至设计厚度。

9.6 工程实例

9.6.1 钟吕水电站复合土工膜面板堆石坝防渗工程施工

钟吕水电站堆石坝位于江西婺源县境内，大坝坝高 51m，坝体堆石总方量 30.8 万 m^3。左坝头设置正槽岸边式溢洪道，水库放空洞由左岸导流洞改建而成，坝体内埋设供水管向下游供水，其坝体剖面见图 9-22。

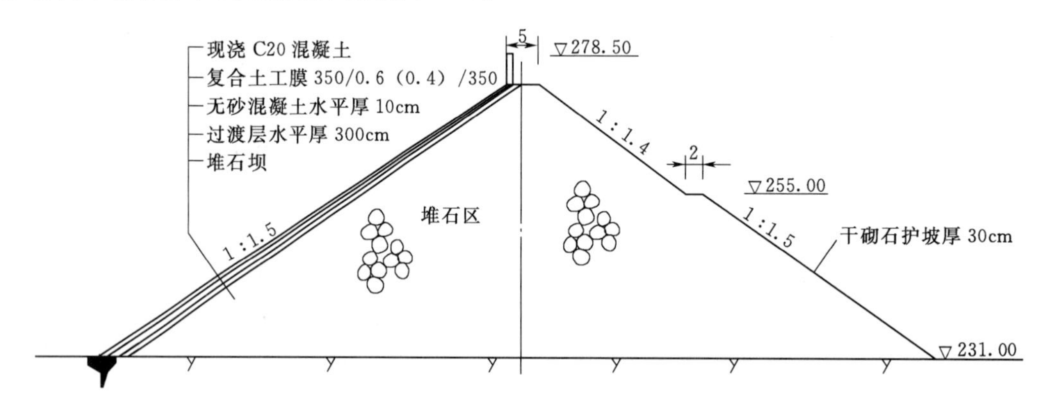

图 9-22 钟吕水电站复合土工膜防渗堆石坝体剖面示意图（单位：m）

9.6.1.1 坝体堆石填料分区设计

为了充分利用各种料场开采的石料，按堆石体在坝不同部分的作用，考虑到复合土工膜面板为柔性面板，将坝体分为过渡层主堆石区及下游次堆石区。通过现场碾压试验及室内实验，得出坝体各堆石区的设计参数（见表 9-10）。

表 9-10 坝体各堆石区设计技术参数表

填筑分区	强度 /MPa	干密度 /(g/cm³)	孔隙率 /%	渗透系数 /(cm/s)	不均匀系数	软化系数	含泥量 /%	D_{max} /mm	<5mm 粒径含量/%
过渡层	40	2.1	20	10^{-3}	5.5	>0.7	≤5	300	<10
主堆石区	40	2.1	20	10^{-2}	15	>0.7	≤5	800	<10
次堆石区	25	2.15	20	10^{-3}	15	>0.7	≤5	800	<10

9.6.1.2 坝体防渗结构设计

（1）趾板。趾板的提法是参照混凝土面板，实际应称为锚固槽较为合适。按设计要求，趾板应伸入基岩弱风化顶板线以下 1.5m，宽度为最大水头的 1/12，即河床段和两岸高程 250.00m 以下宽 4.21m，厚 1.5m；高程 250.00m 以上宽 3.2m，厚 1.5m。同时，若趾板下游侧为强风化岩时，要求 3～5m 范围浇筑与趾板相连接的厚 30cm 的 200 号 S6 混凝土。

（2）复合土工膜防渗体。通过计算，为节省造价，采用分区布膜，高程 250.00m 以下采用 350/0.6/350 复合土工膜。高程 250.00m 以上采用 350/0.4/350 复合土工膜。周边缝等分缝处采用 0.8mm 单膜，其特性指标见表 9-11。

表 9-11　　　　　　　　　　　复合土工膜的特性指标表

种　类	单位面积质量/(g/m²)	膜厚/mm	宽条纵向拉伸		窄条纵向拉伸		摩擦系数		黏结力/(kN/cm²)	渗透系数/(cm/s)
			强度/(kN/m)	伸长率/%	强度/(kN/m)	伸长率/%	与水泥砂浆	与现浇混凝土		
350/0.4/350	>1100	0.4	>15	>50	>15	>15	0.577	0.6	>0.1	$<1\times10^{-11}$
350/0.6/350	>1300	0.6	>18	>50	>18	>15				

注　焊缝拉伸强度应为母材强度的80%。

土工膜铺设时，要求不能拉得过紧，并留有一定的松弛度，并在无砂混凝土上铺厚2cm 100号水泥砂浆及沥青，以保证土工膜不被刺破及增加摩擦力。复合土工膜面上采用200号现浇混凝土保护，并设竖缝，缝距12m，缝内放沥青处理过的木条，护坡混凝土中心设ϕ=10cm排水孔，孔距2m。

复合土工膜与趾板的连接采用锚固方式，直接用801胶浸透两边织物，用槽钢压紧。与坝顶防浪墙的连接采用埋入方式，要求膜面上层织物剥离30cm以上，下层织物剥离10cm以上，且埋入混凝土部分应与混凝土良好接触黏结（见图9-23和图9-24）。

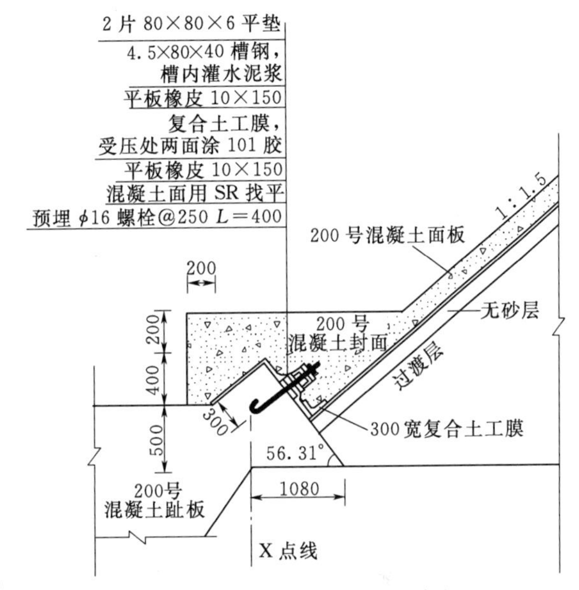

图9-23　土工膜与趾板连接图（单位：mm）

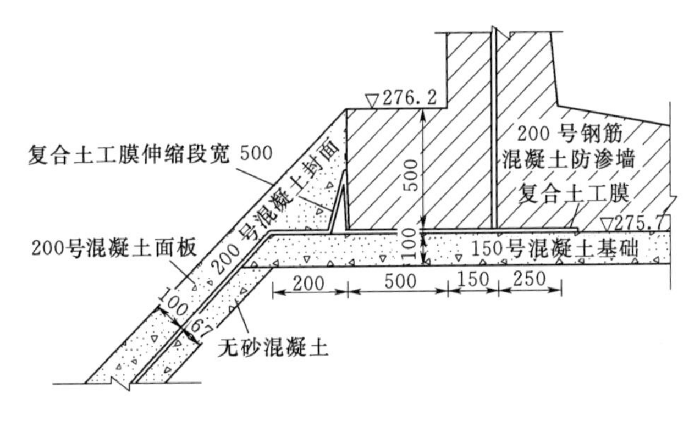

图9-24　土工膜与防浪墙连接图（单位：mm）

（3）防浪墙。防浪墙采用混凝土悬臂式挡墙，高4.2m，底板厚度20～50cm，埋入堆石体内。每隔12m设伸缩缝，其底部设10cm 200号混凝土找平层。

（4）分缝。趾板伸缩缝，每隔12m设置，并在地质情况突变和地形突变处另设缝，混凝土面涂二度沥青，垂直向设两道SPJ遇水膨胀橡皮，表面止水采用SR材料，用平板橡皮及钢板压紧，平板橡皮与复合土工膜锚固橡皮焊成整体（见图9-25）。

防浪墙分缝：采用光膜埋入混凝土中，两侧用沥青杉板，光膜宽度40cm，要求光膜

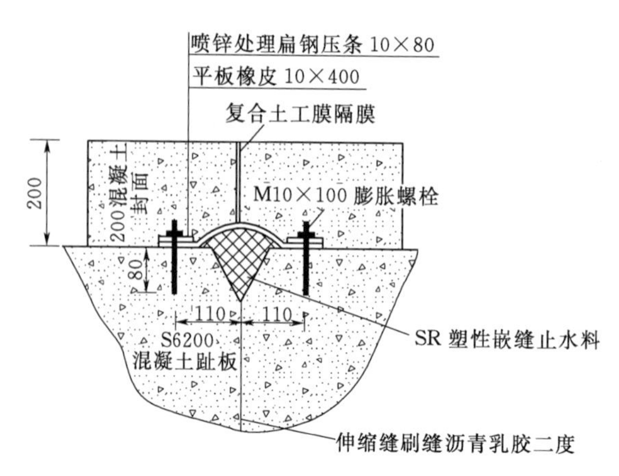

图 9－25　趾板分缝止水设计示意图（单位：mm）

与复合土工膜面板光膜焊接成整体。

（5）帷幕灌浆。帷幕线沿趾板向左、右坝头延伸至高程 276.68m，单排设计，孔深至相对不透水层，间距 3m。

9.6.1.3　坝体堆石填筑施工

坝体填筑前，通过爆破、碾压联合试验，确定填筑有关技术参数（见表 9－12）。

堆石料采用料场大爆破开采的千枚岩料，挖掘机和装载机装车，13.5t 自卸汽车运输上坝，140 型推土机摊铺，自行式振动碾碾压密实，加水量控制在 7.5%～10%，碾压遍数 8 遍。

表 9－12　　　　施工技术参数表

填筑分区	铺料方式	铺料厚度 /cm	加水量 /%	碾压遍数 /遍	碾压速度 /(km/h)
过渡层	后退法	40	7.5～10	6	2.5
主堆石区	进占法	90	7.5～10	8	2.5
次堆石区	进占法	90	7.5～10	8	2.5

9.6.1.4　防渗面板施工

防渗面板施工是本工程的施工关键。根据复合土工膜长度与坝坡面特点，防渗面板分 3 个阶段进行施工，即 227.5～244m 段，244～260m 段，260～275.5m 段。防渗面板施工工艺流程为：斜坡碾压→无砂混凝土（砂浆）浇筑→复合土工膜铺设→200 号现浇混凝土面板→周边防渗施工。

（1）斜坡碾压。坝坡碾压采用自重 10t 的斜平两用振动碾。碾压时，利用 2 台 140 型推土机牵引，先静碾 4 遍，再振碾 4 遍，碾迹重叠 20cm。

（2）无砂混凝土（砂浆）浇筑。斜坡碾压完成，经检测各项参数指标满足设计要求后，根据测量控制线，人工整修边坡。混凝土采用溜槽运送，人工摊铺拍打，混凝土表面平整，无棱角、尖石，坝坡平顺。

（3）复合土工膜铺设。复合土工膜采取由上而下翻滚，自下而上沿坝轴线垂直方向铺设。单幅与单幅膜错开横缝接头 100cm 以上，并保证纵横方向均有 3%～5%的宽松折皱度。复合膜纵横向拼接采用热楔式双缝自动爬行热合机焊接。热合前，先针对现场气温进行热合试验，以确定最佳热合温度与爬行速度。施工中，在保证焊接质量的同时，又采取顶层布与布用 101A、101B 胶配制黏接，提高其抗拉伸能力。焊（黏）接强度达到母材设计强度的 60%～80%，其垂直渗透系数为 9.4×10^{-6}cm/s。焊接后翻铺前，在坝面找平砂浆上涂 10%左右面积的热沥青黏固坝面膜体，以提高其抗滑稳定性。

对焊缝的缺陷及损坏处，先用塑料焊枪焊补，再用 101 环氧胶贴补复合膜，并及时用砂袋压实。对横、纵缝接缝、边角处理等用SH－2型热塑性塑料焊接机手工热合焊接。

膜体与周边趾板的连接，应在混凝土接触面清洁干燥后刷SR底胶，再用SR材料填充找平后，方可安压橡皮板。槽钢反向施压，并加80mm×80mm×12mm平垫片，以保证紧固压实效果。槽钢内灌浆后，用厚60cm 200号S6混凝土封闭。封闭前，复合土工膜应向上游延长以包住趾板三角坎，膜外20cm混凝土面进行凿毛处理，以加强防渗效果。

9.6.1.5 趾板伸缩缝处理

先冲洗预留V形槽混凝土面，晾干或用汽油喷灯烘干，V形槽内壁及边缘各20cm混凝土面上均匀地涂刷第一道SR底胶，干燥后再涂第二道，然后按“先缝内后缝外、先两边后中间”的原则进行施工。先将搓成细条状的SR－2材料嵌塞缝内，并在缝槽边缘各20cm宽混凝土面上黏3cm SR－2找平后，填满槽内。之后盖400mm×10mm平板橡皮，两边用10mm×80mm镀锌扁钢压牢，M10膨胀螺栓锚固。

9.6.1.6 混凝土保护层施工

复合土工膜保护层原设计为150号混凝土预制块砂浆砌筑，由于大坝防渗面板与堆石体填筑同步进行，考虑施工期沉降变形较大，预制块稳定性难以达到设计要求，设计变更改用200号厚10cm现浇混凝土保护。由于厚度较薄，坝坡较陡，施工时立模振捣较难，后采用人工平仓配小型平板振动器振捣，混凝土面欠平整。

钟吕水电站大坝经过施工期和两年运行，蓄满泄空两次，护坡和土工膜稳定牢固，沉降在正常范围内，但渗漏量偏大（高水位时渗漏量为200L/s），拟进行补救。经检查，渗漏偏大是由于土工膜焊接质量欠佳以及爆破飞石击破土工膜造成的，应引为教训。

9.6.2 王甫洲水电站复合土工膜防渗工程施工

9.6.2.1 工程概况

王甫洲水利枢纽位于湖北省老河口市市区上游约3km处，上距丹江口水利枢纽约30km，是汉江中下游衔接丹江口水利枢纽的第一个发电航运梯级。该枢纽以发电为主，结合航运，兼有灌溉、养殖、旅游等综合利用效益。枢纽由重力坝、船闸、电站、泄水闸、非常溢洪道、主河床土石坝、谷城土石坝、老河道围堤等建筑物组成。挡水前缘总长18.21km。其中，老河道围堤为复合土工膜斜墙砂卵石堆石坝，长12.631km，坝高12m。水库总库容3.095亿m^3，电站安装4台贯流式机组共109MW，年平均发电量5.81kW·h，船闸可通过300t级船队。王甫洲枢纽初期（丹江口水库加高前）与丹江口同步运行，后期（丹江口水库加高后）可担任对丹江口下游通航的调节任务。

9.6.2.2 平面布置

王甫洲水利枢纽布置较为奇特，轴线很长，根据地形地貌和河流形态形成“口袋形”。水电站和船闸布置在老河道出口附近，上距泄水闸约7km，在老河道两岸修建围堤，形成宽达1.4km，长约6.51km的引水渠。左岸围堤长618.84m，下游与水电站厂房连接，上游与老河口市防护堤连接，右岸围堤长6442.8m，下游与船闸连接，上游与泄水闸连接，这种布置既满足枢纽本身任务和运行安全，又能降低造价，体现施工方便和为主河床土石坝截流、提前发电创造了条件。

王甫洲枢纽的首要任务是发电。就低水头电站而言，水头的增减对发电量是十分敏感的。水头变化 0.1m，其保证出力相差约 380kW，发电量相差约 700 万 kW·h。这样布置，一方面可使王甫洲和老河口市免受淹没；另一方面又可利用这段河流天然比降来增加发电水头，从而增加发电量。在一般情况下，可增加水头 2.5m 左右。若电站布置在主河道泄水闸附近，当泄水闸泄水量大于 $1000m^3/s$ 时，其水头很小，现布置在老河道出口附近，在宣泄任何洪水情况下其水头均大于 3.7m，不影响发电。

老河道两岸围堤尽管很长但却不高，由于老河道漫滩和汉江干流河道漫滩有大量的砂卵石料和中细砂料，且泄水闸、船闸和厂房基坑开挖砂卵石料有 500 多万 m^3，故围堤采用砂卵石坝型，可利用基坑开挖的砂卵石料直接上坝填筑，不足部分就近开采。这样还可以解决弃渣堆放问题。坝体采用复合土工膜防渗。

9.6.2.3 剖面设计

（1）坝坡。坝体断面上游坡 1∶2.75，下游坡 1∶2.5，在下游坡中部设宽 10m，高 3m 压重平台，下游坡脚设排水沟。坝体剖面结构见图 9-26。

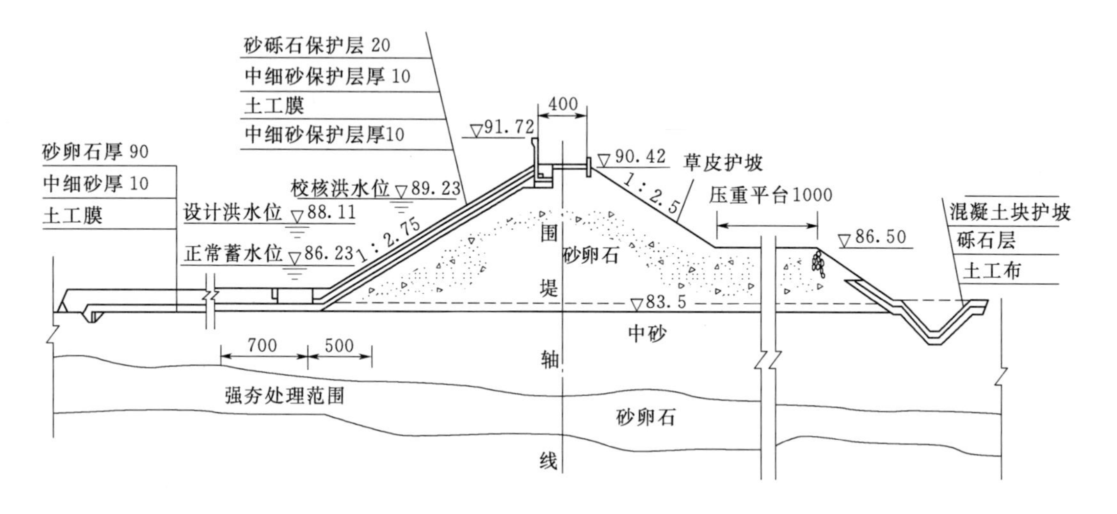

图 9-26　坝体剖面结构示意图（单位：cm）

（2）坝体分区及材料特性。坝体采用砂卵石填筑，防渗采用复合土工膜斜墙和水平铺盖防渗，坝体填筑材料及地基各项特性指标见表 9-13～表 9-17。

（3）防渗体。

1）防渗形式选择。围堤防渗形式研究了黏土心墙与铺盖防渗、高喷混凝土防渗墙等形式。由于防渗面积大，同时考虑到老河口市附近土料属膨胀性黏土，并且运距较远，提出了采用土工膜作为围堤防渗材料的方法。经过比较认为土工膜能满足防渗要求，并具有施工方便、工期短、造价低等优点，确定采用土工膜作为围堤防渗材料。

表 9-13　　坝基壤土物理力学指标表

土粒比重	天然含水量/%	干容重/(kN/m³)	湿容重/(kN/m³)	饱和容重/(kN/m³)	浮容重/(kN/m³)	流限/%	塑限/%	塑性指数	渗透系数 K/(cm/s)	压缩系数 αV_{1-2}/MPa^{-1}	固结系数/(cm^2/s)	抗剪强度 C	抗剪强度 ϕ/(°)
2.72	25	14.5	17.0			26	17	10	2×10^{-4}	0.4	6×10^{-3}	0	22

表 9-14　　坝基中、细砂物理力学指标表

类别	湿容重 /(kN/m³)	相对密度	干容重 /(kN/m³)	天然含水量 /%	饱和容重 /(kN/m³)	孔隙比 e	渗透系数 K /(cm/s)	抗剪强度				压缩系数 αV_{1-2} /MPa^{-1}
								总应力法		有效应力法		
								C/MPa	ϕ/(°)	C/MPa	ϕ/(°)	
中砂	15.8	0.2 0.4	15	5.3	19.5		4×10^{-3}	0	22	0	25	0.07
细砂	15.8	0.2 0.4	15	5.3	19.5		1×10^{-3}	0	22	0	25	0.15

注　压缩系数若中、细砂混合一起采用平均值则用 0.10。

表 9-15　　坝基砂砾石物理力学指标表

比重	干容重 /(kN/m³)	湿容重 /(kN/m³)	饱和容重 /(kN/m³)	浮容重 /(kN/m³)	压缩系数 αV_{1-2} /MPa^{-1}	压缩模量	泊桑比	渗透系数 K /(cm/s)	抗剪强度			
									总应力法		有效应力法	
									C/MPa	ϕ/(°)	C/MPa	ϕ/(°)
2.68	20.1	21.3	22.6	12.6	0.015	30～40	0.2				0	水上 30 水下 28

表 9-16　　土坝黏土料设计指标表

料场名称	比重	最优含水量 /%	塑限 /%	塑性指数	干密重 /(kN/m³)	湿容重 /(kN/m³)	饱和容重 /(kN/m³)	浮容重 /(kN/m³)	渗透系数 K /(cm/s)	抗剪强度			
										总应力法		有效应力法	
										C/MPa	ϕ/(°)	C/MPa	ϕ/(°)
唐家樕土料场	2.7	22	19	17	15	18.3	19.4	9.4	2.6×10^{-6}	0.1	15	0.1	20
李家小冲土料场	2.7	21	20	18	14.8	18.6	19.3	9.3	2×10^{-6}	0.1	12	0.1	16

表 9-17　　土坝砂卵石料设计指标表

材料名称	比重	干容重 /(kN/m³)	湿容重 /(kN/m³)	饱和容重 /(kN/m³)	浮容重 /(kN/m³)	渗透系数 K /(cm/s)	抗剪强度			
							总应力法		有效应力法	
							C/MPa	ϕ/(°)	C/MPa	ϕ/(°)
砂卵石	2.67	20.8	22.2	22.9	12.9	3.4×10^{-6}	0	32	0	30

地基采用土工膜水平铺盖防渗，水平铺盖长 30～105m，采用一布一膜，坝体斜墙采用二布一膜防渗，土工膜总计 110 万 m^2，其中斜墙为 30 万 m^2，铺盖为 80 万 m^2。此外，在围堤混凝土护坡和排水沟用土工布作排水滤层，应用土工布 14 万 m^2。

2）土工膜类型选择。常用土工膜有聚氯乙烯和聚乙烯（PVC）两种，聚氯乙烯膜可以黏接，能热焊。聚乙烯膜可以用焊接机焊接，操作比较方便，接缝质量较有保证，加上工厂生产的聚乙烯膜幅宽比聚氯乙烯膜宽，可以减少接缝。聚乙烯膜在性能上伸长率比聚氯乙烯膜大，均匀性也好些。因此在对不同类型和不同规格的复合土工膜进行试验研究和技术经济比较后，确定采用聚乙烯膜。

膜的厚度根据规范和国内外已有工程经验采用0.5mm，复合土工膜是利用土工布加膜复合而成，其作用可以提高强度，防止土工膜在施工中顶破或损坏，并有提高摩擦系数增加斜墙稳定性和起到排水透气等作用。设计采用一布一膜规格为200g/0.5mm，二布一膜规格为200g/0.5mm/200g。土工布为涤纶短纤维无纺布，幅宽均为4m。

为研究不同厂家所生产的不同类型复合土工膜和不同类型纤维布的特性，对复合土工膜主要性能进行了试验，其成果见表9-18，复合土工膜的主要设计控制指标见表9-19。

表9-18　复合土工膜性能试验成果表

厂家		应城无纺布厂		济南塑料二厂		湘维	益阳无纺布厂		常熟神霜	
膜材料		PE	PE	PE	PE	PE	PE	PE	PVC	PVC
规格		二布一膜	一布一膜	二布一膜	一布一膜	一布一膜	二布一膜	一布一膜	二布一膜	一布一膜
质量/(g/m²)		540	220	498	264	159	331	272	446	271
膜厚/mm		0.56	0.5	0.51	0.47	0.61	0.5	0.53	0.96	0.53
拉伸强度/(kN/m)	径向	28.5	11.1	22	13.9	13.2	31.7	15.3	21.8	14.5
	纬向	14.6	7.8	18.6	13.8	11.6	29.9	11.1	23.6	14.1
撕裂强度/N	径向	772	383	628	472	435	806	419	623	361
	纬向	555	356	576	431	396	732	428	659	372
GBR顶破/N		3882	2467	3781	2429	2570	6045	3359	4666	2417
落锥孔径/mm		9.6	14.1	12.4	13.2	14.5	9.4	13	2.3	14

表9-19　复合土工膜主要设计控制指标表

项目	抗拉强度/(kN/m)		极限延伸率/%		撕裂强度/kN	GBR顶破/kN
	径向	纬向	径向	纬向		
一布一膜	≥10	≥8	≥60	≥60	≥0.3	≥2.0
二布一膜	≥16	≥12.8	≥60	≥60	≥0.5	≥3.0

3）斜墙的稳定性。为确定复合土工膜斜墙和坝上游边坡的稳定性，进行了不同规格复合土工膜与其界面中细砂摩擦特性试验，其成果见表9-20。根据试验结果，不同规格布的摩擦性能相近。围堤防护层结构，复合土工膜上有厚10cm中细砂保护层，其上垫层为透水良好的砂砾石，厚20cm，上游坡为1∶2.75。界面摩擦角若取26°时，则：

表9-20　复合土工膜与中细砂摩擦特性试验成果表

试样/(g/mm/g)		界面	摩擦角/(°)					
			干砂		湿砂		饱和砂	
一布一膜	300/0.5	膜—砂	29.5	28.5	28	28.0	26	25
二布一膜	200/0.5/300	布—砂	30.0	30.0	30	28.0	27	27
二布一膜	300/0.5/300	布—砂	30.5	30.0	30	28.5	27	26
二布一膜	200/0.5/200	布—砂	29.0	29.0	27	27.0	26	26

注　试样规格相同者为不同厂家生产。

$$F_S = \tan\delta / \tan\alpha = \tan 26° / \tan 20° = 1.34 \tag{9-1}$$

稳定安全系数满足规范要求。

(4) 反滤层与过渡层。坝体填筑的砂卵石料属强透水材料，材料本身具有很好的排水与反滤功能。在复合土工膜上下均设置了厚10cm的中细砂过渡层，主要起保护土工膜的作用。水平铺盖上压重砂卵石保护层厚90cm。

(5) 护坡。多年平均最大风速$V=17m/s$，设计计算风速为$V=25.5m/s$，水库吹程为7km，计算最大设计波高1.71m，护坡形式、厚度、尺寸的设计是通过抗波浪冲击和抗浮稳定试验后确定的，在波浪水槽中用造波机对板厚0.18m、0.2m、0.22m及板中开孔与不开孔等情况进行试验。

试验表明，设计波高1.71m时，厚度18cm混凝土开孔板及不开孔板，波浪作用下可见静水位附近混凝土板一端（沿水平缝）都有上下振动。波浪持续作用3h（原型）后，不开孔板有一块板下缘向上抬高0.15m（原型），随之板下垫层砂粒较快被冲刷，不能满足稳定要求；开孔板板缘虽有振动，但抬高约0.02m未导致垫层淘刷，属基本稳定状态。设计采用现浇混凝土块护坡，分块尺寸3m×3m，厚度22cm，砂砾石垫层厚20cm，护坡未设排水孔。在分块缝设置有宽60cm骑缝土工布，防止垫层受淘刷。

9.6.2.4 坝基处理

围堤位于老河道两侧的漫滩上，坝基表层为薄层砂壤土或壤土。其下为厚1.2～10m的中细砂，不均匀系数一般小于3，结构疏松，干密度低，孔隙比平均为1.016，室内试验平均相对密度仅0.286。为了防止坝基饱和中细砂液化，设计采取在迎水坡脚10～12.6m范围强夯密实中细砂层，背水坡设高3m、宽10m压重平台。

强夯密实深度与夯锤重量和落距有关，一般用式（9-2）估算。

$$D = \beta W^{1/2} H \tag{9-2}$$

式中 D——强夯密实深度，m；

W——夯锤重量，t；

H——落距，m；

β——系数，黏性土为0.5，散粒土为0.7左右。

经强夯试验确定，其坝基处理主要施工参数见表9-21。

表9-21 强夯坝基处理主要施工参数

处理深度/m	夯锤重量/kN	落距/m	夯击数/击	处理深度/m	夯锤重量kN	落距/m	夯击数/击
≤6	120	12	12	6～9	160	16	10

强夯夯点呈三角形布置，夯距3m，排距2.6m。采用时间不间隔、一遍二序夯击方式，排、行均跳夯。

强夯后夯坑整平：用640kN·m低能量满夯夯实，夯距1.9m，行距1.65m，4击，满夯范围除与强夯范围相同外，并在迎水侧向外延2m。

质量控制标准：有效深度内相对密度$D_r \geq 0.65$，或标准贯入$N_{63.5} > 10$击。夯后中细

砂层干容重 $\gamma_d \geqslant 15.4kN/m^3$。施工中，要求强夯最后两击相对夯沉量大于 5cm；处理深度为 6m 时，经满夯后地面最终夯沉量不小于 60cm；处理深度为 9m 时，最终夯沉量不小于 78cm。实际施工中满足了上述要求。

9.6.2.5 细部构造设计

（1）水平铺盖首端混凝土基座见图 9－27。

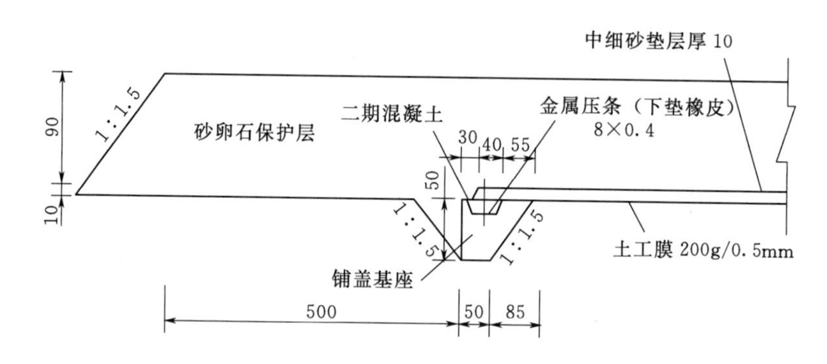

图 9－27 水平铺盖首端混凝土基座示意图（单位：cm）

（2）斜墙坡脚混凝土基座见图 9－28。

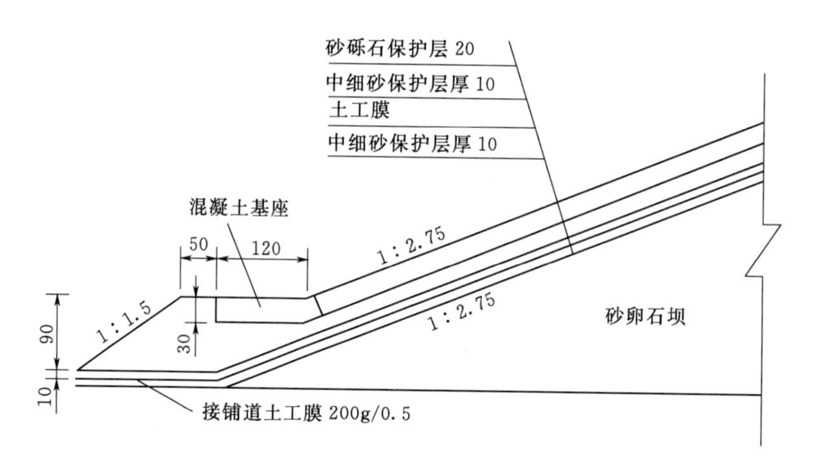

图 9－28 斜墙坡脚混凝土基座示意图（单位：cm）

（3）斜墙与坝顶防浪墙的连接见图 9－29。

（4）伸缩节。考虑到复合土工膜延伸率较大，能够适应因温度变化或坝体变形引起的伸缩，复合土工膜沿坝轴线方向未设伸缩节。

（5）坝与两岸的防渗连接。在与船闸、泄水闸和电站等接合部位，采用黏土心墙（挖至黏土岩）防渗作为连接段，土工膜斜墙与黏土心墙两种防渗体搭接长 110m。

9.6.2.6 排水设计

（1）土工织物排水性能试验。坝下游坡脚排水沟采用土工布反滤，为分析土工织物的反滤作用，进行了土和几种土工织物的性能试验（其中 W2 为本工程使用的土工布），其成果见表 9－22 和表 9－23。

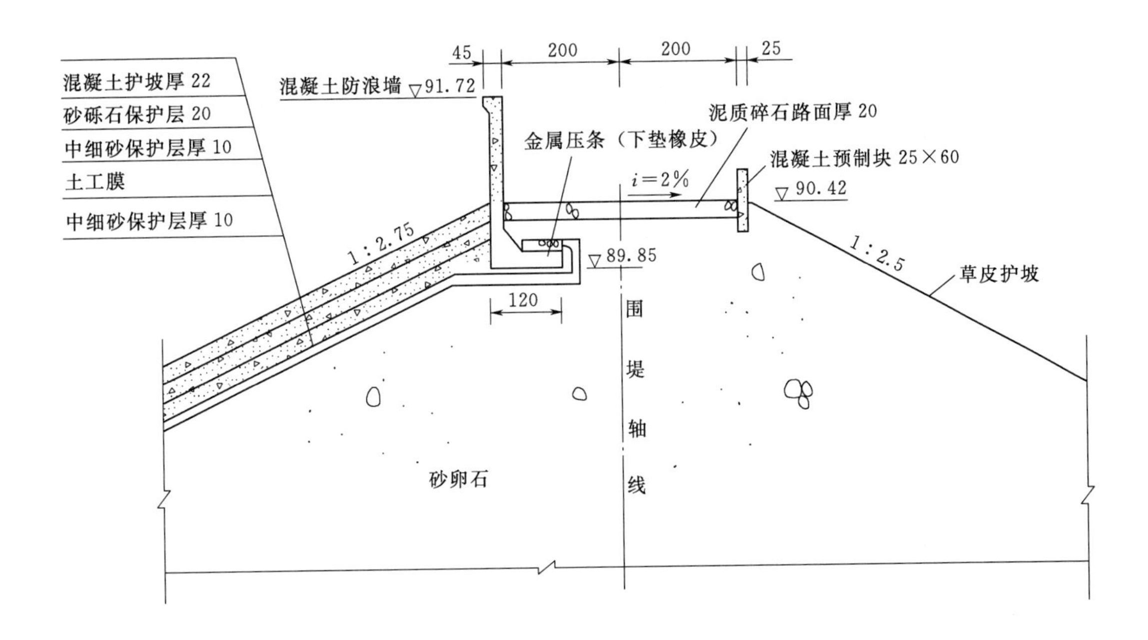

图 9-29　斜墙与坝顶防浪墙连接示意图（单位：cm）

表 9-22　　　　　　　　围堤排水沟地基渗透变形试验成果表

桩号	试验类型	干容重 /(kN/m³)	渗透系数 /(cm/s)	临界比降	破坏比降	破坏形式	名称
1+000	垂直扰动	13.93	$(3\sim3.4)\times10^{-2}$	0.12～0.25	0.73～0.84	流土	中砂
	水平扰动	12.48	7.1×10^{-2}	0.11～0.14	0.16～0.27		
1+350	垂直扰动	12.48	$(2.7\sim5)\times10^{-2}$	0.11～0.16	0.52～0.90	流土	细砂
	水平扰动	12.48	$(6\sim6.1)\times10^{-2}$	0.10～0.12	0.21～0.26		
1+700	垂直扰动	15.80	$(1.5\sim2)\times10^{-5}$	0.70～0.81	3～7	流土	重粉质壤土
	水平扰动	14.70	7.9×10^{-5}	0.6	2.8～3.0		
1+750	垂直扰动	15.35	$(6\sim7)\times10^{-5}$	0.5	1.0～1.5	流土	重砂壤土
	水平扰动	15.53	$(7.5\sim9)\times10^{-5}$	0.46～0.50	1.0～1.8		
1+370	垂直扰动	15.10	$(0.8\sim4)\times10^{-4}$	0.58～0.60	2	流土	重粉质砂壤土
	水平扰动	15.90	$(0.43\sim3.3)\times10^{-4}$	0.6	7		

表 9-23　　　　　　　　土工织物的基本性能试验成果表

项目	核工业1	核工业2	神霸	南通	W2
单位面积质量/(g/m²)	261	203	506	301	247
垂直渗透系数/(cm/s)	2.78×10^{-1}	2.28×10^{-1}	3.03×10^{-1}	1.53×10^{-1}	3.29×10^{-1}
水平渗透系数/(cm/s)		8.0×10^{-1}	9.75×10^{-1}		
等效孔径 O_{95}/μm	100	125	85	125	100
备注	长纤	长纤	短纤	短纤上复编织物	短纤

（2）梯度比试验和特殊淤堵试验。梯度比试验与特殊淤堵试验成果分别见表9－24和表9－25。从表9－18可知四级比降下的综合渗透系数变化不大，梯度比均小于3，说明土工织物在稳定渗流情况下不会产生淤堵。特殊淤堵试验按1∶20砂水比例，分别在扰动和不扰动情况下测定土工织物的淤堵情况，其渗透系数的倍比也较小。

表9－24　　梯度比试验成果表

试样	同面积土工织物重量/g		土工织物渗透系数/(cm/s)			4级比降下渗透系数/(10^{-5}cm/s)				等效孔径/μm	梯度比		
	实验前	实验后	实验前K_1	实验前K_2	K_1/K_2	1.0	2.5	4.5	10		重壤土	中砂	细砂
W2	3.67	4.64	0.329	0.114	2.89	2.25～2.93	2.25～3.79	2.3～2.68	2.67～2.68	100	0.52～1.25	0.82～0.13	1.63～1.09
核工业2	3.92	5.16	0.248	0.12	2.07	3.18～3.95	4.36～4.54	4.03～4.85	5.28～5.62	125	0.83～2.15		
南通	3.88	4.52	0.169	0.109	1.55	4.54～5.78	3.17～5.44	5.12～6.12	7.52～7.89	125	0.3～0.69		
神霸	6.03	6.97	0.303	0.205	1.48	3.82～4.65	3.27～3.63	3.31～3.64	3.17～3.43	85	0.21～0.56		

表9－25　　特殊淤堵试验成果表

渗透形式	试样	渗过土工织物土重/g	土工织物滞留土重/g	土工织物渗透系数/(10^{-5}cm/s)		$B=K_1/K_2$	土的名称
				实验前K_1	试验后K_2		
搅拌扰动试验	神霸	4.89	4.84	0.303	0.205	1.84	重砂壤土
	核工业2	20.80	13.95	0.248	0.180	1.38	
	W2	2.19	4.26	0.329	0.267	1.23	
	南通	31.70	1.24	0.169	0.114	1.48	
静试验	南通	5.56		0.169	0.119	1.42	重砂壤土

（3）反滤准则分析。

1）保土性。规范要求$O_{95} \leqslant n \times d_{85}$，各种土类$n \times d_{85}$计算见表9－26；$O_{95}$为0.1mm，均满足要求。

表9－26　　各类土计算$n \times d_{85}$值列表

土类	不均匀系数C_u	$n=0.5 \times C_u$	d_{85}	$n \times d_{85}$
重砂壤土	7.33	3.67	0.17	0.624
中砂	2.67	1.34	0.46	0.616
细砂	2.00	1.00	0.37	0.370

2）透水性。规范要求$k_g \geqslant A \times k_s$，即土工织物的渗透系数应大于被保护土的渗透系数。各类土的渗透系数（水平与垂直）均小于土工织物的渗透系数，其中砂壤土的渗透系数较小，A值显得较大，用土工织物作为反滤时其透水性相对较好。中细砂的A值较小，

为 5～10。由于细砂和中砂基本上属净砂，C_u 值小，中砂几乎不含粉粒和黏粒（$d \leqslant$ 0.05mm），细砂中粉粒和黏粒含量小于 5%，规范要求 A 值应大于 1。

3）防淤堵性。规范要求被保护土级配良好，水力梯度低时，$O_{95} \geqslant 3d_{15}$。按此判别，3 种土的 d_{15}，重砂壤土为 0.018mm，中砂为 0.14mm，细砂为 0.13mm，显然只有重砂壤土作为被保护土满足要求，中、细砂不满足要求。

若按梯度比判别，根据试验成果，重砂壤土梯度比 G_R 为 0.52～1.25；中砂为 0.82～0.13；细砂为 1.63～1.09，均小于 3，满足要求。

按照规范要求对 3 种土的保土性、透水性和防淤堵性评价有些疑虑，考虑上述 3 种土的不均匀系数小，都属于流土型，且梯度比都比较小，采用土工织物作反滤，在稳定渗流情况下，不一定影响透水性和产生淤堵等现象。

9.6.2.7 坝体计算

采用不同铺盖长度为 7～10 倍水头，进行了围堤渗漏和渗透变形计算和分析，其计算参数和计算成果见表 9-27 和表 9-28。

表 9-27　　渗流计算参数表

项目	渗透系数/（cm/s）	项目	渗透系数/（cm/s）
坝基中细砂	2.40×10^{-3}	坝体填筑砂砾石	1.29×10^{-2}
坝基砂砾石	3.40×10^{-2}	土工膜	1.00×10^{-8}

表 9-28　　渗流计算成果表

铺盖长度为水头倍数	上游水位/m	下游水位/m	铺盖长/m	下游坝坡出逸点高程/m	铺盖消减水头百分数/%	单宽渗流量/[m³/(d·m)]	沟底出逸比降 J	下游沟边水平比降 J'
7H	86.23	83.00	22.61	83.56	38.08	5.87	0.15	0.20
8H	86.23	83.00	25.84	83.55	39.63	5.74	0.14	0.20
9H	86.23	83.00	29.07	83.54	41.18	5.15	0.14	0.19
10H	86.23	83.00	32.3	83.53	42.70	5.10	0.13	0.19
7H	86.23	82.00	29.61	82.81	39.00	6.12	0.36	0.23
8H	86.23	82.00	33.84	82.77	42.79	5.95	0.35	0.22
9H	86.23	82.00	38.07	82.77	43.74	5.40	0.35	0.21
10H	86.23	82.00	42.30	82.75	44.68	5.24	0.34	0.21
7H	88.11	83.00	35.77	83.68	47.16	8.90	0.19	0.24
8H	88.11	83.00	40.88	83.67	49.11	8.51	0.19	0.24
9H	88.11	83.00	45.99	83.65	50.68	8.17	0.18	0.23
10H	88.11	83.00	51.11	83.64	52.05	7.02	0.16	0.22
7H	89.30	83.00	40.18	83.86	50.00	10.10	0.18	0.19
8H	89.30	83.00	45.92	83.84	52.96	9.56	0.17	0.18
9H	89.30	83.00	51.66	83.83	54.87	9.14	0.16	0.17
10H	89.30	83.00	57.40	83.82	56.62	8.75	0.15	0.16

计算表明水平铺盖增长，铺盖削减水头百分数增大，单宽渗流量减少，但下游沟边出逸比降变化不大，为慎重起见铺盖长度采用10倍水头。计算还表明，下游排水沟出逸比降大于地基中细砂的临界比降，因此，排水沟周边应采取反滤保护等措施。

9.6.2.8 监测设计

除坝体变形、应力等监测外，针对围堤强透水地基和复合土工膜应用情况，布置了以下监测项目。

（1）渗流监测。共布置了13个监测断面，每个断面布置了3～4根测压管，监测坝体浸润线的变化。另外在坝基砂砾石层内埋设一根测压管，测其渗水压力。

（2）土压力监测。布置在围堤与船闸、电站、泄水闸结合部位，共设3个监测断面，每个断面设3支土压力计和3支渗压计，监测接触部位的土压力。

（3）土工膜变形监测。在左右围堤各选一个断面，从堤脚沿不同高程，布置土工膜应变计，共30支。

（4）土工膜下气压监测。在水库初期蓄水过程中，坝体及地基中的气体被地下水挤压驱赶，会在土工膜下形成顶托气压，短时间内可能使土工膜局部鼓胀甚至被顶破。为此，布置了3个气压监测断面，各布置2支气压计，监测气压控制蓄水速度。

9.6.2.9 设计特点与新技术

王甫洲工程围堤长12.63km，地基为强透水的中细砂和砂卵石层，厚20m左右，中细砂层在Ⅵ度地震作用下有可能产生液化。在这么大的范围，如何解决水库渗透和防液化处理是设计中需要解决的难题。防渗方案曾研究、比较了多种方案，采用黏土铺盖和心墙防渗型式，选用的黏土料属膨胀性土，还需从15km以外的料场开采，运输距离远；对高喷防渗墙进行了现场试验，振动高喷或冲击钻孔高喷，适合覆盖层厚10～15m的地层，卵石直径宜小于60mm，对于大粒径卵石或有少量漂石地层，成墙连续性较差。考虑到围堤地基防渗范围大、地层变化复杂的情况，作为永久防渗来说不宜采用；若采用混凝土防渗墙技术上是可行的，但造价高。

采用复合土工膜防渗方案，对斜墙和心墙两种形式进行了比较。心墙型式施工中土工膜铺设需随坝体填筑同步进行。因为坝体填筑的砂卵石料主要利用一期水电站、船闸、泄水闸的开挖料，需要考虑各项建筑物施工进度的匹配协调。采用斜墙形式的优点是简化了坝体填筑工序，开挖料直接上坝碾压，待坝体填筑完成并经过较长时间的固结沉降后进行土工膜铺设，体现了复合土工膜大规模、快速施工和造价省的优点。实际施工中，3个月内完成了110万m^2土工膜的铺设。造价与黏土心墙和水平铺盖防渗方案比较，节约投资直接费用3300万元，约为46%。

坝体砂卵石填筑量486万m^3，水电站、船闸、泄水闸的开挖料约500万m^3，基本平衡，且运距短。坝体填筑费用仅增加了碾压费，而且还免去了占用大量弃渣堆放场地，既经济又环保。

9.6.2.10 施工特点及质量控制

（1）地基处理。

1）强夯处理。为了防止坝基中细砂在Ⅵ度地震作用下产生液化，在老河道两岸围堤上游坡脚10～12.6m范围内，对上部中细砂层进行了强夯处理。其施工程序为：清基→

测量放样和夯点定位→点夯施工→推土机整平→满夯施工→测量与检测。

2）碾压处理。在坝体填筑施工前，对地基进行碾压处理。其施工程序为：清基→测量放样→碾压施工→测量与检测。

清基验收后进行地基碾压，用14～18t振动碾采用进退法碾压8～10遍，碾压时适量洒水。经取样检测干容重合格后，方可进行坝体填筑施工。

（2）坝体填筑。采用全断面填筑施工。每100～300m分为一段，分铺料、平整、洒水、碾压、试验验收共5道工序。

压实作业是控制填筑施工质量的关键工序，通过碾压试验确定合适的压实机具、压实方法与压实参数及其他处理措施。选定参数如下。

1）压实机具。14t振动碾。

2）填料选择。筑坝用的砂卵石料均能满足设计提出的小于0.1mm含泥量不超过5%，大于5mm的砾石含量不少于50%的规定。

3）铺料厚度50cm，碾压遍数8遍。

4）碾压轮迹重叠宽度与碾滚行走方向为0.3～0.5m，垂直方向为1.0～1.5m，碾滚压不到的地方，用蛙夯机夯实。

5）洒水量为填料体积的20%～40%。

6）为使边坡密实度达到设计要求，碾压超宽50cm。

7）技术指标。当砾石含量（5mm以上）为65%时，要求干密度$\rho_d=20.5kN/m^3$；当砾石含量（<5mm以上）为70%时，要求干密度$\rho_d=2.08t/m^3$；砾石含量（5mm以上）为75%时，要求干密度$\rho_d=2.15t/m^3$。

8）试验结果表明，碾压遍数与砾石含量对干密度的影响都较大，在相同遍数的情况下，砾石含量的大小又直接影响着干容重的大小。

砂砾石料用自卸汽车运至现场，采用后退卸料法堆料，用了T140推土机平整。逐层控制边线，经洒水后用14t振动碾压实，行驶速度1.5km/h，碾压遍数不少于8遍，碾压轮迹彼此重叠。每层自检以50m轴线长取样一组，测定压实干容重，测值合格并经监理工程师确认后方可进行下层填筑。

（3）上下游边坡修整。砂卵石料分层填筑至设计高程后，用推土机或反铲对土石坝边坡进行削坡，按设计边坡和高程，对坝顶宽度和坡面实行机械修坡一次成型，局部辅以人工修整。多余料填用在压重平台上或运走。

9.6.2.11　复合土工膜铺设施工

按设计要求完成清基处理（平面）与垫层（坝坡）施工后，土工膜施工程序为：铺设→对正→搭齐→压膜定型→擦拭尘土→焊接试验→焊接→检测→修补→复检→验收。

PE膜的连接只能采取焊接，使用ZPR-210型或改进型自动爬行热合焊机连接。水平铺盖一布一膜，膜面朝下，布面朝上。接缝焊接方法一般采用在接缝下设木板作为工作台。本工程铺膜最长105m，若施工中不断拖板换板，既麻烦又影响速度和质量。经试验，通过革新，解决了大面积铺膜中膜与膜焊接关键工艺。采用不设木板方式，而是将待焊面翻叠60cm，让焊机在已铺好的膜上行走，焊接工作一气呵成，速度快，质量好。土工织物的缝合为肘接，采用GH9-2型手提封包机，缝线为3股双丝涤纶绞线，其断裂强度为

60N，缝合时针距为 6mm 左右。

（1）铺设。铺膜注意张弛适度，膜与地基垫层结合面务必吻合平整，避免机械损伤。

（2）焊接。采用自动爬行热合焊机连接。施工中控制适宜的温度和行走速度是关键。为保证接缝质量现场进行了试验，其成果见表 9－29。根据试验结果，施工中要求控制焊接温度为 250℃，行走速度为 2.5mm/min。

表 9－29 膜焊接试验成果列表

温度/℃	速度/(m/min)	焊接效果	温度/℃	速度/(m/min)	焊接效果
300	3.0	有碳化，黑点较多，抗拉强度高	250	3.0	碳化黑点很少，抗拉强度较高
250	2.5	有碳化，但黑点较少，抗拉强度高	230	4.0	极少碳化黑点，但抗拉强度较低

（3）缝布。要求松紧适度，确保膜与织物联合受力。

（4）质量控制。现场焊缝检查一般为目测。看两条焊缝是否清晰、透明，无夹渣、气泡，无漏点、熔点或焊缝跑边等。有怀疑处，可用 0.03MPa 压力水针检查，如有漏焊等，立即进行补焊。

9.6.2.12 运行情况及检测分析

（1）渗流渗压监测分析。水库 1999 年 12 月 28 日开始蓄水，根据围堤 15 个监测断面对坝体浸润线的监测值反映，测压管内水位均低于坝基高程。渗流量监测资料表明，右岸围堤渗流量大于左岸围堤渗流量，从 2000 年 1 月 1 日至 2001 年 12 月 31 日两年监测资料看，最大渗流量发生在水库蓄水后半年以内，右岸最大渗流量为 $1m^3/s$。以后随库水位升降相应变化，最大值稳定在 $1.2m^3/s$，左岸最大渗流量为 $1m^3/s$，以后稳定在 $0.8m^3/s$ 左右。与计算的渗流量差别不大。

（2）土压力监测分析。土石坝与混凝土建筑物结合部位包括泄水闸、船闸右端和电站左端，根据结合部位土压力监测成果，接触部位土压力均为压应力，测值在－0.04～0.1MPa 之间，属正常范围。

（3）复合土工膜应变监测分析。土工膜应变计于 1998 年 12 月 10 日完成安装并开始监测，至 2000 年 5 月 12 日，已取得了较长序列的监测数据，在此期间，经历了土工膜铺设、混凝土护坡施工、初期蓄水至 86.23m 正常蓄水位几个阶段。测得土工膜最大应变值为 2.89％。30 个测试点的应变量在同一时段内最大值与最小值相差不到 0.7％，时间序列测值变化规律性好。各测点的最大应变都发生在土工膜斜墙保护层和护坡施工后的一个月时段内，随后，各点的应变值经历了从稳定到微弱下降（下降量为 0.15％～0.35％）的变化过程。水库蓄水初期及蓄水以后，变形量值很小，仅在 0.07％～0.13％之间。从上述监测值分析说明，土工膜应变主要是由于施工过程中土工膜斜墙上加载影响导致的，水库蓄水引起的应变值很小，且总变形量远小于土工膜的允许变形量值。

（4）气压监测分析。由布置在土工膜斜墙后的气压计监测表明，土体中的空气随地下水位上升而被挤出，蓄水过程中形成的顶托气压读数值约在 2kPa 以内，小于土工膜上的压重。

9.6.2.13 存在的问题及经验教训

（1）存在的问题及建议。

1）土工织物反滤应用的经验和教训。围堤土工膜防渗工程设计中，进行了多种试验研究，从材料性能、结构型式、施工方法甚至厂家选择都做到精心设计，所以王甫洲围堤复合土工膜防渗是成功的。但是，排水沟所用土工织物反滤设计前，缺少对排水沟的地质详细勘探并对被保护土体进行颗分试验，较为简单地选用一种规格的土工织物。而且对最主要的指标如等效孔径 O_{95} 和渗透系数 k_g 值没有提出明确要求，也未做反滤淤堵试验。虽然施工所用土工织物经多次检验均为符合国家质量要求的合格产品，但因为土工织物反滤与被保护土体不相匹配，用于王甫洲工程后仍产生淤堵和阻水。部分排水沟出现破坏后，补做的一系列试验证明了这一点，这个教训很深刻。

2）土工膜受热变形。施工初期（1998 年 7—8 月）因多方面原因铺膜后未能及时覆盖，部分水平铺盖土工膜经暴晒后，受热变形产生折皱，甚至产生垂直坝轴线方向通褶，可能形成渗水通道，减少覆盖作用。因此，铺膜后及时覆盖很重要，应作为强制性指标。

3）伸缩节设置问题。为防止土工膜因温度应力或地基变形而拉断，王甫洲在斜坡顶和水平铺盖裹头处分别设置了 Z 形伸缩节。据说有的工程膜被拉断并非折叠长度不够，而是伸缩节未起预期作用。建议对大面积铺膜的伸缩节形式和合理位置进行研究。

4）关于逆止阀的设置。作为防渗铺盖的土工膜下积水、积气会造成土工膜的破坏（使膜漂浮或顶破），必须将它们排除。按有关规范计算，王甫洲工程需要设置约 500 个逆止阀，不仅工期长施工麻烦，人为在膜上开孔若施工质量不保证会适得其反。王甫洲工程未设置逆止阀而采用了压重的方法，效果不错。建议进一步研究排水、排气问题。

5）关于原型监测。为了解土工膜性能和应用效果，王甫洲工程设置了不少监测项目，但苦于找不到合适的仪器，代用仪器质量不高，精度不够。建议科研单位加强对土工合成材料原型监测仪器的研究，建设和施工单位加强对监测仪器的管理和维护。

6）关于土工膜耐久性问题。国外已有不少研究成果，认为土工膜耐久性可达 50～100 年，国内也认为有 50 年。这用于 3 等水工建筑物是可行的。王甫洲工程利用现场条件作一些老化试验，如制作“内埋”“暴露”样并进行对比试验等。已经取得初步成果，试验还在继续，成果资料有待分析。

（2）结论与体会。

1）复合土工膜防渗是一种新材料、新工艺，防渗施工属于隐蔽工程，必须要有一个经过培训、责任心强、质量意识高的施工队伍，并制定一套严格的“三检制”。

2）原材料的质量不仅靠物理力学性能抽检测，外观检查也至关重要。留边不合格，如起折皱，荷叶边或膜布长短不齐等也直接影响土工膜连接质量。不合格材料不得用于工程。

3）施工必须严格按程序进行，即“分段施工、流水作业”才能确保质量。注意切不可将膜铺设过多，不及时覆盖保护，造成暴晒，加快膜的光氧老化，影响防渗效果。

4）铺膜施工中基面（斜坡）压实和整平很重要。务必确保土工膜与地基吻合，才能确保防渗要求。

5）土工膜的连接部位是一个薄弱环节，不仅膜要焊牢，缝布要特别注意松紧适度，便于膜布同时受力。斜坡与水平铺盖的两种膜连接处存在 T 形接头（可能产生“十”字形接头），更是薄弱环节，也是质量检查的重点，应严格施工，加强质检。

6）跟班监理，旁站监督，实行“工序签证制”和“单元工程质量等级评定”，这是质量保证的最后一关。确保上道工序不合格不得进行下一道工序施工。

7）现场管理和保卫也是不可少的。因为经常会出现剪膜和偷膜的现象，不仅造成返工，而且直接影响土工膜接缝的质量。监测仪器也受到一些破坏。

8）土工织物用于反滤属新材料和新工艺，必须经过精心的设计，决不可掉以轻心。设计须慎重考虑并合理应用保土性、透水性和防堵性准则。各段被保护土体的性质不同，所选用的土工织物反滤的参数应不同，排水沟的结构型式也应不同。

9.6.3 柬埔寨斯登沃代一级水电站复合土工膜心墙坝防渗工程施工

斯登沃代水电站位于柬埔寨王国西部菩萨省列文县欧桑乡，是柬埔寨工业矿产能源部在额勒赛河流域规划兴建的水电站之一。一级水电站拦河坝在河床部位，采用混凝土重力坝，两岸接头坝采用复合土工膜心墙堆石坝。左岸接头坝复合土工膜心墙承受最大水头 26.69m，防渗面积约 521m^2。右岸接头坝复合土工膜心墙承受最大水头 36.19m，防渗面积约 1122m^2。复合土工膜在垂直方向呈锯齿形铺设，以适应坝体沿铅直方向和水流方向的变形，铺设坡比为 1∶1.3，铺设层高为 1m，顶部伸入坝顶 C25（二级配）混凝土路面中 500mm，底部与基础灌浆帷幕盖重的混凝土基座（厚度 2.0m）锚固。复合土工膜靠河床侧锚入刺墙坝混凝土中，从而使复合土工膜与坝基灌浆帷幕形成一道封闭防渗系统。为适应坝体沿坝轴线方向的纵向变形，每间距约 25.0m 设计伸缩节一个。

9.6.3.1 复合土工膜材料特性

两布一膜：基布材料为优质涤纶无纺针刺土工布（无纺布）；膜材料为聚乙烯（PE），其技术参数表见表 9-30。

表 9-30　复合土工膜技术参数表

项目	单位	指标	项目	单位	指标
单位面积质量	g/m^2	300	断裂伸长度	%	>60
膜厚度	mm	0.6	CBR 顶破强力	kN	3.2
幅宽	m	6	剥离强度	N/cm	>6
断裂强度	kN/m	20	垂直渗透系数	cm/s	$<1\times10^{-12}$

9.6.3.2 复合土工膜施工

（1）土工膜与混凝土锚固槽表面黏结、Z 形竖向土工膜与基层土工膜黏结。为确保土工膜基座及锚固螺栓的防渗效果，采用 EF325 及 KS 胶将土工膜与混凝土锚固槽黏接。EF325 底涂胶分为甲组分和乙组分，按照重量比 4∶1（甲∶乙），并加入等重量的水泥拌制而成。将拌制好的 EF325 胶液均匀涂抹在打磨平整后的混凝土表面，待胶液发黏拉丝后，用 KS 胶将去掉底层基本的膜材与其黏接，其连接和透视见图 9-30 和图 9-31。

黏结技术要求如下。

1）用钢丝刷将锚固槽混凝土表面浮浆清除，并清洗干净，再用棉纱把表面擦干。

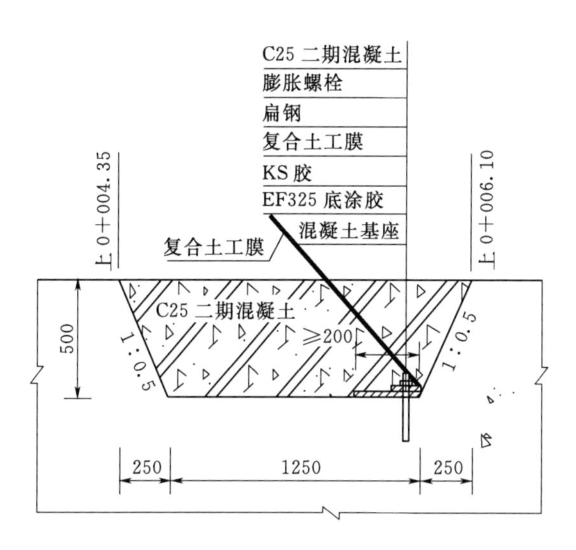

图 9-30 土工膜与混凝土底板连接示意图（单位：mm）

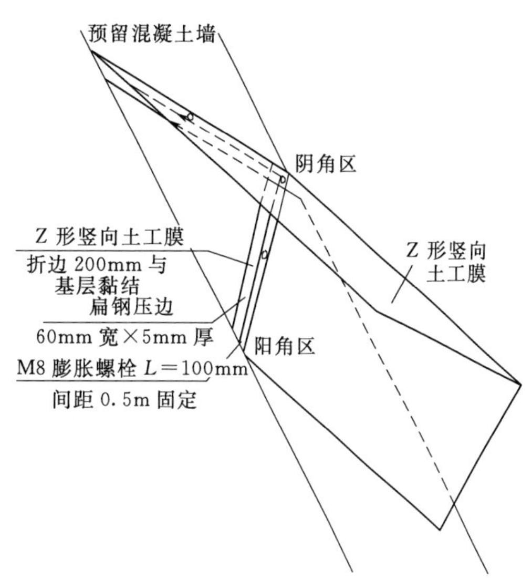

图 9-31 Z 形竖向土工膜与基层土工膜连接透视图

2）在锚固槽内涂刷 EF325 底涂胶，待 EF325 胶呈拉丝状后，用热风焊枪将涂在复合土工膜上的 KS 胶高温吹融，随即将复合土工膜与混凝土表面黏结，用橡皮锤对黏结部位敲打加压，随黏随敲。

3）将 Z 形竖向土工膜端头折边 20cm，清除 Z 形竖向土工膜及基层土工膜表面的无纺土工布（残留量小于或等于 $80g/m^2$），在黏结部位均匀涂刷 KS 胶，随涂随黏。

4）在已黏结好的复合土工膜上按设计间距 0.5m 钻孔布置膨胀螺栓（M8，$L=100mm$），面上压钢板（60mm 宽×5mm 厚），拧紧螺帽对复合土工膜进行紧固。

5）埋设完成后，随即浇筑锚固槽内二期混凝土。

6）将外露的复合土工膜卷起，面上覆盖彩条布保护。

（2）土工膜与土工膜之间的黏结。土工膜防渗体伴随坝体的分层填筑施工而埋置。为方便快速施工，膜与膜间的接缝采用 KS 胶黏结，黏结形式为：膜/膜-膜/布-布/布间黏结，搭接宽度不小于 10cm。

将需黏结的复合土工膜预留接缝边对正就位，现场煮 KS 胶进行黏结作业。对用于膜膜间黏结的 KS 胶液温度控制在 120℃，以免烫穿土工膜；对用于无纺布上的 KS 胶液温度可控制在 160～200℃之间。先将预留复合土工膜接缝边的土工膜黏结，然后将预留布与膜黏结，最后将预留布与布黏结。黏结过程中，橡皮锤及时跟进，对黏结部位敲打加压。

对于无预留接缝边的土工膜，要求去除搭接部位表面的无纺布（残留量小于或等于 $80g/m^2$），黏结宽度不小于 10cm，且土工膜与无纺土工布间黏结宽度不小于 2cm。

9.6.3.3 复合土工膜心墙堆石坝体施工顺序及要求

根据土工膜心墙宜与两侧垫层料、反滤料和部分堆石料平起施工，以达到保护土工膜不被尖锐石料刺穿的目的。复合土工膜与垫层及过渡层连接施工大样见图 9-32。

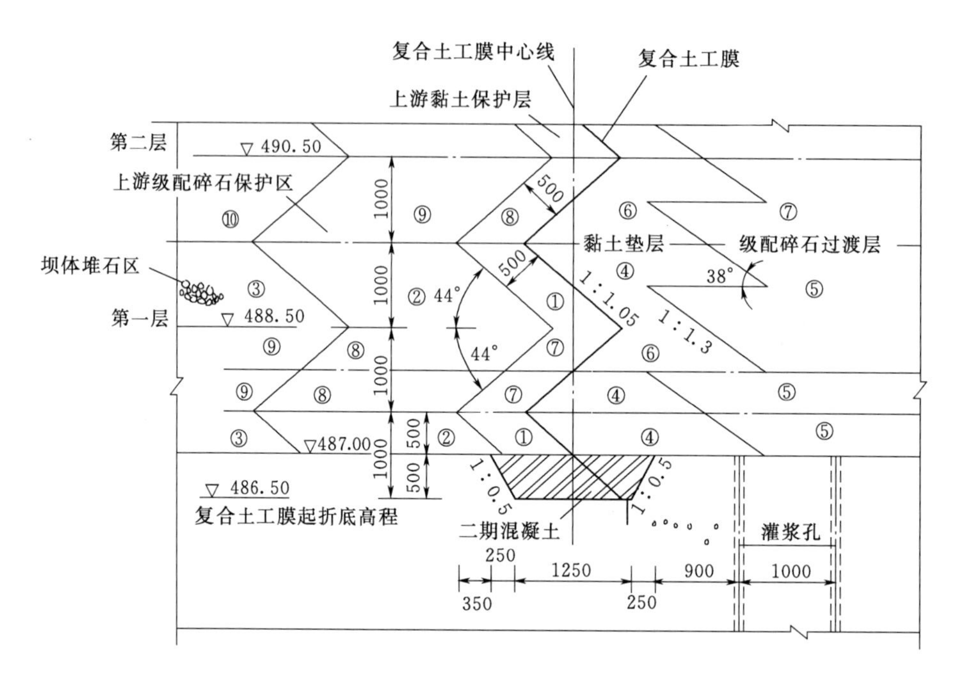

图 9-32 复合土工膜与垫层及过渡层连接施工大样图

①～⑩—施工顺序

复合土工膜心墙堆石坝施工顺序如下。

(1) 第一层施工。计划上升 1.5m，从高程 487.00m 平台开始，具体步骤如下：①上游黏土保护层，以 44°坡脚向左铺筑黏土保护层使之上升 0.5m 至高程 487.50m；②级配碎石过渡层，伴随黏土保护层上升 0.5m 至高程 487.50m；③部分堆石体，为达到保护目的，部分堆石体与过渡层、保护层平起上升至高程 487.50m；④将成卷的土工膜滚至高程 487.50m，填筑黏土垫层料加以保护，垫层料右侧坡脚保持 38°，左侧沿步骤 1 形成的坡面上升至高程 487.50m 后，再以 44°坡脚向右侧填筑至高程 488.00m，右侧坡脚仍然保持 38°并进行削坡保持与底层垫层料在同一坡度；⑤沿黏土垫层坡面铺填过渡层使之由高程 487.00m 上升至高程 488.00m；⑥沿步骤④形成的左侧坡面向上铺填垫层料至高程 488.50m，右侧坡脚保持 38°；沿步骤④、⑥ 形成的右侧坡面向上填至高程 488.50m，将搁置在高程 487.50m 平台的土工膜滚至高程 488.50m；⑦将上游黏土保护层以 44°坡脚向右自高程 487.50m 铺填至高程 488.50m 压紧土工膜；⑧级配碎石过渡层、部分堆石体与上游黏土保护层平起填筑至高程 488.50，完成第一层的铺筑工作。

(2) 第二层施工。计划上升：2.0m，从高程 488.50m 平台开始，具体步骤如下：①填筑黏土保护层，以 44°坡脚向左铺筑黏土保护层使之上升 1.0m 至高程 489.50m；②级配碎石过渡层，伴随黏土保护层上升 1.0m 至高程 489.50m；③部分堆石体，部分堆石体与过渡层、保护层平起上升高程 489.50m。完成后将搁置在高程 488.50m 平台的土工膜滚至高程 489.50m；④黏土垫层，自高程 488.50m 沿步骤①形成的斜坡铺筑黏土垫层至高程 489.50m，压紧土工膜；⑤过渡料与黏土垫层平起上升至高程 489.50m，与垫层区呈锯齿状铺填，使过渡料嵌入黏土垫层中；⑥自高程 489.50m 平台铺设黏土垫层料至高程

490.50m，坡脚保持在38°；⑦过渡料与黏土垫层平起施工至高程490.50m，与垫层区呈锯齿状铺填使过渡料嵌入黏土垫层中。将搁置在高程489.50m平台的土工膜滚至高程490.50m；⑧自高程489.50m平台以44°坡脚向左铺筑黏土保护层使之上升1.0m至高程490.50m，压紧土工膜；⑨级配碎石过渡层伴随黏土保护层上升至高程490.50m；⑩部分堆石体与级配碎石过渡层平起填筑，形成牢靠的支撑体，完成第二层的铺筑内容。

第三层至第 n 层的填筑与第二层一样，不再叙述。

9.6.3.4 施工中需要注意的问题

（1）土工膜与混凝土面黏结时，接触面的基布清除，将基座内的混凝土面用砂轮机打磨平整，在槽内涂刷EF325底涂胶，其上涂KS胶高温吹融，随即将土工膜与混凝土面黏结。

（2）土工膜钻孔，基布容易缠绕在钻头上，为解决成孔问题，可以在钻孔周围预铺细沙，经过此工艺后，成孔容易。

（3）土工膜沿Z形上升时，转折点为薄弱环节，为保证该处的施工质量，施工中采取了以下措施。首先将与土工膜接触的扁钢断头磨圆钝，防止破坏土工膜。其次阳角区，可以将土工膜折边适当加宽，预留一定的富余量，在转折点处做折叠处理，折叠部位及折叠交点处清除土工膜两侧的基布，两面涂抹KS胶两层，严格封闭渗漏通道。阴角区，可以折点为基准点，将重叠部分去基布，两面涂抹KS胶，使膜与膜之间黏结牢靠。

9.6.4 泰安抽水蓄能电站水库库底土工膜防渗工程施工

泰安抽水蓄能电站在山东省泰安市境内。电站上水库在泰山西麓樱桃园沟口筑坝形成，最大坝高99.80m。电站上水库沿上水库底纵向发育区域性F1断层，宽33.52m，上水库防渗问题突出。经垂直防渗、全库盆防渗、综合防渗等3类方案综合技术经济比较，选择综合防渗方案：大坝、右岸山体坡面采用混凝土面板防渗；右岸库盆后半段山体采用垂直灌浆帷幕防渗；库底采用HDPE土工膜水平防渗。土工膜防渗区通过库底观测廊道和灌浆廊道，与F1断层设置的锁边垂直防渗帷幕相接，并通过连接板与大坝和右岸面板相接，形成封闭的防渗体系。

9.6.4.1 土工膜防渗形式

在土工膜形式选择时，泰安抽水蓄能电站库底土工膜防渗结构采用膜布分离的布置方式，即膜下设置一层分离的土工布。根据设计指标，通过工艺试验，选定厚1.5mm的HDPE单膜作为防渗层。厚1.5mm HDPE膜特性如下：①单卷HDPE膜幅宽5.1m、标准幅长100.1m；②单位面积质量不小于1400g/m^2、厚度不小于1.40mm；③炭黑含量不小于2%、不含增塑剂；④采用压延工艺生产；⑤宽条样法测试，最大断裂拉伸强度，纵向大于6.00kN/20cm、相应断裂伸长率大于12%，横向应大于6.00kN/20cm、相应断裂伸长率大于13.50%；⑥窄条样法测试，拉伸强度大于25.0MPa，断裂伸长率大于450%；⑦直角撕裂强度大于110N/mm、CBR顶破强度大于3.0kN、刺破强度大于0.30kN；⑧采用落锥穿透试验，厚1.5mm HDPE膜的破洞直径小于5.0mm；⑨渗透系数小于5.0×10^{-11}cm/s。

9.6.4.2 HDPE膜铺设

由于HDPE膜铺设面积大、与周边施工交叉作业，对HDPE膜下料、周边锚固等造成极大困难。因此，HDPE 膜施工时按“先中间、后四周”的原则进行作业。中央区域 HDPE 膜铺设时，根据 HDPE 膜幅宽在库盆周边预留施工道路，待中央区域 HDPE 膜铺设、焊接完成后再对预留部位与周边锚固 HDPE 膜进行同步施工。

为避免 HDPE 膜受外界环境影响，周边预留部分 HDPE 膜按以下步骤进行施工：①将周边 HDPE 膜与中央区域已完成 HDPE 膜进行预拼接并预留搭接余幅；②对周边 HDPE 膜根据不规则边进行裁剪、锚固；③焊接周边 HDPE 膜与中央区域 HDPE 膜预留缝。

周边不规则部位 HDPE 膜先摊开，然后再根据需要尺寸进行裁剪。

HDPE 膜采用人工滚铺法施工。为避免 HDPE 膜受基础沉降产生变形，HDPE 膜铺设时在库盆一周预留 1.4m 余幅以适应基础沉降。

HDPE 膜尽量安排在焊接前进行摊铺，避免长期暴露。

9.6.4.3 HDPE 膜连接

HDPE 膜之间连接及修补，进行了黏结和焊接两种工艺进行试验。鉴于施工难易程度和本工程的重要性，选择焊接方法连接 HDPE 膜，并使用与 HDPE 膜材质相同的焊条，也有效地解决了 HDPE 膜与辅材间的相容性问题。根据不同类型的焊缝，选择了不同的焊接设备和焊接参数进行施工，有效地提高了施工速度，保证了施工质量。

HDPE 膜采用平搭焊接方法进行连接，通长焊缝采用双焊缝、搭接宽度 10cm、焊缝宽度 1.4cm、缝间距 5cm。短焊缝及缺陷修补采用单焊缝，且根据焊缝及缺陷特征采用相应的搭接宽度。多片 HDPE 膜之间采用 T 形接头。

HDPE 膜采用热楔式自动焊机、手持挤出式焊机、手持式半自动爬行热合熔焊接机和热风枪等 4 种焊机焊接。焊机性能参数及适用焊缝见表 9-31。

表 9-31　　焊机性能参数及适用焊缝表

序号	设备名称	性能参数	适用焊缝
1	热楔式自动焊机	最大搭焊宽度 125mm、焊接温度 0～420℃、焊接压力 0～1000N、焊接速度 0.8～3.2m/min	HDPE 膜长直焊缝
2	手持挤出式焊机	焊条直径 3～4mm，焊条与 HDPE 膜材质相同，适用膜厚度 δ=4～12mm	HDPE 膜短直焊缝 T 形接头和缺陷修补
3	手持式半自动爬行热合熔焊接机	焊接温度 20～650℃、焊接速度 0.5～3m/min	
4	热风枪	—	针孔、气道封闭

四种焊接工艺施工原理及工艺流程见表 9-32。

表 9-32　　四种焊接工艺施工原理及工艺流程表

焊接工艺	焊　接　原　理	工艺流程
热楔式焊接	利用正常工作状态下位于焊机两块搭接的 HDPE 膜之间的电加热楔进行加热，通过接触传热到两层膜接触面上，在焊机行进过程中，表面已熔化的土工膜被送入两个压辊之间压合在一起，使土工膜表面几密耳（1 密耳=0.025mm）的熔深范围内产生分子渗透和交换并融为一体	膜面清理→压合→加热→熔合→辊压

续表

焊接工艺	焊 接 原 理	工艺流程
热合熔焊接	通过焊接机前方的热风热楔联合电热刀，对接触部位的两块搭接的 HDPE 膜进行加热，热传递到两层膜接触面上。在焊机行进过程中，通过焊机上的传动/焊接压辊对表面已熔化的土工膜进行施压，使土工膜表面熔深范围内产生分子渗透和交换并融为一体	膜预热→干燥→ 吹净→接触面加热→ 熔合→辊压
挤压焊接	通过焊机焊嘴将螺杆挤出的熔融 HDPE 焊料沿焊接方向均匀用力压在被焊母材表面上，通过焊料高温热熔黏结 HDPE 膜	膜面清理→送风 →送焊条→焊条熔融 →挤出焊料→熔合→挤压焊料
热风枪焊接	通过加热器对鼓风机吹出的冷空气加热，吹送到接缝部位的表面，利用热风熔化 HDPE 膜面、人工采用辊轮滚压，使 HDPE 膜黏合在一起	送冷风→风加热→送热风→膜面熔化→辊压

HDPE 膜焊接以长直焊缝为主，长直焊缝焊接参数见表 9－33。

表 9－33　长直焊缝焊接参数表

项　目	风速/(m/s)	气温/℃	膜温/℃	焊接速度/(m/min)	焊接压力/N	焊接温度/℃
技术参数	0.1～3.0	5～26	20～49	2～3	700～900	360～400

9.6.4.4 土工膜与周边防渗体的连接

泰安抽水蓄能电站土工膜水平防渗层面积约 16 万 m^2，周长 1830m。土工膜与坝底部的混凝土连接板相接段长约 400m；与右岸趾板相接段长约 730m；与库底廊道相接段长约 700m。泰安抽水蓄能电站采用机械锚固连接方式，因承受最大水头约 37m，周边连接成为库底土工膜防渗结构中最易受损的薄弱环节，也是防渗体系安全可靠的关键点。选择采用钻孔机械 DDEC－1 钻机，成孔孔径 18mm，孔深 130mm，控制钻孔轴线偏差及孔位偏差不大于±1.5mm，锚固剂采用喜利得 RKStD 化学锚固剂，螺栓规格为 M16×190mm，锚固深度为 125mm，螺栓紧固力 120N·m。

10 土石坝安全监测仪器的埋设安装与施工期监测

10.1 安全监测工作的基本概念

10.1.1 安全监测的重要性和必要性

土石坝工程的安全，关系到工程施工、工程运行安全，一旦失事，损失重大，甚至造成社会性灾难。安全监测工作是土石坝工程提前预警、安全防范的主要手段。使用观测仪器和设备对土石坝建筑物和地基进行长期观测，是诊断、预测、发现和研究土石坝技术、质量、安全问题的直接有效途径和必不可少的技术措施。安全监测的结果既是土石坝工程技术的积累，为工程设计、施工、运行的技术改进提供技术支撑，也是工程施工、运行期间技术决策的依据，甚至是工程失事后，依法判定事故责任的依据。

10.1.2 安全监测系统成功工作的条件

土石坝安全监测系统要成功的发挥其作用，有 3 个关键的条件：①要有一个优化、合理、可靠的且满足有关规范要求的安全监测系统设计；②要在施工中有成功率很高且十分精确的、满足规范要求的仪器埋设和安装；③埋设完成后有效的保护而不被别的项目的施工或其他原因所毁坏。只有这 3 个关键的条件缺一不可，才能对土石坝进行有效成功地监测。

10.1.3 安全监测系统的工作年限

大中型土石坝工程设计运用年限都很长，原则上安全监测工作应贯彻其整个运行期间。根据我国目前实际情况，一般认为监测仪器设备可靠的运行时间应至少为十年，并应尽可能延长使用年限。

10.1.4 安全监测工作的分类

（1）土石坝安全监测的方法分为巡视检查和仪器监测。

（2）按仪器埋设安装的位置和工作位置，总体上可把土石坝监测分为外部监测和内部监测两部分。其外部监测有表面标点垂直位移和水平位移监测，渗流量和渗透状态的监测等。内部监测一般有沉降量、内部变形、渗透压力、土压力、浸润线位置、绕坝渗流等。

（3）按其作用和性质可分为巡视监测，变形监测，渗流监测，压力（应力）监测，水文、气象等环境监测以及一些特殊要求的监测，如地震、冰凌、波浪、水力学等。

（4）土石坝安全监测项目分类及工程上的选择。《土石坝安全监测技术规范》（SL 551—2012）中，其监测项目分类见表 10-1；《土石坝安全监测技术规范》（DL/T 5259—2010）

中，土石坝安全监测项目分类见表10-2。

表10-1　土石坝安全监测项目分类表

监测类别	监测项目	建筑物级别		
		Ⅰ	Ⅱ	Ⅲ
巡视检查	坝体、坝基、坝区、输泄水洞（管）、溢洪道、近坝库岸（含日常、年度和特别三类）	★	★	★
变形	1. 坝体表面变形； 2. 坝体（基）内部变形； 3. 防渗体变形； 4. 界面及接（裂）缝变形； 5. 近坝岸坡变形； 6. 地下洞室围岩变形	★ ★ ★ ★ ★ ★	★ ★ ★ ★ ☆ ☆	★ ☆
渗流	1. 渗流量； 2. 坝基渗流压力； 3. 坝体渗流压力； 4. 绕坝渗流； 5. 近坝岸坡渗流； 6. 地下洞室渗流	★ ★ ★ ★ ★ ★	★ ★ ★ ★ ☆ ☆	★ ☆ ☆ ☆
压力（应力）	1. 孔隙水压力； 2. 土压力； 3. 混凝土面板应力	★ ★ ★	☆ ☆ ☆	
环境量	1. 上、下游水位； 2. 降水量、气温、库水温； 3. 坝前泥沙淤积及下游冲刷； 4. 冰压力	★ ★ ☆ ☆	★ ★ ☆	★ ★
地震反应		☆	☆	
水力学		☆		

注　1. ★者为必设项目。☆者为一般项目，可根据需要选设。
2. 坝高小于20m的低坝，监测项目选择可降一个建筑物级别考虑。

表10-2　土石坝安全监测项目分类表

序号	监测类别	监测项目 \ 大坝类别、级别	面板堆石坝			心墙堆石坝			均质坝		
			1级	2级	3级	1级	2级	3级	1级	2级	3级
一	变形	1. 坝体表面垂直位移	●	●	●	●	●	●	●	●	●
		2. 坝体表面水平位移	●	●	●	●	●	●	●	●	●
		3. 堆石体内部垂直位移	●	●	○	●	●	○	○	○	○
		4. 堆石体内部水平位移	●	○	○	●	○	○	○	○	○
		5. 接缝变形	●	●	○	○	○	○	/	/	/
		6. 坝基变形	○	○	○	○	○	○	○	○	○
		7. 坝体防渗体变形	●	○	○	●	○	○	/	/	/
		8. 坝基防渗墙变形	○	○	○	○	○	○	○	○	○
		9. 界面位移	●	○	○	●	●	○	○	—	/

续表

序号	监测类别	大坝类别、级别 / 监测项目	面板堆石坝			心墙堆石坝			均质坝		
			1级	2级	3级	1级	2级	3级	1级	2级	3级
二	渗流	1. 渗流量	●	●	●	●	●	●	●	●	●
		2. 坝体渗透压力	●	○	○	●	○	○	●	●	●
		3. 坝基渗透压力	●	●	●	●	●	○	●	●	○
		4. 防渗体渗透压力	●	●	○	●	●	●	/	/	/
		5. 绕坝渗流	●	●	○	●	●	○	●	●	○
		6. 水质分析	○	○	○	○	○	○	○	○	○
三	压力（应力）	1. 孔隙水压力	/	/	/	○	○	○	●	○	○
		2. 坝体压应力	○	○	/	○	○	/	○	○	/
		3. 坝基压应力	○	○	○	○	○	○	○	○	○
		4. 界面压应力	●	○	○	●	○	○	○	/	/
		5. 坝体防渗体应力、应变及温度	●	○	○	●	○	○	/	/	/
		6. 坝基防渗体应力、应变及温度	○	○	○	○	○	○	○	○	○
四	环境量	1. 上、下游水位	●	●	●	●	●	●	●	●	●
		2. 气温	●	●	●	●	●	●	●	●	●
		3. 降水量	●	●	●	●	●	●	●	●	●
		4. 库水温	○	○	/	○	○	/	○	○	/
		5. 坝前淤积	○	○	○	○	○	○	○	○	○
		6. 下游冲刷	○	○	○	○	○	○	○	○	○
		7. 冰压力	○	/	/	/	/	/	/	/	/

注 1. 有“●”者为应测项目；有“○”者为可选项目，可根据需要选设；有“/”者为可不设项目。

2. 坝高70m以下的1级、2级坝的内部垂直位移、内部水平位移、坝体防渗体应力、应变、温度及库水温监测项目为可选项。

3. 对应测项目，如有因工程实际情况难以实施者，应由设计单位提出专门的研究论证报告，并报项目审查单位批准后缓设或免设。

10.2 土石坝安全监测相关标准

国家和行业部门关于土石坝安全监测的规程规范和标准主要如下：《岩土工程仪器系列型谱》(GB/T 21029)、《岩土工程仪器基本参数及通用技术条件》(GB/T 15406)、《岩土工程用钢弦式压力计传感器》(GB/T 13606)、《压力传感器性能试验方法》(GB/T 15478)、《土工试验仪器 岩土工程仪器振弦式传感器通用技术条件》(GB/T 13606)、《大坝监测仪器 应变计 第1部分 差动电阻式应变计》(GB/T 3408.1)、《大坝监测仪器 应变计 第2部分 振弦式应变计》(GB/T 3408.2)、《大坝监测仪器 钢筋计 第1部分 差动电阻式钢筋计》(GB/T 3409.1)、《大坝监测仪器 测缝计 第1部分 差动电阻式测缝计》(GB/T 3410.1)、《大坝监测仪器 测缝计 第2部分 振弦式测缝计》(GB/T 3410.2)、《大坝监测仪器 孔隙水压力计 第1部分 振弦式测缝计》(GB/T 3411.1)、《差动电阻式孔隙水压力计》(GB/T 3411)、《大坝监测仪器 埋入式铜电阻温度计》(GB/T 3413)、《大坝安全监测系统验收规范》(GB/T 22385)、《土石坝安全监测技术规范》(SL 551)、《土石坝安全监测仪器检验测试规程》(SL 530)、《土石坝安全监测技术规范》(DL/T 5259)、《电容式位移计》(DL/T 1017)、《电容式测缝计》(DL/T 1018)、《电容式引张线仪》(DL/T 1016)、《电容式垂线坐标仪》(DL/T 1019)、《电容式静力水准仪》(DL/T 1020)、《电容式量水堰水位计》(DL/T 1021)、《光电式(CCD)垂线坐标仪》(DL/T 1061)、《差动电阻式位移计》(DL/T 1063—2007)、《差动电阻式锚索测力计》(DL/T 1064)、《差动电阻式锚杆应力计》(DL/T 1065)、《光电式(CCD)静力水准仪》(DL/T 1086)、《钢弦式钢筋应力计》(DL/T 1136)、《钢弦式土压力计》(DL/T 1137)、《土石坝安全监测资料整编规程》(DL/T 5256)、《水位观测标准》(GB/T 50138)、《浮子水位计》(GB/T 11828.1)、《翻斗式雨量计》(GB/T 11832)、《水文仪器基本环境试验条件及方法》(GB/T 9359)、《降水量观测规范》(SL 21)、《超声波水位计》(SL/T 184)、《国家一、二等水准测量规范》(GB/T 12897)、《国家三、四等水准测量规范》(GB/T 12898)、《河道流量测验规范》(GB/T 50179)、《水道观测规范》(SL 257)。

10.3 仪器的埋设与安装

10.3.1 安全监测的仪器设备

10.3.1.1 仪器设备的选用原则

(1) 简单有效、可靠准确、坚固耐用,并应力求先进和便于实现自动化监测。

(2) 对同一个工程,各种监测项目在能满足技术要求的条件下,尽可能地选用由同一个原理制造的仪器设备。

(3) 仪器的最大量程应满足工程项目的实际需要,并有一定的富余量。一般应有约30%的富余量。

(4) 在满足仪器量程的条件下,仪器的分辨率不能受影响。仪器选择时,不能无限制的选择大量程的仪器,否则,其分辨率将受到影响。

(5) 注意动态、静态工作方式选择。常规情况下,土石坝内埋设的压力计属静态式的传感器,若要测定动态压力,如脉动水压力等,可选择动态式传感器仪器。

(6) 根据工程的大小、类型、新建和补设、监测目的等实际情况选择。如作用水头低于20m的土石坝或渗透系数大于10^{-4}cm/s等的土石坝,渗流压力宜选用测压管;坝高大于20m或渗透系数小于10^{-4}cm/s等情况下宜选用振弦式孔隙水压力计;已建工程补设监测项目时,宜采用易于钻孔埋设的仪器等。

(7) 选择不易受施工干扰和人为破坏,不易受水、灰尘、热或者地下水化学过程损坏的传感器。

(8) 选择经济、易于安装埋设、施工干扰小、易于保养、易于检测和元件更换的仪器设备。

(9) 选择能长期(不低于15年)稳定的仪器,采集的数据准确可靠;具有良好的防潮性能和较高的绝缘度。

(10) 选择具有良好的直线性和重复性的仪器,选择零漂小、并能控制在设计规定范围以内的仪器。

10.3.1.2 安全监测项目和对应的监测仪器

(1) 土石坝安全监测项目与仪器见图10-1。

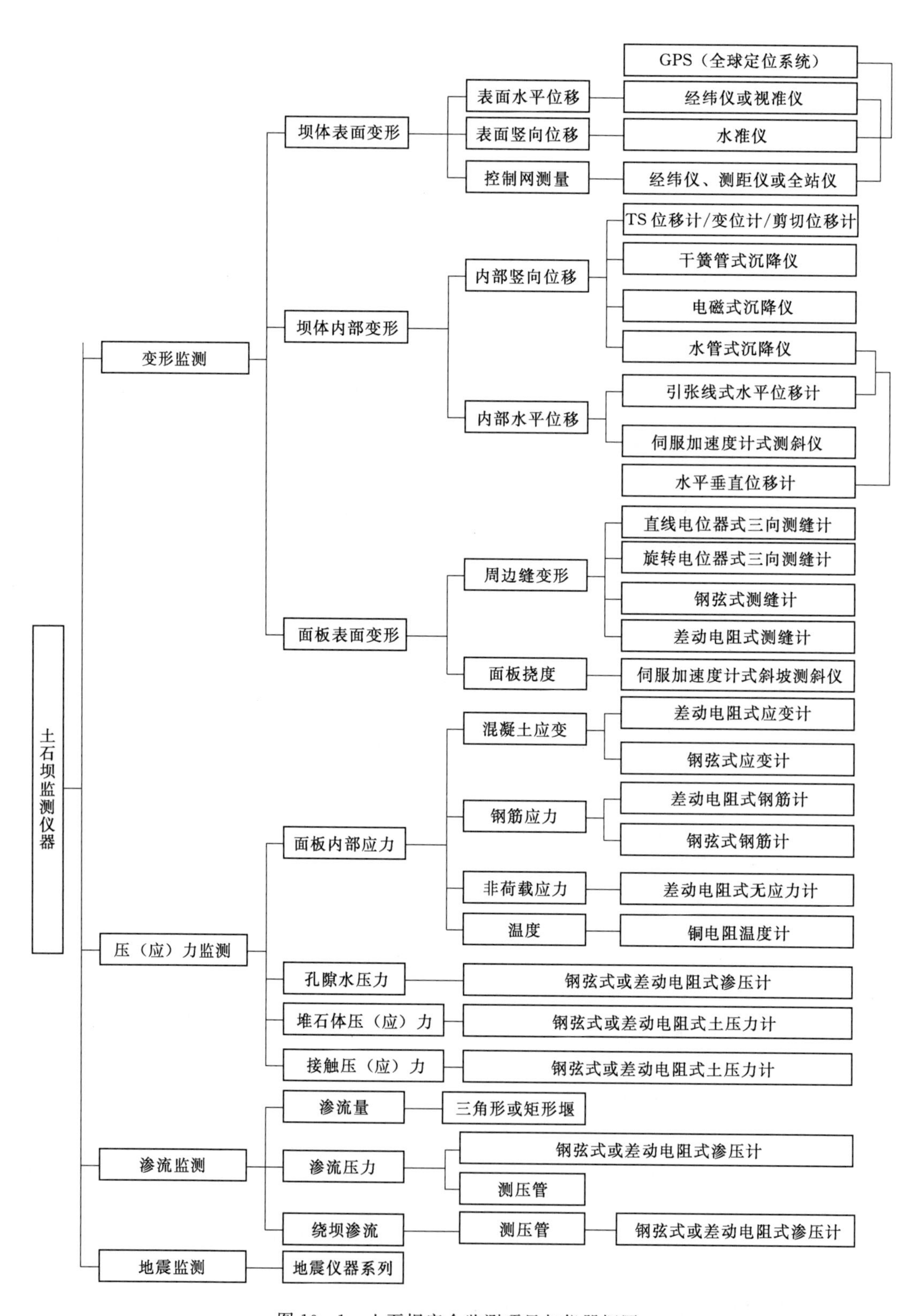

图10-1　土石坝安全监测项目与仪器框图

（2）国内几个土石坝工程项目，其监测仪器埋设的类型及数量工程实例见表10-3。

表10-3　　监测仪器埋设的类型及数量工程实例表

工程名称	监测仪器埋设的类型及数量	
糯扎渡	大坝工程	视准线12条，其中基点24个，测点115个；GPS测点35个；土压力计82支，7向土压力计2组，3向土压力计6组；渗压计105支；测缝计10支；剪变形计33支；沉降及水平位移测头41个，沉降测头7个，水平位移测头4个；弦式沉降仪9套；TS位移计组6套；多点位移计4套；水位孔11个；测压管13个；测斜及电磁沉降侧线3套，其中测斜管580m，沉降环225个；测斜孔1个，其中测斜管250m，固定式测斜仪58支；量水堰8座；温度计5支；强震仪10台；集线箱16个；观测房11间
		心墙混凝土垫层中，测缝计28支，渗压计23支，钢筋计27支，集线箱5个
	泄洪洞	4测点多点位移计6套，3测点锚杆应力计6套，钢筋计24支，渗压计6支，集线箱2个，收敛测桩30个，收敛计1套
瀑布沟	真空激光准直仪1套，工作基点16个，强制对中基座88个，水准标志112个，倒垂线2套，双金属坐标仪2套，双向垂线坐标仪2套，烟瓦标尺4套，测斜管1193m，固定式测斜仪42支，活动式测斜仪1套，电磁式沉降仪1套，水管式沉降仪8套40个，引张线水平位移计8套40个，多点位移计14套，锚杆应力计14支，错位计12支，土体位移计5套，钢弦式沉降仪15支，应变计16支，土压力计32支，渗压计79支，三角形量水堰和精密量水堰计各6个，电测水位计和自计水位计各1台，水尺2副，温度计6支，强震仪9套，水工电缆52km，集线箱14个，观测房14座，观测自动化设备管理系统1套；读数仪4台，自动跟踪全站仪1套，数字水准仪1套	
小浪底	大坝共埋设各类监测仪器489支（点）。其中，主要有渗压计182支（含测压管11支），土压力计44支，界面变位计11支，钢弦式沉降计19支，测斜管17支（其中倾斜式3支、水平式4支），堤应变计138支，混凝土应变计24支以及钢筋计、边界土压力计、量水堰、倾角计、无应力计等。在这些仪器中，有224支（点）纳入自动化监测，其余则采用人工方式测读	
克孜尔水库	测斜管15根，深层沉降标2根，断层位移计4支，截渗墙位移计2支，土中土压力计16支，界面土压力计10支，孔隙水压计60支，渗流量监测装置4座，测压管103孔，监测房8座，接线箱4个	
黑河水库枢纽	大坝	渗压计81支，土压力计57支，TS位移计20支，沉降测斜管5套495.6m，引张线式水平位移计2套，水管式沉降仪2套7个测点，绕坝渗流测压管12根1200m，表面位移标点55个，引张线式表面位移标点19个，水位计一套，电缆埋设52465m，绕坝渗流量水堰2个
	导流泄洪洞	水力学底座9个，混凝土应变计39支，混凝土无应力计13支，钢筋应力计12支，测缝计20支，温度计19支，土压力计23支，渗压计1套，收敛计测点15个
	高边坡及其他	测斜管2根100m，表面测标点9套，锚杆测力计10支，表面位移标点72个，分水岭测压管7根700m

10.3.2　仪器的埋设与安装

10.3.2.1　编制施工组织设计

施工前应根据设计文件、招投标文件、工程具体情况和有关规程、规范等，配合工程总体施工组织设计，认真编制工程安全监测项目的施工组织设计，其内容应包括工程概况、安全监测工程量、技术要求、施工组织机构和人员、施工机械设备和仪器、施工条件分析、施工顺序、施工工艺技术、质量检验程序、施工后的仪器设备保护和施工期监测、资料整理、规章制度等，用以规划整个施工的全过程。

10.3.2.2　仪器埋设安装的组织机构和人员

监测仪器设备埋设安装是集多学科技术为一体的工作，仪器种类品牌很多很杂，土工监测仪器尚没有公认定型仪器设备，监测技术也还不很成熟，因此，土石坝监测仪器的埋设、安装施工应由专业化队伍来进行。施工人员应有丰富的埋设施工经验和水工、电学、机械等学科方面的基础知识，经有关部门技术培训，有专业上岗证书。从埋设安装施工的开始，就应有工程管理单位承担监测的人员参加，以保证竣工后监测工作的顺利开展。

10.3.2.3 监测仪器设备安装埋设施工的基本程序

安全监测仪器设备安装埋设施工的基本程序有以下几个方面：①埋设前的施工条件分析及工艺研究；②仪器设备（包括电缆等）安装埋设前的校验、率定；③安装埋设前室内的仪器准备工作；④施工现场的安装埋设实施及初始值的监测；⑤安装埋设后的资料记录及其分析整理；⑥安装埋设后的仪器设备保护。

10.3.2.4 安装埋设前的施工条件分析和工艺研究

安装埋设前应按照施工图纸、有关规定、工程实际（如河床砂卵石覆盖厚度、岩石性质、断层分布、坝体结构、水位变化以及已选定的仪器设备类型等）情况，进行仪器准备和安装埋设工艺的研究，如电缆的连接方法、预留长度、检验方法，钻孔、挖坑的技术要求和机械类型，电缆过沟、过路、过断层、过混凝土伸缩缝的办法，满足工期进度要求的时限等。

10.3.2.5 仪器设备安装埋设前的检验与率定

仪器在安装埋设前应进行检验和率定。在目前的条件下，安装埋设前的认真检验是保证埋设成功率十分重要的环节。安装埋设前主要是按照《大坝安全监测仪器检验测试规程》（SL 530—2012）和相关的专用《岩土工程仪器系列型谱》（GB/T 21029）、《大坝监测仪器 应变计、钢筋计、测缝计等》（GB/T 3413）等进行检验和率定。特殊情况下，也可以按照厂家生产合格证和产品说明书上的技术指标进行检验和率定。电缆检验的内容主要有：电缆绝缘性能检验。密闭性能检验、接头检验、抗拉强度检验、水下电缆接头和电缆在水压力作用下的绝缘性能检验；钢弦式传感器的主要检验项目有分辨率、非直线度、滞后、不重复度、综合误差等，具体可按《土工试验仪器 岩土工程仪器 振弦式传感器通用技术条件》（GB/T 13606）进行操作。土压计等仪器用水压法、气压法、砂压法进行灵敏度和稳定性的校检验，以及水管式沉降计测量精度的检验、测斜管的外观检验等。钢弦式土压力计的检验报告见表10-4。

表10-4 钢弦式土压力计的检验报告表

产品名称	钢弦式土中土压力计	受检单位	黑河水利枢纽		
规格型号	GKD-1600	检验类别			
出厂编号	864	检验依据	GB/T 13606—92及厂家标准		
生产日期	1998年4月30日	检验项目	压力性能参数、防水密封性及稳定性		
生产单位	南京水利科学研究院	检验日期	1999年9月		
检验项目	压力性能参数		防水密封性		
	标准	实测	开始	6h	计算成果
分辨率	≤0.15%F.S.	0.15	637.7	639.1	−0.11
非直线度	≤2%F.S.	0.28	稳定性		
滞后	≤1%F.S.	0.14	加载前	加载后	计算成果
不重复度	≤0.5%F.S.	0.25	1519.1	1519.6	−0.09

续表

<table>
<tr><td>产品名称</td><td>钢弦式土中土压力计</td><td>受检单位</td><td>黑河水利枢纽</td></tr>
<tr><td>综合误差</td><td>≤2.5%F.S.</td><td>0.31</td><td>防水密封性及稳定性</td></tr>
<tr><td>灵敏度系数</td><td>16.67×10^{-4} kPa/Hz^2</td><td>16.65×10^{-4} kPa/Hz^2</td><td>≤±2.5%F.S.、稳定性≤±0.25%F.S.</td></tr>
<tr><td>结论</td><td colspan="3">合格</td></tr>
<tr><td colspan="4">检验人：　　审核人：　　检验报告章
签发日期：1999年9月26日</td></tr>
</table>

10.3.2.6　安装埋设前的仪器准备

仪器安装埋设前一定的时段内，进行仪器的埋前准备工作，如仪器与电缆的连接、电缆的编号和每1～2m的标识、渗压计透水石的饱和及饱和后的密封等。

10.3.2.7　一些常用的主要种类仪器的现场安装埋设和初始值的监测

（1）表面变形标点设施的安装埋设。

1）表面变形标点设施的安装技术要求见表10－5。

表10－5　　表面变形标点设施的安装技术要求表

<table>
<tr><td rowspan="4">表面标点</td><td>水准基点</td><td colspan="2">坝下游1～3km不受工程变形影响的稳定区域，不少于3个。参照《国家一、二等水准测量规范》(GB/T 12897)、《国家三、四等水准测量规范》(GB 12898) 执行</td></tr>
<tr><td>起测基点</td><td>每纵排测点两端岸坡上各一个，高程与测点相近。基岩上就地凿坑现浇，坚硬基岩埋深大于5～20m时，采用深埋双金属管柱</td><td rowspan="3">土基上埋深大于1.5m，并深入冰冻线以下，底盘中心与视准线偏差不大于20mm，底盘水平倾角不大于4′</td></tr>
<tr><td>工作基点
校核基点</td><td>钢筋混凝土墩式结构，高1.2～1.5m，顶部对中盘对中误差小于±0.1mm，盘面倾斜度不应大于4′。座于岩石上。每一独立监测部位均应设置1～2座水准工作基点</td></tr>
<tr><td>测点</td><td>柱式或墩式混凝土或钢筋混凝土结构，高出坝面1.2m，顶部对中底盘对中误差小于0.2mm</td></tr>
</table>

2）各种表面标点的形状和尺寸见图10－2～图10－7。

（2）沉降管的安装埋设。

1）目前，经常使用的电测沉降管一般都和内部变形的测斜仪共同使用，其安装与埋设有坑式埋设法和非坑式埋设法两种。沉降（测斜）管坑式埋设方法见图10－8，非坑式埋设方法见图10－9。

2）安装埋设的技术要求。测斜（沉降管）下端应埋入基岩或应力包以下约2m处，导向槽应用经纬仪严格对正；每节管道的沉降段长度为10～15cm，测斜管道的最大倾斜度不大于1°；钻孔直径大于等于150mm；倾斜度小于1°。

3）测斜仪工作方式和状态。测斜仪工作方式和状态见图10－10。

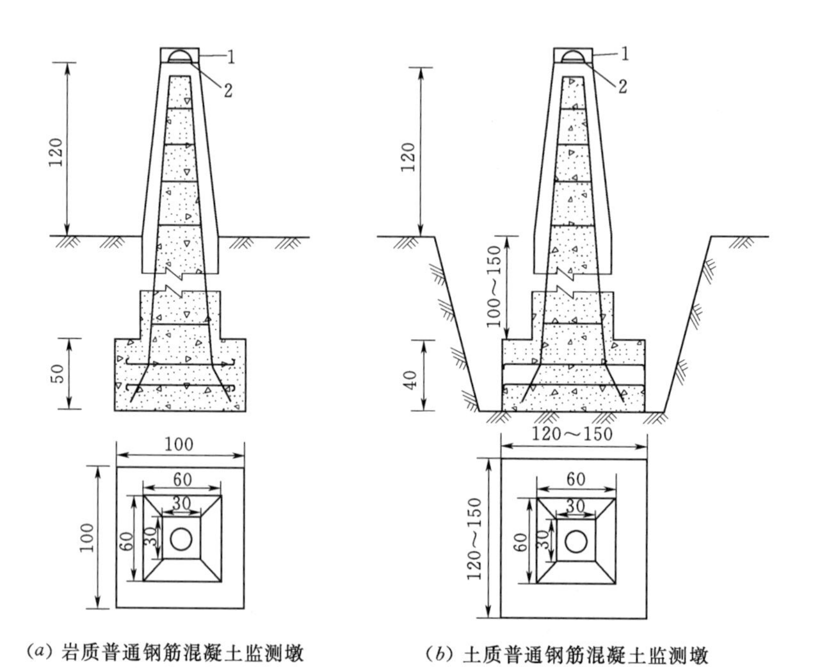

(*a*) 岩质普通钢筋混凝土监测墩　　(*b*) 土质普通钢筋混凝土监测墩

图 10-2　水平位移监测网及视准线
标点埋设结构示意图（单位：cm）
1—保护罩；2—标点

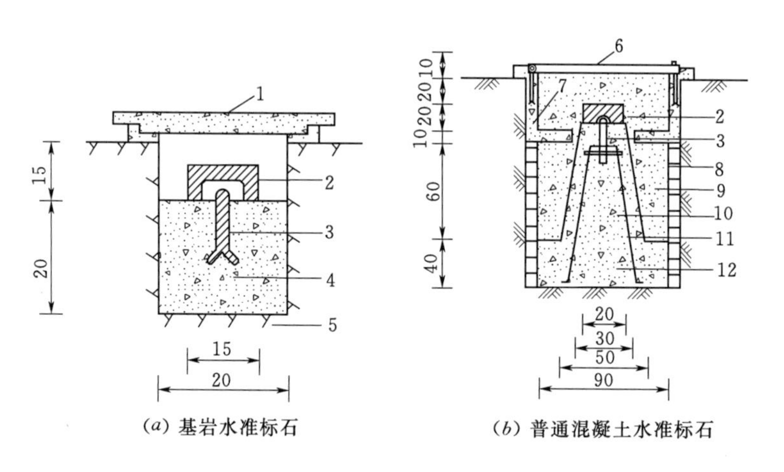

(*a*) 基岩水准标石　　(*b*) 普通混凝土水准标石

图 10-3　水准标石埋设结构示意图（单位：cm）
1—混凝土保护盖；2—内盖；3—水准标志；4—浇筑混凝土；5—基岩；6—加锁金属盖；
7—混凝土水准保护井；8—衬砌保护；9—回填砂土；10—混凝土柱石；
11—钢筋；12—混凝土

(3) 水管式沉降仪的安装埋设。水管式沉降仪用以监测坝体内部的垂直位移。一般采用沟槽法埋设，优先选择在坝体填筑中预留沟槽，沟槽深度 1～3m，粗粒料坝体取上限，底宽一般 1.0m 以上，管路基床坡度为 0.5%～3%，其平整度允许偏差±5mm。测头一般浇筑在细石钢筋网混凝土块体中，测头周围混凝土厚度至少 10cm，一般混凝土块体边

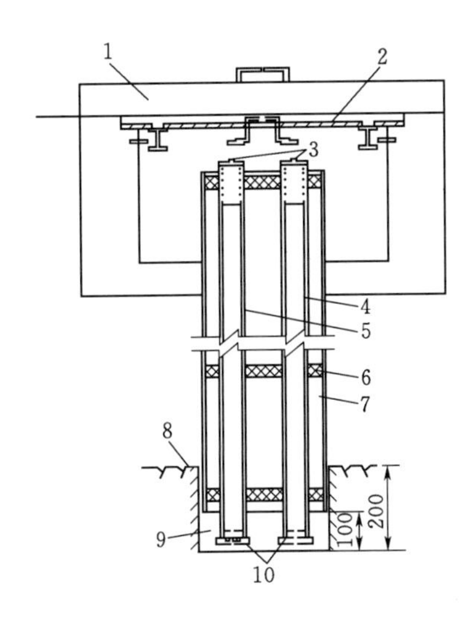

图 10-4 深埋双金属管水准基点标石埋设示意图（单位：cm）

1—钢筋混凝土保护盖；2—钢板标盖；3—标芯；4—钢芯管；5—铝芯管；6—橡胶环；7—钻孔保护管；8—新鲜基岩；9—M20 水泥砂浆；10—金属管底板与固定根络

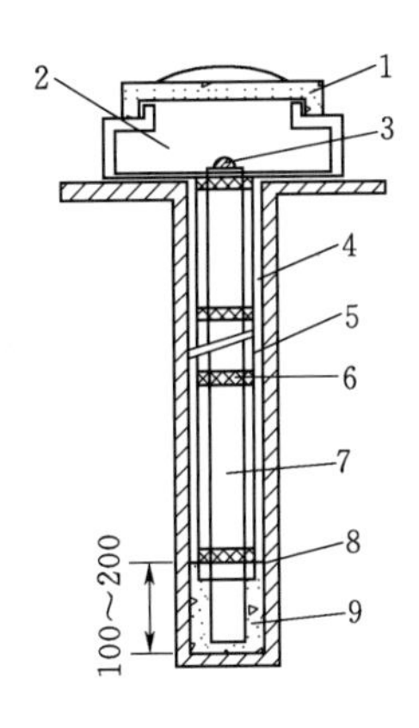

图 10-5 深埋钢管水准基点标石埋设示意图（单位：cm）

1—保护盖；2—保护井；3—标芯（有测温孔）；4—钻孔（内填）；5—外管；6—橡胶环；7—芯管（钢管）；8—新鲜基岩面；9—基点底靴（混凝土）

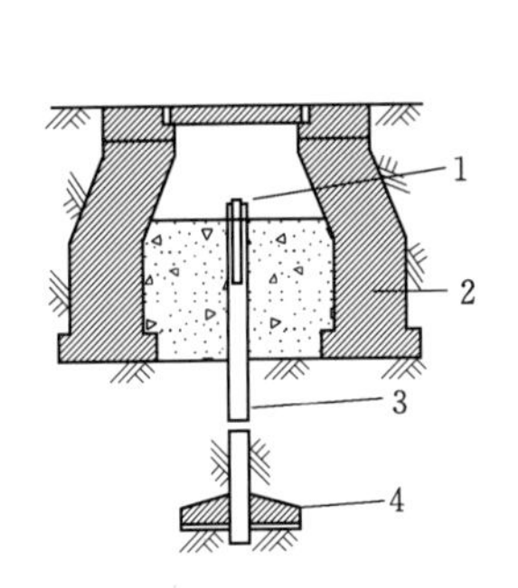

图 10-6 浅埋钢管水准标石埋设示意图

1—特制水准石；2—保护井；3—钢管；4—混凝土底座

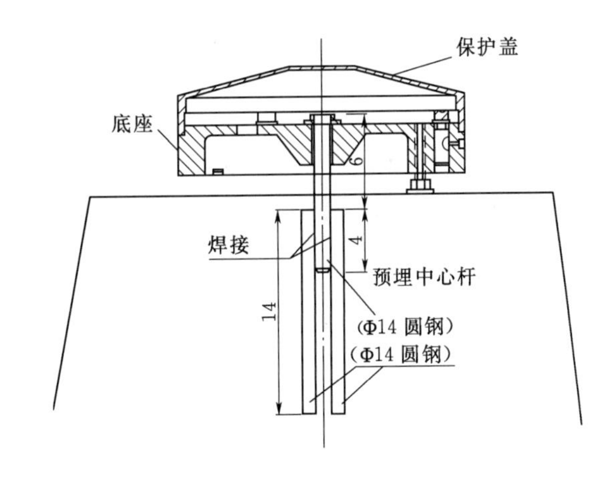

图 10-7 觇标底座示意图（单位：cm）

长 50cm，其强度要求 C40。管路底部应铺砂或黏土并夯实。对粗砾土填筑体，沟槽和管沟回填时，应用中粗砂、小粒径粗粒土，以过渡层的形式，人工分层回填夯实一定高度，然后改用原坝料回填，至顶面高出管路和测头 1.8m 时，才可正常碾压施工。对黏土，人工回填至测头顶面以上 1.5m 时，才可正常碾压施工，其埋设状态和工作原理见图 10-11，其埋设平面和横剖面分别见图 10-13 和图 10-14。

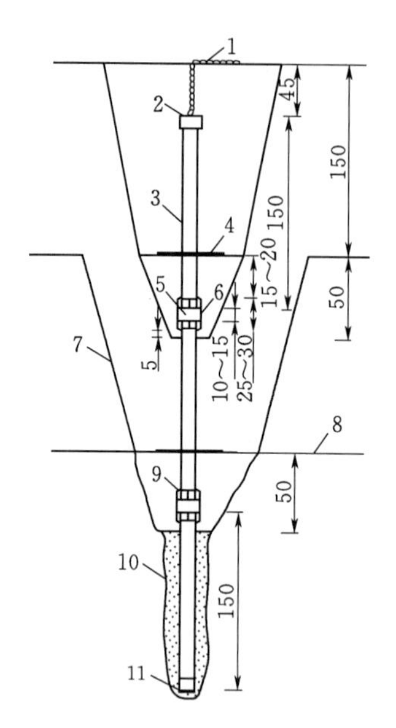

图 10-8　沉降（测斜）管坑式埋设方法示意图

1—铁链；2—管盖；3—沉降管（每节 1.5m）；4—沉降板；5—连接管；6—无纺土工织物；7—开挖线；8—建基面；9—连接管上的滑槽；10—水泥砂浆；11—管座

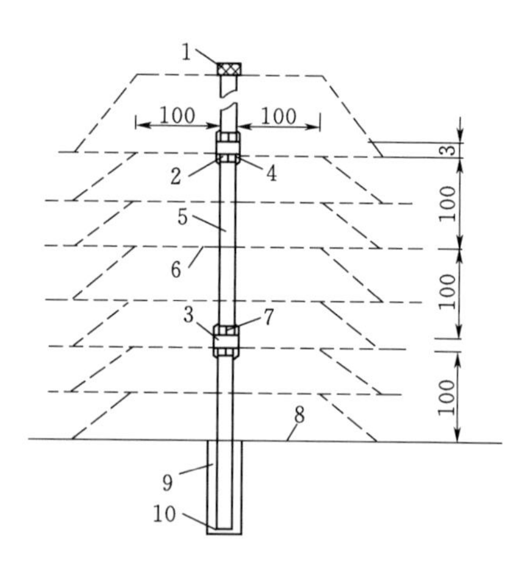

图 10-9　沉降（测斜）管非坑式埋设方法示意图

1—管盖；2—连接管；3—预留沉降段；4—无纺土工织物；5—沉降管；6—沉降板；7—连接管上的滑槽；8—岩基面；9—水泥砂浆；10—管座

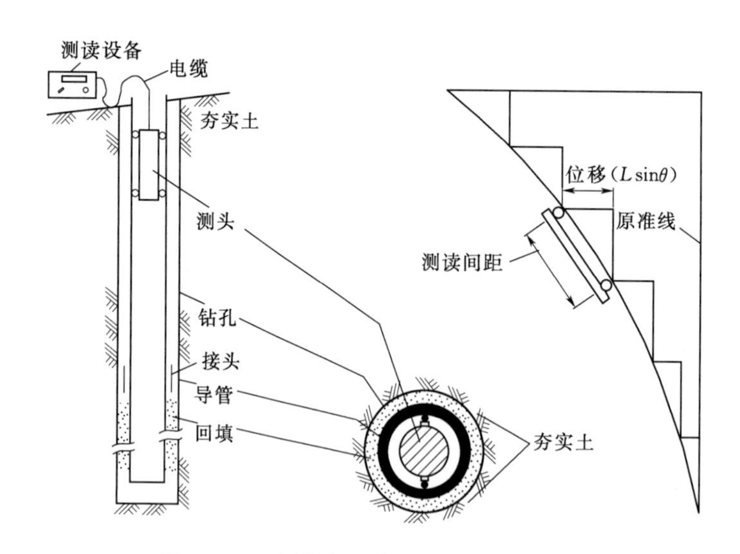

图 10-10　测斜仪工作方式和状态示意图

（4）位移计的安装埋设。位移计有引张线式位移计、振弦式位移计、差动电阻式位移计、TS 位移计（滑线电阻式）、钻孔式位移计和多点位移计等。其中，振弦式位移计、差动电阻式位移计在土石坝中应用较少，TS 位移计（滑线电阻式）应用较多，钻孔式位移计和多点位移计在坝肩基础也有应用。

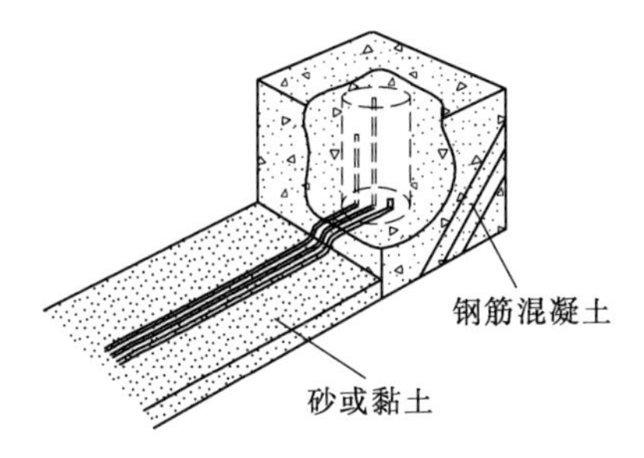

(*a*) 水管式位移计安装示意图

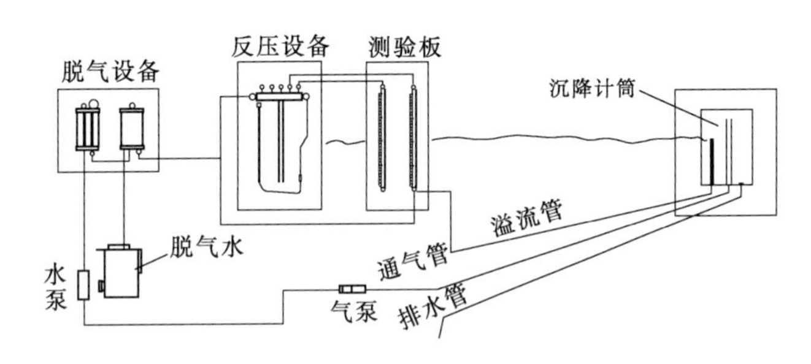

(*b*) 水管式位移计与测管系统联结示意图

图 10-11　水管式位移计埋设状态和工作原理示意图

1）引张线式位移计的埋设安装。引张线式位移计一般用来监测坝体内部水平位移变形，其安装埋设往往与水管式位移计结合进行，在一个位置安装。在混凝土块体中埋设锚板，锚板上连接铟钢丝，通过钢管引出坝外，进入监测房，穿线钢管水平埋设，管沟和管沟回填的技术要求与水管式沉降仪水管管沟技术要求相同，其安装实例见图 10-12，埋设平面和横剖面见图 10-13 和图 10-14。

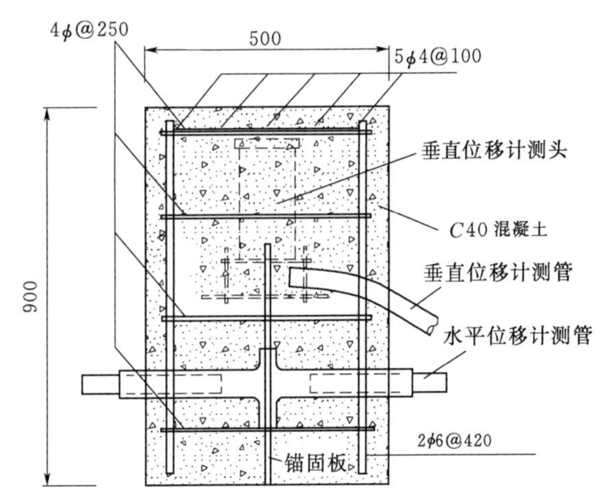

图 10-12　黑河金盆水库大坝水管式位移计与引张线式位移计安装实例图（单位：mm）

2）土体（TS）位移计的安装埋设。土石坝中土体（TS）位移计的安装埋设，要在基岩或混凝土盖板上钻孔埋设锚杆，配置锚固钢板，锚杆的锚固长度不小于 30cm，锚固钢板的尺寸不小于 40cm×30cm，其埋设见图 10-15 和图 10-16。仪器周围 50cm 范围内土体填筑，必须人工夯实，顶面人工填筑 1m 厚度以后，方可机械碾压填筑。

（5）倒垂线的安装埋设。倒垂线在土石坝安全监测中用作坝体水平位移基点。安装埋设的重点是钻孔，钻孔孔斜不大于 1°，倒垂孔埋设保护管后的有效孔径必须大于 100mm。倒垂线的结构包括锚块、不锈钢丝、支架、浮桶、垂线坐标仪、观测墩等。

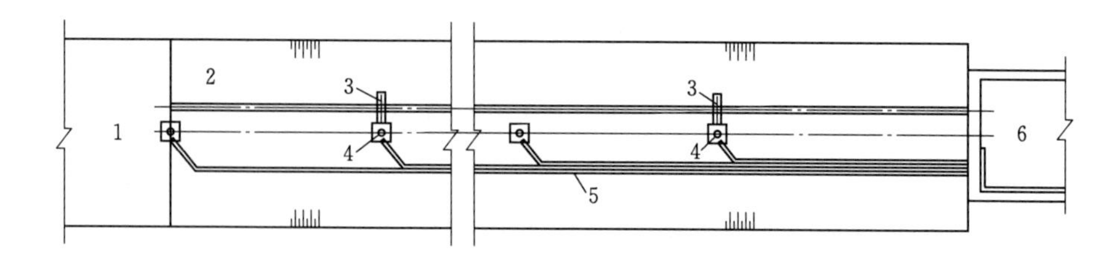

图 10-13　水管式沉降仪和引张线式水平位移计安装埋设平面示意图

1—垫层料（或心墙）；2—过渡料；3—水平位移计锚固板；

4—水管式沉降测头；5—管线；6—监测房

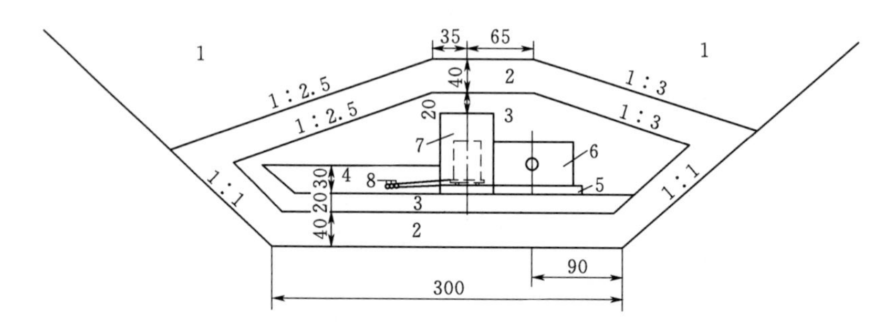

图 10-14　水管式沉降仪和引张线式水平位移计安装埋设横剖面示意图（单位：cm）

1—堆石料；2—保护用过渡料；3—保护用垫层料；4—细砂；5—素混凝土基座；

6—水平位移计；7—水管式沉降仪；8—管线

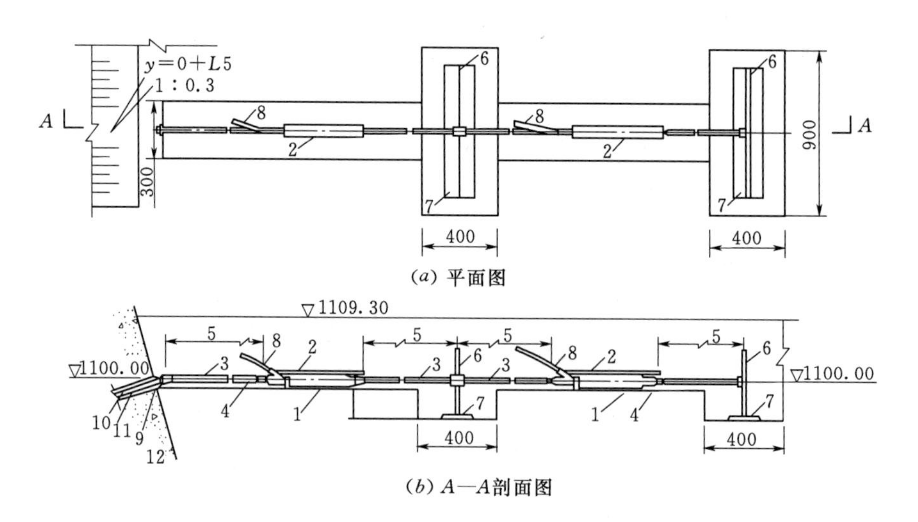

图 10-15　土体位移计坑式埋设示意图（单位：mm）

1—位移计；2—保护钢管；3—塑料保护管；4—铰；5—拉杆；

6—锚固板；7—垫板；8—电缆；9—钻孔；10—锚固钢筋；

11—充填水泥砂浆；12—混凝土

(6) 孔隙水压力计（渗压计）埋设安装。

1) 施工期埋设安装。孔隙水压力计（渗压计）采用坑式埋设，在坝内和坝基埋设时，

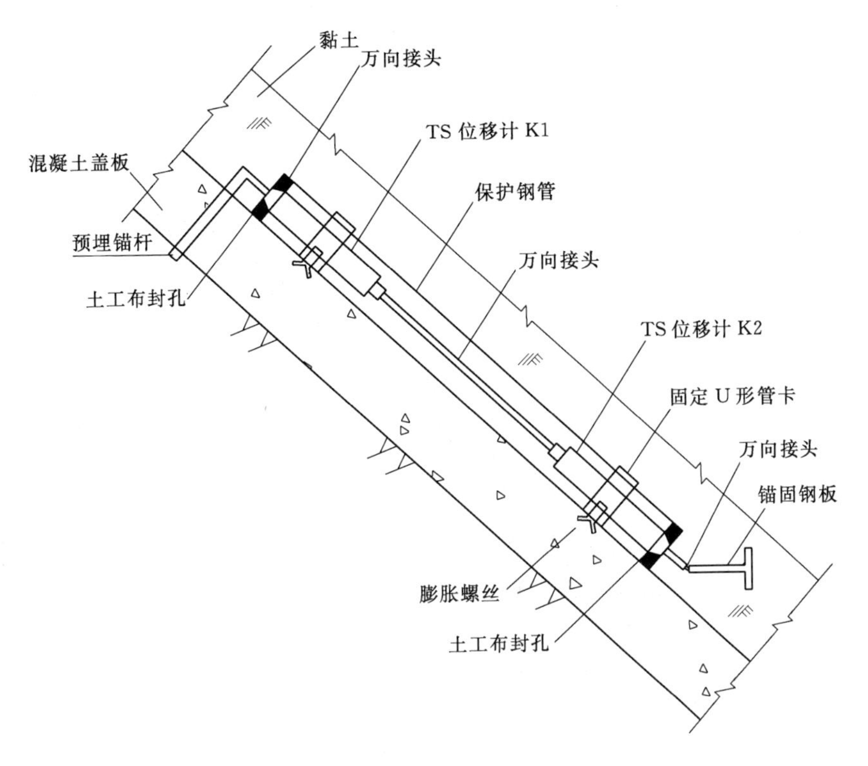

图 10-16　TS 位移计安装埋设示意图

当坝面填筑高程高出测点设计埋设高程约 0.3m 时，在测点挖深 0.4m 左右的坑，将孔隙水压力计（渗压计）放入中粗砂制成的饱和砂包里面埋入坑内，人工用原坑同种土料薄层回填夯实，当仪器上部人工回填至 1m 厚时，方可转入正常碾压施工。渗压计坑槽安装埋设见图 10-17，其钻孔安装埋设形式见图 10-18。

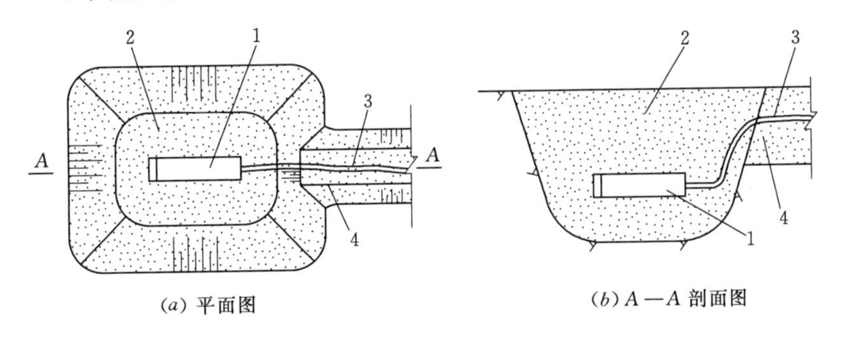

图 10-17　渗压计坑槽安装埋设示意图

1—渗压计；2—回填中粗砂；3—仪器电缆；4—回填砂或粒径小于 5cm 的级配碎石料

2）运用期补埋设。土石坝运行期补设孔隙水压力计（渗压计）采用钻孔法。钻孔孔径一般为 108～146mm，成孔后先在孔底铺 20～30cm 左右的中粗砂垫层，然后放入测头，测头用中粗砂回填封埋，厚度一般为 0.5m，并捣实，然后用粒径约 0.5～1.0cm 风干的膨润土泥球封孔。其电缆以软管套护，以铅丝与测头相连，其埋设形式见图 10-18。

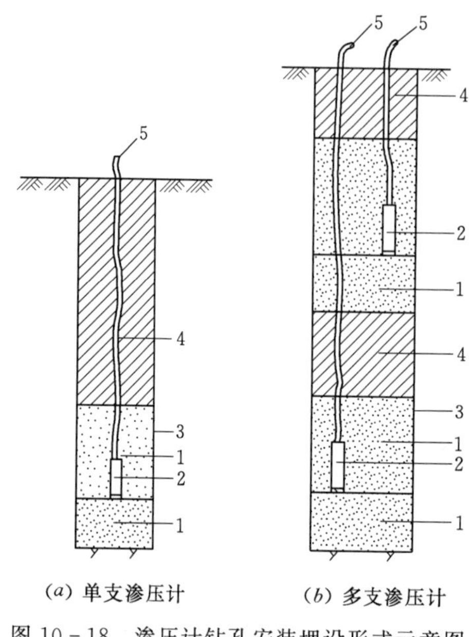

图 10-18 渗压计钻孔安装埋设形式示意图

1—中粗砂反滤；2—渗压计；3—钻孔；4—封孔料；5—仪器电缆

(7) 土压力计的埋设安装。土压力计在黏性土中一般宜采用坑式埋设。在填土高程超过埋设高程大约1m时，在设计埋点开挖坑槽，坑槽深约1.2m，坑底面积一般为1m×1.5m，以能方便埋设施工即可。在坑底整好仪器承台面，用过5mm筛的土料制备好仪器的基床面，按设计要求的埋设方向和角度放置，用过5mm筛的土料薄层人工压实回填至原开挖前高程，转入正常碾压施工。

在堆石中，一般以非坑式埋设为宜。填筑即将达到埋设高程时，在填筑面的测点位置按过渡层法准备仪器埋置基床面，先以较大的砾（碎）石填补堆石的表面空隙，再以较小砾石和砂子补平压实，然后按设计要求的方向和角度，安放土压力计，用砂、小砾石、大砾（碎）石的顺序逐层掩埋压实。填至1.5m以上时，方可转入正常碾压施工。

堆石中亦可以坑式埋设方法进行，坑深1m左右，其他与堆石非坑式埋设相同。

土压力计组分散式埋设时，其仪器间距不大于1m。

(8) 电缆的铺设。各类仪器的电缆，在埋设前的准备和铺设中在长度上应留有富余量，一般为设计长度的5%～10%。应采用沟槽式埋设方法。在防渗体（如黏土心墙或斜墙），须加止水环；在堆石中须加保护管或用砂子在电缆周围铺填，其厚度为10～20cm，后用堆石料回填沟槽。进入监测房时应用钢管保护。电缆之间严禁交绕，在沟槽中应蛇形摆放。在黏土中电缆以上回填至0.5m，堆石中回填至1.0m以上时，方可转入正常碾压施工。

(9) 量水堰的安装。直角三角形量水堰堰板结构见图10-19和图10-20。量水堰类型和技术要求见表10-6。

(10) 埋设安装考证表的填写。每种仪器埋设安装时和埋设安装完毕后，在最短的时间内，都应认真的测取初始值，详细的填写考证表，考证表的填写方法和格式按照《土石坝安全监测资料整编规程》（SL 551—2012）、《土石坝安全监测技术规范》（DL/T 5259—2010）操作。

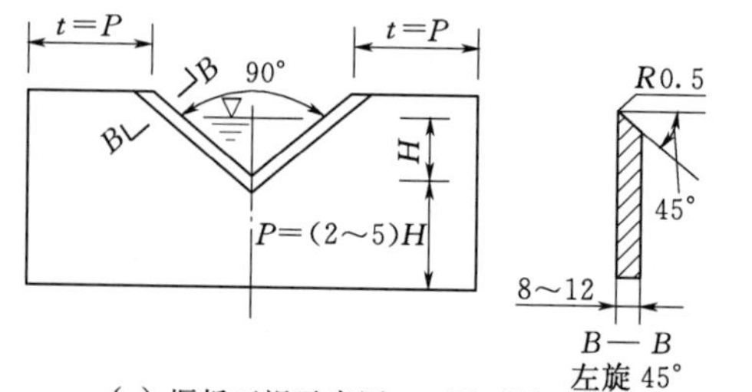

图 10-19 直角三角形量水堰堰板结构图

10.3.2.8 埋设安装后的保护

仪器埋设完毕，应有专人24h看守保护，并采用有鲜明标志的保护设施，防止后续施工和其他方面的损坏和破坏。

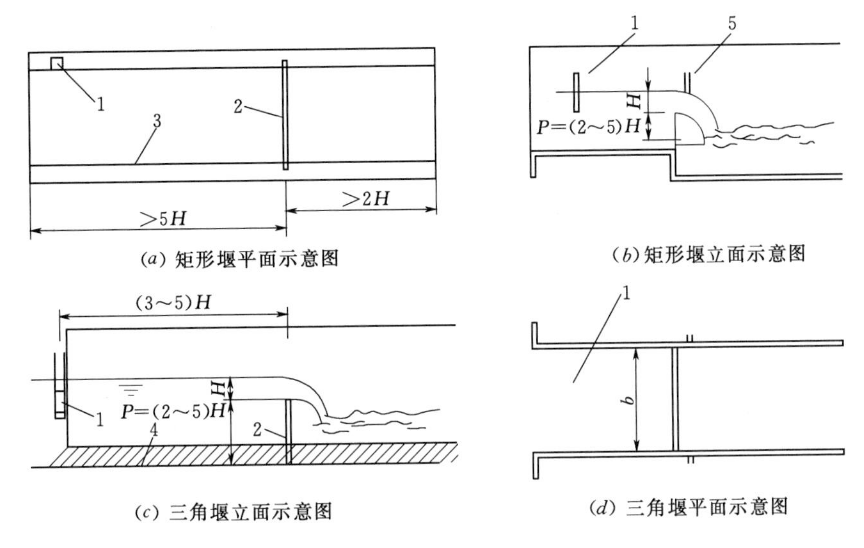

图 10-20　量水堰的类型和结构示意图

1—水尺；2—堰板；3—量水堰侧墙；4—堰槽底板；5—通气孔

表 10-6　　**量水堰类型和技术要求表**

堰型	适用流量/(L/s)	适应的堰上水头/mm	结构尺寸区别	堰板材料和技术要求	堰槽结构尺寸	水位测针和水尺的要求	流量计算
直角三角形堰	1～70	50～300	直角角度误差不大于30″	平面不锈钢板，厚度8～12mm，堰口局部不平不大于1mm，堰板顶部水平、两侧高差不大于1mm，与侧墙垂直度不大于2°。堰口倒角为45°，尖角宜为R0.5～R1.0圆角	堰槽段全长大于7H并不小于2m，堰板上游不小于5H，并不小于1.5m；堰板下游不小于2H并大于0.5m，堰槽宽不小于3倍堰口最大水面宽度，侧墙不平整度不大于3mm，直线度不大于5mm，两侧墙平行，平行度不大于1°，垂直度不大于1°；侧墙与底板垂直度不大于2°	设在堰口上游（3～5）H处，零点高程与堰面高程之差不大于1m，水尺分辨率为1mm，测针刻度分辨率为0.1mm	$Q=1.4H^{5/2}$
梯形堰	10～300		边坡1∶0.25，底宽0.25～1.5m并小于3H				$Q=1.86H^{3/2}$
矩形堰	>50		堰口宽0.25～2m，（2～5）H。水舌下部两侧壁上设计补气孔				$Q=mb^{2}gH^{2/3}$ $m=(0.402+0.054H/P)$

注　表中 H 为堰上水头，Q 为流量，b 为堰口宽底，P 为堰口到堰底高度。

10.3.2.9　施工的质量控制

（1）安全监测项目的施工单位应建立完善的质量控制体系。

（2）施工人员应认真阅读施工图纸，准确掌握设计意图，搞清楚所埋设安装仪器的作用和目的。

（3）施工单位应编写详细的安全监测施工计划和作业指导书，并严格按照其施工。

（4）进场的仪器设备，应进行外观、数量、装箱等的验收，检查是否有运输过程中的损坏；详细记录仪器的种类、型号、数量、编号等内容。

（5）应在施工现场建立符合要求的仪器设备存放保管房间，并分类、分型号等，按有关要求存放保管，防止仪器损坏和混淆，防止用错。

（6）仪器、设备埋设安装前，应按要求进行检定、率定、校验，确保仪器完好、准确。

（7）埋设安装前应做好必要的仪器准备工作，如电缆编号、仪器连接、排气、饱和、电缆连接等。

（8）防水的仪器、有绝缘要求的仪器，包括仪器的电缆接头等，应进行密封性能和绝缘性能的检验，防止沁水后仪器失效。

（9）埋设安装过程中应准确就位，细致操作，确保不因埋设安装方法导致仪器设备的功能受损。并详细记录仪器种类、型号和编号、坐标位置和高程、日期时间、气温、气象情况等。

（10）在过接触带、混凝土分缝的位置，应采取措施，防止变形造成电缆被拉断。电缆的走向应满足设计要求并不损坏坝体，特别是心墙的质量。

（11）钻孔埋设的仪器，应保证钻孔符合设计要求，并记录钻孔情况，如岩芯情况、地下水情况等。仪器埋设完毕后，应按要求回填钻孔，确保密实。

（12）必要时对仪器埋设安装过程应进行拍照和录像。

（13）按比例绘制仪器埋设安装的平面和剖面位置和结构图、电缆的准确位置图。

（14）记录埋设安装时的调试和测试数据，及时地测读初始数据，并和监理工程师相互签字确认。

（15）及时进行安全监测项目的单元工程质量验收，保证工程整体的质量目标。

10.4 施工期监测

按照《土石坝安全监测技术规范》（SL 551—2012）、《土石坝安全监测技术规范》（DL/T 5259—2010），土石坝施工期安全监测的项目和测次应按表10-7和表10-8操作。

表10-7　土石坝施工期安全监测的项目和测次表

监测项目	监测阶段和测次		
	第一阶段（施工期）	第二阶段（初蓄期）	第三阶段（运行期）
日常巡视检查	8～4次/月	30～8次/月	3～1次/年
1. 坝体表面变形	4～1次/月	10～1次/月	6～2次/年
2. 坝体（基）内部变形	10～4次/月	30～2次/月	12～4次/年
3. 防渗体变形	10～4次/月	30～2次/月	12～4次/年
4. 界面及接（裂）缝变形	10～4次/月	30～2次/月	12～4次/年
5. 近坝岸坡变形	4～1次/月	10～1次/月	6～4次/月
6. 地下洞室围岩变形	4～1次/月	10～1次/月	6～4次/年
7. 渗流量	6～3次/月	30～3次/月	4～2次/月
8. 坝基渗流压力	6～3次/月	30～3次/月	4～2次/月
9. 坝体渗流压力	6～3次/月	30～3次/月	4～2次/月
10. 绕坝渗流	4～1次/月	30～3次/月	4～2次/月
11. 近坝岸坡渗流	4～1次/月	30～3次/月	2～1次/月
12 地下洞室渗流	4～1次/月	30～3次/月	2～1次/月

续表

监测项目	监测阶段和测次		
	第一阶段（施工期）	第二阶段（初蓄期）	第三阶段（运行期）
13. 孔隙水压力	6～3次/月	30～3次/月	4～2次/月
14. 土压力（应力）	6～3次/月	30～3次/月	4～2次/月
15. 混凝土面板应力	6～3次/月	30～3次/月	4～2次/月
16. 上、下游水位	2～1次/日	4～1次/日	2～1次/日
17. 降水量、气温	逐日量	逐日量	逐日量
18. 库水温	按需要	10～1次/月	1次/月
19. 坝前泥沙淤积及下游冲刷		按需要	按需要
20. 冰压力	按需要	按需要	按需要
21. 坝区平面监测网	取得初始值	1～2年1次	3～5年1次
22. 坝区垂直监测网	取得初始值	1～2年1次	3～5年1次
23. 水力学		按需要	

注 1. 表中测次，均系正常情况下人工测读的最低要求。如遇特殊情况（如高水位、库水位骤变、特大暴雨、强地震以及边坡、地下洞室开挖等）和工程出现不安全征兆时应增加测次。

2. 第一阶段：若坝体填筑进度快的，变形和土压力监测的次数可取上限。

3. 第二阶段：在蓄水时，测次可取上限；完成蓄水后的相对稳定期可取下限；完成蓄水后的相对稳定期可取下限。

4. 第三阶段：渗流、变形等性态变化速率大时，测次应取上限；性态趋于稳定时可取下限。

5. 相关监测项目应力求同一时间监测。

表 10-8　　土石坝安全监测项目测次表

监测项目	施工期	首次蓄水期	初蓄期	运行期
1. 坝体表面变形	4～1次/月	10～4次/月	4～2次/月	1次/月～1次/2月
2. 坝体内部位移	10～4次/月	10次/月～1次/天	10～4次/月	4～1次/月
3. 防渗体变形	4次/月	10次/月～1次/天	10～4次/月	4～1次/月
4. 接缝变形	4次/月	10次/月～1次/天	10～4次/月	4～1次/年
5. 坝基变形	4次/月	10次/月～1次/天	10～4次/月	4～1次/月
6. 界面位移	8～4次/月	10次/月～1次/天	10～4次/月	4～1次/年
7. 渗流量	2～1次/旬	1次/天	4次/月～2次/旬	4次/月～2次/旬
8. 坝体渗透压力	2～1次/旬	1次/天	4次/月～2次/旬	4次/月～2次/旬
9. 坝基渗透压力	2～1次/旬	1次/天	4次/月～2次/旬	4次/月～2次/旬
10. 防渗体渗透压力	2～1次/旬	1次/天	4次/月～2次/旬	4次/月～2次/旬
11. 绕坝渗流（地下水位）	4～1次/月	10次/月～1次/天	4次/月～2次/旬	4～2次/月
12. 坝体应力应变及温度	4次/月～2次/旬	4次/月～1次/天	4次/月～2次/旬	1次/月
13. 防渗体应力应变及温度	4次/月～2次/旬	10～4次/月	4次/月～2次/旬	1次/月
14. 上、下游水位		4～2次/天	2次/天	2～1次/天
15. 库水温		1次/天～1次/旬	1次/月～1次/旬	1次/月
16. 气温		逐日量	逐日量	逐日量
17. 降水量		逐日量	逐日量	逐日量
18. 坝前淤积			按需要	按需要
19. 冰冻		按需要	按需要	按需要
20. 水质分析		按需要	按需要	按需要

续表

监测项目	施工期	首次蓄水期	初蓄期	运行期
21. 坝区平面监测网 22. 坝区垂直监测网	1次/年 1次/年	2次/年 2次/年	1次/年 1次/年	1次/年 1次/年
23. 下游冲淤			泄洪后	

注 1. 表中测次，均系正常情况下人工测读的最低要求。特殊时期（如发生大洪水、地震等），应增加测次。对自动化观测项目，可根据需要增加测次。在施工期坝体填筑快的，变形的测次应取上限；首次蓄水期库水位上升快的或施工后期坝体填筑进度快的，各项目测次应取上限。初蓄期和运行期：高坝、大库或变形、渗流等性态变化速率大时，测次应取上限；低坝或性态趋于稳定时，可取下限；但当水位超过前期运行水位时，仍需按首次蓄水执行。

2. 竣工验收后运行5年以上，经资料分析表明位移基本稳定的中、低坝，变形监测的测次可减少为每季度1次。

3. 监测网中的基准点和工作基点经运行期5次以上复测表明稳定的，监测网测次可减少为每1～2年/次。

10.4.1 巡视检查

10.4.1.1 巡视检查的项目和内容

巡视检查项目和内容见表10-9。

表10-9 巡视检查项目和内容表

巡视检查		巡视检查的内容
坝体	坝顶	有无裂缝、异常变形、积水或植物滋生等现象；防浪墙有无开裂、挤碎、架空、错断、倾斜等情况
	迎水坡	有无裂缝、剥落、滑动、隆起、塌坑、冲刷、植物滋生等现象，护面和护坡有无损坏，近坝水面有无冒泡变浑、旋涡和冬季不冻等异常现象。块石护坡有无块石翻起、松动、塌陷、垫层流失、架空或风化变质等损坏现象
	背水坡和坝趾	有无裂缝、剥落、滑动、隆起、塌坑、雨淋沟、散浸、积雪不均匀融化、冒水、渗水坑或流土、管涌等；表面排水系统是否畅通、有无裂缝损坏；草皮护坡植被是否完好，有无兽洞、蚁穴等；滤水坝趾、减压井等导渗降压设施有无异常或破坏现象；渗水有无剧增剧减和发生浑浊现象
坝基和坝区	坝基	坝基排水设施是否正常；渗漏水的水量、颜色、气味、浑浊度、酸碱度、温度有无变化；基础廊道是否有裂缝渗水等现象
	坝端	坝体与岸坡连接处有无裂缝、错动、渗水等；两岸坝端区有无裂缝、滑动、崩塌、溶蚀、隆起、塌坑、异常渗水和蚁穴、兽洞等
	坝区	坝端岸坡及近坝岸坡有无裂缝、塌滑迹象；护坡有无隆起、塌陷或损坏；下游岸坡地下水露头及绕坝渗流是否正常等。坝址近区有无阴湿、渗水、管涌、流土、隆起现象；排水设施是否完好。有条件时，检查上游铺盖有无裂缝，塌坑
输、泄水洞（管）	引水段	有无堵塞、淤积、崩塌
	进水口边坡	坡面有无新裂缝、塌滑迹象，旧裂缝有无扩大、延伸；地表有无隆起或下陷；排（截）水沟是否畅通，排水孔工作是否正常；有无新的地下水露头，渗水量有无变化
	进水塔（井）	有无裂缝、渗水、空蚀等损坏；塔体有无倾斜或不均匀沉降
	洞（管）身	洞壁有无裂缝、空蚀、渗水、坍塌、鼓起等损坏现象；其伸缩缝、排水孔是否正常；旧裂缝有无扩大、延伸；放水时洞内声音是否正常
	出水口	放水期水流形态、流量是否正常；停水期是否有水渗漏；出水口边坡与进水口边坡巡查的要求相同

续表

巡视检查		巡 视 检 查 的 内 容
输、泄水洞（管）	消能工及工作桥	有无冲刷、磨损、淘刷或砂石、杂物堆积等现象；下游河床及岸坡有无异常冲刷、淤积和波浪冲击破坏。工作桥是否有不均匀沉陷、裂缝、断裂等
溢洪道	进水段	有无坍塌、崩岸、淤堵或其他阻水现象；流态是否正常
	闸室段	堰顶、闸墩、胸墙、边墙、溢流面、底板有无裂缝、渗水、剥落、冲刷、磨损、空蚀等现象；伸缩缝、排水孔是否完好
	消能工及工作桥	与输水洞要求相同
闸门及启闭机		闸门有无变形、裂纹、脱焊、锈蚀及损坏现象；门槽有无卡堵、气蚀等；启闭是否灵活；开度指示器是否清晰、准确；止水设施是否完好；吊点结构是否牢固；栏杆、螺杆等有无锈蚀、裂缝弯曲等；钢丝绳或节链有无锈蚀、断丝等；启闭机能否正常工作；制动、限位设备是否准确有效；电源、传动、润滑等系统是否正常；启闭是否灵活可靠；备用电源及手动启闭是否可靠

10.4.1.2 检查方法

巡视检查方法见表 10－10。

表 10－10　　巡 视 检 查 方 法 表

检查	具体检查方法
常规方法	眼观、耳听、手摸、鼻嗅、脚踩等直观方法，或以锤敲钎插、尺量、放大镜观察、石蕊试纸测试的方法进行检查
特殊方法	用探坑、探井、钻孔取样法或孔内电视、孔内注水试验，投放化学试剂、潜水员探摸或水下电视、水下摄影录像等方法检查

10.4.1.3 巡视检查记录

巡视检查记录见表 10－11。

表 10－11　　巡 视 检 查 记 录 表

日期：　　年　月　日　　　　库水位：　　m　　　　天气：

巡视检查部位		损坏或异常情况
坝体	坝顶 防浪墙 迎水坡/面板 背水坡 坝趾 排水系统 导渗降压设施	
坝基和坝区	坝基 基础廊道 两岸坝端 坝趾近区 坝端岸坡 上游铺盖	

续表

巡视检查部位		损坏或异常情况
输、泄水洞（管）	引水段 进水口 进水塔（竖井） 洞（管）身 出水口 消能工 闸门 动力及启闭机 工作桥	
溢洪道	进水段（引渠） 内外侧边坡 堰顶或闸室 溢流面 消能工 闸门 动力及启闭机 工作（交通）桥 下游河床及岸坡	
近坝岸坡	坡面 护面及支护结构 排水系统	
其他（包括备用电源等情况）		

注 巡视检查的部位若无损坏和异常情况时应写“无”字。有损坏或出现异常情况的地方应获取影像资料，并在备注栏中标明影像资料文件名和存储位置。

检查人： 负责人：

10.4.2 表面变形监测

表面竖向位移监测方法和要求见表 10-12。土石坝表面水平位移监测方法和技术要求见表 10-13。

表 10-12 表面竖向位移监测方法和要求表

监测方法	依据规范	监测部位	水准等级	闭合差要求
水准法	GB 12898	测站	三等水准测量	$\pm 1.4\sqrt{n}$mm n 为测站数
		起测基点	二等水准测量	$\pm 0.72\sqrt{n}$mm
三角高程法	SL 551—2012	全站仪：测角精度 1″；测距精度 $(2+2\times10^{-6})$mm		6 测回间垂直角较差不大于 6″；测距不大于 500m，测距中误差不大于 3mm
连通管法				两次读数误差不大于 2mm

表 10-13　　土石坝表面水平位移监测方法和技术要求表

<table>
<tr><th colspan="2">监测方法</th><th>所用仪器</th><th>监测条件</th><th>技术方式</th><th>误差要求</th></tr>
<tr><td colspan="2" rowspan="2">视准线法</td><td>全站仪
测角精度 1″望远镜放大倍数不小于 30</td><td>视准线大于 500m</td><td>小角法</td><td>正、倒镜两次读数差不大于 4″，两测回观测值之差不大于 3″</td></tr>
<tr><td>视准线仪</td><td>视准线不大于 500m</td><td>活动
占标法</td><td>正、倒镜两次读数差不大于 2mm，两个测回观测值之差 1.5mm</td></tr>
<tr><td rowspan="4">前方
交会法</td><td>角度
交会</td><td rowspan="4">全站仪
测角精度 1″；
测距精度
$(1+1\times10^{-6})$mm</td><td>距离不大于 500m
交会角
40°～100°</td><td>方向
3 测回</td><td>两次读数限差 2.0″；测回间互差 3″</td></tr>
<tr><td>距离交会</td><td>距离不大于 500m
交会角
30°～150°</td><td>距离
3 测回</td><td>两次读数限差 1.0mm；
测回间互差 1.5mm</td></tr>
<tr><td rowspan="2">边角交会</td><td rowspan="2">距离不大于 800m
交会角
30°～150°</td><td>方向
3 测回</td><td>两次读数限差 2.0″；
测回间互差 3″</td></tr>
<tr><td>距离
3 测回</td><td>两次读数限差 1.0mm；
测回间互差 1.5mm</td></tr>
<tr><td colspan="2">极坐标法</td><td>全站仪
测角精度 1″；
测距精度
$(2+2\times10^{-6})$mm</td><td>监测距离
不大于 150m</td><td>水平方向
4 测回
距离
4 测回</td><td>两次读数限差 2.0″；
测回间互差 3″；
两次读数限差 1.0mm；
测回间互差 1.5mm</td></tr>
<tr><td colspan="2">GPS 法</td><td>GPS 仪器
接收机标称精度
$(3\text{mm}+D\times10^{-6})$</td><td>固定基准站不小于 2 座
卫星截止高度角不小于 15°；同步有效监测卫星数不小于 5 个</td><td>卫星分布象限数不小于 3；采样间隔不小于 15s</td><td>两次读数限差 2.0″；
测回间互差 3″；
两次读数限差 1.0mm；
测回间互差 1.5mm</td></tr>
</table>

10.4.3　内部变形监测

内部变形监测方法和要求见表 10-14。

表 10-14　　内部变形监测方法和要求表

<table>
<tr><th>监测项目</th><th>仪器类别</th><th>测试工具</th><th>测次</th><th>误差要求</th></tr>
<tr><td rowspan="5">分层竖向
位移监测</td><td>电磁式沉降仪</td><td>电磁测头</td><td rowspan="4">平行测定两次</td><td rowspan="4">读数差不大于 2mm</td></tr>
<tr><td>干簧管式沉降仪</td><td></td></tr>
<tr><td>横臂式沉降仪</td><td>测沉器
测沉棒</td></tr>
<tr><td>水管式沉降仪</td><td>测量板</td></tr>
<tr><td>深式测点</td><td>水准仪</td><td colspan="2">与表面竖向位移监测相同</td></tr>
<tr><td rowspan="3">深层水平
位移监测</td><td>伺服加速度计测斜仪</td><td>四位半数显测读仪</td><td>自下向上 50～100cm 一个测点，每点平行测读两次</td><td>两次读数差
不大于 0.0002V</td></tr>
<tr><td>电阻应变片式测斜仪</td><td>电阻应变仪</td><td>平行测读两次</td><td>两次读数差不大于 3$\mu\varepsilon$</td></tr>
<tr><td>引张线式水平位移计</td><td></td><td>平行测定两次</td><td>读数差不大于 2mm</td></tr>
</table>

续表

监测项目	仪器类别	测试工具	测次	误差要求
界面位移监测	振弦式位移计	频率接收仪	平行测定两次	读数差不大于1Hz
	电位器式位移计	电位器式读数仪	平行测定两次	读数差不大于0.002V
深层应变监测	振弦式位移计	同上		
	电位式位移计			

10.4.4 坝体及坝基渗流压力监测

测压管水位监测方法和要求及振弦式孔隙水压力监测方法和要求（见表10-15）。

表10-15　坝体渗流压力监测方法和要求表

监测项目	所用仪器	技术要求	测次	误差要求
水位监测	电测水位计 示数水位计 遥测水位计 自计水位计	管口高程、测绳长度标记1～3个月校正一次	平行测读两次	两次测读误差不大于2cm
孔隙水压力监测	孔隙水压力计 频率接收仪		填方每升高5～10m或10～15d监测一次	两次读数差不大于1Hz

10.4.5 土压力监测

（1）土中土压力与接触土压力的监测用振弦式土压力计，填土每升高5～10m或10～15d监测一次，两次读数差不大于1Hz。

（2）其他形式土压力计的监测按仪器类型而定，如差动式土压力计用水工比例电桥测读。测次参照振弦式土压力计，误差按其仪器使用说明书和工程监测需要而定。

10.4.6 渗流量监测

渗流量监测的方法和要求见表10-16。

表10-16　渗流量监测的方法和要求表

监测项目	监测方法	适应的渗流量/(L/s)	测量工具	技术和精度要求	相关监测的精度要求
渗流量监测	容积法	<1	容积桶	充水时间不少于10s，平行两次测量的流量误差小于等于均值的5%	温度精确至0.1℃，透明度两次测值之差不大于1cm，浑水时应测出相应的含沙量
	量水堰法	1～300	量水堰水尺 水位测针	堰口高程、水尺、测针零点定期校测，每年至少一次，水尺读数精确至1mm，水位测针读数精确至0.1mm，堰上水头两次测值之差不大于1mm	
	测流速法	>300	流速仪浮标	两次流量测值之差小于等于均值的10%	

10.5 监测资料整理与分析

10.5.1 监测资料整理

10.5.1.1 监测工作应具备的资料

（1）监测埋设考证表。

（2）读数仪（包括自动化监测系统）自检，计量检查考证表。

（3）监测设备（包括电缆）布置及结构图。

（4）监测资料原始记录表（计算机软、硬盘均不能取代）。

（5）监测资料计算表。

（6）监测资料成果统计表（可进入计算机数据库）。

（7）监测成果过程线图（监测人员应考察过程线各物理量的变化情况，初步判断测值是否存在异常）。

10.5.1.2 定期资料整编

（1）在施工及蓄水初期阶段，资料整编的定期时段不应超过一年。

（2）各规定时段的原始、计算、成果资料，各种图表及其整编成果应装订成册，并编制编印说明，阐述基本情况、编印内容、编印组织与参加人员，存在哪些异常情况，何种处理措施等。

（3）埋设仪器种类不同，资料整编包括的资料内容也不同，分述如下。

1）表面位移标点：①埋设考证表、记录计算表、统计表；②累计水平位移过程线；③水平位移和库水位过程线；④坝体纵断面单向（垂直于坝轴线）、双向（垂直及平向于坝轴线合矢量）水平位移分布图；⑤全坝体水平位移分布图；⑥混凝土建筑物水平位移与上游水位相关曲线；⑦竖直位移过程线；⑧建筑物纵断面竖直位移分布图；⑨建筑物横断面竖直位移分布图；⑩土坝竖直位移平面等值线图；⑪水平、竖直位移（合矢量）关系曲线。

2）坝体内部位移监测：①沉降测斜管埋设考证表；②沉降、位移（倾斜）原始记录表；③沉降、位移计算表；④沉降位移成果统计表；⑤分层压缩和土料填筑过程线；⑥测点沉降过程线；⑦沉降量沿高程分布线；⑧沉降量与孔隙水压力关系曲线；⑨坝基、坝体压缩量和竖直荷载过程线；⑩沉降量断面分布图；⑪测斜管平行、垂直于坝轴线方向，管位沿深度分布图；⑫测斜管平行、垂直于坝轴线方向位移量沿深度分布图；⑬各个测点位移和库水位、坝体填筑过程线；⑭位移速率过程线。

3）裂缝与伸缩缝监测：①裂缝记录表；②裂缝平面分布图；③裂缝形状图（平面、剖面）；④混凝土缝宽与混凝土温度、气温过程线；⑤混凝土缝宽与混凝土温度关系曲线。

4）渗流监测：①渗压计、测压管考证表；②测压管注水试验表；③渗压计、测压管水位、库水位、渗流量原始记录表、计算表、统计表；④绘制库水位、测点水位、下游水位、渗流量过程线；⑤绘制测点水位（或水头）与库水位（或水头）关系曲线；⑥绘制测点位势过程线；⑦把渗流量转化为化引流量，绘制化引流量过程线；⑧绘制坝基、绕坝渗流水力坡降图；⑨绘制坝体等势线及流线图。

5）孔隙水压力监测：①孔隙水压力计埋设考证表、计算表、成果统计表；②孔隙水压力和土料填筑、库水位过程线；③孔隙水压力与填土压力关系线；④孔隙水压力计水位与库水位过程线；⑤孔压系数过程线；⑥孔隙水压力分布图。

6）土压力监测：①土压力计埋设考证表、计算表、成果统计表；②土压力（单向、双向、三向）和填土高程过程线；③土压力与土柱压力关系曲线（单向）；④测点侧压力与竖直压力关系曲线（双向）；⑤大、小主应力关系曲线（三向）；⑥土压力与孔隙水压力关系曲线；⑦土压力与库水位关系曲线；⑧土压力与测点沉降量关系曲线；⑨实测莫尔线与土工三轴库伦强度线比较图。

7）土应变监测：①土应变计埋设考证表、计算表、成果统计表；②土应变量与土料填筑过程线；③土料水平应变与竖直应变关系曲线。

10.5.2　监测资料分析

（1）资料分析的方法有：比较法、作图法、特征值统计法、数学模型法。

（2）资料分析报告一般应包括监测设备、设施的管理以及完好率等情况；巡检结论；监测资料整编、分析情况，成果结论；土石坝的安全状况评价；土石坝安全运行应采取的措施和建议；改进安全管理工作和运行调度工作的建议等内容。

10.5.2.1　表面标点资料分析

（1）横向变形。一般情况下，心墙土石坝在横剖面上的变形规律是上游坡面标点向上游移动，下游坡面标点向下游移动，下游变形量大于上游变形量，这是由于下游坝坡相对于上游坝坡较陡等因素决定的。但是，由于下游坝坡未能及时布点监测，所得结论往往有出入；竣工后布设的表面标点变形最大处位于坝顶上下游坡上的标点。国外部分心墙坝和斜心墙坝竣工后的位移统计见表 10－17 和表 10－18。

表 10－17、表 10－18 中的资料表明，心墙坝在坝体填筑完成后一年的压缩率大都在 0.05%～0.2%范围内，竣工后 10 年压缩率在 0.2%～0.4%范围内。坝顶水平变位（m）和沉降（s）的比例在 0.65 以下。斜墙坝在坝体竣工后一年的压缩率多数为 0.15%～0.4%；在竣工后 10 年压缩率在 0.3%～0.7%范围内。坝顶水平变位和沉降的比例在 0.84 以下，各种指标均大于心墙坝。

另外，有资料表明库水位达到正常蓄水位后的升降循环中，坝体会表现出一些弹性变形性质，回弹系数[（下游位移－残留位移）/下游位移］在 20%左右，随着循环的增加，坝体弹性变形逐渐收敛。

判断标点的横向位移工作状态，有下列几种方法。

1）坝坡上的位移用合矢量法较好，取每次监测的沉降与位移合矢量，考察合矢量的方向，判断坝坡稳定的发展趋势。

2）考察标点的变形速率，判断坝坡稳定的发展趋势。

3）类比相邻标点的位移量，判断坝坡是否稳定。

4）与已建工程类比，判断坝体工作状态。

5）通过回归法建立数学模型，预测标点沉降趋势通常有 3 种计算公式。

指数式：
$$Y=Ae^{B/T} \tag{10-1}$$

双曲线：
$$Y=T/(B+AT) \tag{10-2}$$

表 10-17　　国外部分心墙坝竣工后的位移统计表

坝名	年数	坝高 H/m	变位量/cm		压缩率 (S/H)/%	M/S	备注
			沉降/s	水平变位/m			
牧尾	2.5	105	9	5	0.09	0.55	
鱼梁濑	2.5	115	13	3	0.11	0.23	
水窪	1.5	105	23	10	0.22	0.44	
喜撰山	10.8	91	70	27.8	0.74	0.40	
泥山	10	13	120	30	0.98	0.25	
樱桃谷	2	101	14	9	0.14	0.65	接近匀质坝
诺梯里	10	56	34	7	0.61	0.21	接近匀质坝
南霍尔斯顿	6	87	87	8	1.00	0.09	接近匀质坝
安布克劳	4	129	102	63	0.78	0.62	
濑户	1.8	111	24.6	14.6	0.22	0.59	
南原	3.7	86	14	0.4	0.16	0.03	
下小岛	7.8	119	42.8	11.5	0.36	0.27	
盖帕契	2	153	140	—	0.92	—	
卡加开	—	100	5	2	0.05	0.4	
吐马	2	68	5	—	0.08	—	

表 10-18　　国外部分斜心墙坝竣工后的位移统计表

坝名	年数	坝高 H/m	变位量/cm		压缩率 (S/H)/%	M/S
			沉降/s	水平变位/m		
御母衣	9	131	60	52	0.46	0.87
九头竜	2	128	26	16	0.20	0.62
南达哈拉	21	76	87	47	1.14	0.54
熊溪	11	72	29	16	0.44	0.55
肯尼	9.5	104	60	45	0.60	0.75
狼溪	8	56	20	—	0.35	—
东福克	8	41	18	—	0.45	—
塞达崖	11	50	32	—	0.64	—
库加利	3	136	40	—	0.30	—
勃郎利	1	120	32	—	0.26	—
霍尔木斯	1	81	5	—	0.06	—
刘易斯史密斯	3	94	11	—	0.12	—
黑川	6.1	98	25.8	21.7	0.26	0.84

自然对数式：

$$Y=A+B\ln T \tag{10-3}$$

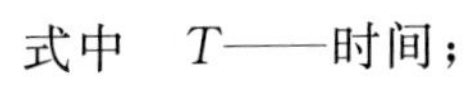
式中 T——时间；

Y——沉降量；

A、B——系数。

（2）纵向（平行于坝轴线方向）变形。一般情况下，在坝体河谷部分表现为压应变，又叫压应力区；在坝接近两端部分表现为拉应变，又叫拉应力区。通过测量的方法分出压应力区和拉应力区的界线，对坝体的裂缝分析是有帮助的。

1）倾度法：

$$r=\frac{\Delta S}{|\Delta L|}=\frac{S_a-S_b}{L_a-L_b} \tag{10-4}$$

式中 r——两相邻点 a、b 间倾度；

S_a、S_b——a、b 两点的沉降量，mm；

L_a、L_b——a、b 两点的桩号，mm。

当计算倾度大于临界倾度 γ_{cf} 时，土体即可能产生剪切破坏。一般认为 γ_{cf} 为 1%左右。应当说明，测点间距不宜过大，一般小于 20m。

2）应变法。可直接测量标点间纵向变化量，求出应变量 ε，当所测应变量大于土体临界拉应变 ε_{tf} 时，则土体可能产生裂缝。

10.5.2.2 坝体内部位移分析

（1）观察沉降与填筑过程线的变化是否一致，监测值是否趋于减缓。

（2）观察测点分层沉降过程线，分析是否有拱效应（拉应变）发生、填筑料压实度是否一致。

（3）观察累计沉降量沿高程的分布情况，最大沉降量是否位于 1/2 坝高处左右，是否与坝壳料协调。通过分布情况可帮助分析可能出现问题的部位。

（4）观察孔隙水压力的消散情况，判断土料固结的快慢进程。

（5）对比实际压缩过程线与理论计算曲线，验证设计。

（6）观察压缩量沿高程的分布情况，判断土体压缩是否均匀地减小。

（7）根据资料统计，施工期土石坝沉降量，一般可达最终沉降量的 75%～80%，据此可粗略估计出土石坝的最终沉降量。

（8）考察土的实际压缩性（适用于沉降管），第 i 层土的压缩系数按式（10-5）计算。

$$d_i=\frac{(1+e_i)S_i}{P_iH_i} \tag{10-5}$$

式中 e_i——第 i 层土的初始孔隙比；

S_i——第 i 层土的最终压缩量，cm；

H_i——第 i 层土的初始厚度，cm；

P_i——第 i 层土的上覆荷载，MPa。

（9）考察土受力变形的能力，通常用变形模量来表征。

$$E=\frac{\Delta P}{\Delta H/H_i} \tag{10-6}$$

式中 ΔP——某高程土压计 δ_x 向（竖向）受力的变化量；

ΔH——与土压计同高程的沉降管相邻沉降板压缩变化量；

H_i——与土压计同高程的沉降管相邻沉降板间距。

式（10-6）虽然是土料压缩模量（有侧限）表达式，但在坝体中（无侧限）侧向应变已经存在，故用式（10-6）计算的值叫变形模量更合适。

（10）考察土料受水压力作用时的倾斜情况，判断坝体的稳定性。

（11）考察两岸坡心墙的纵向位移情况，分析土料的拉应变沿高程的分布情况，分析倾度沿高程的分布情况，判断两岸坡心墙是否会发生裂缝。

10.5.2.3 裂缝监测分析

分析裂缝的发展趋势以及变化速度，监测裂缝深度变化情况（用超声波），结合渗流量监测，分析对坝体的影响。

10.5.2.4 渗流监测分析

（1）坝基渗流分析。

1）由坝基测压管、渗压计资料分析坝基防渗帷幕、截水槽的防渗效果，用防渗体有效系数 E_H 表示。

$$E_H=\frac{\Delta h}{\Delta H}\times 100\% \tag{10-7}$$

式中 ΔH——水库上下游水位差，m；

Δh——防渗体上、下游水位差，m。

E_H 越大，防渗效果越好。

2）由位势分析坝基的渗流稳定性。

位势 φ_i 的计算见式（10-8）。

$$\varphi_i(\%)=(h_i-H_2)\times 100/(H_1-H_2) \tag{10-8}$$

式中 h_i——库水位 H_1 时，第 i 个测点水位，m；

H_1——库水位，m；

H_2——下游水位，m。

由渗流理论知，在边界条件一定时（即不发生水力劈裂、裂隙被泥沙填充、渗流断面一定等），渗流场各点的位势是不随时间改变的。对坝基有压渗流，位势通常是常数。若位势逐年增大，表明坝基渗流在逐年恶化；若位势逐年下降，说明坝基渗流条件在逐年好转。

3）高水位时坝基渗透稳定性的预测。

A. 由位势可预报测点未来的水位。

$$h_{max}=\varphi(H_{max}-H_2)+H_2 \tag{10-9}$$

式中 h_{max}——当最高库水位时测点水位高程，m；

φ——位势；

H_{max}——最高库水位，m；

H_2——下游水位，m。

B. 根据预报的测点水位计算坝基水力坡降和出逸比降，与设计临界出逸比降比较，并绘制流网图和位势分布图（平面、剖面），分析坝基的渗透稳定性。

C. 相关分析法分析坝基的渗流稳定性。在稳定渗流条件下，对一个几何尺寸确定的坝基而言，测点水位 h_i 只与上游水位 H_1 线性相关，根据此理论可建立测点水位和库水位相关曲线（见图 10-21），据此可分析坝基渗流变化。

D. 由渗流量和化引流量分析坝基的渗流稳定性。一般情况下，对于坝基，渗流量 Q 与水库上下游水位差 H 为线性相关，可建立 $Q-H$ 相关曲线，并延伸曲线至高水位时推求未来渗流量，分析坝基渗流情况。Q 和 H 相关线可能会出现三种情况（见图 10-22）。

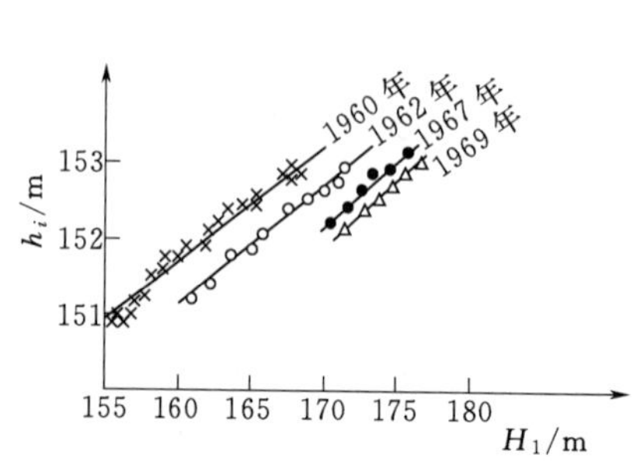

图 10-21 坝基测点水位和库水位相关曲线

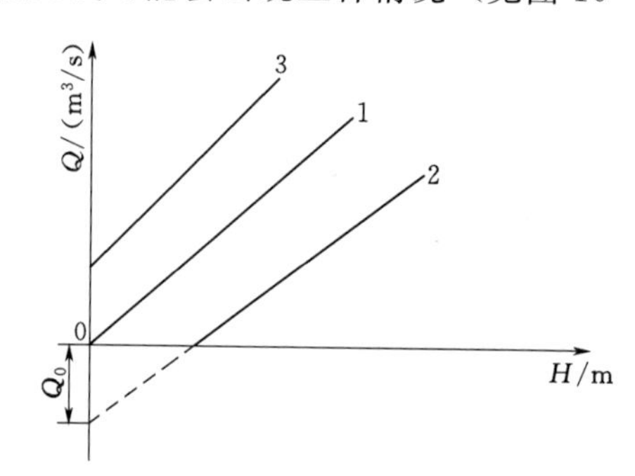

图 10-22 Q 和 H 相关线可能出现的三种情况

a. 相关线过原点，表明全部渗流量被测到（见图 10-22 中线段 1）。

b. 相关线在纵坐标上有负截距，则表明还有潜流量 Q_0 未被量测到（见图 10-22 中线段 2）。

c. 相关线与纵坐标相交，有正截距，表明量测到的渗流量中包括非库水渗漏的成分，即有其他来源的水渗入（如降雨、坝基承压水等）（见图 10-22 中线段 3）。

也可引用化引流量来分析。化引流量表示式为式（10-10）。

$$q_r = Q_{10}/H \tag{10-10}$$

式中 Q_{10}——坝基 10℃的渗流量（$Q=Q_{明}+Q_0$）；

H——水库上、下游水位差。

原理是在渗流场不变时，Q/H 应该不变，若发生了变化，说明渗流场也发生了变化。因此，绘制 $Q/H-T$ 过程线，也可分析坝基渗流的稳定性。若用位势和渗流量结合分析，有两种情况：①位势下降，渗流量也减小，则表示坝的渗透稳定性增强；②位势下降而渗流量增大或位势上升而渗流量减少，均说明渗流发生异常。监测渗流量时还应对水样进行浊度分析和可溶性离子分析。

E. 类比法分析坝基渗流稳定性。①将不同断面同轴距测点的各种渗流系数进行类比，确定坝基的薄弱环节；②将同一测点、同一上游水位条件下稳定渗流的资料进行比较。

F. 渗透系数分析法。对坝基有压渗流，两测点之间土的平均渗透系数用式（10-11）计算。

$$K_{1-2} = Q \cdot L_{1-2}/B \cdot T_{1-2}(h_1 - h_2) \tag{10-11}$$

两区间渗透系数之比用式（10-12）计算。

$$\frac{K_{1-2}}{K_{2-3}} = \frac{(h_2 - h_3) \cdot L_{1-2} \cdot T_{2-3}}{(h_1 - h_2) \cdot L_{2-3} \cdot T_{1-2}} \tag{10-12}$$

式中 T——坝基透水层厚度，m；

B——透水层宽度，m；

h——坝基测点水位，m。

根据渗透系数或比值不变的原则，作出它们的过程线，即可确定坝基的渗流是否正常。

(2) 坝体渗流分析。

1) 对坝体无压渗流，h_i浸润线的高度与上下游水位差 H 之间为非线性相关，且是下凹形曲线。若各测点的资料都是已达稳定渗流状态的结果，可点绘 h_i-H 相关图，根据曲线的移动情况对坝体渗流稳定性作出判断（见图 10-23）。

2) 位势分析法。对坝体无压渗流，位势不是常数，而与上下游水位差 H 有关，因此，在分析资料时，要作位势 φ 与 H 的相关线。也可选用 H 基本固定时的位势过程线，而且必须采用已达稳定渗流时的资料进行位势计算。

3) 上下游水位差 H 与坝体渗流量相关分析法。坝体渗流量与上下游水位差非线性相关（见图 10-24）。

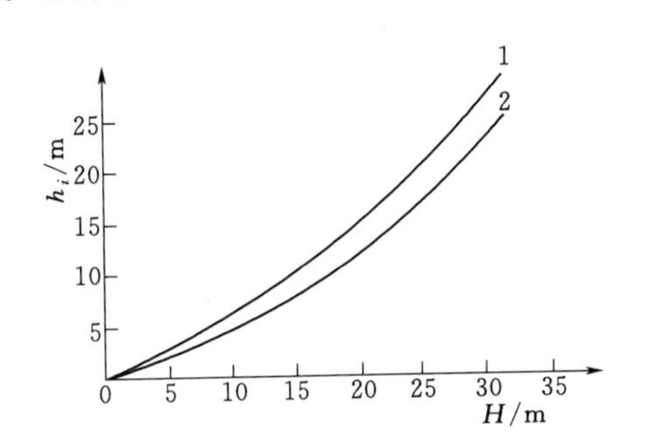

图 10-23　均质坝坝体浸润线高度 h_i-H 理论相关图

1—无排水；2—有排水棱体

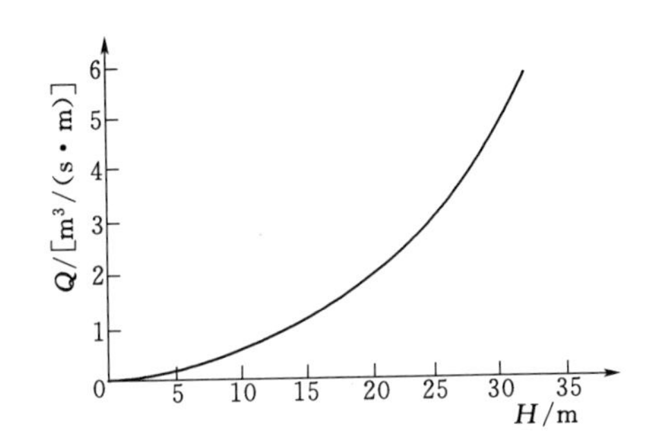

图 10-24　$Q-H$ 相关线

（理论计算结果）

注：一般将不同温度下量测的 Q 换算成 10℃时的 Q_{10}，可参考土工试验手册。

作相关曲线可直接观察并推算渗流量随上游水位的变化情况，若相关线在某处发生纵轴方向的转折，渗流量增大，则可能是过水断面的增大，或者是增加了新的渗漏进口，如心墙、斜墙开裂，两岸有岩溶、裂隙、强透水层等。还应结合对水样进行浊度、可溶盐离子分析。

4) 类比分析法：与坝基渗流分析相似，不再复述。

5) 渗透系数分析法：土的平均渗透系数用杜波依公式计算。

$$K_{1-2}=2Q\cdot L_{1-2}/B(h_1^2-h_2^2) \tag{10-13}$$

式中　K_{1-2}——第 1、2 测点间的渗透系数；

L_{1-2}——第 1、2 测点间的水平距离；

h_1、h_2——第 1、2 测点的水位；

Q——渗流量。

在没有渗流量资料时，可计算两区间的渗透系数之比。

$$\frac{K_{1-2}}{K_{2-3}}=\frac{(h_2^2-h_3^2)\cdot L_{1-2}}{(h_1^2-h_2^2)\cdot L_{2-3}} \tag{10-14}$$

无论比值增大或减小，都说明区间的渗透系数发生了变化，据此可分析坝体的渗流稳定性。

6）考察土的出逸比降。若超过临界水力坡降，则可能发生管涌和流土。通常临界水力坡降由室内试验求得，除以安全系数 2～3，即得到允许水力坡降。

（3）坝体孔隙水压力分析。监测证明，无论土料的填筑最优含水量多大，只要在最优含水量的上限筑坝，就会产生孔隙水压力，否则就测不出孔隙水压力。可见孔隙水压力大小受施工含水量与最优含水量差值的影响很大。

1）孔压系数分析法。孔压系数计算式为式（10-15）。

$$B=\frac{U}{P} \tag{10-15}$$

式中 B——孔压系数；

U——测点孔隙水压力；

P——测点竖直土压力。

据此可点绘孔压系数过程线，可判断坝体内孔隙水压力的消散情况，判断土料的固结进程。

2）点绘孔隙水压力的断面分布图，为坝体稳定计算提供依据。

3）考察库水位与孔隙水压力水头过程线，特别是坝体上游区的测点，可分析库水位升降时上游坝坡的稳定性。

（4）坝体土压力监测资料分析。

1）两向土压力计。两向土压力计埋设见图 10-25。

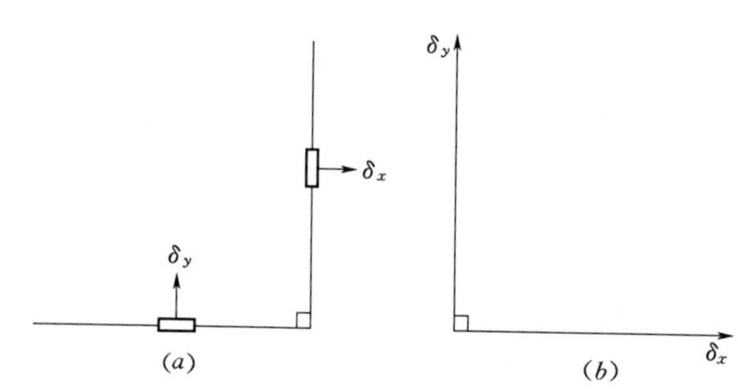

图 10-25　两向土压力计埋设示意图

A. 考察 σ_y 与土柱压力的比值过程线。在心墙中轴线处，σ_Y/r_h 小于 1，在心墙两边处 σ_y/r_h 比值有较大的变化，都应分析土体是否有大的拱效应或上游水位的增加，坝壳浮力的增大等情况。

B. 考察侧压力系数 σ_y/σ_x 的变化，与 $K_0=1-\sin\varphi'$（式中 K_0 为侧压力系数，φ'为土的有效内摩擦角）比较，大致分析土的受力状况。蓄水后侧压力将有所增加。

2）三向土压力计。三向土压力计埋设见图 10-26。

120°交角有下列两个计算式：

$$\sigma_y=\frac{2\sigma_{120°}+2\sigma_{240°}-\sigma_x}{3} \tag{10-16}$$

$$\tau_x=\frac{\sqrt{3}}{3}(\sigma_{120°}-\sigma_{240°}) \tag{10-17}$$

剪应力互等，$\tau_y=-\tau_x$。

45°交角有计算式（10-18）：

$$\tau_x=\frac{\sigma_x+\sigma_y}{2}-\sigma_{45°} \tag{10-18}$$

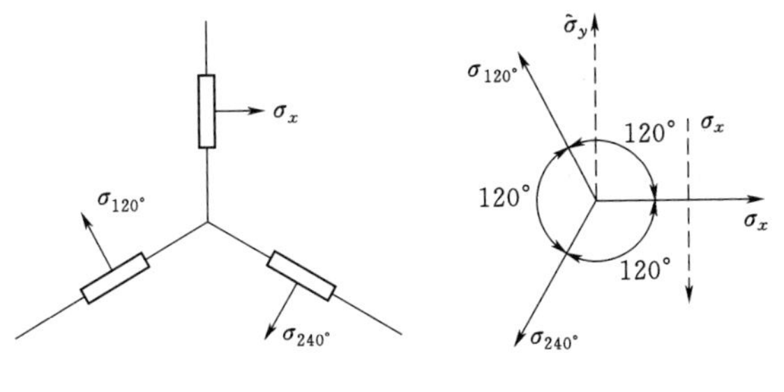

(*a*) 土压计 120°交角埋设

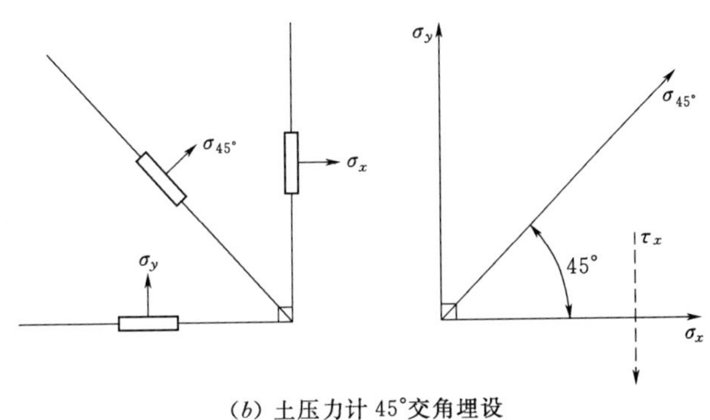

(*b*) 土压力计 45°交角埋设

图 10-26　三向土压力计埋设

剪应力互等，$\tau_y=-\tau_x$。

剪应力求出后，该点的应力状态即已确定，进一步可计算大、小主应力的大小、方向及最大剪应力。

主应力计算：

$$\left.\begin{matrix}\sigma_1\\ \sigma_2\end{matrix}\right]=\frac{\sigma_x+\sigma_y}{\sigma_y}\pm\left(\frac{\sigma_x-\sigma_y}{2}\right)^2+\sigma_x{}^2 \tag{10-19}$$

主平面计算：

$$\alpha=\frac{1}{2}\arctan\left(\frac{-2\tau_x}{\sigma_x-\sigma_y}\right) \tag{10-20}$$

最大剪应力计算：

$$\tau_{\max}=\frac{\sigma_1-\sigma_2}{2} \tag{10-21}$$

式中　σ_1、σ_2——大、小主应力；

α——主平面夹角；

$\tau_{\max}$——最大剪应力。

土压力计资料分析可从以下几点入手。

(1) 考察土压力与土柱自重压力关系线，一般为线性关系，若脱离线性较远，应进一步分析。

(2) 考察土压力与孔隙水压力或库水位关系线，一般同一测点土压力减去孔隙水压力即为土的有效应力。

（3）考察土压力与坝体沉降量关系线。

（4）考察大、小主应力关系线，看 σ_3/σ_1 是否在许可范围内。

（5）考察大、小主应力方向，分析坝坡稳定性。

（6）考察垂直压力、侧压力关系线，看是否在许可范围内。

参 考 文 献

[1] 贾金生．中国大坝建设 60 年［M］．北京：中国水利水电出版社，2013．
[2] 全国水利水电施工技术信息网．水利水电工程施工手册．第 5 卷，施工导（截）流与度汛工程卷［M］．北京：中国电力出版社，2005．
[3] 郑守仁，王世华，夏仲平，等．导流截流及围堰工程［M］．北京：中国水利水电出版社，2005．
[4] 水利电力部水利水电建设总局．水利水电工程施工组织设计手册．第一卷，施工规划［M］．北京：中国水利水电出版社，1996．
[5] 向永忠，朱志坚．冶勒水电站大坝防渗工程施工技术［M］．北京：中国电力出版社，2012．
[6] 陈建春．冶勒水电站大坝基础防渗系统的设计和施工［J］．四川水力发电，2003，22（4）：1-5．
[7] 王英华，陈晓东．水工建筑物［M］．北京：中国水利水电出版社，2010．
[8] 李斌，闫琴，郭增玉．三原西郊水库工程降水应用研究［J］．西华大学学报：自然科学版，2007，26（4）：66-68．
[9] 全国水利水电施工技术信息网．水利水电工程施工手册．第 2 卷，土石方工程［M］．北京：中国电力出版社，2005．
[10] 水利电力部水利水电建设总局．水利水电工程施工组织设计手册．第二卷，施工技术［M］．北京：中国水利水电出版社，1996．
[11] 《瀑布沟水电站》委员会．瀑布沟水电站．第二卷，土建工程［M］．北京：中国水利水电出版社，2009．
[12] 王柏乐．中国当代土石坝工程［M］．北京：中国水利水电出版社，2004．
[13] 崔博，胡连兴，刘东海．高心墙堆石坝填筑施工过程实时监控系统研发与应用［J］．中国工程科学，2011，13（12）：91-96．
[14] 白永年．中国堤坝防渗加固新技术［M］．北京：中国水利水电出版社，2001．
[15] 包承纲．堤防工程土工合成材料应用技术［M］．北京：中国水利水电出版社，1999．
[16] 高双强，李晓琴，GAO Shuangqiang，等．石砭峪水库大坝斜墙复合土工膜铺设方案［J］．水利水电技术，2014，45（2）：83-86．
[17] 高松杰．浅谈柬埔寨斯登沃代一级水电站大坝复合土工膜心墙的施工［J］．红水河，2013，32（3）：13-16．
[18] 童叶根．钟吕水库复合土工膜面板坝的设计和施工［J］．浙江水利科技，2000（s1）：62-64．
[19] 二滩水电开发有限责任公司．岩土工程安全监测手册［M］．北京：中国水利水电出版社，1999．
[20] 李维科，郑沛溟，王凤福，等．尼尔基水利枢纽主坝碾压式沥青混凝土心墙施工技术［M］．北京：中国水利水电出版社，2005．
[21] 向永忠．冶勒水电站工程施工技术［M］．北京：中国电力出版社，2008．
[22] 贾金生，董哲仁．德国水工沥青混凝土技术进展［J］．水力发电，1997（10）：59-62．
[23] 朱晟，闻世强．当代沥青混凝土心墙坝的进展［J］．人民长江，2004，35（9）：9-11．
[24] 马家燕，何开明，朱志坚．高寒多雨地区碾压式沥青混凝土心墙施工技术［J］．水力发电，2005，31（10）：58-60．
[25] H・塞可斯加德，科罗・维德柯克，魏红，等．采用沥青心墙坝提高生产率以加快施工速度［J］．水电技术信息，2004（3）：34-37．
[26] 于福兴，王国欣，樊锐．观音洞水库石碴坝沥青砼心墙施工技术［J］．陕西水利，2009（2）：

82－83.
[27] 鲁超. 沥青混凝土心墙模型水力劈裂的试验研究 [D]. 西安：西安理工大学，2010.
[28] 胡贻涛. 碾压式沥青混凝土心墙铺筑技术及主要施工设备 [J]. 葛洲坝集团科技，2004 (3)：9－13.
[29] 祁世京. 土石坝碾压式沥青混凝土心墙施工技术 [M]. 北京：中国水利水电出版社，2000.
[30] 何玉，张春学. 碾压式沥青混凝土心墙施工技术剖析 [J]. 黑龙江水利科技，2008，36 (2)：80－81.
[31] 余梁蜀，吴利言，郝巨涛. 我国沥青混凝土心墙摊铺机开发及工程应用 [J]. 华电技术，2003，25 (3)：14－18.
[32] 沃尔弗冈·豪克，埃里克·舍尼斯著，傅元茂，等译. 水工结构沥青设计与施工 [M]. 北京：水利电力出版社，1989.
[33] 余梁蜀，吴利言. 沥青混凝土心墙摊铺机发展综述 [J]. 陕西水力发电，1998 (1)：29－32.
[34] 董芸，汪毅. 挪威水工沥青混凝土的研究和应用现状 [J]. 电力标准化与技术经济，2006，15 (2)：39－44.
[35] 杜振坤，贾金生，卢正超，等. 水工沥青混凝土防渗技术发展现状及在中国的应用 [C] //水力发电国际研讨会，2004：279－285.
[36] 张怀生. 水工沥青混凝土防渗技术 [J]. 水利水电施工，2006 (4)：61－68.
[37] 刘瑛珍，王育阳. 土石坝建设中的问题与经验 [M]. 西安：陕西人民出版社，2002.
[38] 王德库，侯福江，叶远胜，等. 土石坝碾压式沥青混凝土防渗心墙冬季施工技术研究与应用 [C] //中国水力发电工程学会混凝土面板堆石坝专业委员会 2008 高土石坝学术交流会，2008.
[39] 陈宇，姜彤，黄志全，等. 温度对沥青混凝土力学特性的影响 [J]. 岩土力学，2010，31 (7)：2192－2196.
[40] 陈春雷，戈文武. 西龙池抽水蓄能电站上库盆沥青混凝土面板施工 [J]. 水利水电技术，2008，39 (11)：58－61.
[41] 李庆华. 冶勒水电站沥青混凝土心墙堆石坝原型观测技术 [J]. 四川水力发电，2004，23 (1)：99－102.
[42] 王卫标，柳青，黎青. 压实方法对水工建筑物沥青混凝土性能的影响 [J]. 国际水力发电，2003 (3)：21－29.